ENCYKLOPÄDIE
DER
ELEMENTAR-MATHEMATIK

EIN HANDBUCH FÜR LEHRER UND STUDIERENDE

VON

HEINRICH WEBER
PROFESSOR IN STRASSBURG

UND

JOSEF WELLSTEIN
PROFESSOR IN STRASSBURG

IN DREI BÄNDEN

DRITTER BAND

ANGEWANDTE ELEMENTAR-MATHEMATIK

ZWEITE AUFLAGE

LEIPZIG UND BERLIN
DRUCK UND VERLAG VON B. G. TEUBNER
1910

Alexander Ziwet

ANGEWANDTE ELEMENTAR-MATHEMATIK

ERSTER TEIL

MATHEMATISCHE PHYSIK

MIT EINEM BUCH ÜBER MAXIMA UND MINIMA
VON H. WEBER UND J. WELLSTEIN

BEARBEITET VON

RUDOLF H. WEBER
PROFESSOR IN ROSTOCK

ZWEITE AUFLAGE
MIT 254 FIGUREN IM TEXT

LEIPZIG UND BERLIN
DRUCK UND VERLAG VON B. G. TEUBNER
1910

VORREDE.

Der hier vorliegende dritte Band der „Encyklopädie der Elementarmathematik" hat wesentlich den Zweck, aus Nachbarwissenschaften Anwendungen zu den arithmetischen und geometrischen Grundlagen zu liefern, die die beiden ersten Bände geschaffen haben.

Es darf deswegen von vornherein nicht in allen hier berührten Gebieten die Vollständigkeit erwartet werden, die in den ersten Bänden erstrebt ist. Das würde auch, besonders in den physikalischen Teilen, das Buch weit über den gewünschten Umfang erweitert haben.

Aber nicht nur als Anwendung ist der Inhalt dieses Buches gedacht, oder wenigstens nicht in dem Sinne, wie man Lehrbüchern etwa eine Aufgabensammlung als Anhang beifügt. Die Grundlagen, die zu den einzelnen Gebieten überführen, sollten ebenso logisch entwickelt werden, wie die Grundlagen der Arithmetik und der Geometrie selbst; es sollte dem systematischen Vorgehen, wie es im Schulunterricht unerläßlich ist, Rechnung getragen werden; und so ergab es sich von selbst, daß der Band aus wenigen, miteinander zwar in keinem oder nur losem Zusammenhang stehenden, aber je in sich zusammenhängend aufgebauten Abschnitten besteht.

Weder die Auswahl der Abschnitte noch der Gang ihrer Darstellung soll und kann von den Verfassern als Dogma hingestellt werden. Welche Anwendung sich im Unterricht als die zweckmäßigste erweist, wie die Darstellung den Schülern zu übermitteln ist, muß den praktischen Schulmännern überlassen werden.

Was den physikalischen Teil betrifft, so ist zunächst das aufgenommen, was längst Gegenstand des theoretischen Schulunterrichts war, die Mechanik; aber hier ist Wert gelegt auf eine Zuspitzung des ganzen Ganges nach dem wohl dem heutigen Schulunterricht immer noch nicht in seiner Allgemeingültigkeit recht zugänglichen Energieprinzip.

Ein anderer physikalischer Abschnitt richtet sich im wesentlichen an das geometrische Vorstellungsvermögen. Der reine Analytiker wird vielleicht nicht viel Freude an dem strengen Ausbau einer Kraftlinientheorie haben und ihren Zweck nicht recht verstehen; und doch ist sie im stande, dem geometrisch Veranlagten manche physikalische Erkenntnis weit leichter zugänglich zu machen, als es je dem Analytiker glücken wird.

Faraday, der Erfinder des Kraftlinienbegriffes, selbst in analytischer Behandlung physikalischer Probleme unbewandert, hat sich in ihnen eine eigene Mathematik geschaffen, die seiner intuitiven Denkweise näher lag, und die ihm und der Welt wunderbare Dinge eröffnete.

Freilich Vorsicht ist geboten. Auch falsche Vorstellungen faßt der geometrisch Denkende leichter. Darin ist die analytische Methode im Vorteil.

Auf eins sei hier noch hingewiesen. Man muß sich hüten, in den Kraftlinien etwas anderes zu sehen, als sie wirklich sind: ein mathematischer Hilfsbegriff ohne reelle Bedeutung, dessen Einführung nur durch die aus ihnen gewonnenen mathematischen Ergebnisse gerechtfertigt wird. Ein Wesensunterschied zwischen verschiedenen Kraftlinienkomponenten und ihren Resultierenden, wie er in dem Elektromagnetismus gefordert wird, ist sonst unverständlich.

Was die mathematische Durchführung der physikalischen Teile betrifft, so sei erwähnt, daß mit Bewußtsein „verkappte" Integrale eingeführt sind. Verkappte Integrationen aber sind vermieden, außer wo es sich um die Summierung von Linienelementen handelt. So ist z. B. im Carnotschen Kreisprozeß die Identität zweier Arbeitsintegrale gliedweise bewiesen, abweichend von den sonst gebräuchlichen und nicht elementaren Ableitungen dieses Problems.

Aus diesem Grunde ist nicht das sonst übliche Integralzeichen, in dem der unkundige Leser ein geheimnisvolles Symbol zu erblicken geneigt ist, sondern das Summenzeichen verwendet worden.

Zu dem Begriff der Arbeit stehen die vorkommenden Integrale immer in nächster Beziehung, was ihren Sinn leicht verständlich machen, ihre Einführung leicht vermitteln wird.

Geometrische und arithmetische Anwendungen liefern die folgenden Abschnitte (von H. Weber), die Einführung in die „Theorie der Maxima und Minima", und sie selbst findet eine Anwendung in der Theorie der Kapillarität.

Die „Wahrscheinlichkeitsrechnung" gebraucht als Grundlage eigenartige Vorstellungen; sie sind philosophischer, speziell logischer Art. Die Anwendung, die die Wahrscheinlichkeitsrechnung findet, ist dabei sehr reeller, ja praktischer Natur. Sie enthält die Kritik und Korrektion eines jeden quantitativen Urteils, sei es im alltäglichen Leben, sei es in irgend einer Wissenschaft.

Damit wendet sich der Inhalt des Bandes überhaupt mehr dem praktischen Bedarfe zu. Die „Graphik" ist für die Technik von Bedeutung. Ihr Unterricht wird nur da erfolgreich sein, wo er gleichzeitig mit zeichnerischen Übungen verknüpft werden kann. Das ist mit berücksichtigt, und z. B. in einem besonderen Paragraphen, die „Technik der darstellenden Geometrie“, zum Ausdruck gebracht.

Den Inhalt dieser Abschnitte über „Graphik“ bilden die darstellende Geometrie und die graphische Statik. Die darstellende Geometrie beginnt mit der schrägen Parallelprojektion, die unabhängig vom Zweitafelsystem behandelt ist. Andererseits ist das Zweitafelsystem möglichst mittels seiner eigenen Methoden begründet, weil die häufige Verwendung von Schrägbildern und Modellen leicht eine gewisse Scheu vor der Anstrengung des Anschauungsvermögens großzieht. Da der darstellenden Geometrie nur ein sehr beschränkter Platz eingeräumt werden konnte, so wurde der Stoff nicht nach Aufgaben, sondern nach Methoden gruppiert. Auf die Lehre von der Krümmung wurde besondere Sorgfalt verwendet.

Von der graphischen Statik ist der Teil, der die Zusammensetzung der Kräfte mittels des Seilecks behandelt, vorweg genommen und zur Einleitung in die Vektoranalysis an die Spitze des Bandes gestellt, um die Wichtigkeit dieses Verfahrens, das nicht bloß der Graphostatiker kennen sollte, mehr hervortreten zu lassen. Von der Einführung der Vektorprodukte wurde Abstand genommen, weil sie im folgenden keine Verwendung finden.

Die graphische Statik selbst mußte auf einige methodisch interessante Paragraphen beschränkt werden. Um die Möglichkeit einer innigen Verschmelzung der Statik mit der Geometrie zu zeigen und die Leser ein wenig auf die Geometrie der Dynamen von Study vorzubereiten, die in vielen Partien durchaus der Elementargeometrie angehört, wurde in die graphische Statik eine statische Ableitung der Grundformeln der Dreieckskoordinaten, unabhängig von rechtwinkligen, eingeflochten, ferner ein Paragraph über Astatik.

Den Beschluß dieses Buches macht ein Abschnitt über das ebene Fachwerk. Als eine einfache graphische Lösungsmethode linearer Gleichungssysteme gehört die Lehre vom Fachwerk zu den schönsten Teilen der Elementargeometrie. Dabei ist es durchaus nicht nötig, sich auf die rein äußerliche Erklärung der Konstruktionsverfahren zu beschränken; vielmehr wurde versucht, den Leser bis zu den Fragestellungen der höheren Fachwerktheorie heranzuführen. Die Arbeitsgleichung bei elastischer Deformation und der fundamentale Satz von Maxwell bilden den Höhepunkt der Theorie; sie sind ohne Benutzung des Prinzips der virtuellen Verrückungen abgeleitet, einzig auf Grund des Satzes von den statischen Momenten.

Im darstellend geometrischen Teile des vierten Buches konnte der Verfasser (Wellstein) Methoden und Gedanken verwerten, die er als Schüler und Assistent von F. Schur kennen gelernt, was hiermit mit dem Ausdrucke des herzlichsten Dankes hervorgehoben sei.

Auch der Verlagsfirma sind wir für ihr großes Entgegenkommen und ihre nie versagende Geduld zu großem Danke verpflichtet. Sie hat keine Kosten gescheut, um das Werk mit einer Fülle von Figuren auszustatten, deren Herstellung eine außerordentliche Arbeit bereitete.

Heidelberg, im April 1907.

RUDOLF H. WEBER.

VORWORT ZUR ZWEITEN AUFLAGE DES DRITTEN BANDES.

Der in zweiter Auflage erscheinende dritte Band der „Encyklopädie der Elementarmathematik" hat gegenüber der ersten einige wesentliche Veränderungen erfahren. Vor allem mußte, der Erweiterungen wegen, dieser den Anwendungen gewidmete Band in zwei Teile zerlegt werden. Der erste, hier vorliegende Teil ist jetzt ausschließlich den physikalischen Anwendungen gewidmet und enthält von neuen mathematischen Grundlagen nur noch die Vektorgeometrie und die Theorie der Maxima und Minima.

Die Aufgaben über Maxima und Minima sind ein Lieblingsgegenstand des höheren mathematischen Schulunterrichts und daher hat sich denn auch die Kritik ganz besonders mit diesem Teil des Werkes beschäftigt. Von verschiedenen Gesichtspunkten aus sind Einwände gemacht worden. Die Steinerschen Methoden z. B. waren bald zu viel, bald zu wenig berücksichtigt. Die Anwendung auf Kapillarität, die wohl noch nicht sonst in dieser elementaren Form behandelt ist, hat weniger Beachtung gefunden. Um den Wünschen, die uns berechtigt erschienen, entgegenzukommen, hat der von H. Weber verfaßte Abschnitt über Maxima und Minima durch Wellstein eine teilweise Umarbeitung erfahren. Den Grundgedanken von § 47, 9 verdanken wir Herrn stud. math. Jacob Schatunowsky.

Die den Band einleitenden Paragraphen über Vektoren sind den physikalischen Anschauungen angepaßt worden, und es ist ein Abschnitt über Tensoren hinzugekommen. Letztere sind in einer allgemeineren Form, als das sonst in der Physik üblich, unter Zugrundelegung eines schiefwinkligen Achsensystems behandelt, und zwar deswegen, weil diese allgemeinere Behandlung keine wesentlich größeren Schwierigkeiten bietet, als die speziellere, die sich auf rechtwinklige Achsen beschränkt, und weil sich daraus eine schöne Anwendung der Determinantentheorie ergibt.

Es ist ferner ein Abschnitt über Optik den physikalischen Anwendungen hinzugetreten, ein Gebiet, das sich besonders in der geometrischen Optik weitgehend mit elementaren Mitteln behandeln läßt.

Weiter ist eine Anzahl kleinerer Änderungen vorgenommen worden. Da in den neuen Auflagen des ersten Bandes der Begriff des Integrals Aufnahme gefunden hat, so ist das bisher verwandte Summenzeichen, wo es ein Integral andeutet, durch das Integralzeichen ersetzt worden. Sachlich ändert sich dadurch nichts. Integrationen kommen — außer in einem Falle gegen Schluß der geometrischen Optik — nicht vor.

In der Lehre der Elektrizität ist die Dielektrizitätskonstante ε (und ebenso die Permeabilität) anders als in der ersten Auflage definiert, nämlich so, wie man sie früher allgemein, und heute noch in der Technik definiert. Die neuerdings öfters gebräuchliche Definition, nach der für das Vakuum $4\pi\varepsilon = 1$ (statt $\varepsilon = 1$) ist, bietet in der Maxwell-Hertzschen Theorie einige systematische Vorteile, die reichlich durch die Schäden einer dualistischen Bezeichnungsweise kompensiert werden. Wenn man in einem Lehrbuch der Elektrizität eine Formel nachschlagen will, ist es oft schwierig oder doch zeitraubend, ausfindig zu machen, welche Definition der Dielektrizitätskonstanten ihr zugrunde liegt, und trotz aller Vorsicht sind Irrtümer kaum zu vermeiden. So schien es zweckmäßig, sich der älteren, bisher noch verbreiteteren Bezeichnungsweise anzuschließen und den praktischen Bedürfnissen der Technik entgegenzukommen.

Auch die in der ersten Auflage enthaltenen physikalischen Abschnitte haben einige Erweiterungen erhalten, vielfach den Wünschen entsprechend, die die Kritik geäußert hat.

Der zweite Teil des dritten Bandes soll, ungefähr im selben Umfang wie in der ersten Auflage, zunächst die Graphik und die Prinzipien der Wahrscheinlichkeitsrechnung bringen. Außerdem wird er aber noch einen Abschnitt über Astronomie, verfaßt von Professor Bauschinger und einen über Versicherungsmathematik von Professor Bleicher enthalten. So hoffen wir, uns dem ursprünglich von dem Verleger, Herrn Ackermann-Teubner, ausgesprochenen Plan des Unternehmens noch mehr zu nähern und den vielfach von der Kritik bemängelten Titel einer Encyklopädie zu rechtfertigen.

Rostock, im März 1910.

RUDOLF H. WEBER.

Inhaltsverzeichnis

Erstes Buch.

Mechanik.

Erster Abschnitt.

Die Orts- und Richtungsfunktionen in der Physik.

Zweiter Abschnitt.

Analytische Statik.

Dritter Abschnitt.

Dynamik.

Zweites Buch.

Elektrische und magnetische Kraftlinien.

Vierter Abschnitt.

Elektrizität und Magnetismus.

Fünfter Abschnitt.

Elektromagnetismus.

Drittes Buch.

Maxima und Minima.

Von H. Weber und J. Wellstein.

Sechster Abschnitt.

Geometrische Maxima und Minima.

Siebenter Abschnitt.

Anwendung der Lehre vom Größten und Kleinsten auf die Lehre vom Gleichgewicht und besonders auf die Gesetze der Kapillarität.

Viertes Buch.

Optik.

Achter Abschnitt.

Geometrische Optik.

Neunter Abschnitt.

Ebene Wellen.

ERSTES BUCH

MECHANIK

Erster Abschnitt.

Die Orts- und Richtungsfunktionen in der Physik.

§ 1. Vektoren.

1. Die Physik unterscheidet unter den Ortsfunktionen, mit denen sie zu rechnen hat, zwei Hauptklassen. Die erste von diesen, die Skalare, oder skalare Funktionen sind dadurch gekennzeichnet, daß an jedem Orte eines Raumes eine einzige Zahlenangabe genügt, die Funktion eindeutig bekannt zu machen.[1] Beispiele für diese Art von Funktionen sind die Temperaturverteilung im Raume, ferner das elektrostatische Potential, der Druck in einem ruhenden Gase, die Dichte in einem inhomogenen Körper und anderes. Die skalaren Funktionen können sowohl dimensionslose Zahlen als auch benannte Zahlen sein. Die Temperatur wird oft als dimensionslose Zahl aufgefaßt (vgl. § 27, 4), die Dichte hat die Benennung gr/cm³. (Vgl. Bd. I, 2. und 3. Aufl., § 32.)

2. Außer den Skalaren kennt die Physik noch Ortsfunktionen, bei denen der Zustand, den sie repräsentieren, an einem Raumpunkt nicht eindeutig durch eine Zahlenangabe bekannt gegeben werden kann. Bei diesen „Richtungsfunktionen“ müssen noch gewisse Angaben über die Richtung, für die der Zahlenwert gültig sein soll, gemacht werden. Unter den Richtungsfunktionen sind die Vektoren die wichtigsten.

3. Für die Vektoren wollen wir den Begriff Richtung folgendermaßen deuten. Legen wir durch einen Punkt P eines Raumes mehrere gerade Linien, die sich nicht decken, so kann man diese als durch ihre „Richtung“ voneinander unterschieden ansehen. Diese Richtung müßte durch gewisse Winkel gegen Normal- oder Nullrichtungen gegeben werden. Um aber einen solchen Winkel von seinem Supplement unterscheiden zu können, müssen wir auf jeder geraden Linie noch zwei Richtungssinne unterscheiden, einen von links über P nach rechts, den andern von rechts über P nach links. Einen von diesen, den man durch irgend ein äußeres Merkmal bezeichnen kann, darf man

1) Die Abhängigkeit von der Zeit findet in dieser Besprechung keine Berücksichtigung. Das Gesagte gilt also nur für einen herausgegriffenen Zeitpunkt. Mit der Zeit können sowohl Skalare als auch Richtungsfunktionen variieren.

willkürlich als positiven, den andern als negativen Richtungssinn bezeichnen.

Da man aber durch eine Drehung der Geraden den einen Richtungssinn stetig in den andern überführen kann, so bilden die beiden Richtungssinne keine Gegensätze, sondern nur zwei spezielle Fälle eines großen Systems, nämlich aller der von P aus weglaufenden Geraden. Deswegen wollen wir die zwei Richtungssinne einer durch P gehenden Geraden als zwei verschiedene Richtungen auffassen. An dieser Bezeichnung wollen wir in der Betrachtung über Vektoren durchweg festhalten.

Kommt es auf den Richtungssinn einer Geraden nicht an, wohl aber auf den Unterschied ihrer Lage gegen andere Lagen, so wollen wir die Gerade als „Achse" bezeichnen.

4. Man pflegt den Vektor in folgender Weise zu definieren:

Definition 1 des Vektors.

Dem Vektor A kommt an einem Punkte P des Raumes eine bestimmte Richtung d zu, und ein im allgemeinen benannter Zahlenwert, der Betrag des Vektors. Der Vektor A fällt in die Richtung von d.

Weiter ist ein Vektor dadurch gekennzeichnet, daß er in jeder Beziehung ersetzbar ist durch die drei Komponenten A_x, A_y, A_z nach drei von P ausgehenden zueinander senkrechten Richtungen x, y, z. Diese Komponenten sind also selbst wieder Vektoren. Ihre Werte berechnet man durch Multiplikation des Vektors A mit den Kosinus der Neigungswinkel zwischen x, y, z und A. Es ist also

$$(1) \qquad A_x = A \cos(A, x); \quad A_y = A \cos(A, y); \quad A_z = A \cos(A, z).$$

Denken wir uns einen Vektor, dessen Betrag in einem beliebigen Maße gemessen gleich 1 ist, so sind, wie aus dieser Gleichung folgt, dessen Komponenten nach x, y, z gleich dem Richtungkosinus seiner Richtung d. Dieser Vektor heißt der „Einheitsvektor".

Folgerungen.

5. Die Definition 1 läßt den Betrag A und seine Richtung als das Wesentliche, den Vektor Charakterisierende erscheinen. Die Komponenten sind nur mathematisch abgeleitete Hilfsfunktionen.

6. Es folgt aus der Definition: Ein Vektor ist am Orte P bekannt, wenn sein Betrag A und seine Richtung d bekannt sind. Eine Richtung d erfordert zwei Angaben um bekannt zu sein, etwa die Nennung der zwei Winkel α, β, die sie mit der positiven x- und der positiven y-Achse einschließt. Zunächst läßt diese Angabe der zwei Winkel die Richtung d noch zweideutig, da sie bei gleichen Winkeln α, β oberhalb oder unterhalb der x, y-Ebene, also auf der Seite der positiven oder der negativen z liegen kann. Diese Zweideutigkeit kann aber durch eine ein für allemal gültige Festsetzung beseitigt werden, etwa indem man vorschreibt, daß die Winkel α, β mit dem Minuszeichen versehen werden müssen, wenn die Richtung d unterhalb der x, y-Ebene liegt.

Eine andere Methode zur eindeutigen Festlegung einer Richtung ist die Angabe von „geographischer Länge“ einerseits und „Breite“ oder „Poldistanz“ anderseits (vgl. Bd. II, § 98, 3).

Demnach ist ein Vektor durch drei Daten bekannt zu machen, nämlich durch seinen Betrag A und die beiden Richtungsdaten von d.

7. Die Gleichungen (1) lehren, daß ein Vektor durch die Angabe seiner drei Komponenten ebenfalls eindeutig bekannt gegeben wird. Es folgt nämlich aus (1) (vgl. Bd. II, 2. Aufl., pag. 578, Gl. (4))

$$A = \sqrt{A_x^2 + A_y^2 + A_z^2}, \tag{2}$$

wo die Wurzel positiv zu rechnen ist, da der Betrag einen „absoluten Wert“ repräsentiert. Weiter folgt

$$\cos(A, x) = \frac{A_x}{A}; \quad \cos(A, y) = \frac{A_y}{A}; \quad \cos(A, z) = \frac{A_z}{A}. \tag{3}$$

Es sind demnach aus den A_x, A_y, A_z sowohl der Betrag A des Vektors, als auch die Richtungskosinus seiner Richtung gegen die Koordinatenachsen berechenbar, also sogar vier Daten, von denen aber die drei letzteren nicht unabhängig, sondern an die Relation

$$\cos^2(A, x) + \cos^2(A, y) + \cos^2(A, z) = 1$$

geknüpft sind. Die Mehrdeutigkeit, die für die Richtung d bestehen würde, wenn nur zwei der Richtungskosinus bekannt wären, wird gerade durch die Angabe des dritten, und zwar durch das Vorzeichen, das dieser besitzt, beseitigt.

8. Die vorstehenden Tatsachen lehren, daß ein Vektor A und seine Komponenten sich ebenso zueinander verhalten, wie eine von P aus in der Richtung d aufgetragene Länge $r = A$. (Bd. 2, II. Aufl., pag. 578.) Wir können demnach diese Länge als ein graphisches Bild eines Vektors ansehen, was die Anschauung sehr erleichtert. Die Komponenten werden dann die Projektionen von r auf die x-, y-, z-Richtungen. Eine Relation zwischen der Längeneinheit und der Einheit des Vektors A muß — zwar willkürlich, — aber ein für allemal festgelegt werden, etwa derart, daß 1 cm einer Einheit von A entspricht.

9. Wählen wir außer den drei Richtungen x, y, z noch drei andere, l, m, n, ebenfalls von P ausgehende und zueinander senkrechte Richtungen, so wird eine Komponentenzerlegung des Vektors A auch nach diesen Richtungen möglich sein. Es wird, wie (1)

$$A_l = A\cos(A, l); \quad A_m = A\cos(A, m); \quad A_n = A\cos(A, n),$$

und es ist (Bd. II, pag. 579) z. B.

(4) $\cos(A,l) = \cos(A,x)\cos(l,x) + \cos(A,y)\cos(l,y) + \cos(A,z)\cos(l,z)$;

also folgt unter Zuhilfenahme von (1) ein Gleichungensystem, das die Komponenten nach l, m, n aus denen nach x, y, z berechnen läßt, nämlich:

$$
\begin{aligned}
A_l &= A_x \cos(l, x) + A_y \cos(l, y) + A_z \cos(l, z), \\
A_m &= A_x \cos(m, x) + A_y \cos(m, y) + A_z \cos(m, z), \\
A_n &= A_x \cos(n, x) + A_y \cos(n, y) + A_z \cos(n, z).
\end{aligned}
\tag{5}
$$

10. Für die Richtungskosinus in diesen Gleichungen gelten, da sowohl l, m, n als auch x, y, z aufeinander senkrecht stehen sollen, die Relationen (Bd. II, pag. 578, 579, (3), (6))

$$
(6)\left\{
\begin{aligned}
&\ \cos^2(l, x) + \cos^2(l, y) + \cos^2(l, z) = 1, \\
&(a)\ \cos^2(m, x) + \cos^2(m, y) + \cos^2(m, z) = 1, \\
&\ \cos^2(n, x) + \cos^2(n, y) + \cos^2(n, z) = 1. \\
&\ \cos(m,x)\cos(n,x) + \cos(m,y)\cos(n,y) + \cos(m,z)\cos(n,z) = 0, \\
&(b)\ \cos(n,x)\cos(l,x) + \cos(n,y)\cos(l,y) + \cos(n,z)\cos(l,z) = 0, \\
&\ \cos(l,x)\cos(m,x) + \cos(l,y)\cos(m,y) + \cos(l,z)\cos(m,z) = 0.
\end{aligned}
\right.
$$

$$
(7)\left\{
\begin{aligned}
&\ \cos^2(l, x) + \cos^2(m, x) + \cos^2(n, x) = 1, \\
&(a)\ \cos^2(l, y) + \cos^2(m, y) + \cos^2(n, y) = 1, \\
&\ \cos^2(l, z) + \cos^2(m, z) + \cos^2(n, z) = 1. \\
&\ \cos(l,y)\cos(l,z) + \cos(m,y)\cos(m,z) + \cos(n,y)\cos(n,z) = 0, \\
&(b)\ \cos(l,z)\cos(l,x) + \cos(m,z)\cos(m,x) + \cos(n,z)\cos(n,x) = 0, \\
&\ \cos(l,x)\cos(l,y) + \cos(m,x)\cos(m,y) + \cos(n,x)\cos(n,y) = 0.
\end{aligned}
\right.
$$

11. Diese 12 Gleichungen sind aber nicht voneinander unabhängig. Die Gleichungen (7) folgen direkt aus den Gleichungen (6), liefern also keine neuen Bedingungen. Gelten nämlich für irgend neun Größen $\lambda_i \mu_i \nu_i (i = 1, 2, 3)$, über deren Bedeutung gar nichts vorausgesetzt sei, die Gleichungen

$$
(8)\quad
\begin{aligned}
&(a)\quad \lambda_1^2 + \lambda_2^2 + \lambda_3^2 = 1, \\
&(b)\quad \mu_1^2 + \mu_2^2 + \mu_3^2 = 1, \\
&(c)\quad \nu_1^2 + \nu_2^2 + \nu_3^2 = 1,
\end{aligned}
$$

$$
(9)\quad
\begin{aligned}
&(a)\quad \lambda_1\mu_1 + \lambda_2\mu_2 + \lambda_3\mu_3 = 0, \\
&(b)\quad \mu_1\nu_1 + \mu_2\nu_2 + \mu_3\nu_3 = 0, \\
&(c)\quad \nu_1\lambda_1 + \nu_2\lambda_2 + \nu_3\lambda_3 = 0,
\end{aligned}
$$

so kann man aus ihnen zunächst das folgende System ableiten. Eliminiert man aus den Gleichungen (9a) und (9c) einmal λ_2, dann λ_1, so folgt

$$\lambda_1(\mu_1\nu_2 - \mu_2\nu_1) = \lambda_3(\mu_2\nu_3 - \mu_3\nu_2),$$
$$\lambda_2(\mu_1\nu_2 - \mu_2\nu_1) = \lambda_3(\mu_3\nu_1 - \mu_1\nu_3)$$

oder

$$\lambda_1 = \delta\cdot(\mu_2\nu_3 - \mu_3\nu_2);\quad \lambda_2 = \delta\cdot(\mu_3\nu_1 - \mu_1\nu_3);\quad \lambda_3 = \delta\cdot(\mu_1\nu_2 - \mu_2\nu_1);$$

hieraus weiter:

$$\lambda_1^2 + \lambda_2^2 + \lambda_3^2 = \delta^2\cdot(\mu_2^2\nu_3^2 + \mu_3^2\nu_2^2 + \mu_3^2\nu_1^2 + \mu_1^2\nu_3^2 + \mu_1^2\nu_2^2 + \mu_2^2\nu_1^2 - 2\mu_2\mu_3\nu_2\nu_3 - 2\mu_3\mu_1\nu_3\nu_1 - 2\mu_1\mu_2\nu_1\nu_2).$$

Addiert und subtrahiert man $\delta^2(\mu_1^2\nu_1^2 + \mu_2^2\nu_2^2 + \mu_3^2\nu_3^2)$, so ergibt sich mit Hilfe der Gleichungen (8) und der Gleichung (9b), daß $\delta = \pm 1$ ist. Somit erhält man die ersten Gleichungen des folgenden Systems, deren übrige analog abgeleitet werden:

$$(10)\quad \begin{aligned} \pm\lambda_1 &= \mu_2\nu_3 - \mu_3\nu_2; & \pm\lambda_2 &= \mu_3\nu_1 - \mu_1\nu_3; & \pm\lambda_3 &= \mu_1\nu_2 - \mu_2\nu_1;\\ \pm\mu_1 &= \nu_2\lambda_3 - \nu_3\lambda_2; & \pm\mu_2 &= \nu_3\lambda_1 - \nu_1\lambda_3; & \pm\mu_3 &= \nu_1\lambda_2 - \nu_2\lambda_1;\\ \pm\nu_1 &= \lambda_2\mu_3 - \lambda_3\mu_2; & \pm\nu_2 &= \lambda_3\mu_1 - \lambda_1\mu_3; & \pm\nu_3 &= \lambda_1\mu_2 - \lambda_2\mu_1. \end{aligned}$$

Bildet man hierin z. B. die erste Gleichung durch Multiplikation der fünften mit ν_3, der sechsten mit ν_2 und Subtraktion, so folgt, daß in allen neun Gleichungen gleichzeitig das + oder das — Zeichen stehen muß.

Das sind die Unterdeterminanten der Determinante (Bd. I, § 59)

$$D = \pm\begin{vmatrix} \lambda_1 & \lambda_2 & \lambda_3\\ \mu_1 & \mu_2 & \mu_3\\ \nu_1 & \nu_2 & \nu_3 \end{vmatrix}.$$

Es folgt aus (10)

$$\begin{aligned} \lambda_1^2 + \mu_1^2 + \nu_1^2 &= \pm(\lambda_1\mu_2\nu_3 - \lambda_1\mu_3\nu_2 + \mu_1\nu_2\lambda_3 - \mu_1\nu_3\lambda_2 + \nu_1\lambda_2\mu_3 - \nu_1\lambda_3\mu_2)\\ &= \pm\lambda_1(\mu_2\nu_3 - \mu_3\nu_2) \pm \lambda_2(\nu_1\mu_3 - \mu_1\nu_3) \pm \lambda_3(\mu_1\nu_2 - \nu_1\mu_2)\\ &= \lambda_1^2 + \lambda_2^2 + \lambda_3^2 = 1. \end{aligned}$$

und ähnlich die anderen Gleichungen des Systems

$$(11)\quad \begin{aligned} \lambda_1^2 + \mu_1^2 + \nu_1^2 &= 1,\\ \lambda_2^2 + \mu_2^2 + \nu_2^2 &= 1,\\ \lambda_3^2 + \mu_3^2 + \nu_3^2 &= 1. \end{aligned}$$

In derselben Weise findet man aus (9) und (10)

$$(12)\quad \begin{aligned} \lambda_1\lambda_2 + \mu_1\mu_2 + \nu_1\nu_2 &= 0,\\ \lambda_2\lambda_3 + \mu_2\mu_3 + \nu_2\nu_3 &= 0,\\ \lambda_3\lambda_1 + \mu_3\mu_1 + \nu_3\nu_1 &= 0. \end{aligned}$$

Die Theorie der Determinanten lehrt dasselbe. Es wird $D = 1$ Die Gleichungssysteme (6) und (7) fordern sich also gegenseitig.

12. Die Gleichungen (5) lassen sich leicht nach A_x, A_y, A_z auflösen. Indem man sie mit resp. $\cos(l, x)$, $\cos(m, x)$, $\cos(n, x)$ multipliziert, addiert und (7) beachtet, erhält man die erste der folgenden Gleichungen:

$$(13)\qquad \begin{aligned} A_x &= A_l \cos(l, x) + A_m \cos(m, x) + A_n \cos(n, x), \\ A_y &= A_l \cos(l, y) + A_m \cos(m, y) + A_n \cos(n, y), \\ A_z &= A_l \cos(l, z) + A_m \cos(m, z) + A_n \cos(n, z), \end{aligned}$$

ein System von Gleichungen, das auch direkt, wie die Gleichungen (5), gewonnen werden kann.

13. Die graphische Deutung der Gleichungen (5), (13) ist folgende. Es ist z. B. in der ersten der Gleichungen (5) $A_x \cos(l, x)$ die Projektion von A_x auf die Richtung l, $A_y \cos(l, y)$ die von A_y auf die Richtung l, und $A_z \cos(l, z)$ die von A_z auf die Richtung l. Diese drei Projektionen in der Richtung l aneinander angetragen geben die Komponente A_l.

§ 2. Erweiterung des Vektorbegriffs.

1. Jede beliebige Richtung von P aus kann als eine Richtung l angesehen werden und läßt die Bildung einer Komponente

$$(1)\qquad A_l = A \cos(A, l) = A_x \cos(l, x) + A_y \cos(l, y) + A_z \cos(l, z)$$

zu. Ein physikalisches Problem fordert manchmal die Kenntnis einer, manchmal die einer anderen Komponente des Vektors. Allgemein gesprochen hat keine Komponente vor einer anderen qualitativ etwas voraus. Nur quantitativ werden sich die Werte je nach dem Wert von $\cos(A, l)$ unterscheiden.

Läßt man l allmählich in die Richtung d übergehen, so wird

$$\cos(A, d) = \cos(d, d) = 1$$

und

$$A_d = A.$$

Es kann also A als die Komponente des Vektors A nach der Richtung d, also selbst als eine Komponente aufgefaßt werden, und da $\cos(A, l) \leqq 1$, so folgt, daß A die größte unter allen Komponenten ist. Wird

$$\sphericalangle(A, l) > \frac{\pi}{2},$$

so wird A_l negativ. Es existieren also auch negative Komponenten und ein Minimalwert, nämlich $-A$. Für alle Richtungen normal zu d wird $A_l = 0$.

2. Von diesen Gesichtspunkten aus fassen wir den Begriff eines Vektors allgemeiner, nämlich als das System aller seiner Komponenten.

Wir bezeichnen den Vektor in dieser Auffassung mit einem deutschen Buchstaben z. B. $\mathfrak{A}$. Der Vektor $\mathfrak{A}$ besitzt unendlich viele Komponenten A_l, deren größte wir kurz mit A bezeichnen und den „Betrag" des Vektors[1]) nennen wollen. Die Richtung d, in die diese größte aller Komponenten fällt, wollen wir die Hauptrichtung des Vektors, oder die Richtung des Betrages nennen.

Die Gleichung (1), die die einzelnen Komponenten untereinander verknüpft, und die auch durch andere Gleichungen ersetzt werden könnte, soll die „Vektorrelation" heißen.

D e f i n i t i o n 2 d e s V e k t o r s. Ein Vektor $\mathfrak{A}$ ist eine Funktion, die nicht nur vom Orte abhängt, sondern an jedem Raumpunkte selbst noch je nach der geforderten Richtung unendlich viele Werte besitzt, die „Komponenten". Diese Werte sind aber alle durch die „Vektorrelation" (1) untereinander verknüpft. Eben diese Vektorrelation unterscheidet den Vektor von anderen Orts-Richtungsfunktionen.

3. Ein graphisches Bild des so definierten Vektors erhält man auf folgende Weise: Man trägt von P (Fig. 1) aus in der Richtung d den Betrag A als Länge ab, so daß eine willkürlich festgesetzte Längeneinheit die Einheit des Betrags A repräsentiert. Dann konstruiert man eine Kugel mit A als Durchmesser. Jede Sehne dieser Kugel vom Punkte P aus gezogen ist eine Projektion von A auf die Richtung der Sehne, hat also die Länge $A_s = A \cos(d, s)$. Demnach repräsentiert das von P ausgehende Sehnenbündel der Kugel die sämtlichen Komponenten des Vektors.

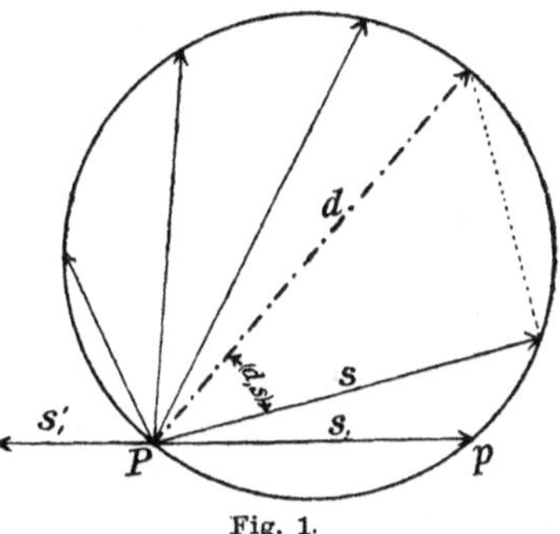

Fig. 1.

Wählt man eine Richtung s_1' (Fig. 1) als positive Richtung, die mit d einen stumpfen Winkel bildet, so ist die entsprechende Projektion von d, also die Länge $\overline{Pp}$, dieser Richtung entgegengesetzt, wodurch von selbst graphisch ausgedrückt wird, daß die Komponente A_{s_1} nach dieser Richtung genommen negativ wird. Die Länge $\overline{Pp}$ repräsentiert also sowohl die positive Komponente A_{s_1} nach der Richtung s_1, als auch die negative Komponente $A_{s_1'}$ nach s_1'. Die den Punkt P tangierende Kugel, oder richtiger ihr von P ausgehendes Sehnenbündel, d o p p e l t g e n o m m e n, repräsentiert also den Vektor $\mathfrak{A}$.

1) Der Name „Betrag" paßt in unsere neue Definition des Vektors nicht recht hinein, da er der größten Komponente eine qualitativ ausgezeichnete Rolle zuzuschreiben scheint. Wir behalten den Namen aber bei, um die Nomenklatur nicht ganz umzustoßen.

Will man die zwei sich überlagernden Sehnenbüschel vermeiden, so kann man den Vektor $\mathfrak{A}$ auch durch zwei kongruente den Punkt P und sich gegenseitig tangierende Kugeln (Fig. 2) darstellen, muß aber nun die Sehnen der einen Kugel als die negativen Sehnen der anderen ansehen, und äußerlich zu erkennen geben, welches Sehnenbüschel als das der wesentlich positiven Komponenten anzusehen ist.

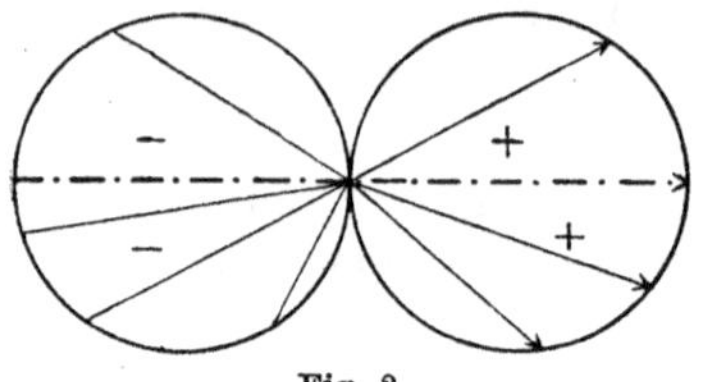

Fig. 2.

4. In der Definition 2 des Vektors ist, im Gegensatz zur Definition 1, der Betrag des Vektors nur quantitativ vor den Komponenten ausgezeichnet. Eine prinzipiell ausgezeichnete Rolle fällt ihm nicht zu. Der Vektor ist das System aller Komponenten. In der Definition 1 ist der Betrag der Vektor, die Komponenten sind ihm untergeordnet, oder aus ihm abgeleitet.

5. Das Prototyp eines physikalischen Vektors ist die Kraft K (vgl. § 19). Wir schreiben ihr gewöhnlich eine gewisse Richtung d zu. Ist aber der Körper auf den sie wirkt, aus irgend welchen physikalischen Gründen verhindert, sich in dieser Richtung zu bewegen, ist ihm vielmehr eine andere Richtung s vorgeschrieben, so erfolgt die Bewegung so, als ob nur die s-Komponente $K_s = K \cos(d, s)$ vorhanden wäre, d. h. als ob nur eine Kraft K wirke, die den Betrag K_s und die Richtung s besitzt.

Die Kraft K besitzt also, wie ein Vektor, für jede Richtung im betrachteten Punkt einen eigenen Wert $K_s = K \cos(d, s)$.

Andere Vektoren sind z. B. die Verschiebung, die Geschwindigkeit (Verschiebung pro Zeiteinheit), Beschleunigung eines Punktes (vgl. § 18). Ferner das elektrische und magnetische Feld. (vgl. § 31.)

6. Bei der Verschiebung und damit bei der Geschwindigkeit scheint der Betrag dieser Vektoren allerdings eine prinzipiell hervorragende Rolle unter den Komponenten zu spielen. Die Richtung d des Betrages ist nämlich hier die, in der wir mit unseren Sinnen die Veränderung ablaufen sehen.

Aber auch hier sind wir befugt diese Sinnenwirkung als eine rein äußerliche Tatsache anzusehen, die mit einer theoretischen Definition des Vektors „Verschiebung" nichts zu tun hat. Ein gewisses Gefühl dafür lebt sogar in uns. Wenn wir einen Berg von 1000 m erstiegen haben, werden wir sagen, wir sind 1000 m hoch gestiegen. Daß wir uns in Wahrheit viel weiter „verschoben" haben, sagen wir nicht, ja es geht uns dafür der Begriff meist überhaupt ab. Wir rechnen also hier nur mit der Vertikalkomponente der Verschiebung und empfinden nur diese.

Natürlich ist diese Vorstellung des Vektors, als das System seiner Komponenten, durch nichts bindend gefordert. Man darf immer den Betrag als den Vektor, die Komponenten als untergeordnete, oder besser abgeleitete Funktionen auffassen. Für quantitative Rechnungen sind beide Vorstellungen gleichwertig, wie das Folgende zeigt.

7. Nach der Definition 2 ist ein Vektor $\mathfrak{A}$ an einem Punkt P bekannt, wenn man für jede Richtung seine Komponente kennt. Zu dieser Kenntnis aber genügen drei Angaben. Das folgt z. B. aus der geometrischen Kugeldarstellung. Eine Kugel ist durch vier Punkte gegeben. P ist aber immer ein Punkt der Kugel, wir brauchen also nur noch drei Punkte, etwa die Endpunkte von drei in vorgeschriebenen Richtungen, z. B. parallel den Koordinatenachsen, gelegenen Sehnen. Oder aber wir brauchen die Durchmesserlänge A und deren Richtung, die zwei Daten erfordert. Letzteres sagt aus:

Die Kenntnis des Betrages nach Richtung und Größe genügt also, den ganzen Vektor bekannt zu machen.

8. Daraus folgt, daß der Betrag als Länge in der Richtung d aufgetragen, ein ausreichendes Bild für die Eigenschaften des Vektors darstellt und die Folgerungen aus der Definition 1 behalten ihre praktische Bedeutung, wenn man unter dem dort auftretenden A den Betrag des Vektors $\mathfrak{A}$ versteht.

§ 3. Vektoraddition.

1. Unter der geometrischen oder vektoriellen Summe zweier Vektoren $\mathfrak{A}_1$, $\mathfrak{A}_2$ verstehen wir diejenige Funktion, deren Komponente A_s in jeder Richtung s, eines Punktes P als die Summe der Komponenten der beiden Einzelvektoren zu berechnen ist, also

$$A_s = A_{1s} + A_{2s}.$$

Natürlich kann man nur „gleichartige" Vektoren addieren, also Kräfte untereinander, oder Geschwindigkeiten untereinander. Führen wir das geometrisch aus, so heißt das (Fig. 3)[1]: die Projektion Pa_1 von Pa soll an die Projektion Pb_1 von Pb angetragen werden. Wenn wir nun bc gleich und parallel Pa ziehen, so wird die Projektion b_1c_1 von bc gleich Pa_1 und $Pc_1 = Pa_1 + Pb_1$, also Pc_1 das Symbol

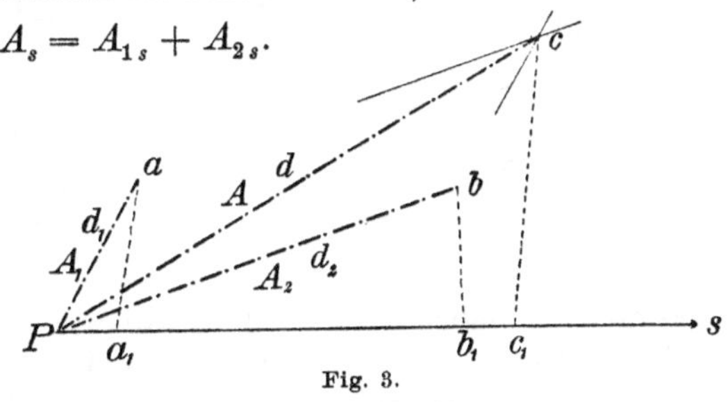

Fig. 3.

[1]) Die Figur ist perspektivisch gedacht. Die Punkte P, a, b, c, s liegen also nicht in einer Ebene.

von A_s. Es ist aber Pc_1 auch die Projektion der von s unabhängigen Linie Pc, die wir als Symbol einer Größe A auffassen wollen; also ist für jede Richtung s

$$A_s = A \cdot \cos(d, s),$$

woraus folgt, daß $A_s = A_{1s} + A_{2s}$ wieder die charakteristischen Eigenschaften der s-Komponente eines Vektors hat. Dessen Betrag A und seine Richtung d stehen zu A_1, d_1, und A_2, d_2, in derselben Beziehung, wie die Diagonale eines Parallelogramms zu dessen Seiten. Wir nennen den Vektor $\mathfrak{A}$, dessen s-Komponente $A_s = A_{1s} + A_{2s}$ ist, die geometrische Summe oder Vektorsumme von $\mathfrak{A}_1$ und $\mathfrak{A}_2$ und schreiben, als Symbol der genannten Operation

$$\mathfrak{A} = \mathfrak{A}_1 + \mathfrak{A}_2.$$

2. Wie sich in der geometrischen Darstellung durch Kugelsehnen die Vektoraddition gestalten würde, zeigt die Fig. 4. Die Kugeln $\mathfrak{A}_1$ und $\mathfrak{A}_2$ stellen die zu addierenden Vektoren dar, $\mathfrak{A}$ (gestrichelt gezeichnet) die Summe. Die Kugel $\mathfrak{A}$ erhält man, wenn man in einer beliebigen Richtung s die Sehnenabschnitte PH, PJ aneinanderträgt bis K. Macht man das für alle Richtungen von P aus, so müssen die K eine Kugelfläche erfüllen. In der Richtung s_1 fällt die Komponente A_{1s} negativ aus, es muß also der absolute Wert von A_{1s_1} von dem von A_{2s_1} subtrahiert werden. In gewissen Richtungen (l) sind die Komponenten des Vektors $\mathfrak{A}_1$ gleich Null. Hier schneidet die Kugel $\mathfrak{A}$ die Kugel $\mathfrak{A}_2$. Diese Richtungen erhält man, wenn man an P zur Kugel $\mathfrak{A}_1$ eine Tangentialebene legt; denn für jede Richtung dieser Ebene ist $\cos(d_1, s) = 0$. Diese Tangentialebene schneidet aus $\mathfrak{A}_2$ einen Kreis heraus, der nun auch der Schnittkreis von $\mathfrak{A}$ und $\mathfrak{A}_2$ ist. Analoges gilt für den Schnittkreis von $\mathfrak{A}$ und $\mathfrak{A}_1$. Diese beiden Schnittkreise können daher zur Konstruktion der Kugel $\mathfrak{A}$ verwendet werden.

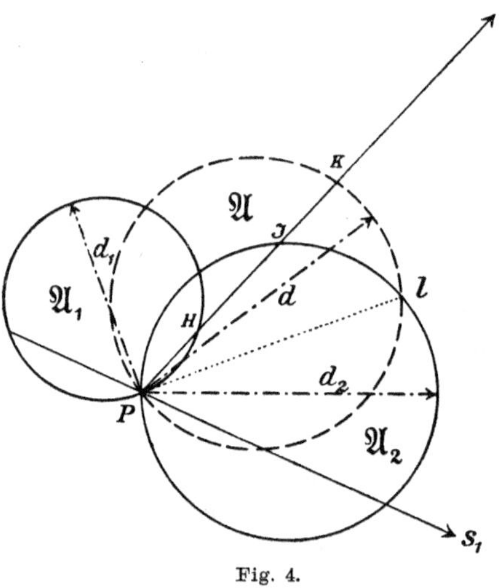

Fig. 4.

3. Ein einfacheres Bild aber erhält man durch graphische Darstellung der Beträge (§ 2, 8). Die Summe $\mathfrak{A} = \mathfrak{A}_1 + \mathfrak{A}_2$ bedeutet graphisch, daß die Beträge A_1 und A_2 als Seiten eines Parallelogramms nach ihren Richtungen und Längen aufgezeichnet werden sollen und die Diagonale dieses Parallelogramms durch ihre Länge und Richtung den Betrag A des Vektors $\mathfrak{A}$ repräsentieren soll. „Parallelogrammgesetz".[1])

4. Erweiterung des Begriffs „geometrische Summe". Eine dreigliedrige Summe von Vektoren

$$\mathfrak{A} = \mathfrak{A}_1 + \mathfrak{A}_2 + \mathfrak{A}_3$$

ist so zu verstehen, daß erst aus A_1 und A_2 ein Parallelogramm gebildet werden soll, dann aus dessen Diagonale $A_{1,2}$ und A_3 wieder eins. Die Diagonale dieses letzteren ist aber identisch mit den Diagonalen des aus A_1, A_2, A_3 gebildeten Parallelepipeds (Fig. 5). „Parallelepipedgesetz". Es läßt sich daraus schließen, daß es gleichgültig ist, welche zwei Vektoren wir zuerst zum Parallelogramm zusammensetzen, daß also:

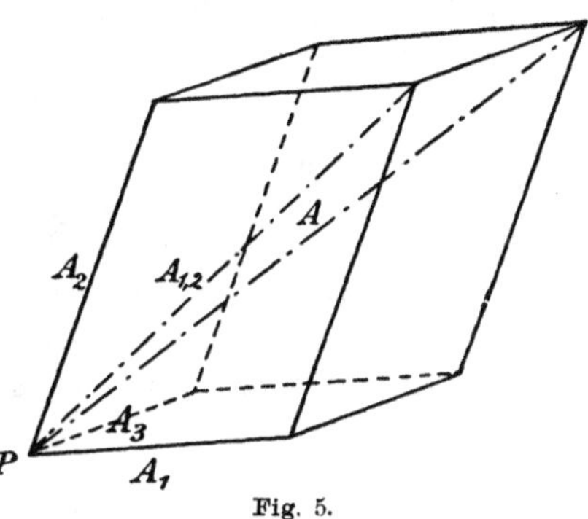

Fig. 5.

$$\mathfrak{A}_1 + \mathfrak{A}_2 + \mathfrak{A}_3 = \mathfrak{A}_2 + \mathfrak{A}_3 + \mathfrak{A}_1 = \mathfrak{A}_3 + \mathfrak{A}_1 + \mathfrak{A}_2$$
$$= \mathfrak{A}_2 + \mathfrak{A}_1 + \mathfrak{A}_3 = \mathfrak{A}_1 + \mathfrak{A}_3 + \mathfrak{A}_2 = \mathfrak{A}_3 + \mathfrak{A}_2 + \mathfrak{A}_1.$$

Weiter können wir schließen, daß wir mit gleichem Erfolg den Vektor A_1 mit den Diagonalen von A_2 und A_3 oder die Diagonale von A_1 und A_2 mit dem Vektor A_3 zu einem Parallelogramm vereinigen können. Also gilt

$$(\mathfrak{A}_1 + \mathfrak{A}_2) + \mathfrak{A}_3 = \mathfrak{A}_1 + (\mathfrak{A}_2 + \mathfrak{A}_3).$$

Somit folgt der

Satz. Es gilt für die geometrische Addition sowohl das kommutative wie das assoziative Gesetz. (Vgl. Bd. I, 2. Aufl. pg. 24, pg. 37.)

5. Stehen die drei Hauptrichtungen der drei Vektoren $\mathfrak{A}_1$, $\mathfrak{A}_2$, $\mathfrak{A}_3$ aufeinander senkrecht, so wird das Parallelepiped rechtwinklig. Dann wird der Betrag von $\mathfrak{A}$ so ausfallen, daß die Beträge A_1, A_2, A_3 seine Projektionen sind. Daraus folgt, daß wir die Komponenten A_x, A_y, A_z als die Beträge dreier neuer Vektoren $\mathfrak{A}^{(x)}$, $\mathfrak{A}^{(y)}$, $\mathfrak{A}^{(z)}$ ansehen können, die sich vektoradditionel zum Vektor $\mathfrak{A}$ zusammensetzen.

6. Die Parallelogramm- und Parallelepipeddarstellungen lehren, daß man bei vorgegebenem Vektor $\mathfrak{A}$ immer zwei oder auch drei Vektoren $\mathfrak{A}_1$, $\mathfrak{A}_2$, oder $\mathfrak{A}_1$, $\mathfrak{A}_2$, $\mathfrak{A}_3$ finden kann, die additionel gerade den Vektor $\mathfrak{A}$ liefern; das geht sogar auf unendlich vielfache Weise. Man darf deshalb noch drei willkürliche, nicht in einer Ebene

1) Auf den speziellen Kraftvektor angewandt, heißt das Gesetz, das „Gesetz vom Parallelogramm der Kräfte."

liegende Richtungen vorschreiben, in die die Hauptrichtungen der drei Vektoren $\mathfrak{A}_1$, $\mathfrak{A}_2$, $\mathfrak{A}_3$ fallen sollen. Dann wird die Lösung eindeutig; denn man kann aus drei vorgeschriebenen Richtungen als Kantenrichtung, einer Richtung und einer Länge als Diagonalenrichtung und -Länge immer ein und nur ein Parallelepiped konstruieren.

7. Es ist nicht nötig, das Parallelogramm für je zwei Vektoren vollständig auszuzeichnen. Es genügt, wenn man an die den Vektorbetrag A_1 repräsentierende Länge die den Betrag A_2 repräsentierende in ihrer Richtung anlegt und P mit dem Endpunkt D_2 dieser Länge A_2 verbindet. Hat man einen dritten Vektor $\mathfrak{A}_3$ zu addieren, so ist auch diese Verbindungslinie PD_2 nicht nötig; man kann den Betrag A_3 nach seiner Richtung an D_2 antragen und erst seinen Endpunkt D_3 mit P verbinden. Es ist dann PD_3 der Repräsentant des Betrages von $\mathfrak{A}$. Hat man einen vierten, fünften usw. Vektor zu addieren, so kann man, wie bei dreien fortfahren. Ihre Beträge in ihren Richtungen in beliebiger Reihenfolge aneinander getragen bilden einen Linienzug[1]), und die Verbindungslinie von P mit dem Endpunkt D des letzten Betrages schließt diesen Linienzug zum Polygon. Es ist $\overline{PD}$ der Repräsentant der Summe $\mathfrak{A}$ der Vektoren $\mathfrak{A}_1, \mathfrak{A}_2, \ldots, \mathfrak{A}_n$. $\mathfrak{A}$ heißt auch der „resultierende" Vektor oder die „Resultante".

8. Da man in der Summe

$$\mathfrak{A} = \mathfrak{A}_1 + \mathfrak{A}_2 + \mathfrak{A}_3 + \mathfrak{A}_4 + \cdots + \mathfrak{A}_n$$

auf je drei aufeinanderfolgende der Summanden das assoziative und das kommutative Gesetz anwenden kann, so folgt durch wiederholte Anwendung, daß man es allgemein auf alle Summanden anwenden kann (wie in Bd. I, § 9).

9. Wenn sich der Linienzug der $\mathfrak{A}_1, \mathfrak{A}_2, \ldots, \mathfrak{A}_n$ selbst zum Polygon schließt, ist

$$\mathfrak{A} = 0.$$

Wenn mehrere Vektoren gleiche oder entgegengesetzte Hauptrichtungen haben, so wird aus der geometrischen Summe eine algebraische Summe der Beträge; denn der Linienzug fällt ganz in eine Gerade. Die Vektoren heißen in diesem Falle „kollinear". Die Resultante ist mit den Summanden kollinear.

Wenn mehrere Vektoren ihren Hauptrichtungen nach in dieselbe Ebene fallen, so fällt die Resultante in dieselbe Ebene; denn das Polygon der Beträge wird ein ebenes Gebilde. Das Parallelepiped

1) Es sei darauf hingewiesen, daß die Vektoren $\mathfrak{A}_1, \mathfrak{A}_2, \ldots$ die addiert werden sollen, die zur Addition verwandten Werte im Punkte P besitzen. Die Längen $A_1, A_2, \ldots$ werden aber eine am Endpunkt der anderen angetragen, also an Orten, an denen sie gar keine Gültigkeit mehr haben. Man kann den mathematischen Zeichenraum vom physikalischen Raum unterscheiden. (Vgl. Bd. I 2. u. 3. Aufl. § 51,2.)

dreier Vektoren wird dann so beschaffen, wie es in der Zeichenebene aussieht (Fig. 5). Die Vektoren heißen in diesem Falle „komplanar".

10. Ist $\mathfrak{A}$ die vektorielle Summe der n Summanden $\mathfrak{A}_1, \mathfrak{A}_2, \cdots, \mathfrak{A}_n$, so ist jede s-Komponente gleich der algebraischen Summe der s-Komponenten der Summanden

$$A_s = A_{1s} + A_{2s} + A_{3s} + \cdots + A_{ns};$$

denn dadurch war, zunächst für zwei Vektoren, der Begriff der geometrischen Summe definiert. Da die mehrgliedrige Summe aber nur eine wiederholte zweigliedrige Summe ist, so ändert sich an dieser Definition nichts, wenn wir weitere Summanden zufügen.

Aus dem vorhergehenden folgt, daß man einen Vektor $\mathfrak{A}$ umgekehrt immer als eine geometrische Summe beliebig vieler Vektoren ansehen kann, und zwar kann, wenn von den Summanden nichts weiteres verlangt wird, die Zerlegung auf unendlich vielfache Weise geschehen. Da ein Vektor durch drei Daten gegeben ist, so müßte man, um die Zerlegung eindeutig zu haben, für jeden Summanden drei Gleichungen, also bei n Summanden $3n$ Gleichungen haben. Da der resultierende Vektor selber durch drei Daten charakterisiert ist, so hat man aber nur drei voneinander unabhängige Gleichungen; z. B.

$$\begin{aligned} A_x &= A_{1x} + A_{2x} + A_{3x} + \cdots + A_{nx} \\ A_y &= A_{1y} + A_{2y} + A_{3y} + \cdots + A_{ny} \\ A_z &= A_{1z} + A_{2z} + A_{3z} + \cdots + A_{nz}, \end{aligned}$$

und es dürfen noch $3n - 3 = 3(n-1)$ Vorschriften gemacht werden bis die n Summanden eindeutig bestimmt sind. Dann folgt auch das in Nr. 6 Gesagte.

11. Geometrische Differenz. Aus dem Begriff „geometrische Summe" läßt sich leicht der Begriff „geometrische Differenz" ableiten.

Verstehen wir unter $-\mathfrak{A}$ einen Vektor, der mit $\mathfrak{A}$ spiegelbildlich identisch, dessen s-Komponente also (bei beliebiger Richtung s) immer gleich und entgegengesetzt der s-Komponente von $\mathfrak{A}$ ist, so müssen wir logischer Weise definieren

$$\mathfrak{A}_1 - \mathfrak{A}_2 = \mathfrak{A}_1 + (-\mathfrak{A}_2),$$

und

$$\mathfrak{A} = \mathfrak{A}_1 - \mathfrak{A}_2$$

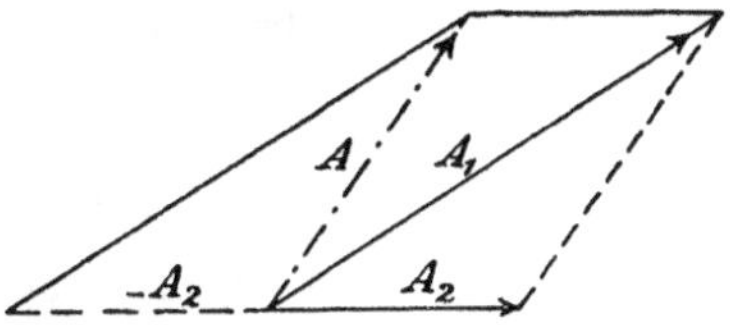

ist der Vektor, dessen Betrag A (Fig. 6) die Diagonale des Parallelogramms aus dem Betrag A_1 und dem zu A_2 entgegengesetzten Betrage ist. Diese Definition rechtfertigt sich weiterhin dadurch, daß aus ihr folgt

Fig. 6.

$$\mathfrak{A}_1 = \mathfrak{A} + \mathfrak{A}_2,$$

d. h. A_1 ist die Diagonale des Parallelogramms aus A und A_2 (siehe Fig. 6), entsprechend den Gesetzen der algebraischen Differenz.

12. Multiplikation von Vektoren mit Skalaren.

Ist a eine skalare Größe, benannt oder unbenannt, so wollen wir unter

$$\mathfrak{B} = a\mathfrak{A}_s$$

einen Vektor verstehen, dessen Komponenten das a fache der Komponenten von $\mathfrak{A}$ sind, also für den

$$B_s = aA_s.$$

Da $A_s = A \cos(A, s)$, so folgt, wenn man $aA = B$ nennt,

$$B_s = B \cos(A, s).$$

Es hat also in der Tat $\mathfrak{B}$ die Eigenschaften eines Vektors, und zwar eines mit $\mathfrak{A}$ kollinearen Vektors.

Graphisch können wir den Zusammenhang zwischen $\mathfrak{B}$ und $\mathfrak{A}$ etwa dadurch darstellen, daß wir die den Betrag B repräsentierende Länge a mal so groß wählen, als die von A. Bindend ist das aber nicht, und manchmal vielleicht ganz überflüssig, da $\mathfrak{B}$ oft ein Vektor ganz anderer Art ist, als $\mathfrak{A}$.

13. Wenn alle Summanden einer geometrischen Summe mit demselben Faktor a multipliziert werden, so wird auch der resultierende Vektor dadurch um das a fache größer. Ist

$$\mathfrak{A} = \mathfrak{A}_1 + \mathfrak{A}_2 + \mathfrak{A}_3 + \cdots + \mathfrak{A}_n,$$

dann heißt das, es ist für jede beliebige Richtung s

$$A_s = A_{1s} + A_{2s} + A_{3s} + \cdots + A_{ns},$$

was eine gewöhnliche algebraische Summe ist. Ist nun

$$\mathfrak{B}_1 = a\mathfrak{A}_1; \quad \mathfrak{B}_2 = a\mathfrak{A}_2; \ \ldots$$

so ist

$$B_{1s} = aA_{1s}; \quad B_{2s} = aA_{2s}; \ \ldots.$$

Ist weiter

$$\mathfrak{B} = \mathfrak{B}_1 + \mathfrak{B}_2 + \mathfrak{B}_3 + \cdots + \mathfrak{B}_n,$$

so ist wieder für jede Richtung s:

$$\begin{aligned} B_s &= B_{1s} + B_{2s} + B_{3s} + \cdots + B_{ns} \\ &= aA_{1s} + aA_{2s} + aA_{3s} + \cdots + aA_{ns}, \end{aligned}$$

und da diese Summe eine rein algebraische ist, so folgt

$$B_s = a(A_{1s} + A_{2s} + A_{3s} + \cdots + A_{ns}) = aA_s$$

gültig für jede Richtung s. Das ist aber die Definition des Produktes

$$\mathfrak{B} = a\mathfrak{A},$$

womit der Satz bewiesen ist.

§ 4. Einige weitere Vektoren in der Physik.

1. Eigenartige Vektoren sind die, auf Drehungen sich beziehenden Ortsfunktionen, wie Winkelgeschwindigkeit, Winkelbeschleunigung (§ 22) und Drehmoment (§ 22, § 15 (9)). Die Richtung dieser Vektoren ist die positive Drehachse. Ähnlich wie diese Vektoren verhalten sich die, in der Elektrodynamik besonders auftretenden Linienintegrale von Vektoren

$$\int\limits_s A_s ds,$$

wenn wir sie auf die Umrandung einer unendlich kleinen Flächeneinheit beziehen. Man nennt dieses Integral dann die Rotation oder den Curl des Vektors $\mathfrak{A}$ (§ 44, 14, Anmerkg. 1). Ist s die Umrandung von q so wird

$$\mathrm{rot}_n \mathfrak{A} = \lim_{q=0} \frac{1}{q} \int\limits_s A_s ds.$$

2. Daß die so definierte Größe als die Komponente eines Vektors aufgefaßt werden muß, die in der Richtung der positiven Drehachse des Integrationsweges s fällt, lehrt die Physik an vielen Stellen. Hier nur ein Beispiel. In § 44, 13, Gl. (7) steht

$$\int\limits_0 H_s ds = \frac{1}{c} \sum J,$$

wo J die Summe aller, die Kurve s oder ihre Fläche q durchsetzenden Ströme bedeutet. Ist J stetig im Raum verteilt, so fließt durch ein zu J normales Flächenelement $d\sigma$ der Strom

$$J = i\, d\sigma,$$

und i heißt die Strömung oder Stromdichte. Wird q unendlich klein, so wird $d\sigma = q \cos(n, i)$ wenn n die Normale zu q ist, positiv gerechnet im Sinn der positiven Drehachse zu s. Demnach wird

$$\mathrm{rot}_n H = \lim \frac{1}{q} \int H_s ds = \frac{1}{c} \cdot i \cos(ni) = \frac{i_n}{c}$$

also gleich der n-Komponente des Vektors i/c, und somit selbst die n-Komponente eines Vektors rot H. Dieser Vektor rot $\mathfrak{A}$ hat die Eigentümlichkeit, daß, wenn man ihn durch Kraftlinien darstellt (wie in § 32 die Polarisation), diese Kraftlinien nirgends Anfangs- und Endpunkte haben, sondern alle in sich selbst zurücklaufen. Er selber verschwindet überall, wenn $\mathfrak{A}$ keine in sich zurücklaufenden Kraftlinien besitzt, d. h. wenn $\mathfrak{A}$ ein Potentialvektor ist (vgl. § 38, 7, wo

E ein Potentialvektor); denn dann ist $\int_s A_s\,ds = 0$ für jede geschlossene Linie s.

3. Eine ebene Fläche Q kann als Vektor angesehen werden, der die Richtung der Normalen n der Fläche hat; denn dann ist ihre Projektion auf eine Fläche mit der Normalen l, die „scheinbare Größe" von l aus gesehen,

$$Q_l = Q \cos (l\,n);$$

Q_l spielt also die Rolle der l-Komponente. Ein Richtungssinn der Normalen n muß als positiv angenommen werden. Dann gibt es auch negative Flächen, was sich bei Summation von Flächenstücken unter Umständen zweckmäßig erweist.

§ 5. Asymmetrische und symmetrische Tensoren.

Wir definieren im Folgenden eine Art der Orts-Richtungsfunktionen höherer Ordnung, die wir als „asymmetrische Tensoren" bezeichnen wollen. In der Physik findet bisher nur ein symmetrischer Tensor Verwendung (vgl. Nr. 30), dessen Gesetze aber durch Spezialisierung aus denen des asymmetrischen hervorgehen.

1. Einem asymmetrischen Tensor[1]) ϱ schreiben wir folgende Eigenschaften zu:

Es sind ihm an jedem Punkte P des Raumes drei sich im allgemeinen schiefwinklig durchschneidende Achsen a, b, c eigentümlich, die „Hauptachsen" des Tensors. Jeder dieser Achsen ist ein Zahlenwert ϱ_a, ϱ_b, ϱ_c zugeordnet, mit oder ohne Benennung, je nach der speziellen physikalischen Bedeutung des Tensors. Diese Werte sollen die Konstituenten des Tensors heißen. Mit einem Richtungs*sinn* der Achsen (§ 1, 3.) haben diese Konstituenten nichts zu tun; d. h. sie wechseln ihre Werte nicht, wenn man a mit $-a$ usw. vertauscht.

Ist das Achsensystem a, b, c ein orthogonales, so soll der Tensor ein „symmetrischer" oder „orthogonaler", im anderen Falle ein „asymmetrischer" heißen.

In die Definition des Tensors hinein wollen wir noch die Tatsache aufnehmen, daß er am Punkte P in jeder Hinsicht eindeutig

1) Der Begriff „Tensor" stammt von W. Voigt (vgl. „Die fundamentalen Eigenschaften der Krystalle", Leipzig 1898, pg. 20 u. f., Ann. d. Phys. Bd. 5, 1901, pg. 241. Nachr. d. K. Ges. d. Wiss. zu Göttingen 1904. Math. phys. Klasse), der den Namen Tensor aber auf den in der Physik allein gebräuchlichen symmetrischen Tensor mit sechs Komponenten anwendet. In ganz anderer Weise greift Gibbs (Vector-Analysis by E. B. Wilson, London 1901, Kap. V) das Problem des Tensor-Vektorproduktes an. An Stelle des Tensors tritt bei Gibbs ein Operator, die „Dyas" oder das „unbestimmte Produkt" resp. eine Summe von solchen, das „dyadische Polynom" auf, ähnlich wie in Nr. 23.

bekannt ist, wenn man die drei Richtungen a, b, c und die drei Konstituenten $\varrho_a, \varrho_b, \varrho_c$ kennt. Da eine Richtung l durch zwei Daten bekannt gemacht wird, z. B. durch die zwei Winkel, die sie mit der x- und mit der y-Achse eines Koordinatensystems bildet (§ 1, 6), so ist also zur Kenntnis eines asymmetrischen Tensors die Angabe von neun Daten erforderlich und ausreichend.

2. Die physikalische Verwertung eines Tensors soll im folgenden klar gelegt werden, wobei sich gleichzeitig rechnerische Gesetze ergeben.

Seine wichtigste Bedeutung liegt in der Bildung einer mathematischen Operation, die wir das Tensor-Vektor-Produkt $\mathfrak{B}$ aus dem Tensor ϱ und einem Vektor $\mathfrak{A}$ nennen wollen. Als Symbol dieser Operation schreiben wir,

$$\mathfrak{B} = \{\varrho \cdot \mathfrak{A}\},$$

wo $\mathfrak{B}$ wieder einen Vektor bedeutet.

Diese Produktbildung soll nach folgenden Gesetzen erfolgen. Der Vektor $\mathfrak{A}$ im Punkte P (Fig. 7) wird in eine geometrische Summe dreier Vektoren zerlegt, deren je einer eine der Richtungen a, b, c als Richtung seines Betrages hat. Das ist in eindeutiger Weise möglich (§ 3, 6). Es wird, geometrisch summiert,

$$(1) \qquad \mathfrak{A} = \mathfrak{A}^{(a)} + \mathfrak{A}^{(b)} + \mathfrak{A}^{(c)},$$

wo $\mathfrak{A}^{(a)}, \mathfrak{A}^{(b)}, \mathfrak{A}^{(c)}$ nicht die Komponenten von $\mathfrak{A}$ nach den drei Richtungen a, b, c sind, sondern neue in diese Richtungen fallende Vektoren, deren Beträge durch die Kantenlängen des Parallelepipeds Fig. 7 dargestellt werden. Es ist z. B. die Komponente von $\mathfrak{A}$ in der Richtung a:

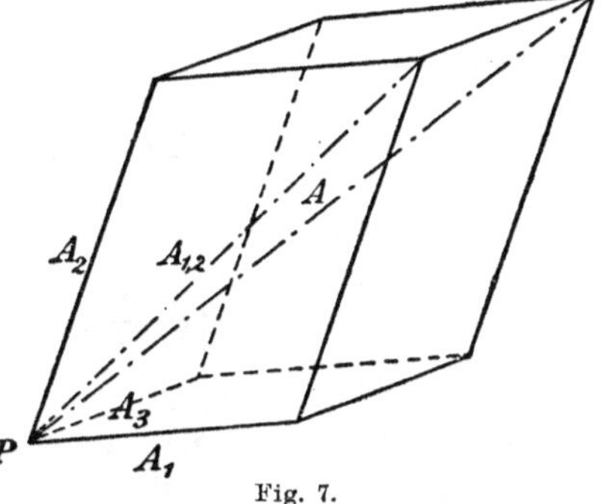

Fig. 7.

$$A_a = A^{(a)} + A^{(b)} \cos(ba) + A^{(c)} \cos(ca),$$

wenn $A^{(a)}$ der Betrag des Vektors $\mathfrak{A}^{(a)}$ ist, usw. Nur in dem Falle, daß die Achsen a, b, c senkrecht zueinander stehen, d. h. wenn der Tensor symmetrisch ist, sind die Beträge von $\mathfrak{A}^{(a)}, \mathfrak{A}^{(b)}, \mathfrak{A}^{(c)}$ gleich den Komponenten A_a, A_b, A_c.

Aus den Vektoren $\mathfrak{A}^{(i)}$ bildet man nun drei neue Vektoren von gleichen Richtungen, nämlich

$$(2) \qquad \mathfrak{B}^{(a)} = \varrho_a \mathfrak{A}^{(a)}; \quad \mathfrak{B}^{(b)} = \varrho_b \mathfrak{A}^{(b)}; \quad \mathfrak{B}^{(c)} = \varrho_c \mathfrak{A}^{(c)},$$

worin die Tensorkonstituenten $\varrho_a, \varrho_b, \varrho_c$ die Rollen je eines skalaren

Faktors spielen. Aus den Vektoren $\mathfrak{B}^{(i)}$ bildet man dann weiter durch geometrische Addition den gesuchten Vektor $\mathfrak{B}$, also

$$\mathfrak{B} = \mathfrak{B}^{(a)} + \mathfrak{B}^{(b)} + \mathfrak{B}^{(c)} = \{\varrho \cdot \mathfrak{A}\}. \tag{3}$$

3. Vektoranalytisch heißt $\mathfrak{B}$ eine „homogene lineare Vektorfunktion" des Vektors $\mathfrak{A}$. Sie hat nämlich mit den „homogenen linearen Funktionen" der Algebra das gemein, daß, wenn man die beschriebene Operation statt auf einen Vektor $\mathfrak{A}$, auf eine Vektorsumme $\mathfrak{A}_1 + \mathfrak{A}_2$ anwendet, das Resultat ebenso ausfällt, als wenn man sie auf $\mathfrak{A}_1$ und $\mathfrak{A}_2$ einzeln anwendet, und die Resultate geometrisch addiert. Es wird

$$\begin{gathered} \{\varrho \cdot (\mathfrak{A}_1 + \mathfrak{A}_2)\} = \{\varrho \cdot \mathfrak{A}_1\} + \{\varrho \cdot \mathfrak{A}_2\}; \\ \{\varrho \cdot (\mathfrak{A}_1 + \mathfrak{A}_2 + \mathfrak{A}_3 + \cdots)\} = \{\varrho \cdot \mathfrak{A}_1\} + \{\varrho \cdot \mathfrak{A}_2\} + \{\varrho \cdot \mathfrak{A}_3\} + \cdots, \end{gathered} \tag{4}$$

ebenso wie eine homogene lineare Funktion der Bedingung genügt

$$f(x_1 + x_2 + x_3 + \cdots) = f(x_1) + f(x_2) + f(x_3) + \cdots.$$

Läßt man in (4) $\mathfrak{A}_1 = \mathfrak{A}_2 = \mathfrak{A}_3 = \cdots$ werden, so folgt daraus für ganzzahlige n

$$\{\varrho \cdot n\mathfrak{A}\} = n\{\varrho \cdot \mathfrak{A}\}. \tag{5}$$

Setzt man weiter $n\mathfrak{A} = \mathfrak{A}'$; $\mathfrak{A} = \frac{1}{n}\mathfrak{A}'$, so wird hieraus

$$\frac{1}{n}\{\varrho\,\mathfrak{A}'\} = \left\{\varrho \cdot \frac{1}{n}\mathfrak{A}'\right\};$$

und hierauf wieder Gleichung (5) mit einem anderen Zahlenfaktor m angewandt, gibt

$$\left\{\varrho \cdot \frac{m}{n}\mathfrak{A}'\right\} = \frac{m}{n}\{\varrho \cdot \mathfrak{A}'\}$$

d. h. die Gleichung (5) gilt auch für gebrochene n. Es ließe sich auch der Übergang zu irrationalen Vielfachen durch Einschließen in rationale Grenzen (Bd. I, 2. Aufl. § 33) erreichen.

4. Um das Tensor-Vektorprodukt durch die Komponenten von $\mathfrak{A}$ und $\mathfrak{B}$ in rechtwinkligen Koordinaten darzustellen, führen wir die Richtungskosinus der Achsen a, b, c entsprechend nebenstehendem Schema ein, das bedeutet, es ist z. B. der Kosinus des Winkels zwischen y und c gleich γ_2. Es gilt (Bd. II, 2. Aufl., pg. 578) (Bd. III, § 1, 10. Gl. (6)) zwar

	x	y	z
a	α_1	α_2	α_3
b	β_1	β_2	β_3
c	γ_1	γ_2	γ_3

$$\alpha_i^2 + \beta_i^2 + \gamma_i^2 = 1; \qquad i = 1, 2, 3$$

aber

$$\varphi_1^2 + \varphi_2^2 + \varphi_3^2 = 1; \qquad \varphi = \alpha, \beta, \gamma,$$

und es wird

$$\begin{aligned} A_x &= \alpha_1 A^{(a)} + \beta_1 A^{(b)} + \gamma_1 A^{(c)} \\ A_y &= \alpha_2 A^{(a)} + \beta_2 A^{(b)} + \gamma_2 A^{(c)} \\ A_z &= \alpha_3 A^{(a)} + \beta_3 A^{(b)} + \gamma_3 A^{(c)}. \end{aligned} \tag{6}$$

Die Determinante dieses Gleichungensystems ist

$$D = \begin{vmatrix} \alpha_1 & \alpha_2 & \alpha_3 \\ \beta_1 & \beta_2 & \beta_3 \\ \gamma_1 & \gamma_2 & \gamma_3 \end{vmatrix}.$$

Dann folgt durch Auflösen der Gleichungen (6) (Bd. I, pg. 138, Gl. (14)):

$$\begin{aligned} A^{(a)} &= \bar{\alpha}_1 A_x + \bar{\alpha}_2 A_y + \bar{\alpha}_3 A_z \\ A^{(b)} &= \bar{\beta}_1 A_x + \bar{\beta}_2 A_y + \bar{\beta}_3 A_z \\ A^{(c)} &= \bar{\gamma}_1 A_x + \bar{\gamma}_2 A_y + \bar{\gamma}_3 A_z, \end{aligned} \tag{7}$$

worin die $\bar{\alpha}_i, \bar{\beta}_i, \bar{\gamma}_i$ nach Bd. I § 44 (3) die Bedeutung haben:

$$\begin{aligned} \bar{\alpha}_1 &= \frac{\beta_2\gamma_3 - \beta_3\gamma_2}{D}, & \bar{\beta}_1 &= \frac{\gamma_2\alpha_3 - \gamma_3\alpha_2}{D}, & \bar{\gamma}_1 &= \frac{\alpha_2\beta_3 - \alpha_3\beta_2}{D} \\ \bar{\alpha}_2 &= \frac{\beta_3\gamma_1 - \beta_1\gamma_3}{D}, & \bar{\beta}_2 &= \frac{\gamma_3\alpha_1 - \gamma_1\alpha_3}{D}, & \bar{\gamma}_2 &= \frac{\alpha_3\beta_1 - \alpha_1\beta_3}{D} \\ \bar{\alpha}_3 &= \frac{\beta_1\gamma_2 - \beta_2\gamma_1}{D}, & \bar{\beta}_3 &= \frac{\gamma_1\alpha_2 - \gamma_2\alpha_1}{D}, & \bar{\gamma}_3 &= \frac{\alpha_1\beta_2 - \alpha_2\beta_1}{D}. \end{aligned}$$

Relationen der Koeffizienten $\alpha_i, \beta_i, \gamma_i$; $\bar{\alpha}_i, \bar{\beta}_i, \bar{\gamma}_i$.

5. Für die $\alpha_i, \beta_i, \gamma_i$ gelten die in Bd. II, pg. 578, 579 gegebenen Relationen (3), (5).

$$\begin{aligned} \varphi_1^2 + \varphi_2^2 + \varphi_3^2 &= 1 \qquad \varphi = \alpha, \beta, \gamma \\ \alpha_1\beta_1 + \alpha_2\beta_2 + \alpha_3\beta_3 &= \cos(a, b) \\ \beta_1\gamma_1 + \beta_2\gamma_2 + \beta_3\gamma_3 &= \cos(b, c) \\ \gamma_1\alpha_1 + \gamma_2\alpha_2 + \gamma_3\alpha_3 &= \cos(c, a); \end{aligned}$$

weitere Relationen aber gelten nicht, wenn nicht a, b, c sich orthogonal schneiden.

Es wird nach dem Multiplikationssatz Bd. I, pg. 192, Gl. (14):

$$D^2 = \begin{vmatrix} \alpha_1^2 + \alpha_2^2 + \alpha_3^2, & \beta_1\alpha_1 + \beta_2\alpha_2 + \beta_3\alpha_3, & \gamma_1\alpha_1 + \gamma_2\alpha_2 + \gamma_3\alpha_3 \\ \alpha_1\beta_1 + \alpha_2\beta_2 + \alpha_3\beta_3, & \beta_1^2 + \beta_2^2 + \beta_3^2, & \gamma_1\beta_1 + \gamma_2\beta_2 + \gamma_3\beta_3 \\ \alpha_1\gamma_1 + \alpha_2\gamma_2 + \alpha_3\gamma_3, & \beta_1\gamma_1 + \beta_2\gamma_2 + \beta_3\gamma_3, & \gamma_1^2 + \gamma_2^2 + \gamma_3^2 \end{vmatrix},$$

$$D^2 = \begin{vmatrix} 1 & \cos(b, a) & \cos(c, a) \\ \cos(a, b) & 1 & \cos(c, b) \\ \cos(a, c) & \cos(b, c) & 1 \end{vmatrix}.$$

D ist der Eckensinus des sphärischen Dreiecks aus a, b, c (Bd. II, 2. Aufl. § 42, pg. 365, § 101), also

$$\begin{aligned} D^2 &= 1 - \cos^2(a,b) - \cos^2(b,c) - \cos^2(c,a) + 2\cos(a,b)\cos(b,c)\cos(c,a) \\ &= \sin^2(c,a)\sin^2(a,b)\sin^2\vartheta_a = \sin^2(a,b)\sin^2(b,c)\sin^2\vartheta_b \\ &= \sin^2(b,c)\sin^2(c,a)\sin^2\vartheta_c, \end{aligned} \tag{a}$$

wenn wir unter ϑ_a, ϑ_b, ϑ_c die Winkel des sphärischen Dreiecks verstehen, dessen Seiten (a, b), (b, c), (c, a) sind. D kann nur dann verschwinden, wenn die Achsen in eine Ebene fallen, was wir ausschließen.

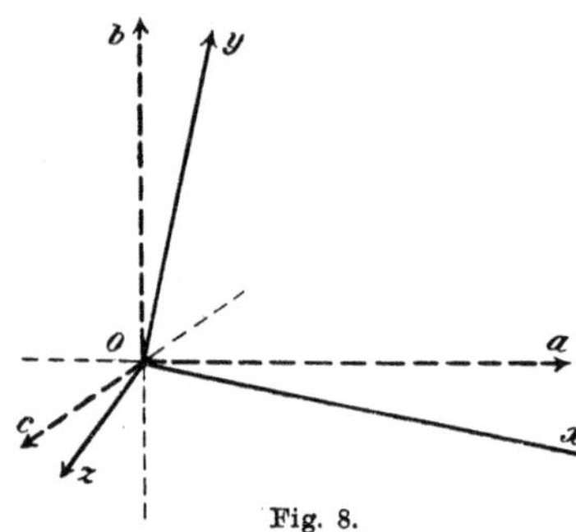

Fig. 8.

6. Es ist also D eine Invariante bezüglich des Koordinatensystems x, y, z, also von der relativen Lage der beiden Achsensysteme a, b, c; x, y, z unabhängig, nur abhängig von den Richtungen a, b, c gegen einander.

Ist

$$a \perp b \perp c \perp a,$$

so wird

$$D^2 = 1$$

gültig für orthogonale Tensoren.

7. Aus der Bedeutung der $\overline{\alpha}_i$, $\overline{\beta}_i$, $\overline{\gamma}_i$ folgt direkt:

$$\text{(b)} \qquad \begin{aligned} \alpha_i \overline{\alpha}_i + \beta_i \overline{\beta}_i + \gamma_i \overline{\gamma}_i &= 1; \qquad i = 1, 2, 3, \\ \varphi_1 \overline{\varphi}_1 + \varphi_2 \overline{\varphi}_2 + \varphi_3 \overline{\varphi}_3 &= 1; \qquad \varphi = \alpha, \beta, \gamma. \end{aligned}$$

Für orthogonale Tensoren ist $a \perp b \perp c \perp a$, also nach (a_1) und § 1, 11. Gl. (10)

$$(b_1) \qquad \varphi_i = \overline{\varphi}_i \quad \varphi = \alpha, \beta, \gamma; \qquad i = 1, 2, 3.$$

Diese Relation folgt auch daraus, daß man die Gleichungen (b) für rechtwinklige Richtungen a, b, c direkt durch Multiplikation mit resp. $\alpha_1, \alpha_2, \alpha_3$ und Addition auflösen kann.

8. Es folgen weiter aus der Determinantentheorie (Bd. I, 2. Aufl., § 59, 5. pg. 190) die 12 Gleichungen

$$\text{(c)} \qquad \begin{aligned} \alpha_i \overline{\alpha}_k + \beta_i \overline{\beta}_k + \gamma_i \overline{\gamma}_k &= 0 \qquad i = 1, 2, 3;\ k = 1, 2, 3;\ i \neq k \\ \varphi_1 \overline{\psi}_1 + \varphi_2 \overline{\psi}_2 + \varphi_3 \overline{\psi}_3 &= 0 \qquad \varphi = \alpha, \beta, \gamma;\ \psi = \alpha, \beta, \gamma;\ \varphi \neq \psi. \end{aligned}$$

9. Es ist

$$D^2 \cdot (\overline{\alpha}_1^{\,2} + \overline{\alpha}_2^{\,2} + \overline{\alpha}_3^{\,2}) = (\beta_2 \gamma_3 - \beta_3 \gamma_2)^2 + (\beta_3 \gamma_1 - \beta_1 \gamma_3)^2 + (\beta_1 \gamma_2 - \beta_2 \gamma_1)^2;$$

addiert man hierzu

$$(\beta_1 \gamma_1)^2 - (\beta_1 \gamma_1)^2 + (\beta_2 \gamma_2)^2 - (\beta_2 \gamma_2)^2 + (\beta_3 \gamma_3)^2 - (\beta_3 \gamma_3)^2,$$

so erhält man

$$\begin{aligned} D^2 (\overline{\alpha}_1^{\,2} + \overline{\alpha}_2^{\,2} + \overline{\alpha}_3^{\,2}) &= (\beta_1^{\,2} + \beta_2^{\,2} + \beta_3^{\,2}) \cdot (\gamma_1^{\,2} + \gamma_2^{\,2} + \gamma_3^{\,2}) - (\beta_1 \gamma_1 + \beta_2 \gamma_2 + \beta_3 \gamma_3)^2 \\ &= 1 - \cos^2 (bc) = \sin^2 (bc); \end{aligned}$$

und allgemein

$$\text{(d)}\qquad \begin{aligned} \bar{\alpha}_1^{\,2} + \bar{\alpha}_2^{\,2} + \bar{\alpha}_3^{\,2} &= \frac{\sin^2(bc)}{D^2} \\ \bar{\beta}_1^{\,2} + \bar{\beta}_2^{\,2} + \bar{\beta}_3^{\,2} &= \frac{\sin^2(ca)}{D^2} \\ \bar{\gamma}_1^{\,2} + \bar{\gamma}_2^{\,2} + \bar{\gamma}_3^{\,2} &= \frac{\sin^2(ab)}{D^2}. \end{aligned}$$

Es gelton aber keine analogen Relationen für $\bar{\alpha}_1^{\,2} + \bar{\beta}_1^{\,2} + \bar{\gamma}_1^{\,2}$. Die Gleichungen (d) zeigen, daß auch $\bar{\varphi}_1^{\,2} + \bar{\varphi}_2^{\,2} + \bar{\varphi}_3^{\,2}$ eine Invariante ist.

10. Es ist ferner

$$\begin{aligned} D^2(\bar{\alpha}_1\bar{\beta}_1 + \bar{\alpha}_2\bar{\beta}_2 + \bar{\alpha}_3\bar{\beta}_3) &= (\beta_2\gamma_3 - \beta_3\gamma_2)(\gamma_2\alpha_3 - \gamma_3\alpha_2) + \cdots + \cdots \\ &\quad + \alpha_1\beta_1\gamma_1^{\,2} - \alpha_1\beta_1\gamma_1^{\,2} + \alpha_2\beta_2\gamma_2^{\,2} - \alpha_2\beta_2\gamma_2^{\,2} + \alpha_3\beta_3\gamma_3^{\,2} - \alpha_3\beta_3\gamma_3^{\,2} \\ &= \cos(bc)\cdot\cos(ca) - \cos(ab), \end{aligned}$$

also allgemein

$$\text{(e)}\qquad \begin{aligned} \bar{\alpha}_1\bar{\beta}_1 + \bar{\alpha}_2\bar{\beta}_2 + \bar{\alpha}_3\bar{\beta}_3 &= \frac{\cos(bc)\cos(ca) - \cos(ab)}{D^2} \\ \bar{\beta}_1\bar{\gamma}_1 + \bar{\beta}_2\bar{\gamma}_2 + \bar{\beta}_3\bar{\gamma}_3 &= \frac{\cos(ca)\cos(ab) - \cos(bc)}{D^2} \\ \bar{\gamma}_1\bar{\alpha}_1 + \bar{\gamma}_2\bar{\alpha}_2 + \bar{\gamma}_3\bar{\alpha}_3 &= \frac{\cos(ab)\cos(bc) - \cos(ca)}{D^2}. \end{aligned}$$

11. Bildet man aus den $\bar{\alpha}_i$ usw. wieder eine Determinante, $\bar{D}$ und deren Unterdeterminanten, und ist

$$\bar{D} = \begin{vmatrix} \bar{\alpha}_1, & \bar{\alpha}_2, & \bar{\alpha}_3 \\ \bar{\beta}_1, & \bar{\beta}_2, & \bar{\beta}_3 \\ \bar{\gamma}_1, & \bar{\gamma}_2, & \bar{\gamma}_3 \end{vmatrix}, \qquad \bar{\bar{\alpha}}_1 = \frac{\bar{\beta}_2\bar{\gamma}_3 - \bar{\beta}_3\bar{\gamma}_2}{\bar{D}}, \qquad \bar{\bar{\beta}}_1 = \text{usw.},$$

so lassen sich für diese Determinanten weitere Gesetzmäßigkeiten finden.

Es wird (vgl. (b) u. (c))

$$\begin{aligned} D\cdot(\bar{\beta}_2\bar{\gamma}_3 - \bar{\beta}_3\bar{\gamma}_2) &= (\gamma_3\alpha_1 - \gamma_1\alpha_3)\bar{\gamma}_3 - (\gamma_1\alpha_2 - \gamma_2\alpha_1)\bar{\gamma}_2 \\ &\quad + \alpha_1\gamma_1\bar{\gamma}_1 - \alpha_1\gamma_1\bar{\gamma}_1 \\ &= \alpha_1(\gamma_1\bar{\gamma}_1 + \gamma_2\bar{\gamma}_2 + \gamma_3\bar{\gamma}_3) - \gamma_1(\alpha_1\bar{\gamma}_1 + \alpha_2\bar{\gamma}_2 + \alpha_3\bar{\gamma}_3) = \alpha_1 \end{aligned}$$

und analog:

$$\text{(f)}\qquad \begin{aligned} &\bar{\beta}_2\bar{\gamma}_3 - \bar{\beta}_3\bar{\gamma}_2 = \frac{\alpha_1}{D}; \quad \bar{\gamma}_2\bar{\alpha}_3 - \bar{\gamma}_3\bar{\alpha}_2 = \frac{\beta_1}{D}; \quad \bar{\alpha}_2\bar{\beta}_3 - \bar{\alpha}_3\bar{\beta}_2 = \frac{\gamma_1}{D} \\ &\bar{\beta}_3\bar{\gamma}_1 - \bar{\beta}_1\bar{\gamma}_3 = \frac{\alpha_2}{D}; \quad \bar{\gamma}_3\bar{\alpha}_1 - \bar{\gamma}_1\bar{\alpha}_3 = \frac{\beta_2}{D}; \quad \bar{\alpha}_3\bar{\beta}_1 - \bar{\alpha}_1\bar{\beta}_3 = \frac{\gamma_2}{D} \\ &\bar{\beta}_1\bar{\gamma}_2 - \bar{\beta}_2\bar{\gamma}_1 = \frac{\alpha_3}{D}; \quad \bar{\gamma}_1\bar{\alpha}_2 - \bar{\gamma}_2\bar{\alpha}_1 = \frac{\beta_3}{D}; \quad \bar{\alpha}_1\bar{\beta}_2 - \bar{\alpha}_2\bar{\beta}_1 = \frac{\gamma_3}{D}. \end{aligned}$$

12. Nach der Definition der Determinante und nach vorstehenden Gleichungen und nach (b) wird

$$\bar{\Delta} = \left(\bar{\alpha} \cdot \frac{\alpha_1}{D} + \bar{\alpha}_2 \cdot \frac{\alpha_2}{D} + \bar{\alpha}_3 \cdot \frac{\alpha_3}{D}\right) = \frac{1}{D}$$

$$D \cdot \bar{D} = 1. \tag{g}$$

Dieses Gesetz und die Definition der Größen $\bar{\bar{\alpha}}_i$ usw. läßt die Gleichungen (f) in der einfacheren Form schreiben:

$$\alpha_i = \bar{\bar{\alpha}}_i \qquad \beta_i = \bar{\bar{\beta}}_i \qquad \gamma_i = \bar{\bar{\gamma}}_i \qquad (i = 1, 2, 3).$$

Man kann weiter leicht zeigen, daß

$$(\bar{\alpha}_1^2 + \bar{\alpha}_2^2 + \bar{\alpha}_3^2)(\bar{\beta}_1^2 + \bar{\beta}_2^2 + \bar{\beta}_3^2) - (\bar{\alpha}_1 \bar{\beta}_1 + \bar{\alpha}_2 \bar{\beta}_2 + \bar{\alpha}_3 \bar{\beta}_3)^2 = \frac{1}{D^2}$$

ist.

13. Satz: Die Koeffizienten $\bar{\alpha}_1, \bar{\alpha}_2, \bar{\alpha}_3$ sind die x, y, z Komponenten eines von x, y, z unabhängigen Vektors $\mathfrak{K}_1$, und zwar steht dieser Vektor senkrecht auf der Ebene der Achsen b und c. Das analoge gilt für die Koeffizienten $\bar{\beta}_i, \bar{\gamma}_i$.

Beweis: $\bar{\alpha}_1, \bar{\alpha}_2, \bar{\alpha}_3$ sind ihrer Definition nach vom Koordinatensystem x, y, z abhängig und ändern ihre Werte, wenn wir dieses Koordinatensystem drehen. Für ein vorgeschriebenes Koordinatensystem und die zugehörigen Werte $\bar{\alpha}_1, \bar{\alpha}_2, \bar{\alpha}_3$ können wir immer einen Vektor $\mathfrak{K}_1$ definieren, dessen Komponenten nach x, y, z diese Werte sind

$$K_{1x} = \bar{\alpha}_1; \quad K_{1y} = \bar{\alpha}_2; \quad K_{1z} = \bar{\alpha}_3.$$

Der Betrag dieses Vektors muß so gewählt werden, daß

$$K_1^2 = \bar{\alpha}_1^2 + \bar{\alpha}_2^2 + \bar{\alpha}_3^2$$

wird und seine Richtung $\bar{a}$ so, daß

$$\cos(\bar{a}, x) = \frac{K_{1x}}{K_1} = \frac{\bar{\alpha}_1}{\sqrt{\bar{\alpha}_1^2 + \bar{\alpha}_2^2 + \bar{\alpha}_3^2}}; \qquad \cos(\bar{a}, y) = \text{usw.}$$

14. Bewiesen muß nun werden, daß dieser Vektor vom Koordinatensystem x, y, z unabhängig ist; daß er also nach Betrag und Richtung identisch ausfällt, gleichgültig von welcher Lage des Koordinatensystems x, y, z aus wir die Berechnung durchführen.

1) Daß der Betrag K_1 vom System x, y, z unabhängig wird, folgt sofort aus der Gleichung (d). Danach wird

$$K_1^2 = \bar{\alpha}_1^2 + \bar{\alpha}_2^2 + \bar{\alpha}_3^2 = \frac{\sin^2(bc)}{D^2}$$

und nach Gleichung (a) ist D^2 vom System x, y, z unabhängig, aber nicht vom Achsensystem des Tensors.

2) Es ist nach der Definition des Vektors $\mathfrak{K}_1$

$$\bar{\alpha}_1 = K_1 \cos(\bar{a}, x); \quad \bar{\alpha}_2 = K_1 \cos(\bar{a}, y); \quad \bar{\alpha}_3 = K_1 \cos(\bar{a}, z).$$

Nach den Gleichungen (b), (c) ist

$$\alpha_1\bar{\alpha}_1 + \alpha_2\bar{\alpha}_2 + \alpha_3\bar{\alpha}_3 = 1,$$
$$\beta_1\bar{\alpha}_1 + \beta_2\bar{\alpha}_2 + \beta_3\bar{\alpha}_3 = 0,$$
$$\gamma_1\bar{\alpha}_1 + \gamma_2\bar{\alpha}_2 + \gamma_3\bar{\alpha}_3 = 0.$$

Setzen wir $\alpha_1 = \cos(a, x)$ usw., wofür es ja eine Abkürzung war, so wird z. B. die erste dieser Gleichungen

$$K_1 (\cos(a, x) \cos(\bar{a}, x) + \cos(a, y) \cos(\bar{a}, y) + \cos(a, z) \cos(\bar{a}, z)) = 1,$$

und nach § 1 (4) pg. 6 wird diese und die zwei anderen Gleichungen

$$K_1 \cos(a, \bar{a}) = 1,$$
$$K_1 \cos(b, \bar{a}) = 0,$$
$$K_1 \cos(c, \bar{a}) = 0.$$

Die letzten zwei Gleichungen sagen aus, daß die Richtung $\bar{a}$ senkrecht auf den Richtungen b und c steht. Die erste lehrt, daß der Winkel $(a, \bar{a})$ ein spitzer ist; denn der Betrag K_1 ist positiv zu rechnen. Es ist also $\bar{a}, b, c$ ein Rechtssystem, wenn a, b, c ein solches ist.

Somit ist also die Richtung $\bar{a}$ auch vom Koordinatensystem unabhängig, und damit der Vektor $\mathfrak{K}_1$ überhaupt. $\mathfrak{K}_1$ ist aber von dem Achsensystem a, b, c abhängig, also ein dem Tensor ϱ eigentümlicher Vektor.

15. Analoges läßt sich für die Koeffizienten $\bar{\beta}_i$ und $\bar{\gamma}_i$ durchführen und es lassen sich zwei andere dem Tensor ϱ eigentümliche Vektoren $\mathfrak{K}_2, \mathfrak{K}_3$ definieren mit den Hauptrichtungen $\bar{b}, \bar{c}$, und es wird

$$\bar{a} \perp b, \ c,$$
$$\bar{b} \perp c, \ a,$$
$$\bar{c} \perp a, \ b,$$
$$K_1 : K_2 : K_3 = \sin(bc) : \sin(ca) : \sin(ab)$$

mit dem Proportionalitätsfaktor: $\frac{1}{D}$ auf der rechten Seite.

Die Richtungen $\bar{a}, \bar{b}, \bar{c}$ sind demnach die Kanten der Gegenecke zu a, b, c, die Produkte $D\bar{\alpha}_i / \sin(b, c)$, $D\bar{\beta}_i / \sin(c, a)$, $D\bar{\gamma}_i / \sin(a, b)$ deren Richtungskosinus (Bd. II, § 87, pg. 537).

16. Ist z. B.

$$c \perp a, \ c \perp b, \qquad b \text{ nicht } \perp a,$$

so folgt:

$$K_1 = K_2 = \frac{1}{\sin(ab)}, \qquad K_3 = 1.$$

Ist ϱ ein symmetrischer Tensor, also auch noch $b \perp a$, so werden $K_1 = K_2 = 1$, also alle drei Beträge gleich der Einheit. $\mathfrak{K}_1$, $\mathfrak{K}_2$, $\mathfrak{K}_3$ heißen dann die „Einheitsvektoren" nach a, b und c.

---

17. Bildung der Komponenten von $\mathfrak{B}$.

Wie die Gleichungen (6), gelten für den Vektor $\mathfrak{B}$ die Gleichungen

$$\begin{aligned} B_x &= \alpha_1 B^{(a)} + \beta_1 B^{(b)} + \gamma_1 B^{(c)} \\ B_y &= \alpha_2 B^{(a)} + \beta_2 B^{(b)} + \gamma_2 B^{(c)} \\ B_z &= \alpha_3 B^{(a)} + \beta_3 B^{(b)} + \gamma_3 B^{(c)}. \end{aligned}$$

Wegen (2) wird daraus

$$\begin{aligned} B_x &= \varrho_a \alpha_1 A^{(a)} + \varrho_b \beta_1 A^{(b)} + \varrho_c \gamma_1 A^{(c)} \\ B_y &= \varrho_a \alpha_2 A^{(a)} + \varrho_b \beta_2 A^{(b)} + \varrho_c \gamma_2 A^{(c)} \\ B_z &= \varrho_a \alpha_3 A^{(a)} + \varrho_b \beta_3 A^{(b)} + \varrho_c \gamma_3 A^{(c)}. \end{aligned}$$

Und weiter wird hieraus, wenn wir die Gleichungen (7) einführen, eine Relation, die die x, y, z Komponenten von $\mathfrak{B}$ aus denen von $\mathfrak{A}$ abzuleiten gestattet, nämlich

$$(8) \qquad \begin{aligned} B_x &= \varrho_{xx} A_x + \varrho_{xy} A_y + \varrho_{xz} A_z \\ B_y &= \varrho_{yx} A_x + \varrho_{yy} A_y + \varrho_{yz} A_z \\ B_z &= \varrho_{zx} A_x + \varrho_{zy} A_y + \varrho_{zz} A_z. \end{aligned}$$

Hierin sind die ϱ_{ik} Abkürzungen für die folgenden Funktionen der ϱ_a, ϱ_b, ϱ_c:

$$(9) \qquad \begin{aligned} \varrho_{xx} &= \varrho_a \alpha_1 \bar{\alpha}_1 + \varrho_b \beta_1 \bar{\beta}_1 + \varrho_c \gamma_1 \bar{\gamma}_1 \\ \varrho_{xy} &= \varrho_a \alpha_1 \bar{\alpha}_2 + \varrho_b \beta_1 \bar{\beta}_2 + \varrho_c \gamma_1 \bar{\gamma}_2 \\ \varrho_{xz} &= \varrho_a \alpha_1 \bar{\alpha}_3 + \varrho_b \beta_1 \bar{\beta}_3 + \varrho_c \gamma_1 \bar{\gamma}_3, \\[1ex] \varrho_{yx} &= \varrho_a \alpha_2 \bar{\alpha}_1 + \varrho_b \beta_2 \bar{\beta}_1 + \varrho_c \gamma_2 \bar{\gamma}_1 \\ \varrho_{yy} &= \varrho_a \alpha_2 \bar{\alpha}_2 + \varrho_b \beta_2 \bar{\beta}_2 + \varrho_c \gamma_2 \bar{\gamma}_2 \\ \varrho_{yz} &= \varrho_a \alpha_2 \bar{\alpha}_3 + \varrho_b \beta_2 \bar{\beta}_3 + \varrho_c \gamma_2 \bar{\gamma}_3, \\[1ex] \varrho_{zx} &= \varrho_a \alpha_3 \bar{\alpha}_1 + \varrho_b \beta_3 \bar{\beta}_1 + \varrho_c \gamma_3 \bar{\gamma}_1 \\ \varrho_{zy} &= \varrho_a \alpha_3 \bar{\alpha}_2 + \varrho_b \beta_3 \bar{\beta}_2 + \varrho_c \gamma_3 \bar{\gamma}_2 \\ \varrho_{zz} &= \varrho_a \alpha_3 \bar{\alpha}_3 + \varrho_b \beta_3 \bar{\beta}_3 + \varrho_c \gamma_3 \bar{\gamma}_3. \end{aligned}$$

Hieraus ergibt sich, daß im allgemeinen ϱ_{ik} nicht gleich ϱ_{ki}. Ist der Tensor aber symmetrisch, so wird $\bar{\alpha}_i = \alpha_i$ usw. und dann ist $\varrho_{ik} = \varrho_{ki}$.

18. Der asymmetrische Tensor ϱ ist, wie schon gesagt, als bekannt anzusehen, wenn seine Achsenrichtungen, also die Richtungskosinus α_i, β_i, γ_i, und wenn seine Konstituenten ϱ_a, ϱ_b, ϱ_c bekannt sind. Aus den neun Tensorkomponenten ϱ_{ii}, ϱ_{ik} lassen sich diese Größen berechnen; denn man hat dafür die neun Gleichungen (9) und noch das eine Gleichungensystem

$$(10)\qquad \begin{aligned} \alpha_1^2 + \alpha_2^2 + \alpha_3^2 &= 1\,, \\ \beta_1^2 + \beta_2^2 + \beta_3^2 &= 1\,, \\ \gamma_1^2 + \gamma_2^2 + \gamma_3^2 &= 1\,. \end{aligned}$$

Bei symmetrischen Tensoren gibt es nur sechs Gleichungen der Form (9), da $\varrho_{ik} = \varrho_{ki}$ wird. Dafür hat man aber noch ein zweites System Bedingungsgleichungen, nämlich

$$\begin{aligned} \alpha_1\beta_1 + \alpha_2\beta_2 + \alpha_3\beta_3 &= 0 \\ \beta_1\gamma_1 + \beta_2\gamma_2 + \beta_3\gamma_3 &= 0 \\ \gamma_1\alpha_1 + \gamma_2\alpha_2 + \gamma_3\alpha_3 &= 0\,. \end{aligned}$$

19. Die Gleichungen (8) zeigen deutlich die homogene lineare Form der Funktionen auf der rechten Seite. Sie gelten in jedem orthogonalen System x, y, z. In jedem solchen werden aber die Komponenten ϱ_{ii}, ϱ_{ik} andere Werte besitzen. Diese Werte lassen sich jeweils aus den Hauptkomponenten des Tensors und seinen Achsenrichtungen im System x, y, z berechnen. Sie sind von dem Vektor $\mathfrak{A}$ unabhängig.

Die Koeffizienten ϱ_{ii} mögen die „Selbstkomponenten“ oder „axialen Komponenten“, die Koeffizienten ϱ_{ik} die „wechselseitigen“ oder „Achsenwinkelkomponenten“ heißen.

Es folgt aus vorstehendem, daß der Tensor auch durch die neun Komponenten ϱ_{ii}, ϱ_{ik} eindeutig bestimmt ist. Es gibt demnach, wie beim Vektor, mehrere Wege, einen Tensor an einem Punkte bekannt zu machen.

---

20. In Nr. 13 haben wir ein dem Tensor eigentümliches Vektorensystem kennen gelernt. Ein anderes solches, dem Tensor eigentümliches System kann so definiert werden, daß dessen Komponenten ebenfalls in (9) vorkommen. Es sei $\mathfrak{R}_1$ ein Vektor, dessen Betrag $R_1 = \varrho_a$ und dessen Hauptrichtung a ist. Analog seien $\mathfrak{R}_1$, $\mathfrak{R}_2$ zwei Vektoren mit den Beträgen $R_2 = \varrho_b$, $R_3 = \varrho_c$, und den Hauptrichtungen b, c. Dann ist

$$\begin{aligned} R_{1x} &= \varrho_a\alpha_1\,, & R_{1y} &= \varrho_a\alpha_2\,, & R_{1z} &= \varrho_a\alpha_3\,, \\ R_{2x} &= \varrho_b\beta_1\,, & R_{2y} &= \varrho_b\beta_2\,, & R_{2z} &= \varrho_b\beta_3\,, \\ R_{3x} &= \varrho_c\gamma_1\,, & R_{3y} &= \varrho_c\gamma_2\,, & R_{3z} &= \varrho_c\gamma_3\,. \end{aligned}$$

21. Darstellung des Tensor-Vektor-Produktes durch Vektoren.

Mit Hilfe der Vektoren $\mathfrak{K}$ und $\mathfrak{R}$ lassen sich die Gleichungen (8), (9) ganz durch Produkte von Vektorkomponenten ausdrücken. Es wird (Gl. (9)) z. B.:

$$\varrho_{xx} = R_{1x} K_{1x} + R_{2x} K_{2x} + R_{3x} K_{3x}$$
$$\varrho_{xy} = R_{1x} K_{1y} + R_{2x} K_{2y} + R_{3x} K_{3y}$$
usw.

Das Bildungsgesetz leuchtet hieraus ein.

Die Gleichungen (8) werden hiernach, wenn wir die Glieder anders ordnen:

$$B_x = \sum_{i=1,2,3} (K_{ix} A_x + K_{iy} A_y + K_{iz} A_z) R_{ix}$$
$$B_y = \sum (K_{ix} A_x + K_{iy} A_y + K_{iz} A_z) R_{iy}$$
$$B_z = \sum (K_{ix} A_x + K_{iy} A_y + K_{iz} A_z) R_{iz}.$$

22. Die Klammergrößen lassen sich noch umformen, wenn man $K_{ix} = K_i \cos(K_i, x)$, $A_x = A \cos(A, x)$ usw. setzt und die Gleichung (4) von § 1 anwendet. Dann wird

$$(K_{ix} A_x + K_{iy} A_y + K_{iz} A_z) = K_i A \cos(K_i, A).$$

Hier bedeutet $\cos(K_i, A)$ den Kosinus des Neigungswinkels zwischen der Hauptrichtung von $\mathfrak{K}_i$ und der von $\mathfrak{A}$. Es ist also der Klammerausdruck links eine vom Koordinatensystem x, y, z unabhängige skalare Funktion der beiden Vektoren $\mathfrak{K}_i$ und $\mathfrak{A}$, die in der Vektoranalysis das „skalare Produkt" aus den beiden Vektoren $\mathfrak{K}_i$ und $\mathfrak{A}$ heißt und abgekürzt geschrieben wird

$$(\mathfrak{K}_i \mathfrak{A}).$$

Damit wird nun B_x die Summe aus den x Komponenten dreier Vektoren, die das $(\mathfrak{K}_i \mathfrak{A})$ fache der drei Vektoren $\mathfrak{R}_i$ sind, analog B_y, B_z und das bei beliebiger Lage des Koordinatensystems. Es ist danach $\mathfrak{B}$ selbst gleich der geometrischen Summe dieser Vektoren

$$\mathfrak{B} = (\mathfrak{K}_1 \mathfrak{A}) \mathfrak{R}_1 + (\mathfrak{K}_2 \mathfrak{A}) \mathfrak{R}_2 + (\mathfrak{K}_3 \mathfrak{A}) \mathfrak{R}_3.$$

Diese Relation zwischen $\mathfrak{A}$ und $\mathfrak{B}$ ist frei von jedem Koordinatensystem.

23. Die beiden dem Tensor eigentümlichen Vektorsysteme $\mathfrak{K}_i$, $\mathfrak{R}_i$ können, was ihre Beträge anbetrifft, auch anders definiert werden. Wählt man z. B. den Betrag von $\mathfrak{K}_1$ um das ϱ_a fache größer, als wir es getan, den Betrag von $\mathfrak{R}_1$ aber ϱ_a mal kleiner, d. h. $\mathfrak{R}_a$ als den „Einheitsvektor", so bleibt das Resultat unverändert. Das analoge gilt für $\mathfrak{K}_2$, $\mathfrak{R}_2$ und $\mathfrak{K}_3$, $\mathfrak{R}_3$. Überhaupt können die Beträge der Vektoren beliebig verändert werden, wenn man nur dafür sorgt, daß das Produkt $K_i \cdot R_i$ den Wert behält, den wir ihm gegeben haben.

In unserer Deutung sind die Beträge der Vektoren $\mathfrak{K}_i$ nur von den Achsenwinkeln der Tensorachsen a, b, c, die Beträge der Vektoren $\mathfrak{R}_i$ nur von den Hauptkomponenten des Tensors abhängig.

24. Kennt man die Richtungen a, b, c und die Konstituenten $\varrho_a, \varrho_b, \varrho_c$, so gelten die Gleichungen (9) für jedes beliebige Koordinatensystem. Hat man zwei Koordinatensysteme x, y, z, x', y', z', die gegeneinander gedreht sind, so können wir also, je nachdem wir die Richtungskosinus $\alpha_i, \beta_i, \gamma_i$ gegen das eine oder $\alpha_i', \beta_i', \gamma_i'$ gegen das andere einführen, sowohl die Komponenten ϱ_{ik} im einen, als auch die Komponenten $\varrho_{i'k'}$ im anderen berechnen. Es muß dann gelten:

$$\begin{aligned} B_{x'} &= \varrho_{x'x'} A_{x'} + \varrho_{x'y'} A_{y'} + \varrho_{x'z'} A_{z'} \\ B_{y'} &= \varrho_{y'x'} A_{x'} + \varrho_{y'y'} A_{y'} + \varrho_{y'z'} A_{z'} \\ B_{z'} &= \varrho_{z'x'} A_{x'} + \varrho_{z'y'} A_{y'} + \varrho_{z'z'} A_{z'}. \end{aligned} \tag{11}$$

25. Wir können aber ebenso gebaute Gleichungen aus den Gleichungen (8) ableiten, ohne auf die Werte $\varrho_a \ldots$, also auf die Gleichungen (9) zurückzugreifen. Bezeichnet man die Richtungskosinus zwischen den Achsen x', y', z', x, y, z nach nebenstehendem Schema, so folgt (§ 1, pg. 6 (5)).

	x'	y'	z'
x	λ_1	μ_1	ν_1
y	λ_2	μ_2	ν_2
z	λ_3	μ_3	ν_3

$$\begin{aligned} A_x &= \lambda_1 A_{x'} + \mu_1 A_{y'} + \nu_1 A_{z'} \\ A_y &= \lambda_2 A_{x'} + \mu_2 A_{y'} + \nu_2 A_{z'} \\ A_z &= \lambda_3 A_{x'} + \mu_3 A_{y'} + \nu_3 A_{z'}, \end{aligned} \tag{12}$$

und dieselben Gleichungen gelten, wenn man A durch B ersetzt. Ebenso gilt aber auch

$$\begin{aligned} B_{x'} &= \lambda_1 B_x + \lambda_2 B_y + \lambda_3 B_z \\ B_{y'} &= \mu_1 B_x + \mu_2 B_y + \mu_3 B_z \\ B_{z'} &= \nu_1 B_x + \nu_2 B_y + \nu_3 B_z, \end{aligned} \tag{13}$$

und wenn man diese Relationen in (8) einführt, erhält man ein System von Gleichungen

$$\begin{aligned} B_{x'} &= \varrho_{x'x'} A_{x'} + \varrho_{x'y'} A_{y'} + \varrho_{x'z'} A_{z'} \\ B_{y'} &= \text{usw.} \end{aligned} \tag{14}$$

worin

$$\begin{aligned} \varrho_{x'x'} &= \lambda_1 (\varrho_{xx} \lambda_1 + \varrho_{xy} \lambda_2 + \varrho_{xz} \lambda_3) + \lambda_2 (\varrho_{yx} \lambda_1 + \varrho_{yy} \lambda_2 + \varrho_{yz} \lambda_3) \\ &\quad + \lambda_3 (\varrho_{zx} \lambda_1 + \varrho_{zy} \lambda_2 + \varrho_{zz} \lambda_3) \\ \varrho_{x'y'} &= \lambda_1 (\varrho_{xx} \mu_1 + \varrho_{xy} \mu_2 + \varrho_{xz} \mu_3) + \lambda_2 (\varrho_{yx} \mu_1 + \varrho_{yy} \mu_2 + \varrho_{yz} \mu_3) \\ &\quad + \lambda_3 (\varrho_{zx} \mu_1 + \varrho_{zy} \mu_2 + \varrho_{zz} \mu_3) \\ \varrho_{y'x'} &= \mu_1 (\varrho_{xx} \lambda_1 + \varrho_{xy} \lambda_2 + \varrho_{xz} \lambda_3) + \mu_2 (\varrho_{yx} \lambda_1 + \varrho_{yy} \lambda_2 + \varrho_{yz} \lambda_3) \\ &\quad + \mu_3 (\varrho_{zx} \lambda_1 + \varrho_{zy} \lambda_2 + \varrho_{zz} \lambda_3). \end{aligned} \tag{15}$$

usw

Das Bildungsgesetz der übrigen Komponenten ist danach klar. Dies sind die „Transformationsgleichungen“ für die Tensorkomponenten.

26. Daß die nach (15) definierten Werte $\varrho_{i'k'}$ mit denen der Gleichungen (11) identisch sein müssen, folgt daraus, daß der Vektor $\mathfrak{B}$ vom Koordinatensystem unabhängig sein muß, daß man also zu denselben Vektorkomponenten $B_{x'}$, $B_{y'}$, $B_{z'}$ kommen muß, gleichgültig, ob man diese Komponenten aus den Komponenten B_x, B_y, B_z oder aus den Vektoren $\mathfrak{A}^{(a)}$, $\mathfrak{A}^{(b)}$, $\mathfrak{A}^{(c)}$ ableitet. Legt man dann für einen Moment den Vektor $\mathfrak{A}$ mit seiner Hauptrichtung in die x'-Achse, so folgt für diesen speziellen Vektor $\mathfrak{A}$, daß aus beiden Methoden berechnet

$$B_{x'} = \varrho_{x'x'} A_{x'}, \quad B_{y'} = \varrho_{y'x'} A_{x'}, \quad B_{z'} = \varrho_{z'x'} A_{x'}$$

wird; und daraus folgt die Identität der $\varrho_{x'x'}$, $\varrho_{y'x'}$, $\varrho_{z'x'}$ in den Gleichungen (11) und (14). Ebenso folgt die Identität der anderen Komponenten.

27. Man kann aber die Form (15) der Komponenten auch direkt aus den Gleichungen (9) ableiten. Da diese für jedes Koordinatensystem gelten müssen, so folgt

$$\varrho_{x'x'} = \varrho_a \alpha_1' \bar{\alpha}_1' + \varrho_b \beta_1' \bar{\beta}_1' + \varrho_c \gamma_1' \bar{\gamma}_1'.$$

Bedenkt man nun, daß α_1, α_2, α_3 die x, y, z Komponenten des Einheitsvektors der Hauptrichtung a, $\bar{\alpha}_1$, $\bar{\alpha}_2$, $\bar{\alpha}_3$ die eines Vektors der Hauptrichtung $\bar{a}$ sind (Nr. 15 u. 22), daß man also die Transformationsformeln (12) auf diese Komponenten anwenden kann, so folgen ebenfalls die Gleichungen (15).

28. Nach diesen Ableitungen gilt der Satz:

Man erhält dieselben neun Tensorkomponenten eines Koordinatensystems, ob man sie aus den Hauptachsen $a, b, c,$ nach (9) oder aus neun anderen bereits bekannten Komponenten nach (15) berechnet.

29. Weiter können wir schließen:

Liegen neun Werte ε_{ik} $(i = 1, 2, 3;\ k = 1, 2, 3)$ vor, so beschaffen, daß ein Vektor $\mathfrak{B}$ aus einem Vektor $\mathfrak{A}$ nach den Gleichungen folgt

$$\begin{aligned} B_x &= \varepsilon_{11} A_x + \varepsilon_{12} A_y + \varepsilon_{13} A_z \\ B_y &= \varepsilon_{21} A_x + \varepsilon_{22} A_y + \varepsilon_{23} A_z \\ B_z &= \varepsilon_{31} A_x + \varepsilon_{32} A_y + \varepsilon_{33} A_z, \end{aligned} \tag{16}$$

und sind hierin die ε_{ik} von den Vektoren $\mathfrak{A}$ und $\mathfrak{B}$, die Vektoren aber vom Koordinatensystem unabhängig, so sind die ε_{ik} die neun Komponenten eines Tensors im Koordinatensystem.

Den Beweis kann man folgendermaßen führen. In (16) können wir die ε_{ik} willkürlich vorschreiben (wodurch wir über den Tensor verfügen). Die Transformationsweise der ε_{ik} auf ein anderes Koordinatensystem ist uns aber dann nicht mehr freigestellt; sie muß, wie die Analogie der Gleichungensysteme (16) und (8) lehrt, nach der Form der Gleichungen (15) erfolgen. Wir können also aus den ε_{ik} nur ein System $\varepsilon_{i'k'}$ für ein anderes Koordinatensystem ableiten. Wir können aber weiter mittels eines Gleichungensystems der Form der Gleichungen (9) und (10) drei schiefwinklige Achsen a, b, c und drei den $\varrho_a, \varrho_b, \varrho_c$ entsprechende Werte $\varepsilon_a, \varepsilon_b, \varepsilon_c$ berechnen, so beschaffen, daß aus ihnen rückwärts die Werte ε_{ik} der Gleichungen (16) folglen, aber auch, nach Satz Nr. 30, die $\varepsilon_{i'k'}$ in einem anderen Koordinatensystem. Damit ist aber gezeigt, daß man aus den Achsen a, b, c und den Werten $\varepsilon_a, \varepsilon_b, \varepsilon_c$ einen Vektor $\mathfrak{B}$ aus einem Vektor $\mathfrak{A}$ ableiten kann, so daß

$$\mathfrak{B} = \{\varepsilon \mathfrak{A}\}$$

wird.

Jedes beliebige System von neun Werten ε_{ik} (natürlich von gleicher Benennung) kann man als das Komponentensystem eines asymmetrischen Tensors ansehen.

30. Es läßt sich weiter noch der Satz beweisen

Von einem Tensor-Vektor-Produkt mit asymmetrischem Tensor läßt sich immer ein vom Tensor und Vektor abhängiger Vektor abspalten, so daß ein Tensor-Vektor-Produkt mit symmetrischem Tensor übrig bleibt.

Man kann nämlich die erste der Gleichungen (8) schreiben:

$$\begin{aligned} B_x = \varrho_{xx} A_x &+ \tfrac{1}{2}(\varrho_{xy} + \varrho_{yx}) A_y + \tfrac{1}{2}(\varrho_{xz} + \varrho_{zx}) A_z \\ &+ \tfrac{1}{2}(\varrho_{xy} - \varrho_{yx}) A_y + \tfrac{1}{2}(\varrho_{xz} - \varrho_{zx}) A_z \end{aligned}$$

und für die übrigen zwei Gleichungen können wir die analogen Schlüsse ziehen. Nun ist nach Nr. 23:

$$\begin{aligned} \tfrac{1}{2}(\varrho_{xy} - \varrho_{yx}) A_y + \tfrac{1}{2}(\varrho_{xz} - \varrho_{zx}) A_z = \tfrac{1}{2}\{ &\textstyle\sum (R_{ix} K_{iy} - R_{iy} K_{ix}) A_y \\ + &\textstyle\sum (R_{ix} K_{iz} - R_{iz} K_{ix}) A_z \} \end{aligned}$$

und wenn man hier $\frac{1}{2} \sum R_{ix} K_{ix} A_x$ addiert und subtrahiert, wird die rechte Seite

$$B'_x = \tfrac{1}{2} \textstyle\sum \{ (\mathfrak{K}_i \mathfrak{A}) R_{ix} - (\mathfrak{R}_i \mathfrak{A}) K_{ix} \}$$

und das ist die x-Komponente eines von den Vektoren $\mathfrak{K}, \mathfrak{R}, \mathfrak{A}$ abhängigen, vom Koordinantensystem aber unabhängigen Vektors, den wir mit $\mathfrak{B}'$ bezeichnen wollen. $(\mathfrak{K}_i \mathfrak{A})$, $(\mathfrak{R}_i \mathfrak{A})$ sind die in Nr. 22 schon eingeführten skalaren Produkte. Führt man noch als Abkürzung ein

$$\varrho'_{ik} = \varrho'_{ki} = \tfrac{1}{2}(\varrho_{ik} + \varrho_{ki}) \tag{17}$$

wo i, k gleich x, y, z zu setzen sind und auch i gleich k sein darf, so wird

$$B_x = \varrho'_{xx} A_x + \varrho'_{xy} A_y + \varrho'_{xz} A_z + B'_x$$

und ebenso

$$B_y = \varrho'_{yx} A_x + \varrho'_{yy} A_y + \varrho'_{yz} A_z + B'_y$$
$$B_z = \varrho'_{zx} A_x + \varrho'_{zy} A_y + \varrho'_{zz} A_z + B'_z$$

oder, in symbolischer Schreibweise

$$\mathfrak{B} = \{\varrho' \cdot \mathfrak{A}\} + \mathfrak{B}'.$$

Hier ist $\varrho'_{ik} = \varrho'_{ki}$, also ϱ' ein symmetrischer Tensor, der durch (17) aus dem asymmetrischen Tensor definiert ist.

Diese Zerlegbarkeit ist es, die den asymmetrischen Tensor in der Physik entbehrlich macht. Der abgespaltene Vektor $\mathfrak{B}'$ hat praktisch immer eine physikalisch plausibele Bedeutung.

§ 6. Der inverse Tensor und Gesetze für die Tensorkomponenten.

1. Löst man die Gleichungen § 5 (8) nach A_x, A_y, A_z auf, so folgt ein lineares Gleichungensystem

$$\begin{aligned} A_x &= \pi_{xx} B_x + \pi_{xy} B_y + \pi_{xz} B_z \\ A_y &= \pi_{yx} B_x + \pi_{yy} B_y + \pi_{yz} B_z \\ A_z &= \pi_{zx} B_x + \pi_{zy} B_y + \pi_{zz} B_z, \end{aligned} \tag{1}$$

worin sich die Koeffizienten π_{ik} nach der Determinantentheorie folgendermaßen ergeben:

Es ist die Determinante des Gleichungssystems 8:

$$D_{(\varrho)} = \begin{vmatrix} \varrho_{xx}, & \varrho_{xy}, & \varrho_{xz} \\ \varrho_{yx}, & \varrho_{yy}, & \varrho_{yz} \\ \varrho_{zx}, & \varrho_{zy}, & \varrho_{zz} \end{vmatrix}$$

und es ist

$$\pi_{xx} = \frac{(\varrho_{yy}\varrho_{zz} - \varrho_{yz}\varrho_{zy})}{D_{(\varrho)}}; \quad \pi_{xy} = \frac{\varrho_{zy}\varrho_{xz} - \varrho_{zz}\varrho_{xy}}{D_{(\varrho)}}; \quad \text{usw.}$$

d. h. die π_{ik} sind die durch die Determinante $D_{(\varrho)}$ dividierten Unterdeterminanten. Die Indizes der π sind so gewählt, daß eine zyklische Vertauschung der zweiten Indices an den ϱ_{ik}, an den π_{ik} den ersten Index zyklisch vertauschen läßt; analoges gilt für den ersten Index der ϱ_{ik} und den zweiten der π_{ik}. Man kann so aus dem Ausdrucke für ein einziges π alle anderen sofort ablesen. Es ist nach dieser Definition $D_{(\varrho)}\pi_{xy}$ die y, x^{te} Unterdeterminante, nicht die x, y^{te}.

Die Koeffizienten ϱ_{ik} und π_{ik}.

2. Die Determinanten der α_i und $\overline{\alpha}_i$ können wir schreiben (Bd. I 2. Aufl. S. 190 § 59, 3)

$$D = \begin{vmatrix} \alpha_1, & \beta_1, & \gamma_1 \\ \alpha_2, & \beta_2, & \gamma_2 \\ \alpha_3, & \beta_3, & \gamma_3 \end{vmatrix}; \qquad \overline{D} = \begin{vmatrix} \overline{\alpha}_1, & \overline{\beta}_1, & \overline{\gamma}_1 \\ \overline{\alpha}_2, & \overline{\beta}_2, & \overline{\gamma}_2 \\ \overline{\alpha}_3, & \overline{\beta}_3, & \overline{\gamma}_3 \end{vmatrix}.$$

Wie leicht zu beweisen, ist

$$\varrho_a \cdot \varrho_b \cdot \varrho_c \cdot D = \begin{vmatrix} \varrho_a \alpha_1, & \varrho_b \beta_1, & \varrho_c \gamma_1 \\ \varrho_a \alpha_2, & \varrho_b \beta_2, & \varrho_c \gamma_2 \\ \varrho_a \alpha_3, & \varrho_b \beta_3, & \varrho_c \gamma_3 \end{vmatrix}.$$

Multipliziert man diese Determinante mit $\overline{D}$, so ist nach den Gesetzen der Determinantentheorie (Bd. I 2. Aufl. S. 192 Gl. 14)

$$\varrho_a \varrho_b \varrho_c D \cdot \overline{D} =$$

$$\begin{vmatrix} \varrho_a \alpha_1 \overline{\alpha}_1 + \varrho_b \beta_1 \overline{\beta}_1 + \varrho_c \gamma_1 \overline{\gamma}_1, & \varrho_a \alpha_2 \overline{\alpha}_1 + \varrho_b \beta_2 \overline{\beta}_1 + \varrho_c \gamma_2 \overline{\gamma}_1, & \varrho_a \alpha_3 \overline{\alpha}_1 + \varrho_b \beta_3 \overline{\beta}_1 + \varrho_c \gamma_3 \overline{\gamma}_1 \\ \varrho_a \alpha_1 \overline{\alpha}_2 + \varrho_b \beta_1 \overline{\beta}_2 + \varrho_c \gamma_1 \overline{\gamma}_2, & \varrho_a \alpha_2 \overline{\alpha}_2 + \varrho_b \beta_2 \overline{\beta}_2 + \varrho_c \gamma_2 \overline{\gamma}_2, & \varrho_a \alpha_3 \overline{\alpha}_2 + \varrho_b \beta_3 \overline{\beta}_2 + \varrho_c \gamma_3 \overline{\gamma}_2 \\ \varrho_a \alpha_1 \overline{\alpha}_3 + \varrho_b \beta_1 \overline{\beta}_3 + \varrho_c \gamma_1 \overline{\gamma}_3, & \varrho_a \alpha_2 \overline{\alpha}_3 + \varrho_b \beta_2 \overline{\beta}_3 + \varrho_c \gamma_2 \overline{\gamma}_3, & \varrho_a \alpha_3 \overline{\alpha}_3 + \varrho_b \beta_3 \overline{\beta}_3 + \varrho_c \gamma_3 \overline{\gamma}_3 \end{vmatrix},$$

und das ist die Determinante der ϱ_{ik}. Mit Berücksichtigung von Satz (g) S. 24 folgt daraus

$$(\alpha) \qquad D_{(\varrho)} = \varrho_a \varrho_b \varrho_c.$$

Es ist also $D_{(\varrho)}$ eine Invariante bezüglich des Systems x, y, z, die „Invariante dritten Grades“ oder kurz die „dritte Invariante“ der ϱ_{ik}.

3. Eine weitere Invariante, die „Invariante zweiten Grades“ oder „zweite Invariante“ ist

$$(\beta) \qquad \varrho_{xx}^2 + \varrho_{yy}^2 + \varrho_{zz}^2 + 2(\varrho_{yz}\varrho_{zy} + \varrho_{zx}\varrho_{xz} + \varrho_{xy}\varrho_{yx}) = \varrho_a^2 + \varrho_b^2 + \varrho_c^2,$$

was aus den Gleichungen § 5 (9) und den Gleichungen (b), (c) S. 22 folgt. Es wird nämlich in dem Ausdruck links, wenn wir die Werte aus (9) einsetzen, z. B. der mit ϱ_a^2 multiplizierte Faktor:

$$(\alpha_1 \overline{\alpha}_1)^2 + (\alpha_2 \overline{\alpha}_2)^2 + (\alpha_3 \overline{\alpha}_3)^2 + 2(\alpha_2 \alpha_3 \overline{\alpha}_2 \overline{\alpha}_3 + \alpha_3 \alpha_1 \overline{\alpha}_3 \overline{\alpha}_1 + \alpha_1 \alpha_2 \overline{\alpha}_1 \overline{\alpha}_2),$$

und das ist

$$\alpha_1 \overline{\alpha}_1(\alpha_1 \overline{\alpha}_1 + \alpha_2 \overline{\alpha}_2 + \alpha_3 \overline{\alpha}_3) + \alpha_2 \overline{\alpha}_2(\alpha_1 \overline{\alpha}_1 + \alpha_2 \overline{\alpha}_2 + \alpha_3 \overline{\alpha}_3) \\ + \alpha_3 \overline{\alpha}_3(\alpha_1 \overline{\alpha}_1 + \alpha_2 \overline{\alpha}_2 + \alpha_3 \overline{\alpha}_3) = 1.$$

Die Faktoren der Produkte $\varrho_a \varrho_b$ usw. berechnen sich ähnlich und führen auf die verschwindenden Ausdrücke (c) S. 22.

4. Bildet man nach (9)

$$\varrho_{xx} + \varrho_{yy} + \varrho_{zz} = \varrho_a(\alpha_1 \overline{\alpha}_1 + \alpha_2 \overline{\alpha}_2 + \alpha_3 \overline{\alpha}_3) + \varrho_b(\beta_1 \overline{\beta}_1 + \beta_2 \overline{\beta}_2 + \beta_3 \overline{\beta}_3) \\ + \varrho_c(\gamma_1 \overline{\gamma}_1 + \gamma_2 \overline{\gamma}_2 + \gamma_3 \overline{\gamma}_3),$$

so folgt nach den Gleichungen (b)

$$(\gamma) \qquad \varrho_{xx} + \varrho_{yy} + \varrho_{zz} = \varrho_a + \varrho_b + \varrho_c,$$

d. h. die Summe der Achsenkomponenten ist ebenfalls eine Invariante, die „Invariante ersten Grades" oder „erste Invariante" der ϱ_{ik}.

5. Bildet man aus den Gleichungen (9) entsprechend der Definition der π_{ik}

$$D_{(\varrho)} \cdot \pi_{xx} = (\varrho_{yy}\varrho_{zz} - \varrho_{yz}\varrho_{zy}),$$

so fallen alle Glieder gegenseitig weg, die die Quadrate ϱ_a^2, ϱ_b^2, ϱ_c^2 als Faktoren enthalten. Es wird z. B.

$$\varrho_a^2(\alpha_2\bar{\alpha}_2\alpha_3\bar{\alpha}_3 - \alpha_3\bar{\alpha}_2\alpha_2\bar{\alpha}_3) = 0$$

usw. Es bleiben nur die Glieder übrig, die die Produkte $\varrho_i \cdot \varrho_k$ enthalten. So bleibt:

$$\begin{aligned} D_{(\varrho)} \cdot \pi_{xx} &= \varrho_a\varrho_b(\alpha_2\bar{\alpha}_2\beta_3\bar{\beta}_3 + \beta_2\bar{\beta}_2\alpha_3\bar{\alpha}_3 - \alpha_3\bar{\alpha}_2\beta_2\bar{\beta}_3 - \alpha_2\alpha_3\beta_3\bar{\beta}_2) \\ &+ \varrho_b\varrho_c(\cdots) + \varrho_c\varrho_a(\cdots) \\ &= \varrho_a\varrho_b(\alpha_2\beta_3 - \alpha_3\beta_2)(\bar{\alpha}_2\bar{\beta}_3 - \bar{\alpha}_3\bar{\beta}_2) \\ &+ \varrho_b\varrho_c(\beta_2\gamma_3 - \beta_3\gamma_2)(\bar{\beta}_2\bar{\gamma}_3 - \bar{\beta}_3\bar{\gamma}_2) \\ &+ \varrho_c\varrho_a(\gamma_2\alpha_3 - \gamma_3\alpha_2)(\bar{\gamma}_2\bar{\alpha}_3 - \bar{\gamma}_3\bar{\alpha}_2). \end{aligned}$$

Aus dem ersten Glied der rechten Seite bekommt man die folgenden durch zyklische Vertauschung der α, β, γ. Man findet ebenso

$$D_{(\varrho)} \cdot \pi_{xy} = (\varrho_{zy}\varrho_{xz} - \varrho_{xy}\varrho_{zz}),$$

$$\begin{aligned} D_{(\varrho)} \cdot \pi_{xy} &= \varrho_a\varrho_b(\alpha_3\bar{\alpha}_2\beta_1\bar{\beta}_3 + \alpha_1\bar{\alpha}_3\beta_3\bar{\beta}_2 - \alpha_1\bar{\alpha}_2\beta_3\bar{\beta}_3 - \alpha_3\bar{\alpha}_3\beta_1\bar{\beta}_2) \\ &+ \varrho_b\varrho_c(\cdots) + \varrho_c\varrho_a(\cdots) \\ &= \varrho_a\varrho_b - (\alpha_3\beta_1 - \alpha_1\beta_3)(\bar{\alpha}_2\bar{\beta}_3 - \bar{\alpha}_3\bar{\beta}_2) \\ &+ \varrho_b\varrho_c - (\beta_3\gamma_1 - \beta_1\gamma_3)(\bar{\beta}_2\bar{\gamma}_3 - \bar{\beta}_3\bar{\gamma}_2) \\ &+ \varrho_c\varrho_a - (\gamma_3\alpha_1 - \gamma_1\alpha_3)(\bar{\gamma}_2\bar{\alpha}_3 - \bar{\gamma}_3\bar{\alpha}_2). \end{aligned}$$

Ein zyklische Vertauschung des zweiten Index an π_{ik} hat also zur Folge, daß sich in den unüberstrichenen Unterdeterminanten $\alpha_i\beta_k - \alpha_k\beta_i$ der Index 1, 2, 3 ebenfalls zyklisch vertauscht, in den überstrichenen aber nicht ändert. Ebenso hat, wie der Bau der Gleichungen (9) lehrt, eine zyklische Vertauschung des ersten Index von π_{ik} eine zyklische Vertauschung in den überstrichenen Unterdeterminanten zur Folge.

Aus den Definitionen der $\bar{\alpha}$ und wegen der Gleichungen (f), (g) S. 23, 24 und (α) folgt dann

$$
(2)\qquad
\begin{aligned}
\pi_{xx} &= \frac{1}{\varrho_a}\alpha_1\bar{\alpha}_1 + \frac{1}{\varrho_b}\beta_1\bar{\beta}_1 + \frac{1}{\varrho_c}\gamma_1\bar{\gamma}_1;\\
\pi_{xy} &= \frac{1}{\varrho_a}\alpha_1\bar{\alpha}_2 + \frac{1}{\varrho_b}\beta_1\bar{\beta}_2 + \frac{1}{\varrho_c}\gamma_1\bar{\gamma}_2;\\
\pi_{xz} &= \frac{1}{\varrho_a}\alpha_1\bar{\alpha}_3 + \frac{1}{\varrho_b}\beta_1\bar{\beta}_3 + \frac{1}{\varrho_c}\gamma_1\bar{\gamma}_3;\\
\pi_{yx} &= \frac{1}{\varrho_a}\alpha_2\bar{\alpha}_1 + \frac{1}{\varrho_b}\beta_2\bar{\beta}_1 + \frac{1}{\varrho_c}\gamma_2\bar{\gamma}_1;\\
\pi_{yy} &= \frac{1}{\varrho_a}\alpha_2\bar{\alpha}_2 + \frac{1}{\varrho_b}\beta_2\bar{\beta}_2 + \frac{1}{\varrho_c}\gamma_2\bar{\gamma}_2;\\
\pi_{yz} &= \frac{1}{\varrho_a}\alpha_2\bar{\alpha}_3 + \frac{1}{\varrho_b}\beta_2\bar{\beta}_3 + \frac{1}{\varrho_c}\gamma_2\bar{\gamma}_3;\\
\pi_{zx} &= \frac{1}{\varrho_a}\alpha_3\bar{\alpha}_1 + \frac{1}{\varrho_b}\beta_3\bar{\beta}_1 + \frac{1}{\varrho_c}\gamma_3\bar{\gamma}_1;\\
\pi_{zy} &= \frac{1}{\varrho_a}\alpha_3\bar{\alpha}_2 + \frac{1}{\varrho_b}\beta_3\bar{\beta}_2 + \frac{1}{\varrho_c}\gamma_3\bar{\gamma}_2;\\
\pi_{zz} &= \frac{1}{\varrho_a}\alpha_3\bar{\alpha}_3 + \frac{1}{\varrho_b}\beta_3\bar{\beta}_3 + \frac{1}{\varrho_c}\gamma_3\bar{\gamma}_3;
\end{aligned}
$$

Es haben demnach die Koeffizienten π_{xx}, π_{xy}, π_{xz} dieselbe Form, wie in § 5 (9) die Koeffizienten ϱ_{xx}, ϱ_{xy}, ϱ_{xz} und sie treten in den Gleichungen (1) in derselben Reihenfolge auf, wie die ϱ_{xx}, ϱ_{xy}, ϱ_{xz} in den Gleichungen § 5 (8). Es treten an Stelle der ϱ_a, ϱ_b, ϱ_c deren reziproke Werte auf.

6. Es folgt daraus: Wir können π als einen Tensor mit gleichen Hauptachsenrichtungen, wie ϱ auffassen und mit den reziproken Hauptkomponenten:

$$\pi_a = \frac{1}{\varrho_a}; \quad \pi_b = \frac{1}{\varrho_b}; \quad \pi_c = \frac{1}{\varrho_c}.$$

Da dieser Tensor π den Vektor $\mathfrak{B}$ in den Vektor $\mathfrak{A}$ zurückverwandelt, wollen wir ihn den zu ϱ „inversen" Tensor nennen. Wir sind nach diesen Tatsachen berechtigt zu schreiben

$$\mathfrak{A} = \left\{\frac{1}{\varrho} \cdot \mathfrak{B}\right\},$$

also die Tensordivision als inverse Operation zur Tensormultiplikation zu definieren.

7. Für symmetrischen Tensor ϱ ist auch der inverse Tensor symmetrisch und demgemäß wird, wie aus (2) folgt:

$$\pi_{ik} = \pi_{ki}.$$

Das kann auch daraus gefolgert werden, daß für einen symmetrischen

Tensor ϱ die Determinante $D_{(\varrho)}$ symmetrisch, d. h. ihre n^{te} Kolonne gleich ihrer n^{ten} Reihe wird. Daraus folgt dann, daß die i, k^{te} Unterdeterminante gleich der k, i^{ten} ist.

§ 7. Der Einfluß des Tensors ϱ auf den Vektor $\mathfrak{A}$.

1. Die Gleichungen § 5 (8) zeigen, welcher Vektor $\mathfrak{B}$ aus dem Vektor $\mathfrak{A}$ durch die Tensormultiplikation gebildet wird. Sie lehren, daß der Vektor $\mathfrak{B}$ sowohl nach seinem Betrag, als auch nach seiner Hauptrichtung von dem Vektor $\mathfrak{A}$ abweicht. Sie lehren weiter, daß sich im allgemeinen keine Tensorkomponente angeben läßt, die, selbst vom Vektor $\mathfrak{A}$ unabhängig, die l-Komponente des Vektors $\mathfrak{B}$ aus der l-Komponente des Vektors $\mathfrak{A}$ durch einfache Multiplikation, also nach einer Formel

$$B_l = \varrho_l A_l$$

zu berechnen gestattet. Das ist nur möglich, wenn l die Richtung von A selber ist; denn machen wir dann die Richtung von A und l zur x-Richtung, so folgt aus § 5 (8), da jetzt $A_x = A$, $A_y = A_z = 0$ ist,

$$B_x = \varrho_{xx} A;$$

aber es wird nun außerdem

$$B_y = \varrho_{yx} A,$$
$$B_z = \varrho_{zx} A,$$

und somit hat der Vektor $\mathfrak{B}$ nach y und z je eine Komponente. Seine Richtung fällt also keinesfalls mit der von $\mathfrak{A}$ zusammen.

2. Wie sich der Vektor $\mathfrak{B}$ verändert, wenn wir den Vektor $\mathfrak{A}$ verändern, läßt sich nach zwei Gesichtspunkten untersuchen, indem man einmal eine Änderung des Betrags A bei konstant bleibender Richtung, dann eine Richtungsänderung von $\mathfrak{A}$ bei konstantem Betrag vornimmt.

Die erstere Frage erledigt sich sofort aus den linearen Eigenschaften des Tensor-Vektorproduktes (S. 20 Gl. (5)). Es fällt $\mathfrak{B}$ proportional mit A aus.

3. Die zweite Frage ist schwieriger zu übersehen. Wir denken uns den Betrag A als eine Länge von P aus in seiner Richtung aufgezeichnet, und nun ändern wir seine Richtung nach allen denkbaren Seiten hin; dann beschreibt der Endpunkt von A eine Kugelfläche. In einem Koordinatensystem x, y, z hat der Endpunkt die Koordinaten A_x, A_y, A_z, nämlich die Projektionen der Länge A auf diese Richtungen. Die Punkte der Kugelfläche müssen der Gleichung genügen (Bd. II 2. Aufl. § 102 S. 585)

(1) $$A_x^2 + A_y^2 + A_z^2 = A^2 = \text{konst.}$$

Für jede Richtung von A wollen wir den zugehörigen Wert des Betrages B von $\mathfrak{B}$ auch nach seiner Richtung als Länge von P aus auftragen, also dasjenige B, das sich aus dem jeweils festgelegten A und den Komponenten A_x, A_y, A_z nach § 5 (8) berechnet. Und nun fragen wir, wie ändert sich der Endpunkt von B, wenn sich A in seiner Richtung ändert.

4. Der Endpunkt von B hat in dem Koordinatensystem x, y, z die Koordinaten B_x, B_y, B_z und sie stehen zu den A_x, A_y, A_z in der Relation § 5 (8) oder § 6 (1). Aus letzterer folgt für die Gleichung (1)

$$\begin{aligned}(2)\quad (\pi_{xx}^2 + \pi_{yx}^2 + \pi_{zx}^2)B_x^2 + (\pi_{xy}^2 + \pi_{yy}^2 + \pi_{zy}^2)B_y^2 + (\pi_{xz}^2 + \pi_{yz}^2 + \pi_{zz}^2)B_z^2 \\ + 2(\pi_{xy}\pi_{xz} + \pi_{yy}\pi_{yz} + \pi_{zy}\pi_{zz})B_yB_z \\ + 2(\pi_{xz}\pi_{xx} + \pi_{yz}\pi_{yx} + \pi_{zz}\pi_{zx})B_zB_x \\ + 2(\pi_{xx}\pi_{xy} + \pi_{yx}\pi_{yy} + \pi_{zx}\pi_{zy})B_xB_y = A^2.\end{aligned}$$

Und diese Relation muß zwischen den Komponenten B_x, B_y, B_z gelten, welche Lage auch der Betrag A besitzt, da in der Gleichung nichts mehr darüber steht, wie die Komponenten A_x, A_y, A_z von der Richtung des Betrages A abhängig sind. Es ist dies also eine Gleichung für die Koordinaten B_x, B_y, B_z des Endpunktes von B.

5. Es sei uns das System der Hauptachsen a, b, c des Tensors bekannt. Dann können wir fragen: gibt es ein Koordinatensystem x_0, y_0, z_0 für das die Koeffizienten der doppelten Produkte in obiger Gleichung verschwinden? Wir können die drei Gleichungen

$$\begin{aligned}\pi_{xy}\pi_{xz} + \pi_{yy}\pi_{yz} + \pi_{zy}\pi_{zz} = 0, \\ \pi_{xz}\pi_{xx} + \pi_{yz}\pi_{yx} + \pi_{zz}\pi_{zx} = 0, \\ \pi_{xx}\pi_{xy} + \pi_{yx}\pi_{yy} + \pi_{zx}\pi_{zy} = 0\end{aligned}$$

als Bedingungsgleichungen für die Lage der x_0, y_0, z_0 Achsen gegen die a, b, c Achsen ansehen, und da die Richtungskosinus α_i, β_i, γ_i nur noch den sechs Gleichungen

$$\begin{aligned}\alpha_1^2 + \alpha_2^2 + \alpha_3^2 = 1; \qquad & \alpha_1\beta_1 + \alpha_2\beta_2 + \alpha_3\beta_3 = \cos(ab); \\ \beta_1^2 + \beta_2^2 + \beta_3^2 = 1; \qquad & \beta_1\gamma_1 + \beta_2\gamma_2 + \beta_3\gamma_3 = \cos(bc); \\ \gamma_1^2 + \gamma_2^2 + \gamma_3^2 = 1; \qquad & \gamma_1\alpha_1 + \gamma_2\alpha_2 + \gamma_3\alpha_3 = \cos(ca)\end{aligned}$$

genügen müssen, so haben wir gerade die hinreichende Zahl Gleichungen, um ohne unendliche Vieldeutigkeit ein Achsensystem zu finden, in dem die Gleichung (2) die Form annimmt

$$h_1^2B_x^2 + h_2^2B_y^2 + h_3^2B_z^2 = A^2,$$

(Hauptachsentransformation der Fläche zweiten Grades) und das ist, da h_1^2, h_2^2, h_3^2 immer positiv sein müssen, die Gleichung eines Ellipsoids, mit den Halbachsen (vgl. Bd. II S. 587).

$$A/h_1;\ A/h_2;\ A/h_3.$$

6. Es folgt daraus:

Wenn der Vektor $\mathfrak{A}$ nur seine Richtung ändert, nicht seinen Betrag, so ändert sich Richtung und Betrag von $\mathfrak{B}$ wie der Radiusvektor eines Ellipsoids.

Welcher Radiusvektor des Ellipsoids aber zu einer vorgegebenen Richtung des Vektors $\mathfrak{A}$ gehört, ist hieraus ohne weiteres nicht zu erkennen.

Die Figur 9 veranschaulicht diese Zusammengehörigkeit der Radien im Falle symmetrischer Tensoren. Man fällt vom Endpunkt α des vorgegebenen A ein Lot, z. B. auf die a-Richtung, bis α', und macht, da $\overline{P\alpha'} = A_a$, nun $\overline{P\beta'} = B_a = \varrho_a A_a$. Ebenso verfährt man mit einer der anderen Richtungen b, c, z.B. b, indem man $\overline{P\beta''} = \varrho_b \overline{P\alpha''}$ macht. In β' und β'' errichtet man auf a und b die Normalebenen, und wo diese sich und das Ellipsoid schneiden, liegt der Endpunkt β des Betrages B. Für die dritte Hauptrichtung, hier c, ist die Relation $B_c = \varrho_i A_c$ dann im Punkte β durch die Eigenschaften des Ellipsoids von selbst erfüllt. Ähnlich liegt die Konstruktion bei asymmetrischen Tensoren.

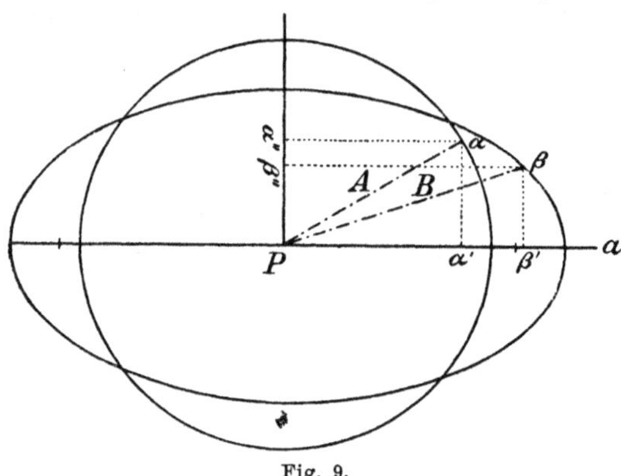

Fig. 9.

Die Figur 9 enthält einen Schnitt nach a, b durch das Ellipsoid und die Vektordarstellung unter der Annahme, daß der Betrag A in die a, b-Ebene fällt. Dann fällt auch B in diese Ebene und zur Konstruktion von β würden die Punkte α', β' ausreichen. Die Dimensionen des Ellipsoids relativ zu denen der Kugel sind so angenommen, als ob $\varrho_a = \frac{4}{3}$; $\varrho_b = \frac{3}{4}$ wäre.

7. Setzt man den Betrag von $\mathfrak{A}$ gleich 1, so heißt das Ellipsoid, das die Endpunkte der Beträge des Vektors

$$\mathfrak{B} = \{\varrho \cdot \mathfrak{A}\}$$

darstellt, das erste Tensorellipsoid.

Dieses Ellipsoid kann als ein Bild des Tensors ϱ angesehen werden. Es vergrößert seine linearen Dimensionen proportional mit dem Betrag A.

Die Gleichung des ersten Tensorellipsoids können wir auch schreiben, wenn wir seine Koordinaten mit ξ, η, ζ, statt mit B_x, B_y, B_z bezeichnen:

$$(3) \qquad (\pi_{xx}\xi + \pi_{xy}\eta + \pi_{xz}\zeta)^2 + (\pi_{yx}\xi + \pi_{yy}\eta + \pi_{yz}\zeta)^2 + (\pi_{zx}\xi + \pi_{zy}\eta + \pi_{zz}\zeta)^2 = 1.$$

Ein zweites Tensorellipsoid wird definiert durch:

$$A_x B_x + A_y B_y + A_z B_z = \text{konst.}$$

wo B_x, B_y, B_z als die Punktkoordinaten aufzufassen sind und A_x, A_y, A_z zu ihnen in der Relation § 6 (1) oder § 5 (8) stehen. Wenn wir wieder die Koordinaten statt mit den B mit ξ, η, ζ bezeichnen, so folgt die Gleichung

$$(4) \qquad (\pi_{xx}\xi + \pi_{xy}\eta + \pi_{xz}\zeta)\xi + (\pi_{yx}\xi + \pi_{yy}\eta + \pi_{yz}\zeta)\eta + (\pi_{zx}\xi + \pi_{zy}\eta + \pi_{zz}\zeta)\zeta = \text{konst.}$$

oder

$$(5) \qquad \pi_{xx}\xi^2 + \pi_{yy}\eta^2 + \pi_{zz}\zeta^2 + (\pi_{yz} + \pi_{zy})\eta\zeta + (\pi_{zx} + \pi_{xz})\zeta\xi + (\pi_{xy} + \pi_{yx})\xi\eta = \text{konst.}$$

Das ist in der Tat wieder die Gleichung einer Mittelpunktsfläche in Mittelpunktskoordinaten. Sie braucht aber kein Ellipsoid zu sein. Sie kann ein einschaliges oder ein zweischaliges Hyperboloid sein (Bd. II 2. Aufl. S. 587) und zwar kann man, wie auch die Koeffizienten π_{xx}, π_{yy}, π_{zz} ausfallen, wenn sie nicht gleiches Vorzeichen haben, immer sowohl das einschalige als auch das zweischalige durch geeignete Wahl des Vorzeichens der Konstanten erhalten. Zeichnet man beide, so hüllen sie den Punkt P vollständig ein, indem das einschalige gerade den Raum zwischen den beiden Schalen des zweischaligen erfüllt.

8. Diese Mittelpunktsfläche führt, trotzdem der Name nicht immer paßt, den Namen „zweites Tensorellipsoid".[1]) Eine praktische Bedeutung gewinnt sie erst für orthogonale Tensoren. In diesem Falle gilt nämlich folgendes: Zeichnen wir einen Radiusvektor von P aus, so hat dieser, wie bewiesen, bis zum ersten Tensorellipsoid gemessen, die Länge des zu einem Einheitsvektor $\mathfrak{A}$ gehörenden Betrags B. Ziehen wir den Strahl weiter, bis er das zweite

1) Die 6 Koeffizienten der Gleichung (5) sind nach Multiplikation der letzten drei mit $\frac{1}{2}$ die 6 Komponenten des Tensors π in der Definition von Voigt (vgl. § 5, 30).

Tensorellipsoid schneidet, so hat die am Schnittpunkt auf diesem zweiten Ellipsoid errichtete Normale die Richtung des dem B entsprechenden Betrags A. Die Kombination der beiden Tensorellipsoide gestattet demnach, den zu einem vorgegebenen Einheitsvektor $\mathfrak{A}$ gehörenden Vektor $\mathfrak{B}$ vollständig, also nach Länge und Richtung seines Betrags zu ermitteln, und umgekehrt. (Vgl. Figur 10.) All dies soll nur erwähnungsweise, ohne Beweis, gebracht werden.[1])

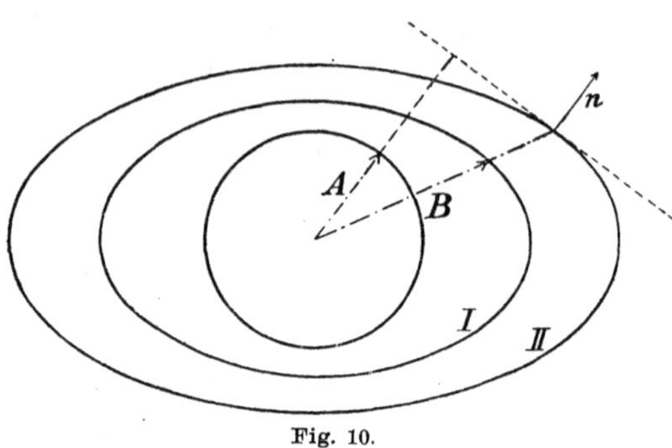

Fig. 10.

§ 8. Spezielle Tensoren.

1. Der einfachste Spezialfall eines Tensors ist der, dessen Konstituenten

$$\varrho_a = \varrho_b = \varrho_c = \varrho$$

einander gleich werden. Dann wird nach § 5 (9) und S. 22 (b), (c):

$$\varrho_{ii} = \varrho; \quad \varrho_{ik} = 0 \quad (i \neq k)$$

und aus (8)

$$B_x = \varrho A_x; \quad B_y = \varrho A_y; \quad B_z = \varrho A_z$$

für jedes Koordinatensystem. Das Tensor-Vektorprodukt geht somit in das gewöhnliche Skalar-Vektorprodukt über (vgl. § 3, 12). Der Tensor nimmt in diesem Falle skalare Eigenschaften an.[2]) Es wird weiter (Gl. (12))

$$\pi_{ii} = \frac{1}{\varrho}; \quad \pi_{ik} = 0 \quad (i \neq k),$$

und das erste Tensorellipsoid § 7 (3) wird eine Kugel vom Radius ϱ.

2. Wenn nur zwei der Konstituenten, etwa ϱ_b, ϱ_c einander gleich werden, so ergibt sich aus (9) S. 26 mit Hilfe der Relationen (b) (c) S. 22

---

1) Der Beweis ist elementar nicht zu bringen. Er folgt daraus, daß die Flächennormale an einem Punkte einer Fläche $F(\xi, \eta, \zeta) =$ konst. die Richtungskosinus hat $\cos(nx) : \cos(ny) : \cos(nz) = \frac{\partial F}{\partial \xi} : \frac{\partial F}{\partial \eta} : \frac{\partial F}{\partial \zeta}$; und das gibt für unsere Fläche, aber nur, wenn $\pi_{ik} = \pi_{ki}$, das Verhältnis $A_x : A_y : A_z$.

2) Ein Tensor hat überhaupt eine größere Verwandtschaft mit einem Skalar als mit einem Vektor. So wird z. B. durch eine Differentialoperation gewisser Tensoren (z. B. Druck in elastischen Körpern) ein Vektor aus ihm, wie aus dem Skalar „Temperatur" oder „Potential" das „Temperaturgefälle" oder „Potentialgefälle" wird.

$$\varrho_{xx} = \varrho_a \alpha_1 \bar{\alpha}_1 + \varrho_b (1 - \alpha_1 \bar{\alpha}_1) = (\varrho_a - \varrho_b) \alpha_1 \bar{\alpha}_2 + \varrho_b$$
$$\varrho_{xy} = \varrho_a \alpha_1 \bar{\alpha}_2 - \varrho_b \alpha_1 \bar{\alpha}_2 = (\varrho_a - \varrho_b) \alpha_1 \bar{\alpha}_2$$

usw., d. h. die Komponenten werden nur noch von den Richtungsfunktionen α_i, $\bar{\alpha}_i$, nicht mehr von den β_i, $\bar{\beta}_i$, γ_i, $\bar{\gamma}_i$ abhängig. Es ist nach § 5 Nr. 13, 14

$$\bar{\alpha}_1 = \frac{\sin(b, c)}{D} \cos(\bar{a}, x); \quad \bar{\alpha}_2 = \frac{\sin(b, c)}{D} \cos(\bar{a}, y); \quad \bar{\alpha}_3 = \frac{\sin b_c}{D} \cos(\bar{a}, z)$$

also wegen (a) S. 21 der erste dieser Ausdrücke:

$$\bar{\alpha}_1 = \frac{\cos(\bar{a}, x)}{\sin(a, b) \sin \vartheta_b} \quad \text{oder} \quad \bar{\alpha}_1 = \frac{\cos(\bar{a}, x)}{\sin(a, c) \sin \vartheta_c}.$$

Der erste dieser Ausdrücke sagt aus, daß $\bar{\alpha}_1$ von der Richtung der c-Achse, der zweite, daß $\bar{\alpha}_1$ von der Richtung der b-Achse innerhalb ihrer Ebene unabhängig ist. Die $\bar{a}$-Achse, von der $\bar{\alpha}_1$ noch abhängig ist, ist eindeutig durch die b, c-Ebene festgelegt. Daraus folgt, da das Analoge für $\bar{\alpha}_2$, $\bar{\alpha}_3$ gilt;

Wenn zwei Konstituenten eines Tensors identisch werden, ist die Lage der entsprechenden zwei Hauptachsen innerhalb deren Ebene willkürlich.

Wird auch noch die dritte der Konstituenten den anderen zwei gleich, so wird nach vorigem jede der Hauptachsen in je zwei Ebenen beliebig drehbar. Damit wird die Lage aller drei Achsen im Raume willkürlich, was in Nr. 1 bereits ausgesprochen ist.

Symmetrische Tensoren.

3. Wenn die Hauptachsen eines Tensors zueinander normal stehen, so heißt der Tensor „symmetrisch". Es ist dann (§ 5, 2)

$$A^{(a)} = A_a; \quad A^{(b)} = A_b; \quad A^{(c)} = A_c$$

und

(1) $$B_a = \varrho_a A_a; \quad B_b = \varrho_b A_b; \quad B_c = \varrho_c A_c.$$

Es wird ferner in § 5 (8) und § 6 (1) $\alpha_i = \bar{\alpha}_i$ usw. (vgl. S. 22 (b_1))

$$\varrho_{ik} = \varrho_{ki}; \quad \pi_{ik} = \pi_{ki},$$

und die neun Gleichungen § 5 (9) oder § 6 (2) reduzieren sich auf sechs. Zur Bestimmung der Konstituenten ϱ_a, ϱ_b, ϱ_c und der Hauptachsenrichtungen aus den ϱ_{ii}, ϱ_{ik} hat man gleichwohl genug Gleichungen, da drei weitere Bedingungsgleichungen für die α_i, β_i, γ_i hinzukommen, so daß deren sechs sind

(2) $$\begin{gathered} \varphi_1 \psi_1 + \varphi_2 \psi_2 + \varphi_3 \psi_3 = 0 \qquad \varphi \neq \psi \\ \varphi_1 \psi_1 + \varphi_2 \psi_2 + \varphi_3 \psi_3 = 1 \qquad \varphi = \psi \\ (\varphi = \alpha, \beta, \gamma; \; \psi = \alpha, \beta, \gamma). \end{gathered}$$

Ein symmetrischer Tensor ist demnach durch sechs Daten an jedem Punkte eindeutig bestimmt, und diese Daten können verschiedener Art sein. Es können z. B. die sechs Komponenten ϱ_{ii}, $\varrho_{ik} = \varrho_{ki}$ gegeben sein, oder es können die drei Konstituenten ϱ_a, ϱ_b, ϱ_c und die Richtungen von a, b, c gegeben sein. Zur Angabe der letzteren genügen jetzt drei Daten. Man legt z. B. die Richtung a durch zwei Daten fest; dann erfordert die Richtung b nur noch eine Angabe, da sie zu a normal sein muß; und c ist von selbst eindeutig gegeben, wenigstens wenn a, b, c ein Rechtssystem sein soll (vgl. Bd. II, 2. Aufl. S. 575).

4. Da die Gleichungen § 5 (9) ($\varrho_{ik} = \varrho_{ki}$; $\alpha_i = \bar{\alpha}_i$ usw. gesetzt) und § 6 (2) quadratische Gleichungen für die α_i, β_i, γ_i sind, so ist ihre Auflösung nach diesen Größen mehrdeutig. Was diese Mehrdeutigkeit für einen Erfolg hat, können wir aber aus den Gleichungen selbst ablesen. Wenn wir α_1, α_2, α_3 mit $-\alpha_1$, $-\alpha_2$, $-\alpha_3$ vertauschen, ändern sich die Gleichungen nicht. Wir werden also zwischen $+a$ und $-a$ als Richtung a nicht entscheiden können. Das steht im Zusammenhang mit der Tatsache, daß der Tensor zwar seinen Konstituenten zugeordnete Achsen, aber keine Richtungssinne auf diesen fordert.

In gleicher Weise ändert ϱ_{xx} seinen Wert nicht, wenn man α_1, β_1, γ_1 mit $-\alpha_1$, $-\beta_1$, $-\gamma_1$, also die x-Richtung mit der $-x$-Richtung vertauscht. Dagegen wechseln dadurch zwei der wechselseitigen Komponenten ihr Vorzeichen, wenn nicht gleichzeitig die y- und die z-Richtung mit den entgegengesetzten Richtungen vertauscht werden.

5. Läßt man für einen symmetrischen Tensor in § 5 (9) die x-, y-, z-Richtungen mit den a-, b-, c-Richtungen zusammenfallen, so wird

$$(3) \quad \alpha_1 = 1,\ \beta_2 = 1,\ \gamma_3 = 1; \quad \beta_1 = \alpha_2 = 0; \quad \alpha_3 = \gamma_1 = 0; \quad \gamma_2 = \beta_3 = 0$$

und für diese spezielle Lage des Koordinatensystems x, y, z, das durch das Zeichen ^{0} gekennzeichnet sei, folgt aus § 5 (9) und § 6 (2)

$$(4) \quad \begin{aligned} &\varrho^0_{xx} = \varrho_a; \quad \varrho^0_{yy} = \varrho_b; \quad \varrho^0_{zz} = \varrho_c; \quad \pi^0_{xx} = \frac{1}{\varrho_a}; \quad \pi^0_{yy} = \frac{1}{\varrho_b}; \quad \pi^0_{zz} = \frac{1}{\varrho_c}; \\ &\varrho^0_{xy} = 0; \quad \varrho^0_{yz} = 0; \quad \varrho^0_{zx} = 0; \quad \pi^0_{xy} = 0; \quad \pi^0_{yz} = 0; \quad \pi^0_{zx} = 0. \end{aligned}$$

Die Größen ϱ_a, ϱ_b, ϱ_c sind also für die Hauptachsen des Tensors das, was für beliebige Achsen die ϱ_{xx}, ϱ_{yy}, ϱ_{zz} sind, also die Selbst- oder Achsenkomponenten. Die Hauptachsen sind außerdem dadurch ausgezeichnet, daß ihre wechselseitigen Komponenten verschwinden.

6. Die Gleichungen § 7 (2), (3), (4), (5) der beiden Tensorellipsoide vereinfachen sich für symmetrische Tensoren zunächst nicht wesentlich.

Erst wenn wir das Koordinatensystem mit a, b, c zusammenfallen lassen, nehmen sie die sehr einfache Form an:

$$(5)\quad \begin{aligned} &\text{Erstes Tensorellipsoid:} \quad \frac{\xi^2}{\varrho_a^2} + \frac{\eta^2}{\varrho_b^2} + \frac{\zeta^2}{\varrho_c^2} = 1, \\ &\text{Zweites Tensorellipsoid:} \quad \frac{\xi^2}{\varrho_a} + \frac{\eta^2}{\varrho_b} + \frac{\zeta^2}{\varrho_c} = \pm C. \end{aligned}$$

Es sind danach die Halbachsen des ersten Tensorellipsoids gleich ϱ_a, ϱ_b, ϱ_c, ihre Richtungen sind die der Achsen a, b, c.

7. Da man bei geeigneter Wahl der Koeffizienten ϱ_a, ϱ_b, ϱ_c und der Koordinatenrichtungen jedes beliebig geformte und beliebig gelagerte Ellipsoid in der Form der ersten der Gleichungen (5) darstellen kann, so folgt:

Ist ein asymmetrischer Tensor ϱ gegeben, so läßt sich immer ein symmetrischer Tensor ϱ' finden, der auf den gleichen Vektor $\mathfrak{A}$ angewandt für die Endpunkte der Beträge B bei wechselnden Richtungen der Beträge A das gleiche erste Ellipsoid liefert, wie der asymmetrische Tensor.

Trotzdem sind die Tensoren ϱ und ϱ' nicht identisch. Die Radien des Ellipsoids der B und die der Kugel der A sind in beiden Fällen einander verschiedenartig zugeordnet.

8. Ein anschauliches Bild eines symmetrischen Tensors gibt die gleichförmige Dehnung eines Körpers nach drei zueinander senkrechten Richtungen.

Eine gleichförmige Dehnung[1]) eines Körpers längs einer Richtung a ist dadurch definiert, daß jede, in dem Körper längs a gemessene Längeneinheit sich um den gleichen Bruchteil δ_a, den „Dehnungskoeffizienten", also auf das $(1+\delta_a)$-fache vermehrt. Eine von der zu a senkrechten Ebene (b, c) aus, in der Richtung a gemessene Länge a wird also durch die Dehnung die Länge $a(1+\delta_a)$ erhalten. Erfolgt gleichzeitig in der Richtung b, c eine gleichförmige Dehnung mit den Koeffizienten δ_b, δ_c, wovon ein Teil auch negativ sein kann, so wird

in der Richtung a aus der Länge a die Länge $a(1+\delta_a)$,
„ „ „ b „ „ „ b „ „ $b(1+\delta_b)$,
„ „ „ c „ „ „ c „ „ $c(1+\delta_c)$.

Den Abstand r eines beliebigen Punktes vom Nullpunkt — und als Nullpunkt kann uns jeglicher Punkt dienen — können wir als einen Vektor ansehen, dessen Komponenten vor der Dehnung in der

1) Nach dieser Dehnung hat der ganze Begriff Tensor von Voigt ursprünglich seinen Namen erhalten.

Achsenrichtung a, b, c gleich a, b, c sind, in den Richtungen eines beliebigen Koordinatensystems gleich x, y, z. Nach der Dehnung ist der Abstand des Punktes P ein anderer, r', geworden, und es hat r' im System a, b, c die Komponenten

$$a' = a(1 + \delta_a); \quad b' = b(1 + \delta_b); \quad c' = c(1 + \delta_c).$$

Wir können demgemäß die Faktoren $(1 + \delta_a) = \varrho_a$, $(1 + \delta_b) = \varrho_b$, $(1 + \delta_c) = \varrho_c$ als die Konstituenten eines Tensors ansehen und r mit $\mathfrak{A}$, r' mit $\mathfrak{B}$ identifizieren. Die Koordinaten x', y', z' des Punktes P nach der Dehnung berechnen sich dann aus denen vor der Dehnung x, y, z entsprechend der Gleichung § 5 (8). Daraus folgt, daß eine gleichförmige Dehnung parallel den Achsen a, b, c nicht auch eine gleichförmige Dehnung parallel beliebigen anderen Achsen ist. Die Achsen a, b, c sind der Dehnung eigentümlich.

9. Ein Bild eines asymmetrischen, wenn auch anderweitig spezialisierten Tensors erhält man durch folgendes Modell, das die Figur 11 im Schnitt nach den Tensorachsen a, b wiedergibt. Zwischen zwei ebenen Brettern H, K, senkrecht zur Zeichenebene gedacht, möge eine Anzahl gleich langer Gummifäden ausgespannt sein. Die Bretter werden parallel miteinander gehalten, so, daß die Fäden gespannt sind, aber nicht normal, sondern geneigt zu den Brettern stehen. Nun zieht man die Bretter in entgegen gesetzter Richtung auseinander. Die Änderung des Abstandes zweier beliebiger Punkte P, Q eines oder verschiedener Fäden entspricht dann der Wirkung eines asymmetrischen Tensors im Tensorvektorprodukt.

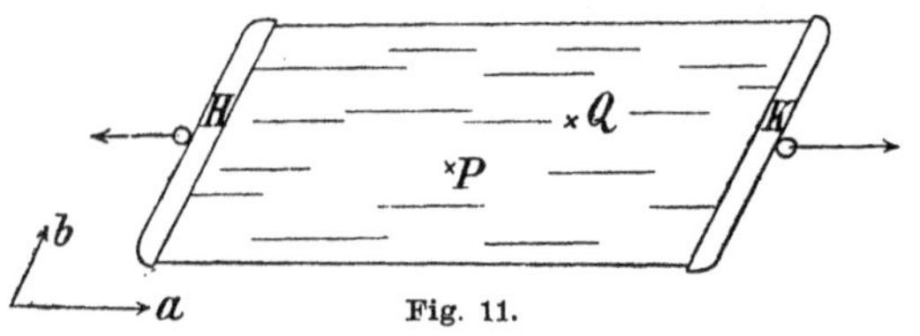

Fig. 11.

Für diesen Tensor ist eine Tensorachse, a, die Fadenrichtung. Die zwei anderen Achsen liegen in der Brettebene u. z. hierin willkürlich (vgl. Nr. 2). Es ist

$$\varrho_a = 1 + \delta_a; \quad \varrho_b = 1; \quad \varrho_c = 1,$$

wenn δ_a die Verlängerung der Längeneinheit eines Fadens bedeutet.

Wir haben hier auch eine gleichförmige Dehnung längs einer einzigen Achse. Man sieht aber, daß die relative Ortsänderung zweier nicht auf demselben Faden gelegenen Punkte von der Neigung der Fäden gegen die Brettebene abhängig sein müssen. So bleiben z. B. vertikal übereinander befindliche Punkte nicht vertikal übereinander, was der Fall ist, wenn die Fäden senkrecht zur Ebene stehen. Also auch wenn $\varrho_b = \varrho_c = 1$ ist, also in den Richtungen b, c keine Dehnung erfolgt, ist die Lage dieser Richtungen, d. h. ihrer Ebene, von Einfluß.

Diese Art der Dehnung können wir eine schiefwinklige, gleichförmige einachsige Dehnung nennen.

10. Läßt man gleichzeitig die Fäden nach zwei den Brettebenen parallelen gegeneinander geneigten Richtungen b, c gleichmäßig, aber nach b und nach c verschieden stark auseinanderrücken, so erhält man das Bild des allgemeinsten Tensors, für den ϱ_b und ϱ_c nicht mehr gleich 1 sind. Sind sie auch untereinander nicht gleich, so sind die Achsen b, c nicht mehr willkürlich in ihrer Ebene verlegbar.

Alle Punkte, die eine Kugelfläche erfüllen, gehen durch die Dehnung in eine Ellipsoidfläche über.

Andere Tensoren sind: Der Druck in einem deformierten elastischen Körper, ferner der Elastizitätskoeffizient, die Wärmeleitfähigkeit, die Dielektrizitätskonstante und andere Eigenschaften kristallinischer Körper. und zwar sind die meisten von vorneherein symmetrisch, (vgl. § 5. 30).

Zweiter Abschnitt.

Analytische Statik.

§ 9. Kräfte und Gewichte.[1])

1. Der Begriff der Kraft ist uns anschaulich durch das Gefühl des Druckes, den ein in die Höhe gehobener Körper auf die Hand ausübt. Dieser Druck kann sehr verschieden an Stärke sein je nach Größe und Materie des Körpers. Da er immer nach dem Erdmittelpunkt gerichtet ist, so schreiben wir ihn der Einwirkung der Erde auf die Körper zu und sprechen daher von einer Kraft, die die Erde auf die Körper ausübt. Daher sagen wir: Die Erde übt auf verschiedene Körper verschieden starke Kräfte aus, die wir die Gewichte der Körper nennen. Das Gewicht ist eine durch sinnliche Beobachtung erkannte Eigenschaft eines Körpers und somit das merkbare Anzeichen und zugleich das quantitative Maß für den in die Physik eingeführten, der direkten Beobachtung nicht zugänglichen Begriff der Kraft.

2. Denken wir uns an einem Punkte mittels eines gewichtlosen Fadens ein Gewichtstück aufgehängt, so sucht dieses Gewichtstück den Punkt in einer bestimmten Richtung zu verschieben, und zwar vertikal zur Erde. Wir sprechen hiermit die Erfahrungstatsache aus, daß der Punkt in dem Moment, wo er frei beweglich gemacht wird, sich unter dem Einflusse des Gewichtstückes gegen die Erde hin zu bewegen beginnt. Das Gewichtstück übt eine Kraft auf den Punkt aus, der wir eine bestimmte Richtung, nämlich die nach der Erde hin zuschreiben. Wird aber der Faden über eine Rolle B hinweg geführt (Fig. 12), so ist die Richtung, in der auf den Punkt A jetzt die Kraft des Gewichtes wirkt, d. h. in der sie den Punkt zu bewegen sucht, eine andere; die Größe der Kraft ist aber die gleiche, solange das Gewichtstück das gleiche ist. Mittels solcher Rollen können wir die Kraft eines Gewichtstückes auf jede beliebige Richtung transformieren.

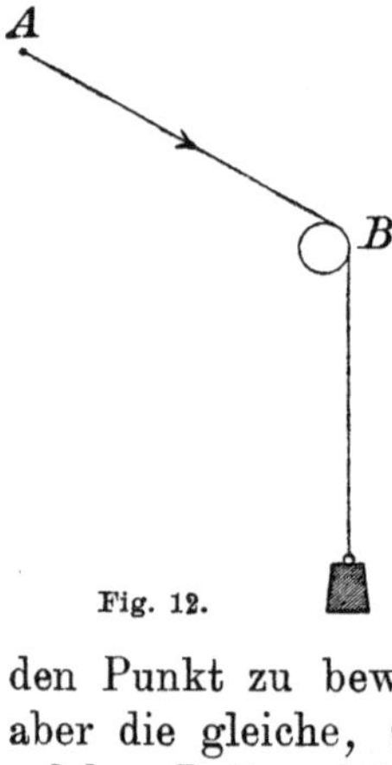

A

B

Fig. 12.

1) Für den Inhalt der folgenden Paragraphen sind im wesentlichen benutzt: Lagrange, Mechanik, Einleitung. Poinsot, Éléments de Statique.

Wir kennen in der Physik noch andere Kräfte, außer denen der Gewichte, z. B. magnetische und elektrische. Alle aber haben eine bestimmte Richtung und eine bestimmte Größe. Wir können sie uns daher bezüglich ihrer mechanischen Wirkung immer ersetzt denken durch Gewichte an Fäden, die mittels Rollen in geeigneter Richtung ihre Wirkung ausüben.

Die Kraft auf den Punkt A wird diesen und damit alles, was mit ihm in starrer Verbindung steht, in Bewegung versetzen, wenn sie nicht durch andere Kräfte daran verhindert wird. Wie beschaffen in einzelnen Fällen diese „Gegenkräfte" sein und welche Richtung sie haben müssen, wenn ein Punkt oder ein System, das unter ihrem Einflusse steht, in Ruhe, im „Gleichgewicht" bleibt, das ist die Frage, die die Statik zu beantworten hat.

§ 10. **Hebelgesetze.**

1. Ein gewichtloser Stab AB sei um seinen im Raume befestigten Mittelpunkt D drehbar. Er befinde sich in horizontaler Lage und an seinen Enden mögen Gewichte P_1, P_2 aufgehängt sein. Sind diese beiden Gewichte einander gleich, so bleibt das System in Ruhe; denn es könnte nur eine Drehung um D ausführen; keine der beiden Seiten ist aber vor der anderen bevorzugt, so daß für keine ein Grund zum Sinken vorhanden ist. Hier machen wir also Gebrauch von einem selbstverständlichen Satze, dem Satze vom „zureichenden Grunde":

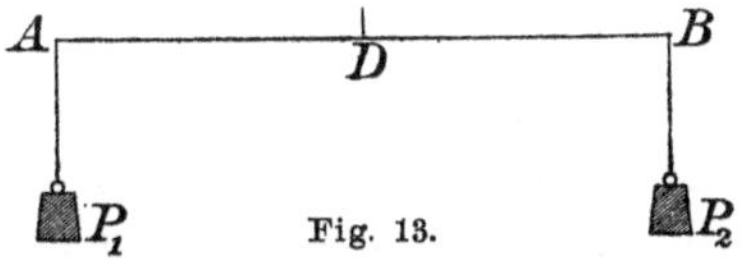

Fig. 13.

> Grundsatz I. Wenn von zwei möglichen, sich ausschließenden Veränderungen keine vor der anderen bevorzugt ist, so erfolgt keine von beiden.[1])

Man nennt ein solches System, das in seinem Mittelpunkt „unterstützt" ist, und an dessen Enden Gewichte angreifen, einen gleicharmigen Hebel. Durch die Anschauung ergibt sich so das

> 1te Hebelgesetz. Ein gleicharmiger Hebel ist dann im Gleichgewicht, wenn die auf seine Enden wirkenden Gewichte einander gleich sind.

1) Von diesem Satz ist mit Vorsicht Gebrauch zu machen. Er enthält eine unumstößliche Wahrheit, nur ist es schwer, zu entscheiden, wann keine von zwei Veränderungen vor der anderen bevorzugt ist. Da unsere ganze Ableitung aber nur eine Abstraktion ist — auch der gewichtlose Stab ist eine solche —, so sind wir berechtigt, auch hier zu abstrahieren, und zwei Veränderungen als bewiesen gleichwertig anzusehen. Auf welche mechanischen Vorrichtungen wir die Hebelgesetze anwenden dürfen, das zu untersuchen ist die Aufgabe der Experimentalphysik.

2. Wir können den Satz sofort noch erweitern. Denken wir uns jeden der Arme des Hebels um den Punkt D beliebig gedreht, so daß sie also nicht mehr eine gerade Linie miteinander bilden, und denken wir uns die Kräfte der Gewichte mittels Rollen auf solche Richtungen übertragen, daß sie senkrecht zu jedem Hebelarm in der Ebene der Hebelarme wirken, so muß Gleichgewicht vorhanden sein, wenn die Kräfte einander gleich sind, weil immer noch keine Seite vor der anderen bevorzugt ist. Man nennt den so entstehenden Hebel einen Winkelhebel, speziell einen gleicharmigen Winkelhebel. Denkt man sich D in Fig. 14 als den Spurpunkt einer zur Zeichenebene senkrechten Drehachse, so kann man den Hebelarm AD parallel mit

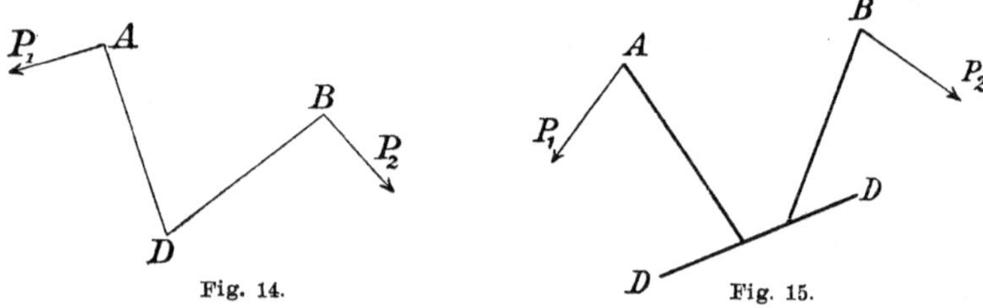

Fig. 14. Fig. 15.

sich längs dieser Achse verschoben denken, wie es die Fig. 15 andeutet. Den Satz vom zureichenden Grunde kann man hier auf die Frage anwenden, ob die Verschiebung des Hebelarmes AD nach vorne, oder nach hinten eine Gleichgewichtsstörung zugunsten einer Linksdrehung bewirkt. Es gilt somit das 1te Hebelgesetz auch für diese Arten Hebel (Fig. 14, 15).

3. Das Gleichgewicht eines geraden Hebels (Fig. 13) muß erhalten bleiben, wenn die Gewichte P_1, P_2 nicht sekrete Stücke sind, sondern wenn wir sie uns zu einem einzigen Stabe GH von gleichmäßiger Beschaffenheit ausgezogen denken (Fig. 16). Die Aufhängevorrich-

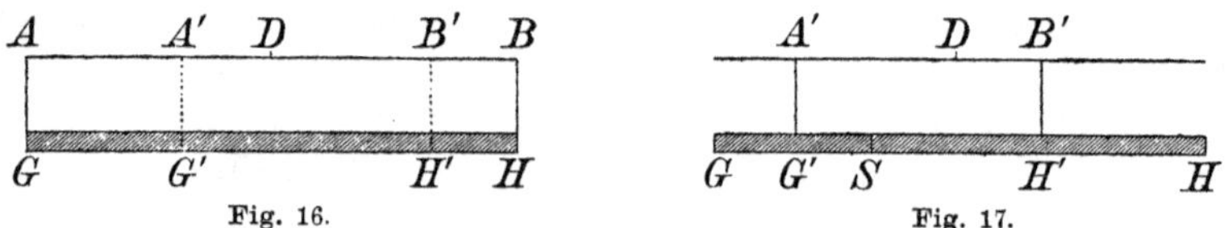

Fig. 16. Fig. 17.

tungen AG und BH mögen gewichtlos gedacht sein. Dann ist es selbstverständlich, daß wir an beliebiger Stelle eines jeden Schenkels noch andere solche Aufhängevorrichtungen $A'G'$, $B'H'$ anbringen können, ohne am Gleichgewicht etwas zu ändern. Die ursprünglichen Aufhängungen werden dann überflüssig, d. h. wir können die Aufhängungen AG und BH an beliebige Stellen ihrer Schenkel verschieben. Dieses Einfügen neuer Aufhängungen können wir durch einen weiteren selbstverständlichen Satz motivieren, den

Grundsatz II. Ein bestehendes Gleichgewicht bleibt erhalten, wenn ein Teil des Systems, der vorher beweglich war, starr gemacht wird.

4. Schneiden wir die Stange GH an irgend einer Stelle durch, so wird das Gleichgewicht im allgemeinen gestört. Es ist aber denkbar, daß es bei einer bestimmten Schnittstelle eine ganz bestimmte Lage der Aufhängungen gibt, bei der das Gleichgewicht erhalten bleibt. Wenn die Enden der beiden Teilstangen, die an die Schnittstelle angrenzen, gar keinen Einfluß aufeinander ausüben, also wenn sie auch nach dem Schnitt durch keine Kraft aus ihrer Lage herausgebracht werden, dann ist es offenbar gleichgültig, ob wir an dieser Stelle den Schnitt ausführen oder nicht. Ist S die Stelle, an der wir den Schnitt ausführen wollen, und verschieben wir die Aufhängung $B'H'$ in die Mitte von SH, die Aufhängung $A'G'$ in die Mitte von GS, dann bilden SH und GS jedes für sich einen gleicharmigen im Gleichgewicht befindlichen Hebel. Die Stelle S genügt also der verlangten Bedingung und es ist gleichgültig, ob wir bei S die beiden Stücke verbunden denken oder nicht; die Enden, die an S angrenzen, bleiben in beiden Fällen einander benachbart.

Es sei die Länge des ursprünglichen Hebels $2l$; die Schnittstelle liege von G und H um die Längen a und b entfernt. Also ist

$$a + b = 2l.$$

Es bleibt also trotz des Schnittes Gleichgewicht, wenn die Aufhängungen so liegen, daß G' um $a/2$ von G, H' um $b/2$ von H entfernt liegt, also wenn

$$(1)\qquad \begin{aligned} A'D &= l - \frac{a}{2} = \frac{b}{2}, \\ B'D &= l - \frac{b}{2} = \frac{a}{2} \end{aligned}$$

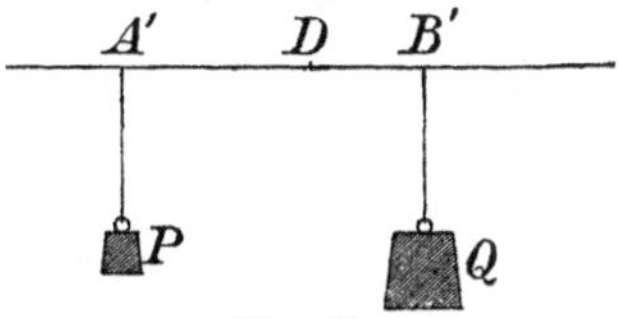

Fig. 18.

ist. Wir können nun ebenso, wie wir uns früher die einzelnen Gewichte zu einem Stab ausgezogen dachten, jetzt jeden der Stäbe GS und SH sich zusammenziehen denken zu einem einzelnen Gewichtstück, das ebensoviel wiegt, wie der entsprechende Stab.

Die Gewichte P und Q der Stäbe, und damit die der zusammengezogenen Gewichtstücke sind proportional mit den Längen a und b. Bezeichnet σ das Gewicht der Längeneinheit, so ist

$$P = a\sigma, \quad Q = b\sigma.$$

Die Gleichgewichtsbedingung (1) lautet demnach jetzt:

$$A'D = \frac{Q}{2\sigma}, \quad B'D = \frac{P}{2\sigma},$$

gültig für jedes beliebige σ; denn die Betrachtung gilt für jede beliebige Dicke der Stange GH, wenn diese nur gleichförmig ist, und σ hängt von dieser Dicke ab. Wir können dieses willkürliche σ noch eliminieren, dann folgt:

$$A'D : B'D = Q : P. \tag{2}$$

$A'D$ und $B'D$ heißen die Hebelarme. In Worten lautet dieses

2te Hebelgesetz[1]): Ein ungleicharmiger Hebel ist dann im Gleichgewicht, wenn sich die an den Enden seiner Hebelarme wirkenden Gewichte umgekehrt verhalten, wie die zugehörenden Hebelarme.

Die außerhalb A' und B' gelegenen Verlängerungen der Hebelarme können als gewichtlos weggelassen werden.

5. Der Beweis, den Archimedes[2]) von diesem zweiten Hebelgesetze gibt, ist dem angegebenen verwandt, nur mit dem Unterschied, daß Archimedes das Gewicht nicht kontinuierlich auf den ganzen Stab verteilt denkt, sondern in sekreten Punkten. Es wird dabei als selbstverständlich der Satz vorausgesetzt:

Wirken an mehreren, gleichweit voneinander entfernten Punkten einer horizontalen Geraden gleiche Gewichte, so lassen sich diese ersetzen durch die Summe der Gewichte, angreifend im Mittelpunkt der wahren Angriffspunkte, und umgekehrt.

Wenn m und n ganze Zahlen sind, und in den Punkten A und B eines Hebels, die so gelegen sind, daß sich $AD : BD$ wie $m : n$ verhält, die Gewichte np und mp wirken, so lassen diese sich nach dem vorigen Satze gleichmäßig auf einen gleicharmigen Hebel verteilen, der dann von selbst im Gleichgewicht ist. In der Fig. 19 ist $m = 2$, $n = 3$ angenommen. Diese Verteilung ist zunächst nur möglich, wenn die beiden Gewichte kommensurabel sind. Doch läßt sich nach der Methode der Exhaustion die Verallgemeinerung leicht durchführen.

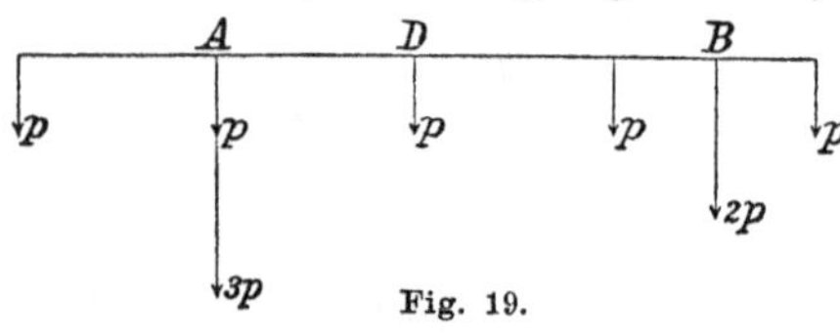

Fig. 19.

6. Huyghens[1]) hat diesen Beweis etwas abgeändert, indem er die beiden Gewichte p_1, p_2 in gleichen Abständen auf zwei zu den Hebelarmen senkrechten Geraden, die sich an deren Enden befinden, verteilt. (Vgl. Figur 20, in der $p_1 : p_2 = 4 : 9$ ist. Die Gewichte wirken senkrecht zur Zeichenebene.)

---

1) Der Beweis in dieser Form stammt von Simon Stevin, geb. 1548 in Brügge, gest. 1620 im Haag.

2) Archimedes, De planarum aequilibriis. Lib. I.

Es läßt sich dann eine Unterstützungsachse (EF) finden, die den Hebelarm im Verhältnis $p_2 : p_1$ teilt, und so gelegen ist, daß sich zu jedem Gewichtspunkte auf der einen Seite dieser Achse ein und nur ein gleichweit von ihr entfernter auf der anderen Seite finden läßt. Bezüglich dieser Achse ist dann das System im Gleichgewicht. Ändern wir den Abstand der Punkte gleichmäßig, so dreht sich die Achse um den Punkt D, und da das ursprüngliche System p_1, p_2 mit jedem solchen System mit verteilten Massen gleichwertig ist, so ist es bezüglich jeder durch D gehenden Unterstützungsachse im Gleichgewicht. Es genügt also eine Unterstützung des Punktes D allein.

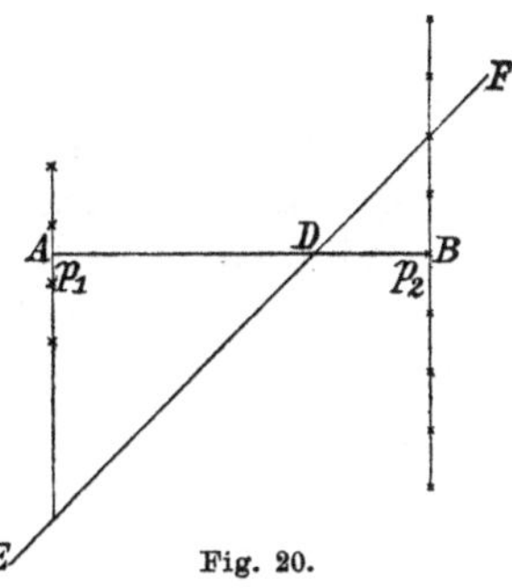

Fig. 20.

7. Dieses Hebelgesetz läßt sich nun ebenfalls leicht für einen Winkelhebel verallgemeinern. Denken wir uns an dem Hebelsystem im Drehpunkte D starr noch einen dritten Hebelarm DB'' von gleicher Länge wie DB' angebracht, unter beliebigem Winkel gegen diesen geneigt, und lassen wir an dessen Endpunkt B'' zwei gleiche Kräfte Q_1 und Q_2 nach entgegengesetzten Seiten senkrecht zum Hebelarm wirken, so heben diese sich gegenseitig auf und ändern somit nichts am Gleichgewicht. Es gilt der

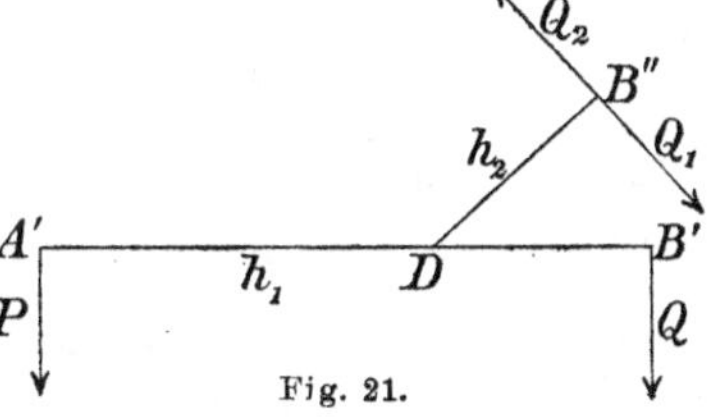

Fig. 21.

Grundsatz III. Wenn in einem starren System, das im Gleichgewicht steht, ein Teil der Kräfte für sich im Gleichgewicht ist, so können wir diesen nach Belieben weglassen oder hinzufügen.

Wählen wir nun jede der Kräfte Q_1 und Q_2 gleich Q, so können wir Q_2 und Q nach III. weglassen, da sie gleich sind und an einem gleicharmigen Winkelhebel $B''DB'$ wirken. Es bleibt also noch ein ungleicharmiger Winkelhebel $B''DA'$ übrig, der demnach für sich im Gleichgewicht sein muß. Da $Q_1 = Q$ sein muß, wenn wir Q_2 und Q weglassen wollen, so folgt, daß auch für den Winkelhebel das zweite Hebelgesetz gilt: nämlich daß:

$$A'D : B''D = Q : P$$

sein muß.

Setzen wir $A'D = h_1$, $B'D = B''D = h_2$, so können wir das zweite Hebelgesetz auch in die Form kleiden

(3) $$Ph_1 = Qh_2.$$

1) Huyghens, Demonstratio aequilibrii bilancis (1693).

8. Wir können jetzt noch von einem weiteren Grundsatz Anwendung machen, nämlich von dem

Grundsatz IV. Statt eine Kraft in einem Punkte (A') eines starren Systems angreifen zu lassen, können wir sie in einem beliebigen anderen Punkte (A) ihrer Richtung, der mit dem System starr verbunden ist, angreifen lassen.

Wir können demgemäß die Angriffspunkte der Kräfte beim Winkelhebel auf die Punkte A und B eines geradlinigen Hebels ADB (Fig. 22) verlegen, vorausgesetzt, daß wir diesen so wählen, daß seine Endpunkte A und B auf den Richtungen der Kräfte P und Q (auf den Fäden, die von A', B'' aus über die gedachten Rollen führen) liegen. Die gewichtlos gedachten Arme $A'D$, $B''D$ können wegbleiben. Das führt uns zu der Gleichgewichtsbedingung des geradlinigen Hebels mit schräg zu seinen Armen wirkenden Kräften. Die Längen h_1 und h_2 gewinnen jetzt die Bedeutung der Lote vom Drehpunkt auf die Kraftrichtungen.

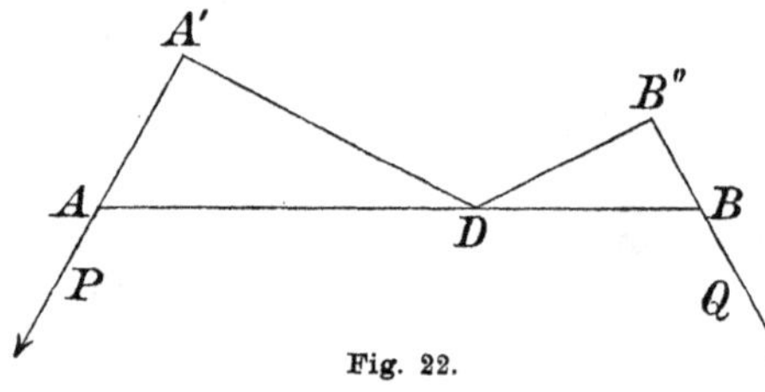

Fig. 22.

9. Wenn statt des geradlinigen Hebels ADB ein beliebig bei D geknickter Hebel angenommen wird, dessen Endpunkte ebenfalls auf den Kraftrichtungen liegen (Fig. 23), so führt uns das zu einem allgemeineren Problem: dem Winkelhebel mit schräg gegen seine Arme gerichteten Kräften. Schließlich können wir noch überhaupt von jeglichem Hebelarm absehen, und uns eine gewichtlose um einen Punkt D drehbare Ebene vorstellen, in der längs zweier vorgeschriebenen Geraden zwei Kräfte P, Q wirken (Fig. 24). Für alle diese Fälle gilt als Gleichgewichtsbedingung die Gleichung (3), die wir in Worten aussprechen können in einem

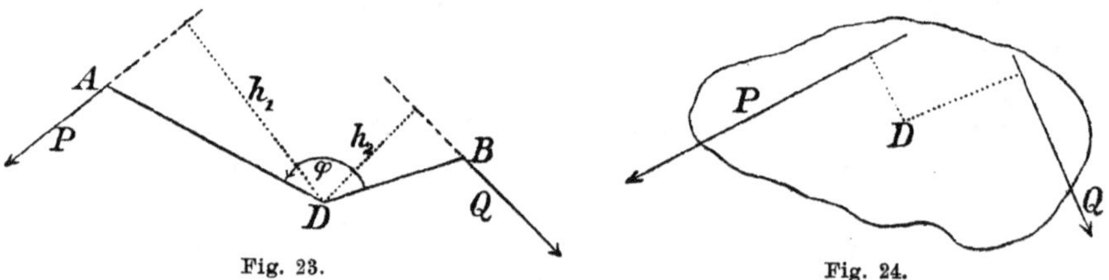

Fig. 23. Fig. 24.

3ten Hebelgesetz. Eine um einen Punkt in sich selbst drehbare Ebene, in der zwei in der Ebene liegende Kräfte in beliebiger Richtung angreifen, ist dann im Gleichgewicht, wenn sich die Kräfte umgekehrt verhalten, wie die Lote, die man vom Drehpunkt auf ihre Richtungen fällen kann.

Es ist dies das allgemeinste Gesetz für den Fall zweier Kräfte. Alle früheren Fälle und noch andere Spezialfälle sind darin enthalten.

10. Wenn wir z. B den Winkel φ eines Winkelhebels (Fig. 23) immer kleiner werden lassen, bis er schließlich gleich 0 geworden ist, während wir dabei die relativen Richtungen der Kräfte gegen die Hebelarme konstant lassen, so gelangen wir zu dem Problem des „einarmigen Hebels", d. h. eines gewichtlosen Stabes, bei dem die Kräfte auf der gleichen Seite des Drehpunktes angreifen und nach verschiedenen Seiten, vom Hebelarm aus gerechnet, gerichtet sind (Fig. 25).

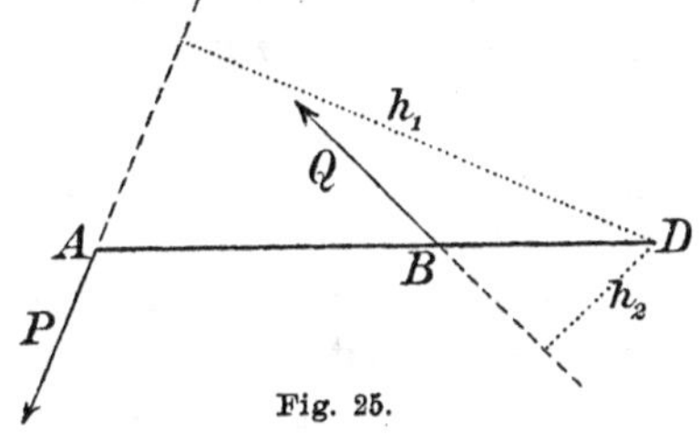

Fig. 25.

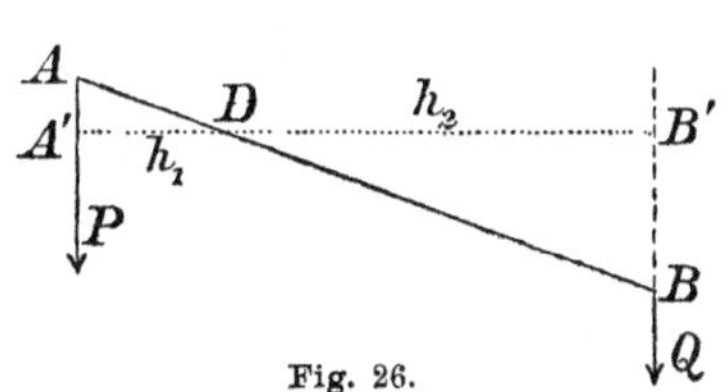

Fig. 26.

Ein anderer Spezialfall, der sich aus dem 3ten Hebelgesetz ableitet, ist der des geraden zweiarmigen Hebels mit parallelen aber zum Hebel geneigt gerichteten Kräften (Fig. 26). Es ist hier Gleichgewicht vorhanden, zunächst, wenn $h_1 : h_2 = Q : P$. Da aber hier $AD : BD = h_1 : h_2$ ist, so gilt auch als Gleichgewichtsbedingung:

$$AD : BD = Q : P.$$

Es ist dies dieselbe Form, die das zweite Hebelgesetz hat. Dieses gilt also auch, wenn die Kräfte nicht senkrecht auf den Hebelarmen stehen, also wenn der Hebel nicht horizontal gerichtet ist, ein Satz, der auch direkt hätte gewonnen werden können, wie das zweite Hebelgesetz selber.

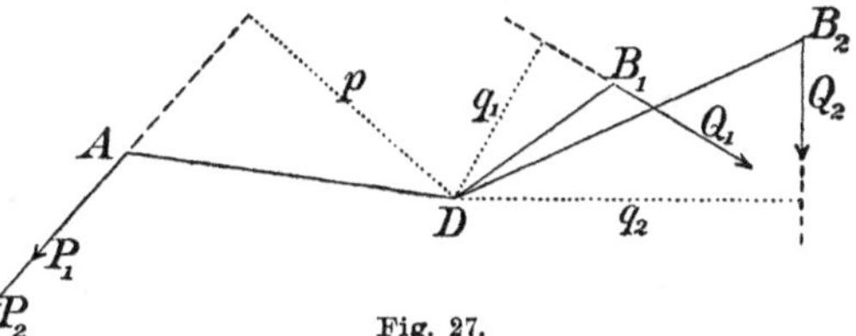

Fig. 27.

11. Von dem 3ten Hebelgesetz, das für zwei Kräfte gilt, die entgegengesetzte Drehungen hervorzurufen suchen, können wir zu einem Gesetz für drei und mehr Kräfte übergehen. Im Falle des Gleichgewichts muß, wenn die zwei Kräfte P_1 in A und Q_1 in B_1 wirken (Fig. 27),

$$P_1 p = Q_1 q_1 \tag{4}$$

sein. Bringen wir nun im Punkte D noch einen Hebelarm DB_2 an und lassen an ihm eine Kraft Q_2 wirken, so können wir wieder Gleichgewicht erhalten, wenn wir außer P_1 in A eine gleichgerichtete Kraft P_2 anbringen, die so groß ist, daß sie ihrerseits der Kraft Q_2 das Gleichgewicht hält, daß also:

$$P_2 p = Q_2 q_2 \tag{5}$$

ist. Sind also die Gleichungen (4) und (5) für einen dreiarmigen Hebel erfüllt, so befindet er sich im Gleichgewicht. Es folgt aber aus (4) und (5), wenn wir $P_1 + P_2$ mit P bezeichnen:

$$Pp = Q_1 q_1 + Q_2 q_2, \tag{6}$$

und diese Gleichung genügt als Gleichgewichtsbedingung; denn wenn sie erfüllt ist, läßt sich immer P in zwei Summanden zerlegen, so beschaffen, daß jeder von ihnen einer der Gleichungen (4), (5) genügt. Wir brauchen nur den einen Summanden gleich $Q_1 q_1/p$ zu wählen, so daß der andere $P - Q_1 q_1/p = Q_2 q_2/p$ wird.

12. Die Produkte Pp, $Q_1 q_1$, $Q_2 q_2$ heißen die „Drehmomente" oder die „statischen Momente" der Kräfte P, Q_1, Q_2 in bezug auf den Punkt D. Die Verallgemeinerung für einen vier- und mehrarmigen Hebel ist leicht. Es steht auf der einen Seite der Gleichgewichtsgleichung die Summe aller der Drehmomente, die in einer Richtung zu drehen suchen, auf der anderen Seite die der entgegengesetzt drehenden.

Der Ausdruck des Gesetzes wird noch einfacher, wenn wir einen bestimmten Drehungssinn — gleichgültig welchen — als positiv ansehen. Dann können wir die Drehmomente von Kräften, die eine entgegengesetzte Drehung hervorzurufen suchen, als negativ ansehen, also

$$Q_1 q_1 = - P_2 q_1,$$
$$Q_2 q_2 = - P_3 q_2$$

setzen. Dann wird aus Gleichung (6)

$$Pp + P_2 q_1 + P_3 q_2 = 0,$$

oder, wenn wir der übersichtlichen Form wegen P, p, q_1, q_2 durch die Zeichen P_1, p_1, p_2, p_3 ersetzen:

$$P_1 p_1 + P_2 p_2 + P_3 p_3 = 0;$$

und daraus ergibt sich leicht die Verallgemeinerung für beliebig viele Kräfte:

$$\sum_n P_n p_n = 0.$$

In Worten gibt dies das

4te Hebelgesetz. Ein vielarmiger Hebel ist dann im Gleichgewicht, wenn — unter Zugrundelegung eines bestimmten Drehungssinnes als positiv — die Summe aller auf ihn wirkenden Drehmomente verschwindet.

In dieser Form gilt das Hebelgesetz auch, wenn die Kräfte P_n nicht in einer Ebene liegen, sondern nur zu einer „Achse" senkrecht stehen, wie in Fig. 15 (vgl. Nr. 2). Unter p_n sind dann die Abstände von dieser Achse zu verstehen.

§ 11. Gleichgewicht nicht unterstützter Systeme bei parallelen Kräften. Der Kräftemittelpunkt.

1. Der ungleicharmige Hebel AB (Fig. 26), auf den die Gewichte P und Q parallel zueinander wirken mögen, ist im Gleichgewicht, wenn der Unterstützungspunkt D so gelegen ist, daß

$$AD : BD = Q : P$$

ist (vgl. 3tes Hebelgesetz, Schluß). Die Kräfte P und Q bewirken also keine Bewegung; sie üben aber einen Druck auf D nach unten aus, also in der Richtung der wirkenden Kräfte.

Wir stellen uns jetzt die Frage: Können wir die Unterstützung in D durch eine Kraft ersetzen und wie beschaffen muß diese sein, damit das System ADB mit den Kräften P, Q und der gesuchten in D angreifenden Kraft im Gleichgewicht ist?

Jedenfalls muß die gesuchte Kraft aufwärts gerichtet sein. Haben wir sie gleich R gefunden, so muß dieser Kraft R eine gleich große entgegengesetzt gerichtete Kraft, die ebenfalls in D angreift, das Gleichgewicht halten, wenn wir die Gewichte P und Q weglassen. Es sagt das aus: die Gewichte P und Q sind gleichwertig oder ersetzbar durch eine ihnen parallel gerichtete Kraft R, die im Drehpunkt D angreift.

Wir denken uns durch die Punkte A', B' (Fig. 26) die Fußpunkte der Lote h_1, h_2 und senkrecht zu den Kraftrichtungen P und Q eine starre gewichtslose Ebene gelegt, und wählen in dieser Ebene einen beliebigen Punkt C, so daß A', B', C (Fig. 28) die Eckpunkte eines Dreiecks sind. Unterstützen wir den Mittelpunkt von $A'C$, so ist der Hebel $A'C$ im Gleichgewicht, wenn wir in C ein Gewicht P parallel zu dem in A' anbringen. Ebenso ist der Hebel $B'C$ im Gleichgewicht bezüglich seines Mittelpunktes, wenn wir in C ein Gewicht Q anbringen. Wir können daher das ganze Dreieck $A'B'C$ im Gleichgewicht halten, wenn wir die Verbindungslinie EF der beiden Mittelpunkte unterstützen und in C das Gewicht $P+Q$ anbringen. Die Verbindungslinie CD bildet ebenfalls einen gleicharmigen Hebel, da sie von EF halbiert wird, und dieser Hebel ist somit mit dem

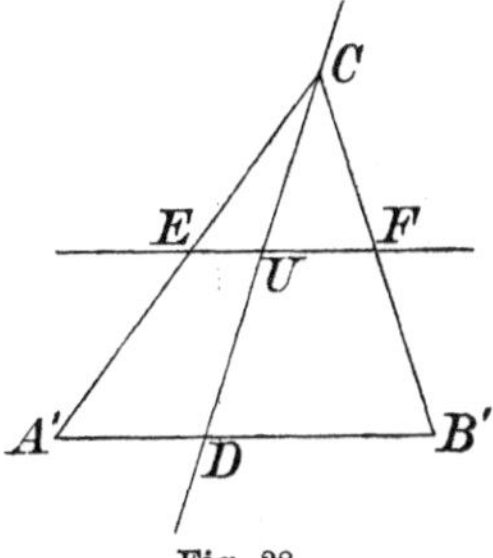

Fig. 28.

ganzen Dreieck auch im Gleichgewicht. Das ganze System ist im Gleichgewicht unter dem Einfluß der Kräfte:

$$P \text{ in } A', \quad Q \text{ in } B', \quad P + Q \text{ in } C.$$

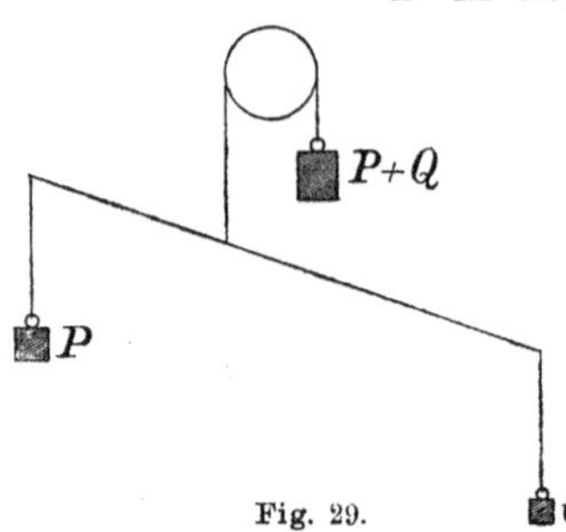

Fig. 29.

Wir fügen $\pm R$ in D hinzu, wenn R die Kraft ist, durch die P und Q ersetzbar sind. Dann nehmen wir (nach III) $-R$ und P und Q weg. Es bleibt $P + Q$ in C und $+R$ in D, so daß folgt

$$R = P + Q,$$

und es folgt weiter, daß wir die Unterstützung in D ersetzen können durch eine den in A und B angreifenden Kräften parallele, aber entgegengesetzt gerichtete Kraft, die gleich der Summe der beiden Kräfte ist (Fig. 29).

2. Wir können uns eine der Kräfte P und Q, z. B. Q dadurch zustande gekommen denken, daß sie zwei weitere Kräfte Q_1, Q_2, die ihrerseits an einem um B drehbaren Hebel im Gleichgewicht stehen, ersetzt. Dann ist $Q = Q_1 + Q_2$ und es sind die drei Kräfte P, Q_1, Q_2 ersetzbar durch eine einzige Kraft

$$R = P + Q_1 + Q_2,$$

die in D angreift. Den Kräften P, Q_1, Q_2 wird durch eine in D angreifende gleiche und entgegengesetzt gerichtete Kraft, die wir, um die Richtung anzuzeigen, mit $-R$ bezeichnen wollen, das Gleichgewicht gehalten. Diese Beziehung können wir auf beliebig viele Kräfte erweitern. Es ist allgemein

$$R = P_1 + P_2 + P_3 + \cdots.$$

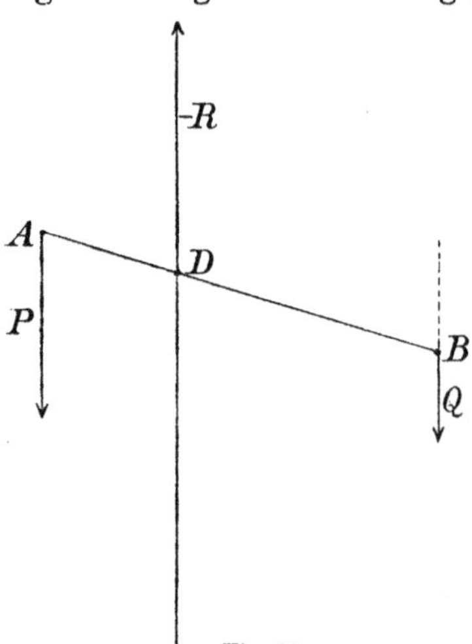

Fig. 30.

3. Die beiden starr miteinander verbundenen Punkte A und B (Fig. 30), auf die die parallelen Kräfte P und Q wirken, sind dann im Gleichgewicht, wenn wir im Punkte D, der die Verbindungslinie AB innerlich im Verhältnis $Q : P$ teilt, die Kraft $-R = -(P + Q)$ wirken lassen. Denken wir uns umgekehrt die in A und D nach entgegengesetzten Richtungen wirkenden Kräfte P und $-R$ gegeben, so werden A und D dann im Gleichgewicht sein, wenn wir eine Kraft

$$Q = R - P$$

in einem Punkte B anbringen, der so gelegen ist, daß

$$AD : DB = Q : P$$

oder

$$AB : DB = R : P$$

ist. Der Punkt B, in dem wir die Kraft Q anbringen müssen, teilt also die Strecke AD äußerlich im Verhältnis der beiden Kräfte R und P.

Da wir die Richtung von P als positiv angenommen haben, so folgt, daß die Kräfte Q und P gleich gerichtet sind, wenn $R > P$. Ist dagegen $P > R$, so ist Q negativ, also mit R gleich gerichtet. Es folgt dann

$$\frac{AB}{BD} < 1; \quad AB < BD,$$

und das ist nur dann möglich, wenn B auf der Seite von A außerhalb AD liegt, also wenn AD nach der entgegengesetzten Seite hin im Verhältnis der Kräfte geteilt wird. Als Regel folgt daraus: Wenn wir die drei Punkte A, D, B in ihrer geometrischen Reihenfolge durchlaufen, so müssen wir abwechselnd auf eine positive und eine negative Kraft treffen.

4. Den Punkt, in dem wir die das Gleichgewicht haltende Kraft anzubringen haben, wollen wir den „Kräftemittelpunkt“ nennen. Wir können das Gleichgewichtsgesetz dann folgendermaßen allgemein aussprechen:

> Wirken auf zwei Punkte zwei parallele Kräfte, so kann diesen durch eine dritte im Kräftemittelpunkt angreifende parallele Kraft das Gleichgewicht gehalten werden.

Sind die Kräfte gleichgerichtet, so ist die anzubringende Kraft gleich der Summe der Einzelkräfte und diesen entgegengesetzt gerichtet. Der Kräftemittelpunkt teilt die Verbindungslinie innerlich im umgekehrten Verhältnis der Kräfte. Sind die Kräfte entgegengesetzt gerichtet, so ist die anzubringende Kraft gleich der Differenz der Einzelkräfte und hat die Richtung der kleineren. Der Kräftemittelpunkt teilt die Verbindungslinie äußerlich im umgekehrten Verhältnis und zwar so, daß er auf der Seite der größeren Kraft liegt.

5. Der zweite dieser Fälle erleidet eine Ausnahme dann, wenn die beiden entgegengesetzten Kräfte einander gleich sind, da dann die Verbindungslinie nicht mehr durch einen im Endlichen gelegenen Punkt äußerlich teilbar ist. Das System heißt in diesem Falle ein „Kräftepaar“ oder ein „Koppel“.

§ 12. Der Schwerpunkt.

1. Statt im Punkte D können wir die Kraft $-R$, die ihrem absoluten Werte nach gleich der Summe aller im Hebelsystem wirkenden Kräfte ist, in einem beliebigen Punkte der durch D gehenden zu R parallelen Geraden angreifen lassen. Wir wollen diese Gerade die „Mittellinie der Kräfte" nennen.

Wie man bei beliebig vielen Angriffspunkten paralleler Kräfte diese Mittellinie konstruiert, ergibt sich leicht aus der im vorigen Paragraphen ausgeführten Zerlegung zweier Kräfte in mehrere. Man sucht zunächst die Mittellinie zweier von ihnen, z. B. der Punkte M, N, in denen die Kräfte P_m, P_n angreifen. Diese Kräfte sind dann ersetzbar durch die in einem beliebigen Punkte D_1 der Mittellinie wirkenden Kraft $P_m + P_n$. Wir haben das System ersetzt durch ein neues, dessen Kräftezahl um eins kleiner ist. Mit diesem verfahren wir ebenso, und so fort, bis wir nur noch eine Kraft und eine Linie, in der diese wirkt, haben.

Die Reihenfolge, in der wir vorgehen, ist für das Endergebnis gleichgültig. Für die Größe der endlich resultierenden Kraft

$$R = P_1 + P_2 + P_3 + \cdots$$

folgt das aus dem kommutativen Gesetz der Addition, für die Lage aber daraus, daß, wenn wir auf zwei verschiedenen Wegen zu zwei verschiedenen Mittellinien g_1, g_2 kämen, wir der in g_1 wirkenden Kraft R durch eine in g_2 entgegengesetzt wirkende $(-R)$ das Gleichgewicht halten könnten, was unmöglich ist.

2. Für die Mittellinie g eines Systems paralleler Kräfte gilt der Satz:

> Wenn wir die Kräfte gedreht denken, so daß sie parallel bleiben und ohne daß sich ihre Angriffspunkte und ihre Größen ändern, so dreht sich die Mittellinie um einen Punkt, den wir den Schwerpunkt, oder Massenmittelpunkt des Systems nennen.

Für zwei Kräfte ist dieser Satz evident. Denn sind A und B der Figur 25 die Angriffspunkte, so folgt aus vorigem Paragraphen, daß die Mittellinie durch den Punkt D gehen muß, der die Verbindungslinie AB im Verhältnis $Q : P$ teilt. Und dies Gesetz muß gelten für jede beliebige Richtung der beiden parallelen Kräfte. Es ist also D der Schwerpunkt des aus den zwei Angriffspunkten A und B und den Kräften P und Q gebildeten Systems.

> Der Schwerpunkt zweier Punkte, auf die zwei parallel gerichtete Kräfte P und Q wirken, liegt auf der Verbindungslinie der beiden Punkte und teilt diese im umgekehrten Verhältnis der beiden Kräfte.

Für eine beliebige Zahl beliebig im Raume liegender Punkte läßt sich der Satz durch vollständige Induktion beweisen. Wir nehmen an, daß er für n beliebige Punkte gilt, und beweisen, daß er dann auch für $n+1$ beliebige Punkte gilt. Denken wir uns $n+1$ Punkte $A_1, A_2, \ldots, A_{n+1}$ beliebig in einem starren System verteilt und unter der Wirkung der parallelen Kräfte $P_1, P_2, \ldots, P_{n+1}$. Wir greifen n Punkte von diesen heraus, für die nach Voraussetzung der Satz 2 gilt. D_n sei der Schwerpunkt dieser Kräfte. Es ist dann das System dieser Punkte im Gleichgewicht, wenn wir in D_n die Kraft

$$-R = -(P_1 + P_2 + \cdots + P_n)$$

also in entgegengesetzter Richtung zu den einzelnen Kräften P_1, $P_2, \ldots, P_n$ wirken lassen, und zwar unabhängig von der Richtung dieser Kräfte. Die Kraftrichtung von $-R$ dreht sich mit der der Einzelkräfte. Durch D_n und die darin angreifende Kraft $+R$ ist das System der n ersten Punkte und ihrer Kräfte bei beliebiger Richtung derselben ersetzt. Wir haben somit das System von $n+1$ Punkten ersetzt durch ein solches von zwei Punkten, für das unser Satz bereits bewiesen ist. Damit haben wir aber die Grundlagen zur Anwendung der vollständigen Induktion gewonnen.

Sind die Kräfte die Schwere, die auf ein System starr miteinander verbundener Punkte, auf einen starren Körper, wirken, so sind sie ihrer Richtung nach unveränderlich. Statt aber die Kräfte zu drehen, kann man den Körper gegen die Kräfte drehen. Es folgt daraus, daß ein schwererer Körper in jeder Lage im Gleichgewicht ist, wenn sein Schwerpunkt unterstützt ist, oder wenn im Schwerpunkt eine dem „Gesamtgewicht" gleiche Kraft in entgegengesetzter Richtung wirkt. Das erklärt den Namen Schwerpunkt. Ersetzt man die Gewichte durch die ihnen proportionalen Massen, so erklärt sich der Name „Massenmittelpunkt" (vgl. Nr. 7).

3. Den Schwerpunkt eines Systems von n Punkten findet man ähnlich wie die Mittellinie, indem man ihn nacheinander immer von zwei Punkten bestimmt und so die Zahl der Angriffspunkte immer

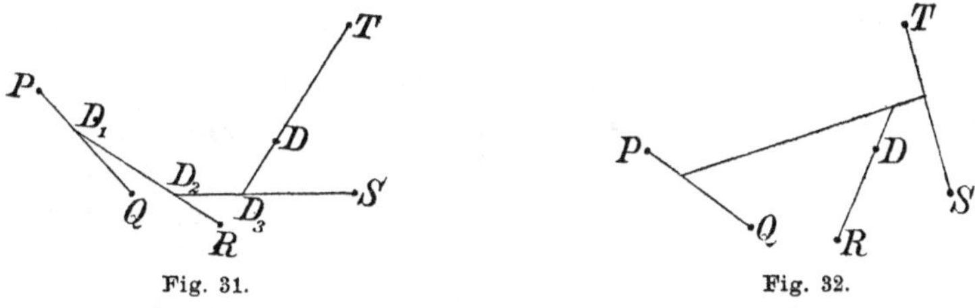

Fig. 31. Fig. 32.

um die Einheit vermindert. Der Schwerpunkt ist eindeutig, d. h. von der Reihenfolge des Vorgehens unabhängig, was daraus folgt, daß er der Schnittpunkt aller Mittellinien ist, die sich beim Drehen der Kraftrichtungen ergeben, und die, wie bereits erwiesen, eindeutig sind (Fig. 31, 32). Daraus folgt dann auch, daß man ein System von Punkten in Gruppen zerlegen, die Schwerpunkte der Gruppen und dann den Schwerpunkt dieser Schwerpunkte ermitteln kann und so den Schwerpunkt des ganzen Systems findet.

4. Der Schwerpunkt eines Systems, dessen Angriffspunkte alle in einer Ebene liegen, liegt in derselben Ebene.

Dies erkennt man, wenn man die Kräfte solange dreht, bis sie alle in die Ebene hineinfallen. Dann muß auch die Mittellinie in diese Ebene fallen, und der Schwerpunkt ebenfalls, da er ein Punkt aller Mittellinien ist.

Beispiel. Die drei Ecken eines beliebigen Dreiecks △ seien mit gleichen Gewichten belastet. Welches ist sein Schwerpunkt? Der Schwerpunkt von A und C (Fig. 33) ist der Mittelpunkt b der Dreiecksseite AC. Somit liegt der Schwerpunkt D des Dreiecks △ auf der Mitteltransversalen Bb. In gleicher Weise folgt aber auch, daß er auf den zwei anderen Mitteltransversalen liegen muß, und somit liegt er im Schnittpunkte dieser. Die Mitteltransversalen schneiden sich im Verhältnis $1:2$, was auch mit den statischen Gesetzen im Einklang steht, da die in A und C angreifenden Kräfte P, P durch eine in b angreifende $2P$ zu ersetzen sind und somit die Linie bB durch D im Verhältnis $P:2P$ geteilt wird.

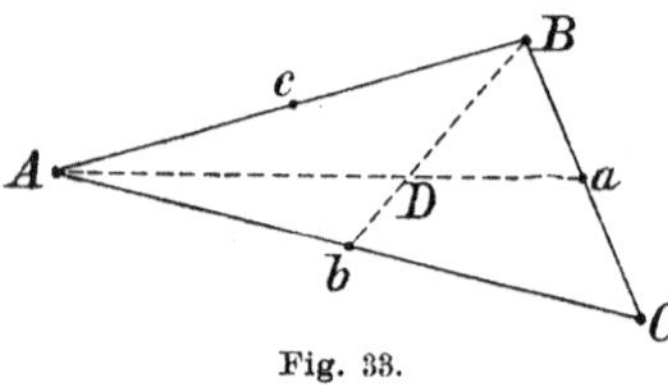

Fig. 33.

Denken wir uns im Raume oberhalb des Dreiecks einen vierten Punkt E starr mit dem System verbunden, und belasten wir E ebenfalls mit dem Gewichte P, so folgt: der Schwerpunkt dieses neuen Systems muß auf der Linie ED liegen. Nennen wir ED eine Mitteltransversale des Tetraeders $ABCE$, so folgt: der Schwerpunkt eines Tetraeders, dessen Ecken gleich belastet sind, liegt im Schnittpunkte der vier Mitteltransversalen.

5. Um die Lage des Schwerpunktes im allgemeinen näher zu bestimmen, lege man eine beliebige Ebene α und fälle von den Angriffspunkten der Kräfte $P_1, P_2, \ldots, P_n$ und von dem Schwerpunkte D die Perpendikel $p_1, p_2, \ldots, p_n$, und d auf diese Ebene. Denkt man sich nun die Kräfte $P_1, P_2, \ldots, P_n, \Sigma P_\nu$ alle um ihre Angriffspunkte, die letzte um D gedreht, bis sie eine zu α parallele Richtung haben, und dann in ihren Richtungen so verschoben, daß ihre Angriffspunkte alle in eine zu α und den neuen Kraftrichtungen senkrechte Ebene β

fallen, so folgt aus dem 4ten Hebelgesetz § 10, 12, angewandt auf die Schnittlinie von α und β als Achse,

$$d \sum P_\nu = \sum p_\nu P_\nu. \tag{1}$$

Diese Formel gilt auch, wenn die Kräfte P_ν zum Teil entgegengesetzte Richtung haben und dann negativ genommen werden, und gibt einen Wert von d, außer wenn $\Sigma P_\nu = 0$ ist. Nimmt man drei verschiedene Ebenen α, so ist dadurch D bestimmt.

6. Wenn wir die Angriffspunkte in zwei Gruppen zerlegen, die wir durch die Indizes μ, ν unterscheiden wollen, während n die Gesamtheit der Indizes durchläuft, so wird

$$d \sum P_n = \sum p_\mu P_\mu + \sum p_\nu P_\nu.$$

Verschieben wir jetzt die eine Gruppe ν um das Stück h von der Ebene α, so wird sich der Schwerpunkt des ganzen Systems auch verschieben um eine Strecke h_1, die sich aus

$$(d + h_1) \sum P_n = \sum p_\mu P_\mu + \sum (p_\nu + h) P_\nu$$

berechnen läßt. Da h in der ganzen Gruppe ν konstant ist, wird

$$\sum (p_\nu + h) P_\nu = \sum p_\nu P_\nu + h \sum P_\nu,$$

und aus den drei Gleichungen folgt

$$h_1 \sum P_n = h \sum P_\nu.$$

Es seien z. B. P die Kräfte der Erdanziehung auf ein System von Punkten und α eine Horizontalebene, so daß die p die Abstände der Punkte von der Horizontalebene bedeuten. Dann sagt die letzte Gleichung:

Heben wir einen Teil eines unter dem Einfluß der Erdschwere stehenden Punktsystems um die Strecke h, so hebt sich der Schwerpunkt um die Strecke

$$h_1 = h \frac{\Sigma P_\nu}{\Sigma P_n},$$

worin P_ν die auf die Punkte des gehobenen Teiles, P_n die auf alle Punkte wirkenden Kräfte bedeutet.

7. Es seien die Kräfte P_ν (Nr. 5) proportional mit gewissen Größen m_ν, also

$$P_\nu = g\, m_\nu,$$

dann folgt aus (1)

$$d \sum m_\nu = \sum m_\nu p_\nu, \tag{2}$$

d. h. es ist zur Bestimmung des Schwerpunktes nur erforderlich, die Kräfte P_ν bis auf einen und denselben Faktor zu kennen. Viele Kräfte, z. B. die der Erdanziehung, sind den in den Angriffspunkten befindlichen Massen (§ 19, 6, § 24, 13) proportional und wir können somit für die m_ν diese Massen einsetzen. Den durch die Gleichung (2) in diesem Falle bestimmten Punkt nennt man dann auch den „Massenmittelpunkt".

8. Sind ξ, η, ζ die Abstände des Schwerpunktes von drei beliebigen, sich irgendwo im Endlichen schneidenden Ebenen, x_ν, y_ν, z_ν die Abstände der einzelnen Massenpunkte von diesen Ebenen, so ist nach (2)

$$(3) \qquad \xi = \frac{\Sigma(m_\nu x_\nu)}{\Sigma m_\nu}; \quad \eta = \frac{\Sigma(m_\nu y_\nu)}{\Sigma m_\nu}; \quad \zeta = \frac{\Sigma(m_\nu z_\nu)}{\Sigma m_\nu}.$$

Durch diese Abstände ξ, η, ζ ist die Lage des Schwerpunktes eindeutig bestimmt, wenn wir noch für jede Ebene eine positive und eine negative Seite der Abstände vorschreiben.

9. Zerlegt man die Angriffspunkte in einzelne Gruppen, die wir durch die Indizes 1, 2, 3, . . voneinander unterscheiden wollen, so werden die Schwerpunkte der einzelnen Gruppen gegeben sein durch

$$\xi_1 \sum m_{1\nu} = \sum(m_{1\nu} x_{1\nu}); \qquad \xi_2 \sum m_{2\nu} = \sum(m_{2\nu} x_{2\nu}); \; \cdots$$

analog für η, ζ. Der Schwerpunkt des ganzen Systems wird demnach

$$\xi = \frac{\Sigma(m_\nu x_\nu)}{\Sigma m_\nu} = \frac{(\xi_1 \Sigma m_{1\nu} + \xi_2 \Sigma m_{2\nu} + \cdots)}{\Sigma m_{1\nu} + \Sigma m_{2\nu} + \cdots}$$

usw. In Worten sagt das:

> Der Schwerpunkt eines Systems läßt sich aus den Schwerpunkten der einzelnen Gruppen von Angriffspunkten so berechnen, als ob in jedem einzelnen Gruppenschwerpunkt die Summe aller Einzelkräfte dieser Gruppe wirkte (als ob in ihm die „Gesamtmasse" vereinigt wär).

10. Liegen alle Angriffspunkte in einer Ebene, so kann man diese Ebene als eine der drei vorgenannten Ebenen ansehen, in ihr zwei sich schneidende gerade Linien α, β zeichnen und in diesen Linien die zwei anderen Ebenen senkrecht errichten. Sind nun ξ, η, x_ν, y_ν die Abstände von diesen Ebenen, so sind sie gleichzeitig die von den Linien α, γ und wir haben somit ein ebenes Problem, da alle Abstände z und damit ζ verschwinden. Es genügen dann die zwei ersten Gleichungen (3)

$$(4) \qquad \xi = \frac{\Sigma(m_\nu x_\nu)}{\Sigma m_\nu}; \quad \eta = \frac{\Sigma(m_\nu y_\nu)}{\Sigma m_\nu},$$

worin ξ, η, x_ν, y_ν die Abstände von zwei willkürlich festzulegenden Linien sind.

In vielen Fällen wird es praktisch sein, die drei Ebenen, auf die sich die Gleichungen (3), und die zwei Linien, auf die sich die Gleichungen (4) beziehen, orthogonal zu wählen und die Gesetze der analytischen Geometrie (Bd. II, 2. Aufl. § 98, § 57) anzuwenden.

11. Es ist denkbar, daß die Angriffspunkte paralleler Kräfte sich stetig aneinander schließen und so lineare, flächenhafte oder körperliche Gebilde erzeugen. Zerlegen wir ein solches Gebilde in Elemente $d\tau$, die nach allen Dimensionen hin unendlich klein gewählt werden mögen, so besitzen alle Punkte dieses Elementes merklich die gleichen Abstände x, y, z von drei Ebenen. Es werden dann nach (3) x, y, z gleichzeitig die Abstände des Schwerpunktes von diesen drei Ebenen sein. In ihm können wir die Summe aller Kräfte angreifen lassen, die in den Einzelpunkten des Elementes $d\tau$ angreifen.

Diese Kräftesumme P, die wir auf $d\tau$ wirkend annehmen dürfen, muß aber selbst unendlich klein werden, wie $d\tau$; denn die Kräftesumme aller $d\tau$ eines endlichen Gebildes darf nicht unendlich groß werden, weil unendlich große Kräfte auf endliche Körper nicht vorkommen.[1]) Dasselbe gilt für die mit den Kräften proportionalen Faktoren m, wenn wir den Proportionalitätsfaktor g, der uns zunächst willkürlich ist, endlich annehmen. Sind m die Massen, so ist er von selbst endlich. Dann können wir setzen

$$m = \varrho\, d\tau,$$

wo ϱ eine für jedes der Elemente $d\tau$ besonders zu ermittelnde endliche Funktion ist.

Unterscheiden wir die Elemente der linearen, flächenhaften, körperlichen Gebilde dadurch, daß wir sie mit resp. ds, do, $d\tau$, die dem ϱ entsprechenden Faktoren mit resp. λ, σ, ϱ bezeichnen, so wird je nach der Art des Gebildes:

$$m = \lambda\, ds; \quad m = \sigma\, do; \quad m = \varrho\, d\tau.$$

Ist m die Masse, so heißen die Faktoren λ, σ, ϱ die lineare Dichte, die Flächendichte und die räumliche Dichte der Materie.

12. Läßt man die Elemente ds, do, $d\tau$ unendlich klein werden, so wird die Anzahl der Summanden in (3) statt dessen unendlich groß. Es wird z. B.

$$\sum(m_\nu x_\nu) = \sum \varrho x\, d\tau = \int \varrho x\, d\tau,$$

d. h. die Summe wird zum Integral. Zu summieren ist über alle

---

1) Endlich große Kräfte sind hier einfach alle uns meßbaren Kräfte und endliche Vielfache von diesen. Damit definieren wir die uns bekannten, auf endliche Gebilde wirkenden Kräfte als endlich. Verglichen mit ihnen müssen die Kräfte auf ein Element $d\tau$ unendlich klein sein wie $d\tau$ selber.

Elemente $d\tau$ des Körpers, dessen Schwerpunkt bestimmt werden soll. Ebenso ist

$$\sum m_\nu = \int \varrho\, d\tau$$

die Masse des Körpers (Bd. I, 2. Aufl. § 150).

13. Es wird der Schwerpunkt eines kontinuierlichen Gebildes gegeben sein durch

$$(5) \qquad \xi = \frac{\int \varrho x\, d\tau}{\int \varrho\, d\tau}; \quad \eta = \frac{\int \varrho y\, d\tau}{\int \varrho\, d\tau}; \quad \zeta = \frac{\int \varrho z\, d\tau}{\int \varrho\, d\tau},$$

wo $\varrho\, d\tau$ durch σdo, λds ersetzt werden mag, wenn das Gebilde kein Raum, sondern eine Fläche oder eine Linie ist.

In vielen Fällen, z. B. bei der Erdanziehung auf homogene Körper, ist ϱ, σ, λ eine für alle Elemente des Gebildes identische Größe, eine Konstante. Dann wird ($d\tau$ durch do, $d\lambda$ ersetzbar)

$$(6) \qquad \xi = \frac{\int x\, d\tau}{\int d\tau}; \quad \eta = \frac{\int y\, d\tau}{\int d\tau}; \quad \zeta = \frac{\int z\, d\tau}{\int d\tau}.$$

Hier sind alle physikalischen Größen verschwunden und nur rein geometrische Funktionen übrig geblieben. Man kann diese Gleichungen selbständig als Definition eines rein geometrischen Punktes auffassen, des „geometrischen Schwerpunktes".

Für ebene Probleme gelten in (5) und (6) die ersten zwei dieser Gleichungen.

14. Beispiele.

a) Geometrischer Schwerpunkt einer endlichen Geraden. Die eine der Geraden α, β, z. B. diejenige, die die Abstände y von den Elementen besitzt (vgl. 10), legen wir mit der geraden Strecke L, deren Schwerpunkt bestimmt werden soll, zusammen. Dann ist für alle Elemente ds dieser Strecke $y = 0$, also auch $\eta = 0$. Die andere der Geraden, etwa α, legen wir im Mittelpunkt von L normal zu L. Dann kann man die Linie L so in Elemente ds zerlegen, daß jedem Element ds in positivem Abstand x von α ein gleich langes Element in gleichem entgegengesetzten Abstand, also $-x$, entspricht, und es wird

$$\int x\, d\tau = 0.$$

Daraus folgt, was selbstverständlich, daß der Schwerpunkt einer Geraden in deren Mittelpunkt liegt.

b) Schwerpunkt einer Dreiecksfläche. Wir zerlegen das Dreieck in unendlich schmale Streifen parallel einer der Seiten. Ein solcher Streifen ist ein lineares geradliniges Gebilde und hat seinen

Schwerpunkt in seiner Mitte. Diese Mittelpunkte bilden aber die Mitteltransversale. Da man die Einteilung parallel den drei Seiten nacheinander vornehmen kann, so folgt:

Der Schwerpunkt eines Dreiecks liegt im Schnittpunkt seiner drei Mitteltransversalen.

c) Schwerpunkt eines Tetraeders. Er liegt im Schnittpunkt der vier Mitteltransversalen des Tetraeders. Das folgt aus b), ähnlich wie b) aus a) durch eine Zerlegung des Tetraedervolumens in ebene unendlich dünne Schichten parallel einer der Begrenzungsflächen.

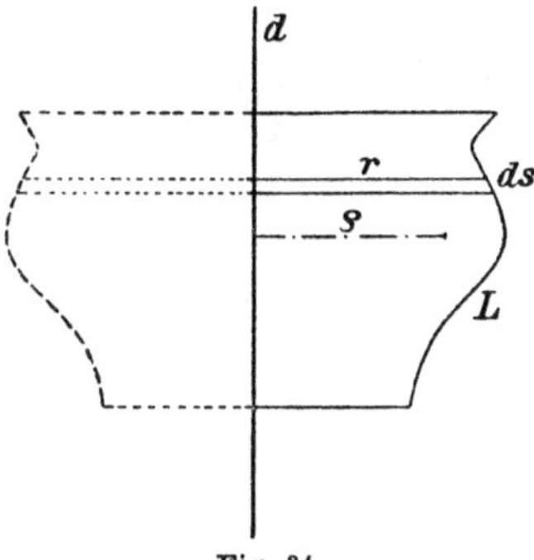

Fig. 34.

d) Die Guldinschen Regeln. Es sei in einer Ebene eine Achse d und ein beliebig liegendes Kurvenstück L gegeben. Es sei r der Abstand eines Elementes ds des Kurvenstückes von d und ϱ der Abstand des Schwerpunktes des Kurvenstückes (Fig. 34). Dann ist

$$\varrho = \frac{\int r\,ds}{\int ds} = \frac{\int r\,ds}{L},$$

da $\int ds$ die Gesamtlänge L des Kurvenstückes ist.

Läßt man die Zeichenebene um die Achse d rotieren, so beschreibt L eine Rotationsfläche. Ein Element des Kurvenstückes beschreibt ein ringförmiges Flächenstück, dessen Breite ds, dessen Länge $2r\pi$, dessen Fläche also $2r\pi\,ds$ ist. Die ganze Rotationsfläche hat also den Flächeninhalt $\Sigma 2r\pi\,ds$ oder

$$F = 2\pi\int r\,ds$$

und nach der Gleichung für ϱ:

$$F = 2\varrho\pi \cdot L,$$

$2\varrho\pi$ ist aber der Weg, den der Schwerpunkt bei der Rotation beschreibt. Somit folgt:

Der Flächeninhalt einer Rotationsfläche ist gleich der Länge des achsialen Schnitts durch die Fläche multipliziert mit dem Weg, den dessen Schwerpunkt bei der Rotation beschreibt.

e) Fortsetzung. In einer die Achse d enthaltenden Ebene sei ein Flächenstück abgegrenzt, das höchstens bis zur Achse gehen, diese nicht überschreiten mag. Ist r jetzt der Abstand eines Flächenelementes do von der Achse d, so ist der Abstand des Schwerpunktes des Flächenstückes von d

$$\varrho = \frac{\int r\,do}{\int do} = \frac{\int r\,do}{F},$$

wenn F der Flächeninhalt des Flächenstückes ist. Läßt man wieder die Zeichenebene rotieren, so beschreibt die Fläche F einen Rotationskörper. Das Element do beschreibt einen Ring vom Volumen $2r\pi do$, und das Volumen des ganzen Rotationskörpers wird:

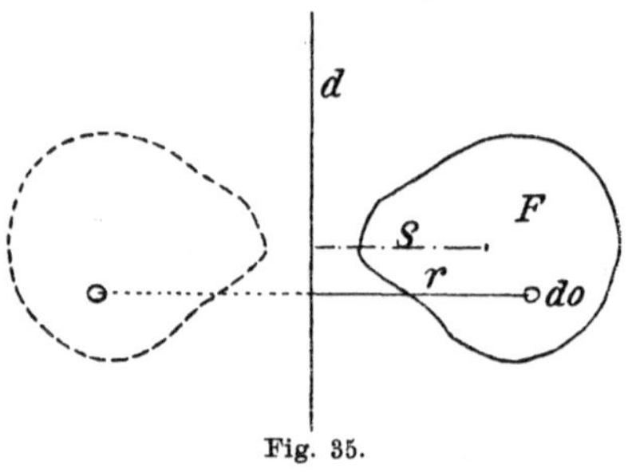

Fig. 35.

$$V = 2\pi \int r\,do,$$

und wegen der Relation für ϱ:

$$V = 2\varrho\pi \cdot F,$$

in Worten:

Das Volumen eines Rotationskörpers ist gleich der achsialen Schnittfläche, multipliziert mit dem Weg, den deren Schwerpunkt bei der Rotation beschreibt.

f) Anwendung der Guldinschen Regeln. Hat der ringförmige Körper z. B. einen elliptischen Querschnitt, dessen Mittelpunkt den Abstand h von der Rotationsachse besitzt, so ist das Ringvolumen (vgl. Bd. II § 103):

$$V = 2ab\pi^2 h.$$

Wird die Ellipse ein Kreis, so wird

$$V = 2a^2\pi^2 h.$$

Die Oberfläche des Ringes wird in diesem Falle

$$O = 4a\pi^2 h.$$

§ 13. Das Parallelogramm der Kräfte.

1. Wenn auf einen Punkt eine Kraft R wirkt, so kann man dieser das Gleichgewicht halten, indem man eine entgegengesetzt gerichtete Kraft, also $-R$, in dem Punkte angreifen läßt. Das ist ein Gesetz, das keines Beweises bedarf. Wirken auf einen Punkt zwei verschieden gerichtete Kräfte, P und Q, so kann zunächst Gleichgewicht dadurch hergestellt werden, daß man zu jeder die entgegengesetzte Kraft, $-P$ und $-Q$, anbringt. Es ist aber denkbar, daß schon eine einzige Kraft, wenn sie nach Richtung und Größe richtig gewählt wird, ausreicht das Gleichgewicht zu erhalten. Sicherlich ist das richtig für einen speziellen Fall. Denn denken wir uns an einem Punkte drei gleichgroße Kräfte symmetrisch in einer Ebene angreifen, also jede in ihrer Richtung um 120^0 gegen die zwei anderen geneigt, so muß notwendig der Punkt im Gleichgewicht sein. Verkleinern wir aber den Winkel zwischen zweien der Kräfte, so wird das Gleichgewicht gestört; möglicherweise kann es aber dadurch wieder hergestellt werden, daß wir die Größe und Richtung der dritten Kraft ändern. Die Möglichkeit des Gleichgewichts dreier verschieden gerichteter und verschieden starker Kräfte ist also denkbar, aber nicht bewiesen.

2. Wir wollen nun unter Voraussetzung der Möglichkeit untersuchen, ob wir die Größe und Richtung der dritten Kraft bei gegebener Größe und Richtung der beiden anderen aus den bis jetzt gewonnenen Gesetzen bestimmen können. Die beiden gegebenen Kräfte seien P und Q, die gesuchte dritte wollen wir mit $-R$ bezeichnen. Dieser Kraft $-R$ kann durch eine Kraft $+R$ das Gleichgewicht gehalten werden. Die beiden Kräfte P und Q sind demnach in ihrer Wirkung zu ersetzen durch die Kraft $+R$.

3. Da die Kräfte P und Q in einem Punkte angreifen, kann man durch ihre Richtungen eine Ebene E legen (Fig. 36). Es herrscht dann Gleichgewicht zwischen den drei Kräften P, Q, $-R$, wenn der Punkt A in Ruhe bleibt, gleichgültig, in welcher Weise er beweglich gedacht wird. Nehmen wir z. B. an, er sei mitsamt der starr gedachten Ebene drehbar um einen Punkt π dieser Ebene, der zwischen den Kraftrichtungen von P und Q so gelegen ist, daß die Lote auf diese Richtungen, p und q, in dem Verhältnis stehen

$$p : q = P : Q,$$

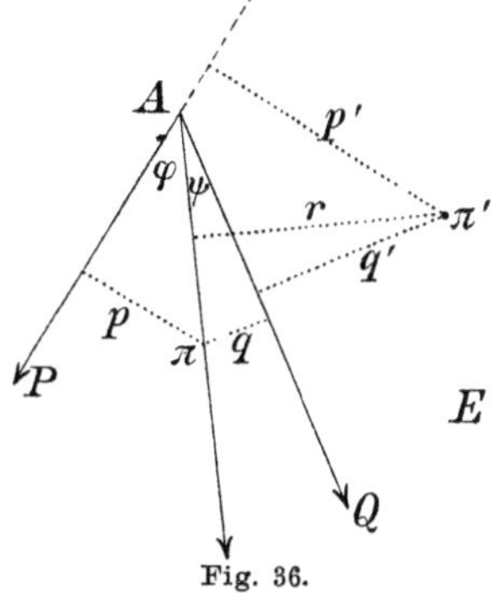

Fig. 36.

dann haben wir in $A\pi$ einen einarmigen Hebel, der nach dem 3ten Hebelgesetz allein durch die Kräfte P und Q im Gleichgewicht ist. Die Kraft $-R$ muß demnach so gerichtet sein, daß sie, für sich allein gedacht, ebenfalls den Hebel $A\pi$ nicht drehen kann. Das ist nur möglich, wenn sie in ihrer Richtung mit der Richtung $A\pi$ zusammenfällt; denn dann wird das Lot von π auf ihre Richtung, und damit ihr statisches Moment gleich 0. Insbesondere fällt also die Kraftrichtung von $-R$, und damit von R in die Ebene E hinein und wir brauchen uns in Zukunft nur mit Bewegungen innerhalb dieser Ebene zu befassen.

Die Lote p und q sind proportional mit $\sin\varphi$ und $\sin\psi$ (Fig. 36). Demnach teilt die Kraftrichtung von $-R$ den Winkel zwischen P und Q so, daß

$$\sin\varphi : \sin\psi = Q : P \tag{1}$$

ist.

4. Denken wir uns jetzt als Drehpunkt einen beliebigen anderen Punkt π', so ist dann Gleichgewicht zwischen den Kräften P, Q, $-R$ vorhanden, wenn die Summe der statischen Momente bezüglich dieses Punktes verschwindet (4tes Hebelgesetz), also wenn

$$Pp' + Qq' + (-R)r' = 0,$$

oder wenn

$$Pp' + Qq' = Rr' \tag{2}$$

ist. Es gibt uns diese Gleichung also gleich das statische Moment der Kraft $+R$, d. h. der Kraft, durch die P und Q ersetzbar sind und die wir die „resultierende Kraft“ oder kurz die „Resultierende“ nennen.

Die Gleichung (2) muß erfüllt sein für jede beliebige Lage des Punktes π' in der Ebene. Eine solche Relation besteht aber für zwei

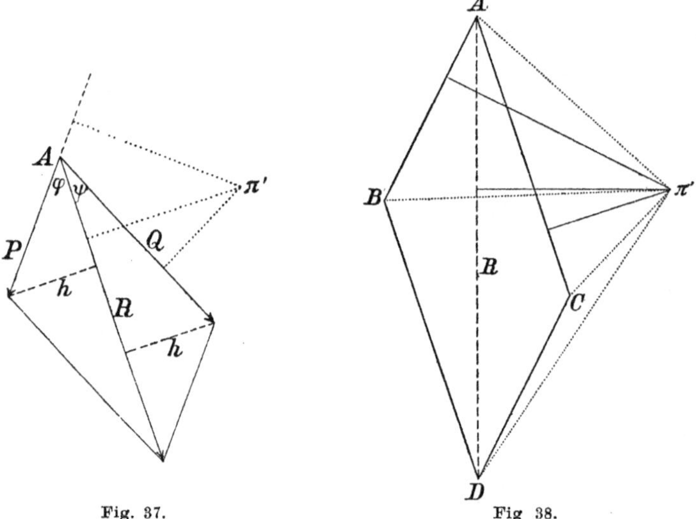

Fig. 37. Fig 38.

benachbarte Seiten und die ihren Winkel teilende Diagonale eines Parallelogramms (Fig. 37).

Die Richtigkeit dieses geometrischen Satzes ersieht man aus Figur 38. Die Gleichung (2) sagt nichts anderes aus, als daß die Summe der doppelten Dreiecksinhalte von $\triangle A\pi'B$ und $\triangle A\pi'C$ gleich ist dem doppelten Inhalt $\triangle A\pi'D$. Also auch:

$$\triangle A\pi'B + \triangle A\pi'C = \triangle A\pi'D,$$

und daß dies richtig ist, erkennt man, wenn man von B, C, D die Höhen auf $A\pi'$ fällt. Die drei Dreiecke haben dann alle die gleiche Grundlinie $A\pi'$, und die von D gefällte Höhe ist gleich der Summe der von C und der von B gefällten.

Denken wir uns die Kräfte P, Q vom Punkte A aus in den Richtungen, die sie in Wirklichkeit besitzen, als Längen aufgetragen, indem wir etwa die Gewichtseinheit durch die Längeneinheit darstellen, und vervollständigen wir die Figur zum Parallelogramm, so gibt uns die Länge der Diagonalen die Größe und ihre Richtung die Richtung einer Kraft, die der Bedingung (2) genügt, die also die Kräfte P und Q ersetzt. Die entgegengesetzte Kraft hält den Kräften P und Q das Gleichgewicht.

Es folgt für die Richtung dieser Kraft:

$$\sin\varphi = \frac{h}{P}; \quad \sin\psi = \frac{h}{Q}; \quad \sin\varphi : \sin\psi = Q : P,$$

was wir schon in Gleichung (1) erkannt hatten.

Wir können das Resultat dieser Betrachtung in Worten zusammenfassen in dem „Gesetz vom Parallelogramm der Kräfte“:

Wirken auf einen Punkt zwei beliebig gerichtete Kräfte, so sind diese äquivalent mit einer einzigen Kraft, die nach Richtung und Größe mit der Diagonalen des Parallelogramms übereinstimmt, das man aus den in ihren Richtungen als Längen aufgetragenen Kräften konstruieren kann.

5. Umgekehrt folgt hieraus, daß man eine Kraft ersetzen kann durch zwei andere, die man dadurch erhält, daß man ein Parallelogramm konstruiert, in dem die gegebene Kraft Diagonale ist. Dies kann auf unendlich vielfache Weise geschehen. Es ergeben sich vier Größen, die beiden Kräfte und ihre Richtungen. Zwei davon können wir noch willkürlich vorschreiben, die beiden andern ergeben sich dann eindeutig. Man nennt diese beiden Kräfte, die die vorgelegte Kraft ersetzen, ihre „Komponenten“[1]).

Eine der Komponenten oder beide können wir wieder in Komponenten zerlegen, und wir können damit fortfahren und so eine vorgelegte Kraft durch beliebig viele andere Kräfte, Komponenten, ersetzen.

6. Umgekehrt können wir beliebig viele, n, Kräfte, die an einem Punkte angreifen, durch eine einzige ersetzen, indem wir erst zwei nach dem Gesetz vom Parallelogramm der Kräfte zu einer zusammensetzen. Es bleiben dann noch $n-1$ Kräfte übrig. Von diesen setzen wir wieder zwei zusammen, und fahren so fort, bis eine einzige übrig bleibt, die „Resultierende“ der ursprünglichen Kräfte. Diese Zusammensetzung ist, im Gegensatz zu der Zerlegung, eindeutig. Sie ist vor allem auch von der Reihenfolge des Vorgehens unabhängig; denn käme man bei verschiedenen Reihenfolgen auf verschiedene Resultierende R_1 und R_2, so müßte eine Kraft $-R_2$ der

1) Der Name „Komponente“ ist hier allgemeiner angewendet als in § 1, 4, wo die Komponenten normal zueinander standen.

Kraft R_1 das Gleichgewicht halten können, und das ist nur möglich, wenn R_1 nach Größe und Richtung gleich R_2 ist (vgl. § 3, 4).

7. Die geometrische Konstruktion der Resultierenden läßt sich durch Weglassen aller überflüssigen Zeichnungen sehr vereinfachen. Die auf den Punkt A wirkenden Kräfte P_1, P_2, ... seien durch die mit gleichen Buchstaben versehenen Längen der Figur 39 dargestellt. Wir gehen von einer von diesen aus (P_1) und tragen eine zweite (P_3) nach Größe und Richtung in ihrem Endpunkte an (BC). Es ist dann AC die Diagonale des entsprechenden Parallelogrammes, und somit die Resultierende von P_1 und P_3. An C tragen wir ebenso eine dritte der Längen (P_2) an, dann ist AD die Resultierende von AC und P_2, also von P_1, P_3, P_2. So fahren wir fort und kommen schließlich zu einem letzten Punkte (F in der Figur), wenn alle Längen P verwendet sind. Es ist dann $AF = R$ die Resultierende sämtlicher Kräfte P. Wenn wir eine Kraft $-R$ an A anbringen, so hält diese den Kräften $P_1, P_2, \ldots$ das Gleichgewicht. Die Länge R kann unter Umständen gleich 0 werden. Sie wird es z. B., wenn wir noch eine $(n+1)^{\text{te}}$ Kraft $P_{n+1} = -R$ in A anbringen ($n+1$ ist in Figur 39 gleich 6). Dann ist der Punkt A von selbst im Gleichgewicht, und es ergibt sich so der Satz:

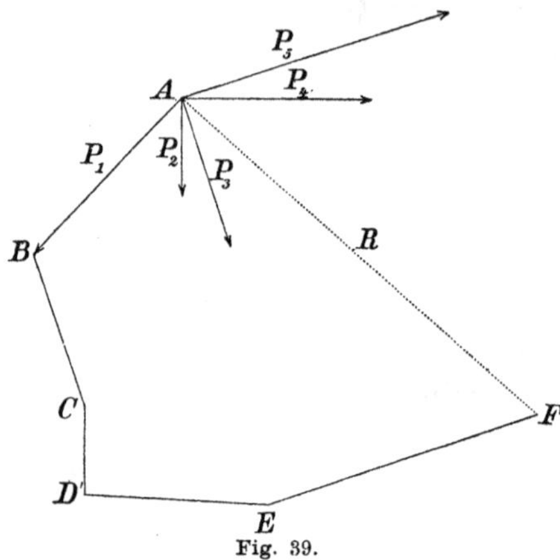

Fig. 39.

Ein Punkt ist dann im Gleichgewicht, wenn die als Längen nach Größe und Richtung aneinander angetragenen Kräfte sich zum Polygon schließen.

Es ist hierbei nicht nötig, daß die Kraftrichtungen alle in eine Ebene fallen. Das allgemeine Gesetz läßt sich durch Schluß von n auf $n+1$ leicht erkennen.

8. Sind α_1, α_2, α_3, ... die Winkel, die die einzelnen Kraftrichtungen P mit der Resultierenden einschließen, so folgt aus der Figur 39

$$R = P_1 \cos \alpha_1 + P_2 \cos \alpha_2 + P_3 \cos \alpha_3 + \cdots,$$

und hierdurch ist die Eindeutigkeit der Konstruktion der Länge bewiesen, wenn die der Richtung feststeht. Es ist diese Zusammensetzung, wie man sieht, nichts anderes, als die in § 3 entwickelte „Vektoraddition“.

§ 14. Anwendung. Gleichgewicht auf der schiefen Ebene.

1. Wenn ein Körper gezwungen ist, sich in einer gegebenen starren Fläche zu bewegen, so kann eine zur Fläche normale Kraftkomponente keine Wirkung ausüben. Wir brauchen also nur die zu dieser Komponente senkrechte, also tangentiale Komponente zu berücksichtigen. Es braucht auch nur diese durch eine Gegenkraft kompensiert zu werden, um Gleichgewicht herzustellen.

Ein Körper vom Gewicht G sei befestigt an einem Faden, der über das obere Ende einer schiefgestellten glatten Ebene mittels einer Rolle geführt ist (Fig. 40). Der Körper liege auf der Ebene auf, der Faden sei auf der Strecke zwischen Körper und Rolle parallel der Ebene und an seinem anderen Ende befinde sich ein Gewicht g. Wie groß muß dieses sein, damit der Körper in Ruhe bleibt? Die Kraft G können wir uns zerlegt denken nach dem Parallelogrammgesetz in eine Komponente G_1, die vollkommen wirken kann, also parallel der schiefen Ebene gerichtet ist, und eine, die vollkommen unwirksam, also senkrecht zur ihr gerichtet ist. Das Gewicht g braucht also nur der Komponente G_1 das Gleichgewicht zu halten. Aus der Zeichnung ersieht man, daß $G_1 = G \sin \alpha$ ist, wo α den Neigungswinkel der Ebene gegen die Horizontalebene bedeutet. Die Gleichgewichtsbedingung sagt also aus, daß

$$g = G \sin \alpha$$

sein muß.

2. Wir können dieses Gesetz auch aus dem Hebelgesetz ableiten[1]), indem wir uns den Faden mit der Rolle durch einen Hebel ersetzt denken, was allerdings nur im Falle des Gleichgewichts möglich ist. Dieser Hebel muß so beschaffen sein, daß eine sehr

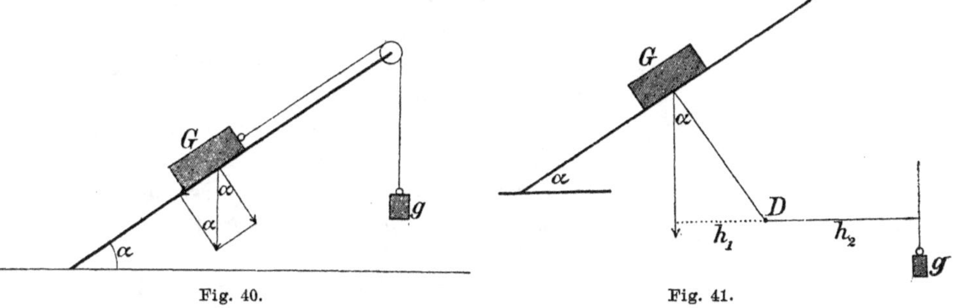

Fig. 40. Fig. 41.

kleine Drehung desselben eine Verschiebung von G und g in der Weise hervorbringt, wie es bei der Fadenanordnung der Fall wäre. Es muß also zunächst der eine Hebelarm senkrecht auf der schiefen

1) Nach Galilei.

Ebene stehen, der andere muß horizontal gerichtet sein (Winkelhebel). Bei dieser Anordnung erfolgen sehr kleine Verschiebungen in gleicher Richtung, wie bei der schiefen Ebene Figur 40. Außerdem müssen die kleinen Verschiebungen von G und g einander gleich sein, weil bei dem Fadensystem auch mit einer Verschiebung von g eine gleichgroße von G verknüpft ist. Das wird erreicht, wenn man den Hebel gleicharmig macht (Fig. 41). Das dritte Hebelgesetz liefert dann die Bedingung

$$G h_1 = g h_2,$$

oder, da $h_1 = h_2 \sin \alpha$,

$$G \sin \alpha = g,$$

wenn Gleichgewicht herrschen soll.

§ 15. Das Kräftepaar.[1])

1. In § 11 haben wir gesehen, wie man zwei parallele Kräfte ersetzen kann durch eine im Kräftemittelpunkt angreifende Kraft, die gleich der Summe oder Differenz der Kräfte ist, je nachdem beide Kräfte gleich oder entgegengesetzt gerichtet sind. Nennen wir eine bestimmte Richtung die positive, die entgegengesetzte die negative, so ist die ersetzende Kraft stets gleich der positiven algebraischen Summe der beiden Einzelkräfte. Am Schluß des Paragraphen hatten wir bereits erwähnt, daß dieses Gesetz versagt, wenn die beiden Kräfte gleich und entgegengesetzt sind, also bei einem sogenannten Kräftepaar.

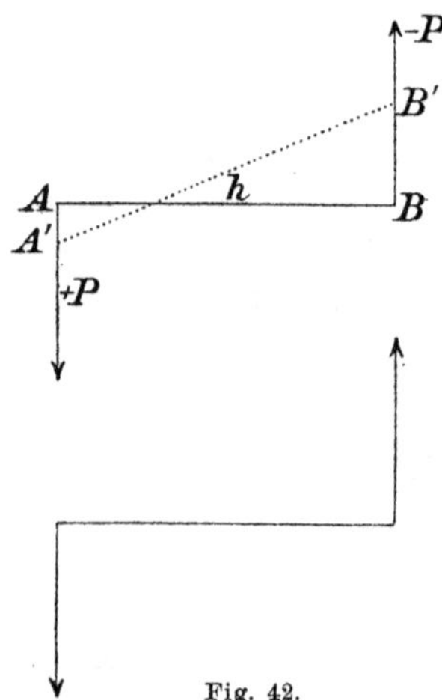

Fig. 42.

Einem Kräftepaar kann durch eine einzige Kraft nicht mehr das Gleichgewicht gehalten werden; wohl aber ist das durch mehrere Kräfte möglich, da man, wie aus dem vorigen Paragraphen hervorgeht, jeder der beiden Kräfte des Paares auf mannigfache Weise das Gleichgewicht halten kann.

Wir wollen in Zukunft speziell unter einem Kräftepaar ein solches verstehen, bei dem die Kräfte in einer Ebene liegen und senkrecht auf der Verbindungslinie ihrer Angriffspunkte stehen. Der allgemeinere Fall läßt sich dann durch einfache Verschiebung der Angriffspunkte A, B in Richtung der Kräfte auf diesen Fall zurückführen (Fig. 42).

Die Angriffspunkte denken wir uns in einem beliebigen räum-

1) Poinsot, Eléments de Statique. A. F. Möbius, Gesammelte Werke Bd. III, Kap. 4 u. f.

lichen Gebilde liegen, mit dem wir auch noch beliebige andere Punkte starr verbunden denken können. Wir bezeichnen die Kräfte unter Rücksichtnahme auf ihre Richtungen mit $+P$, $-P$. Die starre Verbindungslinie h ihrer Angriffspunkte nennen wir den „Hebel“ des Kräftepaares. Das ganze Kräftepaar bezeichnen wir mit $(+P, -P, h)$.

2. Wir wollen uns unsere Aufgabe so stellen: Ein Kräftepaar befindet sich infolge irgend welcher, uns nicht näher bekannter Kräfte, deren Gesamtheit wir mit K bezeichnen wollen, im Gleichgewicht. Durch welche Art anderer Kräftepaare ist es ersetzbar, ohne daß das Gleichgewicht gestört wird?

Durch die Verschiebung der Angriffspunkte in den Richtungen der Kräfte ergibt sich sofort, daß man das Paar durch ein gleiches ersetzen kann, dessen Hebel parallel dem ursprünglichen ist, und gegen diesen senkrecht zu seiner Richtung verschoben erscheint. Oder mit anderen Worten:

Ein Kräftepaar kann parallel einer seiner Kräfte verschoben werden.

Wir werden im folgenden von dem in § 10, 7. bereits ausgesprochenen Satze III. Gebrauch machen: Zu einem System, das im Gleichgewicht ist, kann man ein beliebiges an sich selbst im Gleichgewicht befindliches Kräftesystem hinzufügen oder davon weglassen, ohne das Gleichgewicht zu stören. Aus diesem leiten wir den Satz ab:

3. Ein Kräftepaar kann in seiner Hebelrichtung verschoben werden.

Zum Beweise denken wir uns das Paar $(+P, -P, h)$ durch irgend ein K im Gleichgewicht gehalten, in der Verlängerung des Hebels von $(+P, -P, h)$ ein zweites gleiches angebracht $(+P', -P', h)$, so daß also $P' = P$ ist. Um das Gleichgewicht nicht zu stören, müssen wir dieses kompensieren, was auf verschiedene Weise möglich ist. Die zwischen den beiden

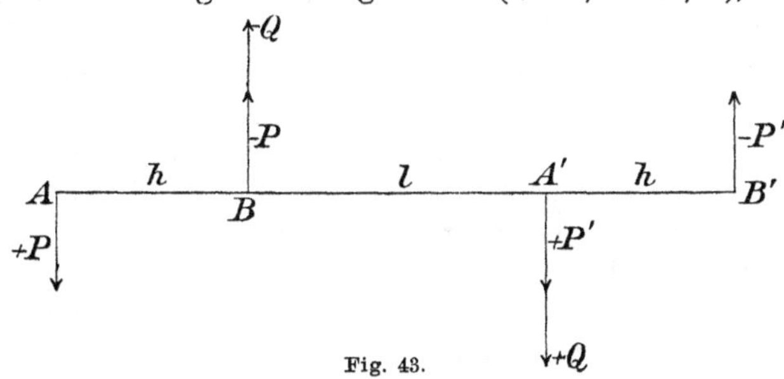

Fig. 43.

Hebeln h, h gelegene Strecke $BA' = l$ (Fig. 43) machen wir zum Hebel eines neuen Kräftepaares $(-Q, +Q, l)$ und bestimmen Q so, daß $-Q$ und $-P'$ durch die in A' angreifende Kraft $+P' + Q$ im Gleichgewicht gehalten wird. Das ist nach den Gesetzen des § 11 dann der Fall, wenn

$$Q : P' = h : l$$

ist. Damit ist nach § 11, 4. unser ganzes System im Gleichgewicht. Es sind aber andererseits auch die in ABA' angreifenden Kräfte $+P$, $-P-Q$, $+Q$ für sich im Gleichgewicht (nach § 11, 4.), so daß wir sie also weglassen können. Die übrigbleibenden Kräftesysteme, also das unbekannte K und das Kräftepaar $(+P', -P', h)$ sind somit ebenfalls im Gleichgewicht, womit Satz 3 bewiesen ist.

4. Die Kombination von 2. und 3. liefert uns dann das Gesetz:

Man kann ein Kräftepaar beliebig in seiner Ebene, d. h. der Ebene, in der der Hebel und die beiden Kräfte liegen, verschieben, wenn der Hebel sich dabei parallel bleibt.

5. Diese letzte Einschränkung zu machen ist nicht nötig. Wir denken uns ein Kräftepaar $(+P', -P', h)$ (Fig. 44), das dem ursprünglichen gleich ist, dessen Hebel aber um den Mittelpunkt D des ursprünglichen gedreht erscheint, und bringen, um dieses im Gleichgewicht zu halten, an seinen Angriffspunkten die entgegengesetzten Kräfte $-P''$, $+P''$ an. Es soll also

$$P = P' = P''$$

sein. Dann haben wir damit ein im Gleichgewicht befindliches System hinzugefügt. Wenn wir jetzt die Angriffspunkte der Kräfte $+P$, $-P''$ in ihren Richtungen bis zum Schnittpunkt E ihrer Richtungen verschieben, so können wir sie nach dem Gesetz des Parallelogramms zu einer Kraft $+Q$ zusammensetzen, und diese hat die Richtung der Winkelhalbierenden der beiden Kraftrichtungen, da die Kräfte und damit die Seiten des Parallelogramms einander gleich sind.

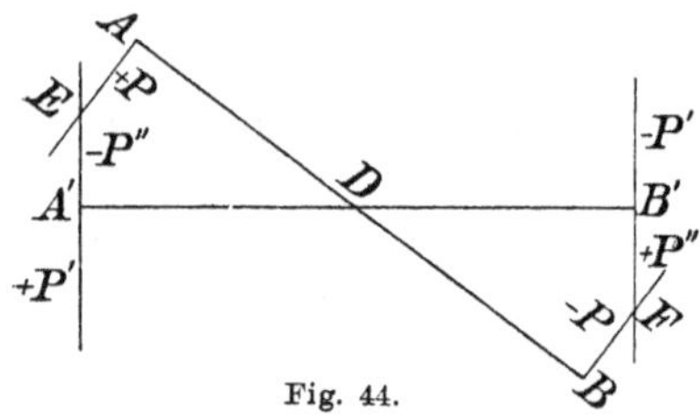

Fig. 44.

Es ist diese Richtung die von DE. Führen wir dasselbe für die Kräfte $-P$, $+P''$ aus, so setzen diese sich zu einer gleichgroßen aber entgegengesetzt gerichteten Kraft $-Q$ zusammen, die also der Kraft $+Q$ das Gleichgewicht hält, da sie mit dieser in einer Geraden liegt. Somit ist das Kräftesystem $+P$, $-P''$, $-P$, $+P''$ im Gleichgewicht und kann weggelassen werden. Dann bleibt das Kräftepaar $(+P', -P', h)$ übrig, das mit K im Gleichgewicht sein muß. Die Kombination mit 2. und 3. liefert uns den Satz:

Man kann ein Kräftepaar in seiner Ebene beliebig verschieben und drehen.

6. In einer zu der Ebene des Kräftepaares $(+P, -P, h)$ parallelen Ebene denken wir uns ein gleiches Kräftepaar $(+P', -P', h)$ angebracht, dessen Hebel dem ersten parallel ist, und dieses kompensieren wir durch das entgegengesetzte $-P''$, $+P''$, h wie bei den früheren Beweisen (Fig. 44).

Verbinden wir die Angriffspunkte der beiden Paare kreuzweise miteinander, so schneiden sich diese Verbindungslinien in ihrem Mittelpunkt D. Die Kräfte $+P$ und $+P''$ werden nach § 11, 4. kompensiert durch eine in D angreifende Kraft $-Q = -(P + P'')$, die Kräfte $-P$, $-P''$ durch eine entgegengesetzte im gleichen Punkte $+Q = +(P + P'')$. Die Kräfte $+Q$ und $-Q$ sind demnach für sich im Gleichgewicht und können beliebig hinzugefügt werden. Es ist also damit das aus den Kräften $+P, -Q, +P''; -P, +Q, -P''$ bestehende System im Gleichgewicht und es bleibt somit das Kräftepaar $(+P', -P', h)$ übrig. Demnach folgt:

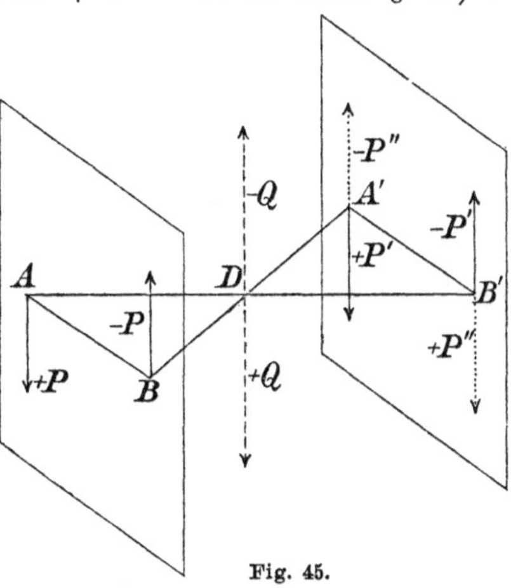

Fig. 45.

Ein Kräftepaar kann in eine zu seiner Ebene parallele Ebene verschoben werden.

7. Wie wir beim Beweis des Satzes 3 bereits gesehen haben, ist das aus den Kräften $+P$, $-P - Q'$, $+Q'$ bestehende System im Gleichgewicht, wenn (Fig. 43, 46)

$$h : l = Q' : P$$

ist. Die Kräfte $-Q'$, $+Q'$ werden also kompensiert durch die Kräfte $+P$, $-P$. Andererseits werden sie aber auch durch die Kräfte $+Q$, $-Q$ $(Q = Q')$ kompensiert, die mit l als Hebel ein Kräftepaar bilden. Demnach ist das Kräftepaar $(+P, -P, h)$ ersetzbar durch das andere $(+Q, -Q, l)$, wenn

$$h : l = Q : P$$

oder wenn

$$P \cdot h = Q \cdot l$$

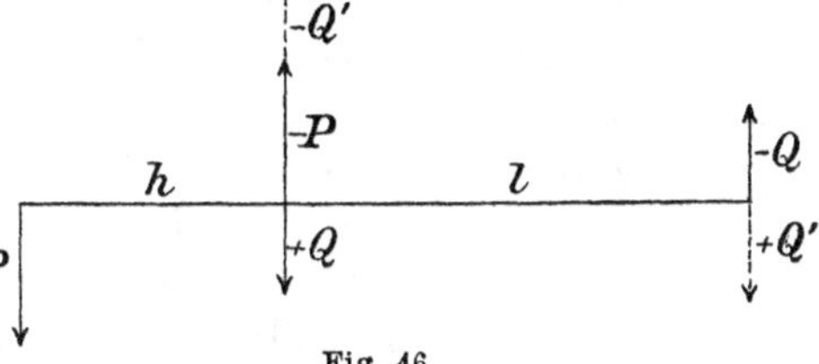

Fig. 46.

ist. Nennen wir dieses Produkt aus der positiven Kraft und dem Hebel das „Moment" des Kräftepaares M, so können wir, wenn wir die Sätze 2 bis 6 dazu nehmen, diesen Satz in die Worte kleiden:

Ein Kräftepaar läßt sich ersetzen durch ein anderes von gleichem Moment, das gegen das ursprüngliche beliebig in seiner Ebene gedreht, und in der eigenen oder einer parallelen Ebene verschoben erscheint.

8. Eine Strecke $AB = h$ sei der Hebel zweier verschiedenen Kräftepaare, $(+P, -P, h)$ und $(+Q, -Q, h)$, deren Ebenen einen gewissen Winkel α zwischen $+P$ und $+Q$ gemessen miteinander einschließen (Fig. 47).

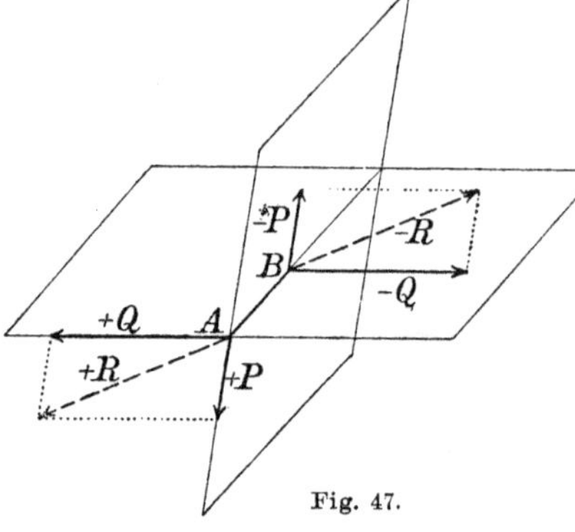

Fig. 47.

Es seien die Momente dieser Paare

$$P \cdot h = M_1, \quad Q \cdot h = M_2.$$

Die Kräfte $+Q$, $+P$ können wir zu einer Resultierenden $+R$ nach dem Gesetz vom Parallelogramm der Kräfte zusammensetzen, ebenso $-P$, $-Q$ zu einer Resultierenden $-R$. Daraus folgt, daß wir die beiden Kräftepaare ersetzen können durch das Kräftepaar $(+R, -R, h)$. Es ist nach dem Kosinussatze (Bd. II, 2. Aufl., S. 315)

$$R = \sqrt{P^2 + Q^2 + 2PQ \cos \alpha}.$$

Demnach ist das Moment des Kräftepaares $(+R, -R, h)$

$$M_r = R \cdot h = h\sqrt{P^2 + Q^2 + 2PQ \cos \alpha},$$

oder, wenn wir h unter das Wurzelzeichen nehmen und für $P \cdot h$ und $Q \cdot h$ die Momente M_1 und M_2 einführen:

$$M_r = \sqrt{M_1^2 + M_2^2 + 2M_1M_2 \cos \alpha}.$$

Es setzen sich also die Momente des Kräftepaares ebenso zusammen wie die Kräfte nach dem Satze vom Parallelogramm der Kräfte.

Nehmen wir wieder die früheren Sätze hinzu, so gelangen wir zu dem Fall zweier beliebig im Raume und voneinander ganz unabhängig gelegener Kräftepaare, und für diese gilt der Satz:

Zwei beliebig gerichtete Kräftepaare lassen sich nach dem Gesetz von Parallelogramm der Kräfte zusammensetzen, indem man ihre Momente normal zu der Schnittlinie ihrer Ebenen in diesen Ebenen aufträgt.

Die Diagonale gibt die Größe des resultierenden Momentes. Ihre Richtung bestimmt mit der Schnittlinie die Ebene des resultierenden Kräftepaares.

Wir haben zunächst die Richtung allerdings aus dem Parallelogramm der Kräfte P und Q ermittelt. Daß wir aber statt dessen auch die Richtung der Diagonalen des Momenteparallelogramms nehmen dürfen, folgt daraus, daß sich die Winkel nicht ändern, wenn wir jede Seite auf das h-fache vergrößern.

9. Die Zusammensetzung von Kräftepaaren können wir wesentlich anschaulicher gestalten, wenn wir uns die Momente der Kräftepaare geometrisch in anderer Weise durch Längen dargestellt denken, als in Nr. 8 geschehen ist. Wir treffen die folgenden Festsetzungen:

Die Ebene, in der das Kräftepaar wirkt, sei die Ebene des Zifferblattes einer Uhr. Die Drehung erfolge in entgegengesetztem Sinne zum Uhrzeiger. Wir nennen dann die zum Beschauer der Uhr hingerichtete Normale die positive Drehachse. Umgekehrt nennen wir die entgegengesetzt der Uhrzeigerdrehung erfolgende Drehung eine „Rechtsdrehung“ bezüglich der eben definierten Normalenrichtung als Drehachse. In diesem Sinne führt z. B. ein Korkzieher (Holzschraube), den wir in einen Kork einbohren, eine Rechtsdrehung aus, wenn wir die Fortschreitungsrichtung des Korkziehers, also die Richtung des Eindringens in den Kork, als positive Drehachse definieren. Auch dieses Beispiel könnten wir als Definition der Rechtsdrehung einführen (Korkzieherregel).

Ferner: Wenn wir die rechte Hand nach vorne ausstoßen und sie dabei ungezwungen drehen — jeder, der dies ausführt, wird erkennen, daß sich bei dieser „ungezwungenen Drehung“ der Handrücken von oben nach rechts seitwärts bewegt —, so führt die Hand eine Rechtsdrehung bezüglich der Fortschreitungsrichtung als positive Drehachse aus.

Auf diese Weise definieren wir die „positive Drehachse“, und auf dieser tragen wir das Drehmoment des Kräftepaares in einer beliebig gewählten Längeneinheit als Länge auf. Die Drehachse ist nicht eine festliegende Gerade, sondern nur eine festliegende Richtung. Trotzdem ist das Kräftepaar eindeutig dadurch bestimmt, da nach den früheren Sätzen ein Kräftepaar beliebig verschoben werden kann, wenn es nur in einer parallelen Ebene bleibt. Wir können somit auch die das Kräftepaar darstellende Länge beliebig verschoben denken, wenn wir nur die Parallelität, sowie den positiven Richtungssinn gewahrt lassen.

Denken wir uns nun zwei beliebige Kräftepaare in der angegebenen Weise geometrisch dargestellt, so brauchen wir nur die sie darstellenden Längen parallel mit sich zu verschieben, bis ihre Anfangspunkte zusammenfallen. Wir setzen sie dann nach dem Gesetz vom Parallelogramm zu einer Resultierenden zusammen. Diese gibt dann durch ihre Länge das Drehmoment des resultierenden Kräftepaares und durch ihre Richtung den Drehungssinn desselben.

10. Man kann somit die Gesetze der Vektorenrechnung auf die Kräftepaare anwenden, also diese auch in Komponenten zerlegen. Um die Methoden der analytischen Geometrie anwenden zu können, wird es oft zweckmäßig sein, ein Kräftepaar vom Moment M in drei solche mit den x-, y-, z-Achsen eines Koordinatensystems als Drehachsen und den Momenten M_x, M_y, M_z zu zerlegen. Für M und die letzteren gelten die Beziehungen § 1 (1)(2)(3).

Greifen die Kräfte $-P$, $+P$ in den Punkten x_1, y_1, z_1 und x_2, y_2, z_2 an, so wird (Bd. II, 2. Aufl., § 99)

$$M = Pr = P\sqrt{(x_2 - x_1)^2 + (y_2 - y_1)^2 + (z_2 - z_1)^2}.$$

Rechnet man r von x_1, y_1, z_1 nach x_2, y_2, z_2 positiv, ist ferner n die positive Normale auf der Ebene r, P, sodaß also r, P, n ein Rechtssystem bildet, so ist n gleichzeitig die positive Drehachse des Kräftepaares. Trägt man P als Länge vom Punkte x_2, y_2, z_2 aus auf, so wird M der doppelte Dreiecksinhalt des durch die Strecken r und P als Katheten gegebenen rechtwinkligen Dreiecks. Man kann dann die Formeln Bd. II, 2. Aufl., S. 579 (7), (8) ($r_1 = r$, $r_2 = P$ gesetzt) anwenden und findet die Komponenten

$$M_x = M\cos(n, x) = rP\{\cos(r, y)\cos(P, z) - \cos(r, z)\cos(P, y)\}$$

oder, da $r\cos(r, y) = (y_2 - y_1)$; $P\cos(P, z) = P_z$,

$$M_x = P_z(y_2 - y_1) - P_y(z_2 - z_1)$$
$$M_y = P_x(z_2 - z_1) - P_z(x_2 - x_1)$$
$$M_z = P_y(x_2 - x_1) - P_x(y_2 - y_1),$$

worin P_x, P_y, P_z die x-, y-, z-Komponenten der Kraft P sind.

§ 16. Beliebige Kräfte an einem starren Körper.[1])

1. Die Gesetze der vorigen Paragraphen geben uns darüber Aufschluß, wie sich beliebige Kräfte, die an beliebigen Punkten eines starren Körpers wirken, zusammensetzen. Es seien P, Q, S, ... (Fig. 48) die Punkte des starren Körpers, in denen die Kräfte p, q, s, ... angreifen.

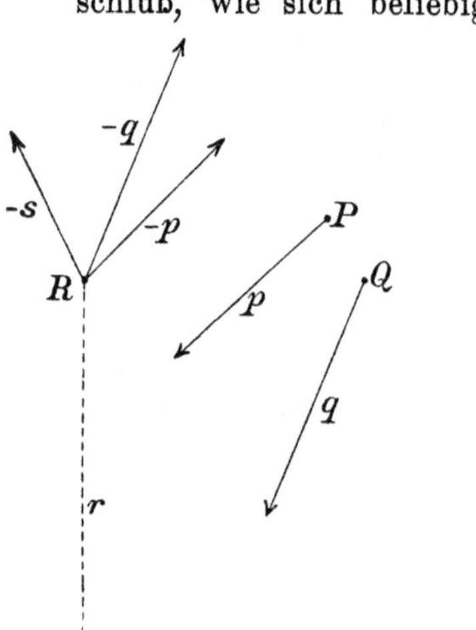

Fig. 48.

Es lassen sich diese Kräfte zu einer einzigen Resultierenden nach dem Parallelogramm der Kräfte nur dann zusammensetzen, wenn man bei jedem Schritt des Vorgehens immer zwei Kräfte finden kann, die in einer Ebene liegen. Denn nur dann schneiden die Richtungen dieser beiden sich in einem

1) Möbius, Werke Bd. III, 1. Teil, 5. Kap.

Punkte, den man durch Verschieben in der Kraftrichtung zum gemeinschaftlichen Angriffspunkte machen kann. Das Parallelogrammgesetz ist aber nur für Kräfte anwendbar, die in denselben Punkten angreifen.

2. Denken wir uns nun einmal in einem beliebigen Punkte R des starren Körpers Kräfte $-p, -q, -s, \ldots$ angebracht, die den Kräften $p, q, s, \ldots$ parallel und entgegengesetzt gleich sind, so können wir diese, da sie in einem Punkte angreifen, nach dem Parallelogrammgesetz kompensieren durch eine Kraft r, die ihrer Resultierenden gleich und entgegengesetzt ist. Durch das Kräftesystem $-p, -q, -s, \ldots, r$ haben wir damit nur ein an sich im Gleichgewicht befindliches System hinzugefügt. Es wirken jetzt auf den Körper eine Kraft r und n Kräftepaare $[-p, +p, (RP)]$; $[-q, +q, (RQ)]$; $[-s, +s, (RS)]$; ... Hier bedeuten (RP), (RQ) usw. die kürzesten Abstände zwischen den Kraftrichtungen. Diese Kräftepaare können wir nach § 15, 8. zu einem einzigen Kräftepaar $(+K, -K, h)$ kombinieren, indem wir erst zwei von ihnen zu einem neuen zusammensetzen, dann von den übrigbleibenden $n-1$ wieder zwei und so fort. Da der Punkt R noch willkürlich ist und von seiner Lage die Kräftepaare abhängen, so folgt:

> Beliebige an einem starren Körper angreifende Kräfte lassen sich durch eine einzige Kraft und durch ein einziges Kräftepaar ersetzen, aber nicht in eindeutiger Weise.

3. Die Kraft r wird im allgemeinen nicht parallel der Ebene des Kräftepaares $(+K, -K, h)$ gerichtet sein. Letzteres können wir nun nach § 15, 7. so weit verschieben, bis der Angriffspunkt einer seiner Kräfte, z. B. der von $+K$, mit dem Angriffspunkt von r zusammenfällt. Wir können jetzt r und K nach dem Parallelogrammgesetz zu einer neuen Resultierenden r' zusammensetzen, die mit $-K$ nicht parallel ist und sich mit ihr auch nicht schneidet. Daraus folgt also:

> Beliebige an einem starren Körper angreifende Kräfte lassen sich durch zwei sich kreuzende (windschiefe) Kräfte ersetzen.

4. In speziellen Fällen werden r und K parallel sein. Dann wird $r' = r + K$ und parallel mit $-K$. Es greifen dann an einem Hebel h zwei parallele verschieden große Kräfte an und diese lassen sich nach § 11 durch eine einzige Kraft ersetzen. In diesem Falle sind also die Kräfte $p, q, s, \ldots$ durch eine einzige ersetzbar.

5. Es kann ferner vorkommen, daß die Kräfte $-p, -q, -s, \ldots$ an sich im Gleichgewicht sind, daß also $r = 0$ ist. Dann sind die

Kräfte $p, q, s, \ldots$ durch ein einziges Kräftepaar $(+K, -K, h)$ ersetzbar.

6. Der Punkt R in Fig. 48 war ein ganz willkürlich wählbarer, mit dem Körper starr verbundener Punkt im Raume. In ihm greift die Kraft r an; nach Richtung und Größe ist diese Kraft von der Lage des Punktes R unabhängig. Das Kräftepaar wird dagegen im allgemeinen sein Moment ändern, wenn der Punkt R verschoben wird. Die Komponenten dieses Momentes sind nämlich nach § 15, 10

$$\begin{aligned} M_x &= \sum[p_z(y_P - y) - p_y(z_P - z)] \\ M_y &= \sum[p_x(z_P - z) - p_z(x_P - x)] \qquad (1) \\ M_z &= \sum[p_y(x_P - x) - p_x(z_P - z)], \end{aligned}$$

wenn x, y, z die Koordinaten des Punktes R; x_P, y_P, z_P die des Punktes P sind und die Summierung über die Punkte $P, Q, S \ldots$ und die Kräfte $p, q, s \ldots$ zu erstrecken ist. Diese Relationen sind lineare Gleichungen in x, y, z.

7. Legt man zur Vereinfachung die z-Achse parallel der Richtung r, so wird $r_x = \sum p_x = 0$; $r_y = \sum p_y = 0$; $r_z = \sum p_z = r$; und wenn man noch die Abkürzungen einführt

$$\begin{aligned} \sum(p_z y_P - p_y z_P) &= \mu_x \\ \sum(p_x z_P - p_z x_P) &= \mu_y \\ \sum(p_y x_P - p_x z_P) &= \mu_z, \end{aligned}$$

so wird aus (1)

$$\begin{aligned} M_x &= \mu_x - ry \\ M_y &= \mu_y + rx \\ M_z &= \mu_z. \end{aligned}$$

Hierin sind μ_x, μ_y, μ_z und r von der Lage des Punktes R also von x, y, z unabhängig. Das resultierende Moment M wird demnach gegeben sein durch

$$M^2 = M_x^2 + M_y^2 + M_z^2 = (\mu_x - ry)^2 + (\mu_y + rx)^2 + \mu_z^2.$$

Diese Gleichung ist von z unabhängig. Läßt man also den Punkt R auf einer zur z-Achse, also zu r parallelen Geraden wandern, so ändert sich M dabei nicht.

Variiert man aber x und y, so ändert sich im allgemeinen M; nur für alle die Werte x, y, die der Gleichung

$$\left(\frac{\mu_x}{r} - y\right)^2 + \left(\frac{\mu_y}{r} + x\right)^2 = \frac{M^2 - \mu_z^2}{r^2}$$

genügen, wobei M konstant erhalten bleibt, behält auch bei Variation von x und y das Moment M den gleichen Wert. Dies ist die Gleichung eines Kreises in jeder zur z-Achse senkrechten Ebene, im Raume demnach die Gleichung eines Kreiszylinders, dessen Erzeugende der Richtung r parallel läuft.

Der Radius des Schnittkreises ist (Bd. II. 2. Aufl. § 62, p. 457)

$$\sqrt{\frac{M^2 - \mu_z^2}{r^2}}.$$

Da der Radius nicht imaginär werden darf, so hat M den kleinsten Wert $M_{min} = \mu_z$, und zwar dann, wenn der Punkt R auf der Zylinderachse liegt. Diese Achse heißt die „Zentralachse". Sie muß der Bedingung genügen

$$(\mu_x - ry)^2 + (\mu_y + rx)^2 = 0,$$

was nur erfüllbar ist durch die Werte

$$x = -\frac{\mu_y}{r}; \quad y = +\frac{\mu_x}{r}.$$

Es wird jetzt

$$M_x = 0; \quad M_y = 0; \quad M_z = M_{min}.$$

Die Drehachse des Minimalmomentes ist demnach der Richtung z und r parallel.

Dritter Abschnitt.

Dynamik.

§ 17. Zeit und Raum.

1. Die Geometrie bedurfte als Ausgangsmaterial den Begriff des Raumes, den wir in die Statik und Dynamik unverändert übernehmen können; wir haben höchstens noch die zeitliche Unveränderlichkeit des Raumes zu postulieren.

2. Schon die Statik hat den Begriff der Zeit qualitativ anwenden müssen, indem sie den Zustand des „Gleichgewichts" auf ihn zurückführen mußte. Die Erkenntnis des Gleichgewichtes ist ohne Zeitbegriff unmöglich, wenigstens wenn wir das Gleichgewicht, wie wir es getan haben, als selbständigen Begriff definieren, und nicht etwa durch das erste Hebelgesetz. Wir könnten das erste Hebelgesetz oder ein anderes als Definition des Gleichgewichtes einführen, wodurch das Gleichgewicht ein rein mathematischer Begriff würde, ohne sinnliche Anschaulichkeit. Diesen Weg haben wir nicht gewählt, weil wir in diesem Abschnitt über Physik nichtphysikalische Begriffe tunlichst vermeiden wollten.

Die Dynamik braucht außer diesem qualitativ festgelegten Zeitbegriff, den wir als gegeben voraussetzen wollen, wie den Raum, eine quantitative Zerlegung, d. h. eine „Meßbarkeit" der Zeit. Meßbar wird die Zeit dadurch, daß wir verschiedene Zeitabschnitte als „gleich" bezeichnen, was auf unendlich vielfache Weise möglich ist. Wir setzen willkürlich fest: Die Zeiten, die die Erde zu jeweils einmaligen Umläufen um die Sonne gebraucht, nehmen wir als gleich an.

Diese Annahme hat sich dadurch bewährt, daß sich gewisse einfache mechanische Vorrichtungen, z. B. ein Pendel, das man jeweils aus einem bestimmten Elevationswinkel herabfallen läßt, und dessen Bewegungsdauer bis zum nächsten Umkehrpunkt man betrachtet, sowie andere sich zeitlich wiederholende „periodische" Vorgänge, z. B. die Licht- und Schallschwingungen synchron mit der Sonne abspielen, d. h. während jeder Sonnenperiode, also während eines Jahres, immer ihrerseits die gleiche Anzahl von Zeitabschnitten oder Perioden ergeben. Das Gleiche gilt auch für den sogenannten Sternentag, die

Zeitdauer, die zwischen zwei Durchgängen eines und desselben Fixsternes durch unseren Meridian verläuft.

Diese periodischen Vorgänge würden also alle den „Gleichheitsbegriff“ der Zeit identisch ergeben, wie es der Sonnenumlauf tut; und das ist gerade das Wertvolle, daß der Gleichheitsbegriff nicht aus einem einzigen Vorgange abgeleitet ist. Wir erwarten von ihm, daß er uns in der Physik zu einfachen Gesetzen führt. Die Übereinstimmung, die in den verschiedenen angeführten Vorgängen liegt, lehrt uns, daß für diese jedenfalls Einfachheit zu erwarten ist, und wir schließen hier von Vielem auf Alles.

3. Bei erster roher Messung könnte man zu dem Resultat kommen, daß auch der Sonnentag denselben Gleichheitsbegriff der Zeit liefert, und in der Tat ist er lange Zeit hindurch zur Zeitmessung verwendet worden. Die verfeinerten Beobochtungen lehrten, daß er sich doch den übrigen genannten Vorgängen nicht anschloß.

Neuerdings lehrt nun die Astronomie, daß die Umlaufszeit der Erde um die Sonne sowohl periodischen als säkularen Änderungen unterworfen ist. Das Gleiche gilt von der Umdrehung der Erde, und auch beim Pendel[1]) werden zeitliche Änderungen vermutet.

Derartige Behauptungen können nur den Sinn haben: die genannten Vorgänge führen eben doch nicht streng zum selben Gleichheitsbegriff der Zeitabschnitte. Die Abweichungen sind allerdings so klein, daß sie für weitaus die meisten physikalischen Untersuchungen nicht im entferntesten in Betracht zu ziehen sind. Hier sind wir also immer noch in der glücklichen Lage, nach einer größeren Anzahl verschiedenartiger Vorgänge unseren Gleichheitsbegriff definieren zu können.

Aber was sollen wir anfangen, wenn einmal unsere Meßmethoden zu solcher Feinheit herangebildet sind, daß sich die Abweichungen bemerkbar machen?

Gerade die Gesetze, die wir unter Zugrundelegung unseres Zeitbegriffes gewonnen haben, sind es, die verlangen, daß z. B. der Sternentag sich infolge von Ebbe und Flut verändert, daß das Jahr durch den Stand der Planeten beeinflußt wird. Es bleibt uns dann also das Mittel, den Gleichheitsbegriff der Zeit so zu wählen, daß eins dieser Gesetze, zu dem wir besonderes Zutrauen gewonnen haben, z. B. das Newtonsche Attraktionsgesetz, erhalten bleibt. Wenn wir das nicht wollen, sind wir in derselben üblen Lage, in der wir uns bei der Definition der Temperatur befinden (§ 27).

Ob es, wie man vorgeschlagen hat, möglich sein wird, den Zeit-

1) K. R. Koch, Über Beobachtungen, welche eine zeitliche Änderung der Größe der Schwerkraft wahrscheinlich machen. Ann. d. Phys. 15, p. 146, 1904.

begriff so zu definieren, daß „die physikalischen Gesetze möglichst einfach werden", müssen wir der Zukunft überlassen. Abzuwägen, bei welcher Definition der Zeit die Gesamtheit aller Naturgesetze das denkbar einfachste System darstellt, können wir uns nicht unterfangen.

4. Mit Hilfe solcher periodischer Vorgänge ist es möglich — gewisse physikalische Erkenntnisse, die eigentlich erst später ihren Platz haben, vorausgesetzt —, Unterabteilungen, also Bruchteile der Zeitabschnitte zu definieren.

Wenn wir z. B. ein Pendel haben, das in einem Jahre eine bestimmte Anzahl Schwingungen ausführt, so können wir ohne Meßbarkeit der Zeit vorauszusetzen konstatieren, ob diese Schwingungszahl im zweiten, dritten, vierten usw. Jahre dieselbe geblieben ist. Ist das über eine beliebige Anzahl von Jahren hinaus der Fall[1]), so liegt die Annahme (A) nahe, daß jede seiner Schwingungen unter den gleichen (aus unserem Zeitbegriff erst ableitbaren) physikalischen Bedingungen erfolgt. Beweisen können wir diese Annahme nicht, ohne diese physikalischen Bedingungen zu kennen, zu deren Kenntnis aber wieder die Teilbarkeit der Zeit erforderlich ist.

Die Richtigkeit der Annahme (A) würde uns etwa in folgender Weise zu einer Unterteilung unseres Jahres berechtigen:

Wenn wir statt unseres Pendels ein anderes z. B. kürzeres Pendel wählen, werden wir finden, daß dieses mehr Schwingungen im Jahre ausführt, als das frühere und zwar können wir jede beliebige Schwingungszahl n im Jahre durch Wahl der Pendellänge erhalten. Wir nehmen dann an, daß das Pendel zu jeder seiner Schwingungen $1/n$ eines Jahres braucht, und haben so rationale Bruchteile definiert. Zu irrationaler Teilung müssen wir auf rein mathematischem Wege, wie in Band I, § 33 der 2ten Aufl., übergehen.

Um die Annahme (A) mehr zu bekräftigen, können wir noch andere periodische Vorgänge zum Zweck der Teilung der Zeit heranziehen, z. B. den Pulsschlag, das Taktgefühl, wenn es sich um Unterteilung bereits kleiner Teile handelt; ferner die Uhr. Hier können wir versuchsweise annehmen, daß der Zeiger gleiche Wegstrecken immer unter gleichen physikalischen Bedingungen zurücklegt, und daß die Zeit proportional dem Weg der Zeigers ist.

Die Zeit, die der Zeiger braucht, $1/n$ des Weges zurückzulegen, den er in einem Jahre zurücklegt, ist dann als „$1/n$ Jahr" zu definieren, und die Annahme (A) gewinnt an Berechtigung, wenn dieses $1/n$ mit dem aus Pendelschwingungen gefundenen übereinstimmt. Bei der

1) Beim Pendel ist dies in der Tat der Fall, wenn man das Abklingen des Pendels etwa durch erneutes Anstoßen von Zeit zu Zeit vermeidet (Pendeluhr).

Definition der Zeitteile mittels der Uhr ist die Definition irrationaler Bruchteile mit inbegriffen, d. h. auf inkommensurable Strecken zurückgeführt.

5. Es gibt auch periodische Vorgänge, die zu einer anderen Unterteilung der Zeit führen würden. Z. B. würde das der Fall sein, wenn wir den Weg der Erde der Zeit proportional setzen. $1/n$ Jahr auf diese Weise definiert führt zu einer Größe, die nicht mit dem früheren $1/n$ übereinstimmt.

Wenn wir aber eine Anzahl Vorkehrungen kennen, die zur gleichen Unterteilung führen, während andere nicht nur von diesen, sondern auch untereinander abweichen, so ist es zweckmäßig, die ersteren zur Definition der Bruchteile zu wählen. Es ist zu erwarten, daß dann die aus diesem Zeitbegriff abgeleiteten Gesetze besonders einfach ausfallen. Bestätigt sich das später, so bewährt sich damit unsere Wahl, wenn auch rein logisch eine andere Wahl ebenso erlaubt wäre.

6. Nachdem wir so Zeitabschnitte miteinander vergleichen können, dürfen wir irgend einen als Einheit festsetzen. Die Physik wählt gewöhnlich die Sekunde, d. h. den 86400ten Teil des mittleren Sonnentages als Einheit. Es ist dies die Schwingungsdauer eines mathematischen Pendels (vgl. § 20, D) von 99,356 cm Länge unter 45^0 geographischer Breite.

7. Die Meßbarkeit des Raumes setzt voraus, daß wir einen zeitlich unveränderlichen Raum besitzen, und daß es Körper gibt, deren Dimensionen von der Zeit und dem Ort direkt unabhängig sind. Indirekt abhängig sind alle Körperdimensionen von Ort und Zeit insofern, als sie z. B. von der Temperatur, die Orts- und Zeitfunktion ist, abhängig sind.

Zunächst haben wir freilich kein Kriterium dafür, ob ein solcher Körper direkt oder indirekt von der Zeit oder dem Orte abhängig ist. Denken wir uns z. B. zwei Metallstäbe, die wir als gleich lang erkannt haben, und halten wir unter einen von ihnen eine Flamme, so wird die Gleichheit nach einiger Zeit nicht mehr bestehen. Wir wissen nun, daß der eine Körper, so weit wir es beurteilen können, keiner äußeren Einwirkung ausgesetzt gewesen ist. Also schreiben wir die Schuld an der Änderung der Gleichheit dem zweiten Körper zu, bei dem wir außerdem durch unser Gefühl noch eine weitere Änderung, eine Erwärmung (§ 27), konstatieren können. Unser logisches Vorgehen ist also das, daß wir einen Körper, der scheinbar keinen ändernden Einflüssen unterworfen ist, als konstant in seinen Dimensionen voraussetzen. Diese Voraussetzung behalten wir so lange bei als sie sich bewährt, d. h. als wir nicht in Konflikt mit anderen ebenfalls scheinbar unbeeinflußten Körpern kommen. Wenn ein solcher Konflikt eintritt, haben wir zu forschen, ob wir vielleicht irgendeinen Einfluß übersehen haben.

Die Tatsache, daß wir eine sehr große[1]) Anzahl von Körpern kennen, die in gleichen Längenverhältnissen bleiben, so lange wir keine der uns durch Forschung bekannten Einflüsse auf sie ausüben, und daß, wo dies scheinbar nicht der Fall war, sich eine Beeinflussung hat nachweisen lassen, berechtigt uns zu der Annahme, daß die Dimensionen der Körper von Zeit und Raum direkt unabhängig sind. Wir wären auch ebensogut berechtigt, sie in ein und derselben Weise von Raum und Zeit abhängig anzunehmen. Diese Annahme wäre aber weniger naheliegend.

8. Als technische Einheit für die Länge dient uns das Meteretalon, das, in Platin[2]) hergestellt, in Paris aufbewahrt wird. Es sollte dies ursprünglich der zehnmillionte Teil des Meridianquadranten sein; spätere Messungen der Erde haben aber die damaligen Daten als von der Wahrheit meßbar abweichend ergeben. In Wirklichkeit ist der genannte Erdquadrant das 10000855,764fache des Pariser Meters. Die Physik verwendet gewöhnlich als Einheit das Zentimeter. (Vgl. den Artikel „Maß und Messen“ von Runge in der Encyklopädie der mathematischen Wissenschaften Bd. V, Heft 1).

9. Der Ausdruck „Zeit“ wird im alltäglichen Leben in zwei verschiedenen Bedeutungen gebraucht; einmal als Zeitraum oder Zeitintervall, dann als Grenzpunkt zwischen zwei aneinander grenzenden Zeiträumen. Wegen der strengen Formulierung dieser zwei Begriffe können wir auf den zweiten Band verweisen, der den Begriff Strecke und Raumpunkt behandelt[3]). In der Dynamik müssen die beiden Begriffe unterschieden werden. Wir werden im allgemeinen unter Zeit immer einen Zeitraum verstehen, der von einem jeweils zu wählenden Nullpunkt an gerechnet ist. Da es sich immer um Zeitdifferenzen handelt, werden wir diesen Nullpunkt in mathematischen Ableitungen meist nicht festzulegen brauchen, wenn wir ihn nur während einer Rechnung als fest liegen bleibend voraussetzen.

§ 18. Geschwindigkeit und Beschleunigung.

1. Wenn sich ein Körperpunkt auf einem beliebigen Wege so bewegt, daß jeweils eine von ihm zurückgelegte Wegstrecke pro-

1) Wir reden hier absichtlich nicht von allen Körpern, da wir tatsächlich bei einigen Körpern aus der Veränderung ihrer Länge erst auf einen Einfluß schließen, der uns aber noch unbekannt ist, z. B. beim Wachsen der Bäume.

2) 90 % Platin, 10 % Iridium. Reines Platin ist zu weich.

3) Bd. II. 2. Aufl. § 14, 5 u. f. Vgl. auch Anmerkungen zur deutschen Ausgabe von Poincaré, Wert der Wissenschaft, p. 217.

portional mit der Zeit ist, die während dieses Zurücklegens verflossen ist, so nennen wir seine Bewegung „gleichförmig". Es ist dann also

$$s_1 = vt_1,$$

wenn s_1 den in der Zeit t_1 zurückgelegten Weg bedeutet, und der Proportionalitätsfaktor v heißt die „Geschwindigkeit".

Ist nach Verlauf einer anderen, größeren Zeit t_2 der Weg s_2, so muß

$$s_2 = vt_2$$

sein und weiter:

$$s_2 - s_1 = v(t_2 - t_1),$$

(1) $$v = \frac{s_2 - s_1}{t_2 - t_1},$$

worin wieder $s_2 - s_1$ der im Zeitintervall $t_2 - t_1$ zurückgelegte Weg ist. Die Geschwindigkeit v läßt sich nach (1) als der in der Zeiteinheit zurückgelegte Weg definieren.

2. Ist der Weg nicht mehr der Zeit proportional, so können wir das dadurch erklären, daß wir v als zeitlich nicht konstant annehmen. Wir nennen die Bewegung dann beschleunigt oder verzögert, schreiben ihr aber immer noch eine bestimmte, aber von Punkt zu Punkt sich ändernde Geschwindigkeit zu.

Die Gleichung (1) gibt uns dann nicht mehr diese Geschwindigkeit an, sondern einen Mittelwert aller der Geschwindigkeiten, die der Punkt auf der Strecke $s_2 - s_1$ besitzt. Je kleiner wir $t_2 - t_1$ und damit $s_2 - s_1$ machen, um so weniger wird sich dieser Wert von den Einzelwerten unterscheiden, und wir können setzen

(2) $$v_s = \operatorname*{Lim}_{t_2 = t_1 = t} \frac{s_2 - s_1}{t_2 - t_1} = \frac{ds}{dt},$$

(vgl. Bd. I, 2. Aufl. § 146), wo s der zur Zeit t zurückgelegte Weg ist.

3. Die Geschwindigkeit ist eine Vektorgröße im Sinne von § 1 und 2, wie eine Verschiebung, aus der die Geschwindigkeit durch Division mit dem zugehörigen Zeitintervall hervorgeht.

Ein Punkt A möge sich in einem beliebig kleinen Zeitintervall t von A nach B bewegen. Wir können die Strecke $\overline{AB} = s$, wenn wir nur t hinreichend klein machen, als geradlinig ansehen, und die Geschwindigkeit des Punktes ist dann

$$v = \frac{s}{t}.$$

Die Verschiebung s ist gleichwertig mit zwei gleichzeitigen Verschiebungen AC und AD, wenn

$$AC = s \cos\varphi; \qquad AD = s \cos\psi,$$
$$= s \sin\varphi$$

ist. D. h. wir können annehmen, daß sich der Punkt A gleichzeitig von A nach C und von A nach D bewegt. Das Resultat wird das gleiche sein; er wird sich nach Ausführung dieser beiden Verschiebungen in B befinden.

Praktisch veranschaulichen kann man sich diese Zerlegung etwa durch eine Tischplatte, auf der der Punkt liegt. Wenn wir die Tischplatte in der Richtung LM, etwa in Richtung der einen Tischkante um die Strecke AC, den Punkt auf der Tischplatte aber parallel LN, der anderen Tischkante, um die Strecke AD verschieben, so kommt er im Raume auf denselben Ort, als wenn wir ihn direkt von A nach B verschieben. Die beiden Einzelverschiebungen erfolgen dann mit den Geschwindigkeiten

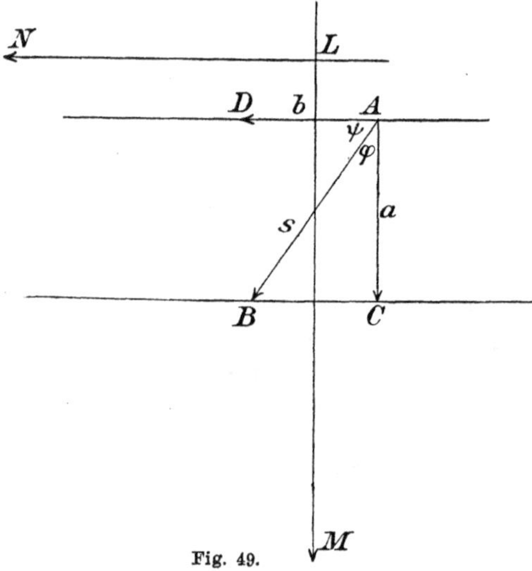

Fig. 49.

$$v_x = \frac{AC}{t} = \frac{s \cos \varphi}{t} = v \cos \varphi,$$

$$v_y = \frac{AD}{t} = v \cos \psi = v \sin \varphi.$$

Denken wir uns also die Geschwindigkeit in irgend einem Maß als Länge in der Richtung der Verschiebung aufgetragen, so geben die Projektionen auf zwei zueinander senkrechte Richtungen die Geschwindigkeiten, die durch Vektoraddition die wahre Geschwindigkeit ergeben.

In gleicher Weise erkennt man, daß man die Geschwindigkeit auch nach zwei schiefwinkligen Richtungen nach dem Parallelogrammgesetz zerlegen kann.

Umgekehrt können wir zwei Geschwindigkeiten zu einer „Resultante" zusammensetzen, so daß bewiesen ist, daß wir auf die Geschwindigkeit die Vektorenrechnung anwenden dürfen.

4. Die Geschwindigkeit ist im allgemeinen eine Funktion der Zeit. Wenn sie mit der Zeit zunimmt, heißt die Bewegung „beschleunigt", wenn sie mit der Zeit abnimmt, verzögert. Für die Rechnung können wir beide Fälle als „Beschleunigung" auffassen, wenn wir die Verzögerung als negative Beschleunigung bezeichnen.

Wächst die Geschwindigkeit eines geradlinig bewegten Körpers in gleichen Zeiten um den gleichen Betrag, ist also die Zunahme der Geschwindigkeit in einem Zeitintervall diesem Zeitintervall proportional, so heißt die Bewegung „gleichförmig beschleunigt". Es ist dann

$$(v_2 - v_1) = p(t_2 - t_1),$$

wo v_1 und v_2 die Geschwindigkeiten zu den Zeiten t_1 und $t_2 > t_1$ bedeuten. Der Proportionalitätsfaktor p heißt die „Beschleunigung". Es ist

$$(3) \qquad p = \frac{v_2 - v_1}{t_2 - t_1}$$

die in der Zeiteinheit erfolgende Zunahme der Geschwindigkeit.

Wenn die Geschwindigkeit sich nicht proportional der Zeit verändert, ist die Bewegung „ungleichförmig beschleunigt". Wir können dann ebenso wie bei der Geschwindigkeit schließen

$$(4) \qquad p_s = \lim_{t_2 = t_1 = t} \frac{v_2 - v_1}{t_2 - t_1},$$

und p ist dann eine Funktion der Zeit, resp. des Ortes.

5. Daß die Beschleunigung ebenfalls eine Vektorgröße ist, läßt sich leicht erkennen.

Ein beliebig bewegter Punkt wird dann eine Beschleunigung besitzen, wenn seine Geschwindigkeit im allgemeinsten Falle sich nach Ort und Zeit ändert. Ist $\mathbf{v}_1$ der Geschwindigkeitsvektor in einem bestimmten Moment, $\mathbf{v}_2$ derselbe nach Ablauf einer beliebig klein zu wählenden Zeit τ, so ist die Vektordifferenz $\mathbf{v}_2 - \mathbf{v}_1$ ein neuer Vektor, die Geschwindigkeitsänderung, dessen Komponente nach einer beliebigen Richtung s gleich dem Geschwindigkeitszuwachs $v_{2s} - v_{1s}$ nach dieser Richtung ist. Daraus folgt durch Division mit τ, daß der Vektor

$$\mathbf{p} = \frac{\mathbf{v}_2 - \mathbf{v}_1}{\tau}$$

als die „Beschleunigung" des Punktes angesehen werden darf, deren Projektionen die Beschleunigungskomponenten sind.

Die Beschleunigung fällt ihrer Richtung nach im allgemeinen nicht mit der der Geschwindigkeit zusammen, da die Vektordifferenz mit den einzelnen Vektoren nicht zusammenfällt. Man übersieht dies auch leicht folgendermaßen: Senkrecht zur Bahnrichtung besitzt der Punkt keine Geschwindigkeitskomponente; wohl aber kann ein Geschwindigkeitszuwachs in dieser Richtung — also vom Werte 0 an — erfolgen. Es wird also dann eine Beschleunigungskomponente in dieser Richtung existieren, so daß die resultierende Beschleunigung sicher nicht mehr in die Bahnrichtung fällt.

Der Erfolg einer solchen Beschleunigungskomponente normal zur Bahnrichtung ist der, daß der Punkt aus seiner geradlinigen Bahn abweicht. Umgekehrt, wenn sich ein Punkt nicht geradlinig bewegt, muß er eine Beschleunigungskomponente normal zur Bahnrichtung besitzen.

6. Als Einheit der Geschwindigkeit wählt man in der Physik (vgl. Bd. II, § 32 der 2ten Aufl.) gewöhnlich die Geschwindigkeit eines Punktes, der in der Zeiteinheit, einer Sekunde, die Wegeinheit, ein Zentimeter, zurücklegt. Diese Geschwindigkeit nennen wir $1\,\frac{\text{cm}}{\text{sec}}$, in Worten: ein Zentimeter pro Sekunde, oder durch Sekunde, entsprechend der Gleichung:

$$v = \frac{(s_2 - s_1)\,\text{cm}}{(t_2 - t_1)\,\text{sec}} = \frac{s_2 - s_1}{t_2 - t_1}\,\frac{\text{cm}}{\text{sec}}.$$

Die neue Einheit der Geschwindigkeit durch diesen Quotienten cm/sec zu bezeichnen, ist rechnerisch praktisch, da wir beim Übergang aus einem Einheitssystem zum anderen die Gesetze der Division befolgen können. Wollen wir z. B. die Zeit statt in Sekunden in Minuten messen, die Geschwindigkeit also durch den in einer Minute zurückgelegten Weg, so können wir einfach in der Gleichung

$$v = a\,\frac{\text{cm}}{\text{sec}}$$

für sec den Wert $\frac{1}{60}$ min einsetzen. Dann folgt

$$v = a\,\frac{\text{cm}}{\text{min}/60}$$

und nach den Divisionsgesetzen

$$v = 60a\,\frac{\text{cm}}{\text{min}}.$$

In der Tat legt ein Körper in einer Minute — bei konstanter Geschwindigkeit natürlich — den 60fachen Weg zurück, wie in einer Sekunde.

Die Geschwindigkeit ist eine Länge, dividiert durch eine Zeit, was wir dadurch kennzeichnen, daß wir der Geschwindigkeit die „Dimensionen" „Länge durch Zeit" zuschreiben, indem wir den Begriff der „Dimensionen" aus der Geometrie erweitern.

Um die Dimensionen einer Größe in mathematischer Form durch eine Gleichung ausdrücken zu können, setzt man die betreffenden in der Gleichung vorkommenden Buchstaben in eckige Klammern. Die Gleichung

$$[v] = \frac{[l]}{[t]}$$

sagt also nur aus: Die Dimensionen von v sind gleich der Dimension von l, dividiert durch die Dimension von t, oder „v hat die Dimension Länge durch Zeit". Über Zahlenwerte sagt diese Gleichung nichts aus.

7. Die Einheit der Beschleunigung besitzt weiterhin der Körper, dessen Geschwindigkeit in der Zeiteinheit um die Geschwindigkeitseinheit, also um 1 cm/sec zunimmt. Die Beschleunigungseinheit ist also entsprechend Gleichung (3)

$$\frac{1 \text{ cm/sec}}{1 \text{ sec}} = 1 \frac{\text{cm}}{\text{sec}^2}.$$

Die Dimensionen der Beschleunigung sind „Länge durch Zeit im Quadrat"

$$[p] = [l][t]^{-2}.$$

§ 19. Kraft.

1. In der Statik haben wir Kräfte dadurch zu vergleichen gelernt, daß wir sie durch geeignete mechanische Vorrichtungen dazu bringen, sich im Gleichgewicht zu halten, d. h. daß sie an verschiedenen Körpern, auf die sie wirken, keine Bewegung erzeugen. Diese Bewegung ist dabei relativ gegen die Kraftzentren zu verstehen. Dabei ist die Kenntnis der Kraftzentren nötig, eine Frage, die von Fall zu Fall auf dem Wege der Experimentalphysik untersucht werden muß.

Von zwei Kräften, K_1, K_2 können wir K_1 als n mal so groß wie K_2 bezeichnen, wenn wir die beiden Kräfte an zwei Hebelarmen a_1, a_2 eines zweiarmigen Hebels angreifen lassen können, der dann in Ruhe bleibt, wenn wir $a_1 = a_2/n$ machen. Ein derartiges Verfahren wird in der Physik oft angewandt, auch zum Vergleich verschiedenartiger Kräfte. Zum Messen elektrischer Kräfte lassen wir z. B. auf eine Wagschale die Kräfte eines elektrisierten Körpers wirken, während wir auf die andere Wagschale so lange Gewichte aufsetzen, bis die anziehenden Kräfte der Erde den elektrischen Kräften das Gleichgewicht halten.

Dadurch haben wir ein quantitatives Maß für verschiedene Kräfte erhalten, bei dem wir noch willkürlich eine Einheit wählen können. Der qualitative Begriff der Kraft war uns dadurch gegeben, daß ein frei beweglicher, aber in Ruhe befindlicher Körper sich unter gewissen Umständen zu bewegen beginnt. Eben diese Tatsache definieren wir dadurch, daß wir erklären: Wenn sich ein Körper zu bewegen beginnt, so wirkt eine Kraft auf ihn. Nur wenn keine Kraft oder mehrere sich gegenseitig aufhebende Kräfte auf ihn wirken, bleibt er in Ruhe.

2. Denken wir uns jetzt einen gleicharmigen Doppelhebel mit zwei gleichen Massenpunkten[1]) an seinen Enden, auf die die Erdanziehung wirkt. Dieser Hebel befindet sich in jeder möglichen Stellung im Gleichgewicht. Welche Lage gegen die Horizontale er

1) Ein Massenpunkt ist ein Körper, dessen Dimensionen nach allen Richtungen verschwindend klein gegen alle unseren Messungen zugänglichen Grössen sind. Der Massenpunkt ist eine Abstraktion.

auch haben möge, die Kräfte, die auf ihn wirken, werden sich immer aufheben. Wenn wir aber einem der Massenpunkte einen tangentialen Stoß versetzen, so wird der Hebel in Rotation geraten und die Rotation wird eine zeitlang andauern, auch wenn der Stoß aufgehört hat zu wirken. Er wird sich also weiter bewegen, obwohl im Sinne der Statik keine, oder doch nur sich aufhebende Kräfte auf ihn wirken. Daraus folgt: Die Bewegungslosigkeit ist zwar ein hinreichendes, aber nicht notwendiges Kriterium für die gegenseitige Aufhebung von Kräften.

3. In letzter Instanz hatten wir in der Statik eine Kraft dadurch erkennen gelernt, daß sie eine Bewegung einleitet. Nachdem die Existenz *einer* Kraft so festgestellt war, konnten wir andere Kräfte durch Gleichgewichtsgesetze mit ihr vergleichen.

Die Dynamik leitet den Begriff der Kraft und ihr Maß direkt aus der Bewegung ab. Dann muß auch aus der Bewegung die Gleichheit von Kräften zu konstatieren sein, und es zeigt sich, daß der daraus definierte Gleichheitsbegriff nicht im Widerspruch steht mit dem der Statik.

Das „Einsetzen“ einer Bewegung ist nur ein Spezialfall der „Änderung“ einer Bewegungsart, nämlich die Änderung der Geschwindigkeit Null. Wir definieren jetzt willkürlich zunächst qualitativ:

Wenn ein freibeweglicher Körper seine Geschwindigkeit ändert, so nehmen wir an, daß auf ihn eine Kraft wirkt.

Diese Definition enthält die der Statik zugrunde gelegte, und sie erklärt auch das in Abschnitt 2 angeführte Beispiel; denn es folgt aus ihr das sogenannte „Trägheitsprinzip“:

Ein Massenpunkt behält die Geschwindigkeit, die er einmal hat — also auch die Geschwindigkeit Null —, so lange bei, als keine Kräfte auf ihn wirken.

4. Dieses Gesetz hat einen Sinn nur als Ergänzungsgesetz zu anderen Gesetzen. Denn wenn auf einen Körper keine Kräfte wirken, so kann das nur dann eintreten, wenn sich der Massenpunkt allein im Weltenraume befindet. Ob er sich dann aber überhaupt bewegt, und wie er sich bewegt, ist durch kein Kriterium zu entscheiden. Es führt dies zu der schwierigen Frage: Gibt es eine absolute Bewegung?

Erst wenn ein zweiter Körper im Weltenraume vorhanden ist, der irgend welche Kräfte auf ihn ausübt, wird das Gesetz der Trägheit in Kraft treten. Die Bewegung des Massenpunktes wird sich dann so gestalten, als ob er erstens nach dem Trägheitsprinzip seine Bewegung beibehielte, zweitens die Kräfte diese Bewegung nach einem gleich zu besprechenden Gesetz beeinflußen. Diese Kräfte können sich, wie bei dem erwähnten Doppelhebel, kompensieren. Die Rotation des Hebels wird dann in alle Ewigkeit fortdauern. Daß sie praktisch wirklich aufhört, erklären wir durch gewisse sogenannte „Reibungskräfte", die wir aber hier außer acht lassen wollen. Tatsache ist, daß durch diese Festsetzung die Bewegung eines Körpers so beschrieben wird, wie sie sich experimentell erweist.

5. Ein quantitatives Gesetz, das wir dem Begriffe der Kraft zugrunde legen, ist das folgende:

Eine auf einen Massenpunkt wirkende Kraft ruft eine Beschleunigung hervor, die der Kraft proportional ist und die Richtung der Kraft besitzt.

Die nach diesem Gesetz erfolgende Bewegung addiert sich zu der nach dem Trägheitsprinzip erfolgenden nach dem Gesetze der Vektoraddition.

Wir können das Gesetz mathematisch so ausdrücken:

$$K = ap,$$

worin a ein Proportionalitätsfaktor ist, der sich für ein und denselben Massenpunkt nicht ändert, K die Kraft und p die Beschleunigung bedeutet.

Es würde hieraus folgen, daß zwei Kräfte, die auf den gleichen Körper wirken, dann gleich sind, wenn jede für sich die gleiche Beschleunigung hervorruft. Richten wir es so ein, daß beide Beschleunigungen gleichzeitig, aber nach entgegengesetzten Richtungen auftreten, so resultiert die Beschleunigung Null, und der Körper bleibt in Ruhe, wenn er sich einmal in Ruhe befindet. Das war aber das Kriterium gleicher Kräfte in der Statik und das entspricht also dem der dynamisch definierten Kräfte.

6. Mit den Gesetzen der Statik im Einklang ist weiter die Annahme: Wählen wir den Massenpunkt aus demselben Material $m$mal so groß, so wird der Faktor a $m$mal so groß.

Es ist schon von vornherein plausibel, daß wir die doppelte Kraft aufwenden müssen, wenn wir einem doppelt so großen Körper die gleiche Beschleunigung erteilen wollen.

Wir können nun schreiben

$$K = c \cdot m \cdot p,$$

wo c eine andere Konstante bedeutet, die wir so wählen, daß $m = 1$ wird, wenn der Massenpunkt 1 ccm Wasser von der Temperatur 4^0 C. ist. Daß wir hier die Temperatur angeben müssen, erklärt sich dadurch, weil sich im mechanischen Sinne das Material mit der Temperatur ändert. 4^0 C. werden gewählt, weil bei dieser Temperatur die gleiche Wassermenge den kleinsten Raum einnimmt. m heißt die Masse unseres Massenpunktes.

Nehmen wir statt Wasser von 4^0 ein anderes Material, so wird auch für dieses eine ähnliche Gleichung gelten:

$$K = c_1 \cdot \mu \cdot p,$$

wo μ mit dem Volumen proportional ist, c_1 von der Materie abhängt.

Wenn wir dieses Volumen nun stetig verändern, so wird sich die Kraft K, die die Beschleunigung p hervorruft, ebenfalls stetig ändern, und wir können ein $\mu = \mu_0$ finden, bei dem zu demselben p dasselbe K erforderlich ist, wie bei 1 ccm Wasser von 4^0. Dann ist

$$K = c \cdot 1 \cdot p,$$

$$K = c_1 \cdot \mu_0 \cdot p,$$

also

$$c_1 \cdot \mu_0 = c.$$

μ_0 vertritt wieder die Stelle der „Masse" und wir sind berechtigt, $\mu_0 = 1$ zu setzen. Nach dieser Festsetzung wird $c_1 = c$, also eine „universelle Konstante", d. h. eine Konstante, die von der Masse unabhängig ist. Wir haben damit die Festsetzung getroffen:

Bei beliebigem Material nennen wir die Masse gleich 1, die zur gleichen Beschleunigung die gleiche Kraft erfordert, wie 1 ccm Wasser von 4^0. Diese Masse 1 nennen wir 1 Gramm (1 gr). Nach dieser Festsetzung gilt für ein beliebiges Material die Gleichung

$$K = cmp. \tag{1}$$

Oder in Worten:

Die auf einen Massenpunkt wirkende Kraft ist proportional mit der Beschleunigung, die sie dem Massenpunkte erteilt, proportional mit der Masse dieses Massenpunktes, und ist mit der Beschleunigung gleichgerichtet.

7. Indem wir den Faktor m für 1 ccm Wasser gleich 1 gr gesetzt haben, haben wir für die Masse eine Einheit gewählt. Der Faktor c bedeutet dann laut Gleichung (1) die Kraft, die der Masse 1 gr die Beschleunigung 1 cm/sec² erteilt. Es steht uns frei, diese Kraft als die Krafteinheit aufzufassen. Dann wird $c = 1$ und wir können über die Dimensionen von c ebenfalls noch frei verfügen. Wir fassen c als dimensionslose Zahl auf. Dann folgt aus (1)

$$K = mp \, \frac{\text{gr cm}}{\text{sec}^2} \tag{2}$$

und

$$[K] = \frac{[m]\,[l]}{[t]^2} = [m]\,[l]\,[t]^{-2},$$

wenn wir unter $[m]$ die Dimension der Masse verstehen. Die Einheit der Kraft heißt kurz 1 Dyne (vom griechischen δύναμις = Kraft), und es ist

$$1 \text{ dyn} = 1 \frac{\text{gr cm}}{\text{sec}^2}.$$

8. Daß die Kraft eine Vektorgröße ist, folgt nach unseren Ableitungen von selber. Die Multiplikation eines Vektors, der Beschleunigung, mit einem richtungslosen Faktor, der Masse, kann die Eigenschaften des Vektors nicht beeinflussen. In der Tat hatten wir schon in der Statik erkannt, daß man Kräfte nach dem Parallelogrammgesetz zusammensetzen, d. h. also, daß wir die Gesetze der Vektoraddition auf sie anwenden können (§ 13).

§ 20. **Anwendungen.**

A. Der freie Fall.

1. Als empirisch gewonnenes Gesetz legen wir unseren folgenden Ausführungen die Tatsache zugrunde, daß jeder Körper, in erreichbarem Abstande von der Erde losgelassen, eine gleichförmige Beschleunigung

$$g = 981 \frac{\text{cm}}{\text{sec}^2}$$

durch die Erde und normal gegen deren Oberfläche erhält.[1])

Nach diesem Gesetz ist die Kraft, die die Erde auf einen Körper von der Masse m ausübt,

$$G = gm.$$

Diese Kraft heißt „das Gewicht" des Körpers, wobei aber gewöhnlich eine andere, als die nach vorigem Paragraphen definierte Einheit zugrunde gelegt wird. In der Technik definiert man als Gewichtseinheit die von der Erde auf die Masse ein Gramm ausgeübte Kraft. Danach ist

$$g \text{ dynen} = g \frac{\text{gr cm}}{\text{sec}^2} = 1 \text{ Gr},$$

wenn wir mit 1 Gr, in Worten „Ein Grammgewicht", diese Einheit bezeichnen.

2. Um die Bewegung des fallenden Körpers zu analysieren, ist es, wie aus 1. folgt, nicht erforderlich, die Kraft zu kennen. Die

1) Dieses Gesetz gilt für einen im luftleeren Raume fallenden Körper. Das Gesetz der Fallbewegung ist für alle Körper das gleiche, also auch die Geschwindigkeit, die sie in gleichen Zeiten erlangen. Im lufterfüllten Raume erfahren die Gesetze eine Abänderung infolge der sog. Reibung, die den leichteren Körper langsamer fallen läßt, als den schwereren. (Vgl. § 21).

Bewegung ist durch die Beschleunigung gegeben, und hier also von der Masse unabhängig. Die gleichmäßige Beschleunigung von der Größe g sagt aus, die Geschwindigkeit wächst proportional der Zeit und in der Sekunde um den Zahlwert von g. Von dem Moment des Loslassens unseres Körpers an gerechnet, muß also nach Ablauf der Zeit t der Körper die Geschwindigkeit

$$v = g t \frac{\text{cm}}{\text{sec}}$$

besitzen.

3. Um den in diesen t sec zurückgelegten Weg, die „Fallhöhe", zu ermitteln, denken wir uns den Zeitraum t durch einen Zeitpunkt in zwei gleiche Teile $t/2$ geteilt.

Innerhalb der ersten Zeithälfte hat der Körper nach Ablauf eines Zeitraumes τ (also $\tau < t/2$) eine Geschwindigkeit $g\tau$ erreicht, die wir während eines hinreichend klein gewählten Zeitintervalls δ_1 als konstant ansehen dürfen (Fig. 50).

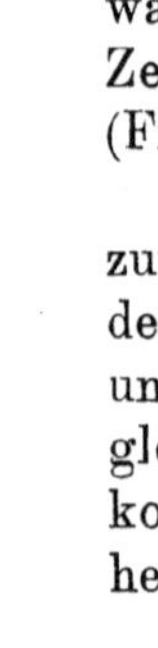

Fig. 50.

In der zweiten Zeithälfte hat der Körper zur Zeit $t - \tau$, also τ Sekunden vor Ablauf der ganzen Zeit t, die Geschwindigkeit $g(t-\tau)$, und diese können wir wieder während eines gleich großen Zeitintervalls $\delta_2 = \delta_1 = \delta$ als konstant ansehen, wenn wir δ nur von vorne herein hinreichend klein wählen.

Innerhalb der beiden Zeitintervalle $\delta_1 + \delta_2$ legt der Körper einen Weg zurück, der ebenso groß sein muß, als ob er während eines Zeitintervalls δ die Summe der Geschwindigkeiten besessen hätte; denn es ist dieser Weg

$$g\tau\delta_1 + g(t-\tau)\delta_2 = \{g\tau + g(t-\tau)\}\,\delta_1 .$$

Die Summe dieser beiden Geschwindigkeiten ist aber

$$v = g\tau + g(t-\tau) = gt,$$

also unabhängig von τ.

Es läßt sich so zu jedem Zeitelement δ_1 der ersten Hälfte ein gleichgroßes δ_2 der zweiten finden, so beschaffen, daß die Bewegung innerhalb dieser beiden δ identisch der Bewegung mit der Geschwindigkeit gt während eines einzigen, δ_1, ist. Diese Geschwindigkeit wäre also über die sämtlichen δ_1 konstant und der in der ganzen ersten Zeithälfte zurückgelegte Weg wäre somit

$$s = gt \sum \delta_1 ,$$

und da $\sum \delta_1 = \frac{t}{2}$ ist,

$$s = \frac{gt^2}{2}.$$

Dies ist also auch der von dem Körper in Wirklichkeit bei einer variablen Geschwindigkeit $v = gt$ in der Zeit t zurückgelegte Weg.

B. Die schiefe Ebene.

4. Die reibungslose Bewegung eines Körpers auf einer schief gegen die Erdoberfläche gerichteten Ebene lehrt uns ein neues Gesetz kennen, das mit den in § 18, 5. angestellten Betrachtungen in logischem Zusammenhange steht, indem es die vektorielle Zerlegung der Beschleunigung nach beliebigen Richtungen praktisch verwertbar macht. Das Gesetz besagt:

Eine materielle starre Unterlage unter einem Körper, auf den eine Kraft wirkt, kompensiert die zu der Unterlage normale Kraftkomponente.

Es ist dies nichts anderes als das Gesetz der „Actio et Reactio", das eine Unterlage durch eine Kraft ersetzt, die gleich der von dem Körper auf sie ausgeübten Druckkraft, aber von entgegengesetzter Richtung ist. Durch dieses Gesetz können wir eine „zwangsweise" Bewegung, die an eine materielle Bahn gebunden ist, durch eine freie Bewegung ersetzen, indem wir in jedem Moment der Bewegung eine gewisse Kraft vektoriell hinzufügen.

5. Die Normalkomponente der Kraft zu der schiefen Ebene ist nach Fig. 51

$$mg \cos\alpha.$$

Sie wird durch die schiefe Ebene kompensiert und es bleibt als wirkende Kraft nur noch die tangentiale Komponente

$$mg \sin\alpha$$

übrig, die dem Körper eine Beschleunigung

$$g \sin\alpha$$

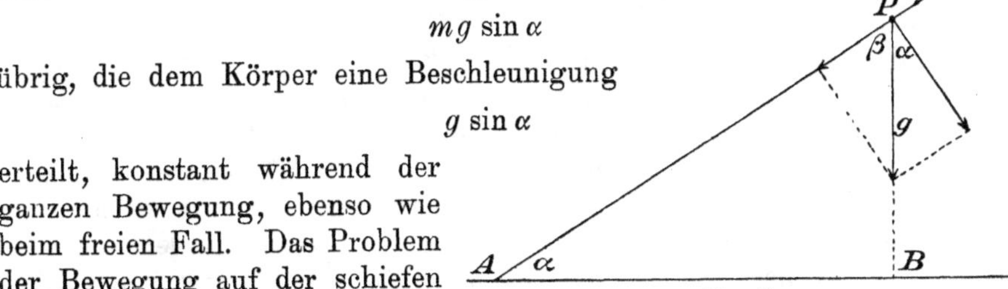

Fig. 51.

erteilt, konstant während der ganzen Bewegung, ebenso wie beim freien Fall. Das Problem der Bewegung auf der schiefen Ebene läßt sich also auf das des freien Falles zurückführen, wenn wir g durch $g \sin\alpha$ ersetzen. Daraus folgt: Die Geschwindigkeit des Körpers nach Ablauf der Zeit t von Beginn der Bewegung an ist

$$v = g \sin \alpha \cdot t,$$

der in dieser Zeit t zurückgelegte Weg

$$s = \frac{g \sin \alpha \cdot t^2}{2}.$$

6. Ist $l = PA$ der Weg, den der Punkt von Beginn der Bewegung an bis zu dem Moment, wo er die Erde berührt, zurücklegt, so folgt aus der letzten Gleichung, daß er zu diesem Weg die Zeit

$$t_0 = \sqrt{\frac{2l}{g \sin \alpha}}$$

braucht. Die Geschwindigkeit, die der Punkt in dieser Zeit erreicht, d. h. die Geschwindigkeit mit der er unten ankommt, ist somit:

$$v_0 = \sqrt{2lg \sin \alpha}.$$

Wäre der Punkt P direkt heruntergefallen, so hätte er den Weg PB zurückgelegt, und dazu nach den Gesetzen des freien Falles die Zeit

$$t_1 = \sqrt{\frac{2 \cdot PB}{g}}$$

gebraucht. In dieser Zeit hätte er die Geschwindigkeit

$$v_1 = \sqrt{2 PB \cdot g}$$

erlangt; und da $PB = l \sin \alpha$ ist, so wäre

$$v_1 = \sqrt{2lg \sin \alpha}.$$

Es folgt daraus: Bei der Bewegung auf der schiefen Ebene erreicht der Punkt die Erde mit der gleichen Geschwindigkeit, mit der er sie beim freien Fall aus gleicher Höhe erreichen würde, ein Gesetz, das auch aus der „Erhaltung der Energie“ folgt, worauf wir später zu sprechen kommen.

C. Die Wurfbewegung.

7. Aus den Gesetzen des freien Falles können wir die Bewegung eines geschleuderten Körpers bestimmen, indem wir diese Bewegung aus zwei verschiedenen zusammengesetzt denken. Durch den Wurf in horizontaler Richtung würde der Körper, wenn die Schwere nicht wirkte, eine konstante Geschwindigkeit v_0 erhalten — Reibung in der Luft sei ausgeschlossen —, die ihn in der ersten Sekunde von A nach B (Fig. 52) befördert, in der zweiten nach C, in der dritten nach D und so fort. Wenn aber die Schwere wirkt, so wird der Körper gleichzeitig fallen und er wird allgemein in der Zeit t von der Geraden AE nach den Fallgesetzen vertikal nach unten um die Strecke $gt^2/2$ abgewichen sein, also in der ersten Sekunde um die Strecke $g/2$, die durch die Länge BB' dargestellt werde. Nach der zweiten Sekunde wird er von C um die Strecke $4g/2$, nach der dritten von D um die Strecke $9g/2$, nach der vierten Sekunde von E um die Strecke $16g/2$ usf. entfernt sein. Der Weg, den der Körper also wirklich zurücklegt, ist die gekrümmte Linie $AB'C'D'E'$, eine Kurve, die sich als „Parabel“ darstellt.

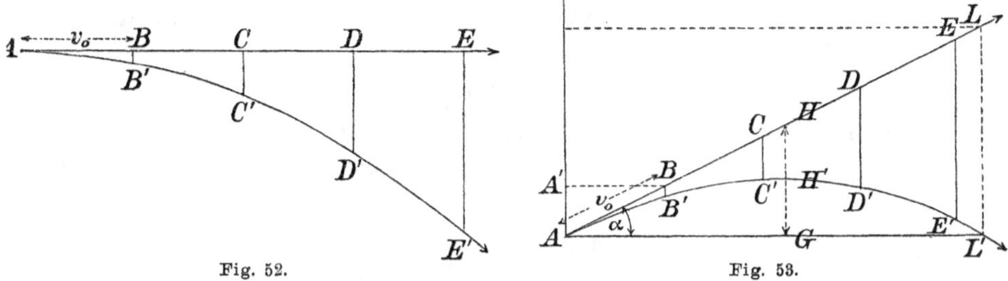

Fig. 52. Fig. 53.

8. Die gleichen Betrachtungen können wir anstellen, wenn der Wurf nicht horizontal, sondern um einen Winkel α gegen die Horizontale geneigt erfolgt. Von der Geraden AE, in der sich der Körper ohne Einfluß der Schwere mit konstanter Geschwindigkeit v_0 bewegen würde, weicht er durch die Schwere in t Sekunden um den Weg $gt^2/2$ nach unten ab und beschreibt infolgedessen wieder eine gekrümmte Bahn $AB'C'D'E'$ (Fig. 53), die ebenfalls ein Stück einer Parabel ist.

9. Analytisch ist der Beweis für die parabolische Bahn leicht zu erbringen. Bezeichnen wir den horizontalen Abstand des Körpers vom Anfangspunkte der Bahn (Fig. 53) in einem bestimmten Moment, also etwa AG, mit x, den vertikalen, also $H'G$, mit y so wird

$$\begin{aligned} x &= AH \cdot \cos\alpha \\ &= v_0 t \cos\alpha; \\ y &= GH - HH' \\ &= v_0 t \sin\alpha - \frac{gt^2}{2}. \end{aligned}$$

Durch Elimination von t folgt hieraus eine Beziehung zwischen x und y der Form:

$$y = \operatorname{tg}\alpha \cdot x - \frac{g}{2 v_0^2 \cos^2\alpha} \cdot x^2,$$

welche sich (nach Bd. II, § 69) als die Gleichung einer Parabel erkennen läßt. Brennpunkt und Leitlinie sind hieraus durch Koordinatentransformation leicht zu ermitteln.

10. Der Körper bewegt sich bei positivem Winkel α anfangs nach oben und kehrt dann nach unten um. Die Geschwindigkeit v_0, mit der sich der Körper ohne Wirkung der Schwere längs AE bewegen würde, besitzt nämlich eine Komponente AA' in Richtung der Normalen auf die Erde, die ihn so lange aufwärts treibt, so lange die ihm durch die Erde erteilte Geschwindigkeit nach unten $v = gt$ noch kleiner ist als AA'. Diese „Normalkomponente" hat die Größe

$$v_0 \sin \alpha.$$

Der Höhepunkt ist also erreicht in dem Momente t, wo $v = v_0 \sin \alpha$ geworden ist, also wenn

$$g t_0 = v_0 \sin \alpha$$

ist, d. h. die „Wurfhöhe" H' ist erreicht zur Zeit

$$t_0 = \frac{v_0 \sin \alpha}{g}.$$

Die Wurfhöhe selber können wir folgendermaßen ermitteln: In der Zeit t_0 würde der Körper ohne Einfluß der Schwere einen Punkt H erreichen, der gegeben ist durch den in der Zeit t_0 zurückgelegten Weg

$$AH = v_0 t_0 = \frac{v_0^2 \sin \alpha}{g}.$$

Er hätte jetzt über dem Erdboden die Höhe

$$HG = AH \cdot \sin \alpha = \frac{v_0^2 \sin^2 \alpha}{2g}$$

erlangt, und von dieser Höhe geht der Weg ab, den er nach den Fallgesetzen in der Zeit t_0 nach unten zurückgelegt hat, d. h. der Weg

$$HH' = \frac{g t_0^2}{2} = \frac{v_0^2 \sin^2 \alpha}{g}.$$

Somit ist die Wurfhöhe

$$H'G = \frac{v_0^2 \sin^2 \alpha}{g} - \frac{v_0^2 \sin^2 \alpha}{2g} = \frac{v_0^2 \sin^2 \alpha}{2g}.$$

11. In ähnlicher Weise läßt sich auch die Wurfweite ermitteln. Denken wir uns den Körper vom Erdboden aus geschleudert, so ist die Wurfweite dann erreicht, wenn er wieder den Erdboden berührt. In der Zeit t_1, die er hierzu braucht, würde er ohne Einwirkung der Schwere um die Höhe

$$LL' = v_0 t_1 \sin \alpha$$

gehoben sein. Durch Einwirkung der Schwere muß er in dieser Zeit t_1 um das gleiche Stück LL' gefallen sein. D. h. es muß sein:

$$LL' = \frac{g t_1^2}{2},$$

also:

$$v_0 t_1 \sin \alpha = \frac{g t_1^2}{2}.$$

Diese Gleichung liefert uns zwei Werte t_1, in denen beiden der Körper den Erdboden berührt. Der eine Wert ist $t_1 = 0$. Er gehört dem Anfang A der Bewegung an. Der zweite Wert ist

$$t_1 = \frac{2 v_0 \sin\alpha}{g},$$

und dies ist die Zeit, nach der der Körper zum zweiten Male, also bei L' den Boden erreicht, die „Wurfdauer“. Aus diesem Werte von t_1 ergibt sich die Länge

$$AL = \frac{2 v_0^2 \sin\alpha}{g}$$

und hieraus geometrisch die Länge AL', d. h. die Wurfweite l:

$$l = AL \cos\alpha = \frac{2 v_0^2}{g} \sin\alpha \cos\alpha,$$

oder, da $2 \sin\alpha \cos\alpha = \sin 2\alpha$,

$$l = \frac{v_0^2}{g} \sin 2\alpha.$$

Noch einfacher lassen sich die Ergebnisse der zwei letzten Abschnitte analytisch unter Zugrundelegung von Nr. 9 ermitteln.

12. Aus letzter Gleichung läßt sich umgekehrt der zu einer bestimmten Wurfweite l gehörige „Elevationswinkel“ α berechnen. Es ist

$$\sin 2\alpha = \frac{lg}{v_0^2}.$$

Da ein Winkel durch seinen Sinus zweideutig bestimmt ist, so ergeben sich zwei Werte von 2α, von denen der eine um ebensoviel größer ist als 90^0, wie der andere kleiner. α selbst liegt also beide Male zwischen 0^0 und 90^0.

Eine bestimmte Wurfweite kann daher mit zwei verschiedenen Elevationswinkeln α erreicht werden, von denen der eine um ebenso viel größer ist als 45^0, wie der andere kleiner.

Der $\sin 2\alpha$ erhält seinen größten Wert, nämlich den Wert 1, wenn $2\alpha = 90^0$, also $\alpha = 45^0$ ist. Bei einer gegebenen Anfangsgeschwindigkeit wird somit die Wurfweite am größten, gleich l_0, wenn der Elevationswinkel 45^0 beträgt. Es ist dann

$$l_0 = \frac{v_0^2}{g},$$

und es werden beide Werte von α einander gleich.

13. Lassen wir den Winkel α gleich 90^0 werden, so geht der schiefe Wurf in den vertikal nach oben gerichteten Wurf über. Es ergibt sich jetzt von selbst die Wurfhöhe

$$H'G = \frac{v_0^2}{2g},$$

während die Wurfweite selbstverständlich gleich 0 wird, da $\cos 90^0 = 0$ ist. Das Problem des vertikalen Wurfes läßt sich also so auffassen, als ob sich der geschleuderte Körper mit einer konstanten Geschwindigkeit v_0 aufwärts bewegt und von dieser Geschwindigkeit in jedem Moment die durch die Erdanziehung erlangte konstant wachsende Geschwindigkeit verliert. Wenn die letztere gleich der Geschwindigkeit v_0 geworden ist, dann ist der Höhepunkt der Bewegung erreicht; und von jetzt an beginnt der Körper einfach nach den Gesetzen des freien Falles seine Abwärtsbewegung.

D. Das Pendel.

14. Das in Nr. 4 dieses Paragraphen aufgestellte Prinzip ermöglicht es uns, die Bewegung eines schwingenden mathematischen Pendels, d. h. eines an einem gewichtlosen Faden befestigten Massenpunktes zu bestimmen. Bevor wir das eigentliche Problem beginnen, wollen wir eine Betrachtung anstellen, die uns bei der Lösung von Nutzen sein wird.

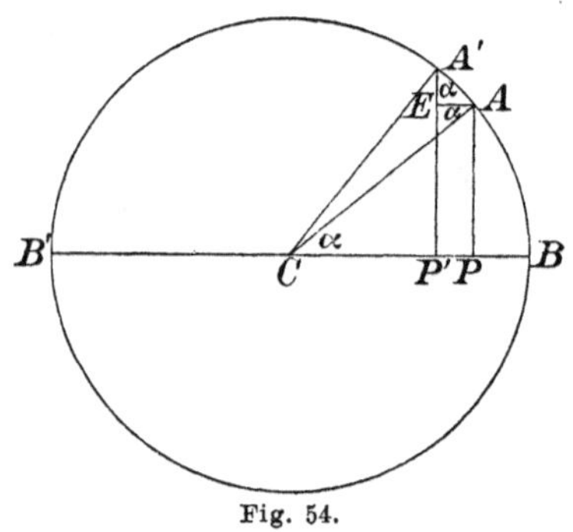

Fig. 54.

Auf einem Kreise mit dem Radius a, der zunächst nichts mit der Kreisbahn des Pendels zu tun hat, bewege sich ein Punkt A mit konstanter Geschwindigkeit v' (Fig. 54). Vollendet der Punkt A einen ganzen Umlauf — d. h. den Weg $2a\pi$ — in der Zeit T, so ist seine Geschwindigkeit

$$v' = \frac{2a\pi}{T}.$$

Wir denken uns jetzt den Punkt A in jedem Moment auf einen Durchmesser BCB' projiziert, und wollen fragen, wie bewegt sich der Projektionspunkt P während der gleichförmigen Bewegung von A. Braucht A zur Zurücklegung eines kleinen Weges AA' — den wir uns so klein denken wollen, daß wir ihn als geradlinig ansehen können — die Zeit t, so ist

$$v' = \frac{AA'}{t}.$$

In dieser Zeit kommt P bis P' und P besitzt somit die Geschwindigkeit

$$v = \frac{PP'}{t}.$$

Nun ist

$$PP' = AE = AA' \sin \alpha,$$

und da

$$\sin\alpha = \frac{AP}{AC} = \frac{AP}{a}$$

und ferner

$$AA' = \frac{2a\pi}{T}t$$

ist, so folgt:

$$PP' = \frac{2a\pi}{T}\frac{AP}{a}t$$

und

(1) $$v = \frac{2a\pi}{T}\sin\alpha = v'\sin\alpha = \frac{2\pi}{T}\cdot AP.$$

Die Geschwindigkeit von P ist also variabel. Sie ist gleich 0 an den Punkten B und B', da hier $AP = 0$ ist, und sie ist am größten im Zentrum. Hier ist $AP = a$, und es wird in diesem Moment $v = v'$ sein.

Um die Beschleunigung des Punktes P zu bestimmen, betrachten wir seine Geschwindigkeit in den Punkten P und P', in denen sie die Werte $v_1 = 2\pi/T\cdot AP$ und $v_2 = 2\pi/T\cdot A'P'$ annimmt. Durch Subtraktion dieser beiden Werte finden wir die Zunahme der Geschwindigkeit während der kleinen Zeit t

$$v_2 - v_1 = \frac{2\pi}{T}(A'P' - AP) = \frac{2\pi}{T}A'E.$$

Also ist die Beschleunigung

$$p = \frac{v_2 - v_1}{t} = \frac{2\pi}{T}\frac{A'E}{t} = \frac{2\pi}{T}\frac{AA'}{t}\cos\alpha = \frac{2\pi}{T}v'\cos\alpha,$$

und wenn wir den Wert von v' einsetzen:

$$p = \frac{4\pi^2}{T^2}a\cos\alpha.$$

Nun ist $a\cos\alpha = CP$ der Abstand, den der Punkt P in jedem Moment vom Zentrum hat. Setzen wir diesen der Kürze halber gleich s, so folgt

(2) $$p = \frac{4\pi^2}{T^2}s.$$

Es ist also die Beschleunigung in jedem Moment proportional dem Abstande des Punktes P vom Zentrum. Eine solche Bewegung, wie sie P ausführt, heißt eine „Schwingung". T ist die Zeit, die der Punkt P zu einem einmaligen Hin- und Rückgange braucht; man nennt deshalb T die „Schwingungsdauer".

15. Wir können hieraus folgenden Schluß ziehen: Bewegt sich ein Punkt auf einer Geraden hin und her unter dem Einflusse einer Kraft, die ihm in jedem Moment in der Richtung der Bewegung eine Beschleunigung erteilt, die proportional dem jeweiligen Abstande des

Punktes von einem festen Zentrum ist, oder — in einer Gleichung ausgedrückt — ist

$$p = ks,$$

wo k eine Konstante ist, so steht der Proportionalitätsfaktor k zu der Schwingungsdauer in der Relation:

$$k = \frac{4\pi^2}{T^2},$$

oder es ist

$$T = \frac{2\pi}{\sqrt{k}}.$$

16. Es läßt sich nun leicht zeigen, daß auf den Massenpunkt eines mathematischen Pendels — wenigstens angenähert — eine solche Kraft wirkt.

Das Pendel, von der Länge $OP = l$ (Fig. 55), sei in einem betrachteten Moment um den Winkel α aus seiner Ruhelage erhoben. Auf den Punkt P wirkt die Erdanziehung mit einer Kraft mg. Diese Kraft können wir uns zerlegt denken in eine Komponente in der Bahnrichtung

$$PL = mg \sin\alpha$$

und eine zur Bahnrichtung senkrechte Komponente, die für die Bewegung aber verloren geht, da die Festigkeit des Fadens ihr entgegenwirkt. Die Komponente PL übt auf den Punkt P eine Beschleunigung aus

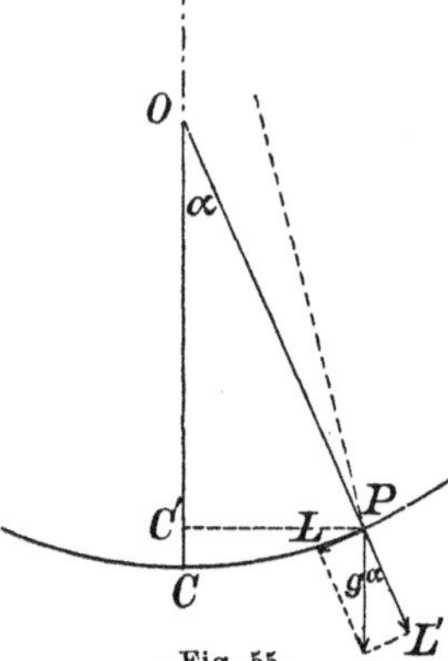

Fig. 55.

$$p = g \sin\alpha$$

oder

$$p = \frac{g}{l} \cdot C'P.$$

Der Punkt P entspricht jetzt dem auf dem Durchmesser des Hilfskreises sich bewegenden Fußpunkte P, der Durchmesser dieses Hilfskreises dem Wege, den der Pendelpunkt bei einem Hin- oder Rückgange beschreibt.

Nimmt nun der Winkel α überhaupt nur sehr kleine Werte an, d. h. wird das Pendel nur sehr wenig aus seiner Ruhelage erhoben, so können wir $C'P$ durch die nahezu geradlinige Strecke $PC = s$ ersetzen (Bd. I, 2. Aufl. § 127) und erhalten

$$p = \frac{g}{l}\, s.$$

Es ist also hier die Konstante k gleich g/l und es ergibt sich die Schwingungsdauer des Pendels:

$$T = 2\pi \sqrt{\frac{l}{g}},$$

woraus sich folgern läßt, daß die Schwingungsdauer unabhängig vom „Elevationswinkel“, d. h. vom größten Ausschlage des Pendels ist. Diesen Winkel nennt man die „Amplitude“ der „oszillatorischen“ Bewegung.

Die Gleichung für die Schwingungsdauer T lautet, nach g aufgelöst:

$$g = \frac{4\pi^2 l}{T^2},$$

und sie wird in dieser Form praktisch dazu verwandt, die Gravitationskonstante g aus der Länge und der Schwingungsdauer eines Pendels zu bestimmen.

Es folgt aus dieser Gleichung, daß die Schwingungsdauer eines Pendels um so kürzer ist, je kürzer das Pendel ist.

17. Unter einem Sekundenpendel versteht man ein Pendel, das in einer Sekunde eine halbe Schwingung, d. h. einen einmaligen Hin- oder Rückgang vollendet. Für ein solches muß also

$$1 = \pi \sqrt{\frac{l}{g}},$$

$$l = \frac{g}{\pi^2}$$

sein. Die Gravitationskonstante g ist von der geographischen Breite abhängig. Sie beträgt in der Breite von Straßburg (48,58°) 9,8090, wenn die Länge in Metern gemessen wird. Daraus folgt die Länge des Sekundenpendels

$$l_1 = 0{,}99386 \text{ m}.$$

In Berlin (52,50°) ist

$$g = 9{,}8128,$$

$$l_1 = 0{,}99424.$$

18. Die hier angestellten Betrachtungen gelten zunächst nur für ein sogenanntes „mathematisches“ Pendel, bei dem ein Massenpunkt an einem gewichtlosen Faden aufgehängt ist. Ein solches läßt sich nicht realisieren. Dem Experiment sind nur „physische“ Pendel zugänglich, bei denen eine Verteilung von Masse über einen endlichen Raum, z. B. die Pendelkugel und den Aufhängefaden, vorliegt. Wir haben hier streng genommen eine unendliche Zahl von Pendeln von allen denkbaren Längen, die ihre gegenseitige Schwingung beeinflussen. Die Schwingungsdauer des ganzen Systems fällt infolgedessen kleiner aus als die des längsten unter ihnen. Eine Vorrichtung, die es gestattet, die Länge des gleichschwingenden mathematischen Pendels zu ermitteln, ist das Reversionspendel, das wir bei späterer Gelegenheit besprechen werden.

19. Die Geschwindigkeit v_0, die der Pendelpunkt an seiner tiefsten Stelle besitzt, läßt sich leicht ermitteln, da sie gleich der Geschwindigkeit sein muß, die der auf dem Hilfskreise (Fig. 54) konstant rotierende Punkt hat (S. 102: $v_0 = v'$). Dieser Kreis hat den Radius $l \sin\alpha$ (oder genähert $l\alpha$), also den Umfang $u = 2\pi l \sin\alpha$.

Zum Umlaufen dieses Kreises braucht der Punkt die Zeit $T = 2\pi\sqrt{\frac{l}{g}}$, also ist

$$v_0 = \frac{u}{T} = \sqrt{lg}\sin\alpha.$$

Es ist aber (Fig. 55):

$$l \sin\alpha \operatorname{tang}\frac{\alpha}{2} = CC' = h,$$

da $\sphericalangle\, CPC' = \alpha/2$, wenn CP die Sehne, nicht den Bogen bedeutet. Bei kleinen Ausschlägen ist angenähert $\operatorname{tang}\alpha/2 = \alpha/2 = \frac{1}{2}\sin\alpha$, also $\sin\alpha \operatorname{tang}\alpha/2 = \frac{1}{2}\sin^2\alpha$, und es wird

$$v_0 = \sqrt{2hg}.$$

Der Pendelpunkt erreicht also die Geschwindigkeit, die er beim freien Fall aus gleicher Höhe auch erreichen würde. Nach dem Energieprinzip ist dies streng richtig.

§ 21. Reibungskräfte.

1. Den Begriff der Reibung haben wir bereits öfter zu erwähnen Gelegenheit gehabt. Wir können mit seiner Hilfe gewisse erfahrungsgemäße Abweichungen von den bisher gewonnenen Gesetzen erklären. So wird ein Körper, der statt im luftleeren Raume in der Luft, oder gar in einer Flüssigkeit fällt, keineswegs den Gesetzen des freien Falles genügen; er wird sich vor allem nach einer gewissen Zeit, die bei zähen Flüssigkeiten sehr bald erreicht ist, merklich nicht mehr beschleunigt, sondern mit konstanter Geschwindigkeit bewegen.

2. Wir definieren[1]): Die Reibungskräfte sind Kräfte, die erst auftreten, wenn sich der Körper bewegt, die wir also statisch niemals nachweisen können. Sie wirken der Bewegung immer entgegen, und sind um so größer, je größer die Geschwindigkeit ist.

Daraus folgt, daß der Körper durch seine Beschleunigung nach Ablauf einer gewissen Zeit τ eine Geschwindigkeit von der Größe erreicht, daß die ihr entsprechende Reibungskraft von der „treibenden“

1) Die Reibung im Innern einer Flüssigkeit muß unterschieden werden von der gleitenden Reibung, der eine andere Form der Gesetze zugrunde gelegt werden muß.

Kraft nicht mehr merklich abweicht, und der Körper bewegt sich nun mit annähernd konstanter Geschwindigkeit weiter.

3. Die einfachste Annahme, die den Bedingungen 2. genügt, ist die, daß die Reibungskraft der Geschwindigkeit proportional ist. Dann geht die „Bewegungsgleichung" (2) in § 19 über in

$$K - bv = mp, \tag{1}$$

wenn K die treibende Kraft, v die Geschwindigkeit, m und p Masse und Beschleunigung bedeuten. b ist die „Reibungskonstante". Die Differenz der linken Seite ist im Sinne der Vektorensubtraktion (§ 3, 11) zu verstehen. Nach Ablauf der Zeit τ wird

$$K = bv \tag{2}$$

geworden sein, also folgt:

Die Geschwindigkeit ist der Kraft proportional. Die Geschwindigkeit, und damit die Bahn, hat die Richtung der Kraft.

An diesem Ergebnis kann man die Berechtigung unserer Annahme der Proportionalität von Reibungskraft und Geschwindigkeit experimentell prüfen.

4. Wie groß die Zeit τ ist, ist außer von den Ansprüchen an die Genauigkeit (streng genommen ist $\tau = \infty$) von der Größe von b und m abhängig und b wieder ist von dem Körper und dem umgebenden Medium abhängig. Je größer b, um so rascher wird v die der Gleichung (2) genügende Geschwindigkeit erreicht haben. Je kleiner m bei gleichem K und b ist, um so größer wird die einem bestimmten Momente entsprechende Beschleunigung sein, also wieder um so rascher die der Gleichung (2) genügende Geschwindigkeit erreicht sein.

Bei sehr großem Werte b/m wird die Zeit τ gegen alle in Betracht kommenden Zeiten zu vernachlässigen sein. Dann heißt die Bewegung eine „Bewegung ohne Trägheit".

§ 22. Winkelgeschwindigkeit, Winkelbeschleunigung und Trägheitsmoment.

1. Bei den bisher betrachteten Bewegungen handelte es sich stets darum, wie sich ein starrer Körper unter dem Einflusse von Kräften bewegt, die auf ihn wirken, während jeder seiner Teile in gleicher Weise diesem Einflusse ausgesetzt ist, also den Kräften in Gesamtheit oder nur gewissen ihrer Komponenten folgen kann. Es hatte z. B. die schiefe Ebene einen Bewegungszwang ausgeübt, der allen Teilen des Körpers, der auf ihr gleitet, gleichmäßig zukam.

Alle Teile unterlagen dem Einflusse der gleichen Kraftkomponenten und hatten in jedem Moment die gleiche Geschwindigkeit.

Beim Pendel hatten wir den bewegten Körper, als einen Massenpunkt aufgefaßt, der an einem gewichtlosen Faden hing. Fassen wir nun die Punkte des gewichtlosen Fadens als zum bewegten Körper gehörig auf, so sehen wir schon hier, daß die verschiedenen Punkte desselben Körpers verschiedenartige Bewegungen ausführen. Je näher ein Punkt des Pendels dem Drehpunkt gelegen ist, um so kleiner wird der Weg sein, den er von einem Ende seiner Bahn bis zum andern zurücklegt; allgemein: um so kleiner wird der Weg sein, den er in ein und demselben Zeitabschnitte zurücklegt.

Konstant aber bleibt der Winkel, den der von dem betreffenden Punkte nach dem Drehpunkt hin gezogene Radiusvektor in einer bestimmten Zeit beschreibt. Das gilt nicht nur für ein mathematisches Pendel, sondern allgemein für einen beliebigen starren Körper, der um eine Drehachse beweglich ist, wie der Augenschein lehrt.

Ziehen wir von beliebigen Punkten eines um eine Achse drehbaren Körpers die Lote auf die Drehachse, so beschreiben diese Lote alle den gleichen Winkel in der gleichen Zeit, wenn sich der Körper bewegt.

2. Wir können nun ebenso, wie wir eine Geschwindigkeit und Beschleunigung definiert haben, auch eine Winkelgeschwindigkeit und Winkelbeschleunigung definieren. Ist φ_1 der Winkel, den das Lot zur Zeit t_1, von einer einmal festgelegten Richtung an gemessen, besitzt, φ_2 das Gleiche in einem um weniges späteren Zeitpunkt t_2, so ist die Winkelgeschwindigkeit:

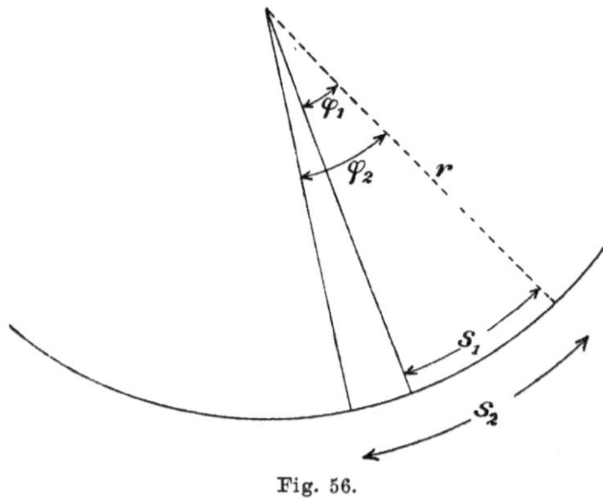

Fig. 56.

$$\varphi' = \lim_{t_2 = t_1} \frac{\varphi_2 - \varphi_1}{t_2 - t_1} = \frac{d\varphi}{dt}.$$

Sind φ_1', φ_2' die Winkelgeschwindigkeiten in zwei Zeitpunkten t_1, t_2, so ist

$$\varphi'' = \lim_{t_2 = t_1} \frac{\varphi_2' - \varphi_1'}{t_2 - t_1}$$

die Winkelbeschleunigung des Körpers.

3. Es sei r das Lot, das wir von einem Punkte P unseres Körpers auf die Drehachse fällen. In dem Zeitraume t_1 habe der Punkt einen Weg s_1 und r einen Winkel φ_1 von einer gegebenen Nullage aus zurückgelegt. Dann ist

$$s_1 = r\varphi_1,$$

wenn wir φ in Bogenmaß messen. Ebenso ist zur Zeit t_2

$$s_2 = r\varphi_2.$$

Die Geschwindigkeit ist nach § 18, 2.

$$v = \lim_{t_2 = t_1} \frac{s_2 - s_1}{t_2 - t_1},$$

also

$$v = r \cdot \lim \frac{\varphi_2 - \varphi_1}{t_2 - t_1} = r\varphi';$$

ebenso wird die Beschleunigung in der Bahnrichtung

$$p = r\varphi''.$$

Daraus folgt:

Die Geschwindigkeit und Beschleunigung in der Bahnrichtung eines Punktes erhält man bei Drehbewegung durch Multiplikation von Winkelgeschwindigkeit und Winkelbeschleunigung mit dem Radiusvektor.

4. Es seien drei zueinander senkrechte Achsen gegeben, x, y, z, deren jede nacheinander als Drehachse eines Körpers genommen werden kann. Ist die z-Achse die Drehachse, so möge in einem Moment die Winkelgeschwindigkeit $\varphi' = p_3$ sein. Ein Punkt P im Abstand ϱ_z von der z-Achse hat dann die absolute Geschwindigkeit (Fig. 57):

$$v_3 = \varrho_z p_3$$

und diese Geschwindigkeit hat ihre Richtung s in einer zur z-Achse senkrechten Ebene gelegen, also innerhalb einer x, y-Ebene, und in dieser Ebene wieder senkrecht zu ϱ_z. Ist die Drehung eine Rechtsdrehung (§ 15, 9 S. 77), so würde sie in dem Falle der Figur, wenn die z-Achse nach hinten gerichtet gedacht ist, von links nach rechts erfolgen. Diese Geschwindigkeit hat eine x- und eine y-Komponente. Es ist

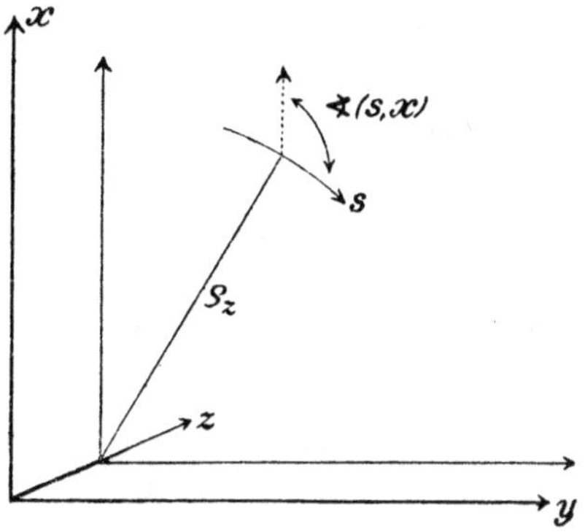

Fig. 57.

$$v_{3x} = \varrho_z p_3 \cos(s, x) = -\varrho_z p_3 \cos(\varrho_z y) = -y p_3,$$

wo $y = \varrho_z \cdot \cos(\varrho_z y)$ der Abstand des Punktes von der (xz)-Ebene.

Das Minuszeichen rührt daher, daß bei positiven Werten von y der Winkel (s, x) zwischen $\pi/2$ und $3\pi/2$ liegt. Das entspricht auch der Anschauung. Denn solange der Punkt rechts der x-Achse liegt, bewirkt eine Rechtsdrehung immer eine Abnahme der x-Koordinate, d. h. eine negative x-Komponente der Geschwindigkeit. Dagegen erfolgt solange x positiv eine positive y-Komponente, da hier $\cos(s, y)$ zwischen $-\pi/2$ und $+\pi/2$ liegt. Somit wird $v_{3y} = + x p_3$, und eine z-Komponente hat diese Geschwindigkeit nicht. Analoges gilt für die Drehungen um die x- und y-Achse mit Winkelgeschwindigkeiten p_1 und p_2. Somit wird:

x-Achse als Drehachse: $v_{1x} = 0$; $v_{1y} = - z p_1$; $v_{1z} = + y p_1$;
y-Achse als Drehachse: $v_{2x} = + z p_2$; $v_{2y} = 0$; $v_{2z} = - x p_2$;
z-Achse als Drehachse: $v_{3x} = - y p_3$; $v_{3y} = + x p_3$; $v_{3z} = 0$.

Hierin sind p_1, p_2, p_3 für alle Punkte des Körpers identische Größen (nach Nr. 1), x, y, z sind die Koordinaten des Punktes und man erhält also die v_1, v_2, v_3 für jeden gewünschten Punkt, wenn man in obige Gleichungen die Koordinaten dieses gewünschten Punktes einsetzt.

5. Wir fragen jetzt: Kann man sich vorstellen, daß die Drehungen um zwei dieser Achsen oder um alle drei gleichzeitig erfolgen? Und wie sieht die Bewegung solcher mehrfachen Drehungen aus?

Wenn die Bewegung um die x- und y-Achse gleichzeitig erfolgt, muß eine solche Geschwindigkeit resultieren, daß

$$(1) \quad v_x' = v_{1x} + v_{2x} = z p_2; \quad v_y' = v_{1y} + v_{2y} = - z p_1; \quad v_z' = v_{1z} + v_{2z} = y p_1 - x p_2;$$

denn die Geschwindigkeitskomponenten werden sich addieren, wie dies bei jedem Vektor der Fall ist. Es sind hier p_1, p_2 vorgegebene Größen, die Winkelgeschwindigkeiten. v' ist die resultierende Geschwindigkeit des betrachteten Punktes.

Es folgt aus diesen Gleichungen, daß alle Punkte, die von den drei Achsenebenen Abstände x', y', z' besitzen, so beschaffen, daß

$$z' = 0; \qquad x' : y' = p_1 : p_2$$

geschwindigkeitslos, also in Ruhe sein werden. Diese Punkte liegen alle in einer Geraden der x, y-Ebene. Man findet sie, wenn man auf der x-Achse die Winkelgeschwindigkeit p_1, auf der y-Achse die Winkelgeschwindigkeit p_2 in irgend welchen Einheiten als Längen aufträgt, wie man das bei Vektoren macht, und in dem daraus gebildeten Rechteck die Diagonale d zieht. Die Punkte dieser haben die Eigenschaft $x : y = p_1 : p_2 = \operatorname{tg} \alpha$, wenn α der Winkel zwischen d und der y-Achse ist.

6. Es liegt nun nahe, zu untersuchen, ob eine gewisse Drehung um diese Gerade, d. h. eine Drehung mit einer zu bestimmenden Winkelgeschwindigkeit p, die zwei Drehungen um die x- und y-Achse ersetzt. Wir wollen die d-Achse von 0 aus nach der gegenüberliegenden Ecke des Rechtecks aus p_1 und p_2 positiv rechnen.

Ein beliebiger Punkt P hat von der d-Achse den Vertikalabstand ϱ, von der x, y-Ebene den Abstand z und es wird

$$\varrho = \sqrt{z^2 + (x' - x)^2 + (y - y')^2}$$

(vgl. Fig. 58, in der z nach hinten aus der Zeichenebene heraustritt, also P hinter der Zeichenebene liegt). Die gesuchte Winkelgeschwindigkeit p liefert demnach eine absolute Geschwindigkeit des Punktes P von der Größe

$$v' = \varrho \cdot p$$

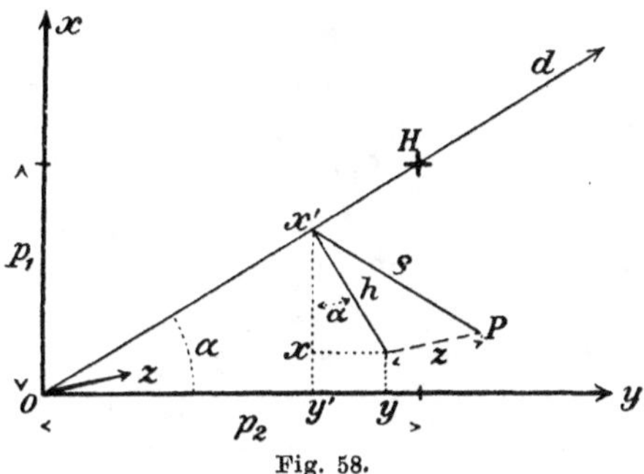

Fig. 58.

und diese Geschwindigkeit hat eine nach hinten weisende Richtung s, wenn p positiv, oder einer Rechtsdrehung entspricht und der Punkt P vom Beschauer der Zeichnung aus gerechnet unterhalb von d liegt. Die z-Komponente von v' wird:

$$v_z' = p\varrho \cos(sz) = p\varrho \cos(\varrho h) = p \cdot h,$$

wo h die Projektion von ϱ in die xy-Ebene ist. Es steht nämlich s senkrecht auf ϱ, h senkrecht auf z, alles in derselben Ebene. Es wird weiter:

$$h = (x' - x) \cdot \cos\alpha + (y - y') \cdot \sin\alpha,$$

wo

$$\operatorname{tg}\alpha = \frac{p_1}{p_2}; \quad \sin\alpha = \frac{p_1}{\sqrt{p_1^2 + p_2^2}}; \quad \cos\alpha = \frac{p_2}{\sqrt{p_1^2 + p_2^2}}; \quad x'p_2 = y'p_1,$$

$$\sqrt{p_1^2 + p_2^2} \cdot h = (x' - x)\,p_2 + (y - y')\,p_1,$$

$$h = \frac{yp_1 - xp_2}{\sqrt{p_1^2 + p_2^2}} \quad \text{mit positiver Wurzel.}$$

Setzt man aber $p = \sqrt{p_1^2 + p_2^2}$, so wird, wie in Nr. 1 gefordert:

$$v_z' = yp_1 - xp_2. \tag{2}$$

7. Die Geschwindigkeit v' hat noch eine Komponente in der Richtung h, die dann ihrerseits die zwei Komponenten nach x und y liefert. Es ist:

$$v_h' = p\varrho \cos(sh) = p\varrho \cos(\varrho, -z) = -pz,$$

mit Minuszeichen, weil bei positivem z der Winkel $\sphericalangle(s, h)$ zwischen $\pi/2$ und $3\pi/2$ liegt. In der Tat erfolgt, solange z positiv, eine Abnahme des h durch eine positive Drehung um d. Es wird nun weiter bei dem oben angenommenen Werte von p:

$$\text{(3)} \quad \begin{cases} v_x' = -pz\cos(hx) = -pz\cos(\pi - \alpha) = zp_2, \\ v_y' = -pz\cos(hy) = -pz\sin(\alpha) = -zp_1. \end{cases}$$

Demnach ist in der Tat die absolute Geschwindigkeit eines jeden Punktes bei der Drehung mit der Winkelgeschwindigkeit $p = \sqrt{p_1^2 + p_2^2}$ um die Achse d (Gl. (2), (3)) dieselbe, wie die durch die zwei gleichzeitigen Drehungen um die x- und y-Achse mit den Winkelgeschwindigkeiten p_1, p_2 (Gl. (1)). Es ist aber $\sqrt{p_1^2 + p_2^2}$ die Länge der Diagonale des Parallelogramms aus p_1 und p_2, oH in Fig. 58.

8. Wir können demnach die Drehungen um zwei zueinander senkrechte Achsen durch eine Drehung um eine dritte Achse ersetzen, und erhalten Lage und Winkelgeschwindigkeit der resultierenden Drehung nach dem Parallelogrammgesetz. Natürlich kann man nun die Drehung um d und eine Drehung p_3 um die z-Achse wieder zu einer neuen Drehung vereinen, deren Achse die Diagonale eines Parallelepipeds aus p_1, p_2, p_3 ist, und deren Winkelgeschwindigkeit $p = \sqrt{p_1^2 + p_2^2 + p_3^2}$ gleich der Länge dieser Diagonalen wird.

Umgekehrt kann man eine beliebige Drehung um eine beliebige Achse durch drei Drehungen um drei zueinander senkrechte Achsen ersetzen. Die Winkelgeschwindigkeit folgt damit den Gesetzen eines Vektors, und zwar eines Vektors, der die Richtung der positiven Drehachse hat.

Für die Winkelbeschleunigung gelten dieselben Ausführungen, da die einzige hier verwandte physikalische Relation $v = r\varphi'$ und die Komponentenzerlegung von v ebenso für die Beschleunigung richtig ist.

9. Wir denken uns jetzt wieder einen Apparat, ähnlich wie es unser mathematisches Pendel war. An einem starren gewichtlosen Faden DP sei eine Masse m_1 in beliebigem Abstande r_1 von D aus angebracht. Das ganze System sei um D drehbar und in P greife irgend eine Kraft an, in m_1 aber nicht. Die Erdanziehung auf m_1 möge durch irgend welche Vorrichtung als kompensiert angesehen werden, etwa dadurch, daß man die Drehachse normal zur Erde gelegen denkt. Die wirksame, also die in die Bahnrichtung des Punktes P fallende Komponente der Kraft heiße K_s (Fig. 59).

In der Statik haben wir gesehen, daß wir im Falle des Gleichgewichtes — nach den Hebelgesetzen § 10 — diese Kraft K_s durch eine in m_1 angreifende zu K_s parallele Kraft von der Größe

$$K_s \frac{r}{r_1}$$

ersetzen können.

Wir wollen es jetzt als experimentell erwiesene Tatsache ansehen, daß, auch wenn die Kräfte nicht im Gleichgewicht gehalten sind, diese Kräfte K_s in P und $K_s \frac{r}{r_1}$ in m_1 einander gleichwertig sind.

Es gilt dann die Bewegungsgleichung:

$$K_s \frac{r}{r_1} = m_1 p = m_1 r_1 \varphi'',$$

wenn $p = r_1 \varphi''$ die Beschleunigung bedeutet, die der Körper m_1 durch die Kraft erfährt. Also ist

$$K_s r = m_1 r_1^2 \varphi''.$$

10. Befindet sich starr mit dem System DP verbunden irgendwo ein zweiter Massenpunkt m_2 (Fig. 59), so muß ein Teil K_1 der Kraft K dazu verwandt werden, die Masse m_1, ein anderer K_2 die Masse m_2 in Bewegung zu setzen. Wie groß K_1 und K_2 sind, wissen wir vorerst nicht. Jedenfalls aber muß

$$K_1 + K_2 = K_s$$

sein. Wir haben demnach

$$K_1 \frac{r}{r_1} = m_1 r_1 \varphi'',$$

$$K_2 \frac{r}{r_2} = m_2 r_2 \varphi'',$$

oder durch Addition nach Multiplikation mit r_1 resp. r_2:

$$K_s r = (m_1 r_1^2 + m_2 r_2^2) \varphi''.$$

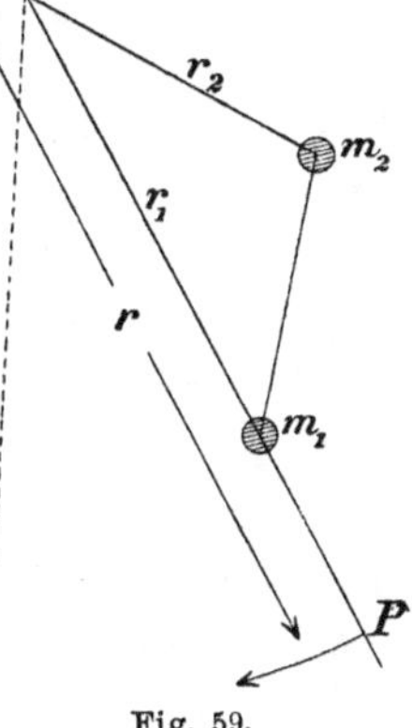

Fig. 59.

Entsprechend wird für mehr als zwei Massen $m_1, m_2, \ldots$

$$K_s r = (m_1 r_1^2 + m_2 r_2^2 + \cdots) \varphi''.$$

Die linke Seite dieser Gleichung $K_s r = D$ haben wir in der Statik unter dem Namen „Drehungsmoment" kennen gelernt. Den Klammerausdruck der rechten Seite nennt man das „Trägheitsmoment" des drehbaren Systems bezüglich der Drehachse D. Wir wollen es mit R bezeichnen. Dann erhalten wir eine Bewegungsgleichung für drehbare Körper, die ähnlich der Kraftgleichung § 19, (2) gebaut ist:

$$D = R\varphi'';$$

in Worten:

Das Drehungsmoment ist gleich dem Produkt aus Trägheitsmoment und Winkelbeschleunigung.

Das Drehungsmoment ersetzt hier die Kraft in der zitierten Kraftgleichung, das Trägheitsmoment die Masse und die Winkelbeschleunigung die Beschleunigung.

§ 23. Zentrifugalkraft und Zentripetalbeschleunigung.

1. Wir haben beim Pendel gesehen, daß ein Teil der Kraft, die auf den Massenpunkt wirkt, durch den Widerstand des Pendelfadens vernichtet wird. Er dient nur dazu, den Faden gespannt zu halten.

Etwas ähnliches findet ganz allgemein statt, wenn sich ein Körper zwangsweise auf einer gekrümmten Bahn bewegt. Infolge des Trägheitsprinzips sucht der Körper sich geradlinig zu bewegen, also nach außen von seiner Bahnrichtung abzuweichen. Eine scheinbare Kraft wird ihn daher gegen die Bahn pressen, zu der sich natürlich noch andere Kräfte vektoriell addieren können.

Diese Kraft, die sich lediglich aus der Trägheit erklärt, heißt die Zentrifugalkraft.

Anderseits können wir die den Bewegungszwang ausübende Kurve in der Idee oder auch in Wirklichkeit durch eine Reaktionskraft ersetzen, die jeweils gleich der Zentrifugalkraft und dieser entgegengesetzt ist. Sie heißt die Zentripetalkraft.

2. Es sei als Bahn ein Kreis vom Radius a vorgeschrieben. Ein Massenpunkt soll sich mit konstanter Geschwindigkeit v auf dieser Bahn bewegen. Welche Beschleunigung müssen wir dem Punkte in jedem Moment erteilen, damit er die Kreisbahn nicht verläßt?

P sei der Massenpunkt. Wenn er sich selbst in einem Moment frei überlassen würde, würde er sich in gerader Linie tangential zum Kreise fortbewegen und nach Ablauf eines sehr klein gedachten Zeitteilchens Δt nach einem Orte P' kommen, der um die Strecke $PP' = v\Delta t$ von P entfernt ist. Um den Punkt auf dem Kreis zu erhalten, müssen wir ihn gleichzeitig gegen den Kreis hin verschieben. In dem Moment, wo er P passiert, hat er keine Geschwindigkeit in Richtung PC (Fig. 60). Wenn er aber weiterhin auf dem Kreis bleiben soll, muß er, z. B. wenn er nach P_1 kommt, in einer zu PC parallelen Richtung eine Geschwindigkeit erlangen. Die Geschwindigkeit parallel PC muß also von Null an wachsen. Wir müssen ihm eine „Beschleunigung" in dieser Richtung erteilen, also in Richtung des Radiusvektors, die „Zentripetalbeschleunigung". Diese Beschleunigung muß so groß sein, daß sie den Punkt nach P_1 führt. Wir können danach die wahre Bewegung auffassen, als ob sie sich

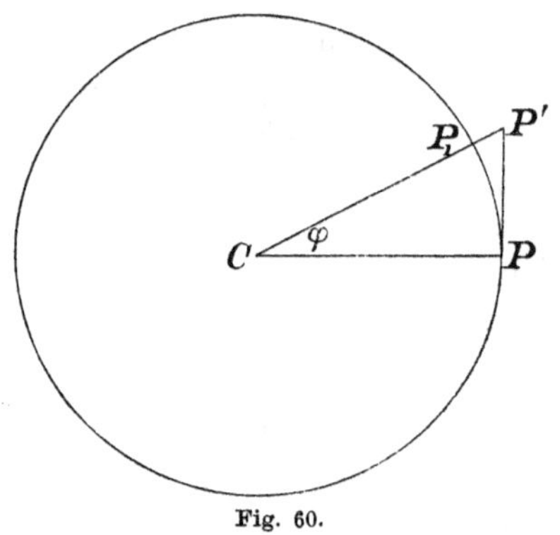

Fig. 60.

zusammensetzte aus der geradlinigen Bewegung PP' nach dem Trägheitsgesetz, und einem gleichzeitigen Fall von P' nach P_1.

Ist φ der Winkel, um den sich in der Zeit $\varDelta t$ der Radiusvektor gedreht hat, so ist

$$P_1 P' = a\left(\frac{1}{\cos\varphi} - 1\right) = a\,\frac{1 - \cos\varphi}{\cos\varphi} = \frac{2a\sin^2\frac{\varphi}{2}}{1 - 2\sin^2\frac{\varphi}{2}}.$$

Nehmen wir $\varDelta t$ hinreichend klein, so wird φ so klein werden, daß wir den Sinus durch den Bogen ersetzen und im Nenner $2\sin^2\frac{\varphi}{2}$ gegen 1 vernachlässigen können. Es bleibt

$$P_1 P' = a\,\frac{\varphi^2}{2}$$

als Fallhöhe. Die zu berechnende Beschleunigung können wir jedenfalls über die kleine Strecke P_1P' hin als konstant ansehen, so daß wir die Gesetze des freien Falles hier anwenden können. Nach diesen Gesetzen ist (vgl. § 20, 3.)

$$P_1 P' = a\,\frac{\varphi^2}{2} = p\,\frac{\varDelta t^2}{2},$$

wenn wir unter p die Zentripetalbeschleunigung verstehen, und somit ist

$$p = a\left(\frac{\varphi}{\varDelta t}\right)^2 = a\varphi'^2,$$

wenn die Winkelgeschwindigkeit $\varphi/\varDelta t$ mit φ' bezeichnet wird.

3. Da diese Beschleunigung normal zur Bahnrichtung steht, so kann sie die Geschwindigkeit in der Bahnrichtung nicht beeinflussen, die also konstant $(= v)$ bleibt. Die Zentripetalbeschleunigung ist somit nur von der Winkelgeschwindigkeit, oder da

$$a\varphi' = v,$$

also

$$p = \frac{v^2}{a}$$

ist, nur von der Geschwindigkeit und außerdem von dem Radius des Kreises abhängig.

4. Wenn die Geschwindigkeit v nicht konstant ist, so können wir uns in gleicher Weise die Bahnrichtung durch eine nach dem Mittelpunkt hin gerichtete Beschleunigung

$$p = \frac{v^2}{a},$$

worin aber v jetzt den jeweiligen Wert der Geschwindigkeit bedeutet, erhalten denken. Das geht deswegen, weil wir während des kleinen

Zeitteilchens Δt die Geschwindigkeit in der Bahnrichtung als konstant ansehen dürfen. Dieses p ist aber auch die einzige zur Bahnrichtung senkrechte Beschleunigungskomponente, die wir annehmen dürfen. Jede weitere Komponente würde ja den Körper aus der Bahn wieder herausführen.

In Richtung der Bahn wird der Körper eine weitere Beschleunigungskomponente besitzen, die sich berechnet als

$$p_s = \lim_{\Delta t = 0} \frac{v_2 - v_1}{\Delta t}.$$

Die Veränderlichkeit von v in der Bahnrichtung kann im allgemeinen von einer beliebig gerichteten Beschleunigung herrühren. Immer aber können wir sie ersetzen durch eine Komponente in der Bahnrichtung, p_s, und eine dazu normale Komponente, die Zentripetalbeschleunigung, von der Größe

$$p = \frac{v^2}{a}.$$

5. Ist die Bahn kein Kreis, sondern eine beliebige stetig gekrümmte Kurve, so gilt immer noch die gleiche Betrachtung, da wir ein kleines Stück PP_1 einer solchen Kurve als Kreisstück ansehen können, nämlich als Stück des „Krümmungskreises“ (in Bd. II, § 81 für Kegelschnitte durchgeführt). Daher wird auch bei einer beliebig gekrümmten Bahn die Zentripetalbeschleunigung $p = v^2/a$ sein; aber a bedeutet jetzt den Krümmungsradius, und diese Beschleunigung ist nach dem jeweiligen Krümmungsmittelpunkt hin gerichtet.

6. Die Kraft, die angewandt werden muß, um dem Massenpunkt von der Masse m diese Zentripetalbeschleunigung zu erteilen, heißt die Zentripetalkraft.

Ist eine solche Kraft in Wirklichkeit nicht vorhanden, sondern wird die Bahn durch einen Zwang, etwa durch eine gekrümmte Unterlage oder wie beim Pendel durch einen Faden, aufrecht erhalten, so übt der Massenpunkt auf diese Unterlage oder den Faden eine Kraft von der Größe der Zentripetalkraft, aber ihr entgegengesetzt aus. Diese Kraft heißt „Zentrifugalkraft“. Von einer Zentrifugalbeschleunigung kann man nur sprechen, wenn man sie relativ zum bewegten Körper auffaßt. Ein von einem rotierenden Körper durch die Zentrifugalkraft abgeschleuderter Massenpunkt wird sich, wenn keine anderen Kräfte auf ihn wirken, im Raume unbeschleunigt weiter bewegen. Denken wir uns aber ein im rotierenden Körper festes Koordinatensystem, das also mit ihm rotiert, so wird die Bewegung des abgeschleuderten Körpers in diesem Koordinatensystem eine ungleichförmig beschleunigte sein. Der Anfangswert der Beschleunigung kann als die Zentrifugalbeschleunigung aufgefaßt werden, die nach dem Gesetz von „Aktion und Reaktion" (§ 24, 12.) durch die Zwangsvorrichtung gerade kompensiert wird, so daß eine Beschleunigung nicht eintritt.

7. Die Zentrifugalkraft spielt z. B. bei der Rotation der Erde eine Rolle. Es werden Körper am Äquator infolge der Rotation ein geringeres Gewicht haben, als an den Polen. Die Kraft, die die Erde auf einen Körper von der Masse m ausübt, ist am Äquator $gm = 978{,}1\ m$ dyn. Die Winkelgeschwindigkeit beträgt 2π pro Tag, also

$$\varphi' = \frac{2\pi}{24 \cdot 60 \cdot 60} \frac{1}{\text{sec}} = 0{,}0000727 \frac{1}{\text{sec}}.$$

Der Erdradius am Äquator hat ungefähr die Größe

$$a = 637\,800\,000 \text{ cm}.$$

Die Kraft gm setzt sich zusammen aus der eigentlichen Gravitation (xm dyn) und der ihr entgegen gerichteten Zentrifugalkraft. Demnach ist die eigentliche Gravitation gegeben durch die Gleichung:

$$mg = mx - m\varphi'^2 a,$$

$$978{,}1 = x - \left(\frac{\pi}{12 \cdot 60 \cdot 60}\right)^2 \cdot 6378 \cdot 10^5.$$

Es ist $\varphi'^2 a = 3{,}373$, also

$$x = 981{,}5 \frac{\text{cm}}{\text{sec}^2},$$

die der Erdanziehung allein zukommende Beschleunigung.

Interessant ist die folgende Frage:

Wievielmal schneller müßte sich die Erde drehen, als sie es wirklich tut, damit am Äquator die Schwere gerade durch die Zentrifugalkraft kompensiert wäre?

Es müßte sein:

$$mx = ma\psi'^2,$$

$$m \cdot 981{,}5 = m \cdot 6378 \cdot 10^5 \cdot (n\varphi')^2,$$

worin n die gesuchte Zahl bedeutet, also $\psi' = n\varphi'$ die gesuchte Rotationsgeschwindigkeit ist. Daraus folgt:

$$n = 17{,}06.$$

Würde sich also die Erde 17 mal so schnell drehen, als sie es tut, wäre ein Tag ein Siebzehntel unseres Tages, dann wäre am Äquator die Schwere gerade kompensiert.

§ 24. Die Keplerschen Gesetze und das Gesetz von der Massenanziehung.

1. Auf empirischem Wege hat Kepler[1]) für die Bewegung der Planeten um die Sonne die folgenden Gesetze gefunden.

1. Die Planetenbahnen sind ebene Kurven, und die von der Sonne nach den Planeten gezogenen radii vectores beschreiben Flächen, die der Zeit proportional sind.
2. Die Planetenbahnen sind Ellipsen, in deren einem Brennpunkte sich das Sonnenzentrum befindet.
3. Die Quadrate der Umlaufszeiten verschiedener Planeten verhalten sich wie die Kuben der großen Halbachsen.

Die Abweichung der Planetenbahnen von der geradlinigen Bahn erklären wir entsprechend früherem durch Beschleunigungen, die die Planeten andauernd erfahren und wir wollen untersuchen, welche Gesetzmäßigkeit sich aus diesen drei Gesetzen für die Beschleunigungen und die die Beschleunigungen hervorrufenden Kräfte ergeben.

2. Richtung der Beschleunigung. Es sei (Fig. 61) S der Mittelpunkt der Sonne, P der Ort des Planeten in einem bestimmten

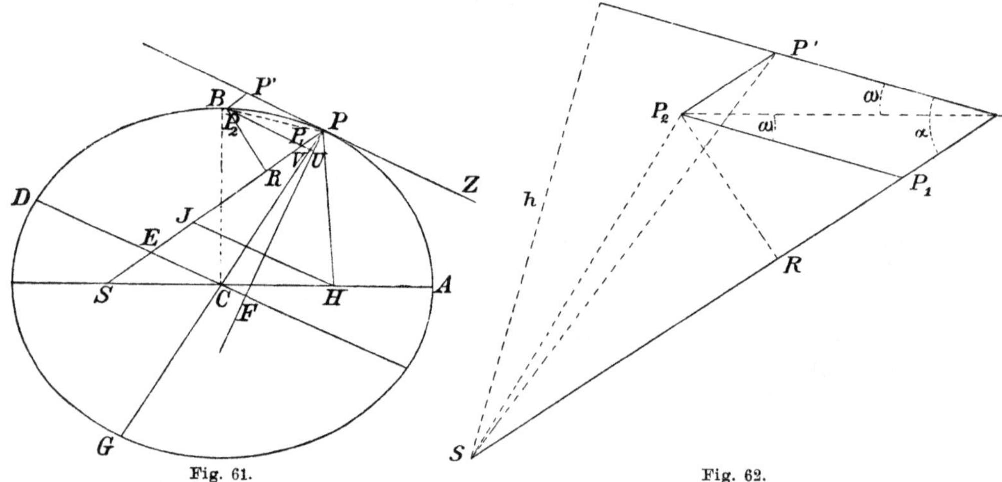

Fig. 61. Fig. 62.

1) Johannes Kepler (Keppler) ist am 27. Dez. 1571 zu Magstadt in Württemberg geboren und in Regensburg am 14. Nov. 1630 gestorben. Sein erster Schulunterricht war sehr mangelhaft, bis er die Klosterschule zu Adelberg, später die zu Maulbronn besuchte. In Tübingen gedachte er sich dem theologischen Studium zu widmen. Bei den Vorstudien erkannte er und sein Lehrer Mästlin sein Talent für Mathematik, der er sich, da er sich mit der Orthodoxie nicht befreunden konnte, dann ganz widmete. Er wurde 1594 Professor der Mathematik in Graz, später in Prag und in Linz. Kepler hat während seines ganzen Lebens mit Mißgeschick und Geldnot zu kämpfen gehabt.

Zeitmoment, sagen wir zur Zeit t. Nach Verlauf der Zeit Δt sei der Planet nach P_2 glangt, und es sei Δt so klein angenommen, daß die Sehne $\overline{PP_2}$ von dem Bogen $\widehat{PP_2}$ nicht mehr zu unterscheiden ist (in Figur 62 ist ein Teil der Figur 61 etwas größer und deutlicher wiederholt). Es sei PP' die Tangente an die Bahn in Punkt P und PP_1P_2P' ein Parallelogramm.

3. Nach dem ersten Keplerschen Gesetz ist die Fläche des Dreiecks $SP_2P = n\Delta t$, worin n eine zu dem betreffenden Planeten gehörige Konstante ist. Ebenso groß ist aber auch die Fläche des Dreiecks $SP'P$, weil beide die gemeinsame Grundlinie SP haben und die Verbindungslinie P_2P' ihrer Spitzen zur Grundlinie parallel ist. Diese Fläche ist aber auch gleich $\frac{1}{2}PP' \cdot h$, wenn h das von S auf die Bahntangente gefällte Perpendikel ist. Also ist

$$h \cdot \overline{PP'} = \overline{SP} \cdot \overline{P_2R} = 2n\Delta t. \tag{1}$$

4. Ist v die Geschwindigkeit, die der Planet im Punkt P wirklich hat, und v' die Geschwindigkeit, die er haben müßte, um in der Zeit Δt von P nach P' zu gelangen, so ist

$$\overline{PP_2} = v\Delta t, \quad \overline{PP'} = v'\Delta t. \tag{2}$$

Ferner folgt aus dem Dreieck PP_2P' nach dem Sinussatze:

$$\overline{P'P_2} = \overline{PP'}\,\frac{\sin\omega}{\sin(\alpha-\omega)},$$

und nach dem Kosinussatze:

$$\begin{aligned}\overline{PP_2} &= \sqrt{\overline{PP'}^2 + \overline{P'P_2}^2 + 2\overline{PP'}\cdot\overline{P'P_2}\cos\alpha}\\ &= \overline{PP'}\sqrt{1 + \frac{\sin^2\omega}{\sin^2(\alpha-\omega)} + \frac{2\sin\omega\cos\alpha}{\sin(\alpha-\omega)}},\end{aligned}$$

also nach (2):

$$v = v'\sqrt{1 + \frac{\sin^2\omega}{\sin^2(\alpha-\omega)} + \frac{2\sin\omega\cos\alpha}{\sin(\alpha-\omega)}}. \tag{3}$$

Wenn nun Δt unendlich klein wird, so wird ω unendlich klein, weil die Tangente die Grenzlage der Sehne ist, während α als der Winkel, den die Tangente mit dem Radiusvektor bildet, einen unveränderten Wert behält und daraus ergibt sich nach (3):

$$v = v', \tag{4}$$

d. h. es ist P' der Punkt, den der Planet P in der unendlich kleinen Zeit Δt erreichen würde, wenn er sich einfach nach dem Trägheitsgesetz bewegte.

Für die Konstante n ergibt sich dann aus (1) und (2):

$$n = \tfrac{1}{2}hv.$$

5. Die wahre Planetenbahn PP_2 läßt sich demnach an jedem Punkte während einer unendlich kleinen Zeit durch zwei Bewegungen ersetzen, nämlich:

1. Der Planet führt entsprechend seiner Trägheit eine geradlinige gleichförmige Bewegung mit der konstanten Geschwindigkeit v aus.

2. Gleichzeitig fällt er von P nach P_1, d. h. auf die Sonne zu.

Also während der Zeit Δt erfährt er aus seiner geradlinigen Bahn gegen die Sonne hin eine Beschleunigung, die so groß ist, daß sie ihn in der Zeit Δt von P nach P_1 befördert.

I. Die Beschleunigung des Planeten ist gegen die Sonne hin gerichtet.

Diese Tatsache erklären wir dadurch, daß die Sonne auf den Planeten eine „anziehende Kraft“ ausübt.

6. Größe der Beschleunigung eines Planeten.[1])

Stellen wir uns die Bewegung 2. des vorigen Abschnittes als freien Fall vor, so können wir sie nach den Gesetzen von § 20, A. behandeln. Die hier wirkende Beschleunigung können wir in jedem Moment als konstant ansehen, wenn wir sie nur eine unendlich kleine Zeit Δt hindurch wirkend denken. Es wird dann die Fallhöhe

$$PP_1 = \frac{p(\Delta t)^2}{2},$$

wo p die zu bestimmende Beschleunigung bedeutet. Also ist

$$p = 2\,\frac{PP_1}{(\Delta t)^2},$$

und hieraus ergibt sich nach (1)

$$(5) \qquad p = \frac{8n^2\overline{PP_1}}{\overline{P_2R^2}}\,\frac{1}{\overline{SP^2}}.$$

7. Da der Inhalt der ganzen Ellipse mit den Halbachsen a und b

$$s = ab\pi \quad \text{(vgl. Bd. II, § 103)}$$

ist, so muß

$$(6) \qquad ab\pi = nT$$

sein, wenn wir unter T die ganze Umlaufszeit, d. h. die Zeit verstehen, die der Planet zum einmaligen Durchlaufen seiner Bahn braucht; denn der Radiusvektor beschreibt in der Zeit T die ganze Fläche der Ellipse.

8. Satz: Die Größe $\frac{PP_1}{(P_2R)^2}$ (vgl. Gl. 5) ist für unendlich kleine Δt eine Konstante der betreffenden Ellipse.

1) Ableitung nach Newton „Principia mathematica“ 1. Buch, Abschnitt II. Deutsch von J. Ph. Wolfers.

Beweis (vgl. Fig. 63):

Es sei $DC \parallel PP'$. Dann sind DC und CP konjugierte Halbmesser der Ellipse (vgl. Bd. II, § 80, 3.).

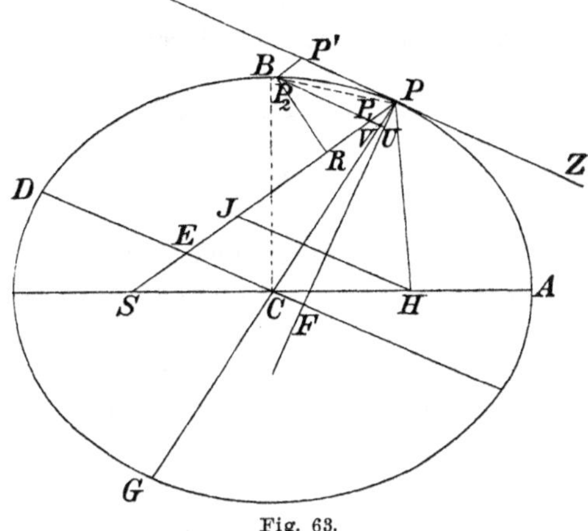

Fig. 63.

Ferner sei $HJ \parallel DC$, wenn H den zweiten Brennpunkt der Ellipse bedeutet. Dann folgt aus der Ähnlichkeit der Dreiecke SJH und SEC

(7) $$JE = ES.$$

Da

$$\sphericalangle HJP = \sphericalangle JPP',$$

$$\sphericalangle JHP = \sphericalangle HPZ$$

und

$$\sphericalangle HPZ = \sphericalangle JPP'$$

(vgl. Bd. II, § 78, 7.), ist, so ist

$$\sphericalangle HJP = \sphericalangle JHP,$$

also ist HJP ein gleichschenkliges Dreieck und folglich

(8) $$PJ = HP.$$

Aus (7) und (8) folgt weiter:

$$EP = EJ + JP = SE + HP$$

$$= \frac{1}{2}(SP + PH),$$

und wegen der Definition der Ellipse (Bd. II, § 66) ist also

(9) $$EP = AC.$$

Es ist

$$\frac{P_1P}{PV} = \frac{EP}{PC} = \frac{AC}{PC},$$

also

$$\frac{P_1P}{GV \cdot PV} = \frac{AC}{GV \cdot PC}.$$

Nun ist aber (nach Bd. II, § 80, 2. (4) (unser Punkt V entspricht dort dem Punkt P, der auf die y-Achse gerückt zu denken ist))

$$\frac{GV \cdot PV}{\overline{P_2V}^2} = \frac{\overline{PC}^2}{CD^2},$$

also

(10) $$\frac{P_1P}{\overline{P_2V}^2} = \frac{AC \cdot PC}{GV \cdot \overline{CD}^2}.$$

Statt P_2V können wir P_2P_1 setzen, denn

(11) $$P_2V = P_2P_1 \pm P_1V$$

($\pm$ je nachdem P oberhalb oder unterhalb von AC liegt),

$$P_1 V = P_1 P \cdot \frac{\sin P_1 P V}{\sin P_1 V P}$$

nach dem Sinussatz, und durch wiederholte Anwendung dieses Satzes:

$$P_1 V = P P_2 \cdot \sin P_1 P_2 P \cdot \frac{\sin P_1 P V}{\sin P_1 V P \cdot \sin P_2 P_1 P}$$

$$= P P_2 \cdot \sin P_1 P_2 P \cdot \frac{\sin P_1 P V}{\sin P_1 V P \cdot \sin V P_1 P}.$$

Die beiden im Nenner stehenden Sinus können niemals — d. h. für keine Lage von P auf der Ellipse — gleich Null werden, außer wenn die Ellipse zur geraden Linie degeneriert; denn sie sind die Sinus der Winkel, die die Tangente in P mit den nach dem Mittelpunkt und dem Brennpunkt der Ellipse gezogenen Leitstrahlen bildet.

Lassen wir nun P_2 an P_1 unendlich nahe heranrücken, so wird $P_2 V$ und $P_2 P$ unendlich klein, $\sin(P_1 P_2 P)$ ebenfalls unendlich klein, also auch $P_1 V / P P_2$ unendlich klein. Nach (2) und (4) ist aber

$$\frac{P P_2}{P P'} = \frac{P P_2}{P_1 P_2} = 1,$$

und folglich ist auch $P_1 V / P_1 P_2$ unendlich klein. Demnach folgt aus (11)

$$\frac{P_2 V}{P_1 P_2} = 1.$$

Also wird aus (10)

$$\frac{P_1 P}{\overline{P_2 P_1}^2} = \frac{AC \cdot PC}{GV \cdot \overline{CD}^2}.$$

Ferner ist, da $R P_2 P_1$ und FPE ähnliche Dreiecke sind ($FP \perp PP'$),

$$(P_2 P_1)^2 : (P_2 R)^2 = (EP)^2 : (FP)^2 = (AC)^2 : (FP)^2,$$

und da nun umgeschriebene Parallelogramme flächengleich sind (vgl. Bd. II, § 80, 4.)

$$AC \,.\, CB = PF \cdot DC,$$

also

$$\frac{(P_2 P_1)^2}{(P_2 R)^2} = \frac{(DC)^2}{(CB)^2}.$$

Dadurch wird

$$\frac{P_1 P}{\overline{P_2 R}^2} = \frac{AC \cdot CP}{GV \cdot \overline{CB}^2}.$$

Wenn P_2 an P_1 unendlich nahe heran rückt, wird bis auf unendlich kleine Glieder

$$GV = 2 \cdot PC,$$

und setzen wir die beiden halben Achsen der Ellipse gleich a und b ein, so folgt:

$$\frac{P_1 P}{P_2 R^2} = \frac{a}{2 b^2},$$

also gleich einer Konstanten für die Ellipse.

9. Es geht dadurch die Gleichung (5) für die Beschleunigung des Planeten, wenn wir den Radiusvektor SP mit r bezeichnen, über in

(12) $$p = 4 \frac{n^2 a}{b^2} \frac{1}{r^2}$$

oder wegen Gleichung (6) in

$$p = 4 \pi^2 \frac{a^3}{T^2} \frac{1}{r^2}.$$

10. Dieses Gesetz, das wir in die Form schreiben können

(13) $$p = C \cdot \frac{1}{r^2},$$

gilt zunächst für einen Planeten. C ist eine Konstante für die Bahn dieses Planeten und abhängig von deren großer Halbachse und der Umlaufszeit. Von vornherein müssen wir annehmen, daß C für jeden anderen Planeten einen anderen Wert annimmt. Im übrigen aber wird Gleichung (13) für jeden Planeten gelten.

Das dritte Keplersche Gesetz aber enthält die Tatsache, daß C für alle Planeten den gleichen Wert besitzt.

Es ist nämlich

$$C = 4 \pi^2 \frac{a^3}{T^2}$$

und nach dem dritten Keplerschen Gesetz ist für alle Planeten

$$a^3 = c \cdot T^2,$$

also $\frac{a^3}{T^2}$ eine Konstante für alle Planeten.

11. Es gilt also die Gleichung (13) allgemein für alle Planeten. Unser Resultat lautet in Worten:

II. „Die Beschleunigung, die die Planeten erfahren, ist auf die Sonne zu gerichtet und ist nur von dem Abstand abhängig, den der betreffende Planet jeweils von der Sonne hat. Dem Quadrat dieses Abstandes ist die Beschleunigung umgekehrt proportional."

12. Auf analytischem Wege ist die Ableitung dieses Gesetzes wesentlich einfacher.

Bezeichnet man in Fig. 63 den Strahl SP mit r, den Winkel PSH (die wahre Anomalie des Planeten) mit φ, und setzt man

$$x = r \cos \varphi; \; y = r \sin \varphi,$$

so sind x, y rechtwinklige, r, φ Polarkoordinaten (Bd. II, § 57, 9).

des Punktes P, und man erhält, wenn man die erste Ableitung nach der Zeit mit einem, die zweite mit zwei Akzenten bezeichnet, für die Geschwindigkeitskomponenten

$$x' = r' \cos\varphi - r \sin\varphi \cdot \varphi', \quad y' = r' \sin\varphi + r\cos\varphi \cdot \varphi',$$

und für die Beschleunigungskomponenten

$$x'' = r'' \cos\varphi - 2r' \sin\varphi \cdot \varphi' - r\cos\varphi\varphi'^2 - r\sin\varphi \cdot \varphi'',$$
$$y'' = r'' \sin\varphi + 2r' \cos\varphi \cdot \varphi' - r\sin\varphi\varphi'^2 + r\cos\varphi \cdot \varphi''.$$

Die Komponente p_r der Beschleunigung in der momentanen Richtung des Radius r und die dazu senkrechte Komponente p_φ findet man aus den Formeln (5) auf Seite 6

$$(14) \qquad \begin{aligned} p_r &= x'' \cos\varphi + y'' \sin\varphi = r'' - r\varphi'^2, \\ p_\varphi &= -x'' \sin\varphi + y'' \cos\varphi = 2r'\varphi' + r\varphi''. \end{aligned}$$

Das erste Keplersche Gesetz erhält die analytische Form

$$(15) \qquad r^2\varphi' = 2n,$$

worin n eine Konstante, und durch Differentiation folgt daraus

$$2rr'\varphi' + r^2\varphi'' = 0,$$

oder nach (14) $p_\varphi = 0$, oder in Worten der Satz Nr. 5, I.

13. Die Polargleichung der Ellipse lautet (Bd. II, § 28.)

$$(16) \qquad r = \frac{b^2}{a(1 - e\cos\varphi)},$$

wenn $e = \sqrt{a^2 + b^2}/a$ die Exzentritizität der Ellipse ist. Durch Differentiation folgt daraus

$$r' = \frac{-b^2 e \sin\varphi\varphi'}{a(1 - e\cos\varphi)^2}.$$

Aus (15) und (16) deshalb

$$b^2 r' = -2ean\sin\varphi,$$
$$b^2 r'' = -2ean\cos\varphi \cdot \varphi' = -\frac{4ean^2\cos\varphi}{r^2},$$

und die erste Gleichung (14) gibt hiernach und nach (15), (16)

$$p_r = -p = -4\frac{an^2}{b^2} \cdot \frac{1}{r^2},$$

also die Gleichung (12). p_r ist dem dortigen p entgegengesetzt.

14. Die Massenanziehung. Das Newtonsche Gesetz.

Nach § 19, 7. ergibt sich aus der Gleichung (13), daß die Kraft K, die die Sonne auf einen Planeten mit der Masse m ausübt,

$$(17) \qquad K = C\frac{m}{r^2}$$

ist. Die auf die verschiedenen Planeten ausgeübten Kräfte sind den Massen der Planeten proportional.

Newton hat das Prinzip der „Aktion und Reaktion" in folgenden Worten aufgestellt: „Die Wirkung ist stets der Gegenwirkung gleich, oder die Wirkungen zweier Körper aufeinander sind stets gleich und von entgegengesetzter Richtung". Nach diesem Prinzip kann nicht ein Körper einseitig eine Kraft auf einen anderen ausüben; es wird zwischen beiden Körpern eine Kraft existieren, jeder wird von dem anderen die gleiche Kraft erfahren.

Das Gesetz der „Aktion und Reaktion" verlangt also, daß die gleiche Kraft, die die Sonne auf den Planeten m ausübt, der Planet seinerseits auch auf die Sonne ausübt, d. h. daß zwischen den zwei Körpern eine gleichgroße Anziehung wirkt. Diese Analogie läßt schließen, daß die Kraft K ebensogut, wie sie der Planetenmasse proportional ist, auch der Masse der Sonne M proportional sein muß. Die Sonnenmasse muß demnach in der Konstanten C als Faktor enthalten sein, was dem in 11. aufgestellten Gesetz nicht widerspricht, da die Sonnenmasse ja für alle Planeten dieselbe bleibt. Wir setzen

$$C = f \cdot M,$$

so daß Gleichung (17) übergeht in

$$K = f \cdot \frac{Mm}{r^2}. \tag{18}$$

Dieser Ausdruck für die Kraft heißt das „Newtonsche Gesetz". Wir können es verallgemeinern, indem wir annehmen, daß das gleiche Gesetz für ganz beliebige Massen gilt.[1]) Zwei beliebige Massenpunkte — zunächst zwei beliebige Himmelskörper, dann aber auch beliebige irdische Massen, deren Dimensionen hinreichend klein gegen ihren Abstand voneinander sind — üben aufeinander eine Kraft aus, die durch die Gleichung (18) gegeben ist, wenn wir unter M und m die

1) Diese Verallgemeinerung hat — streng genommen in umgekehrtem Sinne — Newton zuerst vorgenommen. Er hat in seinen „Philosophiae naturalis principia mathematica", III. Buch, zuerst ausgesprochen, daß die Kraft, die die Erde auf irdische Körper ausübt, derselben Ursache zuzuschreiben ist, wie die der Sonne auf die Planeten und die der Planeten untereinander.

Isaak Newton wurde am 5. Januar 1643 zu Woolsthorpe, Lincoln, geboren und starb am 21. März 1727 in London. Erst in seinem 12. Jahre kam er zur Schule und im Juni 1660 bezog er, so schlecht wie möglich vorbereitet, das Trinity College in Cambridge. Durch eigene Geisteskräfte überwand er die daraus erwachsenden Schwierigkeiten. 1669 übernahm er in Cambridge die mathematische Professur, die sein Lehrer Barrow inne gehabt hatte. Diese Professur legte er 1703 nieder, nachdem sich sein Leben von 1695 an glänzender gestaltet hatte. Er lebte dann in London, überhäuft von Ehrungen von wissenschaftlicher und staatlicher Seite. Seine optischen und mechanischen Arbeiten haben seinen Namen berühmt gemacht. (Rosenberger, Geschichte der Physik, Bd. II, p. 188, und „Isaak Newton und seine physikalischen Prinzipien", von demselben Verfasser, Leipzig 1895. Brewster, the life of Newton. London 1831, 32, neue Ausgabe 1875. Deutsch von Goldberg, Leipzig 1833.)

Massen der beiden Körper verstehen. Diese Kraft hat die Richtung der Verbindungslinie der zwei Massenpunkte und zwar sucht sie die Verbindungslinie zu verkleinern.

15. Die Erdbeschleunigung g, die in § 20 wiederholt besprochen wurde, ist ebenfalls einer der Gleichung (18) entsprechenden Kraft zuzuschreiben. Hat ein Körper in der Nähe der Erdoberfläche eine Masse m, so übt die Erde nach Gleichung (18) eine Kraft auf ihn aus von der Größe

$$K = f \cdot \frac{Mm}{r^2},$$

worin M die Masse der Erde, r der Abstand ist, den m vom Mittelpunkt der Erde hat. Fällt der Körper frei, so erfährt er die Beschleunigung g und die Kraft, die diese Beschleunigung hervorruft, ist

$$K = mg;$$

also ist

$$g = f \cdot \frac{M}{r^2},$$

und somit streng genommen nicht unabhängig vom Abstand des Punktes m vom Erdmittelpunkt. Da aber r eine sehr große Zahl ist, am Äquator gleich 6378367 Meter, so können wir g im Gebiet von einigen hundert Metern mit einer Genauigkeit, die für die gewöhnlichen Zwecke ausreicht, als konstant ansehen.

In der Tat ist g am Pol, wo wir wegen der Abplattung der Erde vom Mittelpunkt 6356764 Meter entfernt sind, merklich von dem g am Äquator verschieden. Es ist

am Äquator $g = 978{,}1$ cm/sek^2,
bei 50° geogr. Br. $g = 981{,}1$ „ ,
am Nordpol $g = 983{,}2$ „ ,

aber diese Abweichungen lassen sich nicht durch die Unterschiede der Radien und der Zentrifugalkraft (§ 23, 7) allein erklären.[1])

16. Der Faktor f kann nach Gleichung (18) aus der Anziehung zweier beliebiger Massen berechnet werden[2]), indem man z. B. unter eine Masse, die an einem Wagebalken äquilibriert hängt, eine andere, möglichst schwere Masse bringt. Das Mittel einer Anzahl neuerer Messungen von f, ausgeführt von verschiedenen Beobachtern, ergibt

$$f = 6{,}675 \cdot 10^{-8}\ \mathrm{cm^3 sek^{-2} gr^{-1}}.$$

---

1) Dieser Abschnitt 15 soll nur eine Tatsache anführen, ohne sie streng zu beweisen. Das Newtonsche Gesetz gilt nur für Massenpunkte, und es müßte erst bewiesen werden, daß wir die Erde, wenn wir sie als eine homogene Kugel ansehen, durch ihre in ihrem Mittelpunkt konzentrierte Masse ersetzen dürfen.

2) Über die Methoden zur Bestimmung von f vergleiche den Artikel über Gravitation von J. Zenneck im V. Band der „Encyklopädie der mathematischen Wissenschaften“.

Kennt man den Faktor f, so kann man die Masse und damit die mittlere Dichte der Erde berechnen.

§ 25. Arbeit und Energie.

1. Wie den Begriff der Kraft, so haben wir auch einen weiteren Begriff, den der Arbeit, ursprünglich einem rein subjektiven Anstrengungsgefühl zu verdanken, und lange Zeit hat es gedauert, bis es gelang, rein logisch die beiden Begriffe exakt zu trennen. Verwechslung beider Begriffe hat oft Irrtümer und Mißverständnisse herbeigeführt, bevor durch Robert Mayer, durch Helmholtz, Joule und andere Klärung in die wechselnden Begriffe gebracht wurde, gleichzeitig mit der Entdeckung des großen Gesetzes, das die Welt beherrscht, des Energieprinzips.

2. Daß die Anziehungskraft der Erde in erreichbaren Abständen über der Oberfläche merklich konstant ist, haben wir schon erkannt. Sicherlich aber ist es für unser Gefühl nicht das Nämliche, ob wir ein Gewicht einen Meter oder zwei von dem Erdboden in die Höhe heben. Wenn wir einen Körper in der Richtung einer konstanten Kraft und zwar gegen diese verschieben, so wird die Ermüdung, die wir empfinden sowohl mit der Kraft als mit der Länge des Weges der Verschiebung wachsen.

In welcher quantitativen Abhängigkeit unsere Ermüdung von diesen zwei Größen steht, läßt sich nicht angeben, da unsere subjektiven Empfindungen nicht hinreichend meßbar sind.

Es läßt sich im Gegenteil umgekehrt aus der Kraft und aus der Länge des Weges vielleicht ein Maß finden für das, was wir bei einer solchen Verschiebung leisten, wenn auch nicht gerade für die Ermüdung.

Wir wollen sagen: Wenn wir einen Körper gegen eine auf ihn wirkende Kraft verschieben, so leisten wir eine „Arbeit", und wollen annehmen, daß diese Arbeit auf das n-fache wächst, wenn wir entweder die Kraft oder den Weg der Verschiebung aufs n-fache steigern, und daß sie aufs $m \cdot n$-fache wächst, wenn wir die Kraft aufs n-fache, den Weg aufs m-fache steigern. Es muß dann die Arbeit A gegeben sein durch

$$A = cKs,$$

wenn K die Kraft, s den Weg bedeutet. c ist eine Konstante, die wir willkürlich gleich 1 setzen wollen. Dann ist

$$A = Ks. \tag{1}$$

Die gegen eine Kraft geleistete Arbeit ist gleich dem Produkt aus dieser Kraft und der Länge des Verschiebungsweges.

3. Die Gleichung (1) enthält zunächst eine willkürliche Definition einer neuen Größe. Wir hätten auch eine beliebige andere Funktion von Kraft und Weg als „Arbeit" definieren können. Aber gerade diese Funktion bewährt sich, wie wir sehen werden, weil sie eine Form einer Invariante ist, der Energie.

4. Wenn die Kraft K längs eines Weges s nicht konstant ist, sondern sich sprungweise ändert, so können wir s in eine Summe

$$s_1 + s_2 + s_3 + s_4 + \cdots$$

so zerlegen, daß längs jeder Strecke s_n eine konstante Kraft herrscht. Die Arbeit bei einer Verschiebung über s_n ist dann nach unserer bisherigen Definition $K_n s_n$; und wir wollen unsere Definition der Arbeit dahin erweitern, daß wir die Arbeit bei aufeinander folgenden, voneinander unabhängigen Verschiebungen als die Summe der Einzelarbeiten auffassen:

$$A = K_1 s_1 + K_2 s_2 + \cdots = \sum_n K_n s_n; \tag{2}$$

und hieraus können wir leicht zu der Verschiebung über eine stetig variable Kraft übergehen, wenn wir die s_n so klein annehmen, daß längs eines solchen $s_n = ds$ die Veränderung von K_n unmeßbar klein wird. Dann wird n selber mit abnehmendem s_n immer größer, und schließlich wird die Summe $\sum_n K_n s_n = \int_s K ds$ eine Summe aus unendlich vielen unendlich kleinen Gliedern (ein „Integral"). Diese Summe kann dabei eine endliche Größe behalten.

5. Legen wir die Dimensionen und Einheiten für die Kraft nach § 19, 7. zugrunde, so bekommt die Arbeit die Dimensionen

$$[A] = [m][l]^2[t]^{-2},$$

und die Einheit, die wir als „ein Erg" bezeichnen, wird:

$$1 \text{ erg} = 1 \frac{\text{gr cm}^2}{\text{sek}^2}.$$

Ein Erg ist die Arbeit, die wir leisten, wenn wir einen Körper, auf den eine Dyne wirkt, um einen Zentimeter gegen die Richtung der Kraft verschieben.

In der Technik ist als Einheit aus Zweckmäßigkeitsgründen die Arbeit eingeführt, die man leistet, wenn man ein Kilogramm um einen Meter — gegen die Erdschwere — hebt. Diese „Arbeitseinheit" heißt ein „Kilogrammeter". Die Erde wirkt auf ein Kilogramm mit einer Kraft von $981 \cdot 1000$ dyn (§ 20, 1.). Daraus folgt, daß ein Kilogrammeter gleich $9{,}81 \cdot 10^7$ erg ist.

6. Wenn wir die Verschiebung nicht gegen die Kraftrichtung einer Kraft K, sondern in einer Richtung s, die um den Winkel α

gegen diese Richtung geneigt ist, verschieben, so werden wir eine Arbeit nur gegen die nach s gerichtete Komponente der Kraft leisten, also gegen die Kraft $K \cos \alpha$. Diese Arbeit ist

$$K \cos \alpha \cdot s,$$

wenn s die Länge der Verschiebung bedeutet. Und demnach ist allgemein die Arbeit gleich dem Produkt der Verschiebung und Kraftkomponente in der Verschiebungsrichtung, oder gleich dem Produkt aus Kraft und Projektion der Verschiebung auf die Kraftrichtung.

Nennt man in der Bezeichnungsweise der Vektoranalysis

$$K \cdot \cos \alpha = K_s,$$

so folgt, daß bei beliebiger Bahnrichtung und beliebig variierter Kraft die bei der Verschiebung über einen Weg s geleistete Arbeit

$$A = \int_s K_s ds$$

ist.

7. Wir wollen jetzt die Frage aufwerfen: Wer oder was leistet die Arbeit? Wir haben uns bisher einen Menschen gedacht, der einen Körper verschiebt, z. B. hebt. Offenbar ist hier selber wieder eine Kraft erforderlich, die diese Verschiebung gegen andere Kräfte ausführt, die Kraft unserer Muskeln.

Denken wir uns mit horizontal ausgestrecktem Arm ein Gewicht gehalten, so wird das Gewicht dann in Ruhe sein, wenn wir ihm durch den Arm von unten nach oben die gleiche Kraft erteilen, die die Erde darauf von oben nach unten ausübt. Machen wir die von uns ausgeübte Kraft um unendlich weniges größer, so heben wir das Gewicht, freilich wegen der kleinen Überkraft auch nur unendlich langsam; denn nach § 19, 7 (2) muß die Geschwindigkeit unendlich langsam von 0 an wachsen. Dann aber können wir die Kraft der Erde in Gleichung (1) durch die nur unendlich wenig davon verschiedene Kraft unserer Muskeln ersetzen.

Statt unserer Muskelkraft können wir auch eine beliebige andere Kraft K' zur Arbeitsleistung verwenden, und wenn sie nur unendlich wenig von der Kraft K'' verschieden ist, gegen die sie wirkt, wird die Bewegung nur unendlich langsam vor sich gehen.

Umgekehrt können wir bei hinreichend langsamer Verschiebung den Zahlenwert der Kraft, gegen die die Arbeit geleistet wird, durch den Zahlenwert derjenigen ersetzen, die die Arbeit leistet. Das gilt dann für die Gleichungen (1) und (2) in gleicher Weise.

Die von einer Kraft geleistete Arbeit ist bei hinreichend langsamer Verschiebung gleich dem Produkt aus dieser Kraft und der Verschiebung, oder bei nicht konstanter Kraft gleich der Summe der entsprechenden Produkte.

8. Den Ausdruck $\int K_s' ds$, den wir bisher Arbeit genannt haben wollen wir spezieller als „genützte" Arbeit bezeichnen, und wir wollen auch dem analogen Ausdruck $\int K_s'' ds$ einen Namen geben: die „gelieferte" Arbeit. Dann können wir folgern:

Bei unendlich langsamer Bewegung ist die genützte Arbeit gleich der gelieferten.

9. Übt eine Kraft ein Drehmoment aus, so folgt nach § 22, 10. leicht, daß bei hinreichend langsamer Drehung die von ihr geleistete Arbeit gleich dem Produkt aus Drehmoment und Drehungswinkel ist. Danach ergibt sich dann, daß das Drehmoment selber die Dimensionen einer Arbeit besitzt, wenn wir dem Winkel keine Dimensionen zuschreiben.[1]) Das Drehmoment ist die bei Drehung um den Winkel 1 geleistete Arbeit.

Ein Mühlenrad, das sich dreht, erfährt durch die drehenden Kräfte eine Arbeitsleistung.

10. Wenn wir eine Masse m gr um a cm vom Erdboden heben, so leisten wir eine Arbeit von

$$mag \text{ erg.}$$

Die Masse m ist nun ihrerseits imstande, beim Herunterfallen aus dieser Höhe auf den Erdboden wieder eine Arbeit zu leisten infolge der Kräfte, die darauf wirken. Wir können uns z. B. denken, daß wir die Masse auf die Schaufeln eines Mühlenrades legen, das sich gegen eine Gegenkraft langsam dreht, oder daß wir es an einem über eine Rolle geführten Faden befestigen, an dessen anderem Ende eine um unendlich weniges kleinere Masse $m - \Delta m$ hängt. Die Arbeit, die m beim Herabsinken leisten könnte, wäre dann ebenfalls bis auf unendlich kleines gleich

$$mag \text{ erg,}$$

und diesen Betrag können wir als einen Arbeitsvorrat auffassen, den der Körper m mehr besitzt, wenn er sich a cm über dem Erdboden, als wenn er sich auf ihm befindet. Die Größe

$$F = mhg \text{ erg,} \tag{3}$$

worin h die von irgendeinem beliebigen Niveau an gerechnete Höhe des Körpers bedeutet, heißt seine „potentielle Energie". Diese ist

1) Das Drehmoment hat mit der Arbeit an sich ebensowenig zu tun, wie die Kraft. Erst durch die Multiplikation mit dem Winkel wird es eine Arbeitsgröße.

also der Arbeitsvorrat, den der Körper infolge seines Abstandes von der Erde besitzt. Der absolute Wert der potentiellen Energie ist unbestimmt, da wir h von einem beliebigen Niveau an rechnen können. Wir wissen nur, wie sich die potentielle Energie ändert, wenn wir seine Lage ändern. Aus unserer Definition können wir ableiten: Die potentielle Energie eines Körpers ändert sich nicht, wenn wir ihn in einer horizontalen Ebene verschieben.

11. Außer der potentiellen Energie kennen wir noch eine große Anzahl anderer Arten von „Arbeitsvorrat". So besitzt z. B. eine zusammengepreßte Spiralfeder einen Arbeitsvorrat, eine „aufgespeicherte Energie". Ein solcher Arbeitsvorrat kommt immer einer gewissen Konstellation von Körpern oder Körperteilen zu, einem „System", so z. B. der Konstellation „Erde und Gewicht" oder der Konstellation der einzelnen Teile der Feder. Nicht etwa die einzelnen Teile besitzen die Energie, sondern das ganze System.

Ein weiteres Beispiel eines Arbeitsvorrates aus ganz anderem Gebiete bildet die chemische Energie. Ein brennbares Gas, mit Luft oder Sauerstoff gemischt, besitzt einen Arbeitsvorrat. Durch Entzündung können wir es zur Explosion bringen, und dadurch Arbeit gewinnen, wie es bei Gasmotoren in der Tat geschieht. Auch hier besitzt weder das Gas, noch die Luft die Energie, sondern das System Gas und Luft. Ähnlich liegt die Sache z. B. beim Schießpulver.

12. Den Begriff der potentiellen Energie wollen wir auf ein beliebiges, dem Einfluß gewisser Kräfte ausgesetztes System von Massenpunkten erweitern. Bei einer Verschiebung eines solchen Punktes $P^{(i)}$ gegen die auf ihn wirkende Kraft $K_n^{(i)}$ um eine Strecke, die sich aus Elementen $s_n^{(i)}$ zusammensetzt, leisten wir nach Gleichung (2) die Arbeit

$$\sum_n K_n^{(i)} s_n^{(i)},$$

und wenn wir sämtliche Massenpunkte des Systems in dieser Weise verschieben, führen wir die Arbeit

$$\sum_i \sum_n K_n^{(i)} s_n^{(i)}$$

aus. Die Indizes i beziehen sich hier auf die einzelnen Massenpunkte, die Indizes n auf die Wegelemente, aus denen sich der Weg eines einzelnen Massenpunktes zusammensetzt. Wir definieren: Wir haben die „potentielle Energie des Systems" um den Betrag

$$\Delta F = \sum_i \sum_n K_n^{(i)} s_n^{(i)} \tag{4}$$

vermehrt. Die Kräfte des Systems würden selber bei der entgegengesetzten Verschiebung uns diese Arbeit liefern. Die Doppelsumme wird sich bei gewissen Eigenschaften der Kräfte unabhängig von den Wegen der Massenpunkte, nur abhängig von den Anfangs- und Endlagen der Punkte ergeben. Nur dann hat die Definition der potentiellen Energie praktischen Wert.

Es steht uns noch frei, eine beliebige Anfangsverteilung der Massenpunkte als Normalverteilung anzusetzen, dieser den Betrag Null der potentiellen Energie zuzuschreiben, und so einen absoluten Betrag der potentiellen Energie bei jeder anderen Verteilung zu definieren. In Worten sagt die Gleichung (4) aus:

Die Zunahme der potentiellen Energie ist gleich der gegen die wirkenden Kräfte geleisteten Arbeit, oder gleich der negativen Arbeit der Kräfte. Die Abnahme der potentiellen Energie ist dem entsprechend gleich der von den Kräften geleisteten Arbeit.

13. Wir wollen uns einmal ein Geschoß vorstellen, das mit Hilfe von Schießpulver aus einem Gewehre herausgeschleudert worden ist.

Das Geschoß möge sich in einem Raume bewegen, in dem keine Kräfte darauf wirken (§ 20, C). Dann wird es mit unverminderter Geschwindigkeit weiterfliegen, bis es irgendwo auf eine sich ihm entgegenstellende Kraft trifft. Wir können uns etwa denken, daß es auf die Schaufeln eines Mühlenrades trifft. Wenn diese Schaufeln hinreichend widerstandsfähig sind, wird das Mühlenrad in Drehung versetzt, und seinerseits imstande sein, Arbeit zu leisten. Das Geschoß liefert uns also diese Arbeit. Wenn es hinreichend lange arbeitet, wird es selber allmählich zur Ruhe kommen und nun weiter keine Arbeit mehr leisten können. Wir müssen daraus schließen, daß das Geschoß, so lange es sich bewegt, einen Arbeitsvorrat besitzt, eben infolge seiner Bewegung, und diesen nennen wir seine „kinetische Energie". Die chemische Energie des Pulvers ist, wenn das Geschoß den Lauf verlassen hat, nicht mehr vorhanden, dagegen finden wir jetzt kinetische Energie. Es liegt also nahe anzunehmen, daß die eine Energie die andere hervorgebracht hat. Energien können ineinander übergeführt werden.

14. Wir wollen jetzt versuchen festzustellen, wie groß die kinetische Energie eines bewegten Körpers ist. Der Körper habe die Masse m gr und bewege sich mit einer Geschwindigkeit von v cm/sek (in dem Moment, in dem wir ihn in Betracht ziehen). Es stelle sich ihm jetzt eine konstante Kraft K entgegen, gegen die er Arbeit zu leisten hat. Nach Ablauf einer Zeit t und Durchlaufen eines Weges l wird er durch die Gegenkraft K, die wir uns so gerichtet denken können, daß sie ihm konstant eine Beschleunigung gegen seine Richtung erteilt, in Ruhe gekommen sein. Der Arbeitsvorrat des Körpers muß demnach (Gl. (1)) gleich

$$Kl$$

sein. Die Geschwindigkeit v nimmt in jeder Sekunde um die durch K erzeugte Beschleunigung

$$p = \frac{K}{m}$$

ab. p ist über den ganzen Weg l konstant, da es K sein soll, und die ganze Bewegung gestaltet sich ebenso wie der vertikal nach oben gerichtete Wurf (§ 20, 13.). Es wird die Wurfhöhe, also hier l, gegegeben sein durch

$$l = \frac{v^2}{2p},$$

und somit wird der Arbeitsvorrat:

$$A = \frac{mv^2}{2}. \tag{5}$$

15. Wir kommen zu dem gleichen Resultat, wenn wir statt der konstanten Kraft K eine beliebige andere annehmen, gegen die sich das Geschoß von einem gegebenen Moment an bewegt. Lassen wir zunächst statt K die sprungweise sich ändernden Kräfte K_1, $K_2, \ldots, K_n$ mit den Beschleunigungen $p_1, p_2, \ldots, p_n$ über die entsprechenden Wege $s_1, s_2, \ldots, s_n$ wirken, so können wir zur Berechnung von A stufenweise vorgehen. Es sei die ursprüngliche Geschwindigkeit v_0. Nach Vollendung der Wege s_1 sei sie v_1 usf. Die Zeiten, nach denen die sprungweisen Änderungen eintreten, seien $t_0, t_1, \ldots, t_{n-1}$, und nach der Zeit t_n sei die Geschwindigkeit gerade vernichtet.

Dann ist zunächst nach Ablauf des Weges s_{n-1}, also zur Zeit t_{n-1}, die kinetische Energie:

$$A_{n-1} = \frac{mv_{n-1}^2}{2}.$$

Auf dem Wege s_{n-1} liefert der Körper die Arbeit

$$mp_{n-1}s_{n-1},$$

und durch Anwendung der Gleichung § 20, 13. auf zwei um die Höhe s_{n-1} von einander entfernte Ausgangspunkte des Wurfes bei entsprechenden Anfangsgeschwindigkeiten folgt:

$$s_{n-1} = \frac{v_{n-2}^2}{2p_{n-1}} - \frac{v_{n-1}^2}{2p_{n-1}},$$

und somit wird die kinetische Energie

$$A_{n-2} = mp_{n-1}s_{n-1} + A_{n-1} = \frac{mv_{n-2}^2}{2}.$$

So kommen wir schließlich zu dem Resultat, daß zur Zeit t_0, also wenn die Geschwindigkeit den Wert v_0 besitzt, die kinetische

Energie den durch (5) gegebenen Wert

$$A = \frac{m v_0^{2}}{2}$$

besitzt.

Wir können schließlich zu unendlich vielen, unendlich kleinen Stufen übergehen, und sehen, daß die Arbeit, die ein Körper infolge seiner Geschwindigkeit leisten kann, unabhängig ist von der Kraft, gegen die er sie leistet.

Die kinetische Energie ist nur von Masse und Geschwindigkeit abhängig.

16. Wir können jetzt die Vorgänge bei der Pendelbewegung vom energetischen Standpunkte aus betrachten (§ 20, D). Wenn das Pendel aus seiner Ruhelage bis zu einem gewissen Winkel gehoben wird, so besitzt es eine potentielle Energie gegenüber der Ruhelage, aber keine kinetische, da die Geschwindigkeit Null ist. Lassen wir es los, so nimmt die potentielle Energie ab und die kinetische statt dessen zu. In der Gleichgewichtslage, d. h. an seiner tiefsten Stelle, hat das Pendel das Maximum der kinetischen Energie, und das Minimum der potentiellen. Das Pendel fliegt über die Ruhelage hinaus und erreicht wieder eine höchste Lage, wenn die potentielle Energie ein Maximum, die kinetische ein Minimum, gleich 0, ist.

So wiederholt sich das Spiel, indem immer potentielle Energie und kinetische miteinander wechseln.

Wir können das so ausdrücken: Die kinetische Energie wird beim Ansteigen des Pendels in potentielle umgewandelt, beim Abfallen aus der potentiellen gewonnen.

Wie in diesem Beispiel können wir ganz allgemein konstatieren, daß, wenn eine Energieart auftritt, eine andere dafür verschwinden muß, und daß umgekehrt, wenn eine Energieart verschwindet, eine andere dafür auftritt. Energiearten können ineinander umgewandelt werden. Diese Tatsache scheint in einigen Fällen eine Ausnahme zu finden, und davon soll der nächste Paragraph handeln.

17. Wir haben in Nr. 8 genützte und gelieferte Arbeit unterschieden. Bei der Pendelbewegung gibt es zwei Viertelperioden, in denen die Erdanziehung Arbeit liefert, nämlich in den Zeiten, in denen die potentielle Energie abnimmt. Es ist aber keine Gegenkraft da gegen die Erdkraft, also ist auch keine „genützte" Arbeit vorhanden. Statt dessen wächst aber die kinetische Energie, und zwar um ebensoviel, als die „gelieferte" Arbeit beträgt. Verallgemeinernd können wir daraus schließen, daß die Differenz zwischen gelieferter und genützter Arbeit immer kinetische Energie wird.

§ 26. Einleitung zum Energieprinzip.

1. Die Arbeit sowohl, wie alle die Größen, aus denen wir Arbeit gewinnen können, also z. B. die kinetische und potentielle Energie, fassen wir unter dem Namen „Energien" zusammen, und speziell sind die bisher besprochenen Energiearten, außer der erwähnten chemischen „mechanische Energien".

Daß eine mechanische Energie in eine andere mechanische übergeführt werden kann, haben wir im vorigen Paragraphen beim Pendel erkannt. Es läßt sich nun zeigen, daß dies beim idealen mathematischen Pendel quantitativ erfolgt. Beim Herabfallen der Pendelmasse m aus der höchsten Lage, in der sie keine kinetische Energie besitzt, in seine niedrigste, um den vertikalen Abstand h tiefere, verliert diese Masse an potentieller Energie den Betrag

$$\varDelta F = mgh$$

und gewinnt eine kinetische Energie

$$A = \frac{mv^2}{2},$$

wo v die Geschwindigkeit bedeutet, die die Masse in dem betrachteten Moment besitzt.

Diese Geschwindigkeit ist nach § 20, 19.

$$v = \sqrt{2gh}.$$

Demnach wird

$$A = mgh$$

und

(1) $$\varDelta F = A.$$

Ebenso ergibt sich umgekehrt, wenn das Pendel wieder steigt,

$$A = \varDelta F,$$

die kinetische Energie verwandelt sich wieder quantitativ in potentielle.

Beim freien Fall und bei der schiefen Ebene läßt sich leicht berechnen, daß die gewonnene kinetische Energie in jedem Moment gleich der bis dahin verlorenen potentiellen Energie ist.

Ist z. B. ein frei fallender Körper um die Höhe h gefallen, so hat er an potentieller Energie den Betrag mgh verloren, wo

$$h = g\frac{t^2}{2}$$

ist (§ 20, 3.). Es ist also

$$\varDelta F = \frac{mg^2t^2}{2}.$$

Er hat dabei die Geschwindigkeit

$$v = gt,$$

also die kinetische Energie

$$A = m\frac{v^2}{2} = \frac{mg^2t^2}{2}$$

erlangt, so daß also die Gleichung (1) in jedem Moment des Falles erfüllt ist.

Beim Fall auf der schiefen Ebene liegen die Verhältnisse nicht anders, da hier nach Durchlaufen eines bestimmten Vertikalabstandes die Geschwindigkeit dieselbe ist, wie beim freien Fall (§ 20, 6.).

2. Diesen drei Beispielen, dem freien Fall, der schiefen Ebene und dem Pendel liegt als Ausgangspunkt die Tatsache zugrunde, daß ein beliebiger Körper von der Erde eine von Form und Gewicht des Körpers unabhängige Beschleunigung g erhält. Das ist streng richtig für einen im luftleeren Raume fallenden Körper, und wir wollen annehmen, daß das Gesetz an einem solchen experimentell geprüft worden sei, obwohl in Wirklichkeit die Prüfung komplizierter ist. Die schiefe Ebene und das mathematische Pendel sind Abstraktionen. Wir haben s. Z. ihre physikalischen Grundlagen nicht kritisch geprüft, sondern uns mit der Angabe begnügt, daß deren Bewegung „reibungslos“ erfolgen solle.

In Wirklichkeit haben wir stillschweigend vorausgesetzt, daß diese Bewegungen nur zwei Bedingungen unterworfen seien, erstens der beschleunigenden Kraft der Erde, zweitens einem Bewegungszwang, dem Zwang, sich in einer vorgeschriebenen Bahn zu bewegen. Weitere Bedingungen sollen nicht vorliegen; d. h. z. B. in der erlaubten Bahn soll der Körper ebenso frei beweglich sein, als ein im luftleeren Raume befindlicher Körper. Für unsere mathematischen Berechnungen genügte dies. Physikalisch müßten wir erst prüfen, wie weit die Bedingungen erfüllt sind, und das könnte etwa dadurch geschehen, daß wir prüfen, wie weit eine physikalische Ausführung z. B. des Pendels die mathematischen Resultate bestätigt.

3. Das Gesetz von Gleichung (1) ist ein Resultat der mathematischen Ableitung, und wir können sagen, es geht bei den angeführten Beispielen keine Energie verloren. Die einmal vorhandene Energie eines Systems bleibt erhalten.

Physikalisch dagegen zeigt sich, daß die Gleichung (1) nie streng erfüllt ist. Beim Pendel z. B. finden wir, daß die Ausschläge immer kleiner werden, daß also die potentielle Energie in den höchsten Stellungen immer abnimmt, und somit die Gleichung (1) nicht erfüllt sein kann. Es lassen sich zwar Anordnungen treffen, z. B. durch Aufhängung des Pendels an sehr feinen Schneiden, so daß die Abnahme der Ausschläge sehr vermindert wird. Ganz vermeiden aber läßt sie sich nicht.

Der fallende Körper kommt, wenn er den Erdboden berührt, zur

Ruhe. Die kinetische Energie, die aus seiner potentiellen entstanden ist, ist nicht mehr da; aber auch die potentielle ist verschwunden.

Sehr auffällig ist auch die Abweichung von dem mathematischen Resultat bei der schiefen Ebene. Die zu erwartende Geschwindigkeit wird unter Umständen auch nicht annähernd erreicht.

Und doch geht keine Energie verloren.

Das erkannt zu haben ist in erster Linie das Verdienst von Robert Mayer.

4. Immer nämlich, wenn Energie verloren zu sein scheint, zeigt sich an irgendeiner Stelle des Systems eine Erwärmung. Die schiefe Ebene, auf der der Körper gleitet, wird warm, die Unterlage, auf die wir einen Körper fallen lassen, wird es, und ebenso wird es die Drehachse des Pendels. Und diese Erwärmung steht in einer bestimmten Beziehung zu der scheinbar verlorenen Energie, sie liefert das Äquivalent dazu. In welcher Weise das der Fall ist, wollen wir uns jetzt vergegenwärtigen, müssen aber vorher einen neuen Begriff, den der Wärmemenge, kennen lernen.

§ 27. Temperatur und Wärmemenge.

1. Der Begriff der Temperatur, oder in der Volkssprache der Wärme, entstammt, wie so vieles andere, unserem subjektiven Gefühl. Gewisse unterscheidbare Empfindungen beim Berühren von Körpern z. B. erklären wir dadurch, daß wir den Körpern verschiedene Temperatur zuschreiben. Wodurch diese Temperaturen der Körper hervorgebracht werden können, ist seit alters her bekannt.

Hand in Hand mit einer durch das Gefühl nachweisbaren Temperaturzunahme geht nun eine Vergrößerung der Dimensionen der heißer werdenden Körper. Wenigstens ist das bei weitaus den meisten Körpern der Fall. Das kann uns ein Mittel liefern, auf objektivem Wege Temperaturveränderungen wahrzunehmen und Temperaturgleichheit zu konstatieren.[1]) Es ist nämlich Erfahrungstatsache, daß zwei verschieden warme Körper durch Berührung ihre Temperaturen ausgleichen, jedenfalls bis zu einem gewissen Gleichgewichtszustand. Davon können wir uns noch durch das Gefühl überzeugen.[2])

1) Vgl. M. Planck, Vorlesungen über Thermodynamik. 1. Abschn., 1. Kap., speziell § 2 und 3.

2) Hier, wie in vielen anderen Fällen zeigt sich, daß das ursprüngliche Kriterium, das eine Untersuchung einleitet, also das Gefühl beim Fortschreiten der Forschung nicht nur nicht ausreicht, sondern sogar falsche, d. h. mit unseren neu geschaffenen Kriterien nicht übereinstimmende Resultate liefert. So fühlt sich ein Metall bei niederer Temperatur kühler an, als ein gleich temperierter Stein. Die fortgeschrittene Forschung hat das zu deuten verstanden.

Haben wir uns nun einen Standardkörper als Meßinstrument ein für allemal gewählt, z. B. eine Quecksilbermenge, die in ein Gefäß eingeschlossen ist und in einem Faden endet (Quecksilberthermometer), so können wir jedem Volumen dieses Standardkörpers eine bestimmte Temperatur in ihm selbst zuschreiben.

Wir bringen nun diesen Meßkörper in Berührung mit zwei anderen Körpern, die wir für verschieden warm halten, und die in der Tat durch diese Berührung den Meßkörper auf verschiedene Volumina bringen mögen.

Die beiden Körper sollen sich jetzt für längere Zeit berühren und mögen dann wieder während der Berührung jeder mit dem Meßkörper längere Zeit in Berührung gehalten werden. Es zeigt sich dann, daß diese Berührungen jetzt dem Meßkörper gleiches Volumen erteilen.

Es wird also durch die Berührung der beiden Körper untereinander jedenfalls das erreicht, daß sie den Meßkörper auf gleiche Temperatur bringen.

Da das bei verschiedenen Körpern und verschiedenen Meßinstrumenten immer wieder der Fall ist, so sind wir zu der folgenden Definition berechtigt:

Mehrere Körper haben untereinander gleiche Temperatur, wenn sie durch Berührung mit einem unter ihnen, den wir als Meßkörper auffassen, dessen Temperatur nicht ändern.

Dabei könnten wir noch eins übersehen haben, nämlich, daß die Änderung unwahrnehmbar langsam erfolgt. Davon können wir uns überzeugen, wenn wir absichtlich eine Temperaturänderung eines der Körper vornehmen.

2. Wir können nun mit Hilfe eines bestimmten Körpers eine Temperaturskala aufstellen, die aber einer weit größeren Willkür unterworfen ist, als etwa die Zeitskala. Es geschieht dies mit Hilfe der verschiedenartigen Thermometer.

3. Wollen wir die Temperaturzunahme meßbar machen, und eine Einheit für Temperaturdifferenzen[1]) festlegen, so müssen wir zunächst imstande sein, Gleichheit von Temperaturdifferenzen feststellen zu können, wie wir erst Gleichheit von Zeiten, also von Zeitdifferenzen nachweisbar machen mußten. Das geschieht etwa dadurch, daß wir ein Volumen v eines Körpers, z. B. Quecksilber nehmen, wo v eine Variable mit der Temperatur ist, und nun festsetzen: Solche Temperaturzunahmen, die v auf $v\left(1+\frac{1}{n}\right)$ wachsen

1) Das Wort Temperatur unterliegt hier demselben Begriffsdualismus, wie das Wort Zeit als Zeitpunkt und Zeitraum.

lassen, nennen wir gleich. Also jedesmal, wenn das Volumen durch die Erwärmung um $1/n$ seines vorhergehenden Wertes wächst, soll die Temperatur um das Gleiche gewachsen sein. n ist eine willkürliche Konstante.

Ganz ähnlich sind wir auch bei der Definition von Zeitgleichheit vorgegangen; nur bot sich da der große Vorteil, daß eine große Zahl von Vorrichtungen den gleichen Begriff der Zeitgleichheit lieferte. Bei der Temperatur gibt es nicht zwei Körper, die den entsprechenden Gleichheitsbegriff gleich liefern. Das wird durch folgendes klar werden. Wählen wir zwei Substanzen, die zu Temperaturmessungen verwandt werden, Quecksilber und Weingeist, und legen wir mit Hilfe des Quecksilbers im kalten Winter ein Temperaturintervall fest dadurch, daß wir das Quecksilber sich auf $1/n$ seines Volumens durch Erwärmen vergrößern lassen, und bestimmen wir den Bruchteil $1/m$, um den sich im gleichen Temperaturintervall ein gegebenes Weingeistvolumen vermehrt hat, so wird im heißen Sommer, also beim Erwärmen von einer höheren Temperatur aus, der Wert $1/m$ ein anderer sein. Umgekehrt, sehen wir das $1/m$ für Weingeist als konstant an zur Definition von Temperaturgleichheit, so ist bei Quecksilber die Änderung des Volumens bei höherer Temperatur nicht mehr die gleiche in dem festgelegten Temperaturintervall, also nicht mehr $1/n$.

Nur angenähert führen verschiedene Stoffe zu demselben Gleichheitsbegriff, am besten die Gase.

Die Tatsache, daß je nach der Wahl des Meßkörpers der Gleichheitsbegriff verschieden ausfällt, stellt die Brauchbarkeit eines einzelnen daraus herausgegriffenen in Frage. Gleichwohl bleibt uns nichts übrig, als diesen Weg einzuschlagen.

4. Die Einteilung der Temperatur in „Celsiusgrade" ist erst möglich, nachdem die Konstanz des Gefrierpunktes und des Siedepunktes nachgewiesen ist. Jeder Körper nimmt ein bestimmtes Volumen v_0 immer wieder ein, sobald man ihn in gefrierendes Wasser (schmelzendes Eis) bringt. Das berechtigt zu dem Schluß (oder besser der Hypothese), daß der Eispunkt konstant ist. Für den Siedepunkt gilt das zunächst nicht, wohl aber, wenn man auf Konstanz des Atmosphärendruckes achtet. Die Einteilung der Temperatur in Celsiusgrade entspricht dann der Formel

$$v_t = v_0 \left(1 + \frac{t}{100} \frac{1}{\nu}\right).$$

Als Thermometersubstanz dient Quecksilber; v_0 ist das Volumen der angewandten Masse beim Gefrierpunkt, 0^0, v_t das Volumen bei t^0; $1/\nu$ ist der Bruchteil, um den sich irgendein Volumen zwischen Gefrier- und Siedepunkt ausdehnt.

Diese Formel entspricht nicht der Formel $v(1+1/n)$, in der v selbst ein variables Volumen bedeutet, und die wir zur Definition des Gleichheitsbegriffes von Temperaturdifferenzen im vorigen Abschnitt verwandt haben. Sie führt demnach auch zu einem etwas anderen Gleichheitsbegriff. Wir haben sie aus logischen Gründen im vorigen Abschnitt nicht eingeführt, weil sie von einem Normalvolumen v_0 der Thermometersubstanz Gebrauch macht. In mittleren Temperaturen, also jedenfalls zwischen 0° und 100° Celsius kommen übrigens beide Formeln merklich aufs gleiche hinaus. Aus der Formel $v(1+1/n)$ folgt durch wiederholte Anwendung, wenn wir von $v = v_0$ ausgehen, $1/n = 1/100\,\nu$ setzen, also unter $1/n$ den Bruchteil verstehen, um den sich beim ersten Celsiusgrad das Volumen vermehrt,

$$v_t = v_0\left(1+\frac{1}{n}\right)^t.$$

Ist aber $1/n$ sehr klein, und das ist in der Tat der Fall, so kann man nach dem binomischen Lehrsatz (Bd. I, § 60 der 2. Aufl.) näherungsweise

$$v_t = v_0\left(1+\frac{t}{n}\right)$$

setzen, was mit der Celsiusgradeinteilung übereinstimmt.

Der Wasserstoff, der auch zu thermometrischen Zwecken verwandt wird, dehnt sich innerhalb eines Celsiusgrades von Null Grad an um $\frac{1}{273}$ seines Volumens aus, andere Gase um genähert ebensoviel. Es liegt demnach nahe, bei allen Temperaturen als Temperaturdifferenz 1 Grad das Intervall anzunehmen, das den Wasserstoff in der Nachbarschaft von Null Grad um $\frac{1}{273}$ seines Volumens ausdehnt. Tatsächlich geschieht das in der Physik.

Als Zeichen für die Benennung Grad wird bei Temperaturen das gleiche Zeichen wie bei Winkelgraden (also t^0) gebraucht. Es ist vielfach gebräuchlich die Temperatur als dimensionslose Zahl anzusehen. Logisch richtig ist es, die Temperatur neben Länge, Zeit und Masse als vierte Fundamentalgröße anzusehen Damit würde der Temperaturgrad eine vierte Fundamentaleinheit und die Temperatur erhielte eine neue Dimension (§ 18, 6) die etwa das Symbol $[\tau]$ führen könnte.

5. Wenn wir ein Stück Blei und ein ebenso schweres Stück Eisen nacheinander in ein und dieselbe Flamme hinein halten, so werden wir bei dem Eisen etwa dreimal so lange zu warten haben, bis es eine gewünschte Temperatur angenommen hat, als bei dem Blei. Suchen wir nach der Ursache dazu, so werden wir sie zunächst in verschiedenen Tatsachen vermuten können.

Ein grob sinnliches Analogon dazu aus dem täglichen Leben kann uns dabei einfallen. Wenn wir nämlich zwei verschieden weite Gefäße unter einem laufenden Brunnen füllen wollen, wird bei dem weiteren Gefäß eine längere Zeit erforderlich sein, um das Wasser bis zu einer bestimmten Höhe einzufüllen. Das Analogon zu der Temperatur wäre also hier die Wasserhöhe.

Das Erwärmen würde sich also so verhalten, als ob wir dem zu erwärmenden Körper mittels der Flamme irgendein Etwas — das wir uns nicht als einen greifbaren Stoff vorzustellen brauchen — zufügten, das die Temperatur in dem Körper steigerte, wie das einfließende Wasser die Höhe steigert.

Es könnte sich freilich der Zeitunterschied in der Erwärmung auch so erklären, wie er sich bei zwei gleich großen Gefäßen erklären würde, deren eines eine kleinere Einflußöffnung hat, so daß mehr Wasser daneben fließt als beim anderen. Auch diese Annahme würde uns zu dem Bilde eines „masselosen Stoffes" führen, der dem erwärmten Körper mitgeteilt wird und den wir vorerst, rein qualitativ definiert, als „Wärmemenge" bezeichnen wollen. In der Tat liegen Erscheinungen vor, die beiden Vergleichsexperimenten analog sind. Die erste Analogie von den zwei verschieden weiten Gefäßen — und auf diese kommt es uns hier nur an — wollen wir uns durch einen weiteren Vergleich versinnlichen, bei dem wir alles Zeitliche ausschalten, also damit das Bild der verschieden weiten Eintrittsöffnungen unzutreffend machen.

6. Wir wählen zwei verschieden weite zylindrische Gefäße, die wir am unteren Ende mittels eines Rohres mit Hahn in Verbindung setzen können. Im einen Gefäß stehe das Wasser höher als im anderen. Verbinden wir die Gefäße, so stellen sich beide Wasserhöhen gleich und eine einfache Rechnung, die darauf basiert, daß aus dem einen Gefäß ebenso viel Wasser aus- wie ins andere eingeflossen sein muß, zeigt, daß diese gemeinsame Höhe näher an der ursprünglichen des weiteren Gefäßes liegen wird, als an der des engeren. Wenn die Gefäße gleich weit sind, ist die definitive Höhe das arithmetische Mittel der ursprünglichen Höhen.

Bringen wir analog zwei gleich schwere, aber verschieden heiße Stücke von Eisen und Blei aneinander, so daß sie ihre Wärme austauschen können, was allerdings so geschehen muß, daß kein dritter Körper, z. B. Luft, mit an dem Wärmeaustausch teilnehmen kann, so finden wir, daß die endgültige Temperatur näher an der ursprünglichen des Eisens liegt, als an der des Bleies.

7. Dem vorigen Bilde entsprechend machen wir jetzt die erste quantitative Definition:

Die Wärmemenge, die ein mit der Temperatur e i n d e u t i g veränderlicher Körper enthält, ist eine eindeutige Funktion der Temperatur.[1]) D. h. bei einer gewissen Temperatur t_1 enthält ein gegebener Körper eine bestimmte Wärmemenge q mehr, als bei einer tieferen Temperatur t_0, so oft wir ihn auch von einer auf die andere bringen. q ist von der Größe des Körpers und dem Material abhängig, bei einmal gegebenen Temperaturen t_1 und t_0 aber konstant. Es ist also q eine Funktion von t_1 und t_0. Im allgemeinen genügt es nicht, q nur von der Temperaturdifferenz abhängig anzunehmen, wenn dies auch näherungsweise bisweilen erlaubt ist.

8. Wir können nach dieser Festlegung bereits eine Einheit für die Wärmemenge wählen, ohne daß es uns allerdings vorerst möglich ist, in dieser Einheit andere Wärmemengen zu messen. Wir definieren diejenige Wärmemenge, die ein Gramm Wasser bei 16° Celsius mehr besitzt, als bei 15°, als eine Einheit, eine Kalorie, auch Grammkalorie oder kleine Kalorie genannt, im Gegensatze zu der Kilogrammkalorie oder großen Kalorie, bei der ein Kilogramm Wasser zugrunde gelegt ist. Es werden auch wohl als Temperaturen 0° und 1° zugrunde gelegt. Dann spricht man von einer Nullpunktskalorie. Oder man wählt 0° und 100° und nennt die Wärmemenge q_{100}, die die eine Temperatur in die andere umwandelt 100 Kalorien. Eine solche Kalorie heißt dann „mittlere oder Bunsensche Kalorie". Die letztere Definition können wir einstweilen noch nicht verstehen, da wir die Wärmemenge q_{100} noch nicht in 100 Teile zu teilen imstande sind.

9. Wenn wir n einzelne Gramm Wasser von je t_1 Grad vorsichtig, d. h. hinreichend langsam, zusammengießen, hat die Mischung nachher ebenfalls eine Temperatur von t_1 Grad. Ebenso hat, wenn wir ein Gramm in n Teile zerlegen, jeder Bruchteil nach der Zerlegung t_1 Grad. Daraus können wir folgern, daß n ccm n mal soviel Kalorieen besitzen, als ein Kubikzentimeter; denn die Temperaturmessung zeigt, daß keines der einzelnen Gramm Wasser Wärme verloren hat. Vorausgesetzt ist freilich, daß ein Gramm Wasser sich in seinen Wärmeeigenschaften wie das andere verhält. Das ist eine Voraussetzung, die plausibel ist, wenn die einzelnen Wassermengen aus dem gleichen Gefäße entnommen sind, und die wir solange aufrecht erhalten dürfen, als wir dadurch zu praktisch verwertbaren Resultaten kommen, die mit dem Experiment nicht in Widerspruch stehen.

1) Den absoluten Wert dieser Wärmemenge brauchten wir nicht zu definieren. Wir könnten auch annehmen, daß er nichts konstantes ist. Nur müssen wir das festlegen, daß er sich bei einer bestimmten Temperaturänderung, d. h. zwischen zwei gegebenen Temperaturen bei einem und demselben Köper, immer um den gleichen Betrag ändert.

Das hier gewonnene Resultat gilt auch für andere Körper. Die n-fache Masse eines Körpers wird die n-fache Wärmemenge enthalten.

10. Das unter 6. besprochene Ergebnis, daß zwei verschieden warme Körper (Blei und Eisen) durch gegenseitige Berührung auf eine gemeinsame mittlere Temperatur gebracht werden, kann jetzt dadurch gedeutet werden, daß der eine Körper eine Wärmemenge q_1 verloren, der andere eine Wärmemenge q_2 aufgenommen hat.

Es fragt sich nun: Sind wir berechtigt, anzunehmen, daß die Wärmemenge, die der wärmere Körper verloren hat, auf den kälteren übergegangen ist, d. h. daß q_1 und q_2 quantitativ gleich sind?

11. Der Temperaturausgleich zwischen zwei verschieden warmen Körpern geht nicht plötzlich vor sich, sondern mehr oder weniger langsam. Das kann uns dazu dienen, die Anzahl Gramm Wasser zu ermitteln, die von einem vorgegebenen Körper von 15° auf 16° erwärmt werden, wenn er selber sich von einer Temperatur t_1 auf eine andere t_0 durch den Kontakt mit dem Wasser abkühlt.

Wir müssen den auf t_1 Grad erwärmten Körper in ein Quantum Wasser tauchen, herausheben, sobald er t_0 Grad besitzt, und nun mit systematisch veränderter Wassermenge diesen Versuch wiederholen, bis wir eine Wassermenge gefunden haben, die sich während des Experimentes gerade von 15° auf 16° erwärmt. Es sei hier vorausgesetzt, daß t_0 und t_1 größer als 16° sind.

Beträgt die gefundene Wassermenge a Gramm, so können wir jedenfalls aussagen, das Wasser hat a Kalorien aufgenommen.

Das Experiment lehrt nun folgendes. Dieser Wert a ist um so größer, je größer die Temperaturdifferenz $t_1 - t_0$ von einem bestimmten t_0 aus gerechnet ist (aber er ist dieser Differenz nicht proportional). Er ist ferner um so größer, je größer der eingetauchte Körper bei vorgeschriebenem Material ist, und zwar ist er dann der Masse proportional. Und weiter ergibt sich ein quantitatives Resultat: Wenn der Körper beim Abkühlen von t_1 auf t_0 Grad a Kalorien im Wasser erzeugt, beim Abkühlen von $t_2 > t_1$ auf t_1 Grad b Kalorien, so erzeugt er beim Abkühlen von t_2 auf t_0 Grad $a + b$ Kalorien.

12. Das sind die Eigenschaften, die wir von der nach (7) definierten Wärmemenge voraussetzen müssen. Wir sind also, da uns kein anderer Zwang auferlegt ist, berechtigt, die durch Abkühlung eines Körpers im Wasser erzeugten Kalorien als Maß der Wärmemenge aufzufassen, die (nach 7.) ein Körper bei t_1 Grad mehr besitzt, als bei t_0 Grad.

13. Für die Ausführung der Experimente sei hier erwähnt, daß sich das Resultat nicht ändert, wenn wir den Körper A nicht direkt in Wasser, sondern erst an einem zweiten, B, von t_1 auf t_0 Grad abkühlen. Der Körper *B* wird sich dabei von einer Temperatur t_0' auf t_1' erwärmen und wenn wir ihn nun wieder in Wasser auf t_0' abkühlen, werden wir die gleiche Menge Wasser von 15° auf 16° erwärmen können, wie wenn wir den Körper *A* selber in Wasser getaucht hätten.

Das lehrt uns, daß wir, statt die Wassermenge *a* auszuprobieren, den Körper von t_1 auf t_0 Grad in einer beliebigen Wassermenge von 15°, die weniger als *a* Gramm beträgt, abkühlen dürfen. Das Wasser wird dann wärmer als 16°, und wir erhalten die richtige Wassermenge *a*, wenn wir es jetzt mit weiterem Wasser von 15° mischen, bis wir im gesamten 16°, erreicht haben. Wir können uns auch durch ein für allemal angestellte Messungen eine Skala aufstellen, die direkt aus der Temperatur der zu kleinen Wassermenge die Anzahl Kalorien ablesen läßt, die wir schließlich erhalten würden.

Wir können also auf diese Weise direkt bestimmen, wie viele Kalorien ein Gramm Wasser bei einer beliebigen Temperatur mehr besitzt, als bei einer beliebigen tieferen. (Dies gibt uns auch ein Mittel, die in 8. besprochene mittlere Kalorie streng zu definieren.)

14. Die Brauchbarkeit der Definition 12. wird sich wesentlich verbessern, wenn es gelingt, nachzuweisen, daß umgekehrt beim Erwärmen des benutzten Körpers *A* von t_0 auf t_1 Grad durch einen anderen Körper diesem wieder die gleichen *a* Kalorien entzogen werden, daß also zu seiner Erwärmung von t_0 auf t_1 Grad ebensoviele Kalorien erforderlich sind, als er bei entsprechender Abkühlung selber abgibt. Der experimentelle Beweis hierfür läßt sich in folgender Weise erbringen.

Der Körper *A* gebe bei seiner Abkühlung von t_1 auf t_0 Grad *a* Kalorien ab. Wir wollen ihn jetzt wieder auf t_1 Grad erwärmen, indem wir ihn mit einem hinreichend heißen Körper *B* die erforderliche Zeit in Berührung bringen.

Der Körper *B* habe vor der Berührung die Temperatur t_3. Zunächst ermitteln wir einmal, welche Wärmemenge er abgibt, um sich auf eine beliebig festgesetzte Temperatur — zweckmäßig sind z. B. 16 Grad — abzukühlen. Diese Wärmemenge sei *b*. Wir erwärmen ihn nun wieder auf t_3 und bringen ihn dann mit dem Körper *A* solange in Berührung, bis sich *A* von t_0 auf t_1 erwärmt hat, wobei er von *B* eine Wärmemenge *a'* aufgenommen haben möge.

Der Körper *B* wird sich dabei auf eine Temperatur t_2 abgekühlt haben, die zwischen t_1 und t_3 liegt. Wir können jetzt die Wärmemenge *c* bestimmen, die er abgibt, bis er sich wieder auf 16° weiter abkühlt. Diese Wärmemenge *c* muß wegen der in 13. besprochenen Tatsache, daß man beliebige Zwischenglieder beim Abkühlen einschalten kann, um *a'* kleiner sein, als *b*. Das Experiment zeigt aber, daß

$$b - c = a$$

ist, also ist

$$a' = a,$$

und damit ist bewiesen, daß ein Körper zur Erwärmung von einer Temperatur t_0 auf eine andere t_1 ebensoviele Kalorien aufnimmt, als er bei Abkühlung von t_1 auf t_0 abgibt.

Die beiden in 13. und 14. angeführten Beispiele lehren uns, daß die nach 7. und 12. definierte Wärmemenge eine bei den angeführten Versuchen unveränderliche Größe ist. Sie geht nur von einem Körper auf den anderen über, bleibt aber in ihrer Gesamtheit konstant.

15. Es fehlt uns noch eine Definition der Wärmemenge für Temperaturen unter 15 Grad. Diese ist aber nach dem Resultalt von 14. leicht, indem wir die Abkühlung einfach durch eine Erwärmung ersetzen dürfen. Ein Körper von einer Temperatur unter 15 Grad werde in Wasser von 16 Grad gebracht, und die Wassermenge bestimmt, die durch seine Erwärmung auf eine vorgegebene Temperatur gerade auf 15^0 abgekühlt wird.

Die Wärmemenge zu ermitteln, die ein Körper zwischen 15^0 und 16^0 besitzt, ist dadurch möglich, daß wir ihn mit Wasser von einer z. B. größeren Temperatur in Berührung bringen. Die Ausführungen in 13. lehren dann das weitere Vorgehen.

16. Die in den vorigen Abschnitten besprochenen Experimente oder Versuche sind in Wirklichkeit vielleicht niemals ausgeführt worden. Ihr Resultat folgt aber aus einer außerordentlich großen Zahl von anderen Experimenten. Da wir hier nicht imstande sind, rein historisch die Entwicklung des Begriffs „Wärmemenge" abzuleiten, müssen wir ideale Experimente anführen, denen sich vielleicht zum Teil sehr große experimentelle Schwierigkeiten in den Weg stellen würden. Dasselbe gilt übrigens auch für viele der in früheren Paragraphen angeführten Versuche, z. B. für die Bestimmung der Erdbeschleunigung durch den freien Fall im Vakuum (§ 26, 2.).

17. Wir wollen hier noch die Definition einer weiteren Größe aus dem Gebiete der Wärmelehre anführen. Die Wärmemenge, die ein Gramm einer gegebenen Substanz von einer Temperatur auf die um einen Grad höhere Temperatur erwärmt, heißt die „spezifische Wärme" ($= c$) der Substanz. Diese ist von der Ausgangstemperatur selbst abhängig. Sogar innerhalb eines Grades ist streng genommen die Wärmemenge, die ein Gramm um einen vorgegebenen Bruchteil eines Grades wärmer macht, von der Ausgangstemperatur innerhalb dieses Grades abhängig, wenn auch nur in geringem Maße. Ähnlich wie bei der Definition der Geschwindigkeit müssen wir also streng genommen die spezifische Wärme durch einen Grenzwert definieren:

$$c_{t_1} = \lim_{t_2 = t_1} \frac{q}{t_2 - t_1},$$

worin q die zur Erwärmung von t_1 auf t_2 erforderliche Wärmemenge bedeutet.

Man könnte auch die Wärmeeinheit als einen Grenzwert definieren; dann wäre die Wärmeeinheit dem Zahlenwert nach identisch mit der spezifischen Wärme des Wassers bei 15 Grad. Diese Definition ist aber nicht gebräuchlich.

Die Wärmemenge, die einen Körper von gegebener Masse um einen Grad erwärmt, heißt der „Wasserwert" des betreffenden Körpers. Dieser Wasserwert ist also das Produkt aus spezifischer Wärme und Masse des Körpers, und dem Zahlenwert nach gleich der Anzahl Gramm Wasser von 15 Grad, die durch die gleiche Wärmemenge um 1 Grad erwärmt wird. Daraus erklärt sich der Namen „Wasserwert".

§ 28. Das Energieprinzip und Ergänzungsgesetze.

1. Außer durch den Kontakt mit wärmeren Körpern können wir Körper auch auf rein mechanischem Wege erwärmen — z. B. durch Reiben zweier gleich temperierten Körper aneinander —, aber immer nur unter Aufwendung einer äußeren Arbeit, die nachher als mechanische Energie nicht mehr vorhanden ist. Umgekehrt wird immer, wenn eine mechanische Energie verschwindet, eine Erwärmung zu beobachten sein, was bereits in § 26, 4. erwähnt ist.

Daß wir aus der Wärme aber auch Arbeit gewinnen können, lehrt uns die Dampfmaschine.

Das legt den Versuch nahe, die Wärme als eine Energieart aufzufassen, ein Versuch, der durch die Tatsache noch gerechtfertigt wird, daß die Wärmemenge, die beim Verschwinden einer mechanischen Arbeit auftritt, immer proportional dieser Arbeit, und daß umgekehrt die Arbeit, die aus einer Wärmemenge gewonnen wird, immer dieser Wärmemenge proportional ist. In beiden Fällen ist der Proportionalitätsfaktor derselbe. Ausgenommen sind nur solche Fälle, bei denen nachweisbar andere Energiearten in entsprechender Größe auftreten, wie chemische oder elektrische Energie, auf die wir aber hier nicht näher eingehen wollen.

2. Es gilt also allgemein

$$A = iW, \tag{1}$$

wenn A die verschwundene Menge von Arbeit — soweit keine andere Energie auftritt — gemessen in irgendwelchen Einheiten, W die auftretende Wärmemenge in Kalorien bedeutet. Der Proportionalitätsfaktor i ist von dem angewandten Maßsystem abhängig. Er heißt das „mechanische Wärmeäquivalent“.

Das Wärmeäquivalent ist also, wie aus der Gleichung (1) folgt, die Arbeit, die aus der Wärmemenge 1 Kalorie gewonnen werden kann, oder auch die Arbeit, die verschwinden muß, um 1 Kalorie Wärme zu erzeugen.

Messen wir die Arbeit in Grammetern (gr-m), die Wärme in Grammkalorien (cal), oder auch die Arbeit in Kilogrammetern, die Wärme in Kilogrammkalorien (Cal), so ist beide Male

$$i = 427.$$

Also:

1 cal äquivalent mit 427 Grammetern,

1 Cal äquivalent mit 427 Kilogrammetern.

Die Umrechnung nach § 25, 5. ergibt hieraus:

$$J = 419 \cdot 10^5; \qquad W \text{cal} = J \cdot W \text{ erg}.$$

3. Wir dürfen nach Feststellung dieser Tatsache die Einheiten der Wärme gleich $\frac{1}{J}$ cal festlegen, statt 1 cal. Dann wird eine dieser neuen Wärmeeinheiten äquivalent mit einem erg sein, und wir können diese neue Einheit direkt als 1 erg bezeichnen, also die Wärmemenge in Arbeitseinheiten messen. Ja, wir können direkt die Annahme machen:

Die Wärme ist eine Form der Energie, ebenso gut, wie kinetische und potentielle Energien Formen der Energie sind.

4. Wir geben jetzt dem Energieprinzip die folgende Fassung:

Wenn an irgendeinem Orte des Raumes eine gewisse Menge Energie irgendeiner Energieform verschwindet, so muß an irgendeinem Orte die gleiche Menge in einer anderen oder der gleichen Energieform auftreten.

Die Fassung: „Der Energieinhalt in einem abgeschlossenen Systeme bleibt quantitativ unverändert“, ist ohne weiteren Kommentar unverständlich. Der Begriff „abgeschlossenes System“ ist nicht allgemein zu definieren. Der dieser Fassung zugrunde liegende Gedanke ist etwa durch folgenden wiederzugeben. Gehen in einem Raume irgendwelche Energieumsetzungen vor sich, so läßt sich eine diesen Raum umschließende in sich geschlossene Fläche finden, derart, daß die außerhalb dieser Fläche erfolgenden Vorgänge sich unabhängig von den im Innern erfolgenden abspielen. In ihrem

Innern bleibt dann der Energieinhalt konstant. Der von dieser Fläche umschlossene Raum kann als das „abgeschlossene System“ aufgefaßt werden. Die möglichen Dimensionen eines solchen Systems haben den Grenzwert Unendlich. So spielen sich die durch die Sonnenstrahlung hervorgebrachten Energieumsetzungen in einem unendlich großen System ab.

5. Das Energieprinzip ist nicht beweisbar, ist aber in so vielen Fällen bestätigt, daß es die Bedeutung einer apriorischen Gewißheit erworben hat. Wenn wir es einmal durchbrochen finden, werden wir weit eher die Vermutung hegen, irgendeine vielleicht bis dahin noch unbekannte Energieart übersehen zu haben, als daß wir es darum aufgeben. Dieser Fall ist z. B. kürzlich bei Entdeckung des Radiums eingetreten, das dauernd Strahlungsenergie erzeugt, ohne daß man weiß, woher diese stammt.

Die Energieformen, die wir bisher außer den mechanischen Energien und der Wärmeenergie kennen, sind chemische, elektrische, magnetische Energie, Strahlungsenergie, und zwar Licht-, Wärme-, Kathoden-, Röntgen-, Radiumstrahlung.

6. Historische Entwicklung des Energieprinzips.

Die Erkenntnis des Energieprinzips ist, wie es bei sehr vielen Entdeckungen der Fall ist, sehr stufenweise vor sich gegangen, so daß man streng genommen keinen Einzelnen als Entdecker, keine Jahreszahl als die der Entdeckung dieses Gesetzes ansprechen kann.

Schon Galilei operierte um 1600 mit dem Satze, daß ein fallender Körper durch die im Falle erlangte Geschwindigkeit ebenso hoch steigen kann, als er gefallen ist.

Damit hatte Galilei also die Umsetzbarkeit von kinetischer Energie in potentielle ausgesprochen, ohne sie mathematisch formuliert zu haben. Die beiden Energiebegriffe waren eben noch nicht geschaffen. Descartes machte um 1644 den ersten Anfang dazu, indem er[1]) die Konstanz der Größe mv beim Zusammentreffen mehrerer bewegter Körper behauptete. Darüber entspann sich gegen Ende desselben Jahrhunderts ein langer Streit zwischen Leibniz[2]) und den Anhängern Descartes, indem Leibniz die Größe mv^2 als die konstant bleibende „Kraft“, die „lebendige Kraft“ erklärte. Der Streit artete in einen Streit um Worte aus, indem die Cartesianer etwa das, was wir heute noch als Kraft bezeichnen, das Produkt aus Masse und Beschleunigung, das allerdings nicht dem Gesetz von der Erhaltung unterliegt, Leibniz dagegen den doppelten Betrag unserer kinetischen

1) In den „Principia philosophiae“ II. § 36.

2) Leibniz, „Brevis demonstratio erroris memorabilis Cartesii etc.“ in den Acta eruditorum 1686.

Energie als „Kraft" auffaßte. Dieser Dualismus zieht sich, die Begriffe verwirrend, bis in die Mitte des 19. Jahrhunderts hinein und der Streit zwischen Leibniz und den Cartesianern bewegte im Anfang des 18. Jahrhunderts einen großen Teil der wissenschaftlichen Welt, indem sich Papin, Clarke, Mairan einerseits, Joh. Bernoulli, s'Gravesande, Hermann Wolf andererseits daran beteiligten. Auch Voltaire, Kant und andere griffen mit ein.

Jean Victor Poncelet[1]) brachte im Jahre 1826 den Namen Arbeit für das Produkt von Kraft und Weg zur Anerkennung, nachdem er schon früher, z. B. von Young 1807, öfters gebraucht worden war. Poncelet erklärte: „Arbeit oder lebendige Kraft kann niemals aus nichts gewonnen, oder auch absolut verloren werden." Dabei mußte Poncelet nach seinen Kenntnissen aber alle nichtmechanischen Veränderungen ausschließen, und sein Satz hatte somit mehr die Bedeutung eines mathematischen Hilfssatzes als die eines apodiktischen Gesetzes.

Zu einer klaren Erkenntnis der Allgemeingültigkeit des Energieprinzips fehlte aber noch im Anfang des vorigen Jahrhunderts zweierlei: erstens eine genaue Präzisierung des Energiebegriffs, wie wir ihn jetzt haben, zweitens die Erkenntnis anderer Energieformen als der mechanischen, besonders der Wärmeenergie.

Unter dem Namen „Kraft" lief, wie gesagt, vor Poncelet alles, was wir jetzt unter Kraft, und alles, was wir jetzt unter mechanischer Energie verstehen. Das mußte eine Erkenntnis des Energieprinzips erschweren, da ein Teil dieser Kraft, nämlich was wir heute unter Kraft verstehen, entschieden nicht unveränderlich war. Die Namen „lebendige Kraft" für die „kinetische Energie" und „Erhaltung der Kraft" statt „Erhaltung der Energie", die auch heute noch angewandt werden, sind Reste dieser Unklarheit älterer Begriffe.

Daß ein Unterschied zwischen Kraft im einen und im anderen Sinne vorlag, ahnten wohl manche. Ph. Young hat deswegen den Namen „Energie" im Sinne unserer mechanischen Energie eingeführt[2]), aber ohne damit allgemein durchzudringen. In allgemeinster Bedeutung ist der Name „Energie" und „Gesetz von der Erhaltung der Energie" erst 1853 von Rankine[3]) eingeführt, und dann allgemein akzeptiert worden, nachdem dieses Gesetz in seiner weitesten Allgemeingültigkeit erkannt worden war. Vorher war der Dualismus also wohl von einzelnen erkannt, aber nicht allgemein beseitigt worden.

Präzis definiert ist unser Energiebegriff, freilich auch unter dem

1) Geb. am 1. Juli 1788 in Metz, gest. am 23. Dezember 1867 in Paris.

2) In „Lectures on natural philosophy". London 1808, I. p. 79.

3) In „On the general law of the transformation of energy", Phil. Mag. 4. V. 1853.

Namen „Kraft", aber doch allgemein, auch über die Mechanik hinaus, in der Arbeit von Robert Mayer, die zum ersten Male die Allgemeingültigkeit des Energiegesetzes ausspricht, und die den Namen führt: „Bemerkungen über die Kräfte der unbelebten Natur".[1])

Das Hauptverdienst von Mayer ist aber die Erkenntnis der Äquivalenz von Wärme und Arbeit und die Bestimmung des mechanischen Wärmeäquivalentes. (In den beiden genannten Arbeiten veröffentlicht.) Auch hierin hatte Mayer in gewissem Sinne Vorläufer. 1798 erkannte Graf Rumford, daß (beim Ausbohren eines Kanonenlaufes) durch Arbeit Wärme erzeugt würde. Aber die Erkenntnis der Äquivalenz fehlte. Im Jahre 1824 behauptete Sadi Carnot[2]), daß der Übergang einer Wärmemenge von einem wärmeren auf einen kälteren Körper einer bestimmten Arbeit äquivalent sei. Den Proportionalitätsfaktor hatte er etwa in der Größe unseres Wärmeäquivalentes erkannt. Aber er glaubte, daß diese Wärmemenge bei dem genannten Übergange konstant bliebe. Er wußte nicht, daß, wenn von der Wärmemenge eine Arbeit geleistet wurde, eine dieser Arbeit proportionale Wärmemenge als solche verloren ginge.

Diese Tatsache zu erkennen, die für das Energieprinzip von grundlegender Bedeutung war, blieb Robert Mayer überlassen. Er berechnete den Proportionalitätsfaktor, das „mechanische Wärmeäquivalent", aus dem Verhältnis der spezifischen Wärmen der Gase, wie er dies vorfand, also ohne eigene Experimente.[3])

Fast gleichzeitig mit R. Mayer und jedenfalls unabhängig von

1) Ann. d. Chemie und Pharmacie, Mai 1842. Klarer wiederholt und vollkommener dargestellt ist das Gleiche in einer zweiten Arbeit: „Die organische Bewegung in ihrem Zusammenhange mit dem Stoffwechsel". Heilbronn 1845. Beide Arbeiten sind abgedruckt in: „Die Mechanik der Wärme" von J. R. Mayer. Stuttgart 1884.

2) Nicolas Léonard Sadi Carnot (Sohn von Lazare Nicolas Marguerite Carnot, der unter der ersten Republik und unter Bonaparte Leiter des Kriegswesens war, und Oheim des im Jahre 1894 ermordeten Präsidenten der dritten Republik), geb. 1. Juni 1796 in Paris, gest. ebenda 24. August 1832, war eine Zeitlang Genieoffizier. In „Réflexions sur la puissance motrice du feu et sur les machines propres à développer cette puissance" (Paris 1824, deutsch von Ostwald, Klassiker Nr. 37, Leipzig 1892) sind diese Gedanken über die Wärme niedergelegt.

3) Julius Robert Mayer ist am 25. November 1814 in Heilbronn geboren, wo sein Vater Apotheker war. 1832 begann er seine Studien der Medizin in Tübingen und setzte sie in München und Wien fort. Er ging dann als holländischer Schiffsarzt nach Java. Dort machte er Beobachtungen über den Stoffverbrauch und die produzierte Wärme am Menschen, und das brachte ihn zu seinen wärmetheoretischen Entdeckungen, die er 1842 veröffentlichte. Es hat viele Jahre gedauert, bis sich sein Verdienst Anerkennung verschafft hatte. Mayer starb am 20. März 1878 an Lungenentzündung.

ihm hat ein englischer Forscher, J. P. Joule[1]), die Allgemeingültigkeit des Energiegesetzes erkannt. Joule wurde bei elektrischen Versuchen durch die Stromwärme darauf geführt, Wärme als Energieart zu erkennen. Er hat eine Anzahl Experimente zur Bestimmung des Wärmeäquivalents ausgeführt, indem er z. B. ein im Wasser laufendes Schaufelrad durch ein fallendes Gewicht in Gang setzte. Bei hinreichend langsamem Fall des Gewichts wird seine ganze potentielle Energie im Schaufelradbehälter in Wärme umgesetzt.

Als dritter im Bunde derer, denen wir das Energiegesetz zu verdanken haben, ist Helmholtz[2]) zu nennen, der sich als Mathematiker der Frage annahm, das Energieprinzip als mögliches Gesetz vorausstellte und die mathematisch gewonnenen Folgerungen mit der Erfahrung verglich.

7. Das Energieprinzip, oder, wie es in der Wärmelehre heißt, der „erste Hauptsatz der mechanischen Wärmetheorie", ist eine notwendige, aber noch keine hinreichende Bedingung für die Kenntnis der Energieumsetzung. Über folgende Punkte sagt das Energieprinzip nichts aus: erstens über die Richtung, in der eine Energieumwandlung vor sich geht, zweitens über die Geschwindigkeit, mit der die Umsetzung sich vollzieht, drittens über den Grenzwert, bis zu dem sie vor sich geht.

Was den ersten Punkt anbetrifft, so sei als Beispiel ein Moment in der Bewegung eines Pendels angeführt, in dem das Pendel aus seiner höchsten Lage fallend, die tiefste noch nicht erreicht hat. Es besitzt hier das Pendel sowohl kinetische als auch potentielle Energie und die potentielle ist im Begriff, sich in kinetische umzusetzen. Nach Ablauf einer gewissen Zeit hat das Pendel den gleichen Punkt von unten her kommend wieder erreicht. Es besitzt jetzt wieder genau die gleiche Menge potentieller sowie kinetischer Energie, wie vorher. Aber die Energieumsetzung erfolgt in entgegengesetztem

1) James Prescott Joule ist am 24. Dezember 1818 in Salford bei Manchester geboren, als Sohn des Besitzers einer Brauerei, die er selber später übernahm. Er wurde erst spät zur Ausführung physikalischer, besonders elektrischer und elektromagnetischer Untersuchungen geführt. J. ist am 11. Oktober 1889 in Sale gestorben.

2) Hermann Ludwig Ferdinand von Helmholtz ist am 31. August 1821 in Potsdam als Sohn eines Gymnasiallehrers geboren. Er studierte von 1838 an Medizin, war später Militärarzt und Lehrer der Anatomie an der Kunstakademie in Berlin. 1849 wurde er Professor der Physiologie in Königsberg, 1855 in Bonn, 1858 in Heidelberg, 1871 Professor der Physik an der Berliner Universität. Im Jahre 1888 wurde er Präsident der neu gegründeten Physikalisch-Technischen Reichsanstalt in Charlottenburg. Er ist in dieser Stellung am 8. September 1894 gestorben. (Königsberger, Hermann v. Helmholtz, 3 Bde Braunschweig 1902, 1903.)

Sinne, die kinetische Energie nimmt ab und die potentielle vermehrt sich.

Wenn wir also ohne Kenntnis der Vorgeschichte einen Zeitpunkt der Pendelbewegung herausgreifen, können wir aus der Kenntnis der Energie allein über die Richtung der Energieumsetzung nichts aussagen.

Ähnliches liegt bei anderen Energieumsetzungen auch vor. In jedem einzelnen Falle wird sich diese Frage leicht erledigen lassen, ebenso wie die nach der Geschwindigkeit der Umsetzung. Beim Pendel ist diese Geschwindigkeit, also die in der Zeiteinheit umgesetzte Energiemenge, von der Länge des Pendels und dem jeweiligen Pendelwinkel, der „Phase", abhängig.

Weit schwieriger ist die Frage nach dem Grenzwert, bis zu dem eine Energiemenge in eine andere umgesetzt wird. Diese Frage ist allgemein nicht gelöst. Sie ist von besonderer Wichtigkeit in dem Falle, wo aus Wärme Arbeit gewonnen werden soll. Es ergibt sich hier die Tatsache, daß, wenn wir irgendeinem Wärmereservoir eine Wärmemenge entziehen, um aus ihr Arbeit zu gewinnen, ein Teil dieser Wärmemenge dazu verbraucht wird, ein anderes kälteres Wärmereservoir, etwa die eine Maschine umgebende Luft, zu erwärmen. Oder mit anderen Worten: Wenn eine Wärmemenge einem Reservoir entzogen wird, kann nur ein Teil von ihr in Arbeit umgesetzt werden. Ein anderer Teil wird Wärme bleiben, nur von höherer auf niedere Temperatur übergehen und für die Arbeitsgewinnung verloren sein. Das Verhältnis dieser beiden Wärmemengen im günstigsten Falle, das von der Anfangs- und Endtemperatur abhängig ist, bestimmt der sogenannte „zweite Hauptsatz der mechanischen Wärmetheorie", auf dessen Ableitung und Inhalt wir hier nicht eingehen wollen. Dieser zweite Hauptsatz gibt übrigens bloß den oberen Grenzwert der gewonnenen Arbeit an. Die Unvollkommenheit unserer Maschinen hat zur Folge, daß er in Wirklichkeit noch nicht erreicht wird.

Der „zweite Hauptsatz" der Wärmetheorie stammt von Clausius[1]), der den sogenannten „Carnotschen Kreisprozeß" zu seiner Ableitung heranzog und umgestaltete (vgl. § 29, B, 16. u. f.).

1) Rudolf Julius Emanuel Clausius ist in Köslin am 2. Januar 1822 geboren. Er studierte seit 1840 in Berlin, wo er sich später habilitierte und 1850 Lehrer an der Artillerie- und Ingenieurschule wurde. 1855 wurde er Professor in Zürich, 1867 in Würzburg und 1869 in Bonn, wo er am 24. August 1888 starb. Cl. gilt als der Begründer der „mechanischen Wärmetheorie".

§ 29. Anwendungen des Energieprinzips.

A. Das physikalische oder materielle Pendel.

1. Wir wollen von dem Energieprinzip eine Anwendung zunächst auf rein mechanische Vorgänge machen, d. h. wir wollen annehmen, wir hätten bei dem hier folgenden Beispiel nachgewiesen, daß nur mechanische Energien ineinander übergeführt werden und keine anderen Energieformen, speziell keine Wärme, auftreten. Ob diese Bedingung hinreichend erfüllt ist, hat die Physik bei jeder einzelnen Versuchsanordnung zu prüfen. Bei einer solchen Prüfung wird sie im allgemeinen so verfahren, daß sie in den mathematischen Ansatz alle die Energieformen einführt, die sie qualitativ zunächst wahrnimmt. Dabei kann es vorkommen, daß das mathematische Resultat Widersprüche mit dem Experiment liefert und wir haben dann den Schluß zu ziehen, daß irgendwelche Energiearten übersehen seien.

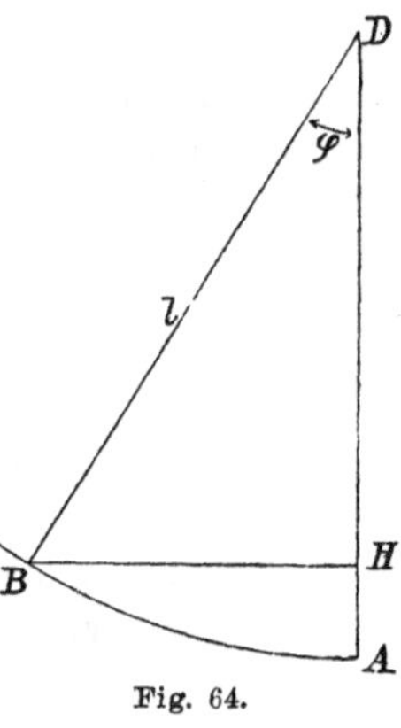

Fig. 64.

2. Wir machen die Annahme, daß bei einem gegebenen mathematischen Pendel nur eine wechselnde Umsetzung zwischen kinetischer und potentieller Energie stattfinde. Die Pendelmasse sei m, der Ausschlagwinkel in einem bestimmten Moment sei φ (Fig. 64).

In diesem Moment besitzt die Pendelmasse an potentieller Energie

$$P = mg \cdot \overline{HA} = mgl(1 - \cos\varphi),$$

mehr als in der Gleichgewichtslage, und ihre kinetische Energie ist

$$K = \frac{mv^2}{2} = \frac{ml^2}{2}\varphi'^2,$$

wenn wir unter φ' die Winkelgeschwindigkeit im betrachteten Moment verstehen.

Nach dem Energieprinzip muß nun jeweils die Zunahme von P in einem Zeitabschnitt t gleich der Abnahme von K im gleichen Zeitabschnitt sein, d. h. die Summe von P und K muß während der Bewegung des Pendels konstant bleiben. Es wird also

$$\frac{ml^2}{2}\varphi'^2 + mgl(1 - \cos\varphi) = \text{konst.},$$

oder, da die Produkte mgl und $ml/2$ für sich konstant bleiben,

$$(1) \qquad l\varphi'^2 - 2g\cos\varphi = \text{konst.}$$

Den Wert der Konstanten erhält man, wenn man die linke Seite für den Moment berechnet, in dem die Geschwindigkeit gleich Null ist, in dem also das Pendel den größten Winkel φ_0, die „Amplitude", mit dem Lot bildet. Für diesen Moment berechnet sich

$$-2g\cos\varphi_0 = \text{konst.},$$

so daß die Gleichung (1) die Form enthält

$$(2) \qquad 2g\cos\varphi - l\varphi'^2 = 2g\cos\varphi_0.$$

Gleichung (2) ist die „Bewegungsgleichung" des mathematischen Pendels. Aus ihr könnten wir die Geschwindigkeit berechnen, die der Pendelpunkt in jedem Moment besitzt, und aus dieser Geschwindigkeit müßte sich wieder der Ort des Pendels in jedem Moment, und damit seine ganze Bewegungsart berechnen lassen. Sie müßte speziell unter der vereinfachenden Annahme, daß φ_0 selbst nur klein ist, als Schwingungsdauer den früher (§ 20, D, 16.) gefundenen Wert

$$(3) \qquad T = 2\pi\sqrt{\frac{l}{g}}$$

liefern.

3. Ein materielles Pendel ist ein beliebiger um eine Achse D drehbarer Körper Q, den wir uns aus unendlich vielen einzelnen mathematischen Pendeln, „Elementarpendeln", je mit einer unendlich kleinen Pendelmasse m versehen, gebildet denken können (Fig. 65). Aber diese einzelnen „Elementarpendel" sind in ihrer Bewegung durch einander beeinflußt. Wir dürfen nicht die Bewegungsgleichung für jedes einzelne Pendel ansetzen; wohl aber dürfen wir das Energieprinzip auf das ganze Pendel anwenden.

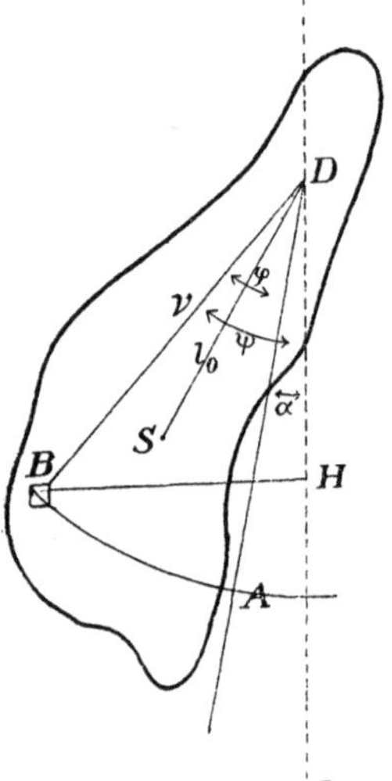

Fig. 65.

DB sei in einem beliebigen Moment der Bewegung ein solches Elementarpendel mit der unendlich kleinen Masse m, r die Pendellänge, AD die Richtung von r während der Gleichgewichtslage des Pendels. Es sei φ die momentane Abweichung aus dieser Lage, α der Winkel, den r in seiner Ruhelage, also AD, mit dem Lot DL bildet, gerechnet von 0^0 bis 360^0 in einem ein für allemal festgelegten Drehsinn, etwa mit dem Uhrzeiger. Wir bezeichnen ferner noch $\varphi + \alpha$ mit ψ. φ besitzt für alle Elementarpendel in jedem Moment den gleichen Wert, während α für die einzelnen Elementarpendel verschiedene, nur für gewisse Gruppen unter ihnen gleiche aber zeitlich unveränderliche Werte besitzt.

Es sei noch S der Schwerpunkt des Pendels, l_0 sein Abstand von der Drehachse. Da wir die Kräfte auf alle Elementarmassen durch eine im Schwerpunkt angreifende vertikal zur Erde gerichtete Kraft ersetzen können, und in der Ruhelage, also bei Gleichgewicht, deren Drehmoment verschwinden muß, so muß der Hebelarm, in dem sie angreift, gleich Null sein. Der Schwerpunkt muß in der Ruhelage vertikal unter der Drehachse liegen; der dem Schwerpunkt zukommende Winkel α, den wir mit α_0 bezeichnen wollen, muß verschwinden.

4. Es ist die potentielle Energie einer Elementarmasse m, wie beim mathematischen Pendel in einem gegebenen Moment der Bewegung

$$P = mgr(1 - \cos\psi),$$

die kinetische Energie im gleichen Moment

$$K = \frac{mr^2}{2}\psi'^2;$$

aber es ist nicht mehr $P + K =$ konst., sondern

$$\Sigma P + \Sigma K = \text{konst.},$$

oder, wenn wir wieder alle Größen, die sich bei der Bewegung nicht ändern, so weit möglich auf die rechte Seite schaffen und unter dem Symbol „konst." mit einbegreifen,

$$\Sigma mr^2\psi'^2 - 2g\Sigma mr\cos\psi = \text{konst.} \tag{4}$$

Hierin ist ψ' die Zunahme, die ψ in der Zeiteinheit erfährt. Da α unverändert bleibt, folgt $\psi' = \varphi'$ und φ' hat wie φ für alle Massenpunkte den gleichen Wert. Es ist ferner

$$\Sigma mr\cos\psi = \Sigma mr\cos(\varphi + \alpha) = \cos\varphi\,\Sigma mr\cos\alpha - \sin\varphi\,\Sigma mr\sin\alpha.$$

Da $r\sin\alpha$ der Abstand der Elementarmasse m in ihrer Ruhelage von der durch D gelegten Vertikalebene, $l_0\sin\alpha_0$ das gleiche für den Schwerpunkt ist, so folgt nach § 12, 5. ($P_v = mg$), da $\sin\alpha_0 = 0$:

$$\Sigma mr\sin\alpha = l_0\sin\alpha_0\,\Sigma m = 0.$$

Ebenso ist $r\cos\alpha$ der Abstand der Elementarmasse m von der durch D gelegten Horizontalebene, also, da $\cos\alpha_0 = 1$

$$\Sigma mr\cos\alpha = l_0\cos\alpha_0\,\Sigma m = l_0\Sigma m.$$

Es ist schließlich Σmr^2, wie ml^2 in Nr. 2 das Trägheitsmoment (§ 22, 10.) des Pendels bezüglich seiner Drehachse.

Aus Gleichung (4) wird somit

$$\varphi'^2\Sigma mr^2 - 2g\cos\varphi\, l_0\Sigma m = \text{konst.},$$

oder, wenn wir mit $l_0\Sigma m$ durchdividieren und den auf der rechten Seite auftretenden konstanten Wert wieder aus der Amplitude φ_0 von φ berechnen,

$$2g\cos\varphi - L\varphi'^2 = 2g\cos\varphi_0, \tag{5}$$

worin

$$L = \frac{\Sigma m r^2}{l_0 \Sigma m}$$

die Dimensionen einer Länge besitzt.

5. Der Vergleich der Gleichungen (2) und (5) lehrt uns folgendes:

Der Winkel φ, den die im Körper feste Linie l_0 jeweils mit der Horizontalen einschließt, wird sich zeitlich ebenso verändern, wie der Winkel eines mathematischen Pendels von der Länge

$$L = \frac{\Sigma m r^2}{l_0 \Sigma m}.$$

Dieses mathematische Pendel heißt das „korrespondierende Pendel", weil es eben identische Schwingungen ausführt, wie das materielle Pendel. Daraus sehen wir, daß die Schwingungsdauer des materiellen Pendels

$$T = 2\pi \sqrt{\frac{\Sigma m r^2}{l_0 g \Sigma m}} \tag{6}$$

ist.

6. Wir wollen uns die Länge L von D aus in der Richtung nach dem Schwerpunkt S hin aufgetragen denken, so daß sie bis D_1 (Fig. 66) reichen möge; wir legen durch D_1 und die Drehachse D eine Ebene E (senkrecht zur Ebene der Figur).

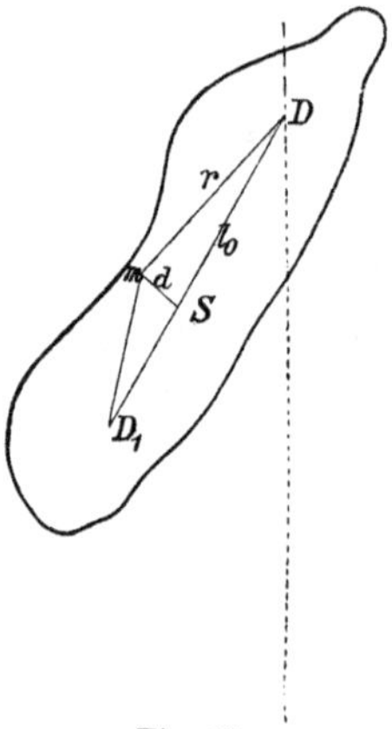

Es ist

$$\Sigma m r^2 = \Sigma m (l_0^2 + d^2 - 2 l_0 d \cos \beta),$$

wenn β den Winkel zwischen d und l_0 bedeutet. Wenn wir konstante Glieder aus dem Summenzeichen heraussetzen, folgt

$$\Sigma m r^2 = l_0^2 \Sigma m + \Sigma m d^2 - 2 l_0 \Sigma m d \cos \beta.$$

Da $d \cos \beta$ der Abstand des Punktes m von einer zur Ebene E im Punkte S senkrechten Ebene ist, so muß (nach § 12, 5.) $\Sigma m d \cos \beta / \Sigma m$ der Abstand des Schwerpunktes von dieser Ebene, also gleich 0 sein, und es folgt:

Fig. 66.

$$\Sigma m r^2 = l_0^2 \Sigma m + \Sigma m d^2.$$

$\Sigma m d^2$ ist das Trägheitsmoment des Körpers bezüglich der durch S gehenden zu D parallelen Drehachse. Daraus folgt der Satz:

Das Trägheitsmoment eines Körpers um eine beliebige Achse D ist gleich seinem Trägheitsmoment um eine zu D parallele durch den Schwerpunkt gelegte Achse, vermehrt um das Trägheitsmoment der im Schwerpunkt konzentriert gedachten Gesamtmasse (Σm) bezüglich der Drehachse D.

Es wird also die Länge des korrespondierenden Pendels

$$(7)\qquad L = \frac{l_0^2 \Sigma m + \Sigma m d^2}{l_0 \Sigma m} = l_0 + \frac{\Sigma m d^2}{l_0 \Sigma m}.$$

7. Wir wollen uns jetzt durch D_1 eine zu D parallele Achse gelegt und uns den Körper so aufgehängt denken, daß er um diese neue Drehachse schwingen kann. Die dem Körper jetzt korrespondierende Pendellänge wird dann analog (7)

$$(8)\qquad L' = l_1 + \frac{\Sigma m d^2}{l_1 \Sigma m}$$

sein, wo l_1 den Abstand des Schwerpunktes von der neuen Drehachse bedeutet. Es ist also

$$l_1 = \overline{D_1 S} = L - l_0,$$

und nach (7)

$$l_1 = \frac{\Sigma m d^2}{l_0 \Sigma m}.$$

Wenn wir das in (8) einsetzen, folgt:

$$L' = \frac{\Sigma m d^2}{l_0 \Sigma m} + l_0 = L.$$

Die korrespondierenden Pendellängen für die beiden durch L voneinander getrennten Achsen sind identisch.

Diese Tatsache führt zu einem Verfahren, die korrespondierende Pendellänge eines materiellen Pendels experimentell zu ermitteln. Man bringt an einem materiellen Pendel zwei gegeneinander verschiebbare Drehachsen an und variiert deren Abstand so lange, bis die Schwingungsdauer bei Schwingung um die eine gleich der bei Schwingung um die andere ist. Ein derartig eingerichtetes Pendel heißt ein „Reversionspendel"; es dient dazu, die zu einer meßbaren Schwingungsdauer gehörende Länge eines mathematischen Pendels zu ermitteln, woraus man die Gravitationskonstante g bestimmen kann.

B. Anwendungen auf Gase. Der Carnotsche Kreisprozeß.

1. Die drei „Aggregatzustände" Fest, Flüssig, Gasförmig wollen wir durch die folgenden Eigenschaften definieren.

Ein fester Körper ist ein solcher, der seine geometrische Gestalt nicht ändert, wenn wir die auf einen beliebigen Teil von ihm wirkende Kraft um eine beliebig große Zusatzkraft vermehren, unter Konstanthaltung der auf die übrigen Teile wirkenden Kräfte. Streng genommen gibt es keine Körper, die diese Bedingung erfüllen. Bei hinreichend großen Kräften werden alle Körper ihre Gestalt ändern. Liegen aber Kräfte vor, die diese Größe nicht erreichen, so wird die Gestaltsänderung unmeßbar klein sein, und wir können die Körper als „fest" (hier richtiger „starr") im Sinne unserer Definition ansehen.

Flüssigkeiten und Gase ändern unter den genannten Umständen ihre Gestalt und zwar meßbar, wenn die Zusatzkraft meßbar ist. Das soll heißen: Erst wenn die Zusatzkraft — z. B. der Druck mit dem Finger auf eine Stelle der Oberfläche — nicht mehr wahrnehmbar ist, wird auch die Gestaltsänderung nicht mehr wahrnehmbar sein. Diese Definition enthält eine gewisse Willkür, da die größere oder geringere Vollkommenheit der Meßapparate für Kraft- und Gestaltsänderung dabei eine Rolle spielt. In der Tat ist aber der Begriff Flüssigkeit auch im volkstümlichen Sinne ein ungenauer Begriff. Die „Beweglichkeit“ beim Schütteln tritt auch nur bei hinreichend kräftigem Schütteln auf. Eine Gummilösung ist nur wenig beweglich, wird aber doch als Flüssigkeit anzusehen sein. Ein Stück Pech wird je nach den Ansprüchen, die wir machen, als fester Körper — wenn die wirkenden Kräfte klein sind — oder als Flüssigkeit — wenn sie eine gewisse Größe erreicht haben — anzusehen sein.

Eine Flüssigkeit besitzt außerdem die Eigenschaft, daß im Innern einer gegebenen Menge von ihr Kräfte wirken, die ihre Oberfläche bei unverändertem Volumen möglichst klein — also zu einer Kugel — auszugestalten suchen. Daran werden sie durch andere äußere Kräfte — z. B. die Schwere, die sie in die Ecken und Kanten eines Gefäßes hineinpreßt — gehindert. Aus den inneren und äußeren Kräften läßt sich die resultierende Gestalt einer gegebenen Flüssigkeitsmenge berechnen (vgl. den Abschnitt über Kapillarität).

Von Flüssigkeiten haben wir außerdem kompressible, d. h. solche, die unter dem Einfluß äußerer Kräfte außer der Gestalt auch ihr Volumen verändern, und inkompressible, die unter allen Umständen konstantes Volumen beibehalten, zu unterscheiden. Diese letzteren gibt es wieder in Wirklichkeit streng genommen nicht, wohl aber solche, bei denen wir praktisch die Kompressibilität vernachlässigen können.

Ein Gas hat die Eigenschaft, daß es jeden durch feste Wände umschlossenen Raum, wenn es sich allein in ihm befindet, ganz erfüllt, gleichgültig, welche Menge in diesem Raume eingeschlossen ist, gleichsam als wenn die einzelnen Teile des Gases voneinander zu fliehen strebten. Diese Teile stehen also unter der Wirkung einer „inneren“ Kraft, die eine Verschiebung unter ihnen hervorzubringen sucht, wenn sie nicht durch eine Gegenkraft, etwa die Festigkeit der Wandung, daran gehindert wird.

2. In ein Volumen V, das von einem Gase angefüllt ist, denken wir uns eine ebene Fläche AB gelegt. Wenn wir auf einer Seite dieser Fläche, etwa rechts in der Figur 67, alles Gas entfernen könnten, so würde offenbar das links der Fläche befindliche Gas nachströmen, und wir müßten, um das zu verhindern, Kräfte K in Richtung der Pfeile wirken lassen, die gerade so groß zu wählen sind, daß sie die die Gasströmung verursachenden inneren Kräfte K' kompensieren. Durch diese Kräfte könnten wir die inneren Kräfte messen. Ist das Gas rechts von der Fläche vorhanden, so übt es selbst Gegenkräfte K aus, die dann ebenso groß sind wie K', wenn die ganze Gasmasse in Ruhe ist. Es ist denkbar, daß die rechts der Fläche befindliche Gasmasse kleinere Kräfte ausübt. Dann werden die Kräfte K' Gas durch die Fläche von links nach rechts hindurchtreiben. Die Gasmasse rechts von der Fläche vermehrt sich und dadurch wachsen erfahrungsgemäß die Kräfte K. Das wird so lange erfolgen, bis K gleich K' geworden und Gleichgewicht eingetreten ist.

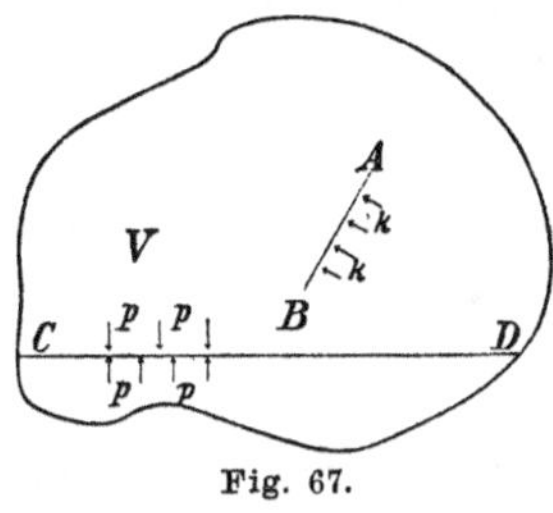

Fig. 67.

In einer in Ruhe befindlichen Gasmasse haben wir also überall Kräfte auf jede Fläche, die wir uns im Innern gelegt denken, wirkend anzunehmen, und zwar von beiden Seiten gleiche Kräfte. Diese Kräfte stehen normal zu der Fläche. Denn wenn sie gegen die Fläche geneigt wären, hätten sie eine Tangentialkomponente, die durch keine auf der anderen Seite gelegene Kraft kompensiert wird. Es wäre also Ruhe nicht vorhanden.

Die auf die Einheit einer ins Innere des Gases gelegten Fläche wirkende Kraft nennen wir den „Druck" (p) des Gases. Der Druck ist also eine Kraft dividiert durch eine Fläche. Als Einheit wählt man daher zweckmäßig 1 dyn/cm^2. Ein solcher Druck wirkt auch vor allem auf die Gefäßwand, wie auf jede andere Fläche, und dadurch bietet sich Gelegenheit, ihn zu messen, indem wir etwa einen Teil der Wand beweglich machen und durch äußere meßbare Kräfte, etwa Gewichte, in Ruhe halten.

3. Auf die Teile eines Gases werden im allgemeinen noch von außen Kräfte wirken, z. B. die Schwere (vgl. Nr. 5). Der Druck ist dann im allgemeinen eine Funktion des Ortes. Es gilt aber immer der Satz:

> An einem gegebenen Orte im Innern eines im Gleichgewicht befindlichen Gases ist der Druck von der Richtung der gedachten Fläche unabhängig.

Wir können das folgendermaßen beweisen, wobei wir als äußere Kräfte nur die Schwerkräfte annehmen wollen: In den betrachteten Punkt 0 legen wir den Nullpunkt eines rechtwinkligen Koordinatensystems, dessen z-Achse der äußeren Kraft, also der Schwerkraft, parallel und entgegengesetzt sei (Fig. 68). Wir legen

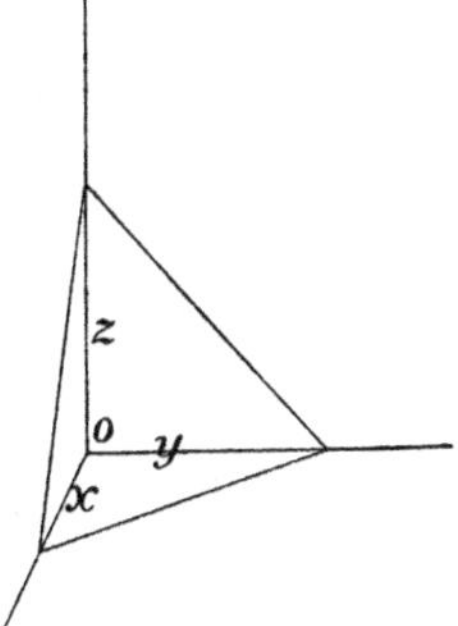

Fig. 68.

nun eine beliebige schräge Fläche durch die Achsen des Systems, so daß die Koordinatenebenen auf ihr ein Dreieck vom Flächeninhalt f herausschneiden, und durch f und die Koordinatenebenen ein tetraedrisches Volumen begrenzt ist. Dieses Volumen denken wir uns starr gemacht. Die „Dichte" des Gases, d. h. die Masse der Volumeneinheit, sei σ; x, y, z seien die Koordinatenabschnitte; $\frac{h}{3} f\sigma$ ist die Masse des Volumens, wenn h seine Höhe, d. h. das Lot von o auf die Fläche f ist, und

$$\frac{h}{3} f\sigma g$$

also die auf das Volumen wirkende Schwerkraft. Vertikal nach oben wirkt die Druckkraft auf das Dreieck der xy-Ebene

$$p_3 \frac{xy}{2},$$

wenn p_3 der Druck auf die xy-Ebene ist, und vertikal nach unten noch die Vertikalkomponente der Druckkraft auf f

$$pf \cos\gamma,$$

wenn γ den Winkel bedeutet, den f mit der xy-Ebene einschließt; $f\cos\gamma$ ist aber gleich $\frac{xy}{2}$. Also wirken insgesamt in Richtung der positiven z-Achse die Kräfte

$$-\frac{h}{3} f\sigma g + p_3 f \cos\gamma - pf \cos\gamma.$$

Diese Summe muß verschwinden, wenn Gleichgewicht herrschen soll. Es muß also:

$$(p_3 - p) - \frac{h}{3} \frac{\sigma g}{\cos\gamma} = 0$$

werden. Machen wir das Volumen des Tetraeders unendlich klein, so wird h unendlich klein und es wird

$$p_3 = p.$$

Ist p_2 der Druck auf die Fläche $\frac{zx}{2}$, p_1 der auf $\frac{yz}{2}$, so kann man in gleicher Weise, wobei noch das Glied der Schwerkraft wegfällt, beweisen:

$$p_2 = p,$$

$$p_1 = p.$$

Da die Winkel α, β, γ willkürlich sind, so folgt, daß p von der Richtung der Fläche f unabhängig ist.

4. Wirken auf ein im Gleichgewicht befindliches Gas keine äußeren Kräfte, so ist der Druck im Innern überall konstant.

Das erkennt man sofort, wenn man sich im Innern des Gases ein beliebig gerichtetes prismatisches von Ebenen begrenztes Volumen starr gemacht denkt. Die Druckkräfte an den beiden Basisflächen müssen einander gleich sein, wenn keine Bewegung erfolgen soll.

5. Ist ein Gas der Schwerkraft ausgesetzt, so ist der Druck in jeder Horizontalebene („Niveauebene") (*CD* in Fig. 67) konstant.

Da in Richtung einer solchen Horizontalebene keine äußeren Kräfte wirken, folgt dieser wie der vorige Satz aus einem horizontal liegenden Prisma von unendlich kleinem Querschnitt.

Die Druckdifferenz zweier um die Höhe h voneinander entfernter Niveauebenen ist gleich $h\sigma g$, wenn h so klein ist, daß die Dichte σ längs h nicht merklich variiert.

Das ergibt sich leicht, wenn man ein vertikal stehendes Prisma von der Basis 1 cm² und der Höhe h betrachtet. $h\sigma g$ ist das Gewicht dieses Prismas, das durch die Differenz der Druckkräfte kompensiert wird.

Die hier angeführten Sätze lassen sich auch auf eine Flüssigkeit anwenden, die der Schwere unterworfen ist. Auch die Flüssigkeit besitzt einen Druck im Innern, infolge des über einem gedachten Punkte lastenden Flüssigkeitsgewichtes.

6. Aus den in Nr. 3 und Nr. 5 ausgesprochenen Gesetzen folgt das „Archimedische Prinzip des Auftriebs":

> Ein Körper verliert in einer Flüssigkeit ebenso viel von seinem Gewicht, als die von ihm verdrängte Wassermasse wiegt.

Ein Körper vom Gewicht G sei in eine Flüssigkeit eingetaucht, die überall in seiner Umgebung die konstante Dichte σ besitzen möge. Wir schneiden aus einer Oberfläche ein Element o (Fig. 69) heraus, das so klein sei, daß wir es als eben und den Druck darauf als konstant ansehen dürfen. Aus dem Körper schneiden wir einen horizontalen Zylinder (oo_1) von der Form heraus, daß er gerade in der Randkurve von o die Körperoberfläche durchsetzt. Dieser Zylinder wird an einer zweiten Stelle ein Element o_1 aus dem Körper herausschneiden.

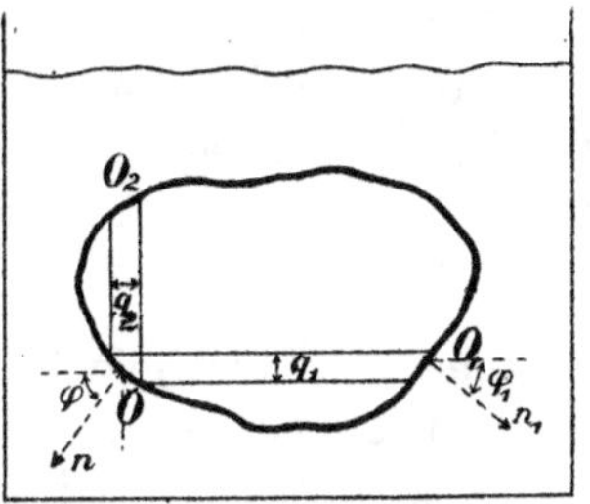

Fig. 69.

Da o und o_1 in einer Horizontalen liegen, wird der Druck p auf o und p_1 auf o_1 identisch, $p_1 = p$, sein. Die Druckkraft auf o ist also op, die auf o_1 ist $o_1 p$. Die Horizontalkomponenten der beiden Kräfte sind, wenn φ, φ_1 die Winkel bedeuten, die die Normalen n und n_1 auf o und o_1 mit der Zylinderachse bilden,

$$op \cos\varphi \quad \text{und} \quad o_1 p \cos\varphi_1.$$

Sie sind einander entgegengesetzt gerichtet und gleich, da

$$o \cos\varphi = o_1 \cos\varphi_1 = q_1$$

der Querschnitt des Zylinders (oo_1) ist. Deshalb heben sie sich auf, und das Gleiche gilt für alle horizontalen Zylinder, die wir aus dem Körper herausschneiden können.

Legen wir nun durch die Randkurve von o einen vertikalen Zylinder (oo_2), so können wir ebenso die Vertikalkomponenten der Druckkräfte berechnen. Es wirkt auf o vertikal nach oben die Kraft $q_2 p$, wenn q_2 der Querschnitt des Zylinders ist, auf o_2 vertikal nach unten die Kraft $q_2 p_2$, wenn p_2 den Druck an der Stelle des Oberflächenelementes o_2 bedeutet. Auf den Zylinder wirkt daher vertikal nach oben die Kraft

$$K' = q_2(p - p_2).$$

Nach Nr. 5 ist nun $p - p_2 = hg\sigma$, wo h die Länge des Zylinders ist, und somit ist

$$K' = hq_2 g\sigma.$$

Bei hinreichend kleinem q_2 wird hq_2 das Volumen des Zylinders, $hq_2\sigma$ die Masse Flüssigkeit, die dieses Volumen erfüllen könnte, die von ihm „verdrängte" Flüssigkeitsmasse, und K' deren Gewicht.

Zerlegen wir den ganzen Körper in solche vertikale Zylinder, so summieren sich die auf diese nach oben wirkenden Kräfte K' zu einer Gesamtkraft K, dem „Auftrieb" des Körpers, der infolgedessen gleich dem Gewicht der verdrängten Wassermasse ist,

$$K = V\sigma g.$$

V ist hierin das Volumen des untergetauchten Körpers, σ die Dichte der umgebenden Flüssigkeit.

Vertikal nach unten wirkt die Kraft G, vertikal nach oben die Kraft K, und diese beiden setzen sich zu einer vertikal abwärts wirkenden resultierenden Kraft

$$G - K,$$

dem „scheinbaren" Gewicht, zusammen.

Ist K kleiner als G, dann sinkt der Körper unter. Ist K gleich G, dann schwebt er, und ist K größer als G, so steigt er auf, bis ein Teil von ihm aus der Flüssigkeit herausragt, wodurch der Auftrieb vermindert wird: Er schwimmt.

Das gilt, wenn die Flüssigkeit eine konstante Dichte hat. Es gilt auch für Gase, wenn der Körper hinreichend klein ist, so daß in seiner Umgebung die Dichtigkeit als merklich konstant angesehen werden darf.

7. Das Gesetz von Boyle-Mariotte-Gay-Lussac.[1])

Der Druck eines Gases ist von seiner Dichte abhängig. Boyle und Mariotte fanden, daß, wenn man eine bestimmte Gasmasse auf ein kleineres Volumen komprimiert, der Druck umgekehrt proportional dem Volumen zunimmt; also ist

$$p_1 v_1 = p_0 v_0,$$

wenn p_1 den Druck beim Volumen v_1, p_0 den beim Volumen v_0 bedeutet. Das gilt nur, so lange die Temperatur konstant bleibt. Mit zunehmender Temperatur t (in Celsiusgraden) wächst der Druck, und zwar so, daß er, wie Gay-Lussac fand, dem Gesetz folgt

$$p_1 v_1 = p_0 v_0 (1 + \alpha t),$$

wenn wir jetzt unter p_0 den Druck bei beliebigem Volumen v_0 und der Temperatur 0^0 verstehen. Dieses Gesetz gilt nicht genau. Je niederer die Temperatur wird, um so größer wird die Abweichung. α hat für alle Gase den Wert 1/273.

Wenn wir die Temperatur statt von 0^0 C. an von einem um 273^0 tieferen Punkte zählen, und jetzt mit ϑ bezeichnen, so daß also

$$\vartheta = t + 273$$

wird, so folgt:

$$p_1 v_1 = p_0 v_0 \alpha \vartheta.$$

Diese Gleichung heißt die Zustandsgleichung der Gase. Da $p_0 v_0 \alpha$ eine Konstante der angewandten Gasmenge ist, so können wir diese Gleichung schreiben

$$pv = R\vartheta, \tag{9}$$

worin R jetzt nur von der Beschaffenheit und Menge des Gases, nicht mehr von Druck und Temperatur abhängt.

Die Temperatur vom Nullpunkt -273^0 C. an gerechnet heißt die „absolute Temperatur“.

8. Ein Gasvolumen, das unter dem konstanten Drucke p steht, möge sich um unendlich wenig ausdehnen; der Volumenzuwachs sei Δv. Die Druckkräfte werden die Wandung vor sich herschieben und gegen irgendwelche äußeren Kräfte eine Arbeit leisten, die, wenn die Verschiebung hinreichend langsam erfolgt (§ 25, 7.), aus den Druckkräften und der Verschiebung der Wandung berechnet werden kann. Zerlegen wir das Volumen Δv (Fig. 70) durch Scheidewände,

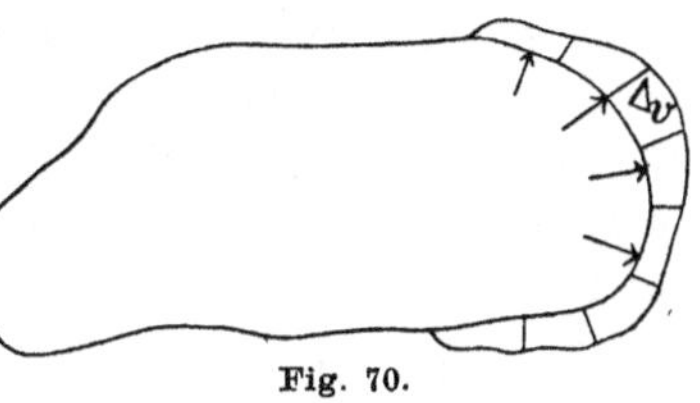

Fig. 70.

1) Robert Boyle, geb. 1627 in Lismore, Irland, gest. 1691 in London Edme Mariotte, gest. 1684 in Paris. Louis Joseph Gay-Lussac, geb. 1778 in St. Léonard, Limousin, gest. 1850 in Paris.

die senkrecht zu der Wandung stehen, in prismatische Teile von den unendlich kleinen Basisflächen o und den Höhen h, so wird die Kraft auf eine solche Basisfläche $p \cdot o$ sein, und diese Kraft hat die Verschiebung h hervorgebracht, also eine Arbeit

$$poh$$

geleistet. Bei der ganzen Volumenvermehrung ist die Arbeit

$$\Sigma poh = p \Sigma oh = p \Delta v$$

geleistet worden. Bei einer unendlich kleinen Volumenvermehrung wird also eine Arbeit geleistet, die gleich dem Druck multipliziert mit der Volumenvermehrung ist.

Bei endlicher Volumenvermehrung wird der Druck während des Vorganges merklich abnehmen. Wir können dann die ganze Vermehrung in eine beliebig große Summe hinreichend kleiner Zunahmen zerlegen, und bekommen als Arbeit einen Ausdruck

$$A = \Sigma p \Delta v = \int p\, dv,$$

worin wir die Δv so klein zu wählen haben, daß wir während eines einzelnen Zuwachses Δv den Druck p als konstant ansehen dürfen.

In gleicher Weise läßt sich erkennen, daß eine Arbeit

$$A' = \Sigma p \Delta' v$$

von außen auf das Gas ausgeübt werden muß, wenn man es um ein Volumen $\Sigma \Delta' v$ vermindern will.

9. Da ein Gas imstande ist, durch seine Ausdehnung Arbeit zu leisten, so können wir ihm eine „innere Energie" zusprechen. Den Gesamtbetrag dieser Energie können wir nicht ermitteln.

Wir können aber einer gegebenen Menge eines Gases in einem bestimmten Zustande, also bei einem bestimmten Wertesystem von p, v, ϑ, einen beliebigen Energieinhalt U_0 ein für allemal zuschreiben. Leistet nun das Gas Arbeit, ohne daß ihm von außen Energie zugeführt oder entzogen wird, so muß sich sein Energieinhalt um den Betrag dieser Arbeit vermindert und dabei p, v und ϑ verändert haben. Das heißt: Der Energieinhalt U einer Gasmenge, der unter Zugrundelegung einer willkürlichen Konstanten U_0 jetzt definiert ist, wird eine Funktion von p, v, ϑ oder von zwei oder auch nur von einer dieser Größen sein.

10. Wir denken uns einen Doppelballon, etwa wie Fig. 71, aus zwei gleichen Teilen bestehend. AB sei eine Scheidewand, die entfernt werden kann. Den einen Teil, V_2, denken wir uns luftleer gepumpt, den anderen, V_1, mit Luft vom Druck p und der Temperatur ϑ erfüllt. Entfernen wir jetzt die Scheidewand, so wird sich die Luft im Ballon V_1 ausdehnen und Arbeit leisten. Im Ballon V_2 aber wird sich dauernd Luft komprimieren und Arbeit von außen aufnehmen, bis Gleichgewicht eingetreten ist, bis also in beiden Ballons gleicher Druck p_1 herrscht. Wie groß p_1 ist, können wir aus der Zustandsgleichung nicht berechnen, wenn wir nichts von der Temperaturänderung, die infolge der Veränderungen in den Gasen erfolgt sein könnte, wissen. Die Zustandsgleichung enthält drei Variable p, v, ϑ und nur die Änderung von v ist uns bekannt; v ist auf den doppelten Wert gestiegen.

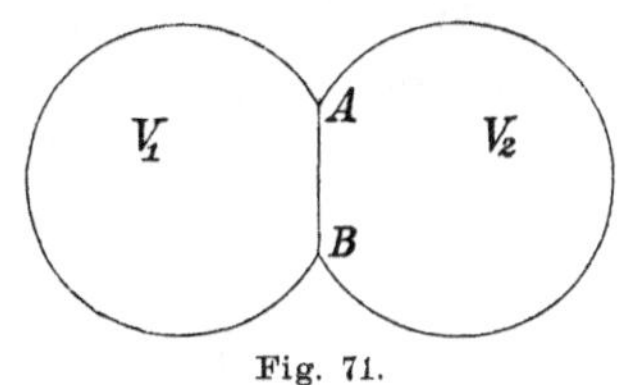

Fig. 71.

Das Experiment muß über den Wert der beiden anderen entscheiden. Versuche von Joule und exaktere von W. Thomson (Lord Kelvin) haben ergeben, daß mit großer Annäherung die Temperatur nach Ausführung des genannten Versuches dieselbe ist, wie vorher, wenn man einen Wärmeaustausch mit dem Außenraume vermeidet. Da hier auch keine Arbeit nach außen geleistet wird, so bleibt also der Energieinhalt der ganzen Gasmenge konstant. Man nennt einen Vorgang, bei dem ein Austausch von Wärme mit der Umgebung vermieden ist, eine „adiabatische Zustandsänderung“.

Wir müssen aus diesem experimentellen Ergebnis den Schluß ziehen: Wenn der Energieinhalt eines Gasvolumens konstant bleibt, so bleibt bei beliebiger Volumen- und entsprechender Druckänderung auch die Temperatur konstant.

Die innere Energie einer Gasmenge ist nur eine Funktion der Temperatur, nicht des Volumens.

11. Wir folgern daraus, daß sich ein Gas, wenn es sich unter Arbeitsleistung adiabatisch, also ohne Wärmeaufnahme von außen, ausdehnt, abkühlen muß. In dem in Nr. 10 besprochenen Falle wird die mit der Ausdehnung verbundene Arbeit dem Gase selber als Energie wieder zugeführt, woraus die Konstanz der Temperatur zu erklären ist. Diese Arbeit erzeugt zunächst die kinetische Energie des aus V_1 nach V_2 strömenden Gases, und diese kinetische Energie wird durch innere Reibung und Reibung an den Gefäßwänden sowie durch die Kompression im Ballon V_2 wieder in Wärme umgesetzt.

Weiter können wir folgendes schließen. Es möge sich eine Gasmenge vom Druck p_1 und Volumen v_1 ohne Wärmeaustausch mit der Umgebung, also adiabatisch, ausdehnen, dabei eine Arbeit $A_1 = \Sigma p \Delta v$ leisten, und sich infolgedessen von einer Temperatur ϑ_1 auf ϑ_0 abkühlen. Lassen wir die gleiche Gasmenge bei einem anderen Volumen v_2 und dem entsprechenden Druck p_2 sich wieder unter Arbeitsleistung von der Temperatur ϑ_1 an abkühlen, bis die Temperatur ϑ_0 erreicht ist, so muß die geleistete Arbeit wieder gleich A_1

sein; denn nach Nr. 10 muß die Energieabnahme in beiden Fällen die gleiche sein.

12. Wir denken uns jetzt mit einer gegebenen Gasmenge, die sich in einem Gefäß (G in Fig. 72) mit beweglichem Kolben (K) (nach Art der Dampfmaschinenzylinder) befinden möge, Zustandsänderungen ausgeführt. Der Kolben dient dazu, die vom Gas geleistete Arbeit nach außen zu befördern.

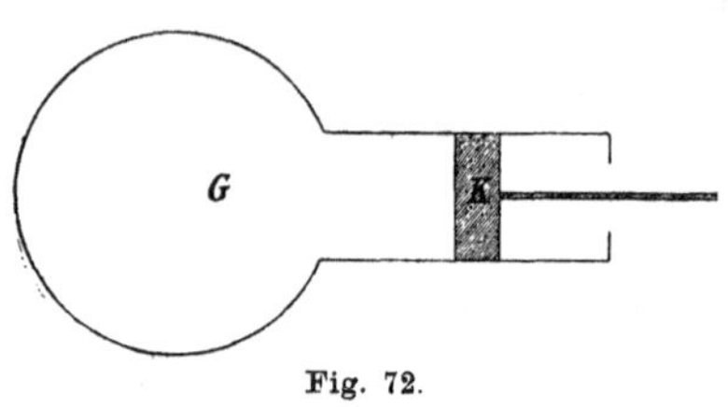

Fig. 72.

Alle Änderungen sollen so erfolgen, daß wir das Gas in jedem Moment als physikalisch homogen ansehen dürfen, daß also Druck und Temperatur jeweils räumlich konstant sind. Zwischen den drei veränderlichen Größen p, v und ϑ muß dann die Gleichung (9) dauernd erfüllt sein

$$pv = R\vartheta, \tag{9}$$

und R ist für alle möglichen Veränderungen eine Konstante. Die äußeren Kräfte auf das Gas sollen so gering sein, daß wir sie gegen die Druckkräfte vernachlässigen dürfen.

13. Die drei Variablen p, v, ϑ können wir uns als Achsen eines rechtwinkligen Koordinatensystems aufgetragen denken. Dann stellt die Gleichung (9) eine Fläche Φ dar, und zwar, wie man aus Bd. II, § 102, 8., Gleichung (5):

$$\frac{z}{c} = \frac{x^2}{a^2} - \frac{y^2}{b^2}$$

erkennen kann, ein hyperbolisches Paraboloid. Um das einzusehen, setzt man $c = 1/R$, $a^2 = b^2 = 2$, und führt eine Drehung des Koordinatensystems x, y, z um 45^0 um die z-Achse aus, so daß

$$\vartheta = z; \quad p = \frac{x+y}{\sqrt{2}} \quad v = \frac{x-y}{\sqrt{2}}$$

die neuen Koordinaten werden.

Jeder Punkt der Fläche Φ entspricht mit seinen Koordinaten einem möglichen Zustande des Gases, und jeder stetige Übergang aus einem Zustand in einen anderen ist durch eine Kurve auf der Fläche Φ graphisch dargestellt.

14. Unter diesen Kurven nehmen einige eine hervorragende Stelle ein. So werden z. B. durch die zur v-Achse, zur p-Achse und zur ϑ-Achse normalen Ebenen Kurven auf Φ ausgeschnitten, die den Zustandsänderungen bei konstantem Volumen, bei konstantem Druck (isopiestische Kurven), bei konstanter Temperatur (Isothermen) entsprechen.

Weiter sind die adiabatischen Kurven von Wichtigkeit. Deren Punkte müssen außer der Gleichung (9) noch einer Gleichung

$$\Sigma \Delta U = \Sigma p \Delta v$$

genügen, worin ΔU die Abnahme der inneren Energie, also einer Funktion von ϑ allein, und $p\Delta v$ die vom Gase geleistete Arbeit, Δv also die Zunahme des Volumens bedeutet. Welcher Art die Funktion U im übrigen ist, brauchen wir für die folgenden Untersuchungen nicht zu wissen.

15. Es ist zweckmäßig, nicht die Kurven auf der Fläche Φ, durch die irgendwelche Zustandsänderungen dargestellt werden, zu verfolgen, sondern deren Projektion auf eine der Koordinatenebenen; d. h. von der Veränderung einer der drei Variablen abzusehen und nur die der beiden anderen graphisch darzustellen.

Wählen wir z. B. die pv-Ebene wie in Figur 73, und stellt die Kurve AB die Projektion einer Kurve der Fläche Φ dar, so gibt jeder Punkt zwischen A, B ein zusammengehöriges Wertepaar von p und v an. Das Flächenstück α, β, δ, γ hat, wenn der Abstand der beiden Lote $\alpha\gamma$ und $\beta\delta$ hinreichend klein gewählt wird, den Flächeninhalt $p\Delta v$ und die Fläche $ABDC$ gibt durch ihren Flächeninhalt $\Sigma p\Delta v$ die bei der Zustandsänderung AB vom Gase geleistete Arbeit.

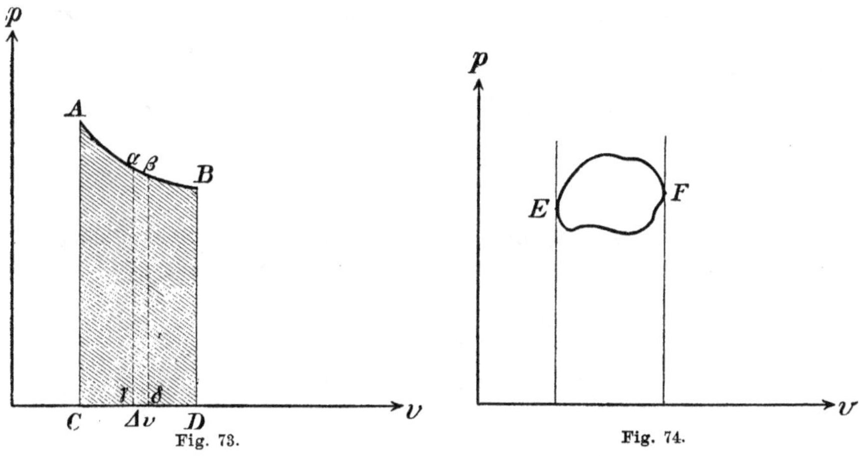

Fig. 73. Fig. 74.

Führt die Zustandsänderung das Gas schließlich wieder in den Ausgangszustand zurück, so daß also p, v, ϑ wieder die ursprünglichen Werte annehmen, so heißt der ausgeführte Prozeß ein „Kreisprozeß", und er stellt sich durch eine geschlossene Kurve dar (Fig. 74). Die von dieser geschlossenen Kurve in der pv-Ebene eingeschlossene Fläche repräsentiert wieder die beim Kreisprozeß geleistete Arbeit. Man erkennt das leicht, wenn man die geschlossene Kurve, wie in

Figur 74, durch die Punkte E, F, in zwei Teile teilt, und bedenkt, daß auf dem unteren Wege — von F bis E — die vom Gase geleistete Arbeit das entgegengesetzte Vorzeichen hat, wie die auf dem oberen Wege von E bis F geleistete Arbeit.

16. Wir führen jetzt einen speziellen Kreisprozeß aus, den wir uns graphisch in der $v\vartheta$-Ebene darstellen wollen. Dieser Kreisprozeß soll nur aus isothermen und adiabatischen Veränderungen bestehen. Im ersteren bleibt die Temperatur konstant, und damit die innere Energie. Alle geleistete Arbeit rührt von zugeführter Wärme her und muß ihr gleich (äquivalent) sein. Bei den adiabatischen Veränderungen wird keine Wärme zugeführt; alle Arbeit entstammt der inneren Energie. Durch Figur 75 soll der Kreisprozeß graphisch dargestellt sein. Er verläuft folgendermaßen.

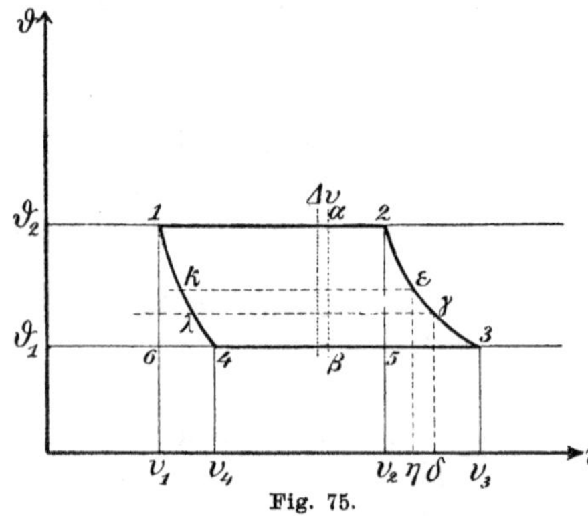

Fig. 75.

a) Wir bringen das Gefäß in ein großes Reservoir von der Temperatur ϑ_2, bis es diese Temperatur angenommen hat. Es habe jetzt das Volumen v_1. Wir lassen das Gas sich ausdehnen, wobei es von dem Reservoir aus immer auf gleicher Temperatur erhalten bleibe und das Volumen v_2 annimmt. Das Gas dehnt sich „isotherm" aus. Es leistet eine Arbeit

$$A_1 = \sum_{v_1}^{v_2} p\,\Delta v,$$

und muß nach dem Energieprinzip, da sein Energieinhalt sich nach Nr. 10 nicht ändert, die dieser Arbeit gleiche Wärmemenge

$$Q_1 = \sum_{v_1}^{v_2} p\,\Delta v$$

aus dem Reservoir aufnehmen. Unter Zuhilfenahme der Zustandsgleichung wird

$$(10) \qquad Q_1 = A_1 = R\vartheta_2 \sum_{v_1}^{v_2} \frac{\Delta v}{v} = R\vartheta_2 \int_{v_1}^{v_2} \frac{dv}{v}.$$

b) Wir lassen das Gas sich adiabatisch weiter ausdehnen, bis es ein Volumen v_3 erreicht und eine niedrigere Temperatur $\vartheta_1 < \vartheta_2$ angenommen hat. Es hat dabei die Arbeit

$$(11) \qquad A_2 = \sum_{v_2}^{v_3} p\,\Delta v$$

geleistet. Wärme hat das Gas nicht aufgenommen, sondern seine innere Energie muß um den äquivalenten Betrag abgenommen haben.

c) Wir bringen das Gas in ein Wärmereservoir von der Temperatur ϑ_1 und komprimieren es isotherm bis zu einem Volumen v_4, das so beschaffen ist, daß wir aus v_4, ϑ_1 auf adiabatischem Wege zu v_1, ϑ_2 übergehen können. (Wir können uns v_4 etwa dadurch ermittelt denken, daß wir vor Beginn unseres Prozesses von v_1, ϑ_2 an die adiabatische Änderung bis ϑ_1 vornehmen.)

Jetzt haben wir Arbeit aufgewandt, oder das Gas hat negative Arbeit, $-A_3$, geleistet und Wärme Q_3 an das Reservoir abgegeben, die analog a) gegeben ist durch

$$(12) \qquad -Q_3 = -A_3 = -\sum_{v_4}^{v_3} p\Delta v = -R\vartheta_1 \sum_{v_4}^{v_3} \frac{\Delta v}{v}.$$

d) Endlich führen wir durch adiabatische Kompression das Gas auf das Volumen v_1 und die Temperatur ϑ_2 zurück, wobei es eine Arbeit leistet

$$(13) \qquad -A_4 = -\sum_{v_4}^{v_1} p\Delta v,$$

und nach Nr. 11 wird

$$(14) \qquad A_2 = A_4$$

sein.

17. Wir haben im ganzen folgendes erreicht:

Im Reservoir von der Temperatur ϑ_2 ist die Wärmemenge

$$(15) \qquad Q_1 = R\vartheta_2 \sum_{v_1}^{v_2} \frac{\Delta v}{v}$$

aufgenommen und im Rerservoir von der Temperatur ϑ_1 die Wärmemenge

$$Q_3 = R\vartheta_1 \sum_{v_4}^{v_3} \frac{\Delta v}{v}$$

abgegeben worden. Also ist beim ganzen Prozeß der Betrag

$$(16) \qquad Q_1 - Q_3 = R\vartheta_2 \sum_{v_1}^{v_2} \frac{\Delta v}{v} - R\vartheta_1 \sum_{v_4}^{v_3} \frac{\Delta v}{v}$$

als Wärme verloren gegangen. Dieser Betrag findet sich quantitativ als Arbeit wieder; denn die Summe aller vom Gas geleisteten Arbeiten ist

$$A = A_1 + A_2 - A_3 - A_4 = Q_1 - Q_3,$$

da $A_1 = Q_1$; $A_3 = Q_3$; $A_2 = A_4$ ist.

18. Das Verhältnis n der in Arbeit umgesetzten Wärmemenge zu der im wärmeren Gefäß aufgenommenen Wärmemenge

$$n = \frac{Q_1 - Q_3}{Q_1} = \frac{A}{Q_1}$$

heißt der „Wirkungsgrad" des Kreisprozesses. Er wird also nach unseren bisherigen Ableitungen den Betrag besitzen:

$$n = \frac{\vartheta_2 \sum_{v_1}^{v_2} \frac{\Delta v}{v} - \vartheta_1 \sum_{v_4}^{v_3} \frac{\Delta v}{v}}{\vartheta_2 \sum_{v_1}^{v_2} \frac{\Delta v}{v}}. \tag{17}$$

19. Wir wollen nun zeigen, daß $\sum_{v_4}^{v_3} \frac{\Delta v}{v} = \sum_{v_1}^{v_2} \frac{\Delta v}{v}$ ist, was ohne Ausführung einer Integration bewiesen werden kann. Es ist jedenfalls (Fig. 75)

$$\sum_{v_1}^{v_2} \frac{\Delta v}{v} = \sum_{v_6}^{v_5} \frac{\Delta v}{v}, \tag{18}$$

wo $v_5 = v_2$; $v_6 = v_1$ ist; denn zerlegen wir die Strecken $\overline{1\,2}$ und $\overline{6\,5}$ durch Linien parallel der ϑ-Achse (punktiert gezeichnet) in paarweise gleiche Elemente Δv, so ist an entsprechenden Stellen α, β beider Strecken $\Delta v/v$ identisch, und es muß also auch $\Sigma \Delta v/v$ über die ganzen Strecken identisch herauskommen. Mit anderen Worten: Ob wir bei einer Temperatur ϑ_2 oder bei einer Temperatur ϑ_1 ein Gas von v_1 auf v_2 ausdehnen, muß für die Summe $\Sigma \Delta v/v$ gleichgültig sein, wenn die Grenzen v_1 und v_2 in beiden Fällen identisch sind.

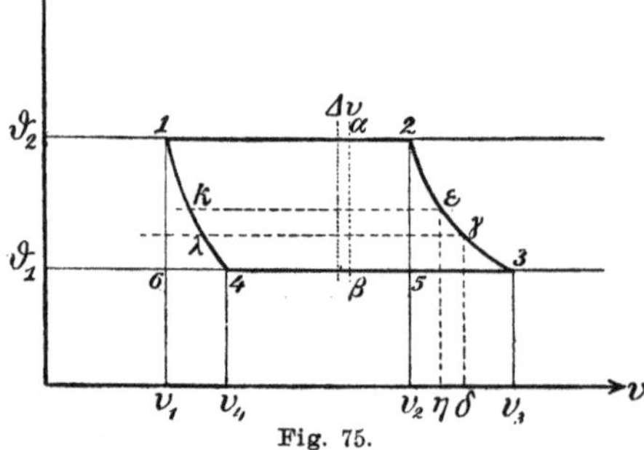

Fig. 75.

20. Nun können wir aber zeigen, daß

$$\sum_{v_5}^{v_3} \frac{\Delta v}{v} = \sum_{v_6}^{v_4} \frac{\Delta v}{v} \tag{19}$$

ist. Man sieht zunächst, wie im vorigen Abschnitt, daß

$$\sum_{v_5}^{v_3} \frac{\Delta v}{v} = \sum_{v_2}^{v_3} \frac{\Delta v}{v} \tag{20}$$

ist, was man wieder erkennt, wenn man zwei Parallele zur ϑ-Achse, $\overline{\gamma\delta}$ und $\overline{\varepsilon\eta}$, durch die isotherme Kurve $\overline{3\,5}$ und die adiabatische $\overline{2\,3}$ zieht (Fig. 75). Es ist also für die hier vorliegende Summe gleichgültig, ob wir das Gas zwischen zwei gegebenen Volumen $v_2 = v_5$ und v_3 isotherm oder adiabatisch ausdehnen.

Es ist für die adiabatische Kurve $\overline{2\,3}$

$$\varDelta U = p \varDelta v,$$

da keine Wärme aufgenommen wird. Das wird unter Zuhilfenahme der allgemeinen Gleichung (9) $\varDelta U = R\vartheta \varDelta v/v$, also:

$$\frac{\varDelta v}{v} = \frac{1}{R} \frac{\varDelta U}{\vartheta},$$

$$\sum_{v_2}^{v_3} \frac{\varDelta v}{v} = \frac{1}{R} \sum_{v_2}^{v_3} \frac{\varDelta U}{\vartheta}, \tag{21}$$

und hierin ist U, die innere Energie des Gases, nur von der Temperatur abhängig. An einer Stelle ε der Adiabate $\overline{2\,3}$ wird U denselben Wert haben wie an einer Stelle κ einer anderen Adiabate $\overline{1\,4}$, wenn κ mit ε auf einer Isothermen liegt. Das Gleiche gilt von den zwei Stellen γ, λ (Fig. 75) der beiden Adiabaten. Deshalb wird auch $\varDelta U$ zwischen ε und γ ebenso groß sein, wie zwischen κ und λ, und rücken ε und γ hinreichend nahe aneinander, so wird ϑ als konstant zwischen ε und γ und zwischen κ und λ angesehen werden dürfen, so daß auch $\varDelta U/\vartheta$ zwischen ε und γ den gleichen Wert wie zwischen κ und λ besitzt. Deshalb muß auch

$$\sum_{2}^{3} \frac{\varDelta U}{\vartheta} = \sum_{1}^{4} \frac{\varDelta U}{\vartheta}$$

sein, und wegen Gleichung (20), (21) wird

$$\sum_{v_5}^{v_3} \frac{\varDelta v}{v} = \sum_{v_2}^{v_3} \frac{\varDelta v}{v} = \frac{1}{R} \sum_{2}^{3} \frac{\varDelta U}{\vartheta} = \frac{1}{R} \sum_{1}^{4} \frac{\varDelta U}{\vartheta}.$$

Analog wie die Gleichungen (20), (21) folgt aber auch

$$\sum_{v_6}^{v_4} \frac{\varDelta v}{v} = \sum_{v_1}^{v_4} \frac{\varDelta v}{v} = \frac{1}{R} \sum_{1}^{4} \frac{\varDelta U}{\vartheta}, \tag{22}$$

und Gleichung (19) ist somit bewiesen.

21. Aus der Figur 75 erkennt man, daß

$$\sum_{v_6}^{v_5} \frac{\varDelta v}{v} = \sum_{v_6}^{v_4} \frac{\varDelta v}{v} + \sum_{v_4}^{v_3} \frac{\varDelta v}{v} - \sum_{v_5}^{v_3} \frac{\varDelta v}{v}$$

ist, und wegen Gleichung (19) folgt nun

$$\sum_{v_6}^{v_5} \frac{\varDelta v}{v} = \sum_{v_4}^{v_3} \frac{\varDelta v}{v},$$

und unter Zuhilfenahme von Gleichung (18) gibt das die zu beweisende Gleichung:

$$\sum_{v_4}^{v_3} \frac{\Delta v}{v} = \sum_{v_1}^{v_2} \frac{\Delta v}{v}. \tag{23}$$

22. Jetzt lehrt uns Gleichung (17) wegen (23), daß der Wirkungsgrad unseres Kreisprozesses die einfache Form annimmt:

$$n = \frac{A}{Q_1} = \frac{\vartheta_2 - \vartheta_1}{\vartheta_2}.$$

Von der Wärmemenge, die der Kolben im wärmeren Reservoir ϑ_2 aufgenommen hat, ist nur der Bruchteil $(\vartheta_2 - \vartheta_1)/\vartheta_2$ in Arbeit übergeführt worden. Der Rest, der Bruchteil ϑ_1/ϑ_2, ist als Wärme dem kälteren Reservoir zugeflossen.

Das Gas selber ist nach Ablauf des Prozesses in seinen ursprünglichen Zustand zurückgeführt. Es besitzt wieder die gleiche Temperatur, das gleiche Volumen und den gleichen Druck, wie im Anfang des Prozesses. Das Gas ist die Maschine. Die gewonnene Arbeit entstammt der Wärmeenergie der Reservoire. Man nennt diesen Kreisprozeß nach seinem Entdecker[1]) den „Carnotschen Kreisprozeß".

23. Lassen wir den ganzen Prozeß in umgekehrter Richtung vor sich gehen, so würden wir im kälteren Reservoir die Wärmemenge Q_3 aufnehmen und im wärmeren Q_1 abgeben. Außerdem würden wir die Arbeit

$$A = \frac{\vartheta_2 - \vartheta_1}{\vartheta_2} Q_1$$

dem System zuführen. Dann ist also alles wieder im alten Zustand, auch die Wärmeverteilung in den Reservoiren.

Daraus können wir schließen: Es ist nicht möglich, mit Hilfe des Carnotschen Kreisprozesses Wärme aus einem kühleren Gefäß in ein wärmeres überzuführen, ohne dabei eine bestimmte Arbeitsmenge aufzuwenden.

Eine nicht beweisbare Verallgemeinerung sagt aus: Die Arbeit, die wir beim Carnotschen Kreisprozeß aus einem gegebenen Wärmequantum Q_1 gewinnen können, ist die größte Arbeit, die uns überhaupt irgendein Kreisprozeß liefern kann.

---

1) Vgl. darüber das in § 28, 7., Seite 151 Gesagte. Der Carnotsche Satz ist von Clausius in richtiger Deutung modifiziert worden.

Einheiten des absoluten Maßsystems.

Grundeinheiten: Masseneinheit: 1 Gramm = 1 gr, Zeiteinheit: 1 Sekunde = 1 sec,
Längeneinheit: 1 Zentimeter = 1 cm, Temperatureinheit: 1 Grad = 1 gd (1^0).

Die Zahlen der zweiten bis fünften Kolumne sind die Exponenten der Grundeinheiten.

	gr	cm	sec	gd	Name	Technische oder praktische Einheiten.
Dichte	1	—3				
Geschwindigkeit		1	—1			
Beschleunigung		1	—2			
Kraft (Gewicht)	1	1	—2		1 Dyne (1 dyn)	1 Grammgewicht = 980,6 dyn[1]. 1 Kilogrammgewicht = $980,6 \cdot 10^3$ dyn
Druck	1	—1	—2			1 Atmosphäre = 760 mm Quecksilber = 1 013 200 dyn/cm²
Trägheitsmoment	1	2				
Winkelgeschwindigkeit			—1			
Winkelbeschleunigung			—2			
Drehmoment	1	2	—2			
Arbeit (Energie)	1	2	—2		1 Erg (1 erg)	1 Kilogrammeter (1 Kgm) = $980,6 \cdot 10^5$ erg
Leistung[2]	1	2	—3			1 Pferdestärke = 75 Kgm/sec = $73545 \cdot 10^5$ erg/sec
Wärmemenge	1	2	—2		1 Erg (1 erg)	1 mittlere Kalorie (1 cal) = $419,25 \cdot 10^5$ erg[3]
Wasserwert	1	2	—2	—1		
Spez. Wärme	1	2	—2	—1		

Wärmeäquivalent: $J = 419,25 \cdot 10^5$.
Faktor im Newtonschen Gesetz: $f = 6,675 \cdot 10^{-8}$ cm³/(gr · sec²).[4]

1) 980,6 (980,62) ist der Wert von g unter 45° geogr. Breite.
2) Leistung ist die (von einer Maschine z. B.) in der Zeiteinheit gelieferte Arbeit.
3) Nach C. Dieterici, Ann. d. Phys. **16,** 589 (1905).
4) Mittelwert neuer Beobachtungen. Vgl. Encykl. d. math. Wiss. V 1, p. 34.

ZWEITES BUCH

ELEKTRISCHE UND MAGNETISCHE KRAFTLINIEN

Vierter Abschnitt.

Elektrizität und Magnetismus.[1])

§ 30. Elektrische Kraft und Elektrizitätsmenge.

1. Der Begriff der „Kraftlinien", den wir im folgenden als geometrisches Hifsmittel zur Besprechung der elektrischen und magnetischen Theorien heranziehen wollen, läßt sich in jedem Vektorfelde verwerten, natürlich unter Zugrundelegung der für den betreffenden Vektor gültigen Gesetze. Es ist im folgenden in der Tat nicht eine Kraft, die wir in der angedeuteten Weise sinnlich darstellen; wir wollen aber allgemein den althergebrachten Namen „Kraftlinien" beibehalten, indem wir als Typus eines Vektors den speziellen Kraftvektor zur Namengebung verwenden.

Eine reelle Bedeutung haben die Kraftlinien nicht; sie sind lediglich ein mathematisches Hilfsmittel. Dasselbe gilt auch von einem althergebrachten Begriff der Elektrizitätslehre, von den „Elektrizitätsmengen". Beobachtbar sind — abgesehen von einigen sekundären Erscheinungen — nur die elektrischen Kräfte, und nur aus ihnen hat man den mathematischen Begriff „Elektrizitätsmenge" geschaffen. Wir nehmen diese überall da an, wo elektrische Kraftlinien entspringen und setzen, wie wir später sehen werden, eine quantitative Beziehung zwischen beiden Begriffen fest.

Wir könnten mit dem Begriff der Kraftlinien allein auskommen, und in der Tat begnügt sich damit die reine Maxwell-Hertzsche Theorie. Da aber für die Anschauung der Begriff Elektrizitätsmenge zweckmäßig ist, schon um weitläufige Ausdrucksweisen zu vermeiden, wollen auch wir uns seiner bedienen. Gerade durch Einführung der „Menge" wird die Kraftlinientheorie durch Analogiebildung mit den mechanischen Mengen übersichtlicher. In der Mechanik denkt man ja auch nicht daran, den Begriff der Masse zu eliminieren. Freilich kennen wir von dieser auch noch andere Eigenschaften als die Kräfte: die Undurchdringbarkeit gegen ihresgleichen, also die Fühlbarkeit, und die Fähigkeit, Licht zu reflektieren und zu absorbieren, die Sichtbarkeit.

1) Dieser Abschnitt schließt sich vielfach an die Bezeichnungs- und Darstellungsweise in E. Cohn, Das elektromagnetische Feld (Leipzig 1900) an.

2. Wir gehen von den folgenden physikalischen Erfahrungstatsachen aus:

[1.][1] Durch Reibung gewisser, dem Material nach voneinander abweichender Körper miteinander geraten diese in einen Zustand, der sie befähigt, andere ebenso behandelte Körper anzuziehen oder abzustoßen, jedenfalls aber eine Kraft auszuüben, die der Richtung nach mit der Verbindungslinie der zwei Körper (wenn diese klein genug sind, eine solche zu definieren) übereinstimmt. Sie heißen dann „elektrisiert". Körper, die diese Erscheinung ohne weitere Vorsichtsmaßregeln zeigen, heißen „Isolatoren".

[2.] Durch solche Reibung, aber auch schon durch einfachen Kontakt mit elektrisierten Körpern werden „isolierte", d. h. rings nur an Isolatoren grenzende Metalle ebenfalls elektrisiert.

[3.] Die Elektrisierung eines und desselben Körpers, d. h. die Kraft auf ein und denselben anderen elektrisierten Körper kann verschieden stark sein, etwa infolge verschieden starken Reibens.

[4.] Es gibt zwei verschiedene Arten von Elektrisierung, je nach dem Material der geriebenen Körper. Die beiden Arten unterscheiden sich voneinander dadurch, daß gleichartig elektrisierte sich abstoßen, ungleichartig elektrisierte sich anziehen.

[5.] Durch Kontakt elektrisierter Metalle entsteht immer gleichartige Elektrisierung.

[6.] Es ist bekannt, auf welche Weise die eine oder die andere Art Elektrisierung entsteht, so daß man sie willkürlich hervorbringen kann.

3. Wir denken uns zwei identische, sehr kleine Körper gleich stark elektrisiert, was wir dadurch kontrollieren können, daß wir die Kraftwirkung eines jeden von ihnen auf einen und denselben dritten elektrisierten Körper beobachten. Wir bringen diese beiden Körper, deren Dimensionen alle sehr klein gegen einen Zentimeter sein mögen, in einem Abstand von einem Zentimeter voneinander in einen luftleeren Raum und messen die abstoßende Kraft, die sie aufeinander ausüben. Je stärker die Kraft ist, um so größer nehmen wir die Elektrisierung an. Ist nun die Kraft gerade gleich einer Dyne, also gleich 1 gr cm $\sec^{-2}$, so schreiben wir jedem der Körper die Elektrizitätsmenge „1 absolute Einheit" zu, d. h. wir veranschaulichen die Elektrisierung

1) Die Zahlen in eckigen Klammern deuten empirische Gesetze an.

durch eine hypothetische, dem Körper zugeführte Elektrizitätsmenge, die den Wert 1 Einheit im oben angegebenen Falle besitzt.

Bestehen die beiden Körper aus Glas, das durch Reiben mit Seide elektrisch geladen ist, so nennen wir die Ladung positiv; in dem hier angeführten Falle sprechen wir den Körpern speziell je + 1 Einheit zu. Wenn ein weiterer Körper auf andere Weise elektrisiert und an Stelle des einen dieser beiden, d. h. in einen Abstand von 1 cm vom anderen gebracht, eine abstoßende Kraft von einer Dyne erfährt, so schreiben wir ihm ebenfalls die Elektrizitätsmenge + 1 Einheit zu, erfährt er aber eine anziehende Kraft von einer Dyne, so schreiben wir ihm die Elektrizitätsmenge — 1 Einheit zu.

In der Praxis verwendet man das $3 \cdot 10^9$fache dieser Einheit als Einheit der Elektrizitätsmenge und nennt sie „1 Coulomb".

4. Ist der eine der Körper symmetrisch gebaut und bei der Elektrisierung symmetrisch behandelt, so können wir durch Halbieren desselben die Elektrizitätsmenge $\frac{1}{2}$ Einh. erhalten. Wenn es uns dann gelingt, einem anderen symmetrischen Körper die gleiche Elektrisierung zu erteilen, so können wir durch Durchschneidung dieses zweiten Körpers $\frac{1}{4}$ Einh. isolieren u. s. w. Wir können dann — freilich nur in der Idee, nicht in Praxi — durch Zusammenbringen bestimmter Teile eine beliebige Elektrizitätsmenge, sagen wir a Einh., an einem Orte, d. h. in einem sehr kleinen Raume vereinigen. Wählen wir a verschieden groß in verschiedenen Fällen, auch z. B. negativ, so können wir das Gesetz prüfen, nachdem sich verschieden stark elektrisierte Körper anziehen oder abstoßen. Durch Veränderung des Abstandes, in dem sich die beiden Körper befinden, können wir die Abhängigkeit der Kraft von diesem Abstand ermitteln. Coulomb hat diese Gesetze nach einer freilich nicht so schematischen Methode, wie wir sie hier lediglich zum Zweck der Definition angegeben haben, erforscht, und er findet, daß die Kraft K mit dem Abstand r und den Elektrizitätsmengen e_1, e_2 zweier aufeinander wirkender Körper ein dem Newtonschen Gesetz ähnliches Gesetz befolgt:

$$K = f \frac{e_1 e_2}{r^2},$$ [1])

1) Dies Gesetz ist von Coulomb 1785 aufgestellt und mit der „Drehwage" durch statische Messungen von Drehmomenten bewiesen. Von Rieß wurde die Methode verbessert. Rieß veränderte die Elektrizitätsmenge zwecks Bestätigung des Faktors $e_1 e_2$ durch Berührung einer geladenen Metallkugel mit einer gleich großen ungeladenen.

Außer durch die statische Ablenkung hat Coulomb noch mit Hilfe von Schwingungen das Drehmoment und damit die Kraft zwischen zwei Elektrizitätsmengen bestimmt.

Charles Augustin de Coulomb lebte von 1736 bis 1806. Er war Offizier im französischen Geniekorps. 1781 wurde er wegen seiner wissenschaft-

worin f zunächst noch eine Konstante ist. Eine abstoßende Kraft wollen wir als positiv auffasssen. Da im Vakuum für $e_1 = e_2 = 1$ Einh., $r = 1$ cm nach Definition $K = 1$ dyn wird, so muß f hier den Zahlwert 1 haben.

5. Bringt man die beiden Körper aus dem Vakuum in ein anderes Medium, so zeigt sich, daß die Kraft kleiner geworden ist, im übrigen aber das Coulombsche Gesetz noch gilt, d. h. es ist f nicht mehr gleich 1, sondern kleiner. Wir schreiben

[7.][1] $$K = \frac{1}{\varepsilon}\frac{e_1 e_2}{r^2} \quad \text{(Coulombsches Gesetz),}$$

wo $\varepsilon > 1$. ε verändert erfahrungsgemäß seinen Wert mit dem Medium. Wir nennen ε die Dielektrizitätskonstante des betreffenden Mediums. Im Vakuum sei $\varepsilon = \varepsilon_0$. Also ist dem Zahlenwerte nach

$$\varepsilon_0 = 1,$$

wenn wir an unserer Definition für die Elektrizitätsmenge festhalten. Wir werden der Symmetrie halber den Faktor $1/\varepsilon_0$ im Vakuum, der gleich 1 ist, gleichwohl im allgemeinen mitführen, schon einmal, um leicht von der in der Anmerkung dieser Seite gegebenen Definition der Dielektrizitätskonstanten zu unserer übergehen zu können. ε_0 ist der kleinste Wert unter allen vorkommenden Dielektrizitätskonstanten.

6. Wir wollen, was in unserem Ermessen steht, ε als dimensionslose Zahl auffassen. Dann verfügen wir damit über die Dimensionen der Elektrizitätsmenge, deren Einheit wir willkürlich festgelegt haben. Es wird für zwei Einheitsladungen im Abstand von 1 cm im Vakuum

$$1\,\frac{\text{gr cm}}{\text{sec}^2} = \frac{1\ \text{Ein.}^2}{1\ \text{cm}^2}.$$

Die Dimensionen der Elektrizitätsmenge sind demnach

$$[e] = m^{\frac{1}{2}} l^{\frac{3}{2}} t^{-1},$$

und es ist

$$1 \text{ absolute Einheit} = 1\ \text{gr}^{\frac{1}{2}}\ \text{cm}^{\frac{3}{2}}\ \text{sec}^{-1}.$$

---

lichen Arbeiten Mitglied der Akademie zu Paris und 1804 Generalinspektor der Universität.

1) Vielfach wird auch die Konstante ε durch $4\pi\varepsilon$ ersetzt und dies neue ε die „Dielektrizitätskonstante" genannt. Dadurch wird die Form aller Gesetze etwas verändert. Durch Einsetzung von $\varepsilon = 4\pi\varepsilon'$ können wir jederzeit von einer Form in die andere übergehen. Im Vakuum wird dann $4\pi\varepsilon' = 1$, worauf zu achten ist, wenn irgendwo dieser Wert der Dielektrizitätskonstanten nicht mitgeführt worden ist. Die Einführung des Faktors $1/4\pi$ in das Coulombsche Gesetz hat den Erfolg, daß das 4π aus einer großen Zahl abgeleiteter Gleichungen, die wir zum Teil noch kennen lernen werden, herausfällt.

7. Im Coulombschen Gesetz ist die Tatsache enthalten, daß, wenn eine der beiden Elektrizitätsmengen negativ wird, die abstoßende Kraft negativ wird, also eine anziehende Kraft eintritt.

§ 31. Elektrische Feldintensität und Induktion.

1. Eine Elektrizitätsmenge e_1 übt auf eine andere vom Betrage e im Abstand r, der groß gegen die Dimensionen der Träger der elektrischen Ladungen sein möge, eine Kraft

$$K = \frac{1}{\varepsilon} \frac{e_1 e}{r^2} \quad \text{oder} \quad K = E \cdot e$$

aus, worin

$$E = \frac{e_1}{\varepsilon r^2} \tag{1}$$

der von e unabhängige Faktor von K ist. Hiernach ist E bei einer vorgegebenen Ladung e_1 eine eindeutige Ortsfunktion.

Wenn wir e kleiner und kleiner werden lassen, so verschwindet zwar K, aber E behält seinen Wert am betrachteten Orte P unverändert bei. Es liegt daher nahe, die Funktion E als eine Eigenschaft des Punktes P anzusehen, die, auch wenn e überhaupt verschwunden ist, ihren Wert noch unverändert behält. Als rein mathematische Funktion kann E jedenfalls in diesem Sinne definiert werden.

Man kann dieser Funktion aber auch eine physikalische Deutung geben. Die moderne Elektrizitätslehre kennt keine unvermittelte Fernwirkung. Wenn also eine Ladung e_1 auf eine Ladung e in endlichem Abstand einwirkt, so nimmt sie an, daß e_1 in seiner ganzen Umgebung direkt eine Zustandsänderung erzeugt, und diese Zustandsänderung, wie sie am Orte von e vorliegt, die Ursache zu der dort indirekt erzeugten Kraft ist. Diese Zustandsänderung in der Umgebung heißt das von der Ladung e_1 erzeugte „elektrische Feld". Welcher Art diese Zustandsänderung ist, wissen wir nicht, brauchen wir auch nicht zu wissen, da uns nur die Kraft interessiert, die sie auf eine in das Feld gebrachte Ladung ausübt, und die wir jederzeit aus dem Faktor E berechnen können. Deshalb kann uns die Funktion E als ein quantitatives Maß für die Zustandsänderung gelten und wir nennen E deshalb direkt das „elektrische Feld" der Ladung e_1.

Da $E = K/e$ ist, können wir quantitativ E als die auf die Elektrizitätsmenge 1 umgerechnete Kraft ansehen, obwohl E seiner physikalischen Bedeutung nach keine Kraft ist. In symbolischer Ausdrucksweise sagen wir: Es ist E die auf die „unendlich klein gedachte Elektrizitätseinheit" wirkende Kraft.[1]) E heißt auch „elektrische

1) Wir wollen allgemein, auch im folgenden, diese symbolische Ausdrucksweise gebrauchen, die den folgenden Sinn hat: Ist φ eine Funktion einer Va-

Feldintensität" oder „elektrische Intensität", oder „Feldstärke". Sie hat, wenn e_1 nach Größe und Lage gegeben ist, an jeder Stelle des Raumes einen bestimmten Wert und wir schreiben ihr die Richtung zu, die die durch Multiplikation mit einem positiven unendlich kleinen e aus ihr entstehende Kraft besitzen würde. Wir nehmen hier das e unendlich klein, damit es nicht selber ein merkliches Feld erzeugt. E ist also eine Funktion des Ortes, speziell ein Vektor.

2. In der Umgebung einer (punktförmig gedachten) Elektrizitätsmenge e wird überall eine Feldintensität vorhanden sein, und zwar symmetrisch auf den umgebenden Raum verteilt, d. h. in gleichen Abständen von e wird E von gleichem Betrage sein und wird immer die Richtung des Radiusvektors von e aus haben. Wir können mit E rechnen wie mit einer Kraft, da es ja die Kraft auf die Elektrizitätseinheit ist.

3. Besonders können wir also die von verschiedenen lokal getrennten Elektrizitätsmengen herrührenden Feldintensitäten nach dem Parallelogramm der Kräfte zusammensetzen und mit den Resultierenden rechnen; doch ist es uns nicht benommen, jede einzelne Intensität als selbständig anzusehen, also mit den Komponenten zu rechnen, oder eine Intensität in Komponenten zu zerlegen.

4. Die Einheit der Feldintensität ist 1 Dyne/1 Elektrizitätseinheit. Es hat also E die Dimensionen

$$[E] = m^{\frac{1}{2}} l^{-\frac{1}{2}} t^{-1},$$

und seine Einheit ist

$$1\,\mathrm{gr}^{\frac{1}{2}}\,\mathrm{cm}^{-\frac{1}{2}}\,\mathrm{sec}^{-1}.$$

Diese Einheiten beruhen auf der willkürlichen Festsetzung der Einheit für die Elektrizitätsmenge, die aus der Einheit der „elektrostatischen Kraft" abgeleitet war (§ 30, 3.). Man nennt das Maßsystem, das sich hierauf begründet, das „absolute Gaußsche Maßsystem". Dieses Maßsystem deckt sich in der Elektrostatik mit dem sogenannten „elektrostatischen Maßsystem" (vgl. § 46).

riabeln t, so ist mit einer unendlich kleinen Änderung Δt von t eine Änderung $\Delta\varphi$ von φ verbunden. Den Quotienten $\Delta\varphi/\Delta t$ können wir als die auf die Änderung um die Einheit von t umgerechnete Änderung von φ ansehen. $\Delta\varphi/\Delta t$ ist, wenn φ eine lineare Funktion von t ist, streng gleich der mit der Änderung von t um die Einheit verbundenen Änderung von φ. Ist φ nicht linear von t abhängig, so nennen wir diesen Quotienten „die mit der unendlich klein gedachten, oder kurz unendlich kleinen Einheitsänderung von t verbundene Änderung von φ". So ist z. B. die Geschwindigkeit eines ungleichförmig bewegten Körpers (§ 18, (2)) der in der „unendlich kleinen Zeiteinheit zurückgelegte Weg". In der Infinitesimalrechnung heißt $\Delta\varphi/\Delta t$ der Differentialquotient von φ nach t (Bd. I, 2te Aufl., Abschn. 27).

5. Die Größe $\mathsf{E} = \varepsilon E$, die also, wenn E die Feldintensität einer Elektrizitätsmenge e ist, den Wert e/r^2 hat, heißt die „dielektrische Polarisation“ oder die elektrische „Induktion“. Es ist die Größe, die uns vor allem interessiert. Auch mit ihr dürfen wir rechnen, wie mit einem Vektor, da sie aus einem solchen nur durch Multiplikation mit dem skalaren Faktor ε hervorgeht (§ 3, 12).[1]) E ist also ebenso wie E und K ein „Vektor“, und als solcher nach dem Parallelogrammgesetz in Komponenten zerlegbar. Auch E kann als ein Maß des Feldes angesehen werden, da sich auch aus ihm alle Eigenschaften des Feldes berechnen lassen.

§ 32. Kraftlinien.

1. Die dielektrische Polarisation ist ein Vektor, d. h. eine Funktion des Ortes und der Richtung. An einem und demselben Orte nimmt sie verschiedene Werte an, je nach der Richtung, in der wir sie messen. In einer bestimmten Richtung hat jeder Vektor einen Maximalwert, den wir den „Betrag“ des Vektors nennen. Die zugehörige Richtung heiße die „Hauptrichtung“ oder kurz „Richtung“ des Vektors. In jeder anderen Richtung besitzt der Vektor den Wert der Projektion; d. h. wenn A der Betrag des Vektors ist, φ der Winkel, den die gewünschte Richtung s gegen die des Betrages einschließt, so ist der Wert in dieser Richtung (vgl. § 2, 1).

$$A_s = A \cos \varphi .$$

2. Die Hauptrichtung der Polarisation fällt überall mit der der elektrischen Intensität zusammen, so lange, wie vorausgesetzt, ε eine skalare Größe ist. Unter der Hauptrichtung der Intensität ist die Richtung zu verstehen, in der sich eine frei bewegliche unendlich kleine Elektrizitätsmenge e verschieben würde. Verfolgen wir diese Richtung von Punkt zu Punkt, so ergibt sich eine, im allgemeinen räumliche Kurve, die wir eine „Kraftlinie“ nennen wollen. Wir denken hier an eine beliebige Verteilung von elektrischen Ladungen. Auf e wirkt dann überall die Resultierende der einzelnen Intensitäten.

3. Um die Enden dieser Kraftlinien zu ermitteln, haben wir diese Operation einmal mit einer Elektrizitätsmenge $+e$ auszuführen. Diese bewegt sich so lange weiter, bis sie an das Ende der Kraftlinie kommt, vorausgesetzt, daß die Elektrizitätsmenge auch in der Materie frei beweglich ist. Das Ende muß da liegen, wo sich eine negative Elektrizitätsmenge befindet, oder im Unendlichen. Die Richtung, in der sich $+e$ bewegt, heißt die positive Richtung der Kraft-

1) In krystallinischen Körpern ist ε ein Tensor; dann ist E, das Tensor-Vektorprodukt, ein auch in der Richtung von E abweichender Vektor.

linie. Eine Elektrizitätsmenge $-e$ führt uns ans entgegengesetzte Ende der Kraftlinie.

4. Machen wir dasselbe im ganzen betrachteten Raume, so können wir uns diesen ganzen Raum mit Kraftlinien durchzogen denken, die uns überall die Richtung der elektrischen Kraft und der dielektrischen Polarisation angeben. Diese Linien könnten wir also auch „Polarisationslinien" oder „Induktionslinien" nennen, insofern es uns nur darauf ankommt, aus ihnen die Richtung eines Vektors abzulesen.

5. Wir können uns aber mit Hilfe dieser Linien auch ein graphisches Maß für die Größe des betreffenden Vektors konstruieren. Wir denken uns zunächst eine einzige Elektrizitätsmenge $+e$ in einem Punkte gegeben (Fig. 76); d. h. der Träger dieser Elektrizitätsmenge sei so klein gegenüber den Entfernungen von ihm, in denen wir das Feld untersuchen wollen, daß wir seine Dimensionen und damit alle Richtungsunterschiede der nach seinen einzelnen Punkten hingezogenen Radien vernachlässigen dürfen. Die elektrischen Induktionslinien werden gerade Linien sein, die von e aus ins Unendliche verlaufen. Durch jeden Punkt des Raumes wird nur eine Induktionslinie gezogen werden können, da die Richtung der elektrischen Feldintensität und damit der Polarisation eindeutig ist.

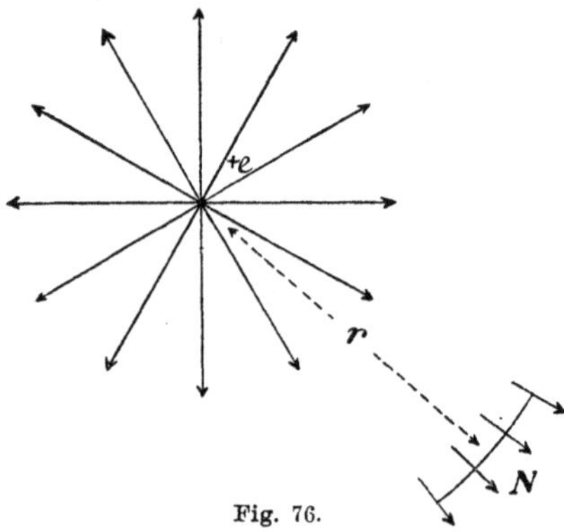

Fig. 76.

Wir treffen die folgende quantitative Bestimmung:

Die Anzahl Induktions- oder Kraftlinien, die von einer Elektrizitätsmenge e in den umgebenden Raum ausgehen, nehmen wir gleichförmig auf den ganzen kugelförmigen Raum verteilt an und proportional mit e.

Ist e negativ, so wird eine negative Zahl von Kraftlinien hier entspringen; das soll heißen, es wird die entsprechende positive Zahl in e münden.

Eine Elektrizitätsmenge e wird nach jedem Punkt einer sie umgebenden Kugelfläche eine Kraftlinie aussenden, also im ganzen in den umgebenden Raum unendlich viele Kraftlinien, die wir uns gleichförmig verteilt denken können, so daß innerhalb gleicher körperlicher Winkel immer gleichviele Kraftlinien enthalten sind. Wir setzen willkürlich fest, daß die Kraftlinienzahl n, die den umgebenden Raum einer Elektrizitätsmenge e erfüllt, e mal so groß ist als die,

die den umgebenden Raum der Elektrizitätsmenge 1 erfüllt. Und nun steht uns die folgende Definition frei:

I. Die von der Elektrizitätsmenge e ausgehende Kraftlinienzahl nennen wir $4\pi e$ (auch wenn wir sie in Wirklichkeit unendlich groß annehmen müssen; es kommt ja nur auf das Verhältnis dieser Zahlen für verschiedene e an)[1])

$$n = 4\pi e.$$

Es ist also $n = 4\pi e$ nur als eine Proportionalzahl anzusehen, was auch mit der Tatsache in Einklang zu bringen ist, daß e keine dimensionslose Zahl ist.

Jede punktförmige elektrische Ladung e sendet demnach strahlenförmig in den umgebenden Raum, also ins Unendliche $4\pi e$ Kraftlinien, in den räumlichen Winkel 1[2]) also e Kraftlinien. Diese Linien geben ein anschauliches Bild der Felder einzelner Punktladungen. (Kraftliniendarstellung A. vgl. § 33).

6. Wir wollen um e herum eine Kugel mit e als Mittelpunkt und dem Radius r gelegt denken (Fig. 76). Die e Kraftlinien müssen nach unseren Festsetzungen die Kugeloberfläche $4\pi r^2$ normal durchdringen.

II. Die Kraftlinienzahl, die eine zur Kraftlinienrichtung normale Flächeneinheit durchsetzt, nennen wir die Kraftliniendichte und wir wollen sie im allgemeinen mit N bezeichnen.

In unserm Falle ist im Abstand r von e

$$N = \frac{4\pi e}{4\pi r^2},$$

und nach § 31 Gleichung (1) ist das:

$$N = \varepsilon E.$$

Im Falle einer Elektrizitätsmenge gilt also der Satz:

Die Kraftliniendichte ist gleich der elektrischen Induktion. Sie nimmt wie diese im umgekehrten Verhältnis zu dem Quadrat des Abstandes von e ab.

7. Durch ein unendlich klein gedachtes, zu den Kraftlinien normales Oberflächenelement do werden

$$n = N do = \varepsilon E do$$

Kraftlinien hindurchtreten. Die gleiche Zahl wird ein unter einem

1) Wir führen hier zum Abzählen der Kraftlinien in gleicher Weise eine neue von Eins abweichende Einheit ein, wie man das Dutzend, das Schock auch als Einheiten von Anzahlen gebraucht.

2) „Räumlicher Winkel" ist die Fläche, die ein Kegel aus einer um seine Spitze als Mittelpunkt beschriebenen Einheitskugel herausschneidet.

Winkel φ gegen do geneigtes Flächenelement $d\sigma$ schräg (Fig. 77) durchsetzen, wenn

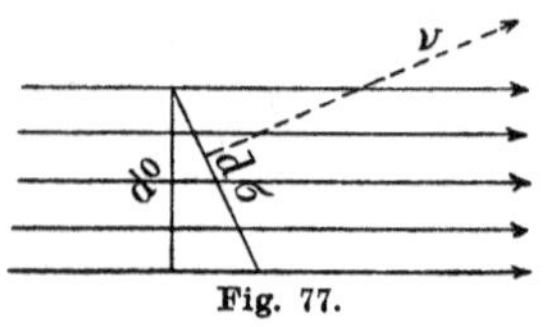

Fig. 77.

$$d\sigma = \frac{do}{\cos\varphi}$$

ist. Die unendlich kleine Flächeneinheit von $d\sigma$ wird also von

$$\frac{n}{d\sigma} = N\cos\varphi = \varepsilon E\cos\varphi$$

Kraftlinien durchsetzt.

Bedeutet ν die Normale auf $d\sigma$, die mit der positiven Kraftlinienrichtung den spitzen Winkel φ einschließt, so wird

$$E_\nu = E\cos\varphi,$$

und somit εE_ν die Anzahl Kraftlinien, die die zu einer beliebigen Richtung ν normale unendlich kleine Flächeneinheit durchsetzt. Wir wollen diese Zahl mit N_ν bezeichnen.

Die eine beliebig gerichtete Flächeneinheit schräg durchsetzende Kraftlinienzahl (Kraftliniendichte) ist also durch die Normalkomponente der elektrischen Induktion gegeben.

Demnach ist die Kraftliniendichte N eine Vektorgröße und in Komponenten zerlegbar.

8. Es sei eine beliebige Zahl in verschiedenen Punkten verteilter Elektrizitätsmengen e_1, e_2, e_3, ... gegeben.[1]) Wir kommen mathe-

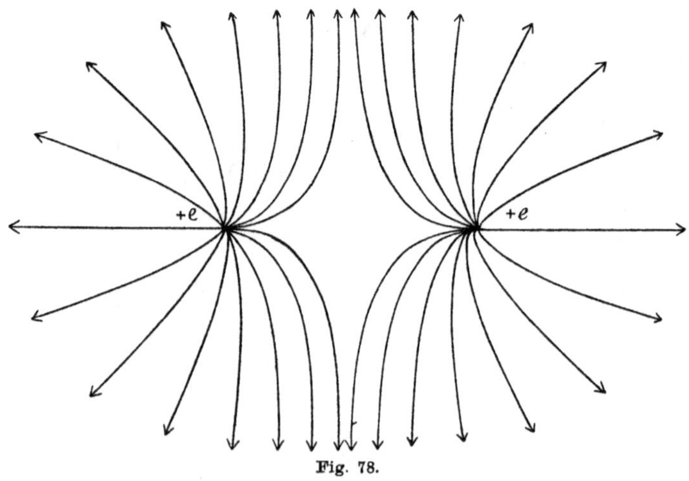

Fig. 78.

1) Die Figuren 78, 79 geben das Bild der resultierenden Kraftlinien in zwei speziellen Fällen. In Fig. 78 ist $e_1 = e_2$, in Fig. 79 $e_1 = -e_2$.

matisch zum gleichen Resultat, wenn wir in einem gedachten Punkte des umgebenden Raumes entweder die von den einzelnen Elektrizitätsmengen herrührenden Induktionen in Rechnung setzen, oder wenn wir sie alle zu einer resultierenden Induktion zusammensetzen. εE sei die resultierende Induktion, die einzelnen Induktionen seine $\varepsilon E^{(1)}$, $\varepsilon E^{(2)}$, $\varepsilon E^{(3)}$, ... Durch ein zu εE normales Flächenelement do (Fig. 80) treten nach 7. insgesamt an Kraftlinien hindurch:

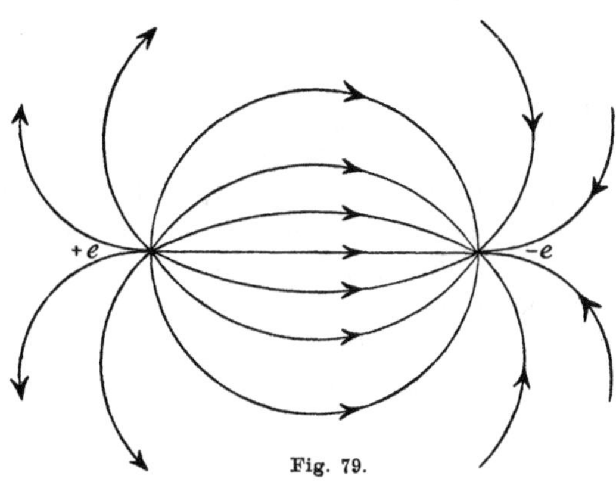

Fig. 79.

$$n = (\varepsilon E_\nu^{(1)} + \varepsilon E_\nu^{(2)} + \varepsilon E_\nu^{(3)} + \cdots) do,$$

wobei ν die mit E gleichgerichtete Normale auf do ist. Diejenigen Glieder, die mit ν einen Winkel größer als $\pi/2$ einschließen, werden dabei mit negativem Betrag eingehen. Es ist aber (§ 3, 10)

$$E_\nu^{(1)} + E_\nu^{(2)} + E_\nu^{(3)} + \cdots = E,$$

also

$$n = \varepsilon E do,$$

und die do durchsetzende Kraftliniendichte wird

$$N = \varepsilon E.$$

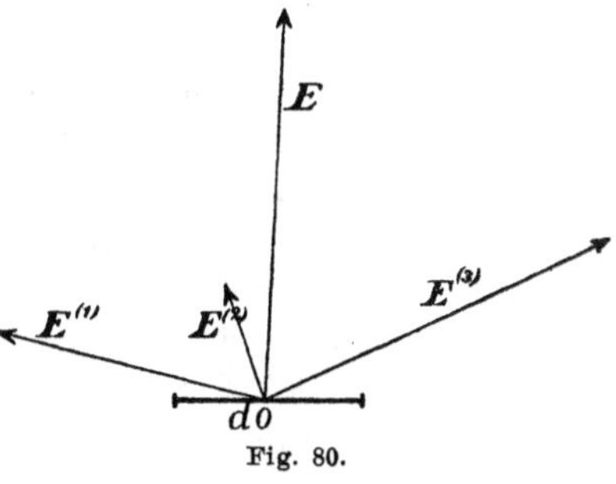

Fig. 80.

Es gilt demnach bei ganz beliebiger Verteilung von Elektrizitätsmengen für das resultierende Feld:

III. Die Induktion gibt überall die Kraftliniendichte an.

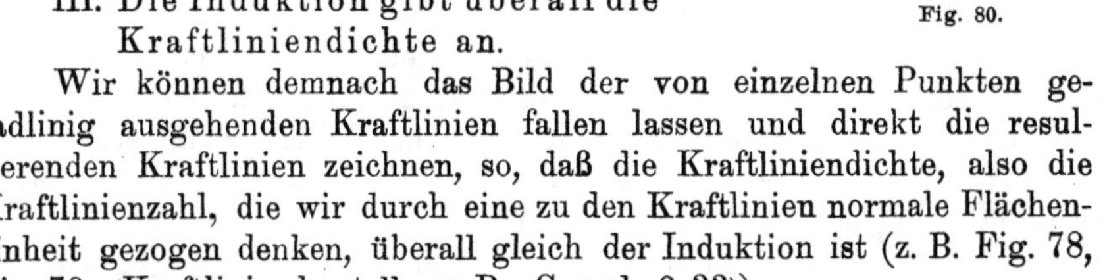

Wir können demnach das Bild der von einzelnen Punkten geradlinig ausgehenden Kraftlinien fallen lassen und direkt die resultierenden Kraftlinien zeichnen, so, daß die Kraftliniendichte, also die Kraftlinienzahl, die wir durch eine zu den Kraftlinien normale Flächeneinheit gezogen denken, überall gleich der Induktion ist (z. B. Fig. 78, Fig. 79, (Kraftliniendarstellung B., C. vgl. § 33)).

Wenden wir jetzt wieder die in Figur 77 dargestellte Komponentenzerlegung auf die resultierenden Kraftlinien an, so folgt:

IV. Die Kraftlinienzahl n, die ein beliebig gerichtetes Flächenelement $d\sigma$ durchsetzt, ist gleich der zu $d\sigma$

normalen Komponente der Induktion, multipliziert mit $d\sigma$:

$$n = \varepsilon E_\nu d\sigma .$$

9. Der Satz III ist aus der Definition I abgeleitet.

Definieren wir umgekehrt die Kraftliniendichte durch den Satz III, so muß daraus Satz 1 folgen; es muß folgen, daß von jeder Elektrizitätsmenge e in dem umgebenden Raume $4\pi e$ Kraftlinien ausgehen.

Es ist leicht, hieraus zu stetig verteilter Ladung überzugehen, d. h. einen endlichen Raum oder eine endliche Fläche mit elektrischen Mengen kontinuierlich erfüllt anzunehmen. Man braucht nur jedem Element derselben eine Ladung zuzuschreiben, die aber dann unendlich klein sein muß, wenn die Gesamtladung nicht unendlich groß werden soll.

§ 33. Quellpunkte und Quellgebiete von Kraftlinien.

1. In einem Raume T mögen Elektrizitätsmengen verteilt sein, die ein elektrisches Feld erzeugen, dessen Kraftlinien wir uns in einer der im vorigen Paragraphen eingeführten Weisen dargestellt denken können. Wir können nämlich entweder

(Darstellung A) das von jeder einzelnen Elektrizitätsmenge herrührende Feld durch radial in den umgebenden Raum auslaufende Gerade darstellen, deren Richtung und Dichte überall die diesem speziellen Felde zukommende Polarisation repräsentiert. Die einzelnen Felder überlagern sich. Oder wir können

(Darstellung B) die resultierenden Felder einzelner Gruppen von Ladungen durch Kraftlinien darstellen. Und wir können schließlich

(Darstellung C) das resultierende Feld sämtlicher Ladungen direkt durch Linien darstellen, deren Richtung und Dichte überall dieses resultierende Feld repräsentiert.

2. Wir denken uns in dem Raume T einen kleineren Raum τ durch eine beliebige Oberfläche O herausgeschnitten. Ein Teil e_i der gegebenen Elektrizitätsmengen möge in dem Raume τ liegen, ein anderer Teil e_a außerhalb τ. Die Oberfläche selber möge keine der Elektrizitätsmengen berühren (Fig. 81).

Von jeder Elektrizitätsmenge e gehen Kraftlinien aus (Darstellung A). Jede Kraftlinie von einem e_i durchsetzt die Oberfläche ein-, drei-, fünf- usw. mal, wie der Augenschein ergibt. Jede von einem e_a ausgehende Kraftlinie durchsetzt sie garnicht, zwei-, vier- usw. mal. Wir wollen fragen, „wieviel mehr Kraftlinien durchsetzten die Oberfläche von innen nach außen, als von außen nach innen“. Dabei haben wir die von außen nach innen hindurchtretenden Kraftlinien als negativ zu rechnen, wenn wir die von innen nach außen verlaufenden als positiv annehmen, und die Anzahl aller Kraftlinien algebraisch zu addieren. Die gesuchte Kraftlinienzahl sei n.

Wir betrachten eine Elektrizitätsmenge e_a des Außenraumes. Ihr im ganzen Raume variables Feld sei E_a. An einer Stelle 1 (Fig. 81) treten durch ein Oberflächenelement ebenso viele Kraftlinien ein, wie an einer Stelle 2 (durch ein entsprechend größeres Flächenelement) aus, und das gilt für jedes Flächenelement. Die Elektrizitätsmenge e_a und alle außerhalb τ gelegenen Elektrizitätsmengen tragen zu der gesuchten Zahl n nichts bei.

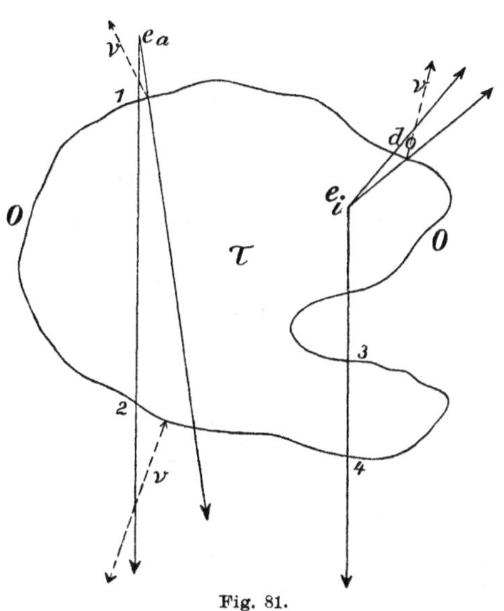

Fig. 81.

Dasselbe gilt, wenn eine äußere Elektrizitätsmenge eine Kraftlinie durch vier, sechs usw. Schnittpunkte hindurchsendet.

Betrachten wir eine innere Elektrizitätsmenge e_i, so wird eine solche $4\pi e_i$ Kraftlinien nach außen hindurchsenden. Bei einem mehr als einmaligen Hindurchtreten (z. B. an den Stellen 3, 4) heben sich immer zwei Beträge auf, und es bleibt also von e_i als nach außen tretende Kraftlinienzahl die Zahl $4\pi e_i$ übrig. Ist e_i negativ, so wird die Kraftlinienzahl $4\pi e_i$ ebenfalls negativ. Bei beliebiger Anzahl e_i und e_a ergibt sich als Gesamtzahl n:

$$n = 4\pi \sum_i e_i,$$

wenn das Zeichen $\sum_i$ die algebraische Summierung über alle eingeschlossenen Elektrizitätsmengen bedeutet.

3. Wir können die Zahl n noch anderweitig ausdrücken. Die Oberfläche O des Raumes τ zerlegen wir in Elemente do (Fig. 81), die so klein sind, daß wir jedes als eben ansehen dürfen. Es sei ν die auf do nach außen errichtete Normale.

Durch ein solches Oberflächenelement do treten nach § 32, 8., Satz IV

$$\varepsilon E_\nu do$$

Kraftlinien nach außen hindurch (Darstellung C). Demnach müssen wir die Gesamtzahl aller nach außen hindurchtretenden Kraftlinien durch Summierung dieses Betrages über die ganze Oberfläche O des Raumes τ erhalten. Somit wird

(1) $$n = \int\limits_0 \varepsilon E_\nu do = 4\pi \sum e_i,$$

und hierin ist εE_ν die resultierende Polarisation in Richtung der äußeren Normalen, herrührend von allen, auch den äußeren Elektrizitätsmengen. Die Zahl n nennen wir den „Kraftlinienfluß durch die Oberfläche O" oder die „Gesamtinduktion" durch O.

In der Summe $\int\limits_0$ liefert eine eintretende Kraftlinie von selbst einen negativen Beitrag, da die Projektion der entsprechenden Feldintensität auf die äußere Normale negativ wird.

Daraus folgt:

Kennen wir die Normalkomponente der dielektrischen Induktion an jedem Orte einer geschlossenen Fläche, so kennen wir damit auch die gesamte Elektrizitätsmenge, die von der Fläche eingeschlossen wird, gleichgültig, ob sich außerhalb der Fläche elektrische Ladungen befinden oder nicht.

Zusatz: Verkleinern wir das Volumen τ und seine Oberfläche O, so wird sich die Zahl n nur dann ändern, wenn dabei die Fläche O eine Ladung passiert.

4. Es sei ein elektrisches Feld gegeben, das wir uns durch die resultierenden Kraftlinien dargestellt denken wollen (Darstellung C). An irgendeiner Stelle des Raumes, an der sich keine elektrische Ladung befinden möge legen wir ein Flächenelement, dessen Größe durch $d\sigma$ gegeben sei, senkrecht zu der dort herrschenden Hauptrichtung der Feldintensität. Von einem Punkte P der Randkurve von $d\sigma$ (Fig. 82) aus ziehen wir nun eine beliebige endliche Strecke weit, bis P', eine Kraftlinie. Wir verschieben dann P über die Randkurve von $d\sigma$ hin, indem wir darauf achten, daß jeweils die von P ausgehende Kurve die Bahn der zugehörigen Kraftlinie darstellt, dann wird diese Kurve (PP') den Mantel eines röhrenförmigen Raumes beschreiben, den wir eine „Kraftröhre" nennen.

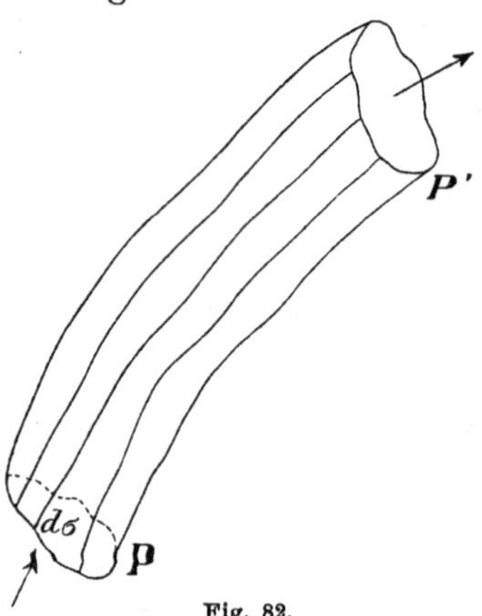

Fig. 82.

Das Innere der Kraftröhre wird ebenfalls von Kraftlinien erfüllt sein, d. h. durch jeden im Innern liegenden Punkt können wir eine

Kraftlinie ziehen, aber auch nur eine. Wären es mehrere, so würden diese sich in dem gedachten Punkte schneiden; und das ist deshalb nicht möglich, weil an jedem Punkte die Kraftlinie uns die Richtung der resultierenden Feldintensität liefern soll und diese eindeutig ist. Es können sich also nirgends Kraftlinien schneiden und keine kann den Mantel der Kraftröhre durchdringen. Auch eine gegenseitige Berührung mehrerer Kraftlinien an einem Punkte ist unmöglich, da das eine unendliche Dichte der Kraftlinien am Berührungspunkte, also eine unendliche Feldintensität bedeuten würde. Eine solche schließen wir aber von unseren Betrachtungen aus.

An irgendeinem Punkte P' unserer Kraftröhre (Fig. 82) legen wir wieder ein Flächenelement $d\sigma'$ normal zu den Kraftlinien. Das wird dann möglich sein, wenn der Querschnitt bei P' noch unendlich klein ist, wie bei P, und das ist wieder dadurch zu erreichen, daß man $d\sigma$ und PP' hinreichend klein wählt, wenn es nicht von selbst erfüllt ist, was in hinreichendem Abstande von den vorhandenen elektrischen Ladungen der Fall sein wird.

5. Wir wollen auf unser Kraftröhrenstück PP' die Gleichung (1) anwenden. Bei der Summierung über die Oberfläche können wir dann den Mantel unberücksichtigt lassen, da er von Kraftlinien nicht durchsetzt wird. E_1 sei die Feldintensität an der Stelle P, E_2 die an der Stelle P'. ν sei die nach außen gerichtete Normale auf $d\sigma$ und $d\sigma'$; ν wird also abgesehen vom Vorzeichen mit der Richtung der Feldintensität zusammenfallen, da $d\sigma$, $d\sigma'$ zu dieser senkrecht stehen. Σe wird verschwinden und es bleibt:

$$N_{1\nu} d\sigma + N_{2\nu} d\sigma' = 0,$$
$$\varepsilon E_{1\nu} d\sigma + \varepsilon E_{2\nu} d\sigma' = 0,$$
$$\varepsilon E_{1\nu} d\sigma = -\varepsilon E_{2\nu} d\sigma'.$$

Da $E_{1\nu}$ und $E_{2\nu}$ entgegengesetzt gerichtet sind, folgt aus dem negativen Vorzeichen: Die Feldintensität und damit die Induktion bei P und P' hat gleichen Richtungssinn zum Querschnitt $d\sigma$. Ist E_1, E_2 die Feldintensität in einer ein für allemal im Kraftröhrenstück definierten Richtung, etwa der Pfeilrichtung in Figur 82, so wird $E_1 = -E_{1\nu}$ und aus der letzten Gleichung wird

$$\varepsilon E_1 d\sigma = \varepsilon E_2 d\sigma'. \tag{2}$$

Das heißt: Es treten bei P ebenso viele Kraftlinien ein, als bei P' aus. Im Innern des betrachteten Kraftröhrenstückes enden oder entspringen keine Kraftlinien, und das deshalb, weil hier $\Sigma e_i = 0$ ist.

Innerhalb einer Kraftröhre, die keine Elektrizitätsmengen berührt, ist die Kraftlinienzahl, die einen

Querschnitt durchsetzt, konstant, die Induktion (Kraftliniendichte) umgekehrt proportional dem Querschnitt.

6. Wenn wir eine Elektrizitätsmenge e in eine geschlossene Fläche einschließen und diese Fläche sich so lange zusammenziehen lassen, als dies ohne Berührung der Elektrizitätsmenge möglich ist, so kommen wir zu dem Resultat: Kraftlinien können nur da enden, wo sich Elektrizitätsmengen befinden. Die $4\pi e$ von der Ladung e ausgehenden Kraftlinien können wir so verteilen, daß wir jede Einheitsladung als den Ursprung von 4π Kraftlinieneinheiten ansehen. Oder unter Berücksichtigung des Vorzeichens:

> Je 4π Kraftlinieneinheiten entspringen an der positiven Einheit der Elektrizitätsmenge und enden an der negativen Einheit derselben.

7. Die Punkte, in denen Kraftlinien entspringen oder enden, nennen wir Quellpunkte; die ersteren heißen positive, die letzteren negative Quellpunkte.[1]) Wir nennen einen Quellpunkt von der Stärke a einen solchen, in dem $4\pi a$ Kraftlinien entspringen. „Quellpunkte" und „Elektrizitätsmengen" sind also identisch. Wir könnten demnach jetzt den letzteren Namen fallen lassen und durch den ersteren ersetzen, was weiter keinen Zweck hätte als den, die Vollständigkeit des Kraftlinienbildes auch in der Nomenklatur wiederzugeben.

8. Die Ableitungen der letzten Abschnitte verlangten, daß es möglich sei, die Oberflächen der mit τ bezeichneten Räume, also auch die des Kraftröhrenstückes so zu legen, daß in ihr keine Elektrizitätsmenge liegt. Das ist dann möglich, wenn die Ladungen sich in diskreten Punkten befinden und uns wenn auch nur unendlich kleine Variationen unserer Flächen gestattet sind. Diese Betrachtung ist aber nicht mehr ausreichend, wenn die elektrischen Ladungen nicht in diskreten Punkten konzentriert sind, sondern sich kontinuierlich über Räume erstrecken, wenn eine „räumliche Ladung" vorliegt; denn dann kann es unter Umständen nötig sein, gerade in diesen Räumen das Kraftlinienbild zu verfolgen, und die Oberfläche z. B. eines Kraftröhrenstückes muß dann die Ladung durchschneiden. Ebenso verhält es sich, wenn die Ladungen sich auf Flächen ausgebreitet finden, wenn „Flächenladungen" vorliegen. Und gerade diese zwei Fälle sind es, die in der Natur vorkommen. Ladungen in Punkten können höchstens als Abstraktionen zu denken sein.

---

1) Man spricht auch von „Quellen" (oder „Heben") und „Senken". Es ist aber zweckmäßiger, einen Ausdruck zu wählen, der von vornherein beides umfaßt, wie es der Ausdruck „Quellpunkt" tut.

9. Es sei eine beliebige geschlossene Fläche gegeben, durch die wir den Kraftlinienfluß ermitteln wollen, und es sei gestattet, diese Fläche erforderlichenfalls unendlich wenig zu variieren (Fig. 83).

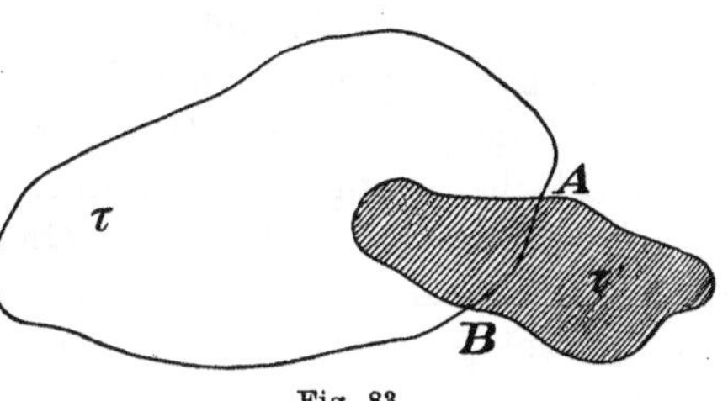

Fig. 83.

Es sei eine räumliche Ladung gegeben, die die Fläche an beliebigen Stellen durchdringen möge. Sie befinde sich in einem Raume τ' irgendwie verteilt.

Wir wollen annehmen, daß die Verteilung der Ladung so beschaffen sei, daß, wenn wir ein nach allen Richtungen hinreichend kleines Volumenelement $d\tau'$ aus τ' herausschneiden, wir innerhalb dieses die Ladung als konstant ansehen dürfen. Mit anderen Worten: Wenn wir an einem Orte von τ' die Ladung kennen, so soll an einem hinreichend benachbarten Orte die Ladung hinreichend wenig abweichen. Mathematisch heißt das, die Ladung sei eine „stetige" Funktion des Ortes. Es wird dann jeder vorgegebene Bruchteil des Raumes $d\tau'$ den gleichen Bruchteil der Ladung von $d\tau'$ besitzen, die Ladung am Orte $d\tau'$ können wir proportional mit $d\tau'$ setzen, etwa gleich

$$\varrho\, d\tau'.$$

ϱ ist die in der unendlich kleinen Volumeneinheit enthaltene Ladung. Wir nennen ϱ die „räumliche Dichte der Elektrizität am Orte $d\tau'$". Es muß nun ϱ so beschaffen sein, daß es, mit einem endlichen Volumen multipliziert, eine endliche Größe gibt, da sonst nicht die ganze in τ' enthaltene Ladung endlich sein könnte. ϱ ist demnach eine Funktion des Ortes und überall endlich. Bei der Anwendung der Gleichung (1) auf den Raum τ der Figur 83 ist es daher gleichgültig, ob wir den an dem Flächenstück AB haftenden Teil der Ladung zur inneren oder äußeren Ladung von τ rechnen, weil dieser Teil im Vergleich zu jedem Teil der räumlichen Ladung unendlich klein ist.

10. Ist eine Flächenladung gegeben, so gilt Entsprechendes. Da wir die Oberfläche von τ unendlich wenig variieren dürfen, können wir es so einrichten, daß sie die geladene Fläche höchstens in einer Linie (AB, Fig. 83, wenn wir das schraffierte Stück τ' als Fläche auffassen und mit o' bezeichnen) schneidet. Ist o' die geladene Fläche, so wollen wir wieder Stetigkeit der Ladung auf ihr annehmen. Wir können eine „Flächendichte" σ der Elektrizität analog der Raumdichte definieren. Es wird

$$\sigma\, do'$$

die auf dem Flächenelement do' befindliche Ladung. σ muß mit einer endlichen Fläche multipliziert einen endlichen Wert geben. Längs der Linie AB kann sich also wieder nur eine unendlich kleine Ladung befinden und wir dürfen die von ihr ausgehende Kraftlinienzahl als unendlich klein vernachlässigen.

Wir können somit die Gleichung (1) (Seite 190) auch auf den Fall von Flächen- und Raumladungen anwenden. Mit den stetig verteilten Ladungen sind auch die Quellpunkte der Kraftlinien über Flächen oder Räume stetig verteilt. Wir wollen die Orte, in denen Kraftlinien entspringen oder endigen, allgemein als „Quellgebiete" bezeichnen.

11. Es sei z. B. eine stetig mit Elektrizität bedeckte Fläche S gegeben (Fig. 84). Die Dichte der Ladung sei σ. Dann wird ein Flächenelement dS die Ladung σdS besitzen. Wir denken uns einen Zylinderstumpf so um dS gelegt, daß die zwei Basisflächen sich in unendlich kleinem Abstand vor und hinter dS und parallel mit dS befinden. Figur 84 soll den Querschnitt, Figur 85 eine perspektivische Darstellung des Zylinders geben. dS selber sei unendlich

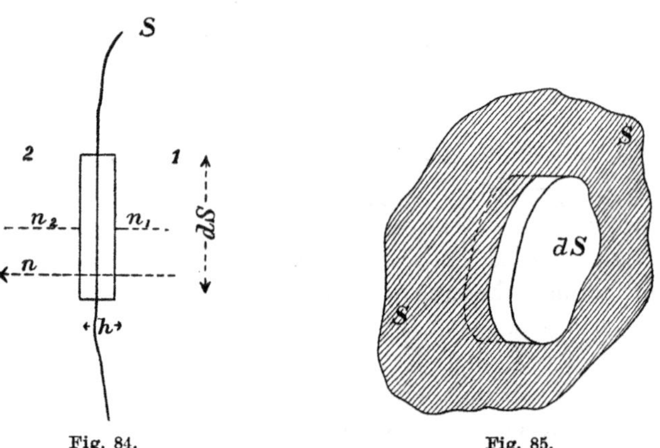

Fig. 84. Fig. 85.

klein, d. h. so klein, daß wir über dS hin σ als konstant ansehen dürfen. Die Mantelfläche des Zylinders sei aber wieder unendlich klein gegen dS. Wenn wir die Gleichung (1) auf die Oberfläche des Zylinderstumpfes anwenden, so können wir folglich die durch die Mantelfläche austretenden Kraftlinien vernachlässigen. Es wird dann

$$(3) \qquad \begin{aligned} 4\pi\sigma dS &= (\varepsilon E_{n_1} + \varepsilon E_{n_2}) dS, \\ 4\pi\sigma &= \varepsilon E_{n_1} + \varepsilon E_{n_2}, \end{aligned}$$

wobei n_1 und n_2 entgegengesetzte Richtung haben. Definieren wir aber eine Richtung n normal zu dS und vom Raume 1 nach dem

Raume 2 weisend (wie in Fig. 84) als positive Richtung, so wird

$$E_{n_1} = - E_{1n}; \quad E_{n_2} = + E_{2n},$$

und E_{1n} bedeutet die Größe der Feldintensität in der Richtung nach n auf der einen, in der Figur durch 1 bezeichneten Seite von dS, E_{2n} das gleiche auf der andern Seite. E_1, E_2 sind die resultierenden Feldintensitäten auf diesen beiden Seiten, gleichgültig, welche Ladungen außer σ noch im Raume sind. Es wird dann:

$$\varepsilon E_{2n} - \varepsilon E_{1n} = 4\pi\sigma. \tag{4}$$

Die Differenz der Normalkomponenten der Induktion auf beiden Seiten einer geladenen Fläche ist gleich dem 4πfachen der Flächendichte an der betrachteten Stelle.

§ 34. Das Potential.

1. Es sei eine Elektrizitätsmenge e in einem Punkte Q konzentriert gegeben, und ihr Feld durch Kraftlinien dargestellt. Im Abstand $QP_1 = r_1$ ist die Feldintensität, also die Kraft auf die unendlich kleine Elektrizitätseinheit

$$E_1 = \frac{e}{\varepsilon r_1^{\,2}},$$

und hat die Richtung von Q nach P_1 hin, wenn e positiv ist.

Verschiebt die elektrische Kraft von P_1 aus die Elektrizitätseinheit um ein geradliniges unendlich kleines Stück ds bis P_2 (Fig. 86), so leistet sie nach § 25, 6, 8. die Arbeit $E_1 p_1$, wenn p_1 die Projektion der Verschiebung ds auf die Kraftrichtung bedeutet. In P_2 wird die Feldintensität

$$E_2 = \frac{e}{\varepsilon r_2^{\,2}}$$

herrschen, die nach Größe und Richtung nur unendlich wenig von E_1 abweichen wird. Wir können demnach auch statt der Arbeit der Kraft E_1 die der Kraft E_2 in Rechnung setzen, ohne einen merklichen Fehler zu machen. Diese Arbeit ist gleich $E_2 p_2$, wenn p_2 wieder die Projektion von ds auf die Kraftrichtung E_2 bedeutet.

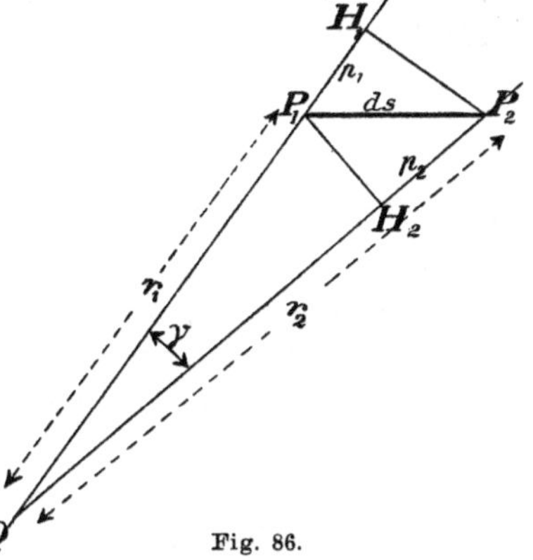

Fig. 86.

Noch sicherer werden wir gehen, wenn wir aus den beiden Feldintensitäten E_1, E_2 einen Mittelwert bilden, und ebenso aus den beiden Verschiebungen p_1, p_2. Wählen wir das geometrische Mittel der Feldintensitäten und das arithmetische der Verschiebungen, so gestaltet sich die Rechnung besonders einfach. Es wird dann die bei der Verschiebung über ds geleistete Arbeit

$$\delta A = \sqrt{E_1 E_2}\,\frac{p_1 + p_2}{2} = \frac{e}{\varepsilon}\,\frac{p_1 + p_2}{2 r_1 r_2}.$$

2. Es ist (vgl. Fig. 86)

$$p_1 = r_2 \cos\gamma - r_1;\quad p_2 = r_2 - r_1 \cos\gamma,$$

wenn γ den Winkel zwischen r_1 und r_2 bedeutet, also

$$p_1 + p_2 = (r_2 - r_1)(1 + \cos\gamma).$$

Je kleiner wir ds machen, um so kleiner wird γ und um so mehr wird sich der Faktor $1 + \cos\gamma$ dem Werte 2 nähern, gleichgültig, was aus $(r_2 - r_1)$ wird. Dann wird

$$\delta A = \frac{e}{\varepsilon}\left(\frac{1}{r_1} - \frac{1}{r_2}\right).$$

Die bei der Verschiebung geleistete Arbeit ist nur von den Abständen r_1 und r_2 der Anfangs- und Endlage abhängig, nicht von den Abständen, die der verschobene Punkt während der Verschiebung von e besitzt.

3. Führen wir eine zweite Verschiebung bis zu einem Abstand r_3 aus, so wird die Arbeitssumme aus beiden

$$\Delta A = \frac{e}{\varepsilon r_1} - \frac{e}{\varepsilon r_2} + \frac{e}{\varepsilon r_2} - \frac{e}{\varepsilon r_3} = \frac{e}{\varepsilon r_1} - \frac{e}{\varepsilon r_3},$$

und das gilt auch für unendlich viele unendlich kleine Verschiebungen. Bei einer beliebigen endlichen Verschiebung einer Elektrizitätseinheit auf beliebiger Bahn von einem Punkte P_1 nach einem in endlichem Abstande befindlichen P_2 (Fig. 87) wird die geleistete Arbeit

$$A = \frac{e}{\varepsilon r_1} - \frac{e}{\varepsilon r_2}$$

sein. Das bleibt auch bestehen, wenn $r_1 > r_2$ ist. Es wird dann A negativ, wir leisten Arbeit gegen die elektrischen Kräfte.

4. Befindet sich in einem weiteren Punkte Q' (Fig. 87) eine Elektrizitätsmenge e', so werden wir bei der Verschiebung der Elektrizitätseinheit von P_1 nach P_2 eine analoge Arbeit leisten, die sich über die vorige superponiert. Es wird

$$A = \left(\frac{e}{\varepsilon r_1} + \frac{e'}{\varepsilon r_1'}\right) - \left(\frac{e}{\varepsilon r_2} + \frac{e'}{\varepsilon r_2'}\right),$$

wenn r_1', r_2' die Abstände der Punkte P_1 und P_2 von Q' bedeuten. So können wir noch beliebige weitere Ladungen im Raume annehmen und bekommen bei beliebigen n Elektrizitätsmengen:

$$A = \sum_n \frac{e_n}{\varepsilon r_1} - \sum_n \frac{e_n}{\varepsilon r_2}.$$

Definieren wir eine Funktion des Ortes, das „Potential“, durch

(1) $$\varphi = \frac{1}{\varepsilon}\sum \frac{e}{r} = \frac{1}{\varepsilon}\left(\frac{e_1}{r_1} + \frac{e_2}{r_2} + \frac{e_3}{r_3} + \cdots\right)$$

(Fig. 88, in der $r_1, r_2, \ldots$ an Stelle der früher mit $r_1, r_1', \ldots$ bezeichneten Radien tritt), so wird die erste der obigen Summen den Wert von φ im Punkte P_1, die zweite den im Punkte P_2 ergeben. φ ist eine eindeutige Funktion des Ortes; d. h. φ besitzt an jedem Punkte des Raumes einen und nur einen bestimmten Wert und wechselt mit dem Orte diesen Wert. Um darauf besonders hinzuweisen, wollen wir $\varphi(P)$ anstatt φ setzen.

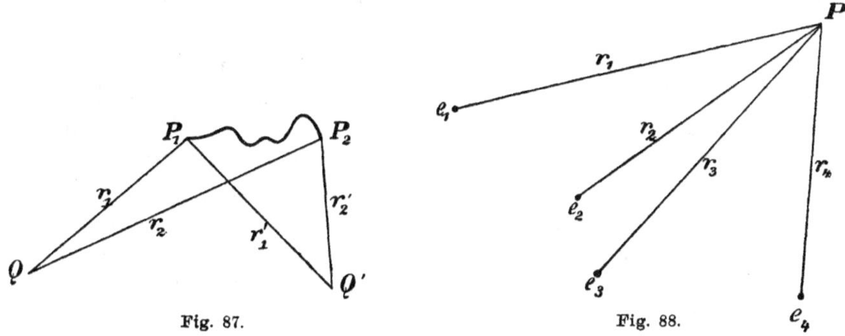

Fig. 87. Fig. 88.

Da sich aus (1) das Potential einer einzigen Ladung gleich $\frac{1}{\varepsilon}\frac{e}{r}$ ergibt, so folgt:

Das Potential vieler Ladungen läßt sich aus den Potentialen der Einzelladungen oder den Potentialen einzelner Ladungsgruppen additionel berechnen.

5. Die Gleichung (1) läßt sich leicht auf eine räumliche oder Flächenladung anwenden. Sind Punktladungen e vorhanden, räumliche Ladungen von der Dichte ϱ und Flächenladungen von der Dichte σ, so wird

(2) $$\varphi = \frac{1}{\varepsilon}\left\{\sum \frac{e}{r} + \int_\tau \frac{\varrho\, d\tau}{r} + \int_o \frac{\sigma\, d o}{r}\right\}.$$

Hierin ist die zweite Summe, das erste der Integrale, über den Raum oder die Räume τ, die dritte über die Fläche oder die Flächen o zu erstrecken, die eine stetig verteilte Ladung besitzen.

Aus Gleichung (2) sehen wir, daß sich die Potentiale der einzelnen Ladungen oder Gruppen von Ladungen addieren.

6. Wir haben also bewiesen: Die Arbeit, die beim Verschieben der unendlich kleinen Elektrizitätseinheit von einem Punkte P_1 nach einem Punkte P_2 von den elektrischen Kräften geleistet wird, ist

(3) $$A = \varphi(P_1) - \varphi(P_2).$$

φ heist das Potential der elektrischen Verteilung. Das Potential ist eine eindeutige skalare Funktion des Ortes, und die genannte Arbeit gleich der Potentialdifferenz des Anfangs- und Endpunktes der Verschiebung.

Bei der Definition (1), (2) des Potentials dürften wir auch eine willkürliche, ein für allemal feste Konstante φ_0 additiv hinzufügen. Da wir im folgenden immer nur mit Potentialdifferenzen zu tun haben werden, fällt diese immer heraus. Die beiden Gleichungen (1), (2) nehmen dann Formen an, aus denen folgt, daß wir diese Konstante als den Wert des Potentials im Unendlichen (für $r = \infty$) auffassen können. Die Gleichungen (1), (2) selber geben im Unendlichen den Wert $\varphi = 0$.

7. Die von den elektrischen Kräften geleistete Arbeit ist positiv, wenn $\varphi(P_2) < \varphi(P_1)$ ist. Dann ist $\varphi(P_1) - \varphi(P_2)$ die Abnahme des elektrischen Potentials bei einer Verschiebung. Es seien P_1 und P_2 zwei unendlich benachbarte Punkte, ∂s ihre Verbindungslinie. Die Abnahme des Potentials wird dann ebenfalls unendlich klein; wir bezeichnen sie mit $\partial'\varphi$ (∂', d' soll im Folgenden eine Abnahme, ∂, d eine Zunahme bedeuten. Es ist also $\partial'\varphi = -\partial\varphi$). Ist E_s die Feldintensität in der Richtung s, so wird die Arbeit bei der ausgeführten Verschiebung:

$$\partial'\varphi = E_s \partial s,$$

also

$$E_s = \frac{\partial'\varphi}{\partial s} = -\frac{\partial\varphi}{\partial s}, \tag{4}$$

d. h. die s-Komponente der Feldintensität ist gleich der Abnahme des Potentials längs einer unendlich kleinen Längeneinheit in der Richtung ∂s. Wir sehen aus (4), wie wir die resultierende Feldintensität aus der Potentialfunktion ableiten können.

Die Abnahme irgend einer skalaren Funktion längs einer Längeneinheit nennen wir das „Gefälle" dieser Funktion. Dann ist also die Feldintensität gleich dem Potentialgefälle.

8. Weiter können wir aus (4) folgern, daß die Potentialdifferenz zweier in endlichem Abstande gelegenen Punkte gegeben ist durch:

$$\varphi(P_1) - \varphi(P_2) = \partial'\varphi_1 + \partial'\varphi_2 + \cdots$$
$$= E_s^{(1)}\partial s_1 + E_s^{(2)}\partial s_2 + \cdots.$$

$$\varphi(P_1) - \varphi(P_2) = \int_{P_1}^{P_2} E_s ds \tag{5}$$

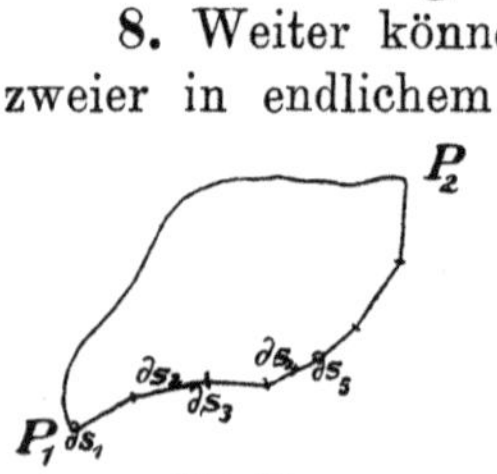

Fig. 89.

(Fig. 89) hier haben wir die einzelnen Strecken $\partial s_1, \partial s_2, \ldots$ so klein zu wählen, daß wir jede als geradlinig und außerdem längs einer jeden E_s als konstant ansehen dürfen. Unterm Integral ist ds ein die sämtlichen ∂s einheitlich bezeichnendes Symbol.

Den Ausdruck

$$A = \int E_s ds$$

nennen wir die „elektromotorische Arbeit über die Kurve s“, da er die bei der Verschiebung der unendlich kleinen Elektrizitätseinheit geleistete Arbeit bedeutet. Wir müssen dabei beachten, daß A nicht wirklich die Dimensionen einer Arbeit hat, sondern erst durch Multiplikation mit einer Elektrizitätsmenge zur Arbeit wird, ebenso wie E durch Multiplikation mit einer Elektrizitätsmenge zur Kraft wird. Den Dimensionen nach ist (vgl. § 31, 4.)

$$|A| = |E| \cdot |l| = m^{\frac{1}{2}} l^{\frac{1}{2}} t^{-1}.$$

Die Einheit von A im absoluten Gaußschen Maßsystem ist

$$1\ \mathrm{gr}^{\frac{1}{2}}\ \mathrm{cm}^{\frac{1}{2}}\ \mathrm{sec}^{-1}.$$

Die gleichen Dimensionen und Einheit besitzt auch das Potential (wegen (5)). In der Technik verwendet man als Einheit den dreihundertsten Teil der vorigen Einheit und nennt diese „ein Volt“ (nach Alessandro Volta, vgl. p. 250, Anm. 1). Es sind also

$$300\ \mathrm{Volt} = 1\ \mathrm{gr}^{\frac{1}{2}}\ \mathrm{cm}^{\frac{1}{2}}\ \mathrm{sec}^{-1}.$$

9. Aus (5) folgt:

Im elektrostatischen Felde ist die elektromotorische Arbeit $\int E_s ds$ von dem Wege unabhängig, und nur vom Anfangs- und Endpunkte des Weges abhängig.

Wir können die Gleichung (5) als Definition des Potentials einführen. Sie gibt uns allerdings zunächst nur Potentialdifferenzen zwischen irgend zwei Punkten. Setzen wir aber in einem beliebigen Punkte einen willkürlichen Wert φ_0 fest, so erhalten wir eine eindeutige Definition des Potentials im ganzen Raume. Der Wert φ_0 verfügt über die in Nr. 6, Schluß, angeführte Konstante φ_0, mit der er aber im allgemeinen nicht identisch sein wird.

10. Die Gleichung (5) lehrt weiter, daß

$$\int_P^P E_s ds = \oint E_s ds$$

von einem Punkte P über irgend einen Weg bis zu diesem zurücksummiert, was durch das Zeichen $\circ$ angedeutet sein soll, verschwinden muß.

$$\oint E_s ds = 0. \tag{6}$$

Die elektromotorische Arbeit über eine beliebige geschlossene Kurve ist gleich Null.

Die Gleichung (6) enthält den Satz:

Es gibt keine in sich zurücklaufenden Kraftlinien.

Denn denken wir uns, wir zeichneten in der in § 32 angegebenen Weise eine Kraftlinie, und kämen von einem Punkte P ausgehend auf diesen Punkt P zurück, so würden wir längs dieses Weges überall auf positive Beträge von E stoßen (Fig. 90). Bilden wir über diese Kraftlinie die Summe $\Sigma E \partial s$, so würde diese sich aus lauter positiven Summanden zusammensetzen, könnte also nicht den Betrag 0 liefern.

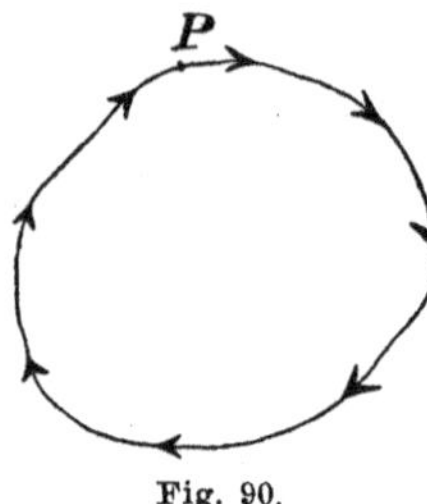

Fig. 90.

§ 35. Äquipotential- oder Niveauflächen.

1. Aus der Definition für das Potential (§ 34, (1))

$$\varphi = \frac{1}{\varepsilon} \sum \frac{e}{r} = \frac{1}{\varepsilon}\left(\frac{e_1}{r_1} + \frac{e_2}{r_2} + \cdots\right), \tag{1}$$

wozu noch nach § 34, 6. eine Konstante φ_0 hinzutreten kann, folgt daß an jedem Orte des Raumes ein und nur ein bestimmter Wert des Potentials existieren muß, daß also das Potential eine „eindeutige“ Funktion des Ortes ist. Das übersieht man vielleicht noch leichter, wenn man den Ort durch rechtwinklige Koordinaten bezeichnet.

Die Elektrizitätsmenge e_1 möge sich an einem Punkte x_1, y_1, z_1, die Elektrizitätsmenge e_2 an einem Punkte x_2, y_2, z_2 u. s. f. eines Cartesischen Koordinatensystems befinden. Das Potential an einem Punkte x, y, z ist dann nach obiger Gleichung:

$$\begin{aligned} \varphi = \frac{1}{\varepsilon}\Bigg(&\frac{e_1}{\sqrt{(x-x_1)^2+(y-y_1)^2+(z-z_1)^2}} \\ &+ \frac{e_2}{\sqrt{(x-x_2)^2+(y-y_2)^2+(z-z_2)^2}} + \cdots\Bigg); \end{aligned} \tag{2}$$

denn nach Bd. II, § 99 (1) ist

$$r_1^2 = (x-x_1)^2 + (y-y_1)^2 + (z-z_1)^2 .$$

Die Wurzeln sind hier mit positiven Zeichen einzusetzen, da die $r_1, r_2, \ldots$ die absoluten Werte der Abstände der Punkte x, y, z von den Orten der Ladungen $e_1, e_2, \ldots$ bedeuten. Kennen wir alle elektrischen Ladungen und die Orte, an denen sie sich befinden, d. h. die Koordinaten $x_1, y_1, z_1, x_2, y_2, z_2, \ldots$, so ist es leicht, aus dieser Gleichung den Wert von φ für jeden gewünschten Punkt zu ermitteln, und für jeden Punkt wird sich ein und nur ein Wert für φ ergeben.

2. Wir können aber umgekehrt die Frage stellen: In welchem Punkte wird φ einen vorgegebenen Wert φ_1 annehmen? Dann haben wir in die Gleichung (2) für φ den Wert φ_1 einzusetzen und erhalten eine Gleichung für drei Unbekannte x, y, z. Geben wir den beiden Koordinaten x, y innerhalb gewisser Grenzen beliebige Werte, so wird der Wert der dritten Variablen z aus der Gleichung $\varphi = \varphi_1$ gefunden werden und er wird sich mit x, y stetig verändern. Wir erhalten dann die Punkte einer krummen Oberfläche, die durch die Gleichung $\varphi = \varphi_1$ in demselben Sinne dargestellt ist, wie wir im § 102, 5 des zweiten Bandes durch die allgemeine Gleichung 2ten Grades die Fläche zweiten Grades dargestellt haben.

Diese Fläche heißt „Äquipotential- oder Niveaufläche“.

3. Den einfachsten Spezialfall erhalten wir, wenn wir uns auf eine einzige Elektrizitätsmenge in einem Punkte beschränken. Dann geht die Gleichung (2) in die einer Kugel über, die den Ort der Ladung als Mittelpunkt hat (Bd. II, § 102), was wir auch schon aus (1) erkennen können. Ändern wir den Wert φ_1, so erhalten wir immer andere konzentrische Kugelflächen.

Die Niveauflächen einer punktförmigen Ladung sind konzentrische Kugelflächen.

4. Sind zwei gleiche punktförmige Ladungen vorhanden, so werden die Punkte gleichen Potentials φ_1 in Abständen r_1, r_2 von diesen Ladungen liegen, die der Gleichung

$$\frac{\varepsilon \varphi_1}{e} = \frac{1}{r_1} \pm \frac{1}{r_2}$$

genügen, + oder −, je nachdem die beiden Ladungen gleiches oder entgegengesetztes Vorzeichen besitzen. Diese beiden Fälle der Gleichung unterscheiden sich ähnlich, wie es Hyperbeln und Ellipsen in

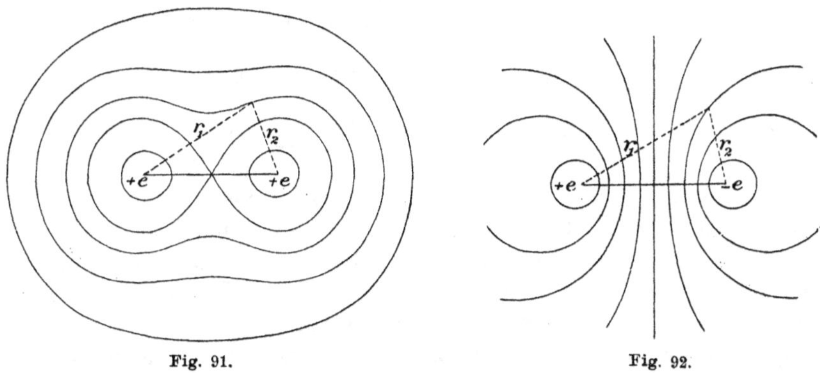

Fig. 91. Fig. 92.

der Ebene tun. In der Tat zeigen die durch die Gleichung gegebenen Flächenscharen im Schnitt Verwandtschaft mit den Hyperbeln und Ellipsen, sind aber komplizierter gebaut, was hier nur erwähnt sein möge. Die Figur 91 stellt im Schnitt den ungefähren Verlauf der Niveauflächen bei zwei gleichen, die Figur 92 das gleiche bei zwei entgegengesetzt gleichen Ladungen dar.

5. Auch bei Vorhandensein beliebig vieler Ladungen e wird unter der gemachten Voraussetzung einem anderen Werte $\varphi = \varphi_2$ eine andere Niveaufläche entsprechen (vgl. Fig. 94). Der ganze Raum wird von Niveauflächen erfüllt sein. Den strengen Beweis dafür liefert die analytische Geometrie.

Da das Potential eine eindeutige Funktion des Ortes ist, so gilt der Satz:

Zwei Äquipotentialflächen können sich nie schneiden.

Denn sonst würden in den Schnittpunkten die beiden Potentialwerte, die den beiden Flächen zukommen, gleichzeitig gelten. Natürlich ist das nur dann gültig, wenn wir mit dem resultierenden Felde der ganzen Ladungsverteilung rechnen.

6. Wählen wir zwei unendlich benachbarte Äquipotentialflächen, deren Potentialdifferenz $\partial'\varphi$ ist, und ist ∂s ein in beliebiger Richtung die beiden Flächen verbindendes, unendlich kleines Linienstück, das im Richtungssinn von der Fläche höheren zu der Fläche niederen Potentials positiv zu rechnen sei, so folgt nach § 34, Gleichung (4): $E_s = \partial'\varphi / \partial s$, daß E_s dann ein Maximum wird, wenn ∂s ein Minimum wird. Dann wird E_s der absolute Wert E. Da wir die zwei unendlich benachbarten Flächen jedenfalls, wenn wir uns auf ein hinreichend kleines Gebiet beschränken, als parallel ansehen dürfen, so wird ∂s dann ein Minimum, wenn es der normale Abstand ∂n der beiden Flächen ist. Also

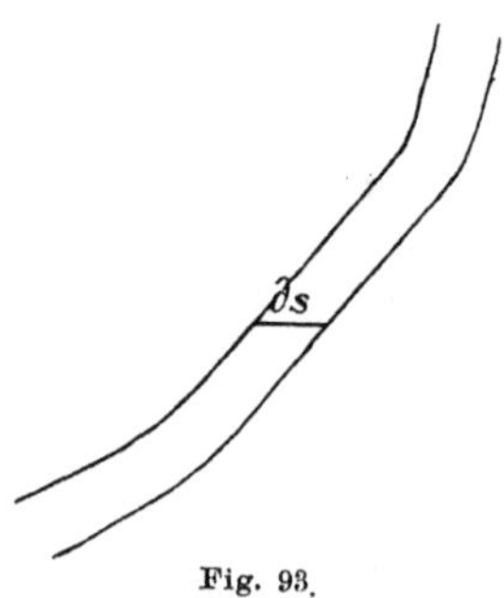

Fig. 93.

$$E = E_n = \frac{\partial'\varphi}{\partial n}, \tag{3}$$

und daraus folgt, daß die Kraftlinien überall normal zu den Äquipotentialflächen stehen. Das erkennt man auch daran, daß eine Bewegung einer unendlich kleinen Elektrizitätseinheit innerhalb einer Äquipotentialfläche keine Arbeitsleistung erfordert, ebensowenig wie eine Bewegung derselben normal zu den Kraftlinien.

Umgekehrt können wir schließen: Wenn wir eine Fläche ausfindig machen, die überall normal zu den Kraftlinien steht, so ist sie eine Niveaufläche.

7. Es sei ein elektrisches Feld gegeben, das in einem von uns betrachteten Raume nirgends unendliche Feldintensität aufweist. Ein solches ist jedenfalls dann vorhanden, wenn nirgends in einem Punkte konzentrierte endliche Elektrizitätsmengen existieren, sondern die Ladungen auf Räume oder Flächen stetig verteilt sind (vgl. das Coulombsche Gesetz). Wir ziehen von einem Punkte P_1 (Fig. 94) aus eine Niveaufläche φ_1, die nach vorigem überall normal zu den Kraftlinien stehen muß. Bei P_1 gehen wir normal zu dieser Fläche um einen unendlich kleinen Abstand dn (unendlich klein verglichen mit allen meßbaren Strecken) zu einem Punkte P_2 vor und legen durch diesen wieder eine Niveaufläche φ_2. Die Potentialdifferenz der beiden Flächen ist dann nach Gleichung (3):

$$\varphi_1 - \varphi_2 = E dn,$$

wenn E die Feldintensität bei P_1 bezeichnet. Da E nicht unendlich werden soll, so muß $\varphi_1 - \varphi_2$ unendlich klein sein.

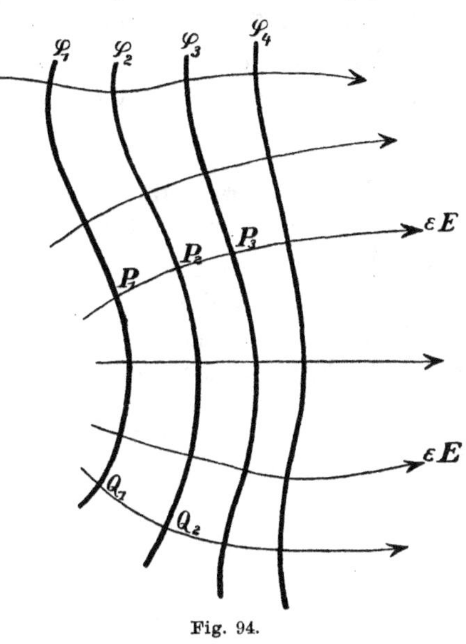

Fig. 94.

Sind Q_1, Q_2 zwei andere auf einer und derselben Kraftlinie liegende Punkte der beiden Niveauflächen, so können wir beweisen, daß diese beiden Punkte ebenfalls unendlich nahe aneinander liegen müssen. Denn aus Gleichung (5), § 34 folgt

$$\varphi_1 - \varphi_2 = \int_{Q_1}^{Q_2} E_s ds,$$

wenn wir ds als ein unendlich kleines Teilstück des längs der Kraftlinie gemessenen Abstandes $\overline{Q_1 Q_2} = \varDelta_n$ auffassen. E_s ist der variable Wert, den E längs dieser Verbindungslinie einnimmt. Ist nun E_0 ein geeignet gewählter Mittelwert aller dieser E_s, so können wir setzen

$$\varphi_1 - \varphi_2 = E_0 \Sigma ds = E_0 \varDelta_n,$$

woraus der Mittelwert zu berechnen wäre.

Da aber $\varphi_1 - \varphi_2$ unendlich klein ist, so muß $\varDelta_n$ immer unendlich klein sein, so lange E_0 nicht Null wird. E_0 kann aber nur dann Null werden, wenn E_s längs $\varDelta_n$ aus positiven und negativen Teilen besteht. Dann aber müssen auch Nullwerte von E längs $\varDelta_n$ vorkommen, wenn E stetig variiert, und wir haben den Satz:

Zwei Äquipotentialflächen, die an einer Stelle unendlich benachbart sind, bleiben es überall, wenn nicht zwischen ihnen irgendwo Nullwerte der elektrischen Feldintensität einsetzen. (Vgl. § 37, 11., I.)

Schließen wir diese Orte aus, so folgt aus dem unendlich kleinen Abstand, daß überall zwischen den zwei Niveauflächen

$$\varphi_1 - \varphi_2 = E\,dn$$

ist, daß also E überall umgekehrt proportional dem Vertikalabstand der beiden Niveauflächen ist.

8. Über die Anzahl der Niveauflächen, resp. über ihre Dichtigkeit können wir ähnlich verfügen, wie wir es bei den Kraftlinien getan haben. Wir gehen von dem Punkte P_2 weiter bis zu einem Punkte P_3 (Fig. 94), der so weit entfernt ist, daß

$$\varphi_2 - \varphi_3 = \varphi_1 - \varphi_2 = \Delta_0 \varphi,$$

also daß

$$dn\Big|_{P_2}^{P_3} = \frac{\Delta_0 \varphi}{E}$$

ist. $dn\Big|_{P_2}^{P_3}$ soll den zwischen P_2 und P_3 gemessenen Abstand der zwei Niveauflächen bedeuten. Fahren wir so fort und ziehen wir also alle Äquipotentialflächen im ganzen Raume in einem solchen Abstande, daß immer zwei aufeinander folgende die konstante Potentialdifferenz $\Delta_0 \varphi$ geben, so gilt ganz allgemein im Raume:

Der reziproke Abstand zweier aufeinander folgender Niveauflächen ist überall proportional der Feldintensität an dem betreffenden Orte.

9. Der Proportionalitätsfaktor ist das $\Delta_0 \varphi$, über das wir nun noch verfügen können, insofern wir es nur unendlich klein — gegenüber Potentialdifferenzen an den Enden meßbarer Kraftlinienstücke — halten. Wir wollen aus einer Kraftlinie ein unendlich kleines Stück ds herausschneiden, d. h. ein Stück, das so klein ist, daß wir die Feldintensität E längs desselben als konstant annehmen dürfen. Wir teilen dieses Stück in m gleiche Teile, wo m eine sehr große Zahl sein möge. Einen dieser gleichen Teile fassen wir als das dn der vorigen Betrachtungen auf, was deshalb erlaubt ist, weil wegen der Konstanz von E längs ds die Potentialdifferenz $\Delta_0 \varphi$ an den beiden Enden aller Teilstücke dn konstant ($= E\,dn$) ist. Es ist danach

$$dn = \frac{ds}{m} = \frac{\Delta_0 \varphi}{E},$$

und der reziproke Abstand ist

$$\frac{1}{dn} = \frac{m}{ds} = \frac{E}{\Delta^0 \varphi},$$

$$E = \Delta_0 \varphi \frac{m}{ds}.$$

m/ds ist aber die Anzahl Äquipotentialflächen, die von der unendlich kleinen Längeneinheit unseres Kraftlinienstückes ds geschnitten werden. Wir können m/ds die „Niveauflächendichte" nennen.

Die letzte Gleichung heißt demnach in Worten:

Ziehen wir die Niveauflächen so, daß jeweils zwei aufeinander folgende die gleiche unendlich kleine Potentialdifferenz ergeben, so ist die Niveauflächendichte überall proportional der Feldintensität.

Es steht uns frei, den Proportionalitätsfaktor gleich 1 zu setzen, wenn wir uns dessen bewußt sind, daß wir dadurch eine neue Einheit für die Niveauflächendichte konstruieren. Ähnliches haben wir ausgeführt, als wir die Kraftliniendichte definierten, indem wir die von der Elektrizitätseinheit ausgehende Kraftlinienzahl mit 4π bezeichneten.

§ 36. Beispiele.

A.

1. Wie sich die Kraftlinien bei einer punktförmigen Ladung gestalten, haben wir bereits gesehen. Die Kraftrichtung ist überall radial zu dem Quellpunkt gerichtet. Daraus folgt ohne weiteres, daß die Niveauflächen Kugelflächen um den Quellpunkt sind, was man auch schon aus der in diesem Falle geltenden Form des Potentials (Gleichung (1) in § 34)

$$\varphi = \frac{1}{\varepsilon} \frac{e}{r}$$

erkennt; denn φ ist danach auf allen den Flächen konstant, die ein konstantes r ergeben, und das sind Kugelflächen. Die Niveauflächendichte nimmt mit dem Quadrat des Radius ab, ebenso wie die Kraftliniendichte; denn ist Δ die Entfernung zweier aufeinander folgender Niveauflächen, so ist die Niveauflächendichte proportional mit $1:\Delta$ (§ 35, 9.). Es ist aber Δ so zu bestimmen, daß die Potentialdifferenz an ihren Enden konstant, daß also

$$\frac{1}{r} - \frac{1}{r+\Delta}$$

von r unabhängig ist, d. h. es muß

$$\frac{\Delta}{r(r+\Delta)} = \text{konst.}$$

sein, oder, da $\varDelta$ unendlich klein,

$$\varDelta = \text{konst.}\, r^2.$$

Prinzipiell könntem wir alle Probleme hierauf zurückführen, wenn wir die „Darstellung A" (§ 33) wählen. Die drei Darstellungsarten A, B, C sind auch bei Niveauflächendarstellung gleichberechtigt. Die meisten Probleme werden aber in der Darstellung A komplizierter.

B. Plattenkondensator.

2. Es seien zwei parallele Ebenen α, β gegeben. α habe die konstante Flächendichte σ, β die konstante Flächendichte $-\sigma$. Der Abstand der beiden Platten sei so klein gegen die Ausdehnung der Platten, daß wir letztere als unendlich groß ansehen dürfen.

Aus Symmetriegründen können wir bereits einige Schlüsse ziehen.

I. Die Kraftlinien werden normal auf den Flächen α, β stehen, da keine andere Richtung bevorzugt ist, unendlich große Platten vorausgesetzt.

II. Wählen wir die Kraftliniendarstellung derart, daß wir die Kraftlinien beider Ebenen unabhängig voneinander konstruieren und sich überlagern lassen (Darstellung B), so wird die Fläche α die Hälfte ihrer Kraftlinien nach rechts, die Hälfte nach links senden. Dasselbe gilt von der Fläche β.

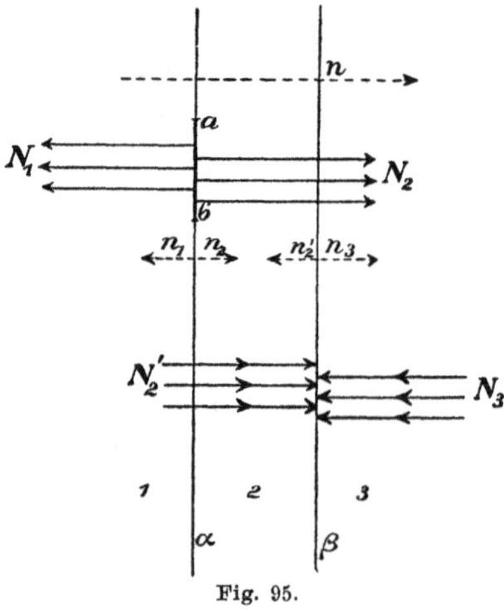

Fig. 95.

Die Gleichung (3), § 33 gibt die Anzahl Kraftlinien an, die von der Flächeneinheit der Flächen α und β ausgehen.

Es ist (vgl. Flächenstück *ab* Fig. 95)

$$N_1 + N_2 = \varepsilon E_{n_1} + \varepsilon E_{n_2} = 4\pi\sigma$$

diese von der Flächeneinheit ausgehende Zahl Kraftlinien. Die Zahl εE_{n_1} geht in den Raum 1 (Fig. 95) hinein, die Zahl εE_{n_2} in den Raum 2 und wegen II. muß sein

$$N_1 = N_2 = 4\pi \frac{\sigma}{2},$$

$$\varepsilon E_{n_1} = \varepsilon E_{n_2} = 4\pi \frac{\sigma}{2}.$$

Legen wir ein für allemal eine Normalrichtung n (Fig. 95) als positiv zugrunde, so wird

$$n_1 = -n; \quad n_2 = +n; \quad E_{n_1} = -E_1^{\alpha}; \quad E_{n_2} = +E_2^{\alpha},$$

wenn wir unter E_1^α das von der Fläche α im Raume 1 erzeugte Feld verstehen, das die Richtung n besitzt. Es ist somit

$$(1) \qquad \varepsilon E_1^\alpha = -4\pi\frac{\sigma}{2}; \quad \varepsilon E_2^\alpha = \varepsilon E_3^\alpha = +4\pi\frac{\sigma}{2}.$$

3. Die Fläche β besitzt die negative Dichte $-\sigma$ und es werden die von ihr erzeugten Kraftlinien alle auf β hinweisen. Es wird

$$\varepsilon E_{n_2'} = \varepsilon E_{n_3} = -4\pi\frac{\sigma}{2}$$

sein, analog früherem, und somit, wenn wir die in Gleichungen (1) angedeutete Ausdrucksweise wählen, wird:

$$(2) \qquad \varepsilon E_1^\beta = \varepsilon E_2^\beta = +4\pi\frac{\sigma}{2}; \quad \varepsilon E_3^\beta = -4\pi\frac{\sigma}{2}.$$

4. Addieren wir in den einzelnen Räumen die Kraftlinienzahlen (Kraftliniendichten), so ergibt sich die „Kraftlinien-Darstellung C" (§ 33.) Wir setzen als resultierendes Feld

$$E^\alpha + E^\beta = E,$$

und es wird nach (1) und (2)

im Raume 1: $\varepsilon E_1 = 0,$

im Raume 2: $\varepsilon E_2 = 4\pi\sigma,$

im Raume 3: $\varepsilon E_3 = 0.$

Ein Feld existiert nur zwischen den beiden Ebenen.

Dieses Feld

$$E = 4\pi\frac{\sigma}{\varepsilon}$$

ist konstant nach Stärke und Richtung, „homogen" im ganzen Zwischenraum. Wir können demnach leicht die Potentialdifferenz der beiden Platten berechnen. Da die Kraftlinien alle parallel und normal zu α und β sind, so sind nach § 35, 6. Schluß, die Niveauflächen Ebenen, die parallel mit α, β verlaufen. Ist h der Plattenabstand, so geht die Gleichung (5), § 34 wegen der Konstanz des Feldes E über in

$$(3) \qquad \varphi_\alpha - \varphi_\beta = Eh = 4\pi\frac{\sigma}{\varepsilon}h.$$

Die Betrachtungen der vorigen Abschnitte werden fehlerhaft an den Rändern der beiden Ebenen α, β, wenn diese nicht wirklich unendlich groß sind. Sie geben richtige Werte des Potentials und der Feldintensität nur in mittleren Partien.

5. Ein Apparat, der aus zwei mit entgegengesetzt gleichen Elektrizitätsmengen geladenen Flächen besteht, heißt ein „Kondensator". Die Elektrizitätsmenge, um die die positive Flächenladung vermehrt werden muß, bei entsprechender Vermehrung der negativen Ladung der anderen Platte, damit die Potentialdifferenz um die Einheit wächst, heißt die „Kapazität" des Kondensators. Aus Gleichung (3) folgt für den unendlich großen „Plattenkondensator", daß die Ladung

$$\frac{\sigma}{\varphi_a - \varphi_b} = \frac{1}{4\pi}\frac{\varepsilon}{h}$$

die Elektrizitätsmenge ist, die wir der Flächeneinheit zuführen müssen, um die Potentialdifferenz um die Einheit zu vermehren. Es ist also

$$C' = \frac{1}{4\pi}\frac{\varepsilon}{h}$$

die Kapazität der Flächeneinheit des Kondensators.

Ein beliebiges endliches Flächenstück f hat demnach die Kapazität

$$C = C'f = \frac{\varepsilon}{4\pi}\frac{f}{h}.$$

Die Kapazität des Plattenkondensators ist um so größer, je kleiner der Abstand der Platten ist.

Es ergibt sich aus letzter Gleichung, daß die Kapazität die Dimensionen einer Länge hat, was sich auch direkt aus der Definition der Kapazität folgern läßt.

Als Einheit der Kapazität dient in der Wissenschaft dementsprechend 1 cm. Die Praxis gebraucht eine $9 \cdot 10^{11}$ mal so große Einheit, das „Farad", oder den millionten Teil hiervon, das „Mikrofarad". (Nach Michael Faradey, vgl. p. 272 Anm. 4).

C. Elektrisch geladene Kugelfläche.

6. Eine Kugelfläche vom Radius a sei mit einer gleichförmig auf ihr verteilten Flächenladung e versehen, deren Dichte demnach den konstanten Wert

$$\sigma = \frac{e}{4\pi a^2}$$

besitzt. Wir fragen zunächst nach der Potentialverteilung im Innenraum der Kugel.

P sei ein beliebiger Punkt des Innenraumes. do sei ein hinreichend kleines Oberflächenelement der Kugel, ϱ der Abstand $\overline{Pdo}$. Dann ist das Potential in P nach Gleichung (2), § 34

$$\varphi_P = \frac{1}{\varepsilon}\int\frac{\sigma\, do}{\varrho},$$

wobei über die ganze Kugelfläche zu summieren ist.

Die Zerlegung der Kugelfläche in Oberflächenelemente führen wir nach folgendem Prinzip durch (Fig. 96):

7. Zunächst zerlegen wir die Kugelfläche in zwei Teile durch den Schnittkreis, den die zum Durchmesser in P normale Sehnenebene AB aus der Kugel ausschneidet. Den größeren Oberflächenteil zerlegen wir in beliebige unendlich kleine Teilelemente do_1 und zeichnen den Kegelmantel von der Randkurve von do_1 nach P als Spitze. Diesen Mantel verlängern wir, bis er den zweiten Oberflächenteil trifft und hier das Element do_2 herausschneidet. So ordnen wir jedem do_1 ein do_2 zu. $d\sigma_1$ sei der Querschnitt des Kegels bei do_1, $d\sigma_2$ das Gleiche bei do_2, so daß

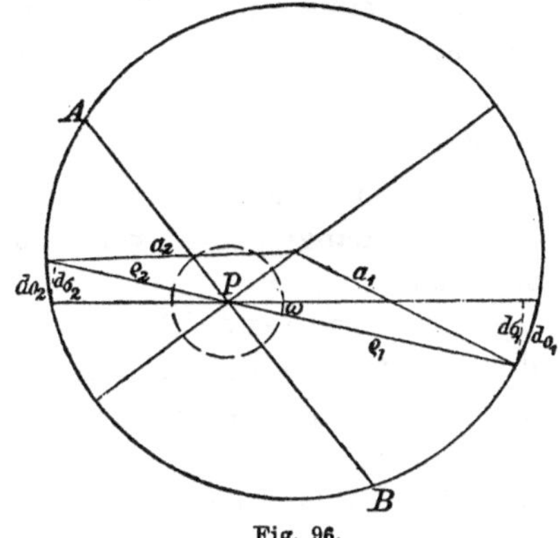

Fig. 96.

$$d\sigma_1 = do_1 \cos \widehat{\varrho_1 a_1},$$

$$d\sigma_2 = do_2 \cos \widehat{\varrho_2 a_2}$$

ist. Es ist aber, wie sich aus dem gleichschenkligen Dreieck mit den Seiten a_1, a_2 und $\varrho_1 + \varrho_2$ in Figur 96 ergibt:

$$\cos \widehat{\varrho_1 a_1} = \cos \widehat{\varrho_2 a_2} = \frac{\varrho_1 + \varrho_2}{2a},$$

und somit:

$$do_1 = d\sigma_1 \frac{2a}{\varrho_1 + \varrho_2}, \quad do_2 = d\sigma_2 \frac{2a}{\varrho_1 + \varrho_2}.$$

Ferner verhält sich

$$d\sigma_1 : d\sigma_2 = \varrho_1^2 : \varrho_2^2,$$

oder es ist

$$d\sigma_1 = \omega \varrho_1^2,$$

$$d\sigma_2 = \omega \varrho_2^2,$$

wenn ω das Stück ist, das der Kegelmantel aus einer um P gezogenen Kugel vom Radius 1 herausschneidet. Dadurch wird

$$do_1 = 2a \frac{\varrho_1^2}{\varrho_1 + \varrho_2} \omega,$$

$$do_2 = 2a \frac{\varrho_2^2}{\varrho_1 + \varrho_2} \omega.$$

Die beiden Elemente liefern zusammen zum Potential den Beitrag

$$\frac{\sigma}{\varepsilon} \left(\frac{do_1}{\varrho_1} + \frac{do_2}{\varrho_2} \right),$$

was durch Einsetzen der Werte von do_1, do_2 übergeht in

$$\frac{\sigma}{\varepsilon} 2a\omega.$$

Daraus folgt

$$\varphi = \frac{2a\sigma}{\varepsilon} \Sigma\omega,$$

und diese Summe ist über alle Elemente der Einheitshalbkugel zu erstrecken, so daß $\Sigma\omega = 2 \cdot 1^2\pi$, und

(4) $$\varphi = \frac{4a\pi}{\varepsilon}\sigma = \frac{e}{\varepsilon a}$$

wird. Das Potential im Punkte P ist somit von der Lage dieses Punktes unabhängig, nur vom Radius und der Ladung der Kugelfläche abhängig.

Im Innern einer gleichförmig geladenen Kugelfläche ist das Potential konstant.

8. Eine Konsequenz davon ist, daß im Innern einer solchen Kugel kein elektrisches Feld existiert, was aus § 34, Gleichung (4) folgt.

Die Kraftlinientheorie lehrt uns dasselbe. Gingen von der Oberfläche ins Innere hinein Kraftlinien, so müßten sie an einer negativen Elektrizitätsmenge enden, die sich wegen der normalen Richtung der Kraftlinien auf einer um den Mittelpunkt gelegten Kugelfläche oder im Mittelpunkt selber befinden würde. Eine solche existiert aber, wie wir stillschweigend angenommen haben, nicht.

9. Alle Kraftlinien der Ladung unserer Kugelfläche gehen also in den Außenraum, und zwar aus Symmetriegründen radial. Die Kraftliniendichte nimmt mit dem Quadrat des Abstandes vom Mittelpunkte ab. An der Oberfläche ist die Kraftliniendichte wegen § 33, Gleichung (3)

$$\varepsilon E_0 = 4\pi\sigma.$$

In einem beliebigen Abstand r vom Mittelpunkt muß sie, wenn c eine Konstante ist,

$$\varepsilon E = c\frac{1}{r^2}$$

sein, und das muß für $r = a$ in εE_0 übergehen; das heißt:

$$\varepsilon E_0 = c\frac{1}{a^2} = 4\pi\sigma.$$

Daraus folgt $c = 4\pi\sigma a^2 = e$ (vgl. Nr. 6) und

$$\varepsilon E = 4\pi\sigma\frac{a^2}{r^2},$$

also

(5) $$E = \frac{e}{\varepsilon r^2}.$$

Vergleichen wir dies Resultat mit dem Feld einer punktförmigen Ladung e (§ 31, (1)), wie wir es in Beispiel A angenommen haben, so können wir folgern:

Das Feld im Außenraume einer gleichförmig geladenen Kugelfläche ist identisch mit dem Felde, das die im Kugelmittelpunkt konzentrierte Ladung der Kugelfläche geben würde.

Für den Außenraum einer geladenen Kugelfläche ist es also ganz gleichgültig, wie groß der Kugelradius ist, wenn nur die Ladung die gleiche bleibt.

10. Es wird demnach auch die Verteilung des Potentials im Außenraum dieselbe sein, wie die im Beispiel A. Es wird

$$\varphi = \frac{1}{\varepsilon}\frac{e}{r}, \tag{6}$$

wenn r den Abstand eines beliebigen Punktes P im Außenraume vom Kugelmittelpunkt bedeutet. Lassen wir den Punkt P sich der Kugelfläche nähern, so geht φ stetig in den Wert

$$\varphi_0 = \frac{1}{\varepsilon}\frac{e}{a}$$

über, und das ist der in 7. gefundene konstante Wert des Potentials im Innenraume. Die Verteilung des Potentials im ganzen Raume

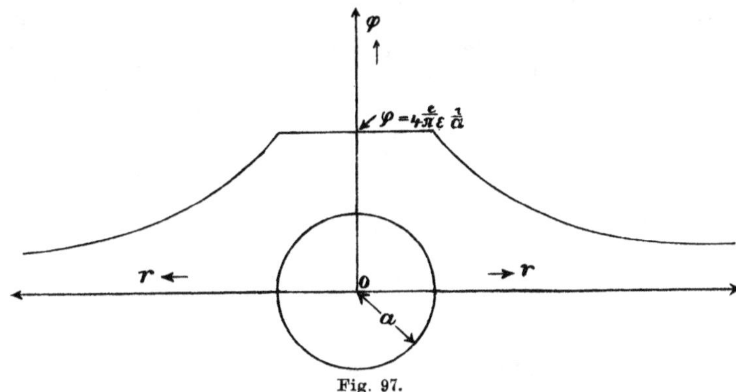

Fig. 97.

wird sich also so gestalten: Lassen wir einen Punkt sich aus großer Entfernung dem Kugelmittelpunkt nähern, so wird er Potentialwerte durchlaufen, die so beschaffen sind, als ob die gesamte Ladung der Kugelfläche sich im Mittelpunkte befände; das aber bloß so lange, bis er die Kugelfläche erreicht. Den Wert des Potentials, den er hier vorfindet, wird er bei seinem Weiterwandern konstant beibehalten. Die Figur 97 gibt ein Bild der Potentialverteilung. Die Abszisse bedeutet den Abstand vom Mittelpunkt längs einer den Mittelpunkt durchlaufenden Geraden, die Ordinate den Wert des Potentials an der betreffenden Stelle. Die so entstandene Kurve setzt sich aus einem geradlinigen Stück und zwei stetig sich daran schließenden Hyperbelbogen zusammen (Bd. II, § 77, 15.).

Die Gleichung (4) (§ 34) lehrt: Je stärker der Potentialabfall $\partial'\varphi$ längs eines Längenelementes ∂s, das wir überall gleich groß wählen, um so größer ist die elektrische Feldintensität E an der betreffenden Stelle. Auf die Figur 97 übertragen heißt das: Je steiler die Kurve des Potentials ist, um so größer ist E.

D. Kugelkondensator.

11. Das Problem des Kugelkondensators, d. h. zweier konzentrischer Kugelflächen, die entgegengesetzt gleiche Ladungen tragen, ist nach vorigem leicht zu erledigen.

Die beiden Kugelradien seien a und $b > a$. Die Kugel a trage die elektrische Ladung $+e$, die Kugel b die Ladung $-e$. Den ganzen Raum teilen wir wieder, wie beim Plattenkondensator, in die drei Räume 1, 2, 3 (Fig. 98).

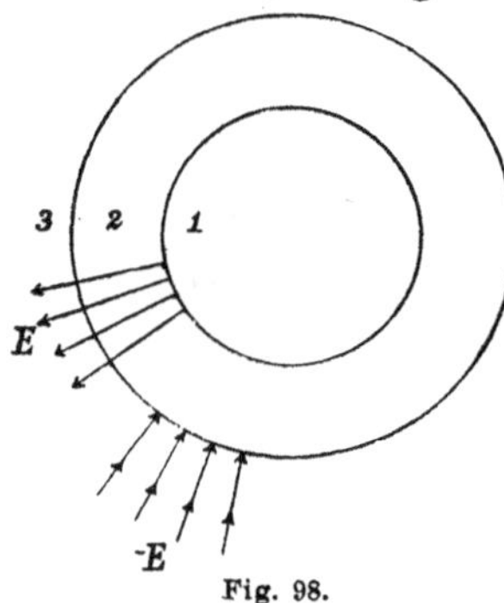

Fig. 98.

Im Raume 1 erzeugt keine der beiden Kugelflächen ein Feld, folglich ist $E_1 = 0$.

Im Raume 2 haben wir ein Feld, das von der Kugel a herrührt, da für diese Kugel der Raum 2 Außenraum ist. Dieses Feld ist nach Gleichung (5)

$$E_2 = \frac{e}{\varepsilon r^2}; \quad a < r < b.$$

Im Raume 3 erzeugen beide Kugeln ein Feld, und zwar die Kugel a das Feld

$$E_3{}^a = \frac{e}{\varepsilon r^2}; \quad r > b,$$

die Kugel b

$$E_3{}^b = \frac{-e}{\varepsilon r^2}; \quad r > b.$$

Die beiden Felder heben sich auf und es bleibt nur im Zwischenraume ein Feld E_2 übrig.

12. Das Potential im Innern der Kugel a, und damit auf der Kugelfläche a setzt sich additiv aus den konstanten Potentialen der beiden Kugelflächen zusammen; also ist nach Gleichung (4):

$$\varphi_a = \frac{e}{\varepsilon a} + \frac{-e}{\varepsilon b} = \frac{e}{\varepsilon}\left(\frac{1}{a} - \frac{1}{b}\right).$$

Im Raume (3) heben sich nach Gleichung (6) die beiden Potentiale gerade auf, es wird $\varphi_b = 0$, und die Potentialdifferenz der beiden Kugelflächen ist

$$\varphi_a - \varphi_b = \frac{e}{\varepsilon}\left(\frac{1}{a} - \frac{1}{b}\right).$$

Die Kapazität des Kugelkondensators ist somit:

$$(7) \qquad C = \frac{e}{\varphi_a - \varphi_b} = \varepsilon\,\frac{ab}{b-a}.$$

13. Lassen wir die Kugel b unendlich groß werden, so wird

$$\frac{ab}{b-a} = \frac{a}{1-\frac{a}{b}} = a$$

und

$$C = \varepsilon a.$$

Dies ist die Kapazität der Kugel a allein. Wir hätten dieses Resultat auch aus dem Beispiel C gewinnen können, wenn wir in gleicher Weise, wie die Kapazität eines Kondensators, die der Kugelfläche definiert hätten als die Elektrizitätsmenge, die wir der Kugelfläche zuführen müssen, um ihr Potential um die Einheit zu vermehren.

Im Vakuum, und mit großer Annäherung auch in Luft, wird $\varepsilon = 1$ (vgl. § 30, 5.). Wenn die Kugelfläche sich im Vakuum befindet oder von Luft umgeben ist, wird also

$$C = a;$$

die Kapazität einer Kugelfläche im Vakuum ist gleich ihrem Radius.

14. Die praktische Bedeutung der Kapazität ist die, aus einer schwachen Elektrizitätsquelle größere Mengen Elektrizität anzusammeln. Alle unsere Maschinen zur Erzeugung elektrischer Ladungen arbeiten so, daß sie zwei getrennte Körper so weit elektrisieren, bis sie eine gewisse, von der Leistungsfähigkeit der Maschine und der Aufstellung der geladenen Körper abhängige Potentialdifferenz Φ erreicht haben. Es steht uns daher frei, durch geeignete Wahl der Konstanten φ_0 (§ 34, 6.) das Potential des einen dieser beiden Körper, der oft etwa die Zimmerwand, die Erde, eine Gas- oder Wasserleitung sein kann, gleich Null zu setzen. Dann wird Φ das Potential des anderen Körpers, etwa einer isoliert aufgestellten Metallkugel, eines „Konduktors". Sobald das Potential Φ überschritten wird, tritt in der Maschine oder zwischen den beiden geladenen Körpern eine elektrische Entladung auf, der die elektrische Ladung vernichtet.

Wenn die beiden geladenen Körper die Flächen eines Kugelkondensators sind, so erkennt man aus Gleichung (7)

$$C(\varphi_a - \varphi_b) = e,$$

daß die Ladung, die die Maschine liefern muß, bis $(\varphi_a - \varphi_b)$ den Wert Φ angenommen hat, um so größer ist, je größer C ist, daß wir also bei größerem C größere Ladungen im Kondensator ansammeln können. Die Gleichung

$$C = \varepsilon \frac{ab}{b-a}$$

lehrt wieder, daß wir durch hinreichende Verkleinerung des Abstandes $b-a$ der beiden Kugeln die Kapazität beliebig vergrößern können. Auch die Vergrößerung des Wertes ε, der Dielektrizitätskonstanten des Zwischenraumes, vergrößert die Kapazität. Deshalb werden Kondensatoren auch meist mit einer Zwischenschicht von Glas, Hartgummi und ähnlichem Material gebaut, da diese Substanzen eine größere Dielektrizitätskonstante besitzen als die Luft. Außerdem haben aber solche Zwischenmedien auch eine größere „Durchschlagsfestigkeit", sie werden nicht so leicht von einem elektrischen Funken durschlagen, wodurch der erreichbare Wert Φ unter Umständen vergrößert werden kann.

Bei Plattenkondensatoren liegen die Verhältnisse ähnlich, und das Gleiche gilt für die sogenannten Leydener Flaschen, bei denen sich die Berechnung aber nicht streng mathematisch durchführen läßt.

§ 37. Leiter der Elektrizität.

1. Die Metalle und gewisse andere Körper, wie Salzlösungen, die allgemein als „elektrische Leiter" bezeichnet werden, haben Eigenschaften, die man dadurch erklären kann, daß man die elektrischen Ladungen, die Quellpunkte der Kraftlinien, die man ihnen zuführt, in ihrem Innern beweglich annimmt, und zwar nach allen Richtungen hin gleichmäßig. Die elektrischen Kräfte wirken dann direkt auf diese Ladungen und erst indirekt auf die die Ladungen tragenden Körper.

Wir denken uns zwei gleiche Metallkugeln durch einen Draht verbunden, den wir so lang wählen, daß eine Ladung der einen Kugel kein merkliches Feld am Orte der zweiten erzeugt; denn ein solches könnte die zweite Kugel in einer uns noch nicht bekannten Weise (durch Influenz) beeinflussen. Wir führen der einen der beiden Kugeln eine elektrische Ladung zu, indem wir sie etwa mit einem elektrisierten Harzstab berühren (§ 30, [2]).

Es zeigt sich, daß sich die beiden Kugeln in ihren elektrischen Eigenschaften ganz identisch verhalten, daß von beiden die gleiche Kraftlinienzahl ausgeht, was wir durch die Kraft auf einen dritten elektrisierten Körper nachweisen können. Die elektrische Ladung hat sich dem Anschein nach gleichmäßig auf beide Kugeln verteilt (§ 30, [5]). Bei Nichtleitern, z. B. Glas, haftet die Ladung an der elektrisierten Stelle.

2. Das genügt nicht, um die Eigenschaften eines Leiters eindeutig zu charakterisieren.

Wenn wir einen nachweisbar unelektrisierten Leiter in ein elektrisches Feld hinein bringen, so verändert sich dadurch das Feld, gleichsam als wenn wir elektrisierte Körper hinein gebracht hätten. Um näheres über die Art dieser Veränderung zu erfahren, führen wir den folgenden Versuch aus:

Den aus zwei Kugeln und einem Verbindungsdraht bestehenden Körper bringen wir ungeladen in eine Kraftröhre so hinein, daß sich die eine Kugel, *a* in Figur 99, an Stellen höheren Potentials befindet, als die andere *b*. Wir schneiden den Draht irgendwo auseinander, so daß eine metallische Verbindung der beiden Kugeln nicht mehr besteht, und entfernen beide Teile aus dem Felde. Sie erweisen sich jetzt als elektrisiert und das Experiment lehrt, daß der Teil *a* dieselbe Menge negativer Ladung besitzt, wie *b* positiver. Den Betrag der Ladungen können wir um so größer erhalten, je größer wir das Feld in der Kraftröhre machen.

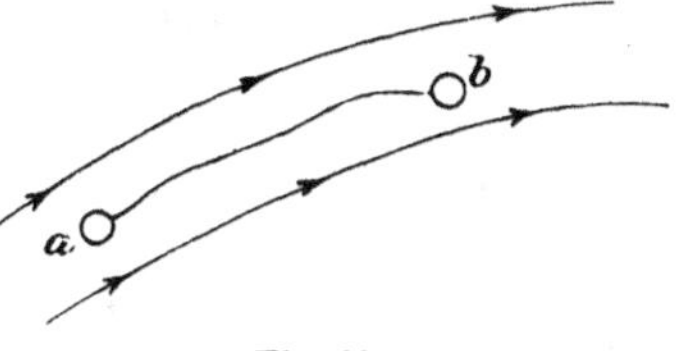

Fig. 99.

3. Diese Tatsache können wir dadurch erklären, daß wir annehmen:

Ein metallischer unelektrisierter Körper besitzt an jedem Orte beliebig große (unmeßbar große) Mengen positiver und negativer Elektrizität, beide aber in gleichem Betrage. Bringen wir den metallischen Körper in ein elektrisches Feld, so müssen sich die beiden Elektrizitäten trennen, die positive wird infolge der elektrischen Kraft den Kraftlinien in positiver Richtung folgen, die negative Elektrizität in negativer Richtung.

Von den beiden Elektrizitätsarten eines Volumenelementes wird also ein Teil positiver Elektrizität in ein Nachbarelement den Kraftlinien folgend hinein befördert, der gleiche Teil negativer gegen die Kraftlinien in ein anderes Nachbarelement. Der Erfolg wird der sein, daß nachher das erstgenannte Nachbarelement positiv geladen erscheint, das andere negativ geladen. Die Summe aller im ganzen Metallkörper enthaltener elektrischer Mengen bleibt nach wie vor Null.

4. Zwischen den beiden Nachbarelementen wird durch die entstandenen Ladungen ein neues Feld erzeugt, daß sich dem ursprünglichen überlagert. Da die Kraftlinien immer von positiven zu negativen Ladungen verlaufen, ist es dem ursprünglichen Feld entgegengesetzt und schwächt dieses also.

So lange ein elektrisches Feld im Metall vorhanden ist, muß die Trennung der Elektrizitäten fortschreiten. Sie wird solange dauern, bis im ganzen Innern des Metalls das Feld Null geworden ist.

5. Wir fragen jetzt: Wo befinden sich schließlich die durch die Trennung erzeugten Ladungen, die „Kompensationsladungen", die das Feld durch Erzeugung eines sich superponierenden Feldes zu Null machen? Und ferner: Wie wird durch diese Kompensationsladungen im Außenraume das Feld verändert?

Die erste Frage ist leicht nach § 33, Gleichung (1) zu beantworten. Ist das Feld im Innern des Metalls gleich Null, so muß auch der Kraftlinienfluß durch eine beliebige ganz im Innern des Metalls liegende geschlossene Oberfläche gleich Null sein und folglich auch die in dieser Oberfläche enthaltene Elektrizitätsmenge.

Im Innern von Leitern kann also keine elektrische Ladung existieren. Die Kompensationsladung wird sich auf der Oberfläche konzentrieren.

6. Um die zweite Frage übersehen zu können, denken wir uns ein elektrisches Feld von der mit dem Orte variabeln Feldintensität E_0 gegeben (Fig. 100). Einen Leiter von beliebiger Form wollen wir in dieses Feld hineinbringen. Den Raum τ, den der Leiter einnehmen wird, grenzen wir im Felde ab und denken uns auf dessen Oberfläche die Ladung angebracht, die das Feld E_0 im Innenraume gerade zu Null macht, also die Kompensationsladung.

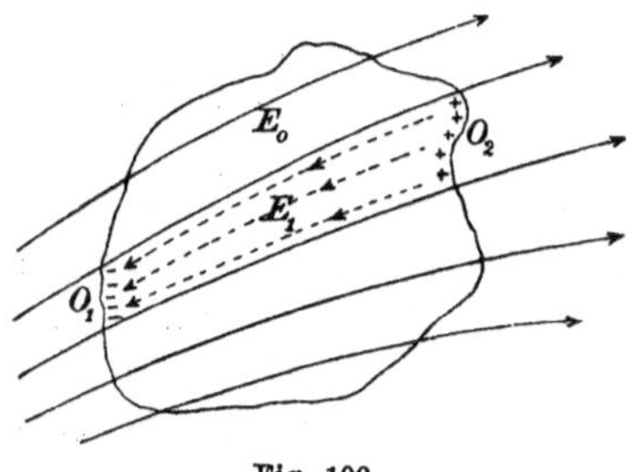

Fig. 100.

Diese Ladung möge für sich ein Feld E_1 erzeugen, das so beschaffen sein muß, daß E_1 im Innenraume überall gleich und entgegengesetzt dem E_0 ist. (Punktierte Linien in Fig. 100.) Es ist also in τ

$$E_0 = -E_1 .$$

7. Wir wollen das Feld an der Stelle O_2 der Figur 100 betrachten. Die E_0-Linien werden das Oberflächenstück O_2 im allgemeinen in schräger Richtung durchsetzen. Es gibt also zur Oberfläche eine Tangentialkomponente E_0^t des Feldes E_0. Diese wird dicht vor und hinter der Oberfläche bis auf unendlich weniges gleich groß sein (Fig. 101a.)

Das Kompensationsfeld muß demnach auch eine Tangentialkomponente besitzen, die von einer ungleichförmigen Dichtigkeit der Ladung auf der Oberfläche herrühren wird. Auch diese Tangentialkomponente E_1^t wird dicht vor und hinter der Oberfläche gleiche Werte haben (Fig. 101b). Soweit sie von der Oberflächenladung am Orte herrührt, muß das aus Symmetriegründen der Fall sein; soweit sie von anderen Elementen herrührt, deswegen, weil entferntere Ladungen an zwei unendlich benachbarten Orten nur unendlich wenig verschiedene Felder erzeugen können. Die Komponente $E_1{}^t$ ist also an der Oberfläche „stetig veränderlich".

Da sich nun die Tangentialkomponenten $E_0{}^t$ und $E_1{}^t$ im Innenraume gerade aufheben müssen, werden sie es auch im Außenraume tun müssen, allerdings nur in unendlicher Nachbarschaft der Oberfläche.

Die Oberflächenladung kompensiert das ganze Feld im Innenraume eines Leiters und die Tangentialkomponente des Feldes im Außenraume nächst der Oberfläche.

8. Die zur Oberfläche normale Komponente von E_0 hat im Innen- und Außenraume gleiche Richtung (Fig. 101c). Die Normalkomponente von E_1 dagegen wird, da die Kraftlinien von der Oberflächenladung ausgehen, im Innen- und Außenraume entgegengesetzte Richtung haben. Während $E_1{}^n$ im Innenraume dem $E_0{}^n$ entgegengesetzt gerichtet ist, wird es im Außenraume ihm gleichgerichtet sein. Im Außenraume addieren sich die Normalkomponenten. Mit dem vorigen Abschnitt zusammengenommen ergibt dies:

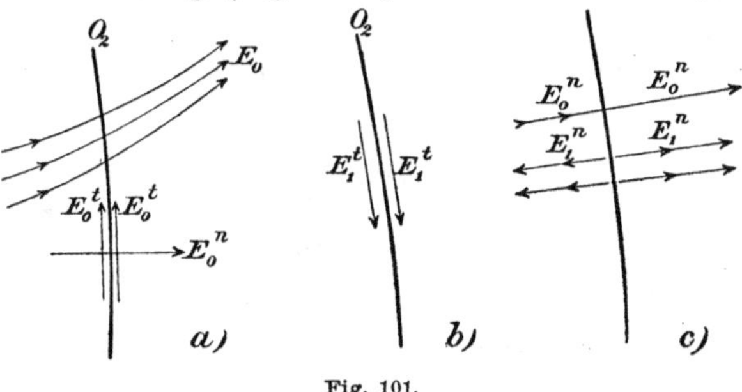

Fig. 101.

Das resultierende Feld nach Einführung der Kompensationsladung hat Kraftlinien, die auf der Oberfläche des Leiters senkrecht stehen. Das Feld wird im Innern des Leiters Null.

9. Wir haben zur Ausführung unserer Betrachtungen unsere Kompensationsladung auf der Oberfläche eines Raumes τ von der Form des Leiters angebracht, aber in einem Medium, das von der Umgebung nicht abweicht. Das bedingt keinen Fehler. Denn da jetzt im Innenraume von τ kein Feld existiert, können wir das Medium darin beliebig verändern, also auch den Leiter hineinbringen. Das statische Resultat haben wir abgeleitet, nicht aber das Zustandekommen des Resultats, das Bewegungen von Elektrizitätsmengen verlangt. Unser Resultat gilt nur von dem Moment ab, wo die Elektrizitätstrennung im Innern beendet ist. Wie rasch das vor sich geht, wird, wie wir später sehen werden, von neuen Eigenschaften der Leiter abhängen. Das Experiment lehrt, daß bei allen Metallen diese Trennung in unmeßbar kurzer Zeit vor sich geht.

Weiter wird jedes der elektrischen Felder E_1, E_0 im Innenraume, wie uns der folgende Paragraph lehrt, und was aus dem Coulombschen Gesetz zu ersehen ist, von der Dielektrizitätskonstante des Innenraumes abhängen. Nachdem sich aber diese beiden Felder einmal bei Annahme der Dielektrizitätskonstanten der Umgebung kompensiert haben, werden wir auch über die Dielektrizitätskonstante des Innenraumes willkürlich verfügen können. Das Feld Null kann dadurch nicht geändert werden. Oder umgekehrt: Aus statischen Versuchen können wir keinen Schluß auf die Dielektrizitätskonstante der Metalle ziehen, da kein Feld ins Innere der Metalle eindringt.

10. Führen wir dem Metallkörper τ noch von außen irgend eine Ladung zu, so wird sich diese ebenfalls auf der Oberfläche verteilen. Es bleiben die Betrachtungen der vorigen Abschnitte bestehen, nur daß jetzt die Summe aller Ladungen im Metall nicht mehr gleich Null sein wird. Nach wie vor gilt:

Im Innenraume muß das elektrische Feld verschwinden. Im Außenraum münden und entspringen die Kraftlinien senkrecht zur Oberfläche des Leiters.

In Figur 102 bedeuten die punktierten Linien das ursprüngliche Feld, die ausgezogenenen das Feld nach Einführung des Leiters.

11. Wir können noch einige Schlußfolgerungen ziehen:

I. Da im Innern des Leiters das Feld verschwindet, muß hier das Potential konstant sein. Die Niveauflächen werden das Bild der Figur 103 ergeben. Es tritt hier der in § 35, 7. besprochene Ausnahmefall ein, wo zwei an einer Stelle unendlich benachbarte Niveauflächen nicht überall unendlich benachbart bleiben. Der Leiter selber ist eine ausgeartete Niveaufläche, was schon aus dem senkrechten Verlauf der Kraftlinien folgt.

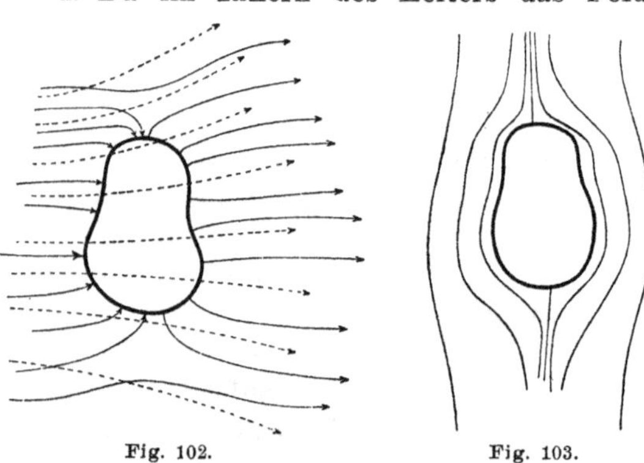

Fig. 102. Fig. 103.

II. Die Änderung, die das ursprüngliche Feld in irgend einem Punkte durch Einführung eines ungeladenen Leiters erfährt, wird um so kleiner werden, je größer der Abstand dieses Punktes von dem Leiter ist. Denn die Änderung, die die Potentialverteilung erfährt, ist mit $\int \frac{\sigma do}{r}$ proportional, wenn σ die Oberflächendichte, do ein Oberflächenelement, r den Abstand dieses von dem betrachteten Punkte bedeutet. Wird r sehr groß, so wird es für alle do annähernd konstant. Dann wird

$$\int \frac{\sigma do}{r} = \frac{1}{r} \int \sigma do,$$

und $\int \sigma do$ ist gleich Null.

III. Kennen wir das resultierende Feld E in der Nachbarschaft des Leiters, so kennen wir die Verteilung der Kompensationsladung. Da E senkrecht auf der Oberfläche steht, und E_n im Innern Null ist, so folgt aus § 33, Gleichung (3)

$$\varepsilon E = 4\pi\sigma.$$

IV. Führen wir statt des massiven Leiters τ einen Hohlkörper (Fig. 104) ein, so wird gleichwohl im Innern kein Feld existieren, wenn sich keine Ladungen im Hohlraume befinden. Denn denken wir uns in die Wandung hinein eine Fläche F gelegt, so ist, da diese ganz im Metall verläuft, längs ihr überall $E = 0$. Der Kraftlinienfluß durch F wird also Null, und da im innern Raum keine Kraftlinien entspringen, so müssen, wenn solche vorhanden sind, alle auf der Oberfläche sowohl entspringen, als münden. Es sei l eine solche Kraftlinie. Dann wäre $\int E_l dl$ nach § 34, Gleichung (5) die Potentialdifferenz an den beiden Endpunkten. Da die Endpunkte aber nach I. auf einer Niveaufläche liegen, muß die Potentialdifferenz verschwinden. Also ist im Innern ein Feld nicht möglich.

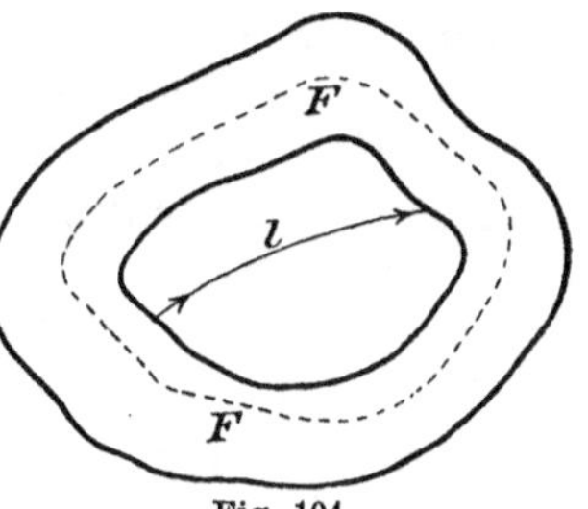

Fig. 104.

Eine leitende Hülle schützt ihren Innenraum gegen ein äußeres elektrisches Feld.

V. Bringen wir jetzt aber in den Hohlraum eine Ladung e hinein, so werden von e Kraftlinien ausgehen (Fig. 105). Der Kraftlinienfluß durch F wird nach wie vor Null sein, also muß die gesamte Ladung im Innern von F verschwinden. Es wird sich auf der Innenwandung eine Ladung $-e$ ausbilden müssen, in irgend welcher Verteilung. Dieses $-e$ kann nur durch Elektrizitätstrennung entstanden sein, und wir müssen das entsprechende $+e$ auf der äußeren Wandung

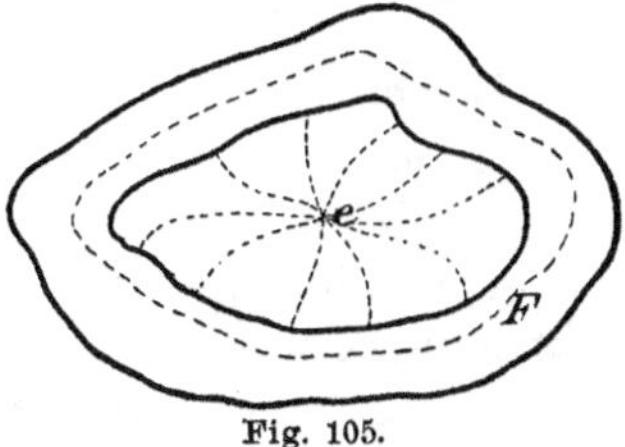

Fig. 105.

wiederfinden. Wie sich dies auf der äußeren Wandung verteilt, hängt von deren Form ab.

Es ist also für den Effekt im Außenraume gleichgültig, ob wir das e im Innenraume des Hohlkörpers oder auf der Oberfläche des Hohlkörpers direkt anbringen, Der Außenraum ist demnach nicht geschützt. Der Grund für diesen Unterschied zwischen Innenraum und Außenraum ist der, daß im Außenraume die Kraftlinien ins Unendliche oder nach anderen Körpern (Zimmerwänden) hin verlaufen können, im Innenraume nicht.

12. Mit Hilfe der Leiter können wir die Beispiele des § 36 in eine praktisch verwertbare Form bringen; denn Flächenladungen in einem homogenen Medium, wie dort angenommen sind, können wir nicht wirklich herstellen. Wir nehmen z. B. den Fall des Kugelkondensators.

Wir führen die Kugel a aus Metall aus, hohl oder nicht hohl, und führen ihr die Elektrizitätsmenge $+e$ zu. Diese wird sich auf ihrer Oberfläche so verteilen, daß in ihrem Innern kein Feld besteht, und das ist, wie wir gesehen haben, der Fall, wenn sie mit konstanter Dichte über die ganze Oberfläche verteilt ist.

Die Kugelfläche b stellen wir dar durch die Innenwand einer Hohlkugel von irgendwelcher Wandstärke. Auf dieser Innenwand wird sich nach V. der vorigen Nummer die Elektrizitätsmenge $-e$ ansammeln, die sich wieder so verteilen wird, daß außerhalb der Fläche b kein Feld existiert, und das ist nach § 36, D wieder bei gleichförmiger Verteilung der Fall. Auf der Außenwand der Hohlkugel wird sich die Ladung $+e$ ansammeln, und zwar gleichförmig, damit auch dies $+e$ im Innern der Wandung der Hohlkugel kein Feld erzeugt. Wenn wir schließlich noch der Hohlkugel die Ladung $-e$ von außen erteilen, so wird diese sich ebenfalls auf der äußeren Oberfläche ansammeln und das dort befindliche $+e$ kompensieren. Es bleiben dann nur die Ladungen $+e$ auf der Kugelfläche a und $-e$ auf der Kugelfläche b, wie wir es bei dem Kugelkondensator angenommen hatten.

§ 38. Inhomogene Medien.

1. Bisher hatten wir stillschweigend vorausgesetzt, daß der ganze Raum, der das elektrische Feld enthielt, von einem Medium konstanter Dielektrizitätskonstante erfüllt war. Erst durch Einführung der Leiter wurde eine Inhomogenität verursacht, die aber unabhängig von der Dielektrizitätskonstanten der Leiter ist. Gerade durch diese Einführung der Leiter erhielten die abgeleiteten Gesetze eine reelle Bedeutung; denn es ist nicht möglich, in einem homogenen Medium eine elektrische Ladung zu erzeugen, oder festzuhalten, wohl aber an der Oberfläche von Metallen. Das Coulombsche Gesetz ist z. B. mit Hilfe von Metallkugeln als Träger der Ladung bewiesen worden, und wir haben gesehen, daß eine Metallkugel eine punktförmige Elektrizitätsmenge ersetzt, die wir zur Ableitung unserer Gesetze zunächst hypothetisch eingeführt hatten, indem wir sie als Abstraktion aus einer in hinreichend kleinem Volumen verteilten Ladung ansahen.

Unser § 37 hatte gelehrt, daß ein Leiter, geladen oder nicht, einfach durch eine geeignete Oberflächenladung ersetzbar war. Diese Ladung mußte so beschaffen sein, daß sie nach außen die Kraftlinien in solche verwandelte, die auf der Leiteroberfläche senkrecht standen, und nach innen die Kraftlinien gerade kompensierte. Numerisch ist allerdings diese Ladung im allgemeinsten Falle nicht anzugeben, wohl aber in einigen speziellen Fällen, wie z. B. in dem des Kugelkondensators.

2. Bei einem Nichtleiter von veränderlicher Dielektrizitätskonstante liegen die Verhältnisse weniger einfach. Es entsteht die Frage: Wie wird durch Einführung eines Körpers, der eine vom ursprünglichen Medium abweichende Dielektrizitätskonstante besitzt, das Feld verändert?

Gewisse Gesetze über diese Frage können wir unter Zuhilfenahme neuer Tatsachen ableiten. Aber auch hier läßt sich aus dem vorher bestehenden Felde und der Kenntnis des eingeführten Körpers allgemein die Veränderung, die vor sich geht, nicht rechnerisch durchführen, außer in einigen speziellen Fällen.[1])

3. Es sei also in einem homogenen Medium von der Dielektrizitätskonstante ε_0 ein Feld E_0, von irgendwelchen festen Ladungen herrührend, gegeben, und in dieses Feld führen wir Körper von anderer Dielektrizitätskonstante ε ein. Dadurch wird sich im allgemeinen das Feld E_0 verändern. Wir wollen das neue Feld mit E bezeichnen.

Bekannt ist also ε_0, E_0 und die Form und Lage der Körper ε nach ihrer Einführung, sowie ε selber. Gefragt muß werden: wie sieht das Feld E aus?

4. Wir definieren die „Kraftlinien" oder „Induktionslinien" auch jetzt noch als die Linien, die nach Richtung und Dichte die elektrische Induktion εE an jedem Orte, also auch innerhalb der eingeführten Körper, darstellen. Im homogenen Raume war diese Definition identisch mit der anderen: „Jede Elektrizitätsmenge e sendet in den umgebenden Raum $n = 4\pi e$ Kraftlinien aus." Ob wir diese Definition auch jetzt noch aufrecht erhalten dürfen, wird sich aus späterem ergeben.

1) Z. B. bei Ellipsoiden, die in ein homogenes Feld eingeführt werden.

5. Evident ist jedenfalls, daß das Coulombsche Gesetz [7] und damit Gleichung (1) des § 31 uns nichts über diese neuen Verhältnisse angibt, auch nicht einer Verallgemeinerung zugänglich ist, was man bei einem Versuch sofort erkennen wird, da längs des Abstandes r ein konstantes ε vorausgesetzt ist, und dieses r alle möglichen Richtungen und Längen annehmen kann.

Dagegen haben wir nach Einführung des Begriffes „Kraftlinien" aus dem Coulombschen Gesetz andere Gesetze abgeleitet, in deren Form nichts enthalten ist, was eine Konstanz von ε über einen größeren Raum voraussetzte.

So enthält Gleichung (1), § 33 (und die daraus abgeleitete Gleichung (3)) Glieder von der Form

$$\varepsilon E_\nu do,$$

und es steht uns frei, die Oberflächenelemente do beliebig klein zu wählen. Dann muß dieses do mit dem Wert εE_ν multipliziert werden, wie er am Orte do existiert. Diesen Wert können wir aber jeweils ermitteln, auch wenn ε nicht konstant ist, ebensogut wie wir ihn — was im homogenen Medium auch der Fall war — bei variablem E_ν ermitteln können.

Hier ist also eine Verallgemeinerung nahe gelegt, nachdem wir bereits in 4. die Verallgemeinerung des Kraftlinienbegriffes ausgeführt haben.

6. Wir wollen nun versuchsweise diese Verallgemeinerung vornehmen, also versuchsweise das Gesetz aufstellen:

> Der Kraftlinienfluß durch eine geschlossene Fläche gibt das 4π-fache der in dieser Fläche eingeschlossenen Ladung an, auch wenn ungeladene Körper veränderter Dielektrizitätskonstante in das aus allen vorhandenen Ladungen hervorgebrachte Feld eingeführt werden.

Und dieses Gesetz soll gelten, auch wenn die geschlossene Fläche die Körper einschließt oder durchsetzt. In einer Gleichung ausgedrückt gilt also das Gesetz

$$\int N_\nu do = 4\pi \sum e_i, \tag{1}$$

und hier bedeutet

$$N_\nu = \varepsilon E_\nu$$

die normale Kraftliniendichte, wie sie am Orte do existiert. Daraus folgt dann, wie in § 33, Gleichung (4), für eine beliebige Grenzfläche

$$\varepsilon_2 E_{2\nu} - \varepsilon_1 E_{1\nu} = 4\pi\sigma. \tag{1a}$$

Ist dieses verallgemeinerte Gesetz richtig, so müssen sich die daraus hervorgehenden Folgerungen experimentell bestätigen, und dann können wir es als erwiesen ansehen.[1])

7. Ein weiteres Gesetz, daß der Verallgemeinerung zugänglich ist, ist das in Gleichung (6) des § 34 ausgesprochene Gesetz, daß die elektromotorische Arbeit über einen in sich zurücklaufenden Weg verschwindet. Dieses Gesetz enthält die Dielektrizitätskonstante überhaupt nicht und das elektrische Feld in Gliedern, in denen es mit einem unendlich kleinen Wegstück multipliziert erscheint, also auch nur längs dieser unendlich kleinen Strecke konstant zu sein braucht. Wenn das Feld durch Einführung der Körper seinen Wert ändert, steht es uns frei, in dieser Gleichung (6) von Ort zu Ort veränderte Werte einzusetzen.

Es sei also nach wie vor

$$\int\limits_{\circlearrowleft} E_s ds = 0, \tag{2}$$

summiert über eine geschlossene Kurve. Mit anderen Worten: es soll auch jetzt keine in sich zurücklaufenden Kraftlinien geben.

Diese Gleichung könnten wir auch in die Form der Gleichung (5) des § 34 bringen

$$\varphi(P_1) - \varphi(P_2) = \int_{P_1}^{P_2} E_s ds, \tag{2a}$$

die bedeutet, daß die rechte Summe nur von Anfangs- und Endpunkt, nicht vom Wege abhängig ist.

Man kann daraus ein Potential definieren, wenn man etwa einem beliebigen Punkte P_1 einen beliebigen Wert $\varphi(P_1)$ zuschreibt, und den Wert, den nach obiger Gleichung $\varphi(P_2)$ in allen Punkten P_2 des Raumes erhält, als Potential annimmt. Dieses Potential liefert dann aus den Werten von zwei benachbarten Punkten, dividiert durch deren Abstand, also durch ihre Gefälle, die Feldintensität in Richtung dieses Abstandes, analog § 34, Gleichung (4).

8. Wir wollen jetzt an der Hand dieser verallgemeinerten Gesetze zunächst die Frage beantworten: In welcher Beziehung steht das in 3. definierte Feld E direkt vor zu dem direkt hinter der Grenzfläche zweier dielektrisch verschiedener Körper?

---

1) Natürlich können wir ein solches Gesetz nicht an allen denkbaren Folgerungen prüfen. Wir können nur seine Richtigkeit durch eine hinreichend große Zahl von Experimenten wahrscheinlich machen, wie es schon bei dem Energieprinzip geschehen ist. In der Tat gibt es kein Experiment, das die hier gemachte Verallgemeinerung als die einzig mögliche fordert. Das ist ein prinzipieller Unterschied von dem Gesetz § 34, Gleichung (1), das als einzige Möglichkeit aus dem Coulombschen Gesetz folgte.

Oder: Wie ändert sich der Kraftlinienverlauf des Feldes E an dieser Grenzfläche? Nach der Beziehung des Feldes E zu dem Felde E_0 fragen wir also vorerst nicht.

9. Wir denken uns eine die Grenzfläche durchsetzende Kraftröhre von so kleinem Querschnitt, daß wir ein zu den Kraftlinien senkrechtes Flächenstück in ihr, wenigstens so weit dies im homogenen Medium liegt, als eben ansehen dürfen (Fig. 106). $N_1 = \varepsilon_1 E_1$ sei die Kraftliniendichte auf der einen, $N_2 = \varepsilon_2 E_2$ die auf der anderen Seite der Grenzfläche. Wie in § 33 die Gleichung (4) aus (1) folgte, wird aus unserer Gleichung (1) für die Grenzfläche die Gleichung (1a) folgen, also

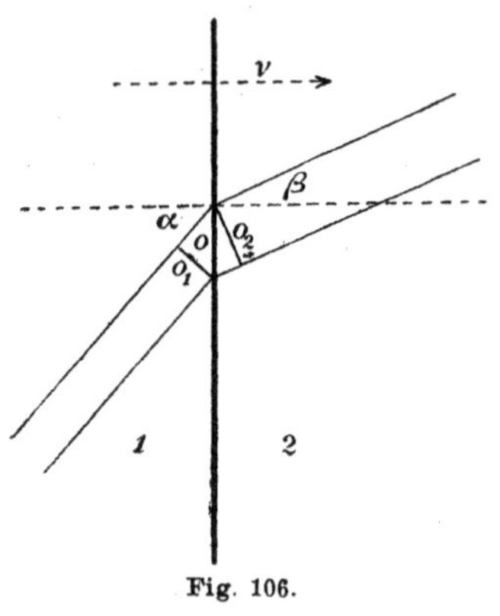

Fig. 106.

$$(3) \qquad N_{2\nu} - N_{1\nu} = 4\pi\sigma,$$

oder wenn wir annehmen, die Grenzfläche habe keine Ladung,

$$(4) \qquad N_{1\nu} = N_{2\nu}; \quad \varepsilon_1 E_{1\nu} = \varepsilon_2 E_{2\nu}.$$

Die Normalkomponente der elektrischen Induktion ändert sich stetig, die der Feldintensität also unstetig.

Das heißt: Jede Kraftlinie im Medium 1 hat eine Fortsetzung im Medium 2. Denn nennen wir α, β die Winkel, die die Kraftlinien mit der Normalen zu der Grenzfläche einschließen, die „Einfallswinkel", und o das Flächenelement, das die Kraftröhre aus der Grenzfläche ausschneidet, so wird (Fig. 106)

$$(5) \qquad N_1 \cos\alpha \cdot o = N_2 \cos\beta \cdot o$$

und

$$N_1 o_1 = N_2 o_2,$$

wenn o_1, o_2 die Querschnitte der Kraftröhre vor und hinter der Grenzfläche bedeuten. Die Kraftlinienzahl der Kraftröhre ändert sich also beim Übergang aus einem in das andere Medium nicht.

10. Einen Aufschluß über das Verhalten der Tangentialkomponente E_t des elektrischen Feldes gibt uns die Gleichung (2), wenn wir sie auf die Umgrenzung $ABCD$ eines Rechtecks (Fig. 107) anwenden, das wir durch die Grenzfläche so legen, daß zwei seiner Seiten l dieser parallel, die anderen, λ, zu ihr normal sind. Alle Seiten seien unendlich klein, die zur Grenze normalen λ aber wieder unendlich klein gegen l. Es wird dann die elektromotorische Arbeit über die Strecken λ gegen die über die Strecken l zu vernachlässigen sein, und es folgt:

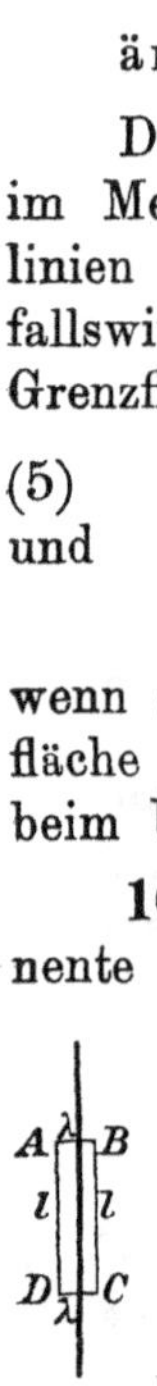

Fig. 107.

$$E_{1t} l - E_{2t} l = 0,$$

(6) $$E_{1t} = E_{2t}.$$

Das gilt für jede Tangentialkomponente von E.

Die Tangentialkomponenten des elektrischen Feldes ändern sich stetig, die der dielektrischen Polarisation also unstetig.

11. Unter Einfallsebene verstehen wir die Ebene, die durch das letzte Kraftlinienelement des einen Mediums an der Grenzfläche und normal zu der Grenzfläche gelegt werden kann. Die Gleichung (6) lehrt dann: Die Kraftlinien bleiben beim Durchtreten der Grenzfläche in der Einfallsebene. Denn die Projektion von E_1 in der Einfallsebene auf die Grenzfläche gibt den maximalen Betrag, den E_{1t} unter allen Tangentialkomponenten einnimmt. Dasselbe gilt für E_{2t}. Wäre für E_2 die Einfallsebene anders gelegen, also gegen die von E_1 gedreht, so würden diese beiden maximalen Beträge nicht in der Richtung übereinstimmen, woraus leicht zu sehen ist, daß dann Gleichung (6) nicht mehr allgemein befriedigt sein könnte. Die Tangentialkomponente von E muß sich nach Größe und Richtung an der Grenzfläche stetig ändern, und das ist nur möglich, wenn die Kraftlinie in der Einfallsebene bleibt.

Die Darstellung eines Vektors durch Kugelsehnen (§ 2, 3.) gestaltet den Beweis noch übersichtlicher. Die beiden Kugeln, durch die man die Vektoren E_1 und E_2 an einem Innen- und Außenpunkt der Grenzfläche darstellen kann, müssen die Tangentialebene an die Grenzfläche im selben Schnittkreis schneiden, wenn Gleichung (6) gelten soll. Dann aber müssen die Mittelpunkte beider Kugeln in derselben Flächennormalen liegen, und die Kugeldurchmesser, die Beträge, in die gleiche Normalebene fallen.

12. Wir legen durch unsere Kraftröhre einen Schnitt parallel zur Einfallsebene, der aus der Grenze die Strecke $l = BD$ herausschneiden möge (Fig. 108). l projizieren wir auf die Schnittlinien dieses Schnittes mit dem Mantel der Kraftröhre, also auf BA und DC, und wenden die Gleichung (2) auf das Viereck $ABCD$ an. Die elektromotorische Arbeit über die Strecke AD und BC wird verschwinden, da diese Strecken normal zu den Kraftlinien gerichtet sind, und es bleibt:

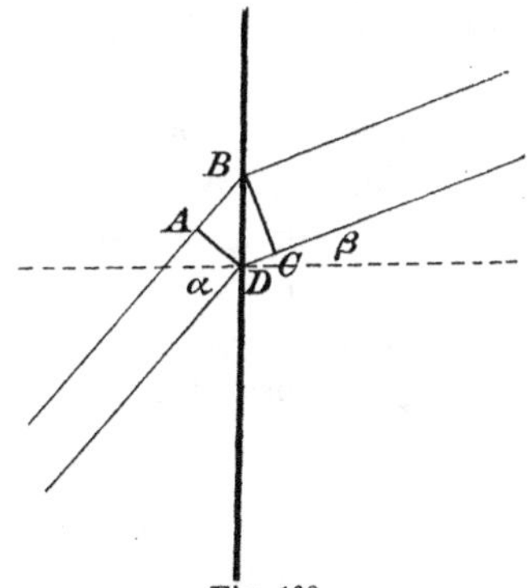

$$E_1 \cdot \overline{AB} - E_2 \cdot \overline{CD} = 0,$$

$$E_1 l \sin\alpha = E_2 l \sin\beta.$$

Fig. 108.

Nehmen wir dazu Gleichung (5)

$$\varepsilon_1 E_1 o \cos\alpha = \varepsilon_2 E_2 o \cos\beta,$$

so folgt durch Division

$$\frac{\operatorname{tg}\alpha}{\operatorname{tg}\beta} = \frac{\varepsilon_1}{\varepsilon_2}. \tag{7}$$

Die Tangenten der Einfallswinkel verhalten sich wie die Dielektrizitätskonstanten.

Das Verhältnis dieser Tangenten ist also unabhängig von der Richtung der Kraftlinien. Dieses Gesetz zusammengenommen mit dem Resultat der Nummer 11 heißt das „Brechungsgesetz" der elektrischen Kraftlinien.

13. Wir wollen jetzt einmal zusehen, was wir über die Veränderung, die das ursprüngliche Feld durch Einführung des dielektrisch abweichenden Körpers erlitten hat, aussagen können. Der Einfachheit halber bezeichnen wir das ursprüngliche Feld statt wie früher mit E_0 jetzt mit A. Die Kraftlinien dieses Feldes verlaufen ganz in einem homogenen Medium von der Dielektrizitätskonstante ε_0 und haben ihre Quellpunkte da, wo sich elektrische Ladungen, die wir als unveränderlich annehmen wollen, befinden. Für dieses Feld gilt die Gleichung (1)

$$\int\limits_o \varepsilon_0 A_\nu do = 4\pi \sum e_i.$$

Führen wir einen Körper von der Dielektrizitätskonstanten ε in das Feld ein, so wird es sich in ein Feld E verändern, dessen Kraftlinien nach den früheren Sätzen ebenfalls nur dort Quellpunkte haben, wo elektrische Ladungen sind. Also auch für dieses Feld gilt:

$$\int\limits_o \varepsilon E_\nu do = 4\pi \sum e_i.$$

Den Körper wollen wir an einem Orte einführen, an dem sich keine Ladungen befinden; er selber sei auch ungeladen.

14. Das Feld E können wir durch vektorielle Addition aus dem Felde A und einem „Zusatzfelde" Z ableiten, derart, daß dieses Feld Z überall die durch den Körper verursachte Veränderung ersetzt. Mit anderen Worten: Wir können, statt den Körper einzuführen, über das Feld A ein anderes Feld Z überlagern, das so beschaffen ist, daß es an jedem Orte das Feld A zu E ergänzt. Dieses Feld Z wird dann ganz in einem homogenen Medium von der Dielektrizitätskonstanten ε_0 verlaufen. Es wird die vektorielle Gleichung

$$Z = E - A$$

gelten oder für eine Richtung l die Komponentengleichung

$$Z_l = E_l - A_l.$$

15. Von dem Felde Z können wir sofort aussagen:

I. Z besitzt keine in sich geschlossenen Kraftlinien.

Das folgt direkt aus der Definition von Z, da es für E und A gilt (Nr. 7, § 34, 10.).

Wenden wir die Gleichungen von 13. auf eine ganz im Außenraume des Körpers verlaufende beliebige, den Körper aber nicht umschließende Oberfläche o an, und subtrahieren wir sie voneinander, so folgt, da auf o überall $\varepsilon = \varepsilon_0$ ist,

$$\int_o \varepsilon_0 (E_\nu - A_\nu) do = 0,$$

$$\int_o \varepsilon_0 Z_\nu do = 0, \tag{8}$$

und da diese Gleichung für jede beliebige Oberfläche o, die ganz im Außenraume verläuft, gelten muß, so heißt das:

II. Das Zusatzfeld hat im Außenraume keine Quellpunkte.

Für eine ganz im Innern der Körpers verlaufende Fläche ist

$$\int_o \varepsilon_0 A_\nu do = 0,$$

$$\int_0 \varepsilon E_\nu do = 0;$$

und da ε längs der ganzen Oberfläche o konstant ist, ist auch

$$\int_o \varepsilon_0 E_\nu do = 0.$$

Durch Subtraktion folgt also hier:

III. Das Zusatzfeld hat im Innenraume des Körpers auch keine Quellpunkte.

Die letzte Gleichung gilt nicht mehr, wenn die Oberfläche o die Grenzfläche durchsetzt. In der Tat ergibt sich daraus, daß das Zusatzfeld in der Grenzfläche Quellpunkte besitzt. Für das Feld A nimmt an der Grenzfläche die Gleichung § 33 (4) (S. 195) die Gestalt an:

$$\varepsilon_0 A_{1\nu} = \varepsilon_0 A_{2\nu},$$

da $\sigma = 0$ ist; und für E gilt Gleichung (4)

$$\varepsilon_0 E_{1\nu} = \varepsilon E_{2\nu} = \varepsilon_0 E_{2\nu} + (\varepsilon - \varepsilon_0) E_{2\nu}.$$

Der Index 1 deutet hier den Außenraum, der Index 2 den Innenraum des Körpers an. Durch Subtraktion dieser Gleichungen folgt

$$\varepsilon_0 Z_{2\nu} - \varepsilon_0 Z_{1\nu} = -(\varepsilon - \varepsilon_0) E_{2\nu}.$$

Die Kraftliniendichte des Zusatzfeldes ändert sich also an der Grenzfläche unstetig. Nach § 33 Gleichung (4) heißt das:

IV. Das Zusatzfeld hat an der Grenzfläche des eingeführten Körpers Quellpunkte

Aus I. bis IV. folgt somit:

V. Alle Kraftlinien des Zusatzfeldes entspringen auf der Oberfläche des eingeführten Körpers und laufen zu ihr zurück.

16. Die Quellpunkte des Zusatzfeldes entsprechen einer elektrischen Flächenladung auf der Grenzfläche von der Dichte σ', wenn

$$4\pi\sigma' = \varepsilon_0 Z_{2\nu} - \varepsilon_0 Z_{1\nu} = -(\varepsilon - \varepsilon_0) E_{2\nu}, \tag{9}$$

oder, unter Berücksichtigung von Gleichung (4),

$$4\pi\sigma' = -\varepsilon_0 (E_{1\nu} - E_{2\nu}). \tag{10}$$

Wenn wir, statt den Körper in das Feld einzuführen, nur seine Oberfläche, mit dieser Dichte geladen, einführen würden, würden wir dadurch ein Zusatzfeld Z' erzeugen, das den fünf im vorigen Abschnitte aufgestellten Sätzen genügen würde.

Die beiden Felder Z und Z' haben also ihre Quellpunkte an denselben Stellen und in gleicher Dichte; sie verlaufen außerdem beide im selben Medium von der Dielektrizitätskonstante ε_0. Danach ist zu erwarten, daß sie überhaupt identisch sind, daß also die Veränderung, die das Feld A durch den eingeführten Körper erfährt, durch eine Flächenladung von der Dichte σ' ersetzbar ist. Bewiesen aber ist die Identität von Z und Z' damit noch nicht vollständig, und wir wollen den Beweis dafür auch nicht ausführen.

17. Man bezeichnet σ' als „influenzelektrische Ladung“, während die das Feld erzeugenden Ladungen σ die „wahren elektrischen Ladungen“ heißen.

Die „wahren“ Ladungen liefern ein Feld in einem Raume, der bisher kein Feld besitzt, die Influenzladungen nur in einem solchen, in dem bereits ein Feld vorhanden ist.

Wir haben früher, § 33, 7., gesehen, daß Quellpunkte und Ladungen identische Begriffe sind. Diese Influenzladungen werden demnach im Felde A ebensowohl elektrischen Kräften ausgesetzt sein, wie andere Ladungen.

18. Den Betrag der Ladung σ' an jedem Orte der Oberfläche können wir im allgemeinen nicht vorausbestimmen, da er von dem Felde E abhängig ist. Wir können ihn, die Kenntnis von A vorausgesetzt, erst dann angeben, wenn wir das Zusatzfeld selber kennen.

Die Summe der influenzierten Ladungen auf der ganzen Körperoberfläche F aber läßt sich berechnen. Legen wir die in Nr. 15, I. besprochene Fläche so, daß sie den eingeführten Körper beliebig dicht umschließt, aber doch noch ganz im Außenraume, also im Medium ε_0 verläuft, so gilt nach wie vor die Gleichung (8), die aussagt, daß die gesamte Ladung im Innern der Fläche verschwindet. Diese gesamte Ladung besteht aber wegen III. und IV. nur aus der gesamten Influenzoberflächenladung des Körpers, und es folgt also:

Die Gesamtladung auf der Oberfläche ist gleich Null.

Die Influenzladung verhält sich somit ähnlich, wie die Kompensationsladung eines in ein Feld eingeführten Leiters, aber sie kompensiert nicht das Feld im Innern der Oberfläche.

19. Beispiel. In gewissen Fällen können wir aus dem Anfangszustand das Feld nach Einführung des Körpers, also auch die influenzierte Ladung berechnen.

In den Plattenkondensator § 36, B, vom Plattenabstand h und der Dielektrizitätskonstante ε_0 führen wir eine planparallele Platte eines Körpers von der Dielektrizitätskonstante ε und der Dicke $d<h$ ein (Fig. 109). Von der Flächeneinheit der Grenzplatte α gehen $4\pi\sigma$ Kraftlinien aus, und das wird nach Einführung der Zwischenschicht nicht geändert, da sich die Dichte σ nicht ändern soll. Auch die Richtung der Kraftlinien kann sich aus Symmetriegründen nicht ändern. Die Kraftlinien werden nach wie vor geradlinig und normal von einer Platte zur andern verlaufen. Auf die Grenzfläche α' (Fig. 109) treffen also

$$4\pi\sigma = \varepsilon_0 E_0$$

Kraftlinien normal auf, und in das Innere der eingeführten Schicht treten nach Gleichung (4)

$$\varepsilon E = \varepsilon_0 E_0$$

Kraftlinien ein und bei β' wieder

$$\varepsilon_0 E_0 = \varepsilon E$$

aus.

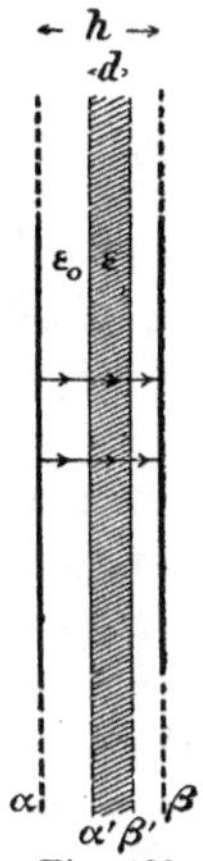

Fig. 109.

Das Feld E_0 in den Zwischenräumen wird also durch die eingeführte Schicht nicht geändert, und das Feld in der eingeführten Schicht ist berechenbar, nämlich

$$E = \frac{\varepsilon_0}{\varepsilon} E_0 = \frac{4\pi\sigma}{\varepsilon}.$$

Die Dichte der Influenzladung auf der Fläche α' wird nach (9)

$$\sigma'_\alpha = -\sigma' = -\frac{\varepsilon - \varepsilon_0}{\varepsilon}\sigma.$$

Analog ergibt sich auf der Fläche β' die Ladung

$$\sigma'_\beta = +\sigma' = +\frac{\varepsilon - \varepsilon_0}{\varepsilon}\sigma.$$

Die Potentialdifferenz der Platten α und β wird

$$\varphi_\alpha - \varphi_\beta = E_0 d_1 + E d + E_0 d_2,$$

wenn wir den Abstand von α und α' mit d_1, den von β und β' mit d_2 bezeichnen. Es ist $d_1 + d_2 = h - d$. Also wird

$$\varphi_\alpha - \varphi_\beta = E_0\left\{(h - d) + \frac{\varepsilon_0}{\varepsilon} d\right\}$$

$$= 4\pi\sigma\left(\frac{h-d}{\varepsilon_0} + \frac{d}{\varepsilon}\right).$$

Wenn wir statt die Schicht ε einzuführen nur auf deren Grenzflächen α', β' die Ladungen

$$-\sigma' = -\frac{\varepsilon - \varepsilon_0}{\varepsilon}\sigma; \quad +\sigma' = +\frac{\varepsilon - \varepsilon_0}{\varepsilon}\sigma$$

anbringen würden, so würden diese wie ein zweiter Plattenkondensator wirken. Es wäre nach § 36, B

$$\varphi_{\alpha'} - \varphi_{\beta'} = -\frac{4\pi\sigma'}{\varepsilon_0} d = -4\pi\frac{\varepsilon - \varepsilon_0}{\varepsilon\varepsilon_0}\sigma d = -4\pi\sigma\frac{d}{\varepsilon_0} + 4\pi\sigma\frac{d}{\varepsilon}.$$

Diese Potentialdifferenz würde sich zu der von den Ladungen $\pm\sigma$ auf α, β allein herrührenden

$$4\pi\frac{\sigma}{\varepsilon_0} h$$

addieren, was aus § 34, (5.) leicht ableitbar, so daß eine Potentialdifferenz

$$\varphi_\alpha - \varphi_\beta = 4\pi\sigma\left(\frac{h}{\varepsilon_0} - \frac{d}{\varepsilon_0} + \frac{d}{\varepsilon}\right)$$

resultieren würde, was mit unserem Resultat übereinstimmt. Hier haben wir also die Identität des Feldes Z und Z' (Nr. 16) bewiesen.

20. Die letzte Gleichung lehrt, daß bei konstant bleibender Oberflächenladung σ durch Einschieben einer Schicht von größerer Dielektrizitätskonstanten, $\varepsilon > \varepsilon_0$, die Potentialdifferenz an den Grenzflächen herabgesetzt wird.

Die Kapazität der Flächeneinheit, die nach der Definition § 36, 5. den Wert

$$C' = \frac{1}{4\pi\left(\frac{h}{\varepsilon_0} - \frac{d}{\varepsilon_0} + \frac{d}{\varepsilon}\right)}$$

besitzt, wird infolgedessen durch Einführung der Zwischenschicht vermehrt. Für den Fall $d = h$ können wir dieses Resultat auch direkt aus § 36, B ablesen.

21. Ist $\varepsilon - \varepsilon_0$ klein gegen ε_0, so kann man allgemein das Zusatzfeld und damit alle Erscheinungen der Influenz aus dem Anfangsfeld A annähernd berechnen. Es folgt nämlich aus (9), daß in diesem

Falle σ' klein wird, und damit auch Z. Es berechnet sich dann dieses σ' aus

$$4\pi\sigma' = -(\varepsilon - \varepsilon_0)(A_{2\nu} + Z_{2\nu})$$

oder, da $(\varepsilon - \varepsilon_0) \cdot Z_{2\nu}$ das Produkt zweier kleinen Faktoren ist,

$$4\pi\sigma' = -(\varepsilon - \varepsilon_0) A_{2\nu}.$$

§ 39. Die Energie des elektrostatischen Feldes.

1. Wenn in einem abgeschlossenen Raumteil τ ein elektrisches Feld existiert, dessen Kraftlinien die Oberfläche des Raumes τ nicht durchsetzen, so heißt dieser Raum τ ein „vollständiges elektrisches Feld“.

Streng genommen erstreckt sich jedes Feld, das nicht von einer leitenden Hülle umschlossen ist (vgl. § 37, 11., V. und Fig. 105), ins Unendliche. Ein solches Feld würde also erst dann vollständig sein, wenn wir die Oberfläche ins Unendliche verlegen. Praktisch aber wird es in vielen Fällen genügen, wenn wir sie hinreichend fern von allen Ladungen annehmen, da dann nur noch Kraftlinien von geringer Gesamtzahl außerhalb der Fläche liegen.

Wir wollen die Energie eines solchen vollständigen Feldes ermitteln, d. h. wir wollen eine Funktion suchen, deren Abnahme bei irgend welcher Veränderung des elektrischen Feldes die damit verbundene Arbeitsleistung der elektrischen Kräfte liefert.

2. Es sei eine Anzahl elektrischer Ladungen $e_1, e_2, \ldots$ im Raume verteilt. Eine von ihnen, e_k, möge sich um eine sehr kleine Strecke verschieben. Sie leistet dabei eine Arbeit, die sich zusammensetzt aus den Arbeiten gegen die Kräfte, die von den einzelnen Ladungen herrühren. Diese Kräfte haben nach dem Coulombschen Gesetze die Werte

$$\frac{1}{\varepsilon}\frac{e_1 e_k}{r_{1k}^2}, \quad \frac{1}{\varepsilon}\frac{e_2 e_k}{r_{2k}^2}, \quad \ldots.$$

Ist die mit der Verschiebung verbundene Zunahme der Radien $\varDelta r_{1k}, \varDelta r_{2k}, \ldots$, so ergibt sich eine Gesamtarbeit

$$A_k = e_k\left(\frac{e_1 \varDelta r_{1k}}{\varepsilon r_{1k}^2} + \frac{e_2 \varDelta r_{2k}}{\varepsilon r_{2k}^2} + \cdots\right),$$

und zwar ist dies eine Arbeit, die die elektrischen Kräfte leisten, wenn wir eine Zunahme $\varDelta r$ als positiv bezeichnen.

Die in der Klammer stehenden Glieder können wir so umformen, wie es in § 34, (1), (2) ausgeführt ist. Dann stellt jedes Glied die Abnahme des Potentials dar, das eine der Elektrizitätsmengen im Punkte k hervorruft, und die Arbeit der elektrischen Kräfte

$$A_k = -e_k(\varDelta\varphi_{1k} + \varDelta\varphi_{2k} + \cdots)$$

wird negativ, wenn wir unter Δ eine Zunahme, unter $-\Delta$ aber eine Abnahme verstehen.

Da e_k konstant ist, können wir setzen

$$A_k = -\Delta(e_k\varphi_{1k} + e_k\varphi_{2k} + \cdots + e_k\varphi_{k-1,k} + e_k\varphi_{k+1,k} + \cdots).$$

Es ist hierin

$$\varphi_{1k} = \frac{e_1}{\varepsilon r_{1k}}.$$

Wie in § 34, 3. können wir zeigen, daß die Gleichung für A_k auch für endliche Verschiebungen richtig bleibt. Es fehlt in dieser Gleichung das Glied $e_k\varphi_{kk}$.

3. Verschiebt sich außerdem eine zweite Elektrizitätsmenge e_i, so verstehen wir unter Δr_{ik} die Längenänderung von r_{ik}, die durch die Verschiebung von e_i und e_k zusammen hervorgebracht wird. Der Arbeitsanteil, der durch die Verschiebung von e_i gegen die von e_k herrührende Kraft geleistet wird, ist dann in A_k schon enthalten. Die Arbeit A_i, die nun hinzukommt, setzt sich also nur aus den Arbeiten zusammen, die gegen die von allen Ladungen außer e_i und e_k herrührenden Kräfte geleistet wird. A_i enthält also analoge Glieder wie A_k, nur fehlt außer dem Gliede $e_i\varphi_{i,i}$ auch das Glied $e_i\varphi_{i,k}$.

Verschiebt sich eine dritte, vierte usf. Elektrizitätsmenge, so wird in jedem weiteren Arbeitsbeitrag ein weiteres Glied fehlen, das im vorhergehenden bereits Berücksichtigung gefunden hat.

4. Bei einer Verschiebung aller elektrischen Ladungen gegeneinander erhalten wir also eine Arbeit:

$$\begin{aligned} A = -\Delta[\quad & 0 + e_1\varphi_{21} + e_1\varphi_{31} + e_1\varphi_{41} + e_1\varphi_{51} + \cdots \\ & (+ e_2\varphi_{12}) + 0 + e_2\varphi_{32} + e_2\varphi_{42} + e_2\varphi_{52} + \cdots \\ & (+ e_3\varphi_{13}) + (e_3\varphi_{23}) + 0 + e_3\varphi_{43} + e_3\varphi_{53} + \cdots \\ & (+ e_4\varphi_{14}) + (e_4\varphi_{24}) + (e_4\varphi_{34}) + 0 + e_4\varphi_{54} + \cdots \\ & + \cdots\cdots\cdots\cdots]. \end{aligned}$$

In Klammern, wie $(+ e_2\varphi_{12})$ sind hier die Glieder dazugeschrieben, die wir nicht mit addieren dürfen. Es ist aber

$$e_2\varphi_{12} = \frac{e_2 e_1}{\varepsilon r_{12}} = e_1\varphi_{21},$$

und so hat ein jedes der eingeklammerten Glieder den gleichen Wert wie eines der nicht eingeklammerten, und wir erhalten ein richtiges Resultat, wenn wir über die eingeklammerten Glieder mit summieren und dann durch 2 dividieren. Dann wird:

$$
\begin{aligned}
A = -\varDelta\tfrac{1}{2}[e_1(\ 0 &+ \varphi_{21} + \varphi_{31} + \varphi_{41} + \cdots) \\
+ e_2(\varphi_{12} &+\ 0 + \varphi_{32} + \varphi_{42} + \cdots) \\
+ e_3(\varphi_{13} &+ \varphi_{23} +\ 0 + \varphi_{43} + \cdots) \\
+ &\cdot \cdot \cdot \cdot \cdot \cdot \cdot \cdot \cdot \cdot \cdot],
\end{aligned} \tag{1}
$$

$$A = -\varDelta\tfrac{1}{2}\sum e_k\varphi_k, \tag{2}$$

worin

$$\varphi_k = \varphi_{1k} + \varphi_{2k} + \cdots + \varphi_{k-1,k} + \varphi_{k+1,k} + \cdots$$

das Potential aller Ladungen außer der Ladung e_k im Punkte k bedeutet. In den Klammerausdrücken der Gleichung (1) sind die „Potentiale der Ladungen auf sich selbst“ auszulassen.

5. Diese Arbeit entspricht einer Abnahme der elektrischen Energie, da sie von den elektrischen Kräften geleistet wird. Setzen wir

$$W = \tfrac{1}{2}\sum e_k\varphi_k, \tag{3}$$

so ist W eine Funktion, deren Abnahme die von den elektrischen Kräften bei beliebigen Verschiebungen der Ladungen geleistete Arbeit darstellt.

Die Gleichung (2) trägt allen durch Verschiebung von Ladungen verursachten Veränderungen Rechnung, also auch dem Verschwinden von Ladungen, soweit dies durch Verschiebung ins Unendliche oder durch das Zusammentreten zweier entgegengesetzt gleicher Ladungen erfolgt. Sie trägt der Verschiebung eines nichtgeladenen Dielektrikums auch Rechnung, wenn wir die induzierten Ladungen einführen, vorausgesetzt, daß diese bei der Verschiebung konstant bleiben. Ob sie es aber auch tut, wenn wir diese induzierten Ladungen, die ja nur fingiert sind, nicht einführen, dafür aber die veränderte Dielektrizitätskonstante berücksichtigen, werden wir später erkennen.

6. Die Gleichung (3) lehrt, daß die Energie eines vollständigen Feldes eine eindeutige Funktion der Ladungsverteilung, also nicht von der Art der Erzeugung dieser Verteilung abhängig ist; und das gilt, wie wir auch über die in § 34, 6. angeführte willkürliche Konstante φ_0 des Potentials verfügen.

Haben wir einen beliebigen Wert φ_0 für diese Konstante festgelegt, so können wir das Potential in der Form

$$\varphi = \varphi_0 + \varphi'$$

schreiben, und φ_0 ist im ganzen Raume konstant, während φ' das im Raume variable Potential etwa in der Definition § 34, 4., (1) bedeutet. Dann wird aus Gleichung (3)

$$W = \tfrac{1}{2}\sum e_k\varphi_k = \tfrac{1}{2}\varphi_0\sum e_k + \tfrac{1}{2}\sum e_k\varphi_k',$$

und in einem vollständigen Felde ist, da keine Kraftlinien die umschließende Oberfläche durchsetzen, nach § 38, (1)

$$\sum e_k = 0,$$

also

$$W = \tfrac{1}{2}\sum e_k \varphi_k = \tfrac{1}{2}\sum e_k \varphi_k{}',$$

das heißt von φ_0 unabhängig.

7. Die Energie, die wir einem endlichen Stück eines unendlich großen ebenen Plattenkondensators zuzuschreiben haben, können wir direkt aus der Feldintensität, die die eine der Platten am Orte der anderen erzeugt, berechnen.

Ist nur eine der beiden Platten, etwa α, mit ihrer Ladung σ vorhanden, so sendet sie nach § 36, 2. in den umgebenden Raum geradlinige Kraftlinien von der konstanten Dichte

$$\varepsilon E_1 = \frac{4\pi\sigma}{2}$$

aus, erzeugt also ein „homogenes" Feld von der Intensität

$$E_1 = \frac{4\pi\sigma}{2\varepsilon},$$

wenn ε die Dielektrizitätskonstante in dem umgebenden Medium bedeutet (Fig. 110).

Die Feldintensität ist nach § 31, 1. die Kraft auf die unendlich kleine Ladungseinheit. Auf die Ladung, die ein Element $\varDelta q$ der Platte β trägt, und die gleich $-\sigma\varDelta q$ ist, würde die Platte α also in positiver Richtung der Kraftlinien die Kraft

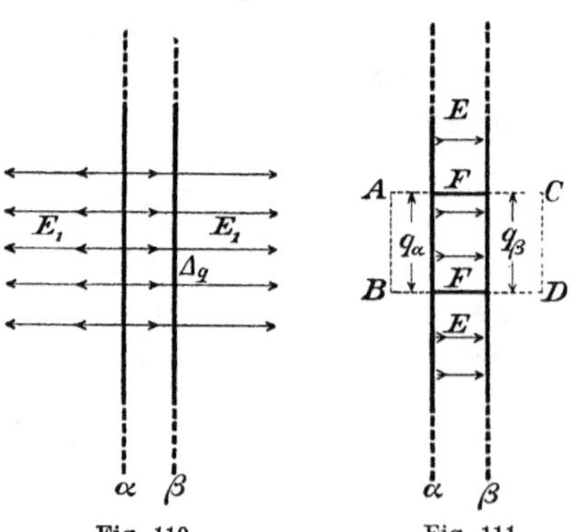

Fig. 110. Fig. 111.

$$-E_1\sigma\varDelta q = \frac{-4\pi\sigma^2\varDelta q}{2\varepsilon}$$

ausüben. Der absolute Betrag dieser Kraft sucht also das Element $\varDelta q$ der Platte α zu nähern.

Dieselbe Kraft wird aber auf jedes Flächenelement $\varDelta q$ der Fläche β ausgeübt. Grenzen wir nun auf der Fläche α ein beliebiges endliches Flächenstück q_α ab (Fig. 111) und errichten auf dessen Umrandung eine Zylinderfläche F normal zur Ebene α, so wird diese auf der Fläche β ein kongruentes Flächenstück $q_\beta = q_\alpha = q$ herausschneiden. Die Kraft, die auf das endliche Stück q_β ausgeübt wird, setzt sich additiv aus den Kräften auf die einzelnen Elemente Δq von q_β zusammen und ist demnach ihrem absoluten Werte nach

$$K = \frac{4\pi\sigma^2 q}{2\varepsilon}.$$

8. Bezeichnen wir die Feldintensität, die wirklich im Kondensator herrscht, die also von den Ladungen auf α und auf β herrührt und die nur zwischen den Platten existiert, mit E, so ist nach § 36, 4.

$$\varepsilon E = 4\pi\sigma,$$

es wird

$$K = \frac{1}{8\pi}\varepsilon E^2 q,$$

und diese Kraft K sucht den Abstand der beiden Platten zu verkleinern.

Vergrößern wir die Zylinderfläche F über die Flächen α, β hinaus, und begrenzen diese Vergrößerungen durch beliebige Basisflächen AB und CD (in der Figur 111 sind die Vergrößerungen punktiert gezeichnet), so bildet der innerhalb dieser vergrößerten Zylinderfläche gelegene Raum ein vollständiges Feld; denn da die Kraftlinien des Kondensators der Zylinderwandung F parallel laufen, treten durch die Oberfläche dieses Raumes nirgends Kraftlinien hindurch.

Führen wir nun eine Verkleinerung des Abstandes zwischen den ganzen Platten α und β um ein endliches Stück d unter Konstanthaltung der Ladungen aus, so bleibt nach § 36, 4. das Feld konstant, da $E = 4\pi\sigma/\varepsilon$ unabhängig vom Plattenabstande ist, und die Kraft K leistet uns eine Arbeit

$$A = \frac{1}{8\pi}\varepsilon E^2 q d = -\Delta W_q,$$

wenn wir unter $-\Delta W_q$ die Abnahme der elektrischen Energie bei dieser Verschiebung verstehen. Es ist hierbei Verschiebung der ganzen Platte β vorausgesetzt, so daß $-\Delta W_q$ nur den Anteil der gesamten Energieabnahme bedeutet, der dem aus q_α und q_β gebildeten Kondensatorstück zukommt. Jedes analog konstruierte Kondensatorstück wird die analoge Energieabnahme erleiden.

Statt der Verschiebung der Platte β hätten wir auch eine Verschiebung von α, oder auch eine Verschiebung beider Platten ausführen können. Das Resultat bleibt das gleiche, wenn wir nur unter d die Abnahme des Plattenabstandes verstehen.

9. Die Arbeit, die im Maximum von den elektrischen Kräften in dem Kondensatorstück geleistet werden kann, ist

$$W_q = \frac{1}{8\pi}\varepsilon E^2 q h,$$

wenn wir unter h den Plattenabstand in der Ausgangsstellung verstehen; denn sobald eine solche Verschiebung $d = h$ ausgeführt ist, ist überhaupt kein elektrisches Feld mehr vorhanden und jede weitere Verschiebung würde einen Arbeitsaufwand von außen verlangen. Es berühren sich jetzt die Platten α und β, also auch ihre Ladungen $+\sigma$ und $-\sigma$.

Umgekehrt müssen wir, um den Plattenabstand h wieder herzustellen, die Arbeit

$$W_q = \frac{1}{8\pi}\,\varepsilon E^2 q h \tag{4}$$

für jedes Kondensatorstück von der Flächengröße q aufwenden und W_q ist demnach die dem Kondensatorstück zukommende Energie. $qh = \tau$ ist das zwischen q_α und q_β gelegene Raumstück, so daß

$$W_q = \frac{1}{8\pi}\,\varepsilon E^2 \tau \tag{5}$$

wird.

10. Die Gleichungen (4), (5) entsprechen in der Tat der Gleichung (3); denn es ist nach § 36, Gleichung (3)

$$Eh = \varphi_\alpha - \varphi_\beta,$$

und

$$\varepsilon E q = 4\pi\sigma q = 4\pi e_\alpha = -4\pi\, e_\beta,$$

wenn wir unter e_α und e_β die auf q_α und q_β befindlichen Ladungen verstehen. Demnach folgt als Energie des Kondensatorstückes zwischen q_α und q_β

$$W_q = \tfrac{1}{2} e_\alpha(\varphi_\alpha - \varphi_\beta) = \tfrac{1}{2} e_\alpha \varphi_\alpha + \tfrac{1}{2} e_\beta \varphi_\beta,$$

oder

$$W_q = \tfrac{1}{2} \sum e\varphi\,. \tag{6}$$

Es ist hier aber φ das Potential, wie es wirklich am Orte der Ladung e herrscht, also ohne Auslassung des Potentials von Ladungen auf sich selbst (Nr. 4). Das erklärt sich dadurch, daß bei einer Flächenladung der einem Punkte zukommende Anteil der Ladung unendlich klein wird, und damit auch, trotz des zu Null werdenden Abstandes r im Nenner der Potentialfunktion, das Potential auf sich selbst.

Der Ausdruck (6) unterscheidet sich also von (3) nur um unendlich kleine Glieder, wofür wir einen strengen Beweis hier nicht bringen können.

11. Die Gleichung (3) gibt uns den Energieinhalt des vollständigen Feldes. Es liegt aber nahe, anzunehmen, daß jedem Raumteile, in dem ein Feld existiert, ob es Ladungen enthält oder nicht, auch eine elektrische Energie zugesprochen werden darf. Um hierüber zu entscheiden, denken wir uns eine Kraftröhre R von so kleinem

Querschnitt q (Fig. 112), daß wir über den Querschnitt die Kraftlinien als parallel ansehen dürfen. Wir zeichnen sie in ihrer ganzen Ausdehnung von der Stelle a an, wo sie an positiven Ladungen entspringt, bis zu der Stelle b, wo sie an negativen endet. Unterwegs mag sie beliebig durch ungeladene Grenzen γ verschiedener Medien hindurchgehen.

An zwei benachbarten Stellen legen wir Querschnitte α, β durch die Kraftröhre. Der Abstand h der beiden sei als unendlich klein gegen die Querschnittdimensionen anzusehen. N sei die Kraftliniendichte. Dann ist

$$Nq = \varepsilon E q$$

die Kraftlinienzahl in der Kraftröhre.

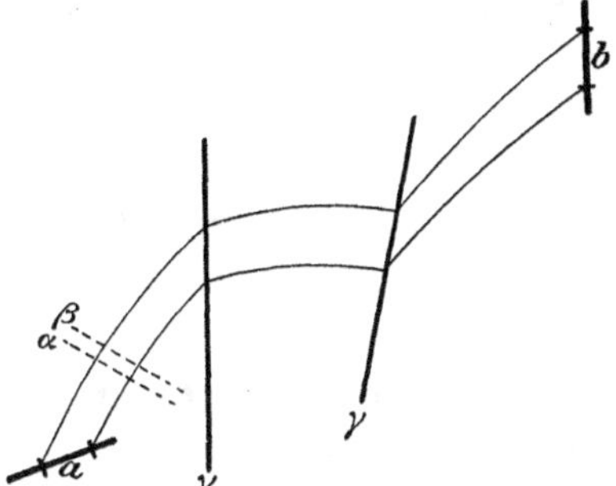

Fig. 112.

12. Besitzt der kleine Raum τ der Kraftröhre zwischen α und β eine eigene Energie, so müßte die Energie W des ganzen Feldes um einen kleinen Teil W_τ abnehmen, wenn wir die Kraftlinien in diesem Raume auslöschen könnten. Dann würden bei α die Kraftlinien enden und bei β wieder einsetzen.

Das alte Feld könnten wir wieder herstellen, wenn wir die Flächen α, β wie einen Plattenkondensator mit Ladungen σ, $-\sigma$ versehen würden, die so beschaffen sind, daß sie das ursprüngliche Feld E in τ erzeugen, d. h. wir müßten dem Raume τ die Energie (Gleichung (5)) $\frac{1}{8\pi}\varepsilon E^2 \tau$ liefern.

Daraus folgern wir: Das Kraftlinienstück zwischen α und β besitzt die Energie

$$W_\tau = \frac{1}{8\pi}\varepsilon E^2 \tau .$$

13. Das gilt zunächst für einen durch zwei Kraftröhrenquerschnitte α, β begrenzten Raum τ. Es gilt aber allgemein für jedes Raumelement $\Delta\tau$, das so klein ist, daß wir E und ε als konstant in ihm ansehen können, denn jeden solchen Raum können wir durch Schichten in Räume von den Eigenschaften von τ zerlegen.

Für einen beliebigen endlichen Raum wird demnach der Energieinhalt

$$W = \frac{1}{8\pi}\sum \varepsilon E^2 \Delta\tau , \tag{7}$$

und wenn wir diese Gleichung auf die ganze Kraftröhre anwenden, so folgt:

$$W_R = \frac{1}{8\pi}\sum \varepsilon E q \cdot E h .$$

$\varepsilon E q = N$ ist in der ganzen Röhre konstant, auch an Grenzflächen γ, (§ 38, 9), also ist

$$W_R = \frac{1}{8\pi} N \sum Eh,$$

und $\sum Eh$ ist, über die ganze Länge der Kraftröhre erstreckt, die Potentialdifferenz an den Enden derselben (§ 38, Gl. (2a)).

$+ N/4\pi$ ist der Teil der elektrischen Ladung bei a, der die Kraftlinien der Röhre erzeugt, $- N/4\pi$ das Gleiche bei b. Wir setzen

$$+N = 4\pi e_a, \quad -N = 4\pi e_b,$$

und es wird

$$W_R = \tfrac{1}{2}(e_a \varphi_a + e_b \varphi_b).$$

14. Führen wir dies für alle Kraftröhren des ganzen Raumes aus, so ergibt sich

$$W = \tfrac{1}{2} \sum e\varphi,$$

also wieder die Gleichung (3), mit dem einzigen Unterschiede, daß die die Potentiale auf sich selbst enthaltenden Glieder nicht fehlen (vgl. Nr. 10).

Wir haben hier gleichzeitig erkannt, daß uns die Gleichung (3) dieses Paragraphen die gesamte Energie liefert, auch wenn wir die Influenzladungen an den Grenzen verschiedener Medien nicht mit einführen, wenn die e nur die „wahren" Ladungen bedeuten. Denn in der Ableitung Nr. 11 u. f. haben wir die Influenzladungen nicht eingeführt, wohl aber durch die Dielektrizitätskonstante ε auf Inhomogenitäten Rücksicht genommen.

§ 40. Elektrische Ströme.

1. Wenn wir einen Leiter in ein elektrisches Feld einführen, wird eine Trennung der Elektrizitäten so lange eintreten, bis das Feld im Innern kompensiert ist. Bis das erreicht ist, findet eine „Strömung" statt, indem positive elektrische Ladungen in der Richtung der Kraftlinien, negative entgegengesetzt dieser Richtung zu fließen beginnen. Das folgt, wenn wir die Annahme machen, wie in § 37, daß die Elektrizität nach allen Richtungen hin gleichmäßig beweglich ist.

2. Man kennt nun zwei Fälle der Beweglichkeit. Entweder die Ladungen sind „frei" beweglich, wie ein Körper im luftleeren Raume, d. h. ohne Reibung. Dann wird die Bewegung beschleunigt sein und die Beschleunigung der Kraft proportional. Oder es treten Reibungskräfte auf, Kräfte, die erst mit der Bewegung einsetzen und ihr nach einer gewissen Zeit τ eine konstante Geschwindigkeit verleihen (vgl. § 21 der Dynamik).

Die letztere Bewegungsart entspricht bei den elektrischen Strömungen der Erfahrung. Im folgenden betrachten wir Zeitpunkte nach Überschreitung der Zeit τ (§ 21), indem wir einmal voraussetzen, daß diese Überschreitung überhaupt vorkommt.

Die Elektrizitätsmengen folgen also, so weit der Leiter reicht, den elektrischen Kraftlinien mit einer Geschwindigkeit, die der Kraft proportional ist.

3. Wir denken uns ein kurzes Stück einer Kraftröhre. Die Dimensionen dieses Stückes sollen so klein sein, daß die in einem Moment im Innern des Stückes während der Strömung vorhandene Ladung e als gleichförmig über das ganze Stück verteilt angesehen werden darf. l sei die Länge des Kraftröhrenstückes, q der Querschnitt, der ebenfalls als konstant über das ganze Stück angesehen werden möge. Ist ϱ_1 die Dichte der positiven Elektrizität, so ist

$$e_1 = \varrho_1 q l$$

die in dem Röhrenstück enthaltene positive Ladung.

Infolge der Verschiebung der Ladung längs der Kraftlinien wird durch einen Querschnitt der Kraftröhre die Ladung e_1 in einer gewissen Zeit dt hindurchtreten. Wenn v_1 die Bewegungsgeschwindigkeit von e_1 und dt die Zeit ist, die e_1 zum Durchwandern der Strecke l braucht, so ist

$$v_1 = \frac{l}{dt}$$

und

$$e_1 = \varrho_1 q v_1 dt.$$

Durch die unendlich kleine Querschnittseinheit von q strömt also in der unendlich kleinen Zeiteinheit eine positive Elektrizitätsmenge in der Richtung der Kraftlinien vom Betrage

$$i_1 = \varrho_1 v_1.$$

Findet gleichzeitig eine Strömung einer negativen Ladung $-\varrho_2$ statt, so tritt durch dieselbe Querschnittseinheit eine negative Ladung mit einer Geschwindigkeit v_2 gegen die Kraftlinien wandernd, d. h. also mit einer Geschwindigkeit $-v_2$ in Richtung der Kraftlinien wandernd hindurch. In gleichem Sinne wie i_1 fließt also auch eine Strömung

$$\begin{aligned} i_2 &= (-\varrho_2)(-v_2) \\ &= \varrho_2 v_2. \end{aligned}$$

Der gegen die Kraftlinienrichtung fließende Strom negativer Elektrizität ist äquivalent mit einem in der Kraftlinienrichtung fließenden Strom positiver Elektrizität von gleichem Betrage.

4. Die Gesamtheit der in der Richtung von E durch eine zu E senkrechte Querschnittseinheit in der Zeiteinheit hindurchtretenden Ladungen ist also

$$i = i_1 + i_2,$$

und da v_1 und v_2 mit E proportional sind (§ 21, (2)),

$$i = \lambda E. \tag{1}$$

Wähernd der Strömung wird sich das elektrische Feld ändern. Man betrachtet also den Vorgang nur während einer unendlich kleinen Zeit dt. i ist ein Vektor wie E.

5. i heißt die „Stromdichte“ der elektrischen Strömung, λ die „Leitfähigkeit“ des betreffenden Leiters. Dieses λ enthält einen der reziproken „Reibungskonstante“ (§ 21, 3.) analogen Faktor und außerdem die für die Strömung zur Verfügung stehenden elektrischen Ladungen, die absoluten Werte von ϱ. Über diese beiden Faktoren, oder vielmehr gleich über den Wert λ, hat das Experiment zu entscheiden, und dieses ergibt:

λ ist eine Konstante des Materials.

Mit gewissen physikalischen Eigenschaften des Leiters, z. B. mit der Temperatur, ändert sich die Leitfähigkeit.

6. Da die Bewegung der Ladung nach § 37, 4. derart erfolgt, daß das Feld herabgesetzt wird, so ist damit eine Energieverminderung am Orte der Strömung verbunden. Wir denken uns, wie in § 39, 11., in die Kraftröhre hinein zwei unendlich benachbarte Schnitte im Abstand h gelegt. Das Feld zwischen diesen ist das eines Plattenkondensators. Die Energie in dem Zwischenraume ist

$$\frac{1}{8\pi} \varepsilon E^2 q h.$$

Wir fassen einen so kurzen Zeitabschnitt dt der Strömung ins Auge, daß E innerhalb dt nur um den unmerklichen Betrag $d'E$ abnimmt. Die Energie nach der Zeit dt wird sein

$$\frac{1}{8\pi} \varepsilon (E - d'E)^2 q h.$$

Die Energie hat somit um

$$d'W = \frac{\varepsilon}{4\pi} E \cdot d'E \cdot q h$$

oder

$$d'W = E h \, d'\left(\frac{\varepsilon}{4\pi} E q\right)$$

abgenommen, wenn wir quadratische Glieder von $d'E$ vernachlässigen. $d'E$ war die Abnahme von E; $\varepsilon q \, d'E = d'(\varepsilon E q)$ ist danach die Abnahme der Kraftlinienzahl im Plattenkondensator. Geht von der Platte α (Fig. 112, Seite 237) eine positive Ladung e nach β über (oder eine negative $-e$ von β nach α, was aufs gleiche hinauskommt), so wird $e = \sigma q$ und (§ 36, 4)

$$e = d\left(\frac{\varepsilon}{4\pi} Eq\right) = iq\,dt$$

die gesamte in den Kondensator in der Zeit dt von α nach β übergeströmte Ladung sein und

$$d'W = iEqh\,dt$$

wird der Energieverbrauch im Plattenkondensator. Daraus folgt:

Wenn an einem Orte eines Leiters eine Stromdichte i herrscht, so verliert an diesem Orte ein Volumenelement $\Delta\tau$ in der unendlich kleinen Zeiteinheit die elektrische Energie

$$Q = iE\Delta\tau, \tag{2}$$

und diese Gleichung gilt für ein beliebiges Raumelement $\Delta\tau$, das so klein ist, daß wir i und E in ihm als konstant annehmen dürfen, da wir ein solches durch parallele Schnitte normal zu den Kraftlinien in Schichten von der Form eines Plattenkondensators zerlegt denken können.

Für ein unendlich kurzes Kraftröhrenstück, das von zwei zu den Kraftlinien normalen Querschnitten q begrenzt ist, wird

$$\Delta\tau = qd,$$

wenn d den Abstand der beiden Normalflächen bedeutet. Dadurch wird

$$Q = iqEd$$

oder (§ 34, 7.)

$$Q = iq\Delta\varphi. \tag{2'}$$

Hierin ist $\Delta\varphi$ die positiv zu rechnende Potentialdifferenz der beiden Grenzflächen.

7. Diese Energie muß sich nach dem Energieprinzip als anderweitige Energie wiederfinden, im allgemeinen als Wärme. Setzen wir nach Gleichung (1) $E = i/\lambda$, so wird

$$Q = \frac{i^2}{\lambda}\Delta\tau \tag{3}$$

die auftretende Wärme, die den Namen „Joulesche[1]) Wärme" führt. Sie ist dem Quadrat der Stromdichte proportional.

8. Es sei ein Kraftröhrenstück von endlichen Dimensionen ge-

---

1) Über Joule vergleiche Anm. 1, Seite 151.

geben (Fig. 113). Die Endflächen 1, 2 mögen so gelegt sein, daß sie die Kraftlinien überall normal durchschneiden; dann sind sie Niveauflächen. An einer beliebigen Stelle legen wir einen eben solchen Querschnitt q normal zu den Kraftlinien und diesen zerlegen wir in Elemente dq, die wir als Querschnitte von Elementarkraftröhren auffassen wollen. $l = \Sigma \Delta l$ sei die Länge einer solchen Elementarkraftröhre.

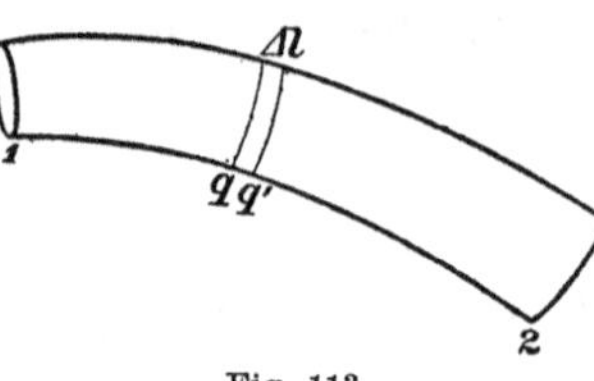

Fig. 113.

Durch den ganzen Querschnitt q fließt in der Zeiteinheit die Elektrizitätsmenge

$$J = \sum_q i\, dq = \sum_q \lambda E\, dq = \int_q \lambda E\, dq.$$

J heißt die „Stromstärke" oder der elektrische „Strom". In unendlich kleinem Abstand von q ziehen wir durch die Kraftröhre einen zweiten Querschnitt q' normal zu den Kraftlinien. Es wird, wenn Δl der im allgemeinen variable Abstand zwischen q und q',

$$J = \int_q \frac{\lambda E \Delta l\, dq}{\Delta l},$$

und $E \Delta l$ ist über den ganzen Querschnitt q konstant, nämlich gleich der Potentialdifferenz an den beiden Querschnitten q, q':

$$E \Delta l = \varphi(q) - \varphi(q') = \Delta \varphi;$$

also wird

$$J = \Delta \varphi \int_q \frac{\lambda\, dq}{\Delta l}.$$

Der Ausdruck

$$w_1 = \frac{1}{\int_q \frac{\lambda\, dq}{\Delta l}}$$

heißt der „elektrische Widerstand" des zwischen q und q' gelegenen Raumes. Er ist von der Richtung der Kraftlinien abhängig, da die Lage und Krümmung von q und q' und damit Δl von dieser Richtung abhängt.

Es wird jetzt

$$J = \frac{\Delta \varphi}{w_1}.$$

9. Zerlegen wir das ganze Kraftröhrenstück in lauter Schichten durch Querschnitte von der Art q, q', so folgt, wenn die Indizes sich auf die einzelnen Schichten beziehen,

$$J_1 w_1 + J_2 w_2 + J_3 w_3 + \cdots = \sum E \Delta l = \sum \Delta \varphi.$$

Wenn $\varphi', \varphi'', \ldots, \varphi^{(\nu)}$ die Potentiale an den einzelnen aufeinander folgenden Querschnitten, φ_1, φ_2 die Potentiale an den Endflächen 1, 2 bedeuten, wird

$$\sum \varDelta\varphi = (\varphi^{(\nu)} - \varphi_2) + (\varphi^{(\nu-1)} - \varphi^{(\nu)}) + \cdots + (\varphi' - \varphi'') + (\varphi_1 - \varphi') = \varphi_1 - \varphi_2,$$

und es wird

$$J_1 w_1 + J_2 w_2 + J_3 w_3 + \cdots = \sum E \varDelta l = \varphi_1 - \varphi_2.$$

Ist $J = J_1 = J_2 = \cdots$ im ganzen Kraftröhrenstück konstant (Bedingung A der stationären und quasistationären Strömung[1])), was, wie wir sehen werden, ein besonders wichtiger Fall der Strömung ist, dann folgt

$$J = \frac{\Sigma E \varDelta l}{w} = \frac{\varphi_1 - \varphi_2}{w}, \tag{4}$$

wo

$$w = \sum w_n = \sum_l \frac{1}{\int\limits_q \frac{\lambda\, dq}{\varDelta l}} \tag{5}$$

der „elektrische Widerstand“ der ganzen Kraftröhre heißt. w ist wieder im allgemeinen von der Richtung der Kraftlinien abhängig, weil es die einzelnen w_n sind.

w ist also eine durch die geometrischen Anordnungen der Kraftröhre und die Leitfähigkeit bedingte Größe.

10. Die Gleichung (5) nimmt in speziellen Fällen einfache Formen an.

a) Ist die Kraftröhre eine Elementarkraftröhre, d. h. von unendlich kleinem Querschnitt $\varDelta q$, so wird $\int\limits_q \frac{\lambda\, dq}{\varDelta l}$ einfach durch $\frac{\lambda \varDelta q}{\varDelta l}$ zu ersetzen sein, und es folgt

$$w = \sum_l \frac{\varDelta l}{\lambda \varDelta q} = \int\limits_l \frac{dl}{\lambda \varDelta q}. \tag{5a}$$

b) Für ein zylindrisches, axial, also parallel von Kraftlinien durchsetztes Stück eines homogenen Körpers werden die Querschnitte q, q' alle einander parallel, daher $\varDelta l$ über jede aus zwei benachbarten Querschnitten gebildete Schicht konstant, also aus der Summe $\int\limits_q$ heraus gesetzt werden dürfen. Ebenso ist λ konstant und es wird

$$w = \sum_l \frac{1}{\frac{\lambda}{\varDelta l} \int dq} = \sum_l \frac{\varDelta l}{\lambda q} = \int\limits_l \frac{dl}{\lambda q},$$

1) Quasistationär heißt ein Strom, dessen Stärke sich zwar zeitlich ändert, der aber immer in denselben Kraftröhren fließt und hier in jedem Moment in allen Querschnitten gleiche Stärke zeigt. Stationär heißt er, wenn auch noch zeitliche Konstanz hinzutritt.

wenn q der Querschnitt des Zylinders ist. Da nun wieder λ und q von l unabhängig sind, folgt weiter

(5b) $$w = \frac{l}{\lambda q}.$$

c) Zerlegen wir eine Kraftröhre durch beliebige Niveauflächen in Teilstücke, deren Widerstände wir mit w_n bezeichnen, so folgt aus (5) als Gesamtwiderstand

(5c) $$w = \sum w_n.$$

Die Widerstände „hintereinander geschalteter" Kraftröhrenstücke addieren sich.

d) Betrachten wir eine Anzahl nebeneinander verlaufender Kraftröhrenstücke, die von den gleichen Niveauflächen 1, 2 begrenzt sind, und in denen je über die ganzen Längen konstante Ströme J', J'', ..., $J^{(n)}$ fließen, so wird die Summe der Ströme

$$\begin{aligned} J &= J' + J'' + \cdots + J^{(n)} \\ &= (\varphi_1 - \varphi_2)\left(\frac{1}{w'} + \frac{1}{w''} + \cdots + \frac{1}{w^{(n)}}\right) \\ &= \frac{\varphi_1 - \varphi_2}{w}, \end{aligned}$$

wenn w den gesamten Widerstand, $w^{(n)}$ die Widerstände der einzelnen Kraftröhrenstücke bedeuten. Also

(5d) $$\frac{1}{w} = \sum \frac{1}{w^{(n)}}.$$

Der reziproke Widerstand „parallel geschalteter" Kraftlinienstücke berechnet sich als die Summe der reziproken Widerstände der einzelnen Kraftlinienstücke.

Das gilt auch, wenn wir Kraftröhenstücke wählen, die nicht aneinander anliegen, wenn nur die Enden derselben identische Niveauflächen sind.

11. Die Energieabgabe des zwischen q und q' gelegenen durchströmten Raumes (Fig. 113) ist nach Gleichung (2)

$$\sum_q i\,\Delta q \cdot E\,\Delta l = \int_q i\,dq\,E\,\Delta l,$$

oder, da $E\,\Delta l = \Delta\varphi$ über den Querschnitt konstant ist,

$$\Delta\varphi \int_q i\,dq = J\,\Delta\varphi,$$

und demnach die Energieabgabe (Joulesche Wärme) des ganzen Kraftröhrenstückes, wenn J örtlich konstant ist,

(6) $$Q = J(\varphi_1 - \varphi_2)$$

und nach Gleichung (4)

(6') $$Q = J^2 w.$$

12. Es sei ein leitender Körper, ungefähr von der Gestalt der Figur 114, gegeben. Wir führen einem Flächenstück a eine positive Ladung $+e$ und einem Flächenstück b die gleiche negative Ladung $-e$ zu. Es wird ein elektrisches Feld entstehen, das zum Teil im Innern des Leiters verläuft, dessen Kraftlinien aber zunächst auch die Oberfläche desselben, z. B. bei c, durchsetzen.

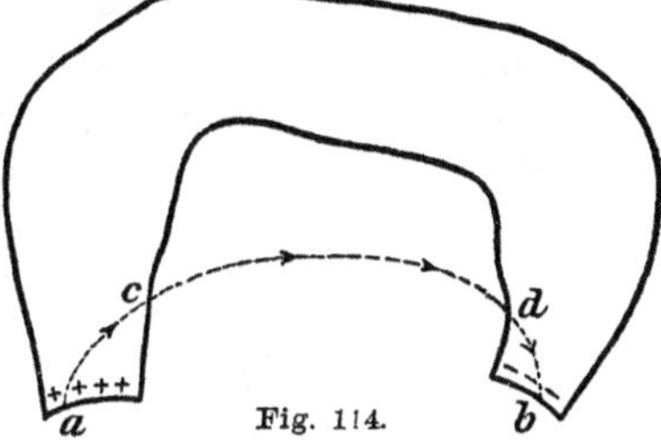

Fig. 114.

Es tritt im Innern eine Trennung der Ladungen ein, die den Erfolg haben wird, daß die Ladungen bei a und b schließlich kompensiert sind und das kommt aufs gleiche hinaus, als ob die Ladung $+e$ von a nach b hinüber geflossen ist, oder die Ladung $-e$ von b nach a, oder beides teilweise.

Wir machen jetzt die Voraussetzung, es sei gelungen, die Ladungen bei a und b immer wieder zu ergänzen, so daß zwischen a und b eine konstante Potentialdifferenz erhalten bleibt. Wie das möglich ist, werden wir später sehen.

Der Fluß der Ladungen muß, wie wir gesehen haben, den Kraftlinien folgen; es wird also eine Verschiebung der Elektrizität von a längs der Kraftlinie $acdb$ erfolgen. Diese Verschiebung kann nur bis c gehen, da hier die Leitfähigkeit aufhört. Hier sammelt sich also positive Ladung an und diese erzeugt eine Normalkomponente eines Feldes ins Innere hinein, die im Innern entgegengesetzt der Normalkomponente der ursprünglichen Kraftlinie $acdb$ gerichtet ist. Die Ladung bei c wird so lange wachsen, bis diese Normalkomponente gerade kompensiert ist, bis also die ursprüngliche Kraftlinie in eine zur Oberfläche parallele verwandelt ist. Dasselbe findet mit negativer Ladung bei d statt, und ähnliches an allen Punkten, wo ursprüngliche Kraftlinien die Oberfläche durchsetzen.

Der erste Anteil der Strömung wird also den Erfolg haben, den ganzen Körper oberflächlich so zu laden, daß alle von a aus ins Innere eintretenden Kraftlinien auch ganz im Innern verlaufen.[1]

Erfahrungsgemäß wird schon nach unmeßbar kurzer Zeit τ' die Oberflächenladung nur noch unmerklich wenig von ihrem definitiven Werte abweichen, wenn die Leiter die in Laboratorien gebräuchlichen Dimensionen nicht überschreiten. Wir können nach Ablauf dieser Zeit τ'

1) Dieser erste Anteil der Strömung ist es, der die Telegraphie auf große Entfernung durch Kabel, z. B. über Meere, so sehr erschwert, die Telephonie unmöglich macht. Da ein Kabel mit Rücksicht auf seine isolierende Umhüllung und das umgebende leitende Erdreich oder Meerwasser als ein Zylinder-

die Kraftlinien und Kraftröhren im Innern des Leiters als Stromlinien und Stromröhren bezeichnen, indem wir quantitativ definieren:

Die Anzahl der den Querschnitt 1 durchsetzenden Stromlinien ist gleich der Stromdichte.

13. Im Außenraume wird die Normalkomponente der Kraftlinien *acdb* bei *c* von der Oberflächenladung nicht kompensiert, da beide gleichgerichtet sind. Es wird vielmehr ein nicht näher zu bestimmendes Feld gebildet, das sich aus dem ursprünglichen und dem der Oberflächenladungen zusammensetzt (Fig. 115).

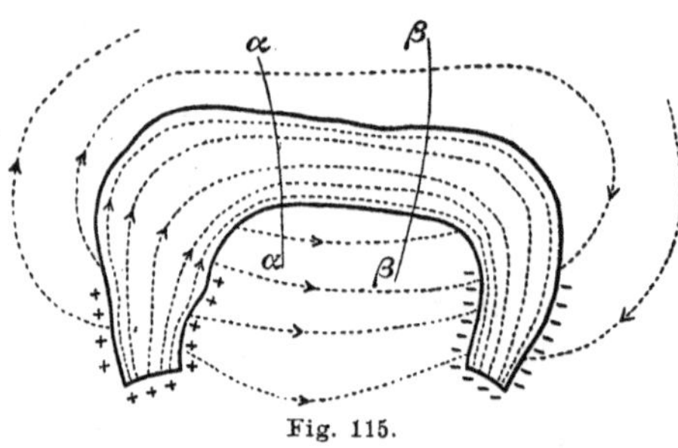

Fig. 115.

Die Strömung kann jetzt ungestört von *a* durch das Innere längs der neuen Kraftlinien bis *b* erfolgen.

Wenn wir nun die Ladungen bei *a* und *b* dauernd erneuern und dadurch *a* und *b* auf konstanter Potentialdifferenz erhalten, so wird jetzt ein zeitlich konstanter Strom eine „stationäre Strömung" (Bedingung B der stationären Strömung) den Körper durchfließen. Das Feld im ganzen Raume, also auch im Innern, bleibt konstant. Daraus folgt, daß die Bedingung A (Nr. 9), daß J längs einer Kraftröhre konstant ist, für die Kraftröhre, die unseren ganzen Körper durchsetzt, erfüllt sein muß. Denn wenn z. B. bei α (Fig. 115) J größer wäre als bei β, so würde das aussagen, daß durch einen Querschnitt bei α mehr Elektrizität hindurchtritt als bei β; und das würde ein dauerndes Anwachsen der Ladung zwischen α und β bedeuten. Damit wäre aber eine Feldänderung verbunden. Die Bedingung B der stationären Strömung schließt also die Bedingung A in sich, nicht aber umgekehrt.

Dies läßt sich leicht auf jede beliebige Kraftröhre verallgemeinern, da aus einer Kraftröhre heraus keine Ladung treten kann.

14. Stationäre Ströme. Ein Apparat, der die an *a* und *b* zu liefernden Ladungen dauernd erzeugen kann, ist die Elektrisiermaschine oder die Influenzmaschine. Sie können sehr hohe Felder im Dielektrikum erzeugen, aber sie erzeugen die dazu erforderlichen Ladungen nicht so rasch, daß sie bei der Geschwindigkeit, mit der sie durch den leitenden Körper von *a* nach *b* abfließen, zu großen Werten anwachsen können. Sie arbeiten zu langsam, um eine nennens-

kondensator aufgefaßt werden kann, so erfordert dessen Kapazität (§ 36, 14.) eine viel größere Oberflächenladung, als ein frei durch die Luft geführter Draht. Bei einem transatlantischen Kabel zählt die Zeit zwischen Stromschluß und Ankunft einer merkbaren Strömung am Bestimmungsorte nach Sekunden.

werte Stromstärke — verglichen mit anderen modernen Apparaten — zu erzeugen. Weit günstiger wirken chemische Elektrizitätsquellen.

15. Wenn zwei verschiedene Leiter miteinander in Berührung gebracht werden, so laden sie sich erfahrungsgemäß gegenseitig auf verschiedenes Potential. Wir genügen allen Erfahrungen durch die folgende Annahme:

Wir stellen uns die Berührungsflächen zweier Leiter als eine unendlich dünne Schicht vor (AB in Fig. 116), in der normal zu der Schicht Kräfte irgend welcher Art, die „Kontaktkräfte", wirken, die die positiven elektrischen Ladungen der Schicht von den negativen trennen. Die positiven Ladungen werden in den einen Leiter hineinfließen und diesen nach den Gesetzen der Statik (§ 37) laden, bis er ein konstantes Potential φ_1 besitzt, die negativen werden den anderen laden, bis er ein konstantes Potential φ_2 besitzt.

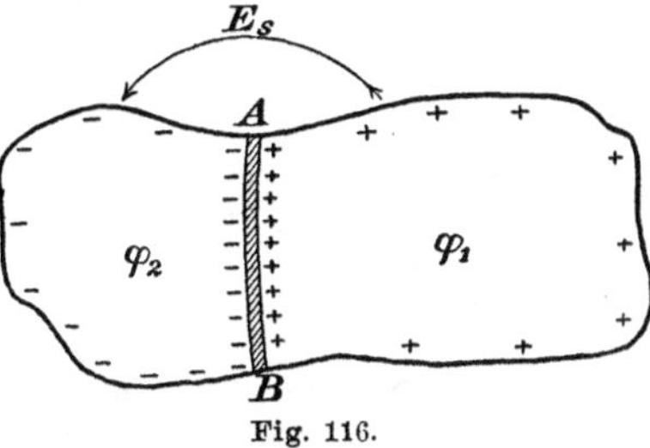

Fig. 116.

Das hierdurch entstandene elektrische Feld gehorcht unseren elektrostatischen Gesetzen. Die Ladung erfolgt so lange, bis durch die elektrostatischen Kräfte in der Berührungsschicht die Kontaktkräfte gerade kompensiert sind, und das ist erfahrungsgemäß dann der Fall, wenn die Potentialdifferenz $\varphi_1 - \varphi_2$ einen nur von der Natur der beiden Körper abhängigen Grenzwert K erreicht hat.

K ist im allgemeinen mit der Temperatur der Leiter variabel. Für ein gegebenes Leiterpaar, bei gegebener Temperatur aber ist K eine Konstante, von ihrer geometrischen Beschaffenheit, also auch von der Form und Größe der Berührungsfläche unabhängig. Wir nennen K die „elektromotorische Differenz" oder die „eingeprägte Potentialdifferenz" der beiden Leiter.

16. Wenn Gleichgewicht eingetreten ist, was erfahrungsgemäß nach unmeßbar kurzer Zeit der Fall ist, haben wir in der Umgebung der beiden Leiter ein statisches elektrisches Feld. In der Berührungsschicht aber ist dieses elektrische Feld durch die auf die Ladungseinheit bezogenen Kontaktkräfte S kompensiert.

Es würde nach § 34, 7. die Größe $S = E = (\varphi_1 - \varphi_2)/d$ besitzen, wenn wir unter d die Dicke der Schicht verstehen. Da d unendlich klein ist, folgt, daß E unendlich groß wird und es müssen auch die Kontaktkräfte S unendlich groß sein. Gleichwohl werden sie bei der Trennung der Ladungen nur eine endliche Arbeit leisten, da sie nur über einen unendlich kleinen Weg wirken.

Auf das Feld außerhalb der Schicht üben die Kontaktkräfte

keinerlei Einfluß aus. Es gelten für dieses Feld nach wie vor die Gesetze der Elektrostatik.[1])

17. Fügen wir mehrere Leiter zu einem Ring zusammen (Fig. 117), so tritt an jeder Berührungsselle eine solche Potentialdifferenz auf, so daß also jede solche Stelle zwei unendlich benachbarten Flächen a, b der Figur 114 entsprechen würde. Jede Berührungsstelle würde die Bedingungen zum Zustandekommen eines elektrischen Stromes erfüllen. Gleichwohl ist ein Strom unmöglich, weil sonst das Energieprinzip durchbrochen wäre. Für die Strömungsenergie wäre ein Äquivalent nicht vorhanden. Wir können das Ausbleiben eines Stromes dadurch erklären, daß die Ströme der einzelnen eingeprägten Potentialdifferenzen so verlaufen, daß sie sich gegenseitig aufheben.

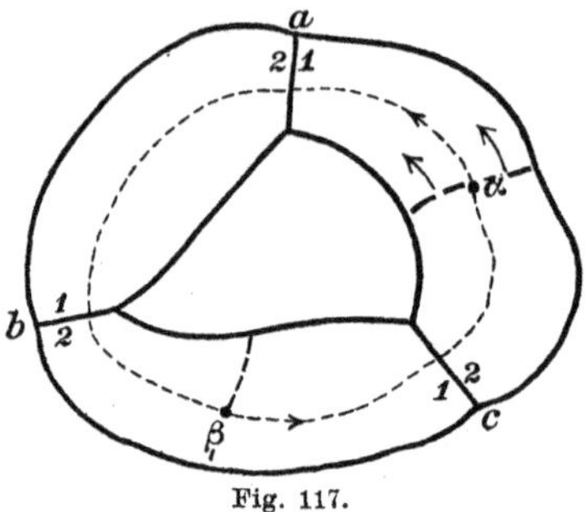

Fig. 117.

Legen wir im Ring einen positiven Umlaufsinn zu grunde, so soll an einer Grenzfläche das dort herrschende K positiv heißen, wenn es für sich allein einen Strom in dem positiven Umlaufsinn erzeugen würde. K ist dann positiv, wenn man beim Fortschreiten in diesem Umlaufsinn an der betreffenden Grenzfläche von kleinerem zu größerem Potential gelangt.

18. Das Energieprinzip widerspricht nicht mehr der Möglichkeit eines Stromes, wenn wir einem Teile der Berührungsstellen von außen Energie zuführen, etwa durch Erwärmung („Thermoelektrizität"). Auch chemische Energie können wir einigen der Berührungsstellen zuführen. Wenn wir z. B. einen der Leiter als „Elektrolyt" wählen, d. h. als Lösung eines Salzes oder einer Säure, in die die benachbarten Leiter eintauchen, so wird diese Lösung chemisch auf die Kontaktstellen wirken. Es tritt eine chemische Umwandlung ein, die äquivalent mit einer Energiezufuhr an die betreffende mit der Lösung in Berührung stehende Leiterfläche ist.

Es wird jetzt ein Strom resultieren, der durch Superposition aller von den einzelnen K_a, K_b usw. herrührenden Strömen gebildet wird. Die Stromdichte dieses Stromes ist

$$i = \lambda E,$$

1) Elektrostatisch direkt nachweisbar ist dieses Feld nicht, weil alle Meßapparate nach dem Voltaschen Gesetz (Nr. 18) die Potentialdifferenz am Orte der Messung wieder gleich Null machen. Führt man aber die Körper, isoliert, rasch auseinander, so verkleinert man die Kapazität und erhält nun eine nachweisbare Potentialdifferenz.

und wenn E an irgend einem Orte eine durch l zu charakterisierende Richtung hat, ist algebraisch addiert

$$E = E_l^{(a)} + E_l^{(b)} + E_l^{(c)} + \cdots,$$

wenn wir unter $E^{(a)}$, $E^{(b)} \ldots$ die von K_a, $K_b \ldots$ erzeugten Einzelfelder verstehen.

Wir denken uns eine elementare Kraftröhre des resultierenden Feldes, die wir jetzt als „Stromfaden" bezeichnen wollen, herausgeschnitten, und zwar in ihrer ganzen Länge, von einem Punkte, etwa α (Fig. 117) aus, bis zu diesem zurück. l sei die Richtung dieses Stromfadens an einem Orte. Die Stromstärke in dem Faden wird, wenn wir mit dl erweitern

$$J' = i\,dq = \frac{\lambda(E_l^{(a)}dl + E_l^{(b)}dl + \cdots)dq}{dl},$$

und durch Summierung über die ganze Länge l der Röhre folgt

$$J'\int\limits_l \frac{dl}{\lambda\,dq} = J'w' = \int\limits_l E_l^{(a)}dl + \int\limits_l E_l^{(b)}dl + \cdots,$$

wie in Nr. 9. Hierin ist w' nach (5a) der ganze Widerstand des Stromfadens. Es ist ferner $E_l^{(a)}$ die l Komponente des Feldes, das vorhanden wäre, wenn nur an der Grenzfläche a eine eingeprägte Potentialdifferenz säße. Die Summierung im ersten Integral rechts kann dann von der Stelle 2 an der Fläche a bis zur Stelle 1 an dieser Fläche (Fig. 117) durch den Ring hindurch erstreckt werden. Nach Nr. 15 und § 34, (5) folgt dann

$$\int\limits_l E_l^{(a)}dl = \varphi_{a_2} - \varphi_{a_1} = K_a,$$

und weiter

(7′) $$J' = \frac{K_a + K_b + K_c + \cdots}{w'}.$$

Wie in Nr. 10d folgt dann für die Stromstärke J des ganzen Ringkörpers, dessen Widerstand W sei, das „Ohmsche Gesetz"[1]):

(7) $$J = \frac{K_a + K_b + K_c + \cdots}{W}.$$

Es wäre denkbar, daß der von α aus laufende Stromfaden den Punkt α nicht wieder erreicht. Dann kann man sich durch α eine Niveaufläche gelegt denken, die man auch in den Feldern $E^{(a)}$, $E^{(b)}$ usw. auf konstantem Potential (etwa Potential Null) erhalten kann. Der Faden verläuft dann jedenfalls von dieser Fläche bis zu ihr zurück, und unsere Betrachtungen bleiben richtig.

1) Georg Simon Ohm, der Entdecker dieses Gesetzes, ist am 16. März 1787 in Erlangen geboren und am 7. Juli 1854 als Ordinarius in München gestorben.

Führen wir keiner Berührungsstelle Energie zu, so folgt $J=0$, also

(8) $$K_1 + K_2 + K_3 + \cdots = 0.$$

Diese Gleichung enthält das „Voltasche[1]) Gesetz", das aussagt:

Wenn wir zwei gegebene Metalle miteinander in Berührung bringen, erhalten wir die gleiche Potentialdifferenz auf ihnen, wie wenn wir noch beliebige Metalle zwischen sie einschalten.

Dieses Gesetz ist also eine Folge des Energieprinzips.

Aus dem Voltaschen Gesetz leitet sich der Begriff der „Spannungszahlen" ab, die wir dadurch erhalten, daß wir einem ein für alle mal gewählten Metall A eine beliebige Zahl a, etwa die Einheit, zuschreiben, und allen anderen Metallen $B, C, \ldots$ solche Zahlen $b, c, \ldots$, daß $b-a$, $c-a$ die Potentialdifferenz zwischen dem Metall B und A, C und A wird. Dann ist allgemein $m-n$ die Potentialdifferenz zwischen M und N. Die Worte „Spannung", „Spannungsdifferenz" haben die Bedeutung von „Potential", „Potentialdifferenz". Die Zahlen $a, b, \ldots$ sind also nicht dimensionslose Zahlen, sondern haben die Dimensionen eines Potentials.

19. Die elektrische Strömung erfolgt nun nach demselben Bilde, das wir uns im Anfang dieses Paragraphen gemacht haben. Im Innern der homogenen Ringteile wird das dort befindliche Feld E die Ladungen in Bewegung setzen. In diesem Sinne wollen wir das Feld im Innern dieser Teile als das „treibende" Feld bezeichnen und mit E' bezeichnen. Es ist dann innerhalb dieser Teile $i = \lambda E'$.

Der Strom durchsetzt aber auch die Grenzschichten. Wenn Gleichgewicht herrscht (Nr. 15, 16), also kein Strom existiert, ist in der Grenzschicht $(S-E)=0$. Wenn aber die durch S getrennten Ladungen sofort abfließen können, so wird kein zur Kompensation ganz ausreichendes Feld entstehen. Es wird S um weniges, höchstens um eine endliche Größe E'', größer sein als E. Hier ist also $E'' = S - E$ als treibendes Feld zu bezeichnen.

---

1) Alessandro Graf Volta ist am 19 Februar 1745 in Como geboren und ebendaselbst am 5. März 1827 gestorben. Er wurde 1774 Professor der Physik am Gymnasium in Como, 1779 an der Universität Pavia. 1815 wurde er Direktor der philosophischen Fakultät in Padua. (Vgl. Rosenberger, Geschichte der Physik, Bd. 2, S. 356.) Volta hat der berühmten Entdeckung des Galvinismus durch Luigi Galvani die richtige Deutung gegeben, soweit das ohne das Energieprinzip damals möglich war.

Luigi Galvani ist am 9. September 1737 in Bologna geboren und am 4. Dezember 1798 dort gestorben. Er war Professor der Medizin in seiner Vaterstadt. Seine Entdeckung fällt nach einer in Bologna befindlichen Gedenktafel in das Jahr 1786; die erste Publikation darüber ist 1791 erfolgt.

Es werden im Ring aber auch gewisse Grenzflächen vorkommen, in denen E um weniges, E'', größer als S ist, nämlich da, wo relativ zum Strom negative K sitzen. Hier kommen, von den übrigen K herrührend, so große Ladungen an, daß S überkompensiert wird. Hier ist also $E'' = E - S$ das „treibende" Feld.

Das λ in den Schichten kennen wir nicht. Es ist aber als endlich anzunehmen, und da E'' endlich, so ist $E'' \cdot d$ und $\lambda E'' d$ gegen Endliches zu vernachlässigen.

Allgemein soll nun das treibende Feld mit E' bezeichnet werden. In homogenem Material ist $E' = E$.

20. Wir haben hier zum ersten Male einen Fall kennen gelernt, in dem $\oint E_l' \, dl$ nicht gleich Null ist, wo also die elektromotorische Arbeit über eine geschlossene Kurve nicht verschwindet. Denn bilden wir (Fig. 117) diesen Ausdruck von α aus bis α zurück über irgend eine Linie im Innern des Ringes (in der Figur punktiert), so wird

$$
\begin{aligned}
\oint E_l' \, dl &= \int_{\alpha}^{a_1} E_l \, dl + \int_{a_2}^{b_1} E_l \, dl + \int_{b_2}^{c_1} E_l \, dl + \int_{c_2}^{\alpha} E_l \, dl \\
&= (\varphi_\alpha - \varphi_{a_1}) + (\varphi_{a_2} - \varphi_{b_1}) + (\varphi_{b_2} - \varphi_{c_1}) + (\varphi_{c_2} - \varphi_\alpha) \\
&= (\varphi_{a_2} - \varphi_{a_1}) + (\varphi_{b_2} - \varphi_{b_1}) + (\varphi_{c_2} - \varphi_{c_1}) \\
&= K_a + K_b + K_c,
\end{aligned} \tag{9}
$$

und das ist nicht mehr gleich Null, wenn einem Teil der Flächen a, b, c Energie von außen zugeführt wird.

Wir haben die Ursache dieser Abweichung von früheren Gesetzen darin zu suchen, daß wir in Figur 114 die Stellen a, b zur gegenseitigen Berührung gebracht haben, ohne ihre Potentialdifferenz zu ändern. Das ist bei statischen Ladungen nicht möglich, wohl aber unter Zuhilfenahme der „eingeprägten" Potentialdifferenzen K, die das Feld in der Zwischenschicht kompensieren. Wenn wir $\int E_l \, dl$ für das wahre Feld E bilden, muß sich wieder der Wert Null ergeben.

Die Kraftlinien des treibenden Feldes, und damit die Stromlinien, bilden in sich geschlossene Kurven.

21. Ebenso wie die Gleichung (9) erhalten wir für ein Stück einer solchen Kraftlinie, etwa von α über a, b bis β (Fig. 117)

$$
\begin{aligned}
\int_{\alpha}^{\beta} E_l' \, dl &= \int_{\alpha}^{a_1} E_l \, dl + \int_{a_2}^{b_1} E_l \, dl + \int_{b_2}^{\beta} E_l \, dl \\
&= \varphi_\alpha - \varphi_\beta + \sum_{\alpha}^{\beta} K,
\end{aligned} \tag{9'}
$$

wenn wir unter $\sum_{\alpha}^{\beta} K$ die Summe der Beträge aller Potentialsprünge an Grenzen verschiedener Metalle verstehen, die auf dem Kraftlinienstück zwischen α und β gelegen sind.

Infolge dieser Gleichung geht die Gleichung (4), in der auch E das „treibende“ Feld war, wenn die dort besprochene Kraftröhre Grenzflächen verschiedener Metalle durchsetzt, in die allgemeinere Gleichung

$$(4') \qquad J = \frac{\varphi_\alpha - \varphi_\beta + \Sigma K}{w_{\alpha\beta}}$$

über, und hierin ist ΣK die Summe der Beträge aller zwischen den Punkten α und β der Kraftröhre gelegenen Potentialsprünge. Es bedeutet hier $w_{\alpha\beta}$ den Widerstand eines Kraftröhrenstückes, das sich zwischen den zwei Äquipotentialflächen durch α und β erstreckt, J die Stromstärke in diesem Kraftröhrenstück. Das Kraftröhrenstück kann so gewählt werden, daß es überall den ganzen Querschnitt des Ringkörpers erfüllt ($W_{\alpha\beta}$). In $w_{\alpha\beta}$ soll der vordere Index den stromaufwärts (der Strom ist von „oben“ nach „unten“ fließend gedacht) gelegenen Ort bezeichnen. Dann ist

$$w_{\alpha\beta} = w - w_{\beta\alpha}, \quad W_{\alpha\beta} = W - W_{\beta\alpha}.$$

22. Durch eine graphische Darstellung können wir uns die Verhältnisse im Innern des Leiterringes am leichtesten veranschaulichen, indem wir eine Kraftlinie, etwa die in Figur 117 punktiert gezeichnete, verfolgen. Wir gehen vom Punkte α aus und tragen uns als Ordinate die Potentiale φ an jedem Orte in einem Koordinatensystem auf, dessen Abszisse der von α längs der Kraftlinie zurückgelegte Weg l ist (Fig. 118). Wir erhalten ein stetig gekrümmtes Kurvenstück AB bis zu der Stelle a, die in Figur 118 durch die am Fußpunkte mit a bezeichnete Vertikale

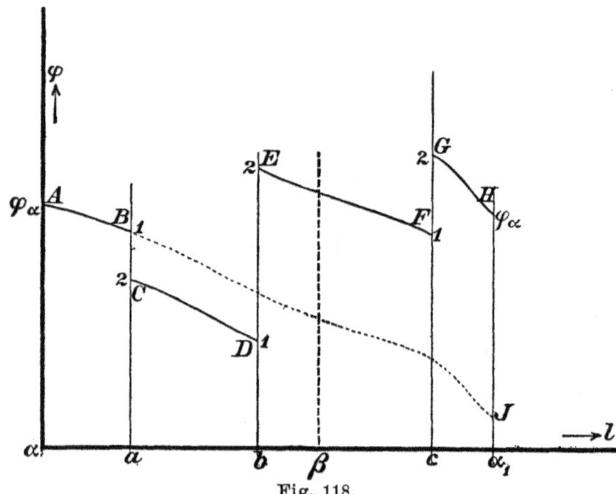

Fig. 118.

angezeigt ist. Hier erfolgt ein Potentialsprung um den Betrag $\varphi_{a_1} - \varphi_{a_2}$, den wir als eine Verminderung des Potentials angenommen haben. Die Gerade CB stellt die Größe der hier eingeprägten Potentialdifferenz dar, die hier negativ angenommen ist. Jenseits der Grenze a setzt sich die Kurve wieder stetig gekrümmt fort (CD), um wieder bei b eine sprungweise Änderung zu erfahren, deren Betrag $\varphi_{b_1} - \varphi_{b_2}$ wieder durch die Strecke ED dargestellt wird. So setzt sich das fort, bis wir bei a — in Figur 118 mit a_1 bezeichnet — auf das ursprüngliche Potential φ_a zurückkommen.

Wie in Figur 97 ist durch die Steilheit der Kurvenstücke an den einzelnen Orten das elektrische Feld wiedergegeben.

Denken wir uns die einzelnen Kurvenstücke senkrecht zur Abszisse so verschoben, daß sie sich aneinander anschließen, wie es durch die punktierte Linie in Figur 118 angedeutet ist, so erkennt man leicht, daß die Strecke HJ die algebraische Summe der einzelnen Potentialsprünge bedeutet. Es ist also

$$\overline{HJ} = \sum K.$$

Ist $\sum K = 0$, so fließt in den Leitern kein Strom. Es existiert in ihnen kein elektrisches Feld, das Potential in jedem homogenen Teile des Ringes wird konstant und die Kurvenstücke Linien, die mit der Abszisse parallel laufen.

Der Ausdruck

$$\sum K = K_a + K_b + K_c$$

heißt die „gesamte elektromotorische Kraft“[1]) des Ringes. Jedes der K können wir als die elektromotorische Kraft der betreffenden Grenzfläche ansehen.

23. Die Potentialdifferenz $\varphi_\alpha - \varphi_\beta$ spielt in zwei speziellen Lagen von α und β eine besondere Rolle. a) Läßt man (Fig. 117) α und β an eine Grenzfläche z. B. a beiderseitig herantreten, so daß sie einander unendlich nahe kommen und, getrennt durch die Grenzfläche, α stromaufwärts von β liegt, so wird $w_{\alpha\beta} = 0$ und aus (4') folgt

$$\varphi_\alpha - \varphi_\beta = -K_a.$$

b) Läßt man α in Figur 117 stromaufwärts rücken durch die Fläche c hindurch, so daß es mit β im selben Metall liegt, aber auf dem g r ö ß e r e n Wege, d. h. über alle K hinweg, stromaufwärts gelegen, und vernichtet man jetzt auf dem kleineren Wege zwischen α und β die Leitfähigkeit, so wird W unendlich groß, nach (7) $J = 0$ und nach (4')

$$\varphi_\alpha - \varphi_\beta = -\sum K; \quad \varphi_\beta - \varphi_\alpha = \sum K.$$

Die Potentialdifferenz an den Klemmen eines offenen Elementes ist gleich dessen elektromotorischer Kraft.

---

1) Der Name „Kraft“ ist hier traditionell. Besser wäre der Ausdruck „Arbeit“, wie in § 34, 8., obwohl K erst die Dimensionen einer Arbeit erhält, wenn es mit einer Elektrizitätsmenge multipliziert wird.

24. Wir können uns auch den Fall denken, daß die K in unendlich kleinen Beträgen auf eine unendlich große Zahl unendlich benachbarter Flächen verteilt sind, daß eine elektromotorische Kraft einen endlichen Raumteil des Ringes stetig erfüllt. Das tritt z. B. ein, wenn sogenannte „Konzentrationsketten" vorliegen, oder auch bei einer anderen Deutung[1]) der thermoelektrischen Erscheinungen, nach der das Potential in einem einzelnen Leiter eine Funktion der Temperatur ist.

25. Das erstere dieser Beispiele wollen wir uns eingehender veranschaulichen. Bringen wir zwei verschieden stark konzentrierte Lösungen desselben Salzes an einer Grenzfläche miteinander in Berührung, so verhalten sie sich wie zwei verschiedene Metalle, laden sich also gegenseitig auf eine Potentialdifferenz K.

Eine Anzahl Schichten von abnehmender Konzentration liefert demnach in den äußersten Schichten eine Potentialdifferenz

$$\varphi_b - \varphi_a = K_1 + K_2 + \cdots + K_n.$$

Die K werden im allgemeinen gleiche Richtung (gleiches Vorzeichen) haben, wenn die Konzentration von a nach b dauernd abnimmt oder dauernd wächst.

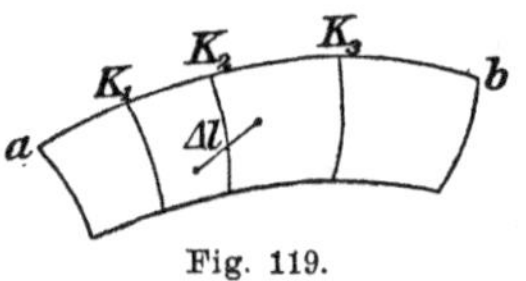

Fig. 119.

Durch Verminderung dieser Konzentrationsunterschiede und Vermehrung der Schichtenzahl ins Unendliche können wir zu stetiger Konzentrationsänderung übergehen, die uns im allgemeinen, wenn die Konzentrationsdifferenz an den Enden a, b endlich ist, eine endliche Potentialdifferenz $\varphi_a - \varphi_b$

$$\varphi_b - \varphi_a = \lim_{n=\infty} \sum_n K_n$$

liefern wird.

26. Legen wir durch die unendlich benachbarten Schichten eine beliebig gerichtete unendlich kleine Länge $\varDelta l$ hindurch (Fig. 119), und berechnen wir die ΣK von einem Ende von $\varDelta l$ bis zum anderen, so wird infolge der stetigen Verteilung von K diese proportional mit $\varDelta l$ gesetzt werden können:

$$\sum_{\varDelta l} K = A_l \varDelta l.$$

Der Faktor A_l ergibt sich als die Komponente nach $\varDelta l$ eines Vektors von der Richtung normal zu den Schichten. Er geht aus der Summe ΣK ebenso hervor, wie die elektrische Feldintensität aus

1) Nach L. Hermann und F. Kohlrausch. Vgl. F. Kohlrausch, Nachr. d. K. Ges. d. Wiss. Göttingen 1874.

der elektrischen Potentialdifferenz. Wir nennen A die „elektromotorische Intensität".

Reihen wir eine beliebige Zahl von Elementen Δl zu einem endlichen Kurvenstück l aneinander, so wird sich die elektromotorische Kraft über das ganze Kurvenstück K analog der Potentialdifferenz an deren Enden ergeben:

$$K = \sum_l A_l \Delta l = \int_l A_l dl. \tag{10}$$

27. Eine elektromotorische Differenz ist nur da möglich, wo verschiedene Medien aneinander grenzen, eine elektromotorische Intensität nur, wo ein Medium kontinuierlich seine physikalischen oder chemischen Eigenschaften variiert. Die Niveauflächen der elektromotorischen Intensität sind parallel mit den Niveauflächen der chemischen oder physikalischen Eigenschaften.

Die Summen aller von einem Linienzug durchsetzten elektromotorischen Differenzen und aller nach Gleichung (10) summierten elektromotorischen Intensitäten fassen wir unter dem Namen „die elektromotorische Kraft" längs dieses Linienzuges zusammen. Sie verursacht eine Trennung der elektrischen Ladungen gegen das durch diese getrennten Ladungen erzeugte Feld. Es wird also wieder durch diese Vektoren ein Teil des elektrischen Feldes kompensiert. Deshalb ist auch, wo sie vorhanden sind, die Summe

$$\oint E_s' ds$$

über eine geschlossene Kurve nicht mehr gleich Null.

Es sei hier erwähnt, daß elektromotorische Kräfte oder elektromotorische Intensitäten auch durch einen Strom selber erzeugt werden können, wenn der Strom etwa die chemischen Eigenschaften eines Elektrolyten verändert. Die Richtung dieser sogenannten „Polarisationselektromotorischen Kräfte" ist immer der Stromrichtung entgegengesetzt.

28. Die Energie des Stromes (Gleichungen (2), (3)) hatten wir aus der Abnahme des elektrischen Feldes abgeleitet. Bei einer stationären Strömung findet aber eine solche Abnahme nicht statt. Da nun die Gleichungen (2), (3) diese Abnahme gar nicht mehr enthalten, liegt es nahe, sie auch auf stationäre Ströme zu verallgemeinern. Der energetische Vorgang kann dann so erklärt werden, daß zwar dauernd ein elektrisches Feld zerfällt und seine Energie in Wärme übergeführt wird, aber auch gleichzeitig dieses Feld immer wieder neu entsteht, seine Energie aus der chemischen oder sonstigen Energie der Elektrizitätsquelle in gleichem Maße wieder nachgeliefert wird.

Jedenfalls aber gelten die Ableitungen der Gleichungen (2), (3) zunächst nur in einem homogenen Medium, d. h. an Orten, wo elektromotorische Differenzen K nicht existieren.

Wollen wir der Gleichung (2) allgemeine Gültigkeit zuschreiben, so fragt es sich, ob unter E das wahre oder das treibende Feld verstanden werde muß. Da die Kräfte S (Nr. 16), wenn sie ihre Ladungen trennen, Arbeit gegen das wahre Feld E der Schicht leisten, so wird logisch zu schließen sein, daß die vom Strom abgegebene Energie als negativen Anteil die aufgenommene Energie enthalten wird, wenn man das wahre Feld E in (2) einsetzt. Dann wird für ein beliebiges, Grenzflächen enthaltendes Ringstück allgemein die Gleichung (6) gelten

$$Q = J(\varphi_\alpha - \varphi_\beta)\,. \tag{6}$$

Hieraus folgt:

a) Liegen auf dem Wege stromabwärts von α nach β keine Grenzflächen, so wird nach (4′)

$$Q = J^2 W_{\alpha\beta}\,.$$

b) Läßt man β stromabwärts rücken, bis es wieder mit α identisch wird, so wird

$$Q = 0\,.$$

Die Summe aller im ganzen Ring abgegebenen Energien ist gleich 0. Das bestätigt gerade unsere Annahme, daß in (2) E das wahre Feld ist. Das Energieprinzip verlangt, daß im ganzen Ring ebensoviel Energie aufgenommen, wie abgegeben wird.

c) Lassen wir α, β an eine Grenzfläche a rücken, wie in Nr. 24, c, so wird

$$Q = -J \cdot K_a\,.$$

Es kann K positive und negative Werte annehmen. An Stellen, wo ersteres der Fall ist, wird Q negativ, d. h. der Strom gibt keine Energie ab, sondern nimmt solche auf. Das ist z. B. da der Fall, wo der Strom erzeugt wird, also wo etwa chemische Energie in elektrische übergeführt wird. Es kann aber auch an Stellen, wo zwei Metalle aneinander grenzen, K negativ werden. Dann steht dem Strom nur Wärmeenergie zur Verfügung, es tritt, wenn nicht Wärme zugeführt wird, eine Abkühlung der betreffenden Kontaktstelle ein. Das findet bei dem sogenannten Peltiereffekt[1])

1) Bringt man z. B. ein Stück Wismutdraht und ein Stück Antimondraht an zwei Enden miteinander in Berührung und verbindet die zwei anderen Enden durch beliebige Drähte, so erzeugt eine Erwärmung der Berührungsstelle des Wismuts und Antimons eine „thermoelektromotorische Kraft", die einen elektrischen Strom in der Richtung vom Wismut zum Antimon an der erwärmten Stelle hervorruft (Thermoelektrischer Strom).

Leitet man durch den Drahtring umgekehrt einen elektrischen Strom, der an der genannten Berührungsstelle vom Wismut zum Antimon fließt, so kühlt

(oder wenn sich K entsprechend Gleichung (10) aus elektromotorischen Intensitäten ableitet, beim „Thomsoneffekt") statt.

29. Stromverzweigung. Das Gesetz $J =$ konst. (Nr. 13) muß auch gelten, wenn das Leitersystem nicht einen einzigen Ring, sondern einen mehrfachen Ring (Fig. 120) bildet, also wenn sich das System verzweigt. Nur muß man die Summe der Ströme mehrerer Zweige als einen Strom auffassen. Legen wir an einer Verzweigungsstelle eine geschlossene Fläche σ so in das System hinein, wie in Figur 120 angedeutet, daß sie also eine Verzweigungsstelle einschließt, so muß aus dieser Fläche ebensoviel Elektrizität in einem beliebigen festgelegten Zeitabschnitte aus- wie einfließen. Rechnen wir alle ausfließenden Ströme positiv, die einfließenden negativ, so muß

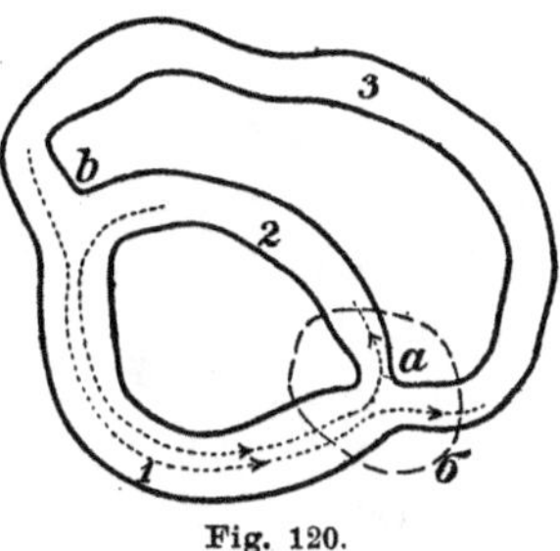

Fig. 120.

$$\sum J_z = 0 \tag{11}$$

sein, wenn J_z die einzelnen Zweigströme bedeutet. Wäre das nicht der Fall, so würde damit ein Ansammeln positiver oder negativer Elektrizität im Innern von σ verbunden sein, und es wäre keine zeitliche Konstanz des Feldes möglich.

30. Lineare Ströme. Unter einem linearen Strome verstehen wir einen solchen, der in einem Leiter fließt, dessen Querdimensionen als unendlich klein gegen alle die Längen angesehen werden können, an deren Enden (im homogenen Medium) meßbare Potentialdifferenzen sitzen. Eine Verzweigungsstelle kann dann als ein Punkt angesehen werden.

Wir nehmen an, es bestehe eine Verzweigungsstelle nur aus homogenem Material, so daß ein Wechsel des Materials nur auf den Zweigen, wenn auch in beliebiger Nachbarschaft des Verzweigungspunktes, vorkommt. Dann ist das Potential auf einem Verzweigungspunkte eindeutig definierbar. Für einen ganzen Leiterzweig, der zwischen zwei aufeinander folgenden Verzweigungspunkten liegt, z. B. für den Zweig 1 der Figur 121, wird dann nach Gleichung (4')

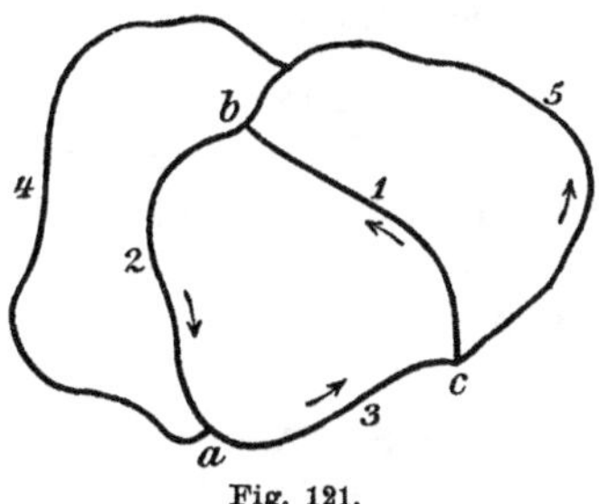

Fig. 121.

$$J_1 = \frac{\varphi_c - \varphi_b + \Sigma K_1}{w_1}.$$

sich diese Berührungstelle ab. Das ist die unter dem Namen „Peltiereffekt" bekannte Erscheinung, die bei stetiger Variation der physikalischen Eigenschaften (z. B. der Konzentration einer Lösung) in den „Thomsoneffekt" übergeht.

Ebenso wird für einen sich an den Leiter 1 anschließenden Leiter 2

$$J_2 = \frac{\varphi_b - \varphi_a + \Sigma K_2}{w_2},$$

und weiter

$$J_3 = \frac{\varphi_a - \varphi_c + \Sigma K_3}{w_3};$$

und das können wir so lange fortsetzen, bis wir in zusammenhängendem Umlauf zu dem Anfange des ersten Leiters zurückgekommen sind, was nach Figur 121 hier bereits nach dem Leiter 3 erreicht ist. Diese sich schließenden Leiter bilden eine „Masche" des verzweigten Systems. In den drei Gleichungen bedeutet J_n die Stromstärke im Leiter n, positiv gerechnet in einem bestimmten Umlaufssinne der Masche, in der Figur durch Pfeile angedeutet; ΣK_n ist die algebraische Summe der auf diesem Leiterstück befindlichen elektromotorischen Kräfte, positiv gerechnet entsprechend Nr. 17 im gleichen Umlaufsinne; und w_n ist der Widerstand dieses Leiterstückes.

Wenn wir die Gleichungen mit w_n multiplizieren und addieren, folgt

$$J_1 w_1 + J_2 w_2 + J_3 w_3 = \sum K,$$

und hierin ist $\Sigma K = \Sigma K_1 + \Sigma K_2 + \Sigma K_3$ die Summe aller in der Masche vorhandenen elektromotorischen Kräfte. Besteht die Masche aus mehr als drei Leiterstücken, so wird allgemein

$$\sum J_n w_n = \sum K, \tag{12}$$

eine Gleichung, die in das Ohmsche Gesetz übergeht, wenn das verzweigte System aus einer einzigen Masche besteht.

31. Die Gleichung (11) gilt nach wie vor, auch für lineare Leiter. Wir können die beiden Gleichungen (11) und (12), die die „Kirchhoffschen Gesetze"[1]) enthalten, in Worten folgendermaßen aussprechen:

I. An einem Verzweigungspunkte ist die Summe aller abfließenden Ströme gleich Null.

II. Die Summe aller Produkte von Stromstärke und Widerstand für eine ganze Masche ist gleich der algebraischen Summe der in dieser Masche enthaltenen elektromotorischen Kräfte.

32. Anwendung auf die „Wheatstonesche Brückenanordnung". (Vgl. Bd. I § 46 der 2ten Auflage.)

1) Gustav Robert Kirchhoff ist am 12. März 1824 in Königsberg geboren und am 17. Oktober 1887 in Berlin gestorben. Er habilitierte sich 1847 in Berlin, wurde 1850 außerordentlicher Professor der Physik in Breslau, 1854 ordentlicher Professor in Heidelberg und 1874 in Berlin. Die genannten Gesetze fand Kirchhoff als Student im Jahre 1845.

Es sei ein verzweigtes System der Art gegeben, wie es in Figur 122 angedeutet ist. Ein Zweig 0 enthalte eine elektromotorische Kraft. Deren Strom J_0 möge in der Pfeilrichtung fließen. Bei a muß er sich verzweigen in die zwei Zweige 1 und 3, die sich in den Zweigen 2, 4 fortsetzen und bei b wieder vereinigen. Durch einen Zweig 5 sollen bei c und d diese beiden Zweige noch überbrückt sein. Der Endpunkt d des Zweiges 5 ist auf dem Zweige 3, 4 verschiebbar.

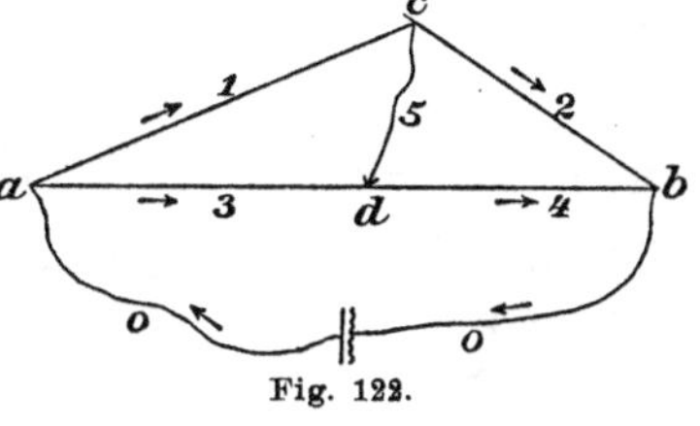

Fig. 122.

Verschieben wir den Punkt d nahe an a hinan, so wird offenbar ein Strom von d nach c in Zweig 5 fließen. Verschieben wir ihn nahe an b hinan, wird ein umgekehrter Strom, d. h. von c nach d fließen. Dazwischen wird es aller Voraussicht nach eine Stellung von d zwischen a und b geben, die so liegt, daß in 5 überhaupt kein Strom fließt. Diese Stellung setzen wir als erreicht voraus.

Wir bezeichnen die Stromstärken und Widerstände der einzelnen Zweige mit den Indizes derselben. Dann ist also

$$J_5 = 0.$$

33. Das erste Kirchhoffsche Gesetz (Gleichung (11)) ergibt

$$J_1 + J_2 + J_5 = 0, \quad \text{also} \quad J_1 + J_2 = 0,$$

wenn wir von c ausfließenden Ströme positiv rechnen. Rechnen wir sie in der Pfeilrichtung positiv, so folgt

$$J_1 = J_2, \tag{13}$$

ebenso

$$J_3 = J_4. \tag{14}$$

Das zweite Kirchhoffsche Gesetz (Gleichung (12)), gibt, auf die Masche 1, 5, 3 angewandt und wieder die Ströme in den Pfeilrichtungen positiv gerechnet, da sich in dieser Masche keine elektromotorische Kraft befindet, und $J_5 = 0$ ist:

$$J_1 w_1 - J_3 w_3 = 0$$
$$J_1 w_1 = J_3 w_3.$$

Ebenso ergibt die Anwendung des zweiten Kirchhoffschen Gesetzes auf die Masche 2, 4, 5:

$$J_2 w_2 = J_4 w_4.$$

Division der zwei letzten Gleichungen, unter Berücksichtigung der Gleichungen (13), (14), gibt

$$w_1 : w_2 = w_3 : w_4.$$

Bestehen die zwei Zweige 3 und 4 aus Stücken desselben Drahtes von konstantem Querschnitt, so können wir auf sie die Gleichung (5b) in Nr. 9 anwenden. w_3 und w_4 werden dann den Längen l_3 und l_4 der Drähte proportional und es wird

$$w_1 : w_2 = l_3 : l_4 .$$

Dies Ergebnis gestattet, die Vergleichung zweier Widerstände auf die zweier Längen zurückzuführen.

34. Die Einheiten (und damit die Dimensionen) der im letzten Abschnitte neu definierten Größen ergeben sich folgendermaßen:

a) Die Stromstärke ist die in der Zeiteinheit einen Querschnitt durchfließende elektrische Ladung. Ihre Einheit ist demnach eine Elektrizitätseinheit in einer Sekunde oder

$$J: \qquad 1 \text{ gr}^{\frac{1}{2}} \text{ cm}^{\frac{3}{2}} \text{ sec}^{-2}.$$

Die Technik braucht aus Zweckmäßigkeitsgründen eine $3 \cdot 10^9$ mal so große Einheit und nennt diese ein „Ampère“ (nach A. M. Ampère, vgl. p. 272. Anm. 2).

$$J: \qquad 1 \text{ Amp} = 3 \cdot 10^9 \text{ gr}^{\frac{1}{2}} \text{ cm}^{\frac{3}{2}} \text{ sec}^{-2}.$$

Die Stromdichte ergibt sich hieraus einfach durch Division mit der Fläche. Ihre Einheit ist demnach

$$i: \qquad 1 \text{ gr}^{\frac{1}{2}} \text{ cm}^{-\frac{1}{2}} \text{ sec}^{-2}.$$

b) Die Einheit der Leitfähigkeit können wir am zweckmäßigsten aus Gleichung (1) ermitteln. Sie ergibt:

$$\lambda = \frac{i}{E}.$$

Die Einheit der Leitfähigkeit ist die Einheit der Stromdichte dividiert durch die Einheit der Feldintensität. Das gibt

$$\lambda: \qquad 1 \text{ sec}^{-1}.$$

c) Hieraus folgt als Einheit des elektrischen Widerstandes nach Gleichung (5b)

$$w: \qquad 1 \text{ cm}^{-1} \text{ sec}^{+1}.$$

Der Widerstand hat die Einheit und Dimensionen einer reziproken Geschwindigkeit.

Die Technik braucht wieder eine andere Einheit, das „Ohm“ (nach G. S. Ohm, vgl. p. 249. Anm. 1). Es ist

$$1 \text{ Ohm } (1\ \Omega) = \tfrac{1}{9} \cdot 10^{-11} \text{ cm}^{-1} \text{ sec}^{+1}.$$

d) Die Einheit der elektromotorischen Kraft ist die des Potentials (der Potentialdifferenz)

K: $1\ \mathrm{gr}^{\frac{1}{2}}\ \mathrm{cm}^{\frac{1}{2}}\ \mathrm{sec}^{-1}$

(§ 34, 9), und die in der Technik gebräuchliche Einheit

$$1\ \mathrm{Volt} = \frac{1}{300}\ \mathrm{gr}^{\frac{1}{2}}\ \mathrm{cm}^{\frac{1}{2}}\ \mathrm{sec}^{-1}.$$

e) Die Energie, die ein Strom in einer Zeit t sek abgibt, und die keineswegs immer als Joulesche Wärme auftritt, muß die Einheit der mechanischen Energie besitzen. In der Tat folgt, da nach Gleichung (6') diese Fnergie durch J^2wt gegeben ist, unter Berücksichtigung der Einheiten für J und w, als Einheit der Stromenergie

Qt: $1\ \mathrm{gr\ cm}^3\ \mathrm{sec}^{-4} \cdot \mathrm{cm}^{-1}\ \mathrm{sec} \cdot \mathrm{sec} = 1\ \mathrm{gr\ cm}^2\ \mathrm{sec}^{-2} = 1\ \mathrm{Erg}.$

Die in der Zeiteinheit abgegebene Energie, die „Leistung" des Stromes hat die Einheit

Q: $1\ \frac{\mathrm{Erg}}{\mathrm{sec}} = 1\ \mathrm{gr\ cm}^2\ \mathrm{sec}^{-3}.$

Die Technik braucht für die Stromenergie die 10^7-fache Einheit und nennt sie ein „Joule" (nach J. P. Joule, vgl. p. 151. Anm. 1).

$$1\ \mathrm{Joule} = 10^7\ \mathrm{Erg}.$$

Ebenso gebraucht sie für die Leistung die 10^7 fache Einheit, ein „Watt" (nach James Watt, dem Erfinder der modernen Dampfmaschine)

$$1\ \mathrm{Watt} = 10^7\ \mathrm{gr\ cm}^2\ \mathrm{sec}^{-3}.$$

Aus dieser technischen Einheit der Leistung leiten sich dann wieder andere praktische Einheiten der Stromenergie, die „Wattstunde" und die „Kilowattstunde" ab, deren Erklärung schon im Namen liegt.

Die sämtlichen bisher durch gr, cm und sec ausgedrückten Einheiten bilden das „Gaußsche absolute Maßsystem".

§ 41. Das statische Magnetfeld.

1. Mit dem elektrischen Felde ist das magnetische Feld verwandt, so daß wir die vorigen Betrachtungen mit gewissen Einschränkungen direkt für die Theorie des Magnetismus übernehmen können. Es gilt das Coulombsche Gesetz, aus dem wir die Begriffe

Magnetische Feldintensität H,
Magnetische Mengen m,
Diamagnetisierungskonstante, gewöhnlich „Permeabilität" genannt, μ,
Magnetische Energie $W^{(m)}$

ableiten können. Weiter können wir ein magnetisches Potential ψ und eine magnetomotorische Arbeit (§ 34, 8.)

$$A_m = \int H_s \, ds$$

und den Kraftlinienfluß durch eine geschlossene Oberfläche (§ 33, 3.)

$$\int_0 \mu H_r \, do = 4\pi \sum m$$

definieren.

Die Einheiten wählen wir ebenso wie die elektrischen Einheiten. Die Einheit der magnetischen Feldintensität heißt kurz „ein Gauß".

In diesen Einheiten ausgedrückt heißen die genannten Größen, wie die elektrischen, im „Gaußschen absoluten Maßsystem" gemessen.

2. Folgende Abweichungen vom elektrischen Felde zeigt das magnetische Feld.

a) Wahre magnetische Mengen (vgl. § 38, 17.), also magnetische Ladungen, die in einem Raume, der ohne sie kein Magnetfeld besitzt, ein solches erzeugen, existieren nur und können nur in merklichem Betrage in einer ganz beschränkten Zahl von Körpern erzeugt werden, in Stahl und in Magneteisenstein, in geringem Betrage auch in Eisen.

Dagegen treten induzierte Ladungen in allen Körpern unter den dem § 38 entsprechenden Verhältnissen und auch nach denselben Gesetzen auf.

b) Die Summe aller (wahren und induzierten) magnetischen Mengen eines abgeschlossenen Körpers ist immer gleich Null.

Die wahren magnetischen Mengen stimmen darin mit den influenzierten elektrischen Ladungen (§ 38, 18.) überein. Das magnetische Feld wird sich danach immer so verhalten, wie das Zusatzfeld des § 38, ohne aber ein solches zu sein.

Auch die Summe der dort besprochenen influenzierten Ladungen in einem ganzen Körper war immer gleich Null. Und wenn wir einen solchen auseinander brechen, wird jeder seiner Teile wieder die Ladungssumme Null besitzen.

c) Es gibt Körper, deren Permeabilität μ kleiner ist, als die des Vakuums $\mu_0 = 1$ (vgl. § 30, 5.). Man nennt solche Körper diamagnetisch. Dies Verhalten zeigen sogar weitaus die meisten Körper. Für Wasser ist z. B.

$$\frac{\mu}{\mu_0} = 0{,}9999902.$$

Körper, bei denen $\mu > \mu_0$ ist, heißen „paramagnetisch".[1])

---

1) Man definiert in der Theorie des Magnetismus außer der Permeabilität noch eine, aus ihr abgeleitete Materialkonstante. Ist μ_0 die Permeabilität eines Normalmediums (Luft, Wasser, meist das Vakuum), in das andere Körper der Permeabilität μ eingebettet sind, so kann man setzen $\mu = \mu_0 + 4\pi\varkappa$, worin $4\pi\varkappa$

Es gibt andere Körper, bei denen μ extrem hohe Werte annimmt, z. B. bei Eisen (μ ungefähr 1000), Stahl ($\mu = 30$ bis 200), ferner nach F. Heusler Legierungen von Mangan, Aluminium und Kupfer (μ bis ca. 200). Diese Körper heißen ferromagnetisch. Die Permeabilität selber ist aber bei ihnen eine Funktion der Feldintensität.

d) Es gibt keine Leiter für den Magnetismus, und damit auch keine magnetischen Ströme und streng genommen kein vollständiges Magnetfeld außer dem unendlichen Raume.

3. Ein mit magnetischen Mengen behafteter Stahlkörper heißt ein Magnet (permanenter Magnet, im Gegensatz zu einem durch Influenz magnetisierten Köper, der temporärer Magnet heißt). Man erhält einen solchen, indem man ein Stahlstück in ein Magnetfeld hinein bringt. Von der influenzierten Ladung dieses Feldes (§ 38, 17.) bleibt ein Teil gleichsam als wahre Ladung zurück, wenn wir das magnetisierende Feld entfernen.

Diese wahre Ladung, ϱ, erzeugt ein neues Feld, und dieses Feld in dem Stahlkörper selber eine induzierte Ladung ϱ'. Wir können dem Stahlkörper die Permeabilität seiner Umgebung zuschreiben, wenn wir $\varrho + \varrho'$ als die wahre Ladung ansehen, wie wir auch das Zusatzfeld Z in § 38, 14. in einem Raume von konstanter Dielektrizitätskonstante annehmen mußten. Das gilt aber nur für die Berechnung eines vorliegenden statischen Feldes. Ändert sich das Feld, z. B. durch Einführung eines zweiten Magneten, so wird sich ϱ' um einen Betrag ϱ'' ändern, und ϱ'' ist von der Permeabilität des Stahlmagneten abhängig. ϱ, ϱ', ϱ'' genügen alle dem Gesetz $\Sigma\varrho = 0$, wenn man über den ganzen Stahlmagneten summiert.

Die Ladungen ϱ aber sind auch im Innern des Stahlmagneten denkbar, während ϱ', ϱ'' nur auf seiner Oberfläche möglich sind (§ 38, 16.).

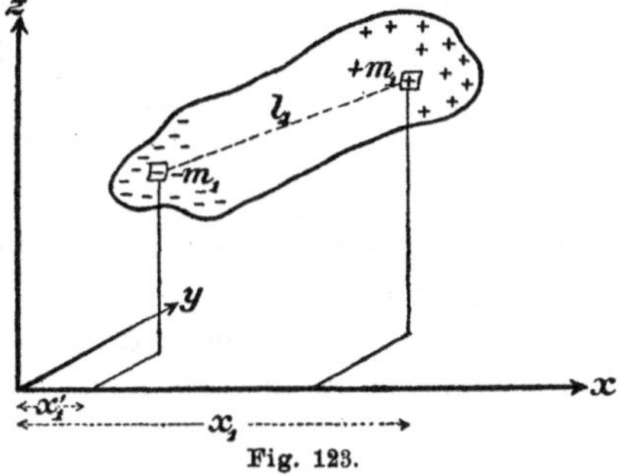

Fig. 123.

4. Den positive Ladungen enthaltenden Raum zerlegen wir in unendlich kleine Raumelemente $\varDelta\tau$ (Fig. 123). Ein solches wird dann eine Ladung

$$\varrho\varDelta\tau + \sigma\varDelta o = +m$$

besitzen, wenn ϱ die räumliche,

---

die durch Einführung der Körper an ihrem Orte erfolgte Vermehrung der Permeabilität bedeutet. $\varkappa$ heißt die „Suszeptibilität“ oder „Magnetisierbarkeit“ der Körper. Es kommen demnach, auch wenn $\mu_0 = 1$, negative Suszeptibilitäten vor.

σ die Flächendichte, Δo ein durch $\Delta \tau$ aus einer geladenen Fläche ausgeschnittenes Flächenelement bedeutet. Von den beiden Summanden kann auch einer fehlen.

Jeder solchen Ladung $+m$ können wir eine gleich große negative $m' = -m$ des negativ geladenen Raumteiles entsprechen lassen, und $-m$ wird sich ebenfalls in einem unendlich kleinen Raumteil befinden. Der Abstand zweier solcher sich entsprechenden Ladungen $+m_1$, $m_1' = -m_1$ heiße l_1. Dann nennen wir

$$M_1 = m_1 l_1$$

das „magnetische Moment" des Polpaares $+m_1$, $-m_1$ (Fig. 123), m_1, m_1' heißen „Pole" dieses Paares.

5. Wir fassen M_1 als einen Vektor auf, der die Richtung von l_1 und zwar im Sinne von $-m_1$ nach $+m_1$ hat. In einem beliebigen Koordinatensystem x, y, z hat dieser Vektor dann die Komponenten

$$\begin{aligned} M_{1x} &= m_1 l_1 (\cos \widehat{x\,l}) = m_1 (x_1 - x_1'), \\ M_{1y} &= m_1 (y_1 - y_1'), \\ M_{1z} &= m_1 (z_1 - z_1'), \end{aligned}$$

oder

$$M_{1x} = m_1 x_1 + m_1' x_1' = \sum_{m_1, m_1'} m x$$

u. s. w., wenn x, y, z die Koordinaten von m_1, x', y', z' die von $-m_1$ sind.

Die geometrische Summe

$$M = \sum_{+} m l \tag{1}$$

über alle vorhandenen positiven Massen summiert heißt das magnetische Moment des ganzen Magneten. M ist wieder eine Vektorgröße, die nach drei gegebenen Koordinatenrichtungen die Komponenten besitzt:

$$\begin{aligned} M_x &= \sum m x, \\ M_y &= \sum m y, \\ M_z &= \sum m z, \end{aligned} \tag{2}$$

worin die Summierung über alle, auch die negativen Massen zu erstrecken ist, weil $+m(x - x') = (+m)x + (-m)x'$ ist. Von der Lage des Nullpunktes des Koordinatensystems sind die Ausdrücke $\Sigma m x$ unabhängig; denn nehmen wir an, wir verschieben den Nullpunkt um eine Strecke l_0 mit den Komponenten x_0, y_0, z_0, so wird

$$M_x = \sum m (x + x_0),$$

und da x_0 für alle m denselben Wert besitzt,

$$M_x = x_0 \sum m + \sum m x.$$

Es ist aber $\Sigma m = 0$, also

$$M_x = \sum m(x + x_0) = \sum mx$$

von der angeführten Nullpunktverschiebung unabhängig. Dasselbe gilt von M_y und M_z.

Die Ausdrücke (2) sind außerdem auch von der Einteilung der ganzen Ladung in Elemente unabhängig, wenn die Elemente nur hinreichend klein sind. Denn eine weitere Unterteilung z. B. der negativen Elementarladungen verändert das Resultat nicht mehr. Auch die Zuordnung von einem $-m$ zu einem $+m$ ist beliebig, da so wie so über alle mx summiert wird. Wir können überhaupt jetzt von einer solchen Zuordnung absehen.

Die Richtung des Vektors M heißt die Achse des Magneten.

6. Es sei ein Stahlmagnet gegeben, dessen magnetisches Potential und magnetische Feldintensität wir in einem gegen seine Dimensionen sehr fernen Punkte P berechnen wollen. Wir greifen ein Polpaar $+m_1$, $-m_1$ heraus (Fig. 124). Dieses liefert uns in P das Potential

$$\psi_1 = \frac{m_1}{\mu r_1} - \frac{m_1}{\mu r_2}$$
$$= \frac{m_1}{\mu} \cdot \frac{r_2 - r_1}{r_1 r_2}.$$

Es ist

$$r_2 - r_1 = l_1 \cos \vartheta_1,$$

wenn r_1, r_2 sehr groß gegen den Abstand l_1 der zwei Pole sind; denn ist die Verbindungslinie r von P mit dem Mittelpunkte von l_1 (Fig. 124) im Sinne von l_1 nach P, die Linie l_1 von $-m$ nach $+m$ positiv gerichtet, und schließen diese beiden positiven Richtungen den Winkel ϑ_1 ein, so sieht man, daß

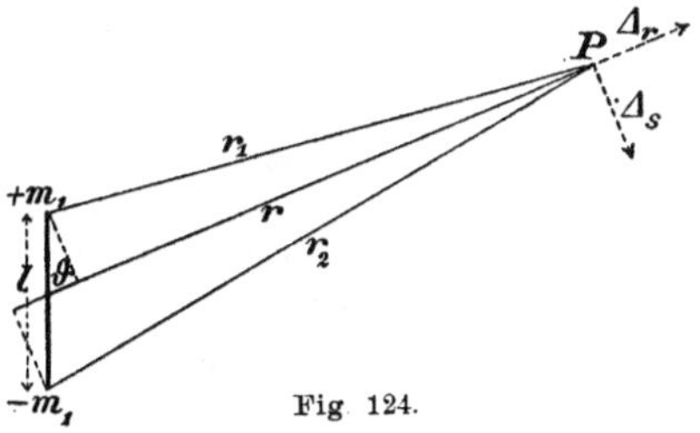

$$\frac{l_1}{2} \cos \vartheta_1 = r - r_1 \cos(r r_1),$$

$$\frac{l_1}{2} \cos \vartheta_1 = r_2 \cos(r_2 r) - r$$

wird. Mit wachsendem r, also ferner rückendem P wird $\cos(r r_1) = \cos(r_2 r) = 1$, und durch Addition der beiden Gleichungen folgt die vorige. (In der Figur ist l_1 und ϑ_1 mit l und ϑ bezeichnet.) Danach wird

Fig. 124.

$$\psi_1 = \frac{m_1 l_1 \cos \vartheta_1}{\mu r^2}$$
$$= \frac{M_1 \cos \vartheta_1}{\mu r^2}.$$

$M_1 \cos \vartheta_1$ ist die Projektion von M_1 auf den Strahl r.

Sämtliche Polpaare des Stahlmagneten zusammengenommen liefern daher in einem gegen die Ausmessungen des Stahlmagneten großen Abstande ein Potential

$$\psi = \sum \psi_1 = \frac{M \cos \vartheta}{\mu r^2}, \tag{3}$$

da $M \cos \vartheta = \Sigma m_1 \cos \vartheta_1$ ist. M ist das magnetische Moment des Stahlmagneten, r der von dem Magneten (seinem Mittelpunkte) nach P hin gezogene Strahl, ϑ der Winkel dieses Strahls gegen die Achse des Magneten. ψ wird negativ, wenn ϑ größer als ein Rechter.

7. Wir bestimmen drei zueinander senkrechte Komponenten der Feldintensität aus ψ nach § 34, Gleichung (4). Es sei jetzt l in Figur 124 die Richtung des resultierenden magnetischen Momentes M.

a) Verschieben wir den Punkt P unendlich wenig normal zur Zeichenebene, so wird dadurch weder ϑ noch r geändert. ψ bleibt konstant und die Feldintensität hat keine Komponente normal zur Zeichenebene. Die Feldintensität fällt der Richtung nach in die Ebene von r und l.

b) Wir verschieben P längs r um Δr. ϑ bleibt ungeändert. ψ nimmt ab um

$$\Delta^r(\psi) = \frac{M \cos \vartheta}{\mu r^2} - \frac{M \cos \vartheta}{\mu (r + \Delta r)^2}$$
$$= \frac{M \cos \vartheta}{\mu} \cdot \left(\frac{1}{r^2} - \frac{1}{r^2\left(1 + 2\frac{\Delta r}{r}\right)}\right),$$

wenn wir das Quadrat von $\Delta r/r$ vernachlässigen.

Es ist aber

$$\frac{1}{1 + 2\frac{\Delta r}{r}} = \frac{1 - 2\frac{\Delta r}{r}}{\left(1 + 2\frac{\Delta r}{r}\right)\left(1 - \frac{2\Delta r}{r}\right)} = \frac{1 - 2\frac{\Delta r}{r}}{1 - \left(\frac{2\Delta r}{r}\right)^2} = 1 - \frac{2\Delta r}{r},$$

da wir wieder das quadratische Glied im Nenner vernachlässigen dürfen. Demnach wird

$$\Delta^r(\psi) = \frac{2M \cos \vartheta \, \Delta r}{\mu r^3},$$

und die Komponente der Feldintensität nach r

$$H_r = \frac{2M \cos \vartheta}{\mu r^3}. \tag{4}$$

c) Wir verschieben unter Konstanthaltung von r den Punkt P in der Zeichenebene um Δs, so daß sich ϑ um $\Delta \vartheta = \Delta s/r$ vergrößert.

Es nimmt ψ ab um

$$\Delta^\vartheta(\psi) = \frac{M \cos \vartheta}{\mu r^2} - \frac{M \cos(\vartheta + \Delta \vartheta)}{\mu r^2}.$$

Da $\cos\alpha - \cos\beta = -2\sin(\alpha+\beta)/2 \cdot \sin(\alpha-\beta)/2$ ist, so ist

$$\cos\vartheta - \cos(\vartheta + \Delta\vartheta) = 2\sin\left(\vartheta + \frac{\Delta\vartheta}{2}\right)\sin\frac{\Delta\vartheta}{2},$$

und wenn $\Delta\vartheta$ hinreichend klein ist,

$$= \sin\vartheta \cdot \Delta\vartheta.$$

Danach wird

$$\Delta^{\vartheta}(\psi) = \frac{M\sin\vartheta\,\Delta s}{\mu r^3}$$

und die Komponente von H in der Richtung von Δs

(5) $$H_s = \frac{M\sin\vartheta}{\mu r^3}.$$

8. Die resultierende Feldintensität wird demnach

(6) $$H = \sqrt{H_r^2 + H_s^2} = \frac{M}{\mu r^3}\sqrt{1 + 3\cos^2\vartheta}.$$

Die Gleichungen (4), (5), (6) gestatten, den Kraftlinienverlauf in allen fernen Punkten zu zeichnen. Speziell ergibt sich

1. Hauptlage: In der Verlängerung der magnetischen Achse wird $\vartheta = 0$, also $H_s = 0$,

$$H = H_r = \frac{2M}{\mu r^3}.$$

2. Hauptlage: In einer auf der magnetischen Achse am Orte des Magneten senkrechten Ebene wird $\vartheta = \pi/2$, $H_r = 0$,

$$H = H_s = \frac{M}{\mu r^3}.$$

Die Kraftlinien laufen hier parallel der magnetischen Achse, im Sinne $+m$ gegen $-m$.

Aus allen diesen Gleichungen geht hervor, daß wir einen Stahlmagneten bezüglich seines Feldes in fernen Punkten durch ein Polpaar von dem magnetischen Moment M ersetzen können.

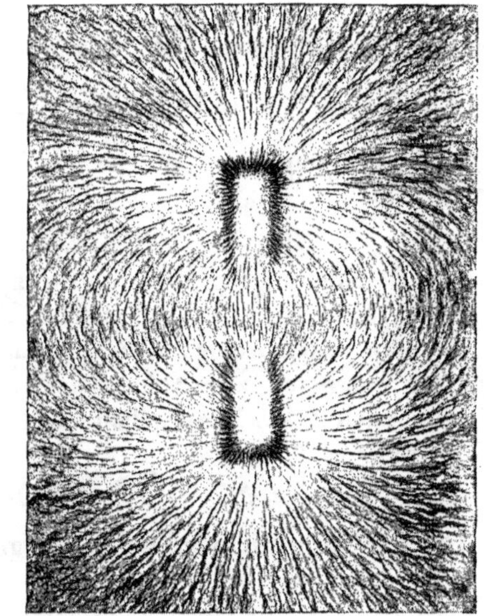

Fig. 125.

Ein Bild von dem Kraftlinienverlauf eines parallelepipedischen Magneten gibt die Figur 125, die mittels Eisenfeilspänen hergestellt ist.

9. Bringen wir in ein homogenes Magnetfeld, d. h. ein Magnetfeld, das überall nach Richtung und Größe konstant ist (z. B. das

Magnetfeld der Erde, Nr. 10, 11), ein Polpaar, so erfährt der positive Pol eine Kraft in Richtung der Kraftlinien von der Größe Hm, der negative Pol eine solche in entgegengesetzter Richtung von gleicher Größe. Ist das Polpaar in einer gegen das Magnetfeld geneigten Ebene drehbar, so ist im Folgenden für H die in diese Ebene fallende Komponente des Feldes zu setzen. Es wirkt auf das Polpaar ein Kräftepaar, und das Polpaar steht unter der Wirkung eines Drehmomentes (§ 15, 7. § 22, 10)

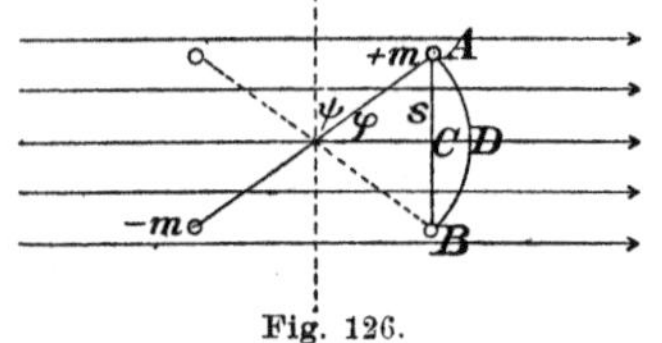

Fig. 126.

$$D = Hml \cos \psi = Hml \sin \varphi ,$$

da $l \cos \psi$ der Abstand der beiden parallelen Kräfte ist (Fig. 126). φ bedeutet den Winkel zwischen der Achse l des Polpaares und der Kraftlinienrichtung. Es ist

$$D = HM \frac{2s}{l},$$

und wenn φ innerhalb kleiner Grenzen $+\alpha > \varphi > -\alpha$ bleiben muß, so ist s identisch mit dem Bogen AD anzusehen.

Es sei R das Trägheitsmoment des Körpers, der das Polpaar trägt. Dann wird nach § 22, 5. die Winkelbeschleunigung

$$\varphi'' = 2 \frac{HM}{Rl} s,$$

die Beschleunigung jedes der beiden Pole also (§ 22, 3.)

$$p = \varphi'' \frac{l}{2} = \frac{HM}{R} s.$$

Die Beschleunigung ist proportional mit dem Abstand des Poles von einer festen Lage. Eine solche Beschleunigung kann, wie aus der Analogie des mathematischen Pendels § 20, D folgt, eine Schwingung des Magneten zur Folge haben, und deren Schwingungsdauer muß sich nach § 20, 15. ergeben zu

$$(7) \qquad T = 2\pi \sqrt{\frac{R}{HM}}.$$

10. Die Erde ist von einem magnetischen Felde umgeben, das innerhalb eines die Dimensionen eines Laboratoriums weit übertreffenden Raumes als homogen angesehen werden darf. Die Kraftlinien dieses Feldes sind gegen den Horizont geneigt. Der Neigungswinkel heißt die „magnetische Inklination“. Von besonderer Wichtigkeit ist die Horizontalkomponente dieses Erdfeldes, die „Horizontalintensität“, da von ihr die Schwingungen eines nur um die Vertikalachse drehbaren Magneten (Kompaß) abhängig sind. Diese Horizontalkomponente weicht um einige Grade von der geographischen Nordsüdrichtung (in unseren Gegenden nach Westen) ab um einen Winkel, der die „magnetische Deklination“ heißt. Diese erdmagnetischen Größen sind von der geographischen Lage eines Ortes abhängig. So nehmen sie z. B. die folgenden Werte an[1]):

In	Horizontal-intensität	Inklination	Deklination
Königsberg	0,184 Gauß	67,4°	5,5°
Berlin	0,189 „	66,4°	9,3°
Heidelberg	0,199 „	64,5°	11,5°
Straßburg	0,203 „	64,0°	11,9°

11. Ein um eine vertikale Achse drehbarer Magnet stellt sich in die Richtung der Horizontalintensität ein. Danach hat man den (nahezu) nach Norden weisenden Pol der „Magnetnadel“ den „Nordpol“ derselben genannt. Dieser Nordpol trägt die von uns als „positive magnetische Menge“ definierte Ladung, die man kurz als „nordmagnetische“ Ladung bezeichnet. Es liegt in dieser Bezeichnungsweise eine Inkonsequenz, die, da sich ungleichnamige Ladungen anziehen, zu dem Resultat führen würde, daß im Norden der Erde sich ein magnetischer Südpol befindet. Die Engländer haben diese Inkonsequenz vermieden, indem sie das nach Norden weisende Ende der Nadel als Südpol oder (also entgegengesetzt unserer Definition) als negativen Pol bezeichnen.

Die Gleichungen (6) (speziell die für die beiden Hauptlagen geltenden Formen) und (7) enthalten die Hilfsmittel zur Berechnung der Horizontalintensität nach einer von Gauß angegebenen Methode.

12. Es ist zweckmäßig, für das Magnetfeld noch einige Begriffe einzuführen, die wir Analogien mit den elektrischen Strömen entnehmen. Wir wollen im folgenden annehmen, daß die wahren magnetischen Ladungen, die Ladungen in Stahlmagneten, konstant bleiben. Wir greifen eine vollständige Elementarkraftröhre heraus, die also bei wahren positiven Ladungen entspringt, bei negativen endet. q sei der unendlich kleine Querschnitt derselben. Dann ist

1) Die ersten und bedeutendsten Untersuchungen über den Erdmagnetismus stammen von Gauß, in dem Werke von Gauß und Weber: „Resultate aus den Beobachtungen des magnetischen Vereins“ niedergelegt. Dieser Verein war von den beiden Verfassern gegründet und von 1837—1843 tätig. Im Jahre 1833 hatten sie das erste erdmagnetische Observatorium in Göttingen errichtet. Jetzt existieren deren über hundert. (Vgl. Winkelmann, Handbuch der Physik, Bd. V. I, Seite.474, 1905.)

$\mu H q = \mathfrak{H} q = J_m$ die Kraftlinienzahl der Röhre und als solche über die ganze Röhre konstant. Es sei $\psi_a - \psi_b$ die Potentialdifferenz an zwei Querschnitten, so daß nach § 34, 8.

$$\psi_a - \psi_b = \int_a^b H dl$$

ist. Dann folgt also

$$\psi_a - \psi_b = J_m \int_a^b \frac{dl}{q\mu}. \tag{8}$$

Dieses Integral ist aber (§ 40, 10., Gleichung (5a)) ebenso gebaut, wie der elektrische Widerstand des Kraftröhrenstückes, nur daß statt der Leitfähigkeit λ die Permeabilität μ eintritt. Das J_m ist dasselbe, was wir früher bereits als Kraftlinienfluß bezeichnet haben. Wir wollen jetzt

$$w_m = \int_a^b \frac{dl}{q\mu} \tag{9}$$

als „magnetischen Widerstand" der Kraftröhre bezeichnen, indem wir μ als eine Art Leitfähigkeit für die magnetischen Kraftlinien auffassen.

Für ein unendlich kurzes Stück der Kraftröhre wird der Widerstand

$$w_m = \frac{\Delta l}{q\mu},$$

und es besteht somit allgemein zwischen der Potentialdifferenz zweier beliebiger Niveauflächen und dem Kraftlinienfluß eines zwischen ihnen gelegenen Kraftröhrenstückes endlicher Dimensionen dann die durch § 40, Gleichungen (4), (5) ausgedrückte Relation.

Die gleichen Definitionen lassen sich auch für elektrische Kraftröhren durchführen. Das dem w_m entsprechende w_e heißt dann (nach Drude) der „dielektrische Widerstand". Da die elektrischen Kraftlinien in der Technik keine solche Rolle spielen, sieht man gewöhnlich von der Definition des Widerstandes elektrischer Kraftröhren ab.

13. Die magnetische Energie des Kraftröhrenstücks ist $\frac{1}{8\pi} \Sigma \mu H^2 \Delta\tau$ (§ 39, 13.), wo $\Delta\tau = q\Delta l$ gesetzt werden kann. Da $\mu H q = J_m$ konstant über die ganze Röhre und $\Sigma H \Delta l = \psi_1 - \psi_2$ ist, so folgt nach (8) und (9)

$$W_m = \frac{1}{8\pi} J_m^2 w_m, \tag{10}$$

und J_m ist die Anzahl der Kraftlinien in der Kraftröhre, also $J_m/4\pi$ der Teil der magnetischen Ladung, von dem die Kraftröhre ausgeht.

Diese Gleichung hat, abgesehen von dem Faktor $\frac{1}{8\pi}$, ebenfalls dieselbe Form, wie die von einem elektrischen Strome in der Zeiteinheit abgegebene Energie (§ 40, (6')).

Rührt das Feld H von konstant bleibenden wahren Magneten her, so ist J_m das 4πfache der Ladung, die am Fußpunkt einer Kraftröhre sitzt, also konstant. Bei Änderung der μ-Verteilung in der Umgebung der Magnete verschieben sich die Kraftröhren zwar und ändern ihre Form, aber nicht ihren Kraftlinienfluß J_m. Dagegen ändert sich der der Röhre zukommende magnetische Widerstand.

Führen die magnetischen Kräfte selbst die Änderung in ihrer Umgebung aus (Anziehung von weichem Eisen), so muß die gesamte magnetische Energie des ganzen Feldes

$$W = \frac{1}{8\pi} \Sigma J_m^2 w_m,$$

wo die Summierung über alle Kraftröhren zu erstrecken ist, um den Betrag der bei dieser Verschiebung geleisteten Arbeit abnehmen. Daraus kann man folgern, da die J_m konstant bleiben:

Verschiebt ein Magnetfeld ungeladene Körper, so erfolgt die Verschiebung in dem Sinne, daß der magnetische Widerstand abnimmt.

Fünfter Abschnitt.

Elektromagnetismus.

§ 42. Beziehungen zwischen elektrischen und magnetischen Kraftlinien.

1. Im Jahre 1819 entdeckte Oersted[1]), daß ein elektrischer Strom stets von einem Magnetfelde umgeben ist. Ampère[2]) hat ein Gesetz für die Richtung dieses Magnetfeldes aufgestellt und Biot und Savart[3]) gaben die Grundlage zu dem nach ihnen benannten von Laplace aufgestellten quantitativen Gesetz. Die Versuche, umgekehrt aus magnetischen Vorgängen elektrische Ströme zu erzielen, führten Faraday[4]) 1831 zu der Entdeckung der „Volta"- und „Magnetoinduktion", die darin bestehen, daß eine Veränderung eines Magnetfeldes in einem geschlossenen Leiterkreise einen elektrischen Strom verursacht. Rührt das veränderliche Magnetfeld von Strömen

1) Hans Christian Oersted, geboren 14. August 1777 in Rudkjöbing (Langeland), gestorben 9. März 1851 in Kopenhagen, war Professor der Physik in Kopenhagen.

2) André Marie Ampère, geboren 22. Januar 1775 in Lyon, gestorben 10. Juni 1836 in Marseille, war Professor der Mathematik an der polytechnischen Schule und Professor der Physik am Collège de France in Paris, außerdem Mitglied der Akademie der Wissenschaften daselbst.

3) Jean Baptiste Biot, geboren 21. April 1774 in Paris, gestorben 3. Februar 1862 in Paris, war Professor der Physik am Collège de France und der Astronomie an der Fakultät der Wissenschaften zu Paris.

Felix Savart, geboren 30. Juni 1791 zu Mézières, gestorben 16. März 1841 in Paris, war Arzt in Straßburg, später Professor der Physik in Paris, zuletzt Conservator des physikalischen Kabinets im Collège de France.

4) Michael Faraday ist am 22. September 1791 zu Newington bei London als Sohn eines Hufschmieds geboren und am 25. August 1867 in Hampton Court bei Richmond gestorben. Faraday wurde mit 13 Jahren Lehrling bei einem Buchbinder und Buchhändler, wo er seine freie Zeit mit der Lektüre wissenschaftlicher Bücher und dem Anhören von Vorträgen, besonders bei Humphry Davy ausfüllte. 1813 wurde er durch dessen Vermittlung Assistent am Laboratorium der Royal Institution. Nach einer anderthalbjährigen Reise mit Davy hielt er 1816 seine ersten Vorlesungen. 1824 wurde er Mitglied der Royal Society, 1827 Professor an der Royal Institution. Seine berühmte Entdeckung der Induktion, zu deren Erklärung er den Begriff der Kraftlinien geschaffen hat, fällt in das Jahr 1831. (J. Tyndall, Faraday as a discoverer. London. 5. Aufl. 1894.)

her, so heißt die Erscheinung Voltainduktion, rührt sie von Magneten her, Magnetoinduktion.

2. Das von Faraday geschaffene Kraftlinienbild hat ihn zu einem quantitativen Gesetze dieser Induktionserscheinungen geführt. Der in einem linearen Leiterkreise induzierte Strom wird sich nach dem Ohmschen Gesetz aus einer elektromotorischen Kraft ableiten. Die vom Leiterkreise umspannte Fläche ist von magnetischen Kraftlinien durchsetzt, und die Anzahl dieser Kraftlinien ändert sich, wenn sich das Magnetfeld ändert, in dem sich der Leiterkreis befindet. Faraday nahm an, daß die in der Zeiteinheit erfolgende Änderung dieser Kraftlinienzahl proportional mit der den Strom verursachenden elektromotorischen Kraft sei. Denken wir uns die Änderung des Feldes dadurch verbildlicht, daß die Kraftlinien, die wir in Zukunft Induktionslinien (§ 32, 4) nennen wollen, sich verschieben, also nicht am Orte verloren gehen, so wird sich die Änderung der Kraftlinienzahl, die den Leiterkreis durchsetzt, als die Kraftlinienzahl ergeben, die den Leiterkreis bei ihrer Verschiebung durchschneidet.

3. Aus diesem letzteren Bilde, das schon Faraday gehabt hat, wollen wir uns eine Verallgemeinerung schaffen, indem wir zunächst annehmen, daß nicht nur in Leitern eine elektromotorische Kraft oder Intensität induziert wird, sondern auch in Nichtleitern. Es soll ganz allgemein ein „elektrisches Feld" entstehen, wenn ein materieller Körper von magnetischen Induktionslinien durchschnitten wird.[1]) Dieses Feld ist, wenn der Körper ein Leiter ist, die Ursache eines elektrischen Stromes.

Umgekehrt soll aber auch, wenn ein materieller Körper von elektrischen Induktionslinien geschnitten wird, ein magnetisches Feld entstehen.

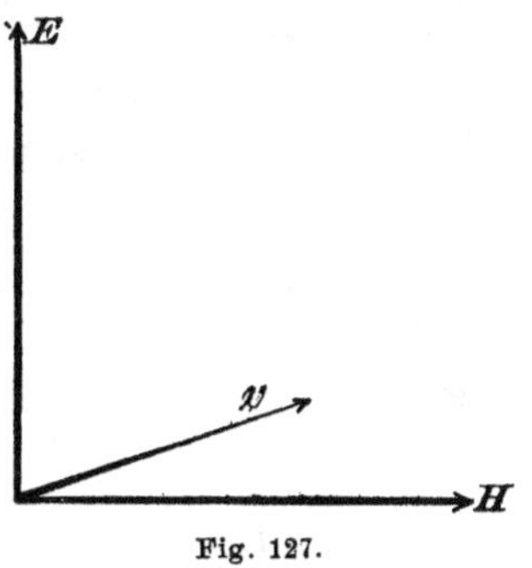

Fig. 127.

4. Die folgenden quantitativen Gesetze für diese beiden Annahmen erfüllen alle Erfahrungstatsachen.

Es sei E, H, v (Fig. 127) ein rechtwinkliges Koordinatensystem, und zwar in dieser Reihenfolge ein Rechtssystem.

I. Es sollen sich elektrische Induktionslinien (εE), die die Richtung von E haben, in der Richtung v verschieben, so daß in der (unendlich klein gedachten) Zeiteinheit durch eine zu H parallele

1) Das Wort „Durchschneiden" soll hier und im folgenden im Sinne von „Durchwandern", also nicht einfach als ein Durchschneiden im geometrischen Sinne verstanden sein.

Längeneinheit die Anzahl n hindurchtritt. Dann ist zwangsweise damit ein magnetisches Feld parallel der Richtung H von der Größe

$$H = \frac{n}{c} \tag{I}$$

verbunden, worin c eine universelle Konstante (§ 43, 5) bedeutet. Das Feld H wird „induziert".

II. Verschieben sich magnetische Induktionslinien (μH), die die Richtung von H haben, in der Richtung v, so daß in der Zeiteinheit durch eine zu E parallele Längeneinheit m Induktionslinien hindurchtreten, so wird parallel der Richtung E ein elektrisches Feld

$$E = \frac{m}{c} \tag{II}$$

induziert. c ist dieselbe Konstante, wie in (I) (vgl. § 43, 5).

5. Haben im Falle I die Linien εE, in Falle II die Linien μH nicht die Richtung normal zu v, wie hier angenommen, so ist zunächst die zu v in der vE-Ebene resp. in der vH-Ebene normale Komponente der Induktionslinienzahl zu bilden und in die Gleichungen (I), (II) einzusetzen.

6. Ist $\mathfrak{E}_n$ die Dichte der Induktionslinienzahl n, in richtiger Komponente, so ist, wenn v ihre Wanderungsgeschwindigkeit bedeutet,

$$n = \mathfrak{E}_n v. \tag{1}$$

Das erkennt man aus Figur 128. Es sei AB die von den Induktionslinien durchschnittene Längeneinheit, normal zu v und E, und wir bilden ein Rechteck aus AB und v, $ABCD$. Auf der Fläche dieses Rechtecks fußen $\mathfrak{E}_n v$ Induktionslinien. Da v qcm der Flächeninhalt desselben ist, und da die Induktionslinien die Geschwindigkeit v haben, so werden gerade die Induktionslinien, die diese Fläche $ABCD$ erfüllen, in der Zeiteinheit durch AB hindurchtreten.

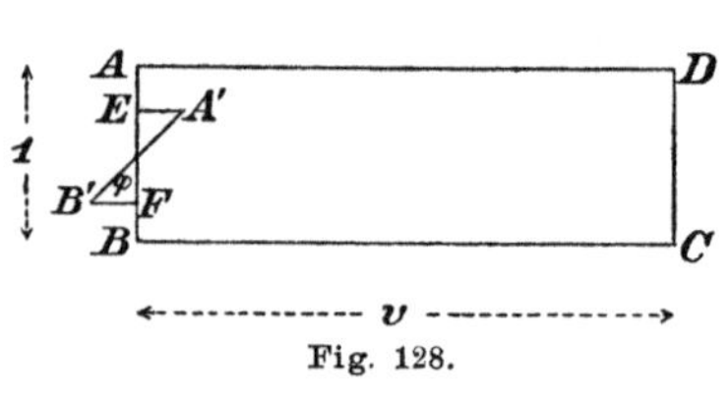

Fig. 128.

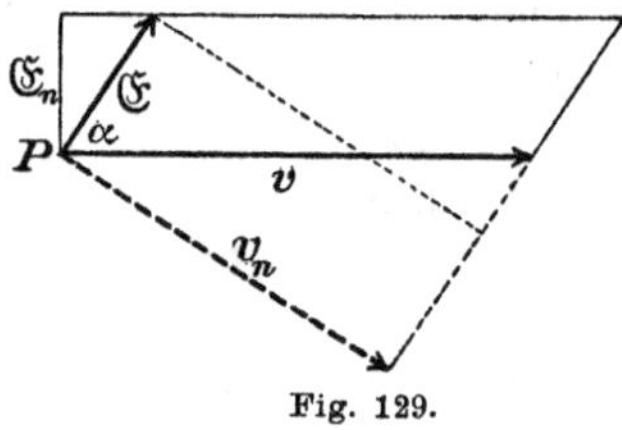

Fig. 129.

7. Aus Figur 129 erkennt man eine geometrische Deutung, die man dem Produkt $\mathfrak{E}_n v$ geben kann. Da $\mathfrak{E}_n$ die Projektion von $\mathfrak{E}$ auf die zu v normale Gerade der vE-Ebene bedeutet, wenn wir $\mathfrak{E}$ als Länge aufgetragen denken, so ist $\mathfrak{E}_n v$ der Flächeninhalt des Parallelogramms aus $\mathfrak{E}$ und v. Es ist

$$\mathfrak{E}_n = \mathfrak{E} \sin \alpha,$$

(2) $$n = \mathfrak{E} v \sin \alpha = [\mathfrak{E} v],$$

wenn wir mit den eckigen Klammern die Bildung des Flächeninhaltes andeuten.

Statt $\mathfrak{E}$ auf die Normale zu v zu projizieren, können wir auch v auf die Normale zu $\mathfrak{E}$ projizieren (Fig. 129), und es wird

(3) $$n = \mathfrak{E} v_n.$$

$\mathfrak{E} v_n$ ist aber die Anzahl $\mathfrak{E}$-Linien, die die Fläche $ABCD$ (Fig. 128), jetzt in schräger Richtung, durchsetzt, und es folgt, daß wir auch jetzt noch, wenn $\mathfrak{E}$ gegen v geneigt ist, die Anzahl Induktionslinien in (I) einsetzen dürfen, die in der Zeiteinheit die Linieneinheit AB durchschneidet, daß wir also nicht die Komponente von $\mathfrak{E}$ normal zu v zu bilden brauchen. Das steht in direktem Zusammenhange mit dem in § 32, 7. über die Induktionsliniendichte Gesagten.

8. Die Längeneinheit, die von den Induktionslinien n durchschnitten wird, ist normal zu der Ev-Ebene zu legen. Dann liefert (I) die resultierende Feldintensität H. Die Komponenten von H erhalten wir in bekannter Weise.

Geben wir dieser Längeneinheit eine beliebige andere Richtung, z. B. $A'B'$ der Figur 128, die mit AB den Winkel φ einschließt, so muß das Magnetfeld nach dieser Richtung die Komponente haben

(4) $$H_s = H \cos \varphi = \frac{n}{c} \cos \varphi.$$

Die Anzahl n' der Induktionslinien $\mathfrak{E}$, die in der Zeiteinheit die Linie $A'B'$ durchsetzt, ist aber gleich der, die die Strecke EF, die Projektion von $A'B'$ auf AB, durchsetzt. Es ist $EF = A'B' \cos \varphi = AB \cos \varphi$ und deshalb

$$n' = n \cos \varphi.$$

Aus diesem und dem vorigen Abschnitt folgt dann:

I'. Ist s eine beliebige Richtung und bewegen sich n elektrische Induktionslinien in einer beliebigen Richtung wandernd durch die Längeneinheit von s in der Zeiteinheit hindurch, so wird ein Magnetfeld induziert, das längs s die Komponente liefert:

(I') $$H_s = \frac{n}{c} = \frac{[\mathfrak{E} v] \cos \varphi}{c}.$$

$\mathfrak{E}$, s, v bilden ein Rechtssystem, und es ist $\mathfrak{E} = \varepsilon E$ die elektrische Induktionsliniendichte (Fig. 130).

II'. Analog ergibt II. die Verallgemeinerung: Wenn magnetische Induktionslinien sich in beliebiger Richtung so verschieben, daß eine zu s parellele Längeneinheit in der Zeiteinheit von m Induktionslinien geschnitten wird, so wird ein elektrisches Feld induziert, das längs s die Komponente besitzt:

$$(\mathrm{II}') \qquad E_s = \frac{m}{c} = \frac{[\mathfrak{H} v] \cos \varphi}{c}.$$

$\mathfrak{H}$, s, v ist ein Linkssystem (da H, E, v in Figur 127 ein solches ist). Hierin ist $\mathfrak{H} = \mu H$ die magnetische Induktionsliniendichte (Fig. 131).

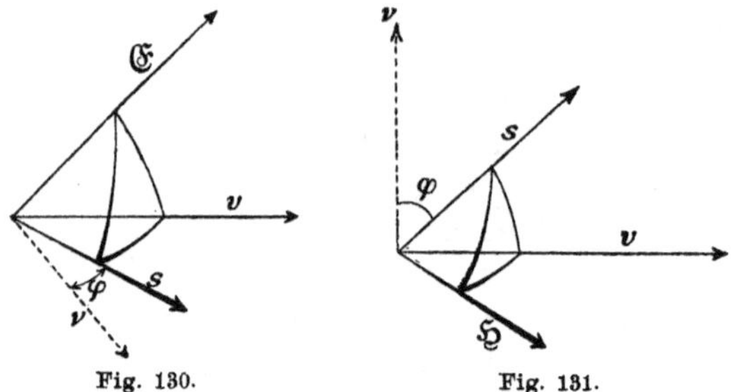

Fig. 130. Fig. 131.

In den Figuren 130, 131 ist ν die Normale zu der Ebene, die die bewegten Induktionslinien und die Bewegungsrichtung enthält. Längs dieser Linie liegt die resultierende Richtung des erzeugten Feldes.

9. Wir haben noch zu erörtern, was wir unter einer „Verschiebung“ von Induktionslinien verstehen. Wir setzen fest:

a) Die Induktionslinien haften an ihren Quellpunkten.

b) Die Quellpunkte haften — auch in Leitern — an der Materie.

c) Nur im Falle elektrischer Strömung verschieben sich die Quellpunkte in der Materie, dem Leiter.

d) Bei der Verschiebung eines Quellpunktes bleiben die nach Darstellung A, § 33, 1, gezeichneten Induktionslinien sich parallel. Dieser Satz enthält eine Definition des Identitätsbegriffes von Induktionslinien und soll bedeuten: Hat sich ein Quellpunkt von einem Orte A nach einem Orte B verschoben, und ist l die Richtung einer Induktionslinie $\mathfrak{E}_1$ während seiner Lage in A, so ist eine zu l parallele Linie durch B als identisch mit der Induktionslinie $\mathfrak{E}_1$ anzusehen.

e) Gehören die zwei Endpunkte einer Induktionslinie Körpern an, die relativ zueinander bewegt sind, so tritt eine Schwierigkeit dadurch ein, daß wir nicht aussagen können, welche Geschwindigkeit wir den dazwischen gelegenen Teilen der Induktionslinie zuschreiben sollen. Wir setzen daher fest: Die Induktionsliniendarstellung A (§ 33), die von jedem Ladungselement die Kraftlinien in den umgebenden Raum radial und gleichförmig hinaustreten läßt, liefert das richtige Resultat.

10. Wenn zwei oder mehr Quellpunkte sich so bewegen, als ob sie starr miteinander und mit ihren Induktionslinien verbunden wären, so daß sie also mit den Systemen ihrer Induktionslinien einen starren Körper zu bilden scheinen, dann dürfen wir die Resultierenden ihrer Induktionslinien bilden und in die Gleichungen (I), (II) einsetzen.

Das heißt, wir können für die Induktionslinien dieser Quellpunkte die Darstellungen B oder C (§ 33) wählen.

Wir beweisen dies für zwei elektrische Ladungen, d. h. wir beweisen, daß sich das Resultat nach I. identisch berechnet, ob wir die Induktionslinien jeder der beiden Ladungen für sich in Gleichung (I) einsetzen und die beiden Magnetfelder zu einer Resultierenden zusammensetzen, oder ob wir die resultierenden elektrischen Induktions linien in (I) einsetzen und daraus das Magnetfeld berechnen. Für mehr als zwei Ladungen folgt dieser Satz dann durch vollständige Induktion.

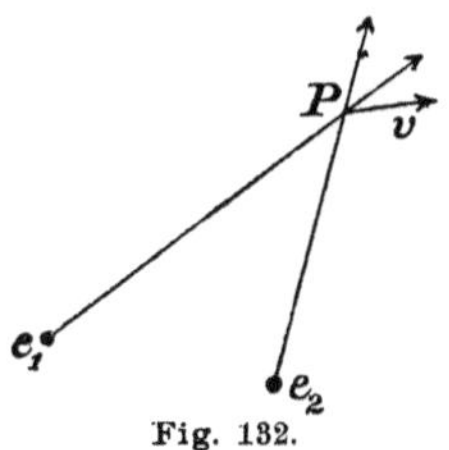

Fig. 132.

Bewegen sich zwei Ladungen e_1, e_2 mit ihren Induktionslinien so, als ob sie starr miteinander verbunden wären, so heißt das: In einem beliebigen Punkte P besitzt die von e_1 ausgehende Induktionslinie ($\overline{e_1 P}$ in Fig. 132) nach Größe und Richtung dieselbe Geschwindigkeit, wie die von e_2 ausgehende ($\overline{e_2 P}$). Auch die Resultierende dieser beiden Induktionslinien wird diese selbe Geschwindigkeit besitzen, wenn wir sie starr mit e_1 und e_2 verbunden denken.

11. Es sei $PF = v$ (Fig. 133) diese gemeinschaftliche Geschwindigkeit. $PA = \mathfrak{E}_1$ und $PB = \mathfrak{E}_2$ mögen die Induktionslinien, die von e_1 und e_2 herrühren, nach Dichte und Richtung im Punkte P bedeuten. $PR = \mathfrak{E}$ sei die resultierende Induktionsliniendichte. $PA' = \mathfrak{E}_{1n}$, $PB' = \mathfrak{E}_{2n}$, $PR' = \mathfrak{E}_n$ seien die im Sinne von Nr. 5 gebildeten Projektionen. Die Induktionslinien $\mathfrak{E}_1$ erzeugen ein Magnetfeld

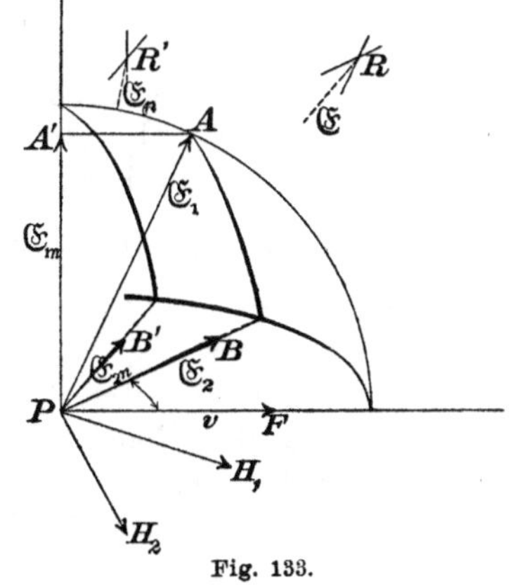

Fig. 133.

$$H_1 = \frac{\mathfrak{E}_{1n} v}{c},$$

die Induktionslinien $\mathfrak{E}_2$ ein Magnetfeld

$$H_2 = \frac{\mathfrak{E}_{2n} v}{c},$$

die senkrecht zu den Ebenen $\mathfrak{E}_1$, v und $\mathfrak{E}_2$, v stehen (Fig. 133). Die Resultante $\mathfrak{E}$ würde ein Feld

$$H_r = \frac{\mathfrak{E}_n v}{c}$$

erzeugen, und es wäre zu beweisen, daß

$$H_r = H = H_1 + H_2$$

(geometrisch addiert) ist, daß also H_r die Resultante H von H_1 und H_2 ist.

Der Punkt R' ist die Projektion von R auf die zu v normale Ebene. Ebenso ist A' die Projektion von A, B' die von B in die gleiche Ebene. $PA'R'B'$ ist also die Projektion des Parallelogramms $PARB$ in diese Ebene, und deshalb ist

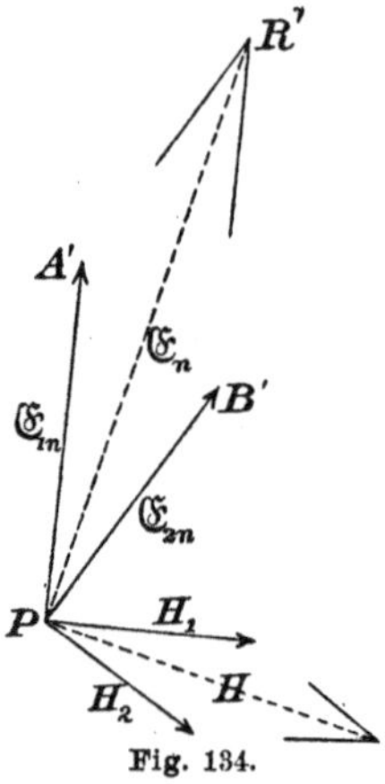

$$PR' = PA' + PB',$$

$$\mathfrak{E}_n = \mathfrak{E}_{1n} + \mathfrak{E}_{2n},$$

geometrisch addiert, also $\mathfrak{E}_n$ die Resultante von $\mathfrak{E}_{1n}$ und $\mathfrak{E}_{2n}$.

Fig. 134.

H_1 und H_2 schließen miteinander den gleichen Winkel ein, wie $\mathfrak{E}_{1n}$ und $\mathfrak{E}_{2n}$, da sie auf den Ebenen $\mathfrak{E}_{1n}, v$ und $\mathfrak{E}_{2n}, v$ senkrecht stehen. H_1 ist nach seiner Länge das v/c-fache von $\mathfrak{E}_{1n}$, H_2 das v/c-fache von $\mathfrak{E}_{2n}$; das aus H_1 und H_2 gebildete Parallelogramm somit ähnlich dem aus $\mathfrak{E}_{1n}$ und $\mathfrak{E}_{2n}$ gebildeten, und deshalb die Resultante $H = H_1 + H_2$ das v/c-fache der Resultante $\mathfrak{E}_n$:

$$H = \frac{\mathfrak{E}_n v}{c},$$

also

$$H = H_r.$$

Außerdem sieht man auch leicht, daß H senkrecht auf $\mathfrak{E}_n$ steht, wie es die Gleichung (I) verlangt (Fig. 134), und damit ist der in Nr. 10 aufgestellte Satz bewiesen.

12. Die Sätze I., II., enthalten zwei gleichsam spiegelbildlich analoge Hypothesen. Ob elektrische Induktionslinien ein Magnetfeld erzeugen, oder magnetische Induktionslinien ein elektrisches Feld, immer ist E, H, v in dieser Reihenfolge ein Rechtssytem.

Kehrt man die Richtung E (im Falle I) um, so erhält man wieder das gleiche H, wenn man auch die Richtung von v umkehrt. Daraus folgt, daß es auch für das umgebende Magnetfeld gleichgültig ist, ob wir negative Elektrizität in der einen oder die gleiche Menge positiver in der entgegengesetzten Richtung bei gleicher Geschwindigkeit bewegen. Bei elektrischen Strömen dürfen wir demnach auch hier (vgl. § 40, 3.) uns auf eine einzige Art von elektrischer Ladung beschränken.

Es folgt ferner:

Das elektrische Feld zweier bewegter elektrischer Ladungen

kann sich unter Umständen an einem Punkte gerade kompensieren, z. B. wenn zwei gleiche Ladungen verschiedenes Vorzeichen haben und unendlich nahe beieinander liegen. Bewegen sich aber die Ladungen in entgegengesetzter Richtung, so werden die von ihren Induktionslinien erzeugten Magnetfelder sich gegenseitig verstärken. Das Entsprechende gilt natürlich für bewegte magnetische Mengen. So erklärt es sich z. B., daß ein Punkt in der Umgebung eines elektrischen Stromes das elektrische Feld Null besitzen kann, in diesem Punkte die elektrischen Induktionslinien aber doch ein Magnetfeld erzeugen.

13. Weiter können wir aus den Gleichungen (3) und (I) schließen, daß wir jede Elementarladung e durch eine beliebige andere ersetzen dürfen, wenn wir gleichzeitig deren Geschwindigkeit so ändern, daß ev den Wert nicht ändert; denn es ist $\mathfrak{E} v_n$ proportional mit ev, wenn wir die Induktionsliniendarstellung A (§ 33) wählen, da dann $\mathfrak{E}$ proportional mit e, v_n proportional mit v ist.

§ 43. Das Magnetfeld elektrischer Ströme.

1. Es sei ein linearer elektrischer Strom gegeben, der irgend eine geschlossene Leiterbahn durchfließt.[1]) Jedes Teilchen der bewegten elektrischen Ladung verursacht an einem Punkte P ein Magnetfeld und alle diese Felder werden sich zu einem resultierenden zusammensetzen.

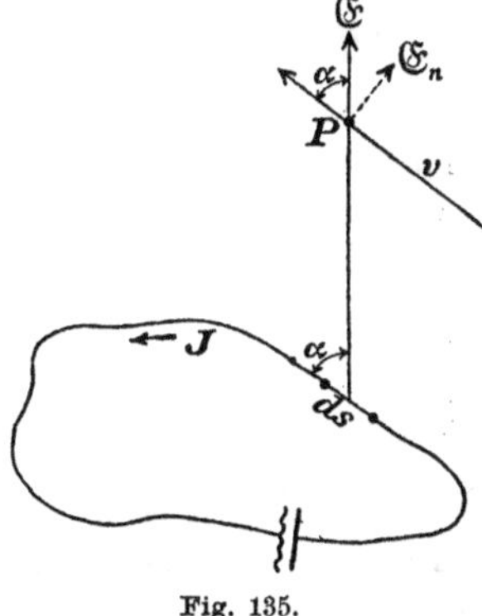

Fig. 135.

Wir stellen die Frage auf, wie ist das Magnetfeld $\varDelta H$ beschaffen, das die durch ein unendlich kleines Element ds der Strombahn fließende Elektrizitätsmenge mittels ihrer Induktionslinien in P erzeugt (Fig. 135).

Es sei ϱds die in einem Zeitmoment auf ds befindliche Menge der in ds in der Pfeilrichtung strömenden Elektrizität, ϱ also eine „Liniendichte" der Ladung (entsprechend der „Flächendichte"), oder ϱ die auf der Linieneinheit befindliche Ladung. Ist v die Geschwindigkeit dieser Ladung, so ist ϱv die auf der Länge v

1) Ampère hat einen solchen Strom bezüglich seiner magnetischen Wirkungen durch die „magnetische Doppelfläche" ersetzt, zwei unendlich benachbarte Flächen, von denen die eine positive, die andere die gleiche Menge negative magnetische Ladung trägt. Diese Auffassung ist für die Entwicklung der Theorie sehr fruchtbar gewesen. Besonders lassen sich auch die ponderomotorischen Kräfte zweier Ströme aufeinander, auf die wir hier nicht eingehen werden, daraus ableiten.

befindliche Ladung, und dies ist die Ladung, die in der Zeiteinheit durch einen Querschnitt des Leiters hindurchtritt, weil eben v die Geschwindigkeit ist. Es ist also

(1) $$\varrho v = J$$

die „Stromstärke", wobei in ϱ mit umgekehrtem Vorzeichen bei umgekehrter Geschwindigkeit auch die negativen strömenden Ladungen enthalten sind (§ 42, 12).

Will man annehmen, daß sich die einzelnen Elementarladungen mit verschiedenen Geschwindigkeiten bewegen, so bietet das keine Schwierigkeit, da man nach § 42, 13. jede solche Ladung durch eine geeignet gewählte andere mit beliebiger Geschwindigkeit ersetzen darf.

Es sei r der Abstand des Punktes P von ds, α der Winkel, den r mit ds einschließt.

Nach § 32, 6. haben die von ϱds ausgehenden elektrischen Induktionslinien im Punkte P eine Dichte $\varrho ds/r^2$, gleichgültig, welches die Dielektrizitätskonstante des umgebenden Mediums ist.

Diese Induktionslinien verschieben sich parallel mit ds. Um das Gesetz I anzuwenden, haben wir von ihrer Induktionsliniendichte die Komponente normal zu v (also zu ds) in der rv-Ebene zu bilden:

$$\mathfrak{E}_n = \frac{\varrho ds}{r^2} \sin\alpha.$$

Dann wird

$$n = \mathfrak{E}_n v$$

in Gleichung (I) zu setzen sein, und somit in P ein Magnetfeld erzeugt:

$$\Delta H = \frac{\varrho ds v}{c r^2} \sin\alpha,$$

oder

(2) $$\Delta H = \frac{J ds}{c r^2} \sin\alpha,$$

und dieses Magnetfeld wird in Figur 135 nach hinten normal zur Zeichenebene gerichtet sein, da es normal zu der durch r und ds gelegten Ebene ist. Die Gleichung (2) enthält das sogenannte Biot-Savartsche, richtiger Laplacesche Gesetz und außerdem die Ampèresche „Schwimmerregel", die aussagt:

„Denkt man sich mit dem elektrischen Strome schwimmend, so daß der Strom in die Beine ein- und zum Kopfe austritt, und wendet man sich mit dem Gesicht gegen die Magnetnadel, so wird deren Nordpol durch den Strom nach links abgelenkt."

Anwendungen.

2. Das Magnetfeld eines geradlinigen unendlich langen linearen Stromes.

Wir können uns einen solchen Strom angenähert realisiert denken durch einen möglichst dünnen, gerade ausgespannten Draht von großer Länge, dessen Enden man mittels weit gebogener Zuleitungsdrähte mit einer Stromquelle verbindet. Das von uns zu berechnende Magnetfeld herrscht dann an Orten, deren Abstand von dem geradlinigen Draht klein ist gegen die Abstände von den Drahtenden und den Zuleitungsdrähten, aber groß gegen den Drahtdurchmesser.

Dieser Draht wird nun von einem Strome positiver Ladung in einer Richtung und einem Strome negativer in der entgegengesetzten Richtung durchflossen. Ersetzen wir nach § 42, 12. die letztere durch eine mit der ersteren gleichgerichtete positive Strömung, so muß, wenn der Strom J im Draht stationär ist, die lineare Dichte ϱ der bewegten Ladung äquivalent mit einer im Draht zeitlich und örtlich konstanten Ladung sein (§ 42, 13.).

Die resultierenden Induktionslinien in der Umgebung, die wir nach § 42, 10. in die Rechnung einführen dürfen, sind die einer gleichförmig elektrich geladenen Geraden. Die Symmetrie verlangt, daß diese Induktionslinien radial zum Draht in den umgebenden Raum verlaufen, so daß die Niveauflächen Zylinderflächen mit dem Draht als Achse bilden. Die Längeneinheit dieses Drahtes sendet $4\pi\varrho$ Induktionslinien aus, und diese durchsetzen eine Zylinderfläche vom Radius r cm und der Höhe 1 cm, also vom Flächeninhalt $2r\pi$ qcm, gleichförmig. Die Flächeneinheit dieser Zylinderfläche wird somit von

$$\mathfrak{E} = \frac{2\varrho}{r}$$

Induktionslinien normal durchsetzt.

In einem Punkte P im Normalabstande r vom Draht ist also die Induktionsliniendichte $2\varrho/r$, und diese Induktionslinien bewegen sich infolge der Strömung normal zu ihrer Richtung. In der Zeiteinheit werden

$$n = \frac{2\varrho v}{r}$$

Induktionslinien die zu r und v normale Längeneinheit durchschneiden und ein Magnetfeld

$$H = \frac{2\varrho v}{rc} = \frac{2J}{rc} \tag{3}$$

erzeugen. Dieses Feld hat die Richtung der Tangente an den durch P normal um den Draht gelegten Kreis, entsprechend der Ampèreschen Schwimmerregel. Es ist von Biot und Savart empirisch aufgefunden.

Denselben Wert besitzt das magnetische Feld im umgebenden Raume auch dann, wenn der Strom in einem unendlich langen nicht linearen kreiszylindrischen Leiter fließt. Denn die Kraftlinienverteilung eines solchen im umgebenden Raume ist aus Symmetriegründen die gleiche, wie wenn die elektrische Ladung in seiner Achse konzentriert wäre.

3. Das Feld im Mittelpunkte der Tangentenbussole.

Die Tangentenbussole wird von einem eine Kreisbahn durchfließenden Strome gebildet. Im Mittelpunkte der Kreisbahn befindet sich der Drehpunkt einer sehr kleinen um eine Vertikalachse drehbaren Magnetnadel, die das Feld anzeigt. Die Tangentenbussole ist so aufgestellt, daß die Richtung der Horizontalintensität parallel mit der Ebene der Kreisbahn ist.

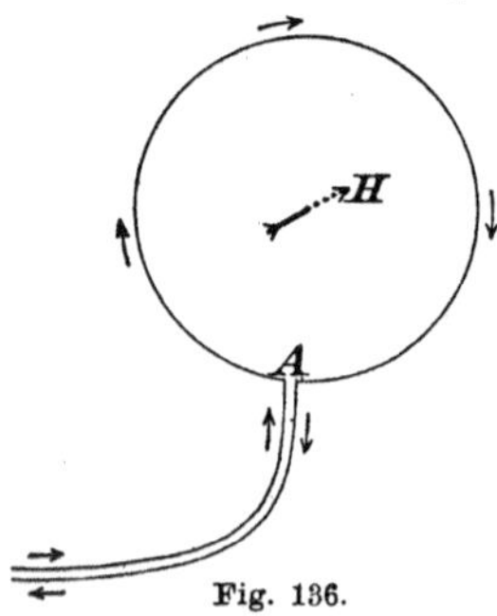

Fig. 136.

Ein solcher Kreisstrom ist mit großer Genauigkeit realisierbar in der in Figur 136 angegebenen Weise. Die Stromzufuhr erfolgt bei A an zwei unmittelbar benachbarten Punkten der Kreisbahn. Die beiden Zuleitungsdrähte können bis auf beliebige Entfernung unmittelbar benachbart geleitet werden, so daß sich, da sie von entgegengesetzten Strömen durchflossen sind, ihre Magnetfelder in geringem Abstande schon aufheben.

Zur Berechnung des Magnetfeldes im Mittelpunkte wenden wir hier zweckmäßig das Biot-Savartsche Gesetz (Gleichung (2)) an. Es ist

$$H = \sum_{\odot} \frac{J\,ds}{c r^2} \sin\alpha,$$

geometrisch zu summieren über alle Elemente der Kreisbahn. Die Ebene, in der ds und r liegen, ist die Kreisebene. Jedes Stromelement erzeugt also ein Magnetfeld normal zur Kreisebene und die geometrische Summe wird eine algebraische. Für den Kreismittelpunkt wird allgemein $\alpha = 90^0$, $\sin\alpha = 1$ und $r = a$ konstant. Somit wird

$$H = \frac{J}{ca^2}\int ds$$

und $\int ds = 2a\pi$, also

$$H = \frac{2\pi J}{ca}, \tag{4}$$

und dieses Feld steht senkrecht zur Kreisebene, in Figur 136 nach der Schwimmerregel von vorne nach hinten.

4. Ist die Magnetnadel hinreichend klein, so daß ihre Enden nicht an Orten liegen, in denen das Feld merklich von dem im Mittelpunkte befindlichen abweicht, so wird sie sich nun in die resultierende Richtung der zur Kreisebene parallelen Horizontalintensität des Erdfeldes H_c, und der dazu normalen Feldintensität H des elektrischen Stromes einstellen. Diese resultierende Richtung schließt mit der Kreisebene einen Winkel γ ein, dessen Tangens gegeben ist durch

$$\operatorname{tg} \gamma = \frac{H}{H_c} = \frac{2\pi J}{c a H_c},$$

und daraus folgt

$$J = \frac{c a H_c}{2\pi} \operatorname{tg} \gamma.$$

Die Kenntnis des Erdfeldes H_c, der Konstanten c und des Radius a der Tangentenbussole ermöglicht es also, die Stromstärke aus dem Ablenkungswinkel zu bestimmen. Will man bloß Stromstärken miteinander vergleichen, so ist die Kenntnis dieser Größen nicht erforderlich.

5. Gelingt es uns umgekehrt, eine bekannte Elektrizitätsmenge gleichförmig durch die Tangentenbussole zu senden, so können wir aus dem Ablenkungswinkel die Konstante c ermitteln. Das ist in etwas veränderter Form das Prinzip, nach dem in Wirklichkeit diese Konstante ermittelt worden ist. Es ergibt sich

$$c = 3 \cdot 10^{10},$$

und die Dimensionen von c sind die einer Geschwindigkeit. Letzteres erkennt man am einfachsten durch Kombination der Gleichungen (I) und (3) in § 42. Danach ist

$$H = \frac{\mathfrak{E} v_n}{c}.$$

Da H und $\mathfrak{E} = \varepsilon E$ gleiche Dimensionen haben, müssen auch v und c gleiche Dimensionen haben.

Der Wert von c ist, so weit die Genauigkeit der Messungen das erkennen läßt, identisch mit der Fortpflanzungsgeschwindigkeit des Lichtes im Vakuum.

6. Das Feld im Innern eines unendlich langen Solenoids.

Wir denken uns einen unendlich langen Zylindermantel von unendlich kleiner homogener Wandstärke q und beliebiger Querschnittsform (Fig. 137) ohne scharfe Kanten. Dieser Zylinder soll von einem homogenen elektrischen Strome umflossen sein; d. h. denken wir uns aus dem Zylinder einen Ring von der Höhe $DE = 1$ cm herausgeschnitten, so soll parallel mit den Leitlinien dieses Zylinders eine

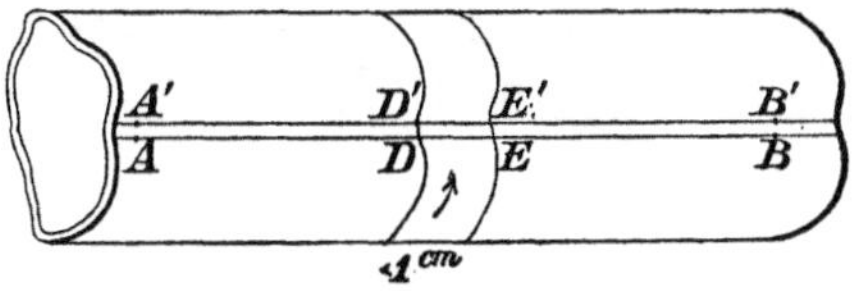

Fig. 137.

Strömung von der Größe i den Ring umfließen und i soll über den ganzen unendlichen Zylinder konstant sein. Ist a hinreichend klein, so können wir die Strömung als die Bewegung einer Flächenladung ansehen. i ist die Stromdichte der Flächenladung, die durch die Längeneinheit parallel zu einer Erzeugenden des Zylinders fließende Stromstärke. Die Dimensionen von i sind die einer Stromstärke dividiert durch eine Länge.

7. Wir denken uns eine eventuelle strömende negative Ladung nach § 42, 12. durch die entgegengesetzt fließende positive Ladung ersetzt. Wir denken uns weiter zwei in unendlich kleinem Abstande ds voneinander entfernte Erzeugende AB und $A'B'$ des Zylinders gezeichnet. Ist σ die Flächendichte der Ladung, so wird sich auf einem Zentimeter DE des zwischen diesen gelegenen Streifens die Ladung σds befinden. Wenn sich diese Ladung in der Stromrichtung (Pfeilrichtung der Figur 137) verschiebt, werden sich die einzelnen Teile dieser Ladung gegeneinander nicht verschieben oder drehen, wenn ds hinreichend klein gewählt wird. Der Streifen $AA'B'B$ wird sich mit abnehmendem ds wie eine elektrisch geladene Linie verhalten, die sich normal zu ihrer Richtung bewegt. Wir können auf ihn das Gesetz § 42, 10. anwenden, nicht aber auf alle Ladungen des Zylinders. Die resultierenden Induktionslinien des Streifens werden, wie in Nr. 2 die Induktionslinien eines geraden Drahtes, in den umgebenden Raum strahlenförmig verlaufen und im Abstande r von den Geraden AB die Dichte

$$\mathfrak{E} = \frac{2\sigma ds}{r}$$

besitzen. Dort aber bewegten sich die Ladungen parallel der Geraden, hier senkrecht zu ihr.

8. Figur 138 sei ein Querschnitt des Zylinders. Wir wollen berechnen, was für einen Beitrag der Elementarstreifen $AA'B'B$ der Fig. 137 zu dem Magnetfelde eines beliebigen Punktes P liefert. P habe von ds den Abstand r, und r schließe mit ds den Winkel α ein. Dann ist durch obigen Wert $\mathfrak{E}$ die Induktionsliniendichte der von $DD'E'E$ ausgehenden Induktionslinien gegeben. Diese verschieben sich nach § 42, 9., d parallel mit ds, und nach (I) wird das Magnetfeld in P

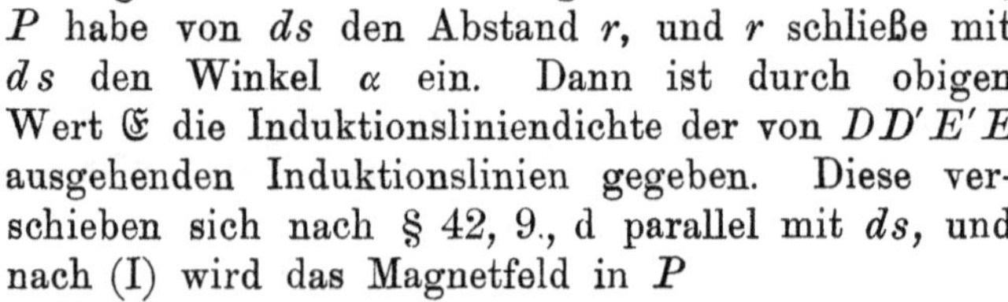

Fig. 138.

$$\Delta H = \frac{\mathfrak{E} v_n}{c} = \frac{2\sigma ds\, v \sin\alpha}{rc}$$

erzeugt.

Es ist $i = \sigma v$ die durch die Längeneinheit der Erzeugenden fließende elektrische Strömung. Ein Element des Zylindermantels vom Querschnitt ds liefert also zu dem Magnetfelde den Beitrag

$$(5) \qquad \Delta H = \frac{2 i ds \sin \alpha}{rc},$$

der, wie man sieht, ähnlich gebaut ist, wie der des Biot-Savartschen Gesetzes, nur daß im Nenner r in erster Potenz steht, und der Zähler den Faktor 2 hat. Die Richtung von ΔH ist die Normale nach vorn zur Zeichenebene der Figur 138.

Die Gleichung (5) gilt in gleicher Form für Punkte im Innenraume wie für solche im Außenraume des Zylinders.

9. Wir teilen den Querschnitt des Mantels (Fig. 139) in Elemente ds ein, die so klein sein müssen, daß die von ihren Enden (A und B) nach P laufenden Kraftlinien noch als hinreichend parallel anzusehen sind, daß also der Winkel ω, den sie miteinander einschließen, hinreichend klein ist. Demnach werden wir die Einteilung zweckmäßig so vornehmen, daß ω für alle Elemente ds das gleiche ist. Wir fassen zwei aus dem Mantel herausgeschnittene Elemente ins Auge, die zwischen denselben zwei in P sich schneidenden Ebenen gelegen sind. (Fig. 139 für einen inneren, Fig. 140 für einen äußeren Punkt.)

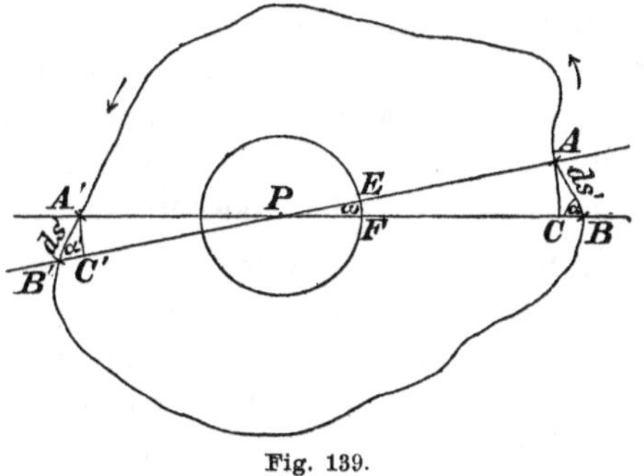

Fig. 139.

Um P schlagen wir einen Kreis (in der Zeichenebene) vom Radius 1. Die beiden Ebenen schneiden dann aus diesem ein Element von der Länge $EF = \omega$ heraus.

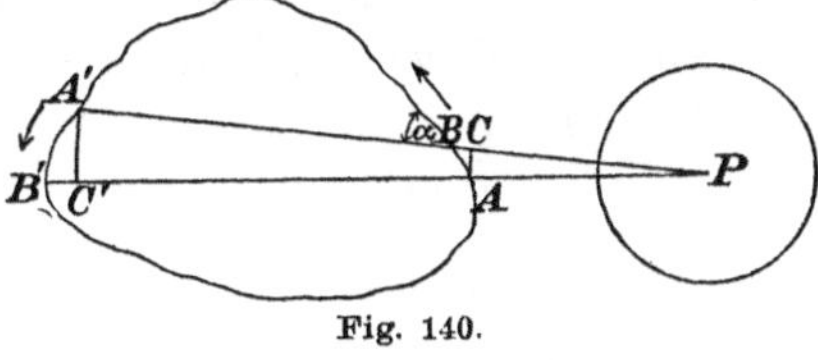

Fig. 140.

Das Element AB liefert zu dem Magnetfelde in P den Beitrag (nach Gleichung (5))

$$\Delta H = \frac{2 i ds \sin \alpha}{rc} = \frac{2 i AC}{rc},$$

und es ist

$$AC = r\omega,$$

also

$$(6) \qquad \Delta H = + \frac{2 i \omega}{c}$$

ein von r unabhängiger Wert.

10. Den gleichen Beitrag liefert, abgesehen vom Vorzeichen, auch das Element $A'B'$ in P.

Ist P ein äußerer Punkt (Fig. 140), so lehrt die Schwimmerregel, daß AB und $A'B'$ in P entgegengesetzt gerichtete Beiträge $\varDelta H$ liefern. Diese werden sich also paarweise aufheben.

Im Außenraume des Zylinders existiert überhaupt kein Magnetfeld.

11. Im Innenraume sind nach der Schwimmerregel die Beiträge aller Elemente $\varDelta H$ gleichgerichtet. Sie superponieren sich also, und es wird im Punkte P das Feld

$$H = \sum \frac{2 i \omega}{c} = \frac{2 i}{c} \sum \omega = \frac{4 \pi i}{c} \tag{7}$$

herrschen.

Dieses Feld ist, wie man sieht, vom Orte unabhängig. Das Magnetfeld im Innern des Zylinders ist homogen.

Es ist aber auch von der Gestalt der Leitlinie des Zylinders unabhängig. Alle Zylinder, die von der gleichen Strömung umflossen sind, liefern das gleiche Magnetfeld.

12. In folgender Weise können wir die hier besprochenen Verhältnisse angenähert realisieren. Der Zylinder sei ein Kreiszylinder, der als unendlich lang gegen seinen Querschnitt angesehen werden darf. Diesen umwickeln wir spiralförmig mit einem möglichst dünnen Draht möglichst dicht, Windung neben Windung, aber so, daß jede Windung von der nächsten durch einen Nichtleiter getrennt ist. Eine solche Drahtspirale heißt ein „Solenoid". Es mögen ν Windungen auf ein Zylinderstück von der Höhe von 1 cm gehen. Lassen wir nun den Draht von einem Strome von der Stärke J durchfließen, so wird $i = \nu J$ die dieses Zylinderstück von der Höhe von 1 cm umfließende Strömung sein, wo ν eine reziproke Länge ist. Und es wird das Feld im Solenoid

$$H = \frac{4 \pi \nu J}{c}. \tag{8}$$

Dieser Wert ist nur in den Gegenden richtig, die fern genug von den Enden der Spirale gelegen sind.

§ 44. Die induzierte magnetomotorische und elektromotorische Arbeit.

1. Die gemäß den Gleichungen (I), (II) (§ 42, 4) „induzierten" Felder können von statischen Feldern überlagert sein, über die diese Gleichungen naturgemäß nichts aussagen. Solche statische Felder können aber aus den induzierten Feldern selber durch „Influenz" (§ 38) entstehen. Denken wir uns z. B., es bewegen sich in einem Raume magnetische Induktionslinien, und wir berechnen nach (II) das daraus resultierende elektrische Feld und bringen in dieses

Feld einen isolierenden Körper hinein. Die Permeabilität dieses Körpers wird im allgemeinen, wenn er nicht „ferromagnetisch" ist, nur wenig von dem der Umgebung verschieden sein; wohl aber kann seine Dielektrizitätskonstante beträchtlich abweichen. Es werden sich demgemäß die bewegten magnetischen Induktionslinien nicht wesentlich verändern. Das elektrische Feld aber wird infolge Influenzelektrizität in den eingeführten Körpern ein ganz anderes, als aus der Gleichung (II) folgen würde.

Die Anwendung der Gleichung (II) liefert uns also ein falsches Ergebnis, wenn wir nicht gleichzeitig auf die im Raume vorhandene Verteilung der Dielektrizitätskonstanten Rücksicht nehmen, die in dieser Gleichung gar nicht vorkommt, und das Gleiche gilt für die Gleichung (I) und die Permeabilität.

2. Im vorigen Paragraphen (Nr. 2) haben wir das Magnetfeld eines geradlinigen linearen Stromes J im Abstande r von der Strombahn

$$H = \frac{2J}{rc} \tag{1}$$

gefunden. Zeichnen wir in einer zur Strombahn senkrechten Ebene einen Kreis vom Radius r, dessen Mittelpunkt in der Strombahn liegt, und nennen wir den Umlaufsinn positiv, für den die positive Stromrichtung die positive Drehachse ist (§ 15, 9.), so finden wir nach der Schwimmerregel, daß wir immer beim Durchlaufen der Kreisbahn in diesem Sinne auch das induzierte Magnetfeld in positiver Richtung durchlaufen. Bilden wir die magnetomotorische Arbeit (§ 41, 1) über diese Kreisbahn, indem wir die Kreislinie in hinreichend kleine Elemente ds zerlegen,

$$A_m = \oint H_s ds,$$

so wird diese sich aus lauter positiven Summanden zusammensetzen und nicht, wie es bei einem statischen Felde der Fall ist (§ 38, 7.), verschwinden.

Die Richtung der induzierten Feldintensität ist überall der Kreisbahn parallel, d. h. es ist $H_s = H$, und dieser Wert ist über den ganzen Kreis nach Gleichung (1) konstant. Es wird also

$$A_m = H \int ds$$

und da $\int ds = 2r\pi$, und nach § 43, 2. $H = 2J/rc$ ist,

$$A_m = \frac{4\pi J}{c}. \tag{2}$$

3. Diese Gleichung lehrt uns, daß die „induzierten Felder" von den statischen sich dadurch unterscheiden, daß für sie die magnetomotorische (elektromotorische) Arbeit über geschlossene Kurven nicht allgemein verschwindet, sondern bestimmte Werte annimmt. Und diese Werte sind unabhängig von den sie überlagernden Feldern, also frei von den in Nr. 1 besprochenen Fehlern: Denn ist H_1 ein induziertes, H_2 ein statisches, H das aus beiden resultierende Feld, und ist

$$\oint H_{1s} ds = A_1$$

die magnetomotorische Arbeit des Feldes H_1 über eine vorgelegte geschlossene Kurve, so ist

$$\oint H_{2s} ds = 0$$

über dieselbe Kurve, also

$$\oint H_{1s} ds + \oint H_{2s} ds = A_1 .$$

Wenn wir in beiden Summen die ds identisch wählen, folgt:

$$A_m = \oint (H_{1s} + H_{2s}) ds = \oint H_s ds = A_1 ,$$

d. h. ob wir die magnetomotorische Arbeit des induzierten oder des resultierenden Feldes bilden, ist für das Resultat gleichgültig.

4. Es sei eine beliebige geschlossene Kurve $s (= s_1 + s_2)$ gegeben (Fig. 141), in einem Raume liegend, in dem sich elektrische Induktionslinien verschieben. Nur die eine Bedingung knüpfen wir an die Lage dieser Kurve: sie soll nicht einen elektrischen Strom umschlingen, oder genauer: sie soll so gelegen sein, daß es möglich ist, eine (eventuell gewölbte) einfach zusammenhängende (Bd. II, § 96) Fläche s in ihr auszuspannen, durch die kein elektrischer Strom hindurchtritt. Durch eine solche Fläche ist unterschieden, was bei dieser Kurve „innen" und „außen" heißt.[1])

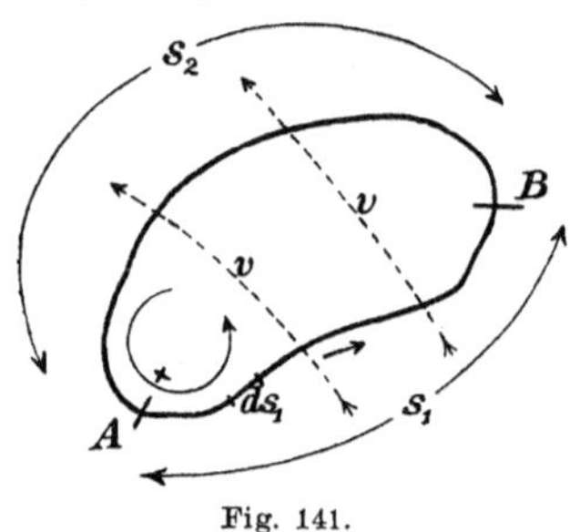

Fig. 141.

Die bewegten elektrischen Induktionslinien werden im allgemeinen einen Teil s_1 der Kurve von außen nach innen, einen anderen Teil s_2 von innen nach außen durchwandern. Den Umlaufsinn der Kurve s rechnen wir in einem bestimmten Sinne positiv, so daß die das Innere durchsetzende Induktionslinienrichtung dann als positiv anzusehen ist, wenn zu ihr dieser Umlaufsinn eine Rechtsdrehung bildet.

1) Wir schließen also den Fall aus, daß die Kurve einen Knoten bildet. Sie soll auf einer Fläche liegen, in der sie die ganze Begrenzung eines einfach zusammenhängenden Stückes darstellt. (Gauß Werke Bd. V. Seite 605.)

5. Durch ein Element ds_1 von s_1 mögen ν_1 positive Induktionslinien in der (unendlich kleinen) Zeiteinheit ins Innere eintreten. (Austretende negative Induktionslinien sind äquivalent mit eintretenden positiven.) Durch die Längeneinheit von ds_1 werden dann

$$n_1 = \frac{\nu_1}{ds_1}$$

Induktionslinien in der unendlich kleinen Zeiteinheit eintreten und ein magnetisches Feld erzeugen, das nach (I') (p. 275) längs ds_1 die Komponente

$$H_{1s} = \frac{\nu_1}{c\,ds_1}$$

besitzt. Dieses Feld hat die Richtung des positiven Umlaufes, wie man aus der Figur 130 und Gleichung (I') sieht, d. h. es hat die Richtung von A nach B (Fig. 141). Alle Elemente von s_1 liefern die magnetomotorische Arbeit über das Kurvenstück s_1 von A nach B

$$A_1 = \int_{s_1} H_{1s} ds = \frac{1}{c} \sum \nu_1,$$

oder

$$A_1 = \frac{p_1}{c},$$

wenn wir mit p_1 die Gesamtheit aller in das Innere der Kurve in der Zeiteinheit eintretenden Induktionslinien verstehen.

6. In gleicher Weise liefern die durch s_2 austretenden Induktionslinien Felder, die die Richtung ebenfalls von A nach B, also in negativem Umlaufsinne besitzen,

$$-H_{2s} = -\frac{\nu_2}{c\,ds_2},$$

und die magnetomotorische Arbeit über s_2 von B nach A wird

$$A_2 = -\sum_{s_2} H_{2s} ds_2 = -\frac{1}{c} \sum \nu_2$$

oder

$$A_2 = -\frac{p_2}{c},$$

wo p_2 die (positive) Summe aller in der Zeiteinheit austretenden Induktionslinien bedeutet.

7. Es ist die magnetomotorische Arbeit über die ganze geschlossene Kurve

$$A_m = A_1 + A_2$$

oder

$$\oint H_s ds = \frac{p_1 - p_2}{c}. \tag{3}$$

$p_1 - p_2$ ist die Differenz der in der Zeiteinheit ein- und austretenden

Kraftlinien, also der Zuwachs in der Sekunde der die Fläche S der Kurve durchsetzenden Kraftlinien.

III. Die magnetomotorische Arbeit über eine geschlossene Kurve ist gleich dem $1/c$-fachen der in der Zeiteinheit erfolgenden Zunahme (! vgl. IV) der die Fläche S der Kurve durchsetzenden Zahl elektrischer Induktionslinien.

Eine Abnahme dieser Induktionslinien ist dabei als negative Zunahme in Rechnung zu setzen.

8. Für die elektromotorische Arbeit und bewegte Magnetkraftlinien gilt das Entsprechende. Aber wir müssen die Induktionslinienrichtung in entgegengesetztem Sinne zum Umlaufsinn positiv ansetzen (vgl. Fig. 131 und II'). Die magnetische Induktionslinienzahl ist dann als positiv anzusetzen, wenn die Richtung der magnetischen Induktionslinien zum Umlaufsinn die Achse eines Linkssystems bildet.

Statt dessen können wir aber auch das Vorzeichen umdrehen und bei einem Rechtssystem bleiben. Dann wird

$$\oint E_s ds = -\frac{q_1 - q_2}{c}, \tag{4}$$

wenn q_1 die Anzahl der eintretenden, q_2 die der austretenden magnetischen Induktionslinien bedeutet. Jetzt steht der Umlaufsinn bezüglich der Magnetkraftlinien q in der Relation der Rechtsdrehung; $-(q_1 - q_2)$ ist die Abnahme der magnetischen Induktionslinien. In Worten sagt (4):

IV. Die elektromotorische Arbeit über eine geschlossene Kurve ist gleich dem $1/c$-fachen der in der Zeiteinheit erfolgenden Abnahme (! vgl. III) der diese Kurve durchsetzenden Zahl magnetischer Induktionslinien.

In III. und IV. ist der positive Sinn von s eine Rechtsdrehung zu der positiven Richtung der Induktionslinien p und q.

9. Wenn in dem betrachteten Raume nur stationäre elektrische Ströme, aber keine anderen bewegten Elektrizitäten vorkommen, so werden sich zwar elektrische Induktionslinien verschieben, aber ihre Dichte wird überall konstant bleiben. Es werden nur an jedem Orte Induktionslinien durch solche von gleicher Dichte und Richtung ersetzt.

Denn wäre das nicht der Fall, würden sich also irgendwo Induktionslinien ansammeln, so wären die Bedingungen der stationären Strömung nicht erfüllt.

Daraus folgt: In eine geschlossene Kurve in der Umgebung stationärer Ströme, die aber von keinen Strömen durchsetzt wird, müssen ebensoviele Induktionslinien ein- wie austreten. Es ist $p_1 = p_2$ und

(5) $$A_m = \oint H_s ds = 0$$

im Falle stationärer Ströme.

10. Wir wollen uns einen beliebigen linearen Strom J' vorstellen, dessen Strombahn keine scharfen Ecken bilden soll. Wenn wir hinreichend nahe an diese Strombahn herangehen, können wir sie als geradlinig ansehen. Legen wir in einer zu der Strombahn senkrechten Ebene einen Kreis um die Strombahn konzentrisch herum, der einen hinreichend kleinen Radius hat, so können wir die magnetomotorische Arbeit über diese Kreisbahn nach Gleichung (2) berechnen.

Wir wollen an die Fläche I dieses Kreises zwei Ansatzflächen II und III, wie in Figur 142 angedeutet, anlegen. Diese Ansatzflächen brauchen nicht ebene Flächen und auch nicht unendlich klein zu sein. Durch geeignete Form und Krümmung können wir es erreichen, daß eine beliebige Kurve s die Umrandung aller drei Flächen wird, und wir wählen für die drei einzelnen Kurven in folgender Weise positive Umlaufsinne. Der positive Umlaufsinn der Fläche I sei derart, daß die Kreisfläche in Rechtsdrehung zum Strome umlaufen wird. Für die zwei Ansatzflächen soll der positive Umlaufsinn derart sein, daß die die Kreisbahn berührenden Linien entgegengesetzt zu dem Umlaufsinn der Fläche I durchlaufen werden (vgl. die Pfeilrichtungen in Fig. 142).

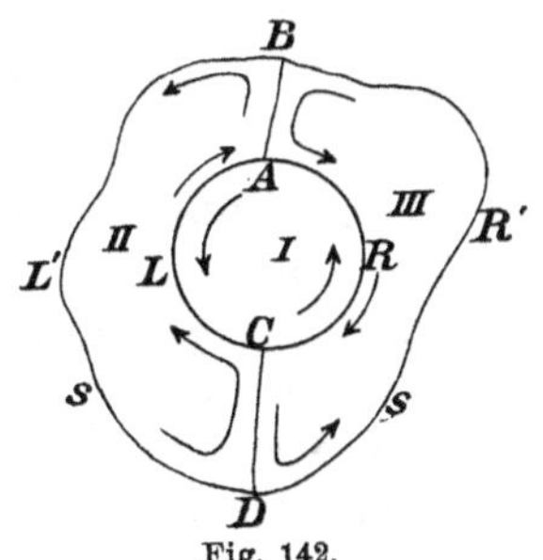

Fig. 142.

11. Wir bilden jetzt die Summe der magnetomotorischen Arbeiten über die drei Randkurven der drei Flächen. Nur die magnetomotorische Arbeit um die Fläche I hat einen von 0 abweichenden Wert, den Wert der Gleichung (2). Nach Gleichung (5) müssen die magnetomotorischen Arbeiten über die zwei anderen Flächen, II und III, verschwinden. Es ist also, wenn H' das Magnetfeld des Stromes J' bedeutet,

$$\int_{I} H_s' \, ds + \int_{II} H_s' \, ds + \int_{III} H_s' \, ds = \frac{4\pi J'}{c}.$$

Zerlegen wir die drei Summen (Integrale) in Einzelsummen über die zwischen den Punkten A, B, C, D (Fig. 142) gelegenen Strecken, so folgt:

$$\begin{aligned}
&\left((L)\int_A^C H_s'\,ds + (R)\int_C^A H_s'\,ds\right)\\
(6)\quad &+\left((L)\int_C^A H_s'\,ds + \int_A^B H_s'\,ds + (L')\int_B^D H_s'\,ds + \int_D^C H_s'\,ds\right)\\
&+\left((R)\int_A^C H_s'\,ds + \int_C^D H_s'\,ds + (R')\int_D^B H_s'\,ds + \int_B^A H_s'\,ds\right) = \frac{4\pi J'}{c}.
\end{aligned}$$

Der vor dem Zeichen $\int$ stehende eingeklammerte Buchstabe deutet nach der Figur den Weg an, über den die Summierung erfolgen soll. Dieser Buchstabe fehlt, wo kein Zweifel über den Weg möglich ist.

12. Es stehen in diesem Ausdruck eine Anzahl Summenpaare, die sich nur durch die Richtung, in der ein und derselbe Weg durchlaufen werden soll, unterscheiden. Es lauten z. B. die erste Summe der ersten Klammer und die erste Summe der zweiten Klammer

$$(L)\int_A^C H_s'\,ds + (L)\int_C^A H_s'\,ds.$$

In diesen beiden wird derselbe Weg das eine Mal in Richtung der H_s', das andere Mal gegen diese Richtung durchlaufen. In einem Falle sind also diese H_s' die negativen Werte von denen des anderen Falles, und die beiden Summen ergeben zusammen den Wert 0. Machen wir das mit allen Summenpaaren, bei denen es möglich ist, so bleibt in Gleichung (6) nur übrig:

$$(L')\int_B^D H_s'\,ds + (R')\int_D^B H_s'\,ds = \frac{4\pi J'}{c}$$

oder

$$\int_s H_s'\,ds = \frac{4\pi J'}{c}.$$

Die magnetomotorische Arbeit über eine beliebige geschlossene Kurve, die den Strom J' umschließt, ist gleich $4\pi J'/c$.

13. Umschließt dieselbe Kurve s nicht den Strom J', sondern einen anderen, beliebig gelegenen Strom J'', so wird

$$\int_s H_s''\,ds = \frac{4\pi J''}{c},$$

und sind beide Ströme gleichzeitig vorhanden, so superponieren sich H_s' und H_s'' zu einem H_s, und es folgt:

$$\int H_s ds = \int_s H'_s ds + \int_s H''_s ds = 4\pi \frac{J' + J''}{c}.$$

Für eine beliebige Anzahl die Kurve s durchsetzender Ströme J ergibt sich in gleicher Weise

$$\oint H_s ds = \frac{4\pi}{c} \sum J. \tag{7}$$

ΣJ bedeutet hier die Summe aller die Fläche S der Kurve s durchsetzenden Ströme, wobei alle die Ströme als positiv zu nehmen sind die die Kurve in positiver Richtung, d. h. als Achse eines Rechtssystems, durchsetzen.

Die Bedingung, daß die Ströme lineare sein müssen, ist jetzt auch überflüssig, da wir einen beliebigen räumlichen Strom als Summe von linearen Strömen auffassen können.

14. In Worten sagt die Gleichung (7):

V.[1]) In einem Raume, in dem stationäre elektrische Ströme existieren, sonst aber eine Verschiebung von Induktionslinien nicht stattfindet, ist die magnetomotorische Arbeit über eine geschlossene Kurve gleich dem $4\pi/c$-fachen der algebraischen Summe aller diese Kurve durchfließenden Stromstärken, wobei positiv die Stromstärken zu rechnen sind, die die Kurve in positiver Richtung durchfließen.

---

1) Die Sätze III, IV, V enthalten die wesentlichen Grundlagen für die Maxwellschen Gleichungen, die sofort folgen, wenn wir die magnetomotorischen Arbeiten auf die Umrandung einer unendlich kleinen Flächeneinheit senkrecht zu den diese Fläche durchsetzenden Kraftlinien beziehen. Dann wird $\oint H_s ds = \text{rot } H$, $\oint E_s ds = \text{rot } E$; die Zunahme in der Zeiteinheit der die Flächeneinheit durchsetzenden elektrischen Kraftlinien wird $\frac{\partial \varepsilon E}{\partial t}$, die entsprechende Abnahme der die Flächeneinheit durchsetzenden magnetischen Kraftlinien wird $-\frac{\partial \mu H}{\partial t}$. Die Summe aller die Flächeneinheit durchsetzenden Ströme, bei stetiger Verteilung der Ströme, wird i, wenn $i = \lambda E$ die Stromdichte ist; und deshalb gehen die Sätze III, IV, V über in

$$c \text{ rot } E = -\frac{\partial \mu H}{\partial t};$$

$$c \text{ rot } H = 4\pi\lambda E + \frac{\partial \varepsilon E}{\partial t}.$$

James Clerk Maxwell ist am 13. Juni 1831 bei Edinburgh geboren und am 5. November 1879 in Cambridge gestorben. Er war von 1871 an Professor der Experimentalphysik an der Universität Cambridge und Mitglied der Lond. Roy. Soc.

Die Gleichung (7) umfaßt die Gleichung (5), die direkt aus ihr folgt, wenn $\Sigma J = 0$ wird.

§ 45. Die magnetische Induktion.

1. Wir haben bereits im vorigen Paragraphen das Gesetz kennen gelernt, das für die Erscheinungen, die wir jetzt zu besprechen haben und deren Auffindung wir Faraday verdanken, grundlegend ist, das Gesetz IV in § 44, 8. Nennen wir die die Fläche einer geschlossenen Kurve durchsetzende Zahl magnetischer Induktionslinien die „magnetische Induktion durch diese Kurve", positiv gerechnet, wenn die Kraftlinienrichtung parallel mit der Achse einer festgelegten Rechtsdrehung ist, so können wir diesem Gesetz den Wortlaut geben:

Die elektromotorische Arbeit A über eine geschlossene Kurve ist gleich der in der Zeiteinheit erfolgenden Abnahme der Induktion Q durch diese Kurve, dividiert durch die Konstante c.

Dieses Gesetz hatten wir aus dem Grundgesetze II (§ 42, 4.) gewonnen, vor dem es den Vorzug hat, daß es unabhängig von allen überlagerten elektrostatischen Feldern ist.

2. Verläuft die geschlossene Kurve ganz in einem Leiter, so bietet es uns einen weiteren Vorteil: Wie wir sehen werden, fließt in diesem Falle längs der Kurve ein elektrischer Strom und unser Gesetz liefert uns direkt in der elektromotorischen Arbeit eine Größe, die für diesen Strom die Rolle der elektromotorischen Kraft spielt.[1]) Das gilt allerdings nur dann, wenn die Kraftlinienänderung hinreichend langsam verläuft, oder die Kurve hinreichend klein ist.

Wir wollen uns in diesem Paragraphen auf einige Beispiele beschränken.

---

1) Die Gesetze der Induktionswirkung zwischen Strömen sind von Fr. Neumann 1845 in eine mathemaische Form gekleidet worden. Eine etwas veränderte Form, in der die bei den Neumannschen Gleichungen fehlenden relativen Beschleunigungen zweier Stromelemente auftreten, findet W. Weber 1846. Diese Weberschen Gleichungen sind, vor allem auf Untersuchungen von v. Helmholtz hin, später wieder verlassen worden.

Franz Ernst Neumann, geboren 11. September 1798 in Joachimsthal in der Uckermark, gestorben 23. Mai 1895 in Königsberg, war seit 1828 Professor der Physik und Mineralogie in Königsberg. Neumann war Freiheitskämpfer von 1815 (Franz Neumann, Erinnerungsblätter von seiner Tochter Louise Neumann. 1904.)

Wilhelm Eduard Weber, geboren 24. Oktober 1804 in Wittenberg, gestorben 23. Juni 1890 in Leipzig, wurde 1828 außerordentlicher Professor in Halle, 1831 ordentlicher Professor der Physik in Göttingen, wo er 1837, einer der „Göttinger Sieben", seines Amtes entsetzt wurde. 1843 kam er als Professor der Physik nach Leipzig, von wo er 1849 wieder in seine frühere Stelle nach Göttingen zurückkehrte.

Magnetoinduktion.

3. Es sei ein linearer Leiter in Gestalt eines ebenen Ringes gegeben, der eine Fläche f umspannt. Dieser Ring befinde sich in einem homogenen Magnetfelde (z. B. dem Erdfelde) von der Intensität H, und sei um eine Achse D drehbar, die in der Ringebene und senkrecht zu den Kraftlinien liegt (Fig. 143). Die Drehung soll mit konstanter Winkelgeschwindigkeit φ' erfolgen. Den Winkel rechnen wir von einem Moment an, wo der Ring senkrecht zu den Kraftlinien steht, und diese Stellung des Ringes nennen wir seine „Nullage" (Lage A in Fig. 143).

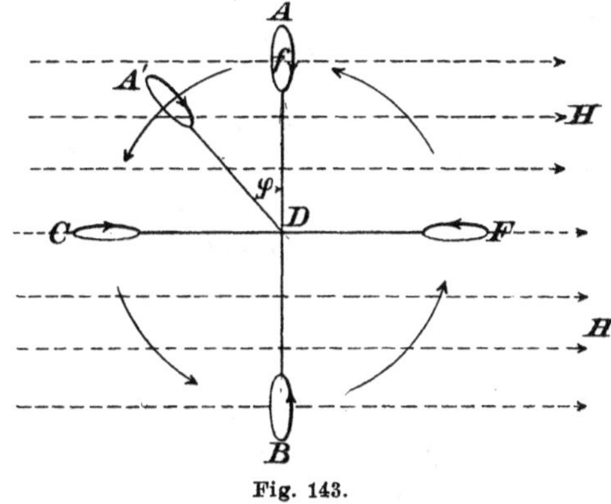

Fig. 143.

Wir fixieren auf dem Ringe den Drehsinn, der eine Rechtsdrehung zu $+H$ als Achse ist, wenn der Ring sich in der Nullage befindet. Die Induktionsliniendichte des Magnetfeldes H ist

$$\mathfrak{H} = \mu H,$$

die Induktion durch die Kurve in der Nullage

$$Q_0 = \mu H f.$$

4. Wenn der Ring sich um einen Winkel φ aus der Nullage herausgedreht hat (bis A' in Fig. 143), so ist die Induktion durch ihn

$$Q = Q_0 \cos\varphi, \tag{1}$$

da $f\cos\varphi$ die Projektion der Fläche f auf eine zu den Kraftlinien normale Ebene darstellt.

Rechnen wir φ immer wachsend, so daß $\varphi = 2\pi$ ist, wenn der Ring wieder seine Nullage erreicht hat, so wird infolge letzter Gleichung im zweiten und dritten Quadranten Q negativ. Das entspricht aber auch den Tatsachen, denn zu dem auf dem Ringe fixierten Drehsinn, angedeutet durch den Pfeil in der Figur, ist die Kraftlinienrichtung in diesen zwei Quadranten die negative Achse (§ 15, 9.).

Wir werden also in dieser Darstellung die elektromotorische Arbeit im Ringe so erhalten, daß sie positiv wird, wenn sie die im Ringe festbleibende Pfeilrichtung besitzt.

5. Eine graphische Darstellung der jeweiligen Größe von Q können wir folgendermaßen erhalten. Wir stellen Q_0 durch eine beliebige Länge (CA der Fig. 144) dar, und schlagen mit dieser Länge Q_0 als Radius einen Kreis. Drehen wir in diesem Kreise einen Radius von einer „Nullage“ CA aus bis zu einem Winkel φ (CA'), so wird seine Projektion CP auf den durch die Nullage gegebenen Durchmesser gleich dem Werte Q sein, der diesem Winkel φ entspricht; denn es ist

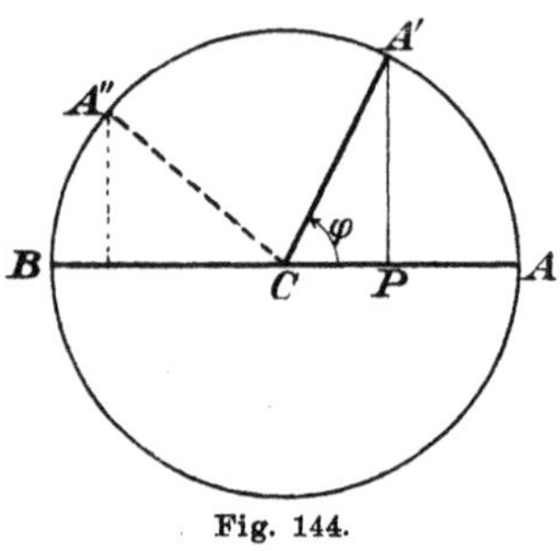

Fig. 144.

$$CP = CA' \cos\varphi = CA \cos\varphi.$$

Drehen wir den Radius mit konstanter Winkelgeschwindigkeit, so wird CP sich zeitlich ebenso verändern, wie Q. Daraus folgt: Die Strecke, die der Punkt P in der (unendlich kleinen) Zeiteinheit zurücklegt, ist gleich der Abnahme der Induktion Q in der Zeiteinheit.

Die Geschwindigkeit des Punktes P gibt die Abnahme der Induktion in der Zeiteinheit. Dabei müssen wir die Geschwindigkeit positiv rechnen, wenn sie in der Richtung von A über C nach B erfolgt, was man am besten daraus erkennt, daß die Abnahme von Q in den zwei ersten Quadranten positiv sein muß.

6. Eine solche Bewegung, wie sie der Punkt P ausführt, haben wir in § 20, 14. bei der Ableitung der Pendelbewegung kennen gelernt (Fig. 54). Danach muß die Geschwindigkeit des Punktes P (§ 20, 14., Gleichung (1)), wenn T die „Umlaufszeit“ des Radius bedeutet,

$$v = \frac{2\pi}{T} Q_0 \sin\varphi$$

sein, und das ist die in der Zeiteinheit erfolgende Abnahme von Q, die wir mit Q' bezeichnen wollen. Also ist

$$Q' = -\frac{dQ}{dt} = \frac{2\pi}{T} Q_0 \sin\varphi;$$

und danach ist die elektromotorische Arbeit über diese Kurve

$$A = \int_{\bigcirc} E_s ds = \frac{2\pi}{cT} Q_0 \sin\varphi. \tag{2}$$

7. Wir haben hierbei nicht berücksichtigt, daß durch diese elektromotorische Arbeit ein elektrischer Strom zustande kommt, der seinerseits ein Magnetfeld liefert, das über das Feld H gelagert sein und so die Induktion verändern wird. Dieses Feld ist von der Stromstärke abhängig, und wenn wir die Stromstärke, etwa durch einen hinreichend großen Widerstand, möglichst herabsetzen, so können wir es jedenfalls erreichen, daß es gegen H zu vernachlässigen sein wird. Wir vernachlässigen dann also die Induktionslinien, die ein in der

Kurve fließender Strom durch seine eigene Kurve hindurchsendet, die „Selbstinduktion“, oder richtiger gesagt, deren zeitliche Änderung.

8. Der Gleichung (2) entnehmen wir, daß das bei der Drehung in dem Ringleiter „induzierte Feld“ $E^{(1)}$ geschlossene Kraftlinien besitzen kann (vgl. § 34, 10). Welche Richtung dieses Feld an den einzelnen Stellen hat, können wir aus dieser Gleichung nicht ablesen. Darüber müßte uns die Grundgleichung (II) des § 42 Aufschluß geben. Über dieses Feld $E^{(1)}$ aber lagert sich gleichzeitig das Feld $E^{(2)}$ der in § 40, 12. besprochenen in dem Leiter auftretenden Ladungen.

Es sei in einem betrachteten Moment die Stellung des Ringes durch einen Winkel φ gegeben und wir wollen von diesem Moment an einen Zeitabschnitt τ ins Auge fassen, der so klein ist, daß φ sich nur unendlich wenig ändert. Durch hinreichend langsame Drehung können wir τ beliebig groß machen, bei unendlich langsamer Drehung sogar bis zu endlichen Werten steigern.

Innerhalb des Zeitelementes τ können wir $E^{(1)}$ als konstant ansehen. Nach § 40, 12. wird eine gewisse Zeit τ' erforderlich sein, innerhalb deren eine Oberflächenladung des Leiters und damit ein Feld $E^{(2)}$ erzeugt wird, so beschaffen, daß nach Ablauf von τ' die resultierenden Kraftlinien im Leiter parallel dessen Oberfläche verlaufen. Durch diese Oberflächenladung kann, da ihr Feld keine geschlossenen Kraftlinien besitzt, der Wert von A nicht geändert werden. Nach Ablauf der Zeit τ' können wir aber E_s durch das resultierende E ersetzen, weil E die Richtung von s hat, und es wird jetzt

$$A = \int\limits_{0} E\,ds = \frac{2\pi}{cT} Q_0 \sin\varphi.$$

Vorausgesetzt ist dabei, daß wir auch noch während der Zeit τ' das induzierte Feld $E^{(1)}$ als konstant ansehen dürfen.

9. Die Ladung, die durch das Feld $E^{(1)}$ erzeugt wird und die das Feld $E^{(2)}$ in geeigneter Weise modifiziert, wird mit Beginn des Zeitelementes τ' nicht ganz neu entstehen, sondern aus der Ladung, die in dem vorhergehenden Zeitelement vorhanden war und die, aller Wahrscheinlichkeit nach, nur wenig von ihr abweicht. Es ist danach plausibel, daß τ' nur sehr kleine Werte besitzt. Wie dem aber auch sei, wir dürfen jedenfalls bei hinreichend langsamer Drehung das Element τ so groß annehmen, daß τ' nur ein unendlich kleiner Bruchteil von τ ist. Diese hinreichend langsame Drehung des Ringes wollen wir voraussetzen. Daß sie in Wirklichkeit für eine mechanische Drehung recht beträchtlich schnell sein darf, wollen wir nur erwähnen.

10. Die Kraftlinien E sind im Innern des Ringes an dessen Grenze parallel mit der Oberfläche. Im Innern des Ringes können elektrische Ladungen nicht vorhanden sein, wenn wir nicht von vorne herein eine statische Ladung in irgendeinem Punkte des Ringes annehmen; denn die Ladungen, die das Feld $E^{(2)}$ erzeugen, sind nach § 40, 12. nur auf der Oberfläche vorhanden.

Der Innenraum des Ringkernes bildet eine Kraftröhre von unendlich kleinem Querschnitt, die ganz von in sich geschlossenen Kraftlinien erfüllt ist.

Der Kern des Ringes habe den Querschnitt q. Es muß dann

$$\varepsilon E q = \text{konst.}$$

sein, also

$$E q = \text{konst.}$$

11. Nach § 40, 4., Gleichung (1) ruft E eine Strömung von der Stromdichte

$$i = \lambda E$$

hervor, also eine Stromstärke

$$J = \lambda E q,$$

und J ist ebenfalls über die ganze Kraftröhre konstant, wenn es die Leitfähigkeit λ ist. Aus dieser Gleichung erhalten wir

$$\frac{J\,ds}{\lambda q} = E\,ds,$$

und deshalb

$$J\oint \frac{ds}{\lambda q} = A = \oint E\,ds.$$

Nach § 40, 10., Gleichung (5a) ist

$$\oint \frac{ds}{\lambda q} = w$$

der Widerstand der Kraftröhre. Deshalb wird allgemein

$$J = \frac{A}{w}, \tag{3}$$

oder in dem speziellen Falle der Gleichung (2):

$$J = \frac{2\pi}{w c T} Q_0 \sin\varphi, \tag{4}$$

und A vertritt in der Tat die Rolle der elektromotorischen Kraft. Wir nennen A die „induzierte elektromotorische Kraft“.

12. Ist t die Zeit, nach deren Verlauf der Winkel φ erreicht ist, so können wir

$$\varphi = \frac{2\pi}{T} t$$

setzen, da T die Zeit ist, die φ braucht, um den Wert 2π zu erreichen. Dann wird also

$$J = \frac{Q_0}{c} \frac{1}{w} \frac{2\pi}{T} \sin\frac{2\pi}{T} t, \tag{5}$$

und diese Gleichung lehrt uns den Verlauf des Stromes kennen, den wir wegen seiner Abhängigkeit vom Sinus einer Zeitfunktion einen „sinusförmigen Wechselstrom“ nennen.

Es wird

$$J = 0 \text{ zur Zeit } t = 0,$$
$$J = +A_0 \quad „ \quad „ \quad t = \tfrac{1}{4} T,$$
$$J = 0 \quad „ \quad „ \quad t = \tfrac{1}{2} T,$$
$$J = -A_0 \quad „ \quad „ \quad t = \tfrac{3}{4} T,$$
$$J = 0 \quad „ \quad „ \quad t = T.$$

Hierin ist

$$A_0 = \frac{Q_0}{c} \frac{1}{w} \frac{2\pi}{T}$$

der Maximalwert, den J erreicht, seine „Amplitude“.

Die ausgezogene Linie der Figur 145 gibt graphisch den zeitlichen Verlauf von J wieder. Die punktierte Linie gibt in gleicher Weise den zeitlichen Verlauf der Induktion durch die rotierende Kurve, wie er aus Gleichung (1) folgt, wenn wir $\varphi = 2\pi t/T$ setzen. In der Figur bedeutet die Abszisse die Zeit von einem Durchgang durch die Nullage an gerechnet; die Ordinate ist für die punktierte Linie die Induktion Q, für die ausgezogene die Stromstärke J. Die Länge OA der Ordinate repräsentiert für die punktierte Kurve den Wert Q_0, für die ausgezogene Kurve den Wert A_0, die „Amplitude“ der Strömung.

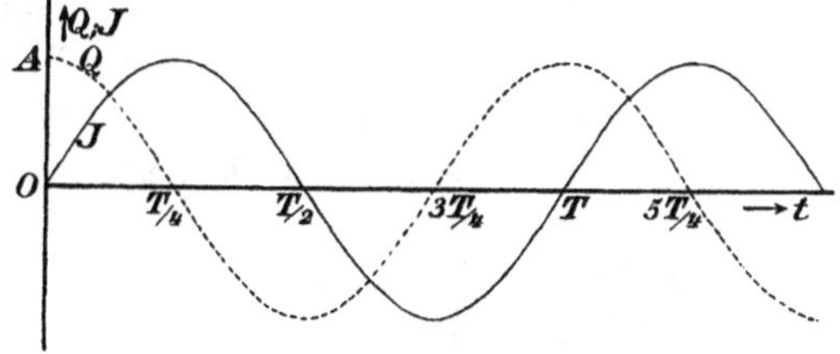

Fig. 145.

Die Werte $J = 0$ sind erreicht, wenn die Ringebene senkrecht zu den Kraftlinien steht, also wenn die Induktion durch die Kurve gerade im Maximum ist. J hat seinen Maximal- und Minimalwert, wenn die Induktion durch die Kurve gleich Null ist.

Die Stromstärke ist also zeitlich variabel, aber sie ist in jedem Moment über den ganzen Ring konstant. Eine solche Strömung heißt „quasistationär“ (§ 40, 9., Anm. 1).

13. Die in den letzten Nummern besprochenen Gesetze bilden die Grundlage für die Theorie der „Dynamomaschinen“, das heißt der zur Erzeugung von elektrischen Strömen mit Hilfe von Magnetfeldern bestimmten Maschinen.

In der Technik verwendet man allerdings niemals homogene Felder, weil sie nicht mit hinreichender Induktionslinienzahl herstellbar sind. Immer aber sind die Felder symmetrisch gebaut, wie es z. B. in Figur 146 durch die punktierten Linien angedeutet ist. Infolgedessen verläuft der induzierte Strom wenigstens qualitativ ähnlich, wie bei einem homogenen Felde; aber er verläuft nicht sinusförmig.

Das in Figur 146 angedeutete Feld, das in der Technik, besonders bei älteren Maschinen, häufig Verwendung gefunden hat, kommt dadurch zustande, daß man die rotierende Leiterkurve A um einen Eisenring herumlegt, der die Form und Lage des ringförmigen Raumes hat, den die Fläche f der Kurve bei ihrer Umdrehung beschreibt. Diesen Ring bringt man in ein Magnetfeld hinein, dessen Induktionslinien symmetrisch zu der Ringebene (Zeichenebene der Figur) und symmetrisch zu einer Meridianebene des Ringes (in der Figur normal zur Zeichenebene in der Linie CF) angeordnet sind. Die Induktionslinien werden durch den Ring nach dem Brechungsgesetz (§ 38, 12.) abgelenkt, bleiben aber symmetrisch zu den beiden Ebenen, da der Ring selber zu diesen symmetrisch liegt.[1] Der Eisenring heißt der „Ringanker“ der Maschine.[2]

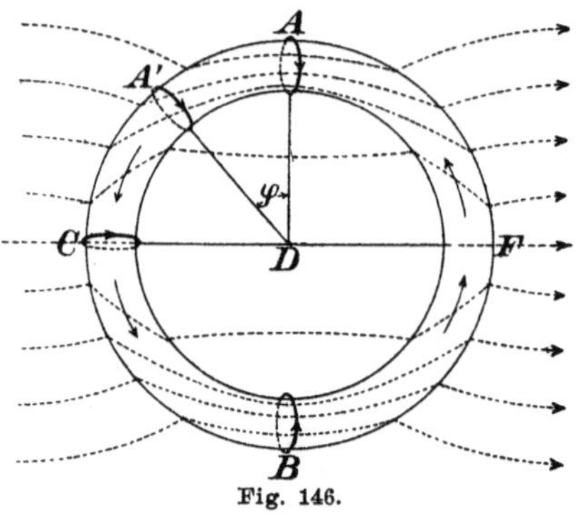

Fig. 146.

14. Die in der Schnittlinie CF der beiden Symmetrieebenen verlaufende Induktionslinie bleibt infolge der Symmetrie in ihrer Richtung erhalten. Aus demselben Grunde wird die Fläche f der Leiterkurve in der Nullage, bei A, von den Kraftlinien normal in positiver Richtung, um den Winkel π von A entfernt, also bei B, normal in negativer Richtung zu dem festgelegten Drehsinn, durch-

1) Die „Hysteresis“, auf die wir nicht eingegangen sind, sowie der erzeugte Strom stören diese Symmetrie bei der Rotation.

2) Dieser Ringanker heißt nach L. Th. Gramme, der ihn 1871 in Anwendung gebracht hat, der „Grammesche Ring“. Erfinder dieses Ringes ist Antonio Pacinotti, Professor der Physik an der Universität zu Cagliari.

Für die Technik war die Entdeckung des „Dynamoprinzips“ im Jahre 1867 von Werner Siemens von grundlegender Bedeutung. Es beruht auf der Verwendung von Elektromagneten zur Erzeugung des induzierenden Magnetfeldes, die durch den von der Maschine gelieferten Strom selber erregt werden. Der Kern eines solchen Magneten enthält hinreichend Magnetismus, um auch beim Ingangsetzen der Maschine schon einen, wenn auch nur schwachen Strom zu liefern. Dieser Anfangsstrom steigert dann allmählich die Magnetisierung des Kerns.

Ernst Werner v. Siemens geboren am 13. Dezember 1816 in Lenthe bei Hannover, gestorben 6. Dezember 1892 in Berlin, war Gründer der Firma Siemens & Halske, Dr. phil. hon. c. und Mitglied der Akademie der Wissenschaften in Berlin. („Lebenserinnerungen“ von Werner von Siemens. Berlin 1893.)

setzt. Die Induktion Q durch die rotierende Kurve wird sich demgemäß in ihrem zeitlichen Verlaufe ungefähr so gestalten, wie es die punktierte Linie der Figur 147 andeutet, die ebenso angeordnet ist, wie die Figur 145.

15. Aus dem Verlauf dieser Kurve können wir für die Stromstärke einige Schlüsse ziehen.

Die Induktion wird sich zeitlich nicht ändern, freilich nur während eines unendlich kleinen Zeitelementes, wenn die Kurve parallel mit der Abszisse verläuft, also zur Zeit $t = 0$, $t = T/2$, $t = T$, allgemein zur Zeit $t = nT/2$, wenn n eine ganze Zahl bedeutet. In diesen Zeitpunkten wird die Strömung gleich Null sein.

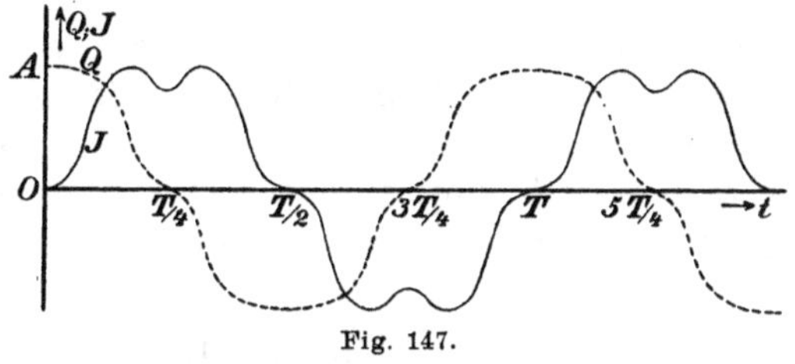

Fig. 147.

An den Stellen, wo die Kurve den steilsten Abfall besitzt, zeigt sie die schnellste zeitliche Abnahme von Q an. Hier wird die Strömung ein Maximum sein. An den Stellen, wo die Kurve den steilsten Anstieg besitzt, zeigt sie die schnellste zeitliche Zunahme von Q an, und die Strömung besitzt hier ein Minimum.

Die ausgezogene Kurve der Figur 147 stellt demgemäß den dem zeitlichen Verlauf von Q nach Gleichung (3) und Gesetz IV in § 44, 8. entsprechenden Verlauf der Stromstärke J dar.

16. Denken wir uns die rotierende Kurve in Gestalt eines Rechtecks gegeben und um eine Achse rotierend, die die Mittelpunkte zweier gegenüber liegender Seiten verbindet (Fig. 148), so gilt, wenn die Rotation in einem homogenen zur Drehachse normalen Felde verläuft, auch jetzt noch die Gleichung (5) und die graphische Darstellung in Fig 145. Denn von der Gestalt der Kurve und der Lage der Drehachse innerhalb der Kurvenebene war unsere Ableitung ganz unabhängig.

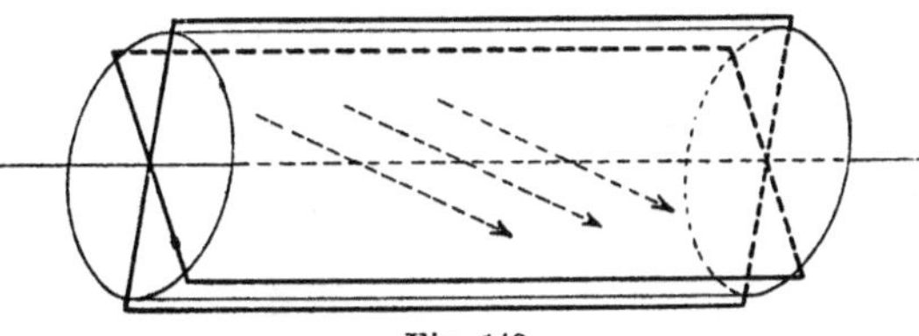
Fig. 148.

Die Kurvenfläche beschreibt bei der Rotation ein Stück eines Kreiszylinders. Erfüllen wir dieses mit Eisen, so wird das Magnetfeld und damit der zeitliche Verlauf der Induktion geändert. Der Strom wird nicht mehr sinusförmig verlaufen. Die so gewonnene Anordnung bildet eine spezielle Form des „Trommelankers", der in der neueren Technik häufig Verwendung findet. Den allgemeinsten Fall der „Trommelwicklung" erhält man, wenn man noch die Drehachse aus der Ebene der Kurve in eine zu dieser Ebene parallele Lage verlegt.

17. Bei praktischen Anordnungen begnügt man sich nicht mit einer einzigen Kurve oder „Windung", sondern umhüllt den Kern vollständig mit Windungen. Für jede einzelne Windung gelten dann die abgeleiteten Gesetze; und sind die Windungen metallisch aneinander geschlossen, aber von den Nachbarwindungen isoliert, so superponieren sich die einzelnen Ströme. Sache der Technik ist es, die einzelnen Windungen so zu schalten, daß diese Ströme sich nicht dauernd zu Null addieren, sondern im Gegenteil einen möglichst günstigen Gesamtwert der Strömung ergeben. Der „Kollektor" oder die „Schleifringe" an der Maschine besorgen diese Schaltung.

Voltainduktion.

18. Die veränderliche magnetische Kraftlinienzahl, die einen Leiterkreis durchsetzt und in ihm einen Strom erzeugt, kann auch selber durch einen veränderlichen Strom erzeugt werden. Dann spricht man von galvanischer oder Voltainduktion.

Es sei ein ringförmiger linearer Leiter I gegeben, in dem zunächst ein stationärer Strom J_1 fließen möge.

19. Das Feld H_1, das dieser Strom erzeugt, ist an einem beliebigen Orte in der Umgebung mit J_1 proportional.

Das folgt am besten aus dem Biot-Savartschen Gesetz § 43, 1. Jedes Element ds des Leiters I erzeugt an dem betrachteten Orte ein Feld

$$\frac{J_1\, ds \sin\alpha}{c r^2},$$

alle Elemente zusammen also ein Feld

$$H_1 = \sum J_1 \frac{ds \sin\alpha}{c r^2},$$

was wegen der Konstanz von J_1 über die ganze Leiterkurve I zu

$$H_1 = J_1 \sum \frac{ds \sin\alpha}{c r^2} \tag{6}$$

wird. Die Summe ist als geometrische Summe im Sinne von § 3. zu verstehen. Daß wir auch aus einer geometrischen Summe einen konstanten Faktor heraussetzen dürfen, folgt aus § 3, 13.

Die Gleichung (6) enthält den Satz 19; der Proportionalitätsfaktor

$$K = \sum \frac{ds \sin \alpha}{cr^2}$$

ist eine rein geometrische Größe, die keine elektrischen oder magnetischen Daten enthält.

20. Zeichnen wir in der Nachbarschaft des Leiters I eine zweite geschlossene Kurve II, die wir uns ebenfalls aus einem linearen Leiter bestehend denken wollen, so folgt aus Nr. 19:

Die Induktionslinienzahl, die vom Leiter I erzeugt, den Leiter II durchsetzt, also die Induktion durch die Kurve II, ist mit der Stromstärke J_1 proportional.

Denn aus 19. folgt zunächst, daß überall die Induktionsliniendichte $\mathfrak{H}_1$ mit J_1 proportional ist. Die Induktion $Q_{1,2}$ durch den Leiter II setzt sich aber aus einer Summe von Produkten $\mathfrak{H}_{1n} do$ zusammen, wenn do ein Flächenelement einer die Kurve II überspannenden Fläche, $\mathfrak{H}_{1n}$ die zu do normale Komponente der Induktionsliniendichte bedeutet (§ 32, 7.). Somit ist

$$Q_{1,2} = \int \mathfrak{H}_{1n} do = \int \mu H_{1n} do$$

oder

(7) $$Q_{1,2} = J \int \mu K_n do = q_{1,2} J.$$

Der Proportionalitätsfaktor $q_{1,2}$ kann nach dieser Gleichung als die Induktion angesehen werden, die der Strom *1* im Leiter I durch die Kurve des Leiters II hindurchsendet. $q_{1,2}$ ist eine von der Permeabilität μ, sonst aber nur von der geometrischen Konstellation der beiden Kurven abhängige Größe, jedenfalls aber von dem Strome J_1 nicht abhängig.

Lassen wir umgekehrt in der Kurve II einen Strom J_2 fließen, so sendet er durch die Kurve I die Induktion

(8) $$Q_{2,1} = q_{2,1} J_2$$

hindurch, wenn $q_{2,1}$ die dem $q_{1,2}$ entsprechende Bedeutung besitzt.

21. Die in den Gleichungen (7), (8) ausgesprochenen Tatsachen gelten nur, wenn die Strömung in den Leitern stationär ist. Ist etwa J_1 veränderlich, so dürfen wir nicht annehmen, daß einem momentanen Werte von J_1 überall das Feld entspricht, das nach dem Biot-Savartschen Gesetze aus J_1 berechenbar wäre. Es ist denkbar — und in der Tat der Fall —, daß das Feld, das J_1 erzeugt, eine gewisse Zeit braucht, um bis zu einem fernen Orte vorzudringen.

Es muß aber jedenfalls eine Änderung von J_1 ausführbar sein, die hinreichend langsam erfolgt, so daß wir von der zeitlichen Ausbreitung des Magnetfeldes absehen können.

Vor allem muß die Änderung so langsam erfolgen, daß wir J_1 als quasistationär (Nr. 12) ansehen dürfen. Denn nur dann ist J_1 über die ganze Kurve I konstant, und nur dann dürfen wir in (6) den Faktor J_1 aus der Summe heraussetzen.

22. Diese Bedingungen seien erfüllt. Es sei ferner der Widerstand w_2 der Kurve II so groß, daß nur schwache Ströme in II zustande kommen können, die ihrerseits auf I nicht merklich induzierend wirken. Es möge im Leiter I ein hinreichend langsam veränderlicher, quasistationärer Strom J_1 fließen. Er sendet durch die Kurve II die in Gleichung (7) gegebene Induktion $Q_{1,2}$ in einem bestimmten Moment hindurch.

Die zeitliche Veränderung von $Q_{1,2}$ erzeugt im Leiter II eine elektromotorische Arbeit

$$A = \frac{1}{c} Q'_{1,2},$$

wenn $Q'_{1,2}$ die Abnahme von $Q_{1,2}$ in der unendlich kleinen Zeiteinheit bedeutet. A vertritt nach Gleichung (3) die Rolle einer elektromotorischen Kraft, der „induzierten elektromotorischen Kraft".

Nach (7) wird

$$A = \frac{q_{1,2}}{c} J_1' = p_{1,2} J_1' \left(= -p_{1,2} \frac{dJ_1}{dt}\right), \tag{9}$$

wenn J_1' die in der Zeiteinheit erfolgende Abnahme der Stromstärke J_1 bedeutet. Der Faktor

$$p_{1,2} = \frac{q_{1,2}}{c} \tag{10}$$

heißt der „Induktionskoeffizient" der Kurve I auf die Kurve II. Er hängt außer von der Permeabilität des umgebenden Mediums nur von der Gestalt und gegenseitigen Lage der beiden Kurven ab.

Nach Gleichung (3) und (9) wird in der Kurve II ein Strom von der Stärke

$$J_2 = \frac{A}{w} = \frac{p_{1,2}}{w_2} J_1'$$

fließen, über den sich aber auch noch Ströme lagern können, die von anderen elektromotorischen Kräften innerhalb des Leiters II herrühren.

23. Die Kraftlinien $Q_{1,2}$ haben zu J_1 die Richtung der positiven Drehachse.

Es seien I und II zwei kongruente parallele Kurven, etwa zwei Normalschnitte eines Zylinders. Dann folgt, daß eine Abnahme von J_1 und damit von $Q_{1,2}$ einen Strom J_2 in positivem Drehsinn zu $Q_{1,2}$, also parallel mit J_1 erzeugt.

Eine Abnahme des „Primärstromes" J_1 erzeugt einen mit J_1 gleichgerichteten „Sekundärstrom" J_2, eine Zunahme des Primärstromes einen entgegengesetzten Sekundärstrom.

24. In dem in Nr. 23 angenommenen Falle folgt aus Symmetriegründen, daß

$$p_{1,2} = p_{2,1}$$

ist. Daß diese Gleichung allgemein erfüllt ist, wollen wir hier ohne Beweis erwähnen. Dieser Tatsache zufolge führt $p_{1,2}$ auch den Namen „wechselseitiger Induktionskoeffizient". Lassen wir die beiden Kurven ineinander fallen, so erkennt man, daß ein veränderlicher Strom in einer Kurve in ihr selber eine induzierte elektromotorische Kraft erzeugt, die den primären Anteil des Stromes beeinflussen wird. Zu der primären elektromotorischen Kraft E_1 addiert sich eine induzierte elektromotorische Kraft E' von der Größe

$$E' = p_{1,1} J_1' = \frac{q_{1,1}}{c} J_1',$$

worin $q_{1,1}$ die Induktionslinienzahl bedeutet, die der Einheitsstrom in der Kurve I durch diese Kurve selber hindurch sendet. $p_{1,1}$ heißt der „Selbstinduktionskoeffizient". Die gesamte elektromotorische Kraft im Leiter I ist also

$$E = E_1 + p_{1,1} J_1',$$

worin J_1' die Abnahme des von E erzeugten Stromes in der Zeiteinheit bedeutet. Dieser Strom ist nach dem Ohmschen Gesetze

$$(11) \qquad J_1 = \frac{E}{w} = \frac{E_1}{w} + \frac{p_{11} J_1'}{w}; \qquad \left(J_1 w + p_{11} \frac{dJ_1}{dt} = E_1\right).$$

Die „Selbstinduktion" erzeugt beim Anwachsen des Stromes einen Gegenstrom, beim Abfall einen gleichgerichteten Strom.

25. Die Induktionskoeffizienten $p_{1,2}$ und $p_{1,1}$ haben nach (7) und (10) die Dimensionen einer Induktionslinienzahl dividiert durch das c-fache einer Stromstärke. Das gibt im Gaußschen Maßsystem die Einheit

$$(p) \qquad 1\,\frac{\text{sec}^2}{\text{cm}},$$

was auch aus der rein geometrischen Definition für den Faktor K in Nr. 19 und den in den Gleichungen (7) und (10) gegebenen Beziehungen von q und p zu K abgeleitet werden kann.

Der Induktionskoeffizient ist die einzige Größe, die wir kennen gelernt haben, zu deren physikalischer Definition wir elektrische und magnetische Größen gleichzeitig verwandt haben.

§ 46. Die absoluten Maßsysteme.

1. Zur Messung der elektrischen Größen haben wir bisher Einheiten verwendet, die alle aus der elektrischen Kraft abgeleitet waren, und die Einheit der elektrischen Kraft haben wir gleich der einer mechanischen Kraft gesetzt. Neben diesen Einheiten haben wir auch die technischen Einheiten erwähnt, die uns aber hier zunächst nicht beschäftigen sollen; wir befassen uns vorerst nur mit den „absoluten“ Einheiten, denen das „Gramm-Zentimeter-Sekunden-System“ zu grunde liegt.

Die Dielektrizitätskonstante ε haben wir willkürlich als dimensionslose Zahl angenommen, und ihren Zahlenwert so bestimmt, daß für den leeren Raum ($\varepsilon = \varepsilon_0$)

$$\varepsilon_0 = 1$$

wurde.

Der elektrischen Feldintensität haben wir dementsprechend die Einheit

$$(E) \qquad 1 \text{ gr}^{\frac{1}{2}} \text{ cm}^{-\frac{1}{2}} \text{ sec}^{-1}$$

gegeben. Daraus lassen sich die Einheiten aller übrigen elektrischen Größen leicht berechnen.

2. In analoger Weise haben wir für die magnetischen Größen Einheiten gewählt, die daraus hervorgingen, daß wir der magnetischen Kraft die Einheit der mechanischen Kraft gaben. Die Permeabilität μ haben wir wieder willkürlich als dimensionslose Zahl angesehen und ihren Zahlenwert entsprechend der Gleichung

$$\mu_0 = 1$$

($\mu = \mu_0$ im Vakuum) festgelegt. Dann erhält die magnetische Feldintensität dieselben Einheiten, wie die elektrische, nämlich

$$(\text{H}) \qquad 1 \text{ gr}^{\frac{1}{2}} \text{ cm}^{-\frac{1}{2}} \text{ sec}^{-1},$$

und hieraus lassen sich wieder die Einheiten der übrigen magnetischen Größen berechnen.

3. Das System von Einheiten, das die in Nr. 1 und Nr. 2 besprochenen Einheiten für elektrische und magnetische Größen umfaßt, heißt das absolute „Gaußsche Maßsystem“. Gauß hat dieses Maßsystem bei seinen erdmagnetischen Beobachtungen zuerst angewandt. Die Bezeichnung „absolut“ sagt aus, daß alle Einheiten auf die der Masse, der Länge und der Zeit zurückgeführt sind. Das Gaußsche Maßsystem ist aber nicht das einzige der elektrischen und magnetischen Größen, daß den Namen „absolut“ verdient.

4. Jede Gleichung zwischen zwei verschiedenartigen physikalischen Größen kann dazu dienen, die Einheiten der einen auf die der anderen zurückzuführen. So hatten wir die Einheit der Kraft mittels der „Bewegungsgleichung" (1) in § 19 auf die der Masse und der Beschleunigung zurückgeführt, indem wir willkürlich den Faktor c dieser Gleichung als dimensionslose Zahl vom Zahlenwert 1 ansetzten. Wir hatten in ähnlicher Weise die Einheit der Wärmemenge entsprechend der Gleichung (1) in § 28 mit der der Energie identifiziert.

5. Die Beziehungen zwischen elektrischen und magnetischen Größen (§ 42) können uns dementsprechend dazu dienen, die elektrischen Einheiten auf die magnetischen oder die magnetischen Einheiten auf die elektrischen zuückzuführen.

Wir haben zwei solche Beziehungen kennen gelernt, die wir in den Gleichungen (I) und (II) des § 42 ausgesprochen haben. Von welcher der beiden wir ausgehen, ist im Prinzip gleichgültig; das Resultat für die Einheiten wird sich nach beiden gleich ergeben. Zweckmäßig aber ist es, eine solche Gleichung zu wählen, die von den Größen, deren Einheiten wir auf andere zurückführen wollen, nur eine enthält. Wir können statt einer dieser Gleichungen auch eine aus ihnen abgeleitete wählen, um die magnetischen und elektrischen Einheiten ineinander überzuführen; auch dann werden wir zu dem gleichen Resultate kommen. Die historische Entwicklung der Maßsysteme ist in der Tat von einer solchen abgeleiteten Gleichung, der des Magnetfeldes elektrischer Ströme, ausgegangen, nämlich in folgender Weise:

6. Wenn in der Tangentenbussole vom Radius a ein elektrischer Strom J fließt, so herrscht in ihrem Mittelpunkte (§ 43, 3.) ein Magnetfeld

(1) $$M = \frac{2\pi J}{ca}.$$

Messen wir J und M im Gaußschen Maßsystem, so ergibt sich, wie wir gesehen haben, der Wert der Konstanten c zu

$$c = 3 \cdot 10^{10} \frac{\text{cm}}{\text{sec}} = \alpha.$$ [1])

1) Die Tatsache, daß dieser Wert, wie bereits erwähnt, gleich der Fortpflanzungsgeschwindigkeit des Lichtes im Vakuum ist, und die Tatsache, daß sich dieser Wert aus theoretischen Ableitungen auch als die Fortpflanzungsgeschwindigkeit elektromagnetischer Störungen im Vakuum ergibt, haben Maxwell zu der Hypothese geführt, die Lichtwellen als elektromagnetische Schwingungen sehr hoher Frequenz aufzufassen. In den glänzenden Experimentaluntersuchungen an elektromagnetischen Wellen, die Heinrich Hertz ausgeführt hat, findet diese Hypothese eine wesentliche Unterstützung.

Heinrich Hertz ist als Sohn des Senators Dr. Gustav Hertz am 22. Februar 1857 in Hamburg geboren und am 1. Januar 1894 in Bonn gestorben. Hertz studierte in Berlin und München, promovierte 1880 in Berlin und wurde darauf

Wir können aber auch für eine der beiden Größen M oder J das Gaußsche Maßsystem fallen lassen, über die Konstante c willkürlich verfügen, indem wir etwa $c = 1$ und ohne Dimensionen annehmen, und dadurch über die Einheiten der anderen der beiden Größen J oder M verfügen. Da wir von nun an zwischen dem c, über das wir noch verfügen können, und dem c, das nach § 43, 5 den Wert $3 \cdot 10^{10}$ cm/sec besitzt, unterscheiden müssen, wollen wir letzteres mit α bezeichnen.

Das absolute „elektrostatische Maßsystem“ verfügt in der genannten Weise über c, setzt also $c = 1$ und hält an dem Gaußschen Maßsystem für die elektrischen Größen, also für J fest.

Das absolute „elektromagnetische Maßsystem“ verfügt über c in gleicher Weise, hält aber am Gaußschen Maßsystem für die magnetischen Größen fest.

Das elektrostatische Maßsystem setzt damit das Magnetfeld als Einheit an, das im Mittelpunkte einer Tangentenbussole vom Radius $a = 2\pi$ cm von einem Strome in der Tangentenbussole erzeugt wird, der im Gaußschen Maßsystem die Einheit besitzt.

Das elektromagnetische Maßsystem setzt den Strom als Einheit an, der im Mittelpunkte der gleichen Tangentenbussole das in Gaußschen Einheiten gemessene Einheitsfeld erzeugt.

Das elektrostatische Maßsystem.

7. Wir wollen alle Größen, wenn sie in elektrostatischen Einheiten gemessen sind, mit dem Index $^{(e)}$ versehen (z. B. $H^{(e)}$), während dieselben Größen in Gaußschen Einheiten gemessen diesen Index nicht führen sollen. Die elektrostatischen Einheiten selber bezeichnen wir mit Es, die Gaußschen mit Eg, so daß diese Zeichen allgemein alle Einheiten der betreffenden Systeme, also z. B. die der Feldintensität, des Potentials, der Kapazität usw., umfassen. Welche von diesen Einheiten speziell gemeint sind, wird in den einzelnen Fällen nicht mißverstanden werden können.

Die Buchstaben $H^{(e)}$, H, $\varphi^{(e)}$, φ usw. sollen je nach Bedarf die Zahlenwerte von Feldintensität, Potential usw. oder aber auch diese Größen mit ihren Einheiten vorstellen. Auch darin wird eine Verwechslung nicht möglich sein.

8. Wir gehen von der Gleichung (I) des § 42, und speziell in

Assistent bei Helmholtz. 1883 habilitierte er sich in Kiel, wurde 1885 Professor der Physik an der technischen Hochschule in Karlsruhe und 1889 ordentlicher Professor der Physik an der Universität Bonn. Von 1887 an datieren seine erwähnten Untersuchungen über die elektrischen Wellen, die den Namen des so jung verstorbenen unsterblich gemacht haben.

der Form (I′) aus, in der wir E senkrecht zu v und $\varphi = \pi/2$ annehmen:

(I′) $$H = \frac{\varepsilon E v}{c}.$$

Die analoge Gleichung (II′), die wir auch verwerten werden, lautet:

(II′) $$E = \frac{\mu H v}{c}.$$

Hierin ist v eine Verschiebungsgeschwindigkeit, $n = \varepsilon E v$, $m = \mu H v$ sind die Induktionslinienzahlen, die eine zu F und v resp. H und v senkrechte Längeneinheit in der Zeiteinheit durchsetzen. ε, μ sind Dielektrizitätskonstante und Permeabilität, E und H elektrische und magnetische Feldintensität.

Nach den Prinzipien des elektrostatischen Maßsystems wird in diesen Gleichungen

$$c = 1, \quad \varepsilon^{(e)} = \varepsilon, \quad E^{(e)} = E$$

gesetzt, so daß aus (I′)

$$H^{(e)} = \varepsilon^{(e)} E^{(e)} v = \varepsilon E v$$

wird. Im Gaußschen Maßsystem wird

$$H = \frac{\varepsilon E v}{\alpha}.$$

Aus den letzten zwei Gleichungen folgt also

(2) $$H^{(e)} = \alpha H.$$

Die Dimensionen von $H^{(e)}$ sind demnach

$$H^{(e)} = [\alpha][H] = [\nu]^{\frac{1}{2}}[l]^{\frac{1}{2}}[t]^{-2},$$

wenn $[\nu]$ die Dimension einer Masse bedeutet; die Einheit von $H^{(e)}$ wird

(3) $H^{(e)}$: $$\text{Es} = 1\ \text{gr}^{\frac{1}{2}}\ \text{cm}^{\frac{1}{2}}\ \text{sec}^{-2}.$$

Nach Gleichung (2) werden aus einer Gaußschen Einheit, also wenn $H = 1$ Eg wird,

$$h = \alpha$$

elektrostatische Einheiten. Es ist

H: $$1\ \text{Es} = \frac{1}{\alpha}\ \text{Eg},$$

(4) $$\frac{\text{Eg}}{\text{Es}} = \alpha,$$

Die Gaußsche Einheit für die magnetische Feldintensität steht zu der elektrostatischen Einheit in dem Verhältnis α, mit anderen Worten: Die Gaußsche Einheit der magnetischen Feldintensität ist das $3 \cdot 10^{10}$-fache der elektrostatischen.

9. Der Wert, den wir im elektrostatischen Systeme der Permeabilität $\mu^{(e)}$ zuzuschreiben haben, folgt aus Gleichung (II′), wenn wir wieder $c = 1$ setzen. Dann wird

$$E^{(e)} = \mu^{(e)} H^{(e)} v,$$

und damit

$$\frac{\mu H}{\alpha} = \mu^{(e)} H^{(e)},$$

oder wegen (2)

$$\mu^{(e)} = \frac{\mu}{\alpha^2}; \tag{5}$$

ihre Einheit wird die eines reziproken Geschwindigkeitsquadrates.

Für das Vakuum wird z. B.

$$\mu = \mu_0 = 1,$$

also

$$\mu_0^{(e)} = \frac{1}{\alpha^2} \frac{\sec^2}{\text{cm}^2}. \tag{6}$$

10. Die elektrostatischen Einheiten der übrigen magnetischen und elektromagnetischen Größen folgen aus diesen Einheiten in der gleichen Weise, wie wir sie aus den Gaußschen Einheiten früher abgeleitet haben. So folgt die Einheit der magnetischen Menge m z. B. aus der Definition der magnetischen Feldintensität (§ 41, 1., § 31, (1)) im Gaußschen System:

$$H = \frac{1}{\mu} \frac{m}{r^2}. \tag{7}$$

Halten wir an dieser Definition fest, so lautet sie in elektrostatischen Einheiten ausgedrückt:

$$H^{(e)} = \frac{1}{\mu^{(e)}} \frac{m^{(e)}}{r^2}.$$

Mit Hilfe von (2) und (5) wird daraus

$$\alpha H = \frac{\alpha^2}{\mu} \frac{m^{(e)}}{r^2}, \tag{8}$$

und aus (7) und (8) folgt nun

$$m^{(e)} = \frac{1}{\alpha} m. \tag{9}$$

Daraus folgen nach § 41, 1. und nach § 30, 6. die Dimensionen für $m^{(e)}$

$$[m^{(e)}] = [\nu]^{\frac{1}{2}} [l]^{\frac{1}{2}}$$

und die Einheit:

(10) m: $\quad 1 \text{ Es} = 1 \text{ gr}^{\frac{1}{2}} \text{ cm}^{\frac{1}{2}}.$

Setzen wir in (9) $m = 1$, so folgt, daß eine Gaußsche Einheit gleich

$$h = \frac{1}{\alpha}$$

elektrostatischen Einheiten wird, also ist

(11) m: $\quad 1\ \mathrm{Es} = \alpha\ \mathrm{Eg}.$

11. Die Einheit des magnetischen Potentials findet man in ähnlicher Weise.

Die magnetische Energie behält ihre Einheit auch im elektrostatischen System. Denn sie wird (§ 41, 1. und § 39, 12.) in einem Raumelement τ

$$\frac{1}{8\pi}\mu H^2 \tau = \frac{1}{8\pi}\mu^{(e)} H^{(e)2}\tau,$$

wie die Gleichungen (2), (5) lehren. Die Energie wird also nach wie vor in Erg gemessen.

Das elektromagnetische Maßsystem.

12. Wir setzen wieder $c = 1$, und behalten für die H und μ die Einheiten des Gaußschen Systems bei. Dann folgt aus Gleichung (II′)

$$E^{(m)} = \mu H v,$$

$$E^{(m)} = \alpha E,$$

also die analoge Gleichung, wie wir sie für $H^{(e)}$ gefunden haben. Der Index $^{(m)}$ soll die in elektromagnetischen Einheiten (Em) gemessenen Größen bezeichnen. Es wird dementsprechend

$E^{(m)}$: $\quad \mathrm{Em} = 1\ \mathrm{gr}^{\frac{1}{2}}\ \mathrm{cm}^{\frac{1}{2}}\ \mathrm{sec}^{-2}.$

Der Wert der Dielektrizitätskonstante $\varepsilon^{(m)}$ im elektromagnetischen Maßsystem ergibt sich aus Gleichung (I′) ebenfalls analog $\mu^{(e)}$, so daß im Vakuum

$$\varepsilon_0^{(m)} = \frac{1}{\alpha^2}\frac{\mathrm{sec}^2}{\mathrm{cm}^2}$$

wird.

Die Elektrizitätsmenge berechnet sich hieraus wie die Gleichung (9). Es wird

$$e^{(m)} = \frac{1}{\alpha} e,$$

e: $\quad 1\ \mathrm{Es} = 1\ \mathrm{gr}^{\frac{1}{2}}\ \mathrm{cm}^{\frac{1}{2}},$

und daraus folgt für den elektrischen Strom

J: $\quad 1\ \mathrm{Es} = 1\ \mathrm{gr}^{\frac{1}{2}}\ \mathrm{cm}^{\frac{1}{2}}\ \mathrm{sec}^{-1}.$

Diese Einheit heißt zu Ehren von Wilhelm Weber (vgl. p. 294, Anm.) „ein Web“.

Die magnetischen Größen behalten die Gaußschen Einheiten.

Die elektrische Energie behält die Einheit 1 Erg.

	Eg			Es			Em				$\frac{Eg}{Es}$	$\frac{Eg}{Em}$	
	gr	cm	sec	gr	cm	sec	gr	cm	sec				
Elektr. Feldintensität . .	$\frac{1}{2}$	$-\frac{1}{2}$	-1	$\frac{1}{2}$	$-\frac{1}{2}$	-1	$\frac{1}{2}$	$\frac{1}{2}$	-2	$E=E^{(e)}=\frac{1}{\alpha}E^{(m)}$	1	α	
Magn. Feldintensität . .	$\frac{1}{2}$	$-\frac{1}{2}$	-1	$\frac{1}{2}$	$\frac{1}{2}$	-2	$\frac{1}{2}$	$-\frac{1}{2}$	-1	$H=\frac{1}{\alpha}H^{(e)}=H^{(m)}$	α	1	1 Gauß = 1 Eg
Dielektrizitätskonstante .	0	0	0	0	0	0	0	-2	2	$\varepsilon=\varepsilon^{(e)}=\alpha^2\varepsilon^{(m)}$	1	$\frac{1}{\alpha^2}$	
Permeabilität	0	0	0	0	-2	2	0	0	0	$\mu=\alpha^2\mu^{(e)}=\mu^{(m)}$	$\frac{1}{\alpha^2}$	1	
Elektrische Ladung . . .	$\frac{1}{2}$	$\frac{3}{2}$	-1	$\frac{1}{2}$	$\frac{3}{2}$	-1	$\frac{1}{2}$	$\frac{1}{2}$	0	$e=e^{(e)}=\alpha e^{(m)}$	1	$\frac{1}{\alpha}$	1 Coulomb $= 3\cdot 10^9$ Es $= 10^{-1}$ Em
Magnetische Ladung . . .	$\frac{1}{2}$	$\frac{3}{2}$	-1	$\frac{1}{2}$	$\frac{1}{2}$	0	$\frac{1}{2}$	$\frac{3}{2}$	-1	$m=\alpha m^{(e)}=m^{(m)}$	$\frac{1}{\alpha}$	1	(Kraftlinienfluß: 1 Maxwell = 1 Em)
Elektrisches Potential . / Elektromotorische Kraft	$\frac{1}{2}$	$\frac{1}{2}$	-1	$\frac{1}{2}$	$\frac{1}{2}$	-1	$\frac{1}{2}$	$\frac{3}{2}$	-2	$\varphi=\varphi^{(e)}=\frac{1}{\alpha}\varphi^{(m)}$	1	α	1 Volt = 1/300 Es $= 10^8$ Em
Magnetisches Potential .	$\frac{1}{2}$	$\frac{1}{2}$	-1	$\frac{1}{2}$	$\frac{3}{2}$	-2	$\frac{1}{2}$	$\frac{1}{2}$	-1	$\psi=\frac{1}{\alpha}\psi^{(e)}=\psi^{(m)}$	α	1	
Elektr., magn. Energie .	1	2	-2	1	2	-2	1	2	-2	$W=W^{(e)}=W^{(m)}$	1	1	
Kapazität	0	1	0	0	1	0	0	-1	2	$C=C^{(e)}=\alpha^2 C^{(m)}$	1	$\frac{1}{\alpha^2}$	1 Farad $= 9\cdot 10^{11}$ Es $= 10^{-9}$ Em
Magnetisches Moment . .	$\frac{1}{2}$	$\frac{5}{2}$	-1	$\frac{1}{2}$	$\frac{3}{2}$	0	$\frac{1}{2}$	$\frac{5}{2}$	-1	$M=\alpha M^{(e)}=M^{(m)}$	$\frac{1}{\alpha}$	1	
Leitfähigkeit	0	0	-1	0	0	-1	0	-2	1	$\lambda=\lambda^{(e)}=\alpha^2\lambda^{(m)}$	1	$\frac{1}{\alpha^2}$	
Widerstand	0	-1	1	0	-1	1	0	1	-1	$w=w^{(e)}=\frac{1}{\alpha^2}w^{(m)}$	1	α^2	1 Ohm $=\frac{1}{9}10^{-11}$ Es $=10^9$ Em
Stromstärke	$\frac{1}{2}$	$\frac{3}{2}$	-2	$\frac{1}{2}$	$\frac{3}{2}$	-2	$\frac{1}{2}$	$\frac{1}{2}$	-1	$J=J^{(e)}=\alpha J^{(m)}$	1	$\frac{1}{\alpha}$	1 Ampère $= 3\cdot 10^9$ Es $= 10^{-1}$ Em [(Web)
Stromdichte	$\frac{1}{2}$	$-\frac{1}{2}$	-2	$\frac{1}{2}$	$-\frac{1}{2}$	-2	$\frac{1}{2}$	$-\frac{3}{2}$	-1	$i=i^{(e)}=\alpha i^{(m)}$	1	$\frac{1}{\alpha}$	
Induktionskoeffizient . . .	0	-1	2	0	-1	2	0	1	0	$p=p^{(e)}=\frac{1}{\alpha^2}p^{(m)}$	1	α^2	1 Henry $=\frac{1}{9}10^{-1}$ Es $=10^9$ Em
Stromleistung	1	2	-3	1	2	-3	1	2	-3	$W=W^{(e)}=W^{(m)}$	1	1	1 Watt $=10^7$ Es $=10^7$ Em
Stromenergie	1	2	-2	1	2	-2	1	2	-2	$Q=Q^{(e)}=Q^{(m)}$	1	1	1 Joule $=10^7$ erg; 1 Kilowattstunde $=36\cdot 10^{12}$ erg.
c	$=3\cdot 10^{10}\,\frac{\text{cm}}{\text{sec}}$			$=1$			$=1$			$\alpha = 3\cdot 10^{10}\,\frac{\text{cm}}{\text{sec}}$			
ε_0	$=1$			$=1$			$=\frac{1}{9}10^{-20}\,\frac{\text{sec}^2}{\text{cm}^2}$						
μ_0	$=1$			$=\frac{1}{9}10^{-20}\,\frac{\text{sec}^2}{\text{cm}^2}$			$=1$						

13. Die Tabelle Seite 312 enthält eine Zusammenstellung der elektrischen, magnetischen und elektromagnetischen Einheiten in den drei Maßsystemen, ferner eine Kolumne zur Umrechnung der Zahlenwerte einer in einem Maßsystem gemessenen Größe auf den Zahlenwert derselben in einem anderen Maßsysteme gemessenen Größe, dann eine Kolumne mit den Verhältniszahlen zwischen den Einheiten des Gaußschen und denen der zwei anderen Maßsysteme, und schließlich eine Kolumne enthaltend die gebräuchlichen technischen Einheiten.

Es bedeutet hierin Eg eine Einheit im Gaußschen, Es eine Einheit im elektrostatischen, Em eine Einheit im elektromagnetischen Maßsystem. Die Zahlen der dreimal drei ersten Kolumnen sind die Exponenten der darüber stehenden Einheiten des Gramm-Zentimeter-Sekunden-Systems, so daß z. B. die Gaußsche Einheit der Elektrischen Feldintensität die Benennung

$$1\ \mathrm{Eg} = 1\ \mathrm{gr}^{\frac{1}{2}}\mathrm{cm}^{-\frac{1}{2}}\mathrm{sec}^{-1}$$

bekommt.

14. Die technischen Einheiten verdanken ihre Einführung Zweckmäßigkeitsgründen. Die in der Praxis vorkommenden elektrischen und magnetischen Größen, Stromstärke, Potential, Widerstand usw., sind von solchen Größenordnungen, daß sie in den absoluten Maßsystemen durch unbeholfen große oder kleine Zahlen ausgedrückt werden müßten. Aus demselben Grunde verwendet man bei Landvermessung auch nicht das Zentimeter, sondern das Kilometer.

Das absolute elektromagnetische Maßsystem hat W. Weber ursprünglich nicht auf Zentimeter, Gramm und Sekunde, sondern auf Millimeter, Milligramm und Sekunde aufgebaut.

In England waren dann in der Technik schon seit längerer Zeit als Einheit der Stromstärke das 10-fache, als Einheit des Widerstandes das 10^{10}-fache der entsprechenden Weberschen Einheiten gebräuchlich geworden.

Der Pariser Elektrikerkongreß im Jahre 1881 gab der von England eingeführten Einheit der Stromstärke den Namen „1 Ampère".

Auf Vorschlag der „British Association" erhielt ebenso das 10^{10}-fache der Weberschen Einheit des Widerstandes den Namen „1 theoretisches Ohm".

Es war wünschenswert, die Widerstandseinheit durch den Widerstand eines leicht reproduzierbaren Körpers zu definieren. Deshalb hatte schon Siemens als Einheit den Widerstand einer Quecksilbersäule von 1 qmm Querschnitt und 100 cm Länge bei einer Temperatur von 0^0 als Einheit gebraucht; und diese Einheit führt jetzt noch den Namen „1 Siemenseinheit". Da ein „theoretisches Ohm" nahezu 1,06 Siemenseinheiten beträgt, so wurde von dem Pariser Kongreß eine Einheit „1 legales Ohm“ als der Widerstand einer Quecksilbersäule von 106 cm Länge und 1 qmm Querschnitt festgelegt.

Der Elektrikerkongreß in Chicago hat dann im Jahre 1893 auf Vorschlag der physikalisch-technischen Reichsanstalt in Berlin eine Widerstandseinheit definiert, die dem theoretischen Ohm noch näher kommt, das „internationale Ohm“, das den Widerstand einer Quecksilbersäule von 106,3 cm Länge und 1 qmm Querschnitt bildet.

Die übrigen technischen Einheiten lassen sich aus diesen beiden leicht ableiten. So ist z. B. die Elektrizitätseinheit 1 Coulomb die vom Strome 1 Ampère in der Zeiteinheit durch den Querschnitt des Stromleiters beförderte Elektrizitätsmenge. Die Potentialdifferenz 1 Volt ist diejenige Potentialdifferenz, die an den Enden eines Leiters von 1 Ohm Widerstand erforderlich ist, um den Strom 1 Ampère in dem Leiter zu erzeugen.

Nach diesen Ableitungen folgt, was man in der Tabelle auch bestätigt findet, daß die technischen Einheiten ein 10^n-faches der elektromagnetischen sein müssen, wenn n eine positive oder negative ganze Zahl bedeutet.

DRITTES BUCH

MAXIMA UND MINIMA

Sechster Abschnitt.

Geometrische Maxima und Minima.

§ 47. Extrema.

1. Wenn von zwei ebenen Flächenstücken das eine ein Teil des anderen oder mit einem Teil des anderen kongruent ist, so hat das erste einen kleineren Flächeninhalt als das zweite, und es ist eine Aufgabe der Geometrie, unter einer gegebenen Menge von Figuren die zu suchen, die den größten oder kleinsten Flächeninhalt hat. Kann man die Flächeninhalte durch Maßzahlen ausdrücken, so kommt die Aufgabe auch darauf hinaus, unter einer genau definierten Zahlenmenge die größte oder kleinste Zahl zu ermitteln. Und ähnlich verhält es sich, wenn es sich nicht um Flächen, sondern um Linienlängen, z. B. den Umfang von Figuren handelt.

Eine Größe, die unter einer gegebenen Menge ein Größtes oder ein Kleinstes ist, nennt man auch ein Extremum (extremen Wert). Zur Bestimmung solcher Extreme bieten sich nach dem eben Gesagten zwei Wege, der geometrische oder synthetische und der arithmetische oder analytische.

Es ist besonders Steiner[1]), der die Methoden zur Bestimmung von Extremen in der Geometrie durch rein geometrische Hilfsmittel, wobei nur die einfachsten Sätze der Euklidischen Geometrie zur Anwendung kommen, ausgebildet hat. Wir wollen hier einige charakteristische und besonders einfache Beispiele von Aufgaben dieser Art betrachten.

2. Von allen Dreiecken über derselben Grundlinie AB, deren Spitzen C auf einer die Strecke AB nicht treffenden Geraden u liegen, hat dasjenige den kleinsten Umfang, dessen Seiten CA und CB mit u gleiche Winkel φ einschließen.

---

1) Jacob Steiner, geboren 1796 in Utzenstorf im Kanton Bern, gestorben 1863 in Bern, war Professor und Mitglied der Akademie der Wissenschaften in Berlin. Die beiden Abhandlungen „Über Maximum und Minimum bei den Figuren in der Ebene, auf der Kugelfläche und im Raume überhaupt“ wurden zuerst in französischer Übersetzung publiziert und sind im ursprünglichen deutschen Texte in Steiners gesammelten Werken Bd. II (Berlin, Reimer 1882) abgedruckt.

Vgl. R. Sturm, Bemerkungen und Zusätze zu Steiners Aufsätzen über Maximum und Minimum, Crelles Journal Bd. 96 (1884).

Die Spitze C_1 dieses Dreiecks (Fig. 149) liegt mit dem Punkte B und dem Spiegelbilde A' des Punktes A an u in gerader Linie.

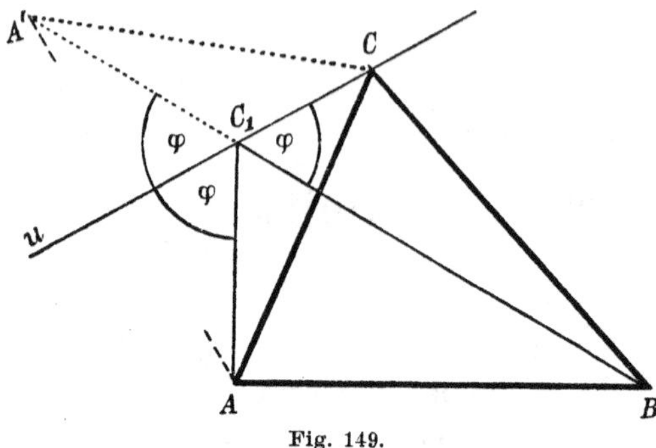

Fig. 149.

Der Umfang eines beliebigen Dreiecks ABC der verlangten Art wird nämlich nach Abzug der allen Dreiecken gemeinsamen Seite AB dargestellt durch den Streckenzug $A'CB$, und ist also am kleinsten, wenn $A'CB$ ein Minimum ist, und dies tritt nur dann ein, wenn C mit A' und B in gerader Linie liegt, also nach C_1 fällt.

Ein Spezialfall hiervon ist der Satz:

3. Unter allen Dreiecken von gleicher Grundlinie und gleicher Fläche hat das gleichschenklige den kleinsten Umfang.

Denn die Spitzen aller dieser Dreiecke liegen auf einer Parallelen u zur Grundlinie AB; aus der Gleichheit der Winkel bei C folgt nach dem Satze von den Wechselwinkeln an Parallelen die Gleichheit der Dreieckswinkel bei A und B.

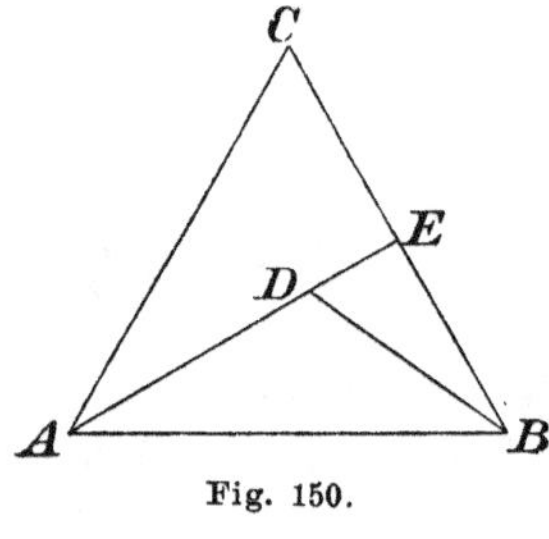

Fig. 150.

4. Ist D ein Punkt im Innern oder auf den (nicht verlängerten) Seiten eines Dreiecks ABC und von C verschieden, so hat das Dreieck ABD kleineren Umfang als das Dreieck ABC.

Da nämlich die gerade Strecke die kürzeste Verbindungslinie ihrer Endpunkte ist, so hat man, falls D im Innern von ABC liegt, die Ungleichungen (Fig. 150):

$$AC + CE > AE,$$
$$AC + CB > AE + EB = AD + DE + EB > AD + DB,$$

wenn dagegen D auf CB liegt, also etwa mit E identisch ist:

$$AC + CB > AE + EB,$$

was zu beweisen war.

5. Es sei ABC ein gleichschenkliges Dreieck und u die Parallele durch die Spitze C zur Grundlinie (Fig. 151). Dann hat jedes von ABC verschiedene Dreieck über derselben Grundlinie AB entweder größeren Umfang oder kleineren Inhalt als das Dreieck ABC. Denn liegt etwa die Spitze des Dreiecks in dem von den Geraden u und

AB gebildeten Streifen, so ist der Inhalt kleiner, da die Höhe kleiner ist; liegt die Spitze auf u und ist von C verschieden, so ist nach 3. der Umfang größer. Wenn endlich C' oberhalb der Geraden u liegt, so trifft wenigstens eine der Geraden $C'A$, $C'B$ die Gerade u in einem von C verschiedenen Punkte D, und dann bestehen die Ungleichungen:

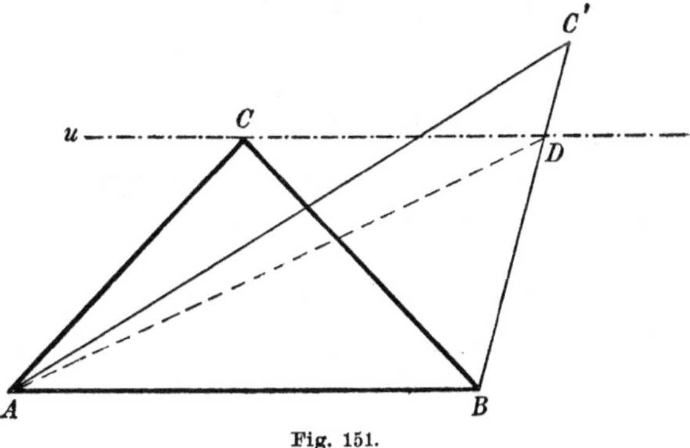

Fig. 151.

$$\text{Umfang } AC'B > \text{Umfang } ADB \quad (\text{nach } 4.),$$
$$\text{Umfang } ADB > \text{Umfang } ACB \quad (\text{nach } 3.),$$
folglich
$$\text{Umfang } AC'B > \text{Umfang } ACB.$$

Somit hat jedes Dreieck ABC' entweder größeren Umfang oder kleineren Inhalt als ABC, und insbesondere hat also jedes mit ABC umfanggleiche Dreieck ABC' kleineren Inhalt, solange C' von C verschieden ist. Es folgt:

Unter allen Dreiecken mit gleicher Grundlinie und gleichem Umfange hat das gleichschenklige den größten Flächeninhalt.

6. Unter allen Dreiecken mit derselben Grundlinie c und demselben Winkel γ an der Spitze hat das gleichschenklige den größten Umfang.

Die Spitzen C aller Dreiecke mit der festen Grundlinie $AB = c$ und dem festen Winkel $ACB = \gamma$ liegen auf einem Kreise $\varkappa$ durch A und B (Fig. 152). Trägt man auf der Verlängerung der Seite AC von C aus $CD = CB$ ab, so stellt AD den veränderlichen Teil des Umfangs von ABC dar. Wegen der Gleichschenkligkeit des Dreiecks BCD ist aber $\sphericalangle CDB = \gamma/2$, und D liegt daher auf einem Kreise λ durch A und B, der $\gamma/2$ als Peripheriewinkel über der Sehne AB faßt, und dessen Mittelpunkt O daher auf dem Kreise $\varkappa$ liegt. Rückt C auf $\varkappa$ weiter, so bewegt

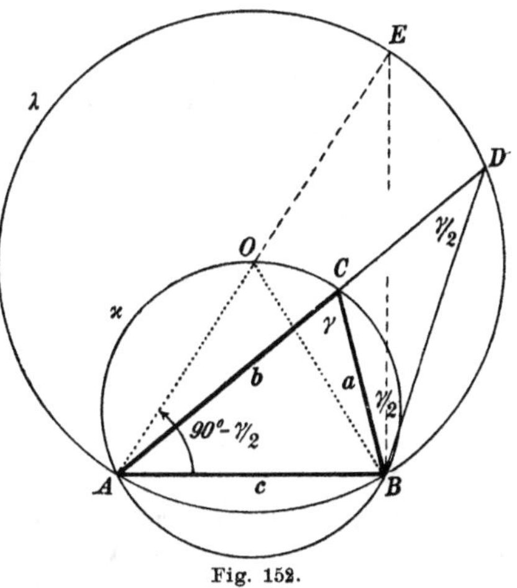

Fig. 152.

sich D auf λ, und der Umfang von ABC wird ein Maximum, wenn AD es wird. Das tritt nur ein, wenn die Sehne AD durch den Mittelpunkt O geht. Dann fällt C mit O zusammen und AOB ist ein gleichschenkliges Dreieck.

7. Das Resultat läßt sich analytisch leicht verifizieren: Da AO der Radius des Kreises λ und $\sphericalangle CBD = CDB = \gamma/2$, so ist

$$AD = AC + CD = a + b = 2 \cdot AO \sin(\beta + \gamma/2) = 2 \cdot AO \cos\frac{\alpha - \beta}{2}.$$

Aus dem gleichschenkligen Dreieck AOB folgt $2 \cdot AO \sin\gamma/2 = c$; also ist $a + b = \frac{c}{\sin\gamma/2}\cos\frac{\alpha-\beta}{2}$. Das Dreieck AOB hat die Schenkelsumme $a_0 + b_0 = \frac{c}{\sin\gamma/2}$, und daher ist die Differenz der Umfänge der Dreiecke AOB und ACB

$$s_0 - s = \frac{c}{\sin\gamma/2}\left(1 - \cos\frac{\alpha-\beta}{2}\right) = \frac{2c}{\sin\gamma/2}\sin^2\left(\frac{\alpha-\beta}{4}\right).$$

Da diese Differenz stets positiv ist, so ergibt sich hieraus wieder unser Satz, der sich, da mit $\alpha - \beta$ auch $a - b$ von Null verschieden ist, auch so aussprechen läßt:

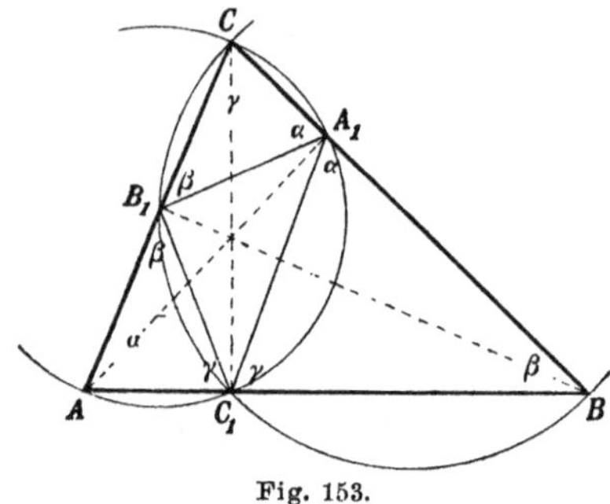

Fig. 153.

Ist $a - b > \varepsilon$, so wird s unter Beibehaltung von c und γ um mehr als eine positive Größe ω vergrößert.

8. Sind A_1, B_1, C_1 die Höhenfußpunkte eines spitzwinkligen Dreiecks ABC (Fig. 153), so liegen die Punkte AC_1A_1C und BC_1B_1C auf zwei Kreisen mit den Durchmessern AC und BC, und es ist nach dem Peripheriewinkelsatze

$$\sphericalangle CC_1A_1 = CAA_1 = 90^0 - \gamma, \quad \sphericalangle CC_1B_1 = CBB_1 = 90^0 - \gamma,$$

also

$$\sphericalangle CC_1A_1 = CC_1B_1 = 90^0 - \gamma,$$

und

$$\sphericalangle BC_1A_1 = AC_1B_1 = \gamma.$$

Es folgt:

Denselben Winkel, den zwei Seiten des gegebenen Dreiecks ABC miteinander einschließen, bildet mit der dritten Seite jede der beiden auf ihr sich treffenden Seiten des Höhenfußpunktedreiecks.

9. Dem spitzwinkligen Dreieck ABC sei nun ein beliebiges Dreieck XYZ einbeschrieben (Fig. 154). Sind U und V die Spiegelbilder von Z an BC und AC, so stellt der Streckenzug $UXYV$ den

Umfang des Dreiecks XYZ dar; läßt man bei festgehaltenem Punkt Z die Punkte X und Y auf ihren Geraden andere Lagen annehmen, so erhält man dann ein Dreieck XYZ kleinsten Umfanges, wenn der Streckenzug $UXYV$, dessen Endpunkte U und V liegen bleiben, ein Minimum wird, und dies tritt nur dann ein, wenn X und Y mit U und V auf einer Geraden liegen; wir bezeichnen diese Lage mit X_1 und Y_1. Nun sind die Strecken CU und CV als Spiegelbilder von CZ einander gleich, und folglich Dreieck UCV gleichschenklig; aus Symmetrie ist $\sphericalangle VCA = ZCA$ und $\sphericalangle UCB = ZCB$, und aus $\sphericalangle ZCA + ZCB = \gamma$ folgt: $\sphericalangle UCV = 2\gamma$; daher sind im gleichschenkligen Dreieck UCV die Basiswinkel $\sphericalangle CUV = CVU = 90^0 - \gamma$. Diesen Winkeln spiegelbildlich gleich sind die Winkel CZX_1 und CZY_1, also $\sphericalangle CZX_1 = CZY_1 = 90^0 - \gamma$. Es folgt:

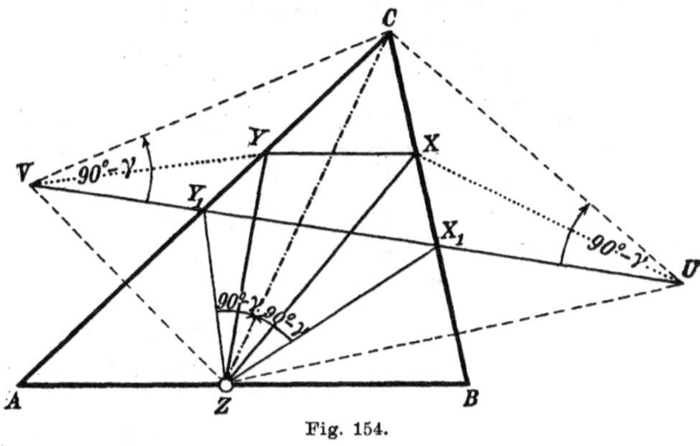

Fig. 154.

Von allen einem spitzwinkligen Dreieck ABC einbeschriebenen Dreiecken XYZ mit fester Ecke Z hat dasjenige kleinsten Umfang, dessen andere Ecken X_1 und Y_1 mit den Spiegelbildern U und V von Z bezüglich BC und AC in gerader Linie liegen. Die Gerade CZ halbiert den Winkel $\sphericalangle X_1ZY_1 = 180^0 - 2\gamma$, und in X_1 und Y_1 schließen die Seiten des Dreiecks X_1Y_1Z mit BC bzw. AC gleiche Winkel ein.

10. Da die Basiswinkel $\sphericalangle CUV = CVU = 90^0 - \gamma$ des Dreiecks CUV von der Lage des Punktes Z auf AB unabhängig sind, so erhält man für andere Lagen von Z neue Dreiecke CUV, die alle zueinander ähnlich sind; die Seite UV, die ja den Umfang des Dreiecks X_1Y_1Z darstellt, wird also dann ein Minimum, wenn $CU = CV = CZ$ ein Minimum ist; und CZ wird dann am kleinsten, wenn Z in den Höhenfußpunkt C_1 der Seite AB rückt. Das zu dem Punkte C_1 gehörige Dreieck kleinsten Umfanges $A_1B_1C_1$ (Fig. 153) erhält man nach unserem Satze, indem man an CC_1 in C_1 nach beiden Seiten den Winkel $(90^0 - \gamma)$, oder an AB in C_1 nach beiden Seiten den Winkel γ abträgt; nach dem Satze in 8. fällt unser Dreieck $A_1B_1C_1$ mit dem Höhen fußpunktedreieck zusammen; es folgt:

Unter allen Dreiecken, die einem gegebenen spitzwinkligen Dreieck eingeschrieben sind, hat das Dreieck, dessen Ecken die Höhenfußpunkte des gegebenen Dreiecks sind, den kleinsten Umfang.[1])

Ist γ in Figur 154 ein stumpfer Winkel, so kommen die Punkte X_1 und Y_1 auf die Verlängerung von BC und AC zu liegen, und UV stellt nicht mehr den Umfang des Dreiecks $X_1 Y_1 Z$ dar; es versagt daher der vorangehende Beweis, und in der Tat ist in diesem Falle der abgeleitete Satz nicht mehr gültig.

11. Statt zur Ableitung des Satzes vom Höhenfußpunktedreieck die dem Dreieck ABC eingeschriebenen Dreiecke XYZ bei festgehaltener Ecke Z zu untersuchen, kann man auch (Fig. 155) die Seite XY festhalten und die Ecke Z auf AB wandern lassen. Der Umfang von XYZ wird dann nach 2. ein Minimum, wenn die Seiten ZX und ZY mit AB gleiche Winkel bilden; sind also bei einem beliebigen eingeschriebenen Dreieck XYZ die Winkel bei Z nicht einander gleich, so kann es durch ein Dreieck XYZ' kleineren Umfanges ersetzt werden. Nur beim Höhenfußpunktedreieck versagt diese Konstruktion.

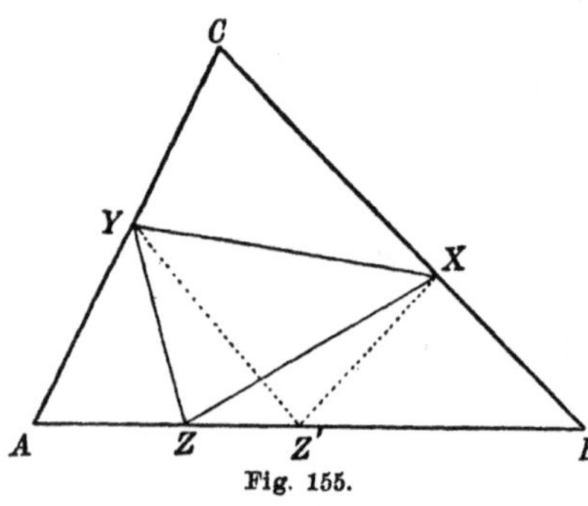

Fig. 155.

Zu diesem Beweise ist aber eine wichtige Bemerkung zu machen. Wir haben bewiesen, daß jedes eingeschriebene Dreieck, das nicht das Dreieck der Höhenfußpunkte ist, an Umfang verkleinert werden kann. Der Beweis unseres Satzes ist also nur dann vollständig, wenn feststeht, daß es ein Minimum des Umfanges gibt. Man kann leicht eine Länge angeben, unter die der Umfang eines eingeschriebenen Dreiecks nicht heruntersinken kann[2]), und die naive

1) Einen schönen Beweis dieses Satzes, der versehentlich Steiner zugeschrieben wurde (Steiners ges. Werke Bd. II, S. 728), hat Schwarz gegeben. (Gesammelte Werke Bd. II, S. 349.) Das Schwarzsche Verfahren kann leicht auf die einem beliebigen Vielecke eingeschriebenen Polygone übertragen werden. (Vgl. R. Sturm, Crelles Journal 96, S. 62 ff.)

2) Man fälle z. B von einer Ecke A des spitzwinkligen Dreiecks ein Perpendikel auf die Gegenseite und von dem Fußpunkte α dieses Perpendikels auf eine der anderen Seiten wieder ein Perpendikel $\alpha\beta$. Dieses letztere Perpendikel liefert eine solche Länge. Denn ist c der eine Eckpunkt des eingeschriebenen Dreiecks (Fig. 156), so ist

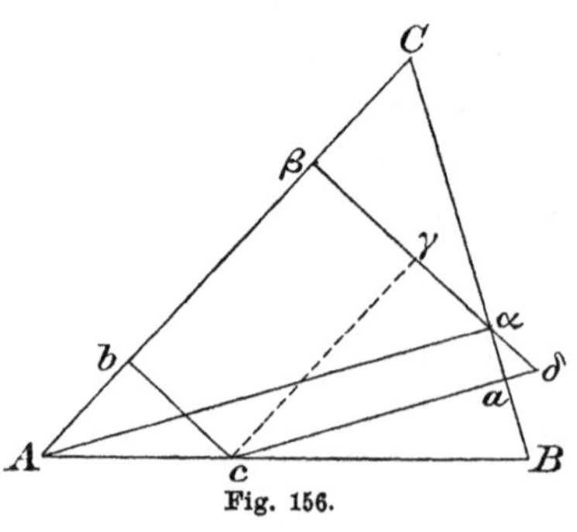

Fig. 156.

Anschauung ist geneigt, daraus auf die Existenz eines Minimums zu schließen. Es folgt aber daraus (wie wir in Bd. I § 23 der 1., § 25 der 2. Auflage gesehen haben) in aller Strenge nur die Existenz einer unteren Grenze, und wir haben in der Tat auch in unserem Falle noch nicht bewiesen, daß nicht noch ein Dreieck von kleinerem Umfange als das Dreieck der Höhenfußpunkte dem gegebenen Dreieck eingeschrieben werden kann.

Bis vor kurzem hat man an diesem Beweisverfahren keinen Anstoß genommen, und ähnliche Schlüsse finden sich bei Gauß, Cauchy und vor allem in dem berühmten „Dirichletschen Prinzip“ von Riemann. Auch Steiner stützt sich darauf, obwohl ihm, nach mündlicher Überlieferung (Geiser, Zur Erinnerung an Jacob Steiner. Zürich 1874), Dirichlet Einwendungen dagegen gemacht hat, und obwohl er solchen Beweisen, in denen direkt geometrisch die Existenz des Extremums nachgewiesen ist, den Vorzug gibt.

Die hier gegebene Behandlung der Probleme bis Nr. 10 ist diesen Bedenken nicht unterworfen.

§ 48. Maxima und Minima. Analytische Behandlung.

1. Wenn y eine quadratische Funktion von x ist:

(1) $$y = ax^2 + 2bx + c,$$

worin a, b, c gegebene reelle Zahlen sind, a von Null verschieden während x und folglich auch das davon abhängige y eine Veränderliche ist, so läßt sich die Frage nach dem größten oder kleinsten Werte von y sehr einfach erledigen. Es folgt nämlich aus (1)

(2) $$ay = (ax + b)^2 + ac - b^2,$$

und hieraus schließt man, da $(ax + b)^2$ niemals negativ sein kann daß der kleinste Wert von ay gleich $ac - b^2$ ist, und daß dieser kleinste Wert erreicht wird, wenn $x = -b : a$ ist.

Einen größten Wert hat ay nicht, da $(ax + b)^2$ größer als jede noch so große Zahl wird, wenn x hinlänglich groß (positiv oder negativ) genommen wird.

Ist nun das gegebene a positiv, so hat ay dann seinen kleinsten Wert, wenn y seinen kleinsten Wert hat. Ist aber a negativ, so erhält ay seinen kleinsten Wert, wenn y seinen größten Wert hat. Daraus folgt:

---

die Summe der beiden dort zusammenstoßenden Seiten und folglich umsomehr der Umfang des eingeschriebenen Dreiecks gewiß nicht kleiner als die Summe der beiden Perpendikel $\overline{ac}$, $\overline{bc}$. Zieht man $c\gamma$ parallel mit AC, so ist $\overline{cb} = \beta\gamma$ und $c\delta > \gamma\delta$, $a\delta < \alpha\delta$; folglich $\overline{ca} > \alpha\gamma$.

Ist a positiv, so hat das durch (1) bestimmte y ein Minimum, ist a negativ, so hat y ein Maximum. Das Extremum hat den Wert

$$y_0 = \frac{ac - b^2}{a}$$

und wird erreicht, wenn x den Wert

$$x_0 = -\frac{b}{a}$$

erhält.

2. Man kann diesem Resultat eine etwas andere Fassung geben. Wenn man (2) als eine quadratische Gleichung für x betrachtet, so gibt die Auflösung zwei Wurzeln:

$$(3) \qquad x_1 = \frac{-b + \sqrt{ay + b^2 - ac}}{a}, \quad x_2 = \frac{-b - \sqrt{ay + b^2 - ac}}{a}.$$

Diese Wurzeln können nun, je nach dem Werte von y, reell oder imaginär sein. Wenn wir also fragen, für welchen Wert von x ein gegebener Wert von y stattfindet, so erhalten wir aus (3) die Antwort, daß es zwei solcher Werte gibt, wenn

$$ay > ac - b^2,$$

und keinen, wenn

$$ay < ac - b^2$$

ist. Wenn aber

$$y = \frac{ac - b^2}{a} = y_0$$

ist, so ergibt uns (3) nur den einen Wert $x = x_0$. Es ist also y_0, je nach dem Vorzeichen von a, der größte oder kleinste Wert, den y für ein reelles x annehmen kann.

Betrachtet man x und y als rechtwinklige Koordinaten, so stellt die Gleichung (1) eine Parabel dar (Bd. II, § 69) und die analytische Geometrie gibt uns eine einfache Anschauung dieser Verhältnisse (vgl. Bd. I, § 92 der 1., § 102 der 2. Auflage).

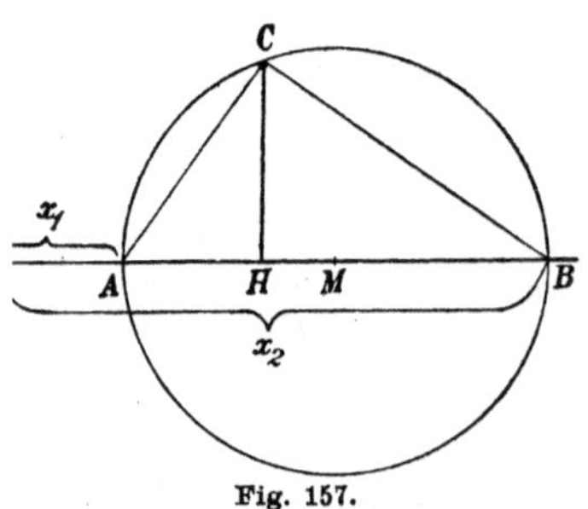

Fig. 157.

3. Aus (3) folgt:

$$\frac{x_1 + x_2}{2} = -\frac{b}{a},$$

und im Zusammenhange mit 1. ergibt sich hieraus, daß das Extremum eintritt, wenn x gleich dem Mittel der beiden Wurzeln von $y = 0$ wird; das läßt sich auch rein geometrisch einsehen.

Ist nämlich $AB = d$ ein Durchmesser eines Kreises mit dem Mittelpunkte M (Fig. 157), und fällt man aus einem Punkte C dieses Kreises auf AB das Lot CH, so ist

(4) $$\overline{HC}^2 = \overline{HA} \cdot \overline{HB}.$$

Sind x, x_1, x_2 die von einem Punkte O der Geraden AB aus gemessenen Abszissen der Punkte H, A, B, so ist demnach

(5) $$\overline{HC}^2 = (x - x_1)(x_2 - x) = -(x - x_1)(x - x_2),$$

und die Funktion

(6) $$f(x) = (x - x_1)(x - x_2)$$

wird also ein Minimum, wenn $\overline{HC}^2 = -f(x)$ ein Maximum wird. Das tritt nur ein, wenn H mit M zusammenfällt und die Halbsehne HC zum Halbmesser $d/2$ wird. Dann ist aber $x = OM = (x_1 + x_2)/2$; und es folgt in der Tat:

Die Funktion $f(x) = (x - x_1)(x - x_2)$ erreicht ihren kleinsten Wert, wenn x gleich dem Mittel der Wurzeln von $f(x)$ wird.

Läßt man O mit A zusammenfallen, so wird $x_1 = 0$, $x_2 = d$, und es zeigt sich speziell, daß das Maximum von $x(d - x)$ für $x = d/2$ eintritt.

4. Es sei gefragt: Für welchen reellen Wert von ξ wird die Funktion

$$\lambda = \xi + \frac{m^2}{\xi}$$

ein Extremum? Wie in Nr. 2 erhält man bei vorgegebenem λ für ξ zwei Wurzeln ξ_1, ξ_2, nämlich

(7) $$2\xi_1 = \lambda + \sqrt{\lambda^2 - 4m^2}; \quad 2\xi_2 = \lambda - \sqrt{\lambda^2 - 4m^2},$$

und diese Wurzeln sind nur reell, so lange

$$\lambda > 2m \quad \text{oder} \quad \lambda < -2m$$

ist. Danach folgt, daß unter allen möglichen positiven λ der Wert

$$\lambda_0 = +2m$$

ein Minimum ist. Er wird nach (7) erreicht, wenn $\xi_1 = \xi_2 = \xi_0$

(8) $$\xi_0 = +m$$

ist. Ebenso folgt, daß unter allen möglichen negativen λ der Wert

$$\lambda_0' = -2m$$

ein Maximum ist, und dieser Wert wird erreicht, wenn ξ den Wert

(9) $$\xi_0' = -m$$

einnimmt.

5. Zur Anwendung dieser Resultate gehen wir auf den Satz § 47, 5. zurück. Bezeichnet $2s$ den Umfang eines Dreiecks mit den Seiten a, b, c, so ist (Bd. II, § 31).

(10) $$\Delta^2 = s(s-a)(s-b)(s-c)$$

das Quadrat des Inhaltes, das mit Δ selber zum Maximum wird. Es seien nun c und s fest gegeben, und wir bezeichnen das variable a mit x. Daher ist $b = 2s - x - c$, also

$$\Delta^2 = s(s-c)(s-x)(-s+x+c).$$

Nun sind s und $s-c$ positiv, also tritt das Maximum von Δ ein, wenn

$$f(x) = (s-x)(-s+x+c) = -(x-s)(x+c-s)$$

ein Maximum wird; nach 3. ist das der Fall für $x = \frac{2s-c}{2}$. Dann ist also a die Hälfte des um c verminderten Umfangs, und b folglich die andere Hälfte, das Dreieck ABC also gleichschenklig, w. z. b. w. Für $a = b = (2s-c)/2$ geht (10) über in

$$\Delta_0^2 = \tfrac{1}{4}c^2 s(s-c),$$

und es ist in der Tat

$$(11) \qquad \Delta_0^2 - \Delta^2 = (\Delta_0 - \Delta)(\Delta_0 + \Delta) = \tfrac{1}{4}s(s-c)\cdot(a-b)^2$$

stets positiv, also $\Delta_0 > \Delta$, wenn $a \neq b$.

Aus (11) entnehmen wir noch den für das folgende nützlichen Hilfssatz:

Ist in einem Dreieck die Differenz zweier Seiten $a-b$ dem absoluten Werte nach größer als eine positive Größe ε, so läßt sich der Flächeninhalt unter Beibehaltung von c und $a+b$ um mehr als eine von ε abhängige positive Größe ω vergrößern. Diese Größe ω hängt aber außer von ε auch noch von $s-c$ ab und nähert sich mit $s-c$ zugleich der Grenze Null.

Wir können z. B., da $\Delta_0 + \Delta < 2\Delta_0 = c\sqrt{s(s-c)}$ ist, nach (11)

$$\omega = \frac{\sqrt{s(s-c)}}{4c}\,\varepsilon^2$$

setzen.

6. Einem Dreiecke ABC soll das an Inhalt größte Rechteck $DEFG$ eingeschrieben werden, derart, daß auf die Grundlinie AB die zwei Ecken D, E und auf BC, CA die Ecken F, G zu liegen kommen (Fig. 158). Setzt man $AB = c$, $DG = y$, $GF = x$, und ist $CH = h$ die Höhe auf AB, so ist

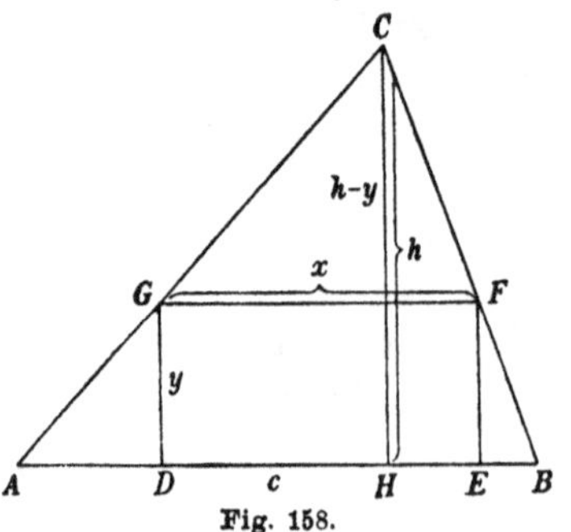

Fig. 158.

$$J = xy$$

der Inhalt des Rechtecks, und aus der Ähnlichkeit der Dreiecke ABC, GFC folgt:

$$c : x = h : (h-y).$$

Also ist $y = h(c-x) : c$ und

$$J = \frac{h}{c} x (c - x).$$

Nach 3. tritt daher das Maximum von J ein für $x = c/2$. Die Punkte F und G liegen dann in der Mitte von BC und AC, wonach das Rechteck leicht zu konstruieren ist. Der Maximalwert von J ist

$$J_0 = \frac{hc}{4} = \frac{ABC}{2},$$

also unabhängig davon, welche Seite des Dreiecks man als Grundlinie wählt.

7. Durch die Endpunkte A, B einer Strecke seien zwei parallele Geraden u und v gezogen und zwischen ihnen ein Punkt C gegeben (Fig. 159). Man soll durch C eine Gerade g so legen, daß das Rechteck aus den beiden Abschnitten x und y, die g auf den Geraden u und v abschneidet, ein Maximum wird; es soll also

(12) $$m = xy$$

ein Maximum werden. Zieht man durch C zu u die Parallele CD und setzt $AD = a$, $BD = b$, $CD = c$, so ist nach den Ähnlichkeitssätzen:

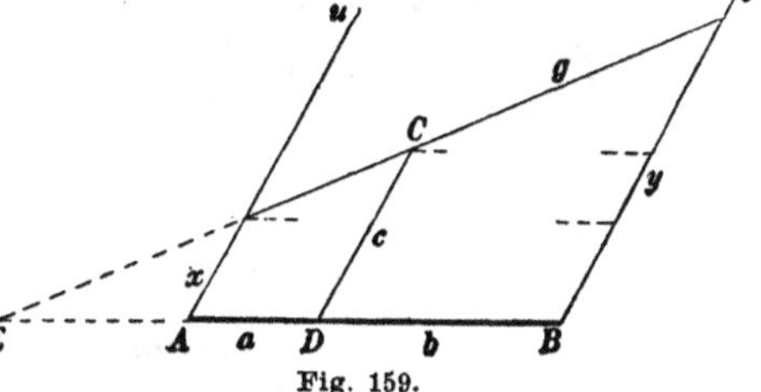

Fig. 159.

(13) $$y - c : c - x = b : a \quad \text{oder} \quad ay + bx = c(a + b).$$

Es folgt:

$$m = \frac{x}{a} ay = \frac{x}{a} [c(a + b) - bx] = \frac{b}{a} x \left[\frac{c(a + b)}{b} - x\right].$$

Nach 3. hat m für $x = x_0 = \frac{c(a + b)}{2b}$ ein Maximum, und für diesen Wert ist $y = y_0 = \frac{c(a + b)}{2a}$, so daß die Proportion besteht:

(14) $$x_0 : y_0 = a : b.$$

Schneidet die zu dem Maximum von m gehörige Gerade g die Gerade AB in E, so ist nach den Ähnlichkeitssätzen:

$$EA : EB = x_0 : y_0 \quad \text{und nach (14)} \quad EA : EB = a : b = AD : DB.$$

Der Punkt E teilt die Strecke AB äußerlich im Verhältnis $a : b$ und ist folglich zu A, B und D der vierte harmonische Punkt.

8. Dieses Resultat läßt sich auch rein geometrisch übersehen. Wie wir später sehen werden, umhüllen alle Geraden g, die auf u und v Abschnitte x und y mit dem konstanten Produkt $xy = m$ begrenzen, (ohne also durch C zu gehen), eine Ellipse, die AB zum Durchmesser und u und v zu Tangenten in A bezw. B hat. Durch

einen beliebigen Punkt C gehen i. A. zwei Tangenten an diese Ellipse, also gibt es i. A. auch zwei Geraden durch C, welche auf u und v Abschnitte x, y vorgeschriebenen Produktes $m = xy$ bestimmen. Die Abschnitte x, y berechnen sich aus (13) und der aus (12) und (13) abgeleiteten Gleichung:

$$(ay - bx)^2 = c^2(a + b)^2 - 4abm.$$

Damit die Abschnitte x, y reell seien, ist also notwendig und hinreichend die Bedingung

$$4abm \leqq c^2(a + b)^2.$$

Variiert bei festgehaltenem Punkte C die Größe m, so entspricht dem Maximum von m eine Ellipse, die nur eine Tangente durch C gestattet, also selber durch C geht. In diesem Falle ist der Schnittpunkt E dieser Tangente mit AB der Pol der Geraden CD, und A, B; D, E sind vier harmonische Punkte.

§ 49. Kreispolygone.

1. Unter einem Polygon (Vieleck, n-Eck) verstehen wir eine von geradlinigen Strecken begrenzte Figur, deren ganze Begrenzung man durchlaufen kann, wenn man sich von einem beliebigen Ausgangspunkte immer in demselben Sinne fortbewegt. Die begrenzenden Strecken heißen die Seiten des Polygons. Zwei Seiten stoßen in einer Ecke des Polygons zusammen.

Beim Umlaufen der Begrenzung ändert sich die Fortschrittsrichtung nur beim Übergange von einer Seite zur nächsten und zwar um einen Winkel, der kleiner als π ist. Man veranschaulicht sich diese Richtungsänderungen am besten, wenn man durch einen festen Punkt Parallelen zu der jeweiligen Fortschrittsrichtung legt (Fig. 160, 161).

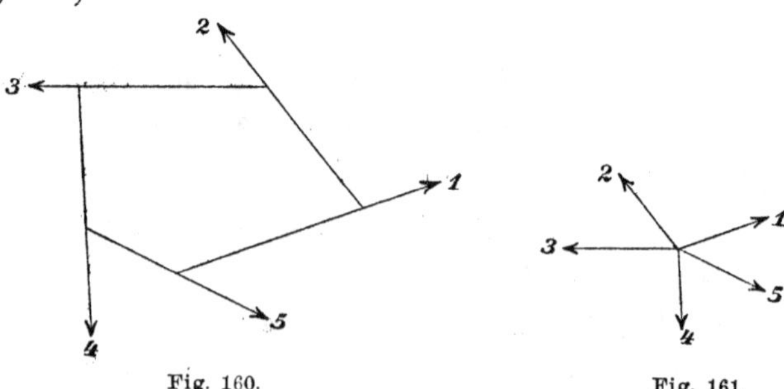

Fig. 160. Fig. 161.

Wenn die Richtungsänderung beim Umkreisen des Polygons immer in demselben Sinne geschieht, so heißt das Polygon konvex.

Die Richtungsänderungen in jedem einzelnen Eckpunkte sind die Außenwinkel des Polygons. Die Polygonwinkel selbst sind die Supplemente dazu, und diese sind alle kleiner als π.

2. Ist man nach einem vollen Umlaufe der Begrenzung in die Ausgangsrichtung zurückgekehrt, so beträgt die Gesamtdrehung ein Vielfaches von 2π. Wenn diese Drehung gerade 2π beträgt, so heißt das Polygon einfach. Beträgt sie aber ein höheres Vielfaches $2m\pi$, so heißt das Polygon sternförmig oder überschlagen (Fig. 162). Das einfache konvexe Polygon ist auch durch die Eigenschaft definiert:

Wenn man jede der Polygonseiten unbegrenzt verlängert, so daß durch sie die Ebene in eine positive und eine negative Hälfte zerfällt, so liegt das Polygon entweder ganz auf der positiven oder ganz auf der negativen Seite dieser Linie.

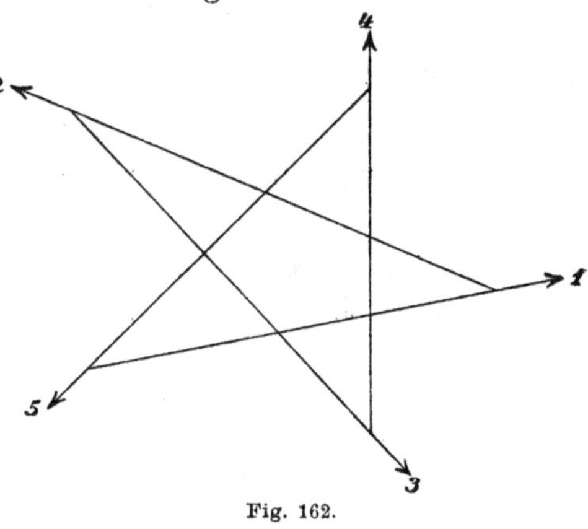

Fig. 162.

Sind bei dem überschlagenen n-Eck alle Außenwinkel einander gleich, so ist jeder von ihnen gleich $2m\pi/n$. Sind sie nicht alle gleich, so muß wenigstens einer darunter sein, der größer ist als dieser Mittelwert. Da aber dieser noch kleiner als π sein muß, so ist $2m\pi/n < \pi$ und folglich $m < \frac{1}{2}n$. Man kann also bei einem n-Eck nicht eine beliebige Anzahl von Umgängen machen. Es gibt z. B. kein überschlagenes Dreieck oder Viereck. Beim Fünfeck und Sechseck sind zwei Umgänge möglich, beim Siebeneck und Achteck bis zu drei u. s. f.

3. In jedem Polygon ist die längste Seite kürzer als die Summe aller übrigen.

Dies folgt daraus, daß die gerade Linie die kürzeste Verbindung zwischen zwei Punkten ist.

4. Ein Polygon heißt einem Kreise eingeschrieben oder Kreispolygon, wenn alle seine Ecken auf der Kreisperipherie liegen. Ein solches Polygon läßt sich ohne Gestaltsänderung auf dem Kreise herumschieben, d. h. man kann eine Ecke in einen beliebigen Punkt der Peripherie legen und von da aus die Seiten der Reihe nach als Sehnen abtragen. Dabei kann man noch in einem oder dem entgegengesetzten Sinne herumgehen. Alle diese Polygone sind entweder kongruent oder spiegelbildlich gleich.

Wenn man die Seiten eines Kreispolygons beliebig untereinander vertauscht, so erhält man neue Polygone, die demselben Kreise eingeschrieben werden können.

Denn denkt man sich die Segmente, die von den Polygonseiten und den zugehörigen Kreisbogen begrenzt sind, herausgeschnitten und beweglich (etwa von Papier), so kann man diese Segmente in beliebiger Reihenfolge wieder in die ursprüngliche Kreisperipherie einpassen; die Kreisbogen müssen immer die ganze Kreisperipherie ausfüllen, und die Sehnen ergeben dann ein eingeschriebenes Polygon.

5. Sind n Strecken gegeben, die der Bedingung genügen, daß jede von ihnen kleiner ist als die Summe der übrigen, so kann man, wenn n größer als 3 ist, immer unendlich viele Polygone finden, die diese Strecken zu Seiten haben.

Man überzeugt sich hiervon durch die vollständige Induktion. Sind nämlich $a, a_1, a_2, \ldots, a_{n-1}$ die gegebenen Strecken und a die größte unter ihnen, so ist

$$a < a_1 + a_2 + \cdots + a_{n-1}.$$

Man nehme nun eine Strecke b so an, daß

$$a - a_3 - \cdots - a_{n-1} < b < a_1 + a_2,$$

was immer möglich ist.

Ist dann n größer als 3, so kann man, wenn wir den zu beweisenden Satz für $n-1$ als erwiesen ansehen, aus den Seiten $a, b, a_3, \ldots, a_{n-1}$ ein $n-1$-Eck konstruieren, und wenn wir dann an b ein Dreieck mit den Seiten b, a_1, a_2 anlegen, so erhalten wir ein n-Eck mit den gegebenen Seiten.

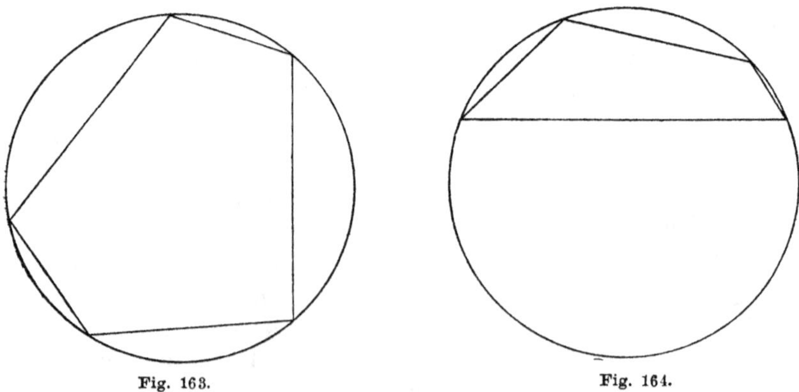

Fig. 163. Fig. 164.

Man stelle sich etwa vor, die gegebenen n Strecken seien aus starren Stäben gebildet, die so durch Gelenke miteinander verbunden sind, daß sie einen geschlossenen Ring bilden. Man kann dann diesem

Ringe noch unendlich viele Gestalten geben. Es gilt aber nun der folgende Satz:

6. Ein einfaches konvexes Polygon mit gegebenen Seiten läßt sich immer einem aber auch nur einem Kreise einbeschreiben.

7. Um diesen Satz zu beweisen, müssen wir die Bedingung dafür formulieren, daß ein Polygon einem Kreise eingeschrieben sei. Es sind dabei zwei Fälle zu unterscheiden, je nachdem der Mittelpunkt des Kreises in dem Polygon liegt oder außerhalb (Fig. 163, 164).

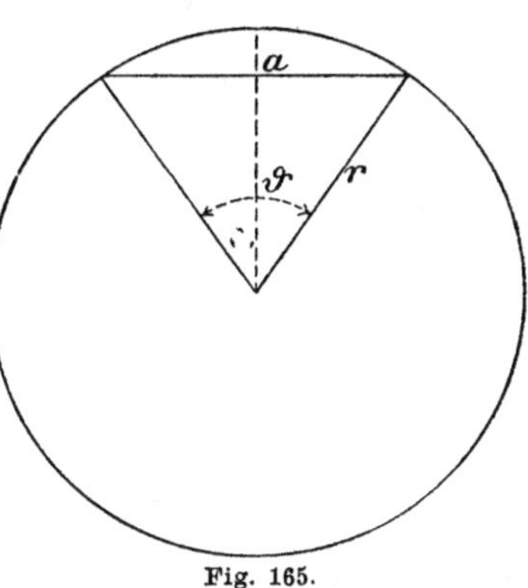

Fig. 165.

Im ersten Falle muß die Summe der Bogen, die über den einzelnen Seiten stehen, gleich der ganzen Kreisperipherie sein. Im zweiten Falle ist der Bogen über der größten Seite gleich der Summe der Bogen über den übrigen Seiten, wobei immer der Bogen zu nehmen ist, der kleiner ist als der Halbkreis.

Wenn a eine Sehne des Kreises vom Radius r ist (Fig. 165), und ϑ der zugehörige Winkel (in Bogenmaß gemessen), so ist

$$a = 2r \sin\frac{\vartheta}{2}$$

und daher

$$(1) \qquad \vartheta = 2 \arcsin\frac{a}{2r},$$

worin arc sin einen Winkel zwischen Null und $\pi/2$ bedeutet. Wenn $a, a_1, a_2, \ldots, a_{n-1}$ die Seiten des Polygons sind und a die größte unter ihnen, so ist für den ersten Fall

$$(2) \qquad \arcsin\frac{a}{2r} + \arcsin\frac{a_1}{2r} + \cdots + \arcsin\frac{a_{n-1}}{2r} = \pi,$$

für den zweiten Fall

$$(3) \qquad \arcsin\frac{a}{2r} = \arcsin\frac{a_1}{2r} + \arcsin\frac{a_2}{2r} + \cdots + \arcsin\frac{a_{n-1}}{2r}.$$

Diese beiden Formeln schreiben wir abgekürzt, indem wir den Index i von 1 bis $n-1$ gehen lassen.

$$(4) \qquad \sum \arcsin\frac{a_i}{2r} = \pi - \arcsin\frac{a}{2r},$$

$$(5) \qquad \sum \arcsin\frac{a_i}{2r} = \arcsin\frac{a}{2r}.$$ [1]

[1] Da arc sin eine transzendente Funktion ist, so stellen sich diese Gleichungen in transzendenter Form dar. Da man aber die Summe von zweien

8. Der Durchmesser $2r$ kann nicht kleiner sein als die Sehne a. Lassen wir also $2r$ von a bis Unendlich gehen, so geht $\sum \arcsin \frac{a_i}{2r}$ stets abnehmend von $\sigma = \sum \arcsin \frac{a_i}{a}$ bis Null und $\pi - \arcsin \frac{a}{2r}$ stets wachsend von $\frac{\pi}{2}$ bis π (weil $\arcsin 1 = \frac{\pi}{2}$ ist).

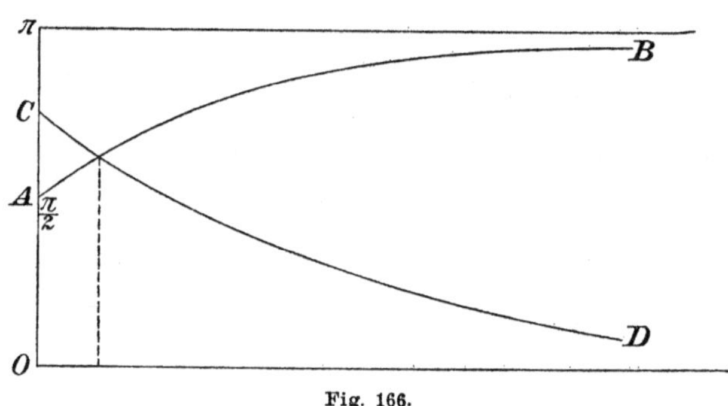

Fig. 166.

In der beistehenden Figur 166 ist r die Abszisse, und die absteigende Kurve CD hat die Ordinate

$$\sum \arcsin \frac{a_i}{2r},$$

die ansteigende Kurve AB die Ordinate

$$\pi - \arcsin \frac{a}{2r}.$$

Die beiden Kurven schneiden sich also nur dann, und zwar nur in einem Punkte, wenn

$$\sigma = \sum \arcsin \frac{a_i}{a} > \frac{\pi}{2} \tag{6}$$

ist, und unter dieser Voraussetzung hat die Gleichung (4) eine und nur eine Lösung. Es gibt also unter der Voraussetzung (6) immer einen und nur einen Kreis, dem ein Polygon von den gegebenen Seiten $a, a_1, a_2, \ldots, a_{n-1}$ so eingeschrieben werden kann, daß der Kreismittelpunkt innerhalb des Polygons liegt.

---

und folglich auch von mehreren arc sin auf einen arc sin eines algebraischen Ausdruckes zurückführen kann, so lassen sich diese Gleichungen auch in algebraische Formen bringen. Diese algebraische Form ist aber weit weniger einfach als die transzendente.

Für $n = 3$ erhält man auf diesem Wege für den Radius des umgeschriebenen Kreises:

$$r^2 = \frac{a^2 a_1^2 a_2^2}{2a^2 a_1^2 + 2a^2 a_2^2 + 2a_1^2 a_2^2 - a^4 - a_1^4 - a_2^4}$$

Vgl. A. F. Möbius, Crelles Journal **3**, p. 5—34 1828, Ges. Werke I.

9. Um die Gleichung (5) zu diskutieren, nehmen wir sie in der Form an:

$$F(r) = 2r \sum \operatorname{arc}\sin\frac{a_i}{2r} - 2r \operatorname{arc}\sin\frac{a}{2r} = 0. \tag{7}$$

Für $2r = a$ wird die linke Seite $F(r)$ dieser Gleichung gleich

$$a \sum \operatorname{arc}\sin\frac{a_i}{a} - \frac{a\pi}{2}$$

und für $r = \infty$ (wegen $\operatorname{Lim} 2r \operatorname{arc}\sin\frac{a}{2r} = a$, vgl. Bd. I, § 114 der 1ten, § 127 der 2ten Auflage) gleich

$$\sum a_i - a.$$

Der letztere Ausdruck ist aber nach der Voraussetzung positiv, und wenn also der erste negativ ist, so muß $F(r)$ zwischen $2r = a$ und $2r = \infty$ wenigstens einmal durch Null gehen und die Gleichung $F(r) = 0$ hat also eine Wurzel. Dies findet unter der Voraussetzung statt, daß

$$\sigma = \sum \operatorname{arc}\sin\frac{a_i}{a} < \frac{\pi}{2} \tag{8}$$

ist. Wenn also die a_i gegebene, der Bedingung $\sum a_i > a$ genügende Strecken sind, so gibt es immer einen Kreis, dem ein Polygon mit den Seiten a, a_i eingeschrieben werden kann. Ist $\sigma > \frac{\pi}{2}$, so liegt der Mittelpunkt im Innern, und ist $\sigma < \frac{\pi}{2}$, so liegt er außerhalb des Polygons. Ist $\sigma = \frac{\pi}{2}$, so liegt der Mittelpunkt in der Mitte der größten Seite a.[1])

1) Bei der Gleichung (5) könnte es noch fraglich erscheinen, ob sie nicht mehr als eine Wurzel haben könnte, was bei der Gleichung (4) ausgeschlossen ist. Auch ist noch nicht entschieden, ob nicht vielleicht auch in dem Falle $\sigma > \frac{\pi}{2}$ die Gleichung (6) Wurzeln hat. Diese Frage kann nur mit Hilfe der Differentialrechnung, damit aber sehr leicht in negativem Sinne erledigt werden. Man setzt zu diesem Zwecke nach (1)

$$\frac{a}{2r} = \sin\frac{\vartheta}{2}$$

und erhält aus (5) die Gleichung

$$\Phi(\vartheta) = \sum \operatorname{arc}\sin\left(\frac{a_i}{a}\sin\frac{\vartheta}{2}\right) - \frac{\vartheta}{2} = 0.$$

Geht ϑ von 0 bis π, so geht $\Phi(\vartheta)$ von 0 bis $\sigma - \frac{\pi}{2}$, aber für kleine Werte von ϑ ist $\Phi(\vartheta)$ positiv. Es geht also $\Phi(\vartheta)$ durch Null, wenn $\sigma < \frac{\pi}{2}$ ist. Daß $\Phi(\vartheta)$ nicht mehr als einmal durch Null geht, und daß es nicht durch Null geht, wenn

§ 50. Polygone mit gegebenen Seiten.

1. Aus vier gegebenen Strecken kann immer dann ein Viereck konstruiert werden, wenn die Summe je dreier Seiten größer ist als die vierte. Durch die vier Seiten ist aber das Viereck noch nicht eindeutig bestimmt, sondern es muß noch eine weitere Angabe dazu kommen; es kann etwa noch ein Winkel oder eine der Diagonalen gegeben sein. Wenn aber noch gefordert wird, daß das Viereck ein Kreisviereck sein soll, so ist, wie wir gesehen haben, (Bd. II, § 32) durch die Seiten das Viereck eindeutig bestimmt. Dabei ist zunächst vorausgesetzt, daß nicht nur die Seiten an sich, sondern auch ihre Reihenfolge gegeben sind.

Für den Flächeninhalt Θ eines Vierecks mit den Seiten a, b, c, d und der Summe ϑ zweier gegenüberliegender Winkel haben wir früher die Formel gefunden (Bd. II, § 32, (4))

$$(1) \qquad \Theta^2 = (s-a)(s-b)(s-c)(s-d) - abcd \cos^2 \frac{\vartheta}{2},$$

worin $2s = a + b + c + d$ der Umfang des Vierecks ist. Ist das Viereck ein Kreisviereck, so ist $\vartheta = \pi$, $\cos \frac{\vartheta}{2} = 0$, und folglich das Quadrat des Inhaltes

$$\Theta_0^2 = (s-a)(s-b)(s-c)(s-d),$$

woraus sich ergibt:

$$(2) \qquad \Theta_0^2 - \Theta^2 = abcd \cos^2 \frac{\vartheta}{2};$$

diese Differenz ist also niemals negativ, und nur dann gleich Null, wenn das Viereck Θ ein Kreisviereck ist. Es ist hierdurch der Satz bewiesen:

> Unter allen Vierecken von gegebenen Seiten hat das Kreisviereck den größten Flächeninhalt. Weicht die Summe der gegenüberliegenden Winkel um mehr als eine gegebene Größe ε von zwei Rechten ab, so läßt sich der Flächeninhalt um mehr als eine von ε abhängige positive Größe ω vergrößern.

$\sigma > \frac{\pi}{2}$ ist, folgt dann daraus, daß der zweite Differentialquotient von $\Phi(\vartheta)$ in bezug auf ϑ immer negativ ist. Damit ist der zweite Teil des Satzes 6. erst vollständig bewiesen.

In ähnlicher Weise läßt sich auch die Frage behandeln, ob ein überschlagenes Polygon mit gegebenen Seiten einem Kreise einbeschrieben werden kann.

2. Dieser Satz läßt sich wesentlich verallgemeinern:

Unter allen einfachen konvexen Polygonen mit gegebenen Seiten in gegebener Reihenfolge hat das Kreispolygon den größten Flächeninhalt.

Der Beweis dieses Satzes gründet sich auf folgende Schlüsse:

3. Denken wir uns ein veränderliches einfaches konvexes Polygon mit unveränderlichen Seiten, so kann sich bei seiner Veränderung ein Winkel des Polygons der Grenze π nähern, wodurch das n-Eck einem $(n-1)$-Eck angenähert wird.

Es kann sich unter besonderen Voraussetzungen auch ein Winkel der Grenze Null nähern.

Verlängert man zwei Seiten eines einfachen konvexen Polygons, die in einer Ecke zusammenstoßen, über die nächsten Ecken hinaus, so entsteht ein Winkelraum von weniger als 180 Grad, und das ganze Polygon ist in diesem Winkelraum enthalten, und daraus folgt, daß sich ein Polygonwinkel nur dann der Grenze Null nähern kann, wenn sich gleichzeitig die Fläche des Polygons der Null nähert. Man sieht ferner, daß sich bei einem konvexen Polygon nur dann eine Diagonale der Grenze Null nähern könnte, wenn die sämtlichen Winkel bis auf zwei gleich π, die beiden letzten dann gleich Null würden; dann aber würde auch der Flächeninhalt verschwindend klein.

4. Wir wollen die Gesamtheit der konvexen Polygone mit den unveränderlichen Seiten $a, a_1, a_2, \ldots, a_{n-1}$ mit $\mathfrak{P}$ bezeichnen, und wir wollen darunter auch die $(n-1)$-Ecke einschließen, die dadurch entstehen können, daß einer der Winkel gleich π wird. Alle diese Polygone $\mathfrak{P}$ haben einen endlichen Flächeninhalt, denn sie können z. B. alle in das Innere eines Kreises gelegt werden, dessen Durchmesser kleiner als der Umfang der Polygone ist. Daraus ergibt sich, daß die Flächeninhalte der Polygone $\mathfrak{P}$ eine obere Grenze haben müssen, die wir mit G bezeichnen, d. h.:

Alle Flächeninhalte von $\mathfrak{P}$ sind kleiner als G oder höchstens gleich G; ist aber ω eine beliebig kleine Fläche, so gibt es Polygone in $\mathfrak{P}$, deren Fläche zwischen G und $G-\omega$ liegt. (Bd. I, § 23 der 1ten, § 25 der 2ten Auflage.)

5. Der Flächeninhalt eines Polygons ist eine stetige Funktion der Seiten und Winkel.

Das will sagen: Wenn F der Flächeninhalt des Polygons und ε eine beliebig gegebene Größe ist, so bleibt der Flächeninhalt zwischen $F-\varepsilon$ und $F+\varepsilon$, wenn die Änderungen der Seiten und Winkel gewisse von ε abhängige Grenzen nicht übersteigen.

Zum Beweise dieser Behauptung kann man sich entweder auf die geometrische Anschauung berufen, oder auch auf die Formeln, vermöge deren der Flächeninhalt durch stetige Funktionen der Seiten und Winkel ausgedrückt wird, und es ist dazu nicht erforderlich, den Bau dieser Formeln genauer zu kennen.

6. Der Beweis des Satzes 2 verlangt nun, daß wir zeigen:

Der Flächeninhalt des in $\mathfrak{P}$ enthaltenen Kreispolygons ist gleich der oberen Grenze G der Flächeninhalte von $\mathfrak{P}$.

Wir führen den Beweis indirekt und nehmen also an, der Flächeninhalt F des Kreispolygons sei kleiner als G. Ist dann η eine beliebige Größe, die der Bedingung

$$G > F + \eta > F$$

genügt, so gibt es noch unendlich viele Polygone in $\mathfrak{P}$, deren Flächeninhalt P der Bedingung

$$G > P > F + \eta$$

genügt. Wir bezeichnen mit P zugleich das Polygon selbst.

Da P kein Kreispolygon ist, so muß es unter seinen Ecken vier aufeinanderfolgende 1, 2, 3, 4 geben, die nicht auf einem Kreise liegen, und in dem Viereck (1234) haben daher zwei gegenüberliegende Winkel eine von π verschiedene Summe. Der Unterschied zwischen π und dieser Winkelsumme muß sogar größer als eine gewisse positive von η abhängige Größe ε sein (wegen 4.).

Hiernach läßt sich nach Nr. 1 der Flächeninhalt des Vierecks (1234) mit Beibehaltung seiner Seiten um mehr als eine von η abhängige positive Größe ω vergrößern. Dadurch wird dann auch der Flächeninhalt P um mehr als ω vergrößert. Da man aber wegen des Begriffs der oberen Grenze P zwischen G und $G - \omega$ annehmen kann, so würde man durch diese Änderung über G hinaus kommen, was dem Begriffe der oberen Grenze widerspricht.

Die Annahme, daß F kleiner als G sei, ist daher unstatthaft.

§ 51. Das gleichseitige Dreieck.

1. Auf ähnlichem Wege beweisen wir den folgenden Satz:

Unter allen Dreiecken von gegebenem Umfange hat das gleichseitige den größten Fächeninhalt.

Zunächst ist zu bemerken, daß der Flächeninhalt aller Dreiecke von gegebenem Umfange $2s$ eine obere Grenze hat, die wir mit G bezeichnen. Das gleichseitige Dreieck von dem Umfange $2s$

hat die Seiten $a = b = c = \frac{2}{3}s$ und folglich den Inhalt

$$F = \frac{s^2}{3\sqrt{3}}.$$

Es ist zu beweisen, daß $F = G$ ist.

2. Angenommen, es sei $F < G$, so gibt es unendlich viele Dreiecke Δ mit dem Umfange $2s$, deren (gleichfalls mit Δ zu bezeichnende) Flächeninhalte zwischen F und G liegen.

Wenn sich bei gleichbleibendem Umfange $2s$ eine Seite eines Dreiecks der Größe s nähert, so nähert sich das Dreieck selbst einer geraden Linie und sein Flächeninhalt der Grenze Null. Sind also a, b, c die Seiten eines Dreiecks, dessen Flächeninhalt größer als F ist, so liegen die Differenzen $s - a$, $s - b$, $s - c$ alle über einer gewissen positiven Zahl und können sich nicht der Grenze Null nähern.

3. Ist nun η wieder eine beliebige Größe, die der Bedingung

$$G > F + \eta > F$$

genügt, so gibt es unendlich viele Dreiecke mit dem Umfange $2s$, deren Flächeninhalt Δ der Bedingung

$$G > \Delta > F + \eta$$

genügt, und da die Dreiecksfläche eine stetige Funktion der Seitenlänge ist, so müssen alle diese Dreiecke Δ die Eigenschaft haben, daß wenigstens eine der Seitendifferenzen, etwa $b - c$, größer ist als eine von η abhängige positive Größe ε, und nach § 48, 5. können wir also jeden der Flächeninhalte Δ mit Beibehaltung des Umfanges um mehr als eine gewisse von ε abhängige positive Größe ω vergrößern.

Da es aber nach dem Begriffe der oberen Grenze Dreiecke Δ gibt, deren Flächeninhalt zwischen G und $G - \omega$ liegt, so kommen wir auf den Widerspruch, daß es auch Dreiecke Δ geben muß, deren Flächeninhalt über G liegt.

4. Es läge nahe, auf Grund des Satzes § 47, 5 unseren Satz durch folgende Überlegungen zu begründen.

Zu jedem nicht gleichseitigen Dreieck von dem gegebenen Umfange kann ein gleichschenkliges mit demselben Umfange, aber größerem Inhalte angegeben werden (§ 47, 5). Ist dieses Dreieck nun nicht gleichseitig, so existiert wieder ein gleichschenkliges Dreieck von noch größerem Inhalte. Durch wiederholte Anwendung dieses Verfahrens erhält man so eine Reihe von gleichschenkligen Dreiecken mit demselben Umfange, aber stets zunehmenden Inhalten. Erst wenn man zu einem gleichseitigen Dreieck gelangt ist, läßt sich nunmehr kein Dreieck größeren Inhaltes angeben, womit dann unser Satz bewiesen wäre.

Diese Schlußweise leidet, abgesehen von dem unendlichen Grenzprozesse, an denselben Mängeln, die in § 47, 11. zur Sprache gekommen sind. Einwandfrei und elementar ist folgender Beweis.

5. Es sei c die Basis eines gleichschenkligen Dreiecks; sein Inhalt $\varDelta$ ist gegeben (vgl. § 48, 5) durch die Formel:

$$\varDelta^2 = \frac{c^2}{4} s(s-c).$$

Ist c_0 die Basis eines anderen gleichschenkligen Dreiecks von demselben Umfange $2s$, so folgt:

$$\varDelta_0{}^2 - \varDelta^2 = \frac{s}{4}(c_0 - c)[s(c_0 + c) - (c_0{}^2 + c_0 c + c^2)].$$

Läßt man das zweite Dreieck mit dem gleichseitigen Dreieck vom Umfange $2s$ zusammenfallen, so ist $c_0 = \frac{2s}{3}$, und es folgt nach einigen Reduktionen die Formel:

$$\varDelta_0{}^2 - \varDelta^2 = \frac{s}{4}\left(\frac{2s}{3} - c\right)^2\left(\frac{s}{3} + c\right),$$

die zeigt, daß die Differenz $\varDelta_0{}^2 - \varDelta^2$ stets positiv ist; es folgt:

Unter allen gleichschenkligen Dreiecken von gegebenem Umfange hat das gleichseitige den größten Flächeninhalt.

Nun läßt sich zu jedem beliebigen Dreieck ABC vom Umfange $2s$ unter Beibehaltung einer Seite ein gleichschenkliges Dreieck von gleichem Umfange, aber größerem Inhalte angeben (§ 47, 5.), und unter allen gleichschenkligen Dreiecken dieses Umfangs hat das gleichseitige den größten Inhalt. Damit ist Satz 1. bewiesen.

6. Von Satz 1. gilt auch die Umkehrung:

Unter allen Dreiecken von gegebenem Inhalte hat das gleichseitige den kleinsten Umfang.

Denn existierte neben dem gleichseitigen Dreiecke $\varDelta$ von gegebenem Inhalte und dem Umfange $2s$ ein anderes Dreieck von gleichem Inhalte, aber kleinerem Umfange $2s'$, so ließe sich nach 1. ein gleichseitiges Dreieck $\varDelta'$ vom Umfange $2s'$, aber größerem Inhalte angeben; dies führt auf den Widerspruch, daß von zwei gleichseitigen Dreiecken, das mit kleinerem Umfange größeren Inhalt hätte.

§ 52. Polygone von gegebenem Umfange.

1. Der Satz vom gleichseitigen Dreieck ist ein spezieller Fall des nun zu beweisenden allgemeineren Satzes:

Unter allen einfachen konvexen n-Ecken mit gegebenem Umfange S hat das reguläre n-Eck den größten Flächeninhalt.

Den entsprechenden Satz für das $(n-1)$-Eck nehmen wir als bereits bewiesen an, und machen von der vollständigen Induktion Gebrauch.

2. Wir betrachten die Gesamtheit $\mathfrak{S}$ der einfachen konvexen n-Ecke bei konstantem n, deren Umfang eine gegebene Länge S hat. Darunter sind als Grenzfälle auch die Polygone vom Umfange S und einer geringeren Zahl von Ecken enthalten, die sich dadurch ergeben, daß einer oder einige der Winkel gleich π, oder eine oder mehrere der Seiten gleich Null geworden sind.

Die Flächeninhalte aller dieser Polygone haben eine obere Grenze, die wir mit G bezeichnen.

3. Das ganze System $\mathfrak{S}$ läßt sich in unendlich viele Scharen $\mathfrak{P}$, $\mathfrak{P}'$, $\mathfrak{P}''$, . . . zerlegen, in der Weise, daß man in einer dieser Teilscharen alle Polygone aus $\mathfrak{S}$ vereinigt, in denen die einzelnen Seiten dieselbe Länge haben. Darunter befindet sich auch die Schar $\mathfrak{R}$, in der alle Polygone gleich lange Seiten (von der Länge $S:n$) haben.

In jeder Schar ist ein Kreispolygon P, P', P'', . . . enthalten, und jedes von diesen hat in seiner Schar den größten Flächeninhalt (nach § 50). Wir bezeichnen das System dieser Kreispolygone mit $\mathfrak{K}$ Die Schar $\mathfrak{K}$ hat dieselbe obere Grenze G wie die Schar $\mathfrak{S}$. In $\mathfrak{K}$ ist auch das reguläre Polygon R enthalten, und es ist zu beweisen, daß dessen Flächeninhalt R gleich G ist.

4. Wir verfahren wieder indirekt und nehmen an, es sei $R < G$. Dann gibt es unendlich viele Polygone Q aus $\mathfrak{K}$, deren mit Q zu bezeichnender Flächeninhalt zwischen R und G liegt.

Nach unserer Annahme ist bereits bewiesen, daß alle $(n-1)$-Ecke von dem Umfange S kleinere Flächen haben als das reguläre $(n-1)$-Eck und dieses hat kleinere Fläche als R, weil nach Bd. II, § 35, 5. der Flächeninhalt eines einfachen regulären n-Ecks von gegebenem Umfang um so größer ist, je größer n ist. Daraus ergibt sich, daß unter den Q keine $(n-1)$-Ecke vorkommen, genauer gesagt, daß alle n Seiten aller Polygone Q über einer bestimmten (nur von n und S abhängigen) Grenze bleiben.

5. Wir können jetzt ganz so wie beim Dreieck weiter schließen. Es sei η eine beliebige der Bedingung

$$G > R + \eta > R$$

genügende Größe. Wenn dann

$$G > Q > R + \eta$$

ist, dann haben alle n-Ecke, deren Fläche Q ist, mindestens zwei aneinanderstoßende Seiten, deren Differenz größer ist als eine von η abhängige positive Größe ε. Wir können dann diese beiden Seiten unter Beibehaltung ihrer Summe so abändern, daß der Flächeninhalt von Q um mehr als eine von ε abhängige positive Größe ω vergrößert wird. Dieses vergrößerte Polygon Q' wird zwar im allgemeinen nicht Kreispolygon geblieben sein; aber das Kreispolygon, das mit Q' gleichen Umfang hat, ist ja noch größer als Q', also gleichfalls um mehr als ω vergrößert.

Da es nun aber Polygonflächen Q gibt, die zwischen G und $G - \omega$ liegen, so müßte Q' größer als G sein, und dies widerspricht dem Begriffe der oberen Grenze.

Die Annahme $G > R$ ist also unmöglich, und da R auch nicht größer als G sein kann, so muß $R = G$ sein.

Da man jedes nicht reguläre einfache konvexe n-Eck unter Beibehaltung seines Umfanges noch vergrößern kann, so gibt es außer dem regulären n-Eck kein anderes, dessen Flächeninhalt gleich G ist.

6. Von der Beschränkung auf konvexe Polygone können wir diesen Satz noch befreien, und es bleibt dann nur die Annahme der Einfachheit übrig, d. h. der Eigenschaft, daß man die ganze Begrenzung des Polygons in einem Zuge ohne nochmalige Berührung eines schon überschrittenen Punktes einfach und vollständig durchlaufen kann.

An dieser letzteren Voraussetzung müssen wir schon aus dem Grunde festhalten, weil sonst der Begriff des Flächeninhaltes nicht eindeutig festgestellt ist.

Wir lassen also jetzt auch Polygonwinkel zu, die größer als π (aber kleiner als 2π) sind, und sprechen die folgenden Sätze aus:

a) Unter allen einfachen n-Ecken mit gegebenem Umfange umschließt das reguläre n-Eck den größten Flächeninhalt.

b) Der Flächeninhalt des regulären n-Ecks ist bei gleichem Umfange um so größer, je größer die Seitenzahl n ist.

c) Die Kreisfläche ist die obere Grenze aller Polygonflächen von gleichem Umfange.

Wenn wir den Satz a) bewiesen haben, so folgen b) und c) nach Bd. II, § 35.

7. Um a) zu beweisen, nehmen wir den Satz für ein Polygon von weniger als n Seiten als bewiesen an, wozu wir berechtigt sind, da er für das Dreieck richtig ist.

Bei jedem nicht konvexen Polygon P von n Seiten können wir (unter Umständen auf mehrfache Art) zwei nicht benachbarte Ecken durch eine Strecke verbinden, die ganz außerhalb der Polygonfläche liegt, z. B. in dem Achteck (1 2 3 4 5 6 7 8) in der Figur 167 die Ecken 1 und 4 (oder auch 2 und 4 oder 8 und 4).

Es entsteht auf diese Weise ein Polygon P' von weniger, etwa n' Ecken (in der Figur das Sechseck (1 4 5 6 7 8)), dessen Umfang S' kleiner ist als der Umfang S des gegebenen Polygons (weil die gerade Strecke $\overline{14}$ kürzer ist als die gebrochene $\overline{1234}$). Zugleich ist der Flächeninhalt F' von P' größer als der Flächeninhalt F von P, weil bei P' die Vierecksfläche 1 2 3 4 hinzukommt.

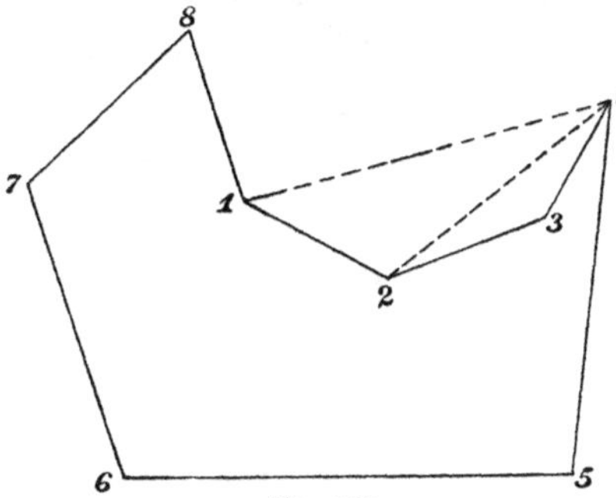

Fig. 167.

Es seien nun R und R' die Flächen der regulären Polygone, die mit P und P' gleiche Seitenzahlen und gleichen Umfang haben. Dann ist nach unserer Annahme

(1) $$R' > F' > F.$$

Nun vergrößern wir das n'-Eck R' im Verhältnis $S : S'$ und erhalten ein reguläres n'-Eck, dessen Fläche R'' größer als R', und dessen Umfang gleich S ist.

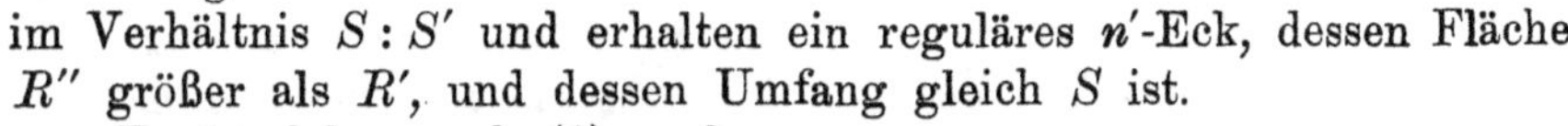

Es ist daher nach (1) auch

(2) $$R'' > F.$$

Da aber nach Bd. II, § 35 die Fläche des regulären n-Ecks bei gleichem Umfange um so größer ist, je größer n ist, so ist $R > R''$ und folglich

(3) $$R > F,$$

und hiermit sind die Sätze a), b), c) bewiesen.

8. Den Sätzen a), b), c) können wir durch ein sehr einfaches indirektes Beweisverfahren die folgenden an die Seite stellen:

a') Unter allen n-Ecken mit gegebenem Flächennhalte hat das reguläre den kleinsten Umfang.

b') Der Umfang des regulären n-Ecks, das eine gegebene Fläche umschließt, wird um so kleiner, je größer n ist.

c') Die Kreislinie ist die untere Grenze aller Polygonumfänge von gegebenem Inhalte.

Der Umfang S eines nicht regulären n-Ecks P, das den gegebenen Flächeninhalt F umschließt, kann jedenfalls (nach a) nicht gleich dem Umfange ϱ des regulären n-Ecks R mit der Fläche F sein. Nehmen wir aber $S < \varrho$ an, so vergrößern wir das n-Eck P im Verhältnis $\varrho : S$. Wir erhalten dadurch ein nicht reguläres Polygon P', das denselben Umfang, aber größeren Inhalt hat wie R, was dem Satze a) widerspricht. Damit ist a') bewiesen.

Ebenso können b') und c') bewiesen werden, die sich übrigens auch leicht aus den Formeln Bd. II, § 35 ergeben.

9. Daß der Kreis unter allen geschlossenen Linien gleichen Umfangs den größten Flächeninhalt einschließt, können wir unter der Voraussetzung der Existenz dieses Extremums auf die einfachste Art dartun, d. h. wir können zeigen, daß jede begrenzte Figur, die nicht eine Kreisfläche ist, unter Beibehaltung ihres Umfanges vergrößert werden kann. Ist nämlich S eine geschlossene konvexe Linie, die kein Kreis ist und die die Fläche F einschließt, so kann man vier Punkte a, b, c, d auf S wählen, die nicht die Ecken eines Kreisvierecks sind. Verschiebt man dann diese Punkte, indem man die Segmente (anb), (bpc), (cqd), (dma) ungeändert läßt, bis sie auf einem Kreise liegen, so hat man nach § 50, 1. die Fläche des Vierecks $abcd$ vergrößert; die übrigen Teile der Fläche F und der Umfang von s sind dadurch nicht geändert.

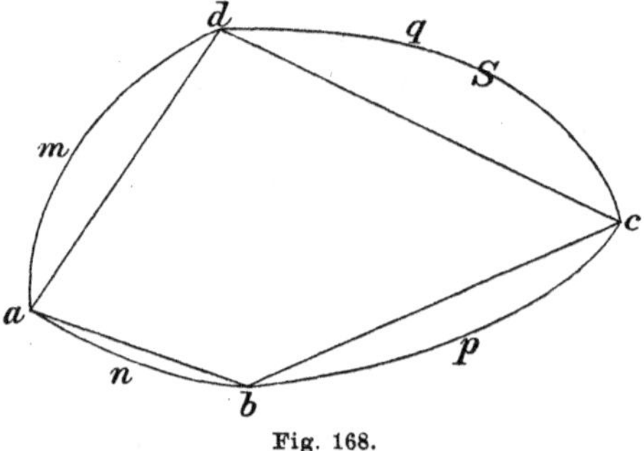

Fig. 168.

Strenge Beweise des Satzes, daß der Kreis unter allen Figuren gleichen Umfanges den größten Inhalt hat, geben F. Edler, Göttinger Nachrichten 1882, Carathéodory und Study, Mathematische Annalen, Bd. 66.

Eine vorzügliche Anwendung findet die Lehre vom Größten und Kleinsten in der Lehre vom Gleichgewicht mechanischer Systeme, wie wir im nächsten Abschnitte an dem Beispiele der Kapillarität sehen werden.

Siebenter Abschnitt.

Anwendung der Lehre vom Größten und Kleinsten auf die Lehre vom Gleichgewicht und besonders auf die Gesetze der Kapillarität.

§ 53. Stabiles Gleichgewicht.

1. In der Statik sind der Begriff und die allgemeinen Bedingungen des Gleichgewichts eines Systems materieller Körper unter dem Einflusse irgendwelcher Kräfte entwickelt. Es war aber dort kein Anlaß, auf eine für die Anwendung äußerst wichtige Unterscheidung einzugehen, nämlich zwischen dem stabilen und dem labilen Gleichgewicht. Um eine vorläufige Anschauung von diesem Unterschiede zu bekommen, denke man sich etwa eine halbkugelförmige Schale, in der eine kleine schwere Kugel rollen kann. Liegt diese Kugel an der tiefsten Stelle der Schale, so befindet sie sich da im Gleichgewicht, und wenn sie in dieser Lage kleine Stöße bekommt oder um ein weniges aus der Lage entfernt wird, so wird sie nur kleine Oszillationen ausführen, die man beliebig klein machen kann, wenn man die anfänglichen Störungen hinlänglich klein annimmt. Dies ist ein stabiles Gleichgewicht.

2. Unsere kleine schwere Kugel wird aber auch auf der höchsten Stelle einer festen Kugel bei großer Vorsicht eine Weile balanziert werden können. In diesem Falle wird aber eine kleine Erschütterung oder Lagenveränderung genügen, um die bewegliche Kugel sofort von der festen herunterzuwerfen. Hier haben wir ein labiles oder instabiles Gleichgewicht.

3. Wir definieren also das stabile Gleichgewicht folgendermaßen:

Ein Gleichgewicht irgend eines mechanischen Systems ist stabil, wenn bei allen Störungen durch Ortsveränderung oder Geschwindigkeiten (Stöße) alle weiteren Bewegungen nach Verschiebung und Geschwindigkeit in beliebig engen Grenzen bleiben, vorausgesetzt, daß diese Störungen hinlänglich klein sind.

4. Es gibt noch eine dritte Art des Gleichgewichts, die man das indifferente nennt. Dieses findet statt, wenn das System durch eine unendlich kleine Verschiebung in eine neue Gleichgewichtslage übergeht. Unser Beispiel gibt uns einen derartigen Fall, wenn die bewegliche Kugel auf einer ebenen horizontalen Unterlage ruht.

Das indifferente Gleichgewicht kann auch mit stabilem oder instabilem verbunden vorkommen. Ersteres findet z. B. statt, wenn unsere schwere Kugel auf dem Boden einer horizontalen Rinne ruht.

§ 54. Kennzeichen des stabilen Gleichgewichtes.

1. Ein Kriterium für das stabile Gleichgewicht ergibt sich aus dem Satze von der Erhaltung der Energie. Im § 25 ist die potentielle Energie eines Systems erklärt. Es war dies, wenigstens in gewissen sehr allgemeinen Fällen, eine Funktion, die nur von der Lage und der Konfiguration des Systems abhängt und mit dieser stetig veränderlich ist. Durch die Zunahme der potentiellen Energie bei irgend einer Verschiebung des Systems wird die gegen die Kräfte des Systems geleistete Arbeit gemessen. Das Maß für die potentielle Energie hat einen willkürlichen Anfangspunkt, d. h. die potentielle Energie ist nur bis auf eine additive Konstante, die willkürlich bleibt, bestimmt.

In unserem Beispiel einer schweren Kugel ist die potentielle Energie der Erhebung des Mittelpunktes (Schwerpunktes) der Kugel über eine beliebige aber feste Horizontalebene proportional.

2. Unter der kinetischen Energie eines bewegten Systems haben wir die Hälfte der Summe aus den Produkten aller Massen des Systems mit den Quadraten ihrer Geschwindigkeit verstanden. Die kinetische Energie ist also eine wesentlich positive Größe, die nur bei einem ruhenden System gleich Null ist.

3. Das Energieprinzip sagt nun aus, daß bei jeder Bewegung des Systems potentielle Energie in kinetische oder kinetische Energie in potentielle umgewandelt wird, daß aber die Gesamtenergie unverändert bleibt. Ist also P die potentielle, T die kinetische Energie, h eine von der Zeit unabhängige Größe, so ist während der Bewegung

$$P + T = h. \tag{1}$$

4. Es gilt dann der Satz:

Ein System befindet sich im stabilen Gleichgewicht in einer Lage, in der die potentielle Energie ein Minimum ist, wenn zugleich die kinetische Energie verschwindet.

Der Beweis dieses Satzes ergibt sich ganz ohne Formeln und Rechnung aus dem Satze von der Erhaltung der Energie und aus dem Begriffe des Minimums. Um den einfachen Grundgedanken klar hervortreten zu lassen, wollen wir zunächst einen einzigen materiellen Punkt m betrachten, der sich in einer Ebene frei bewegen kann, für den also die potentielle Energie eine Funktion des Ortes in der Ebene ist. Man kann z. B. annehmen, der Punkt m werde von einem unter oder über der Ebene liegenden festen Punkte M nach dem Newtonschen Gesetze angezogen. Die potentielle Energie ist in diesem Falle mit dem negativen reziproken Werte der Entfernung $(\overline{mM})$ proportional und ist also ein Minimum, wenn der Punkt m im Fußpunkt des von M auf die Ebene des Punktes m gefällten Perpendikels liegt.

Es sei also O ein Punkt der Ebene (Fig. 169), in dem die potentielle Energie P ein Minimum ist, und wegen der willkürlichen in P enthaltenen Konstanten können wir annehmen, dieser Minimumwert sei gleich Null. Bei allen Verschiebungen des Punktes m von O aus wird dann P zunächst positiv und wenn wir O mit einer Kurve S als Hülle umgeben, die dem Punkte O beliebig nahe kommt, so läßt sich eine positive Größe g angeben, unter die P auf der ganzen Hülle nicht heruntersinkt.

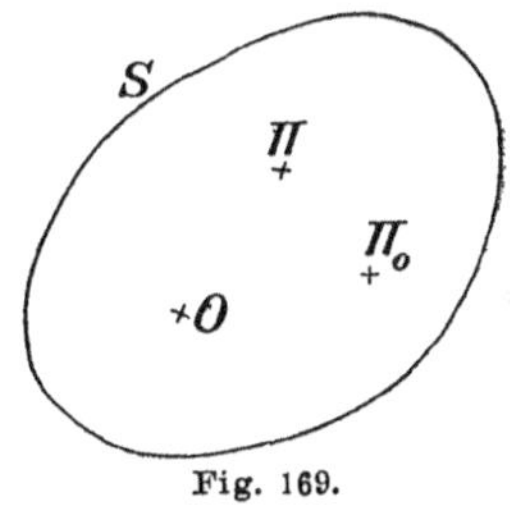

Fig. 169.

Man verschiebe nun den Punkt m nach irgend einem Punkte Π_0 im Innern der Hülle, in dem P den positiven Wert $P_0 < g$ hat und erteile ihm eine so kleine kinetische Energie T_0, daß $P_0 + T_0 < g$ bleibt. Bei der hiernach eintretenden Bewegung von Π_0 nach Π bleibt nach (1) die Gleichung bestehen

$$P + T = P_0 + T_0,$$

also $P + T$ und um so mehr P und T selbst kleiner als g.

Demnach kann der Punkt m bei dieser Bewegung die Hülle S nicht erreichen und auch T bleibt immer unter dem Werte g. Dies ist das Wesen des stabilen Gleichgewichts.

5. Wenn der Punkt m statt in der Ebene im Raume frei beweglich ist, so tritt an Stelle der Kurve S eine Fläche, die den Punkt O einschließt, und die Schlußweise bleibt ganz dieselbe. Ebenso verhält es sich auch bei einem irgendwie beweglichen materiellen Systeme σ. Haben wir eine Lage O des Systems σ, in der die potentielle Energie P dieses Systems den Minimumwert Null hat, so denke man sich alle möglichen Bewegungen, die von O ausgehen, bei denen P positive Werte erhält. Setzt man alle diese Bewegungen eine hinlänglich kleine Strecke fort, so erhält man eine Reihe von Nachbarlagen, so daß die positiven Werte von P nicht unter einen beliebig klein zu wählenden positiven Wert heruntersinken, und von hier aus kann man aus dem Energiegesetze denselben Schluß ziehen, und es ist damit der Satz 4. bewiesen.[1])

§ 55. Schwere Systeme.

1. Haben wir ein System schwerer Punkte mit den Massen $m_1, m_2, m_3, \ldots$, die bis zu den Höhen $z_1, z_2, z_3, \ldots$ über eine beliebig gewählte feste Horizontalebene gehoben sind, so ist die zu dieser Erhebung erforderliche Arbeitsgröße (§ 25)

$$(1) \qquad g(m_1 z_1 + m_2 z_2 + m_3 z_3 + \cdots) = g \sum m_i z_i,$$

und diese Größe kann also als die potentielle Energie unseres Systems betrachtet werden. Ist z die Höhe des Schwerpunktes und $m = \sum m_i$ die Gesamtmasse des Systems, so ist (§ 12)

$$mz = \sum m_i z_i,$$

und man kann also $gmz = P$ als die potentielle Energie ansehen. Daraus folgt, daß sich ein schweres System im stabilen Gleichgewicht befindet, wenn sein Schwerpunkt so tief als möglich liegt.

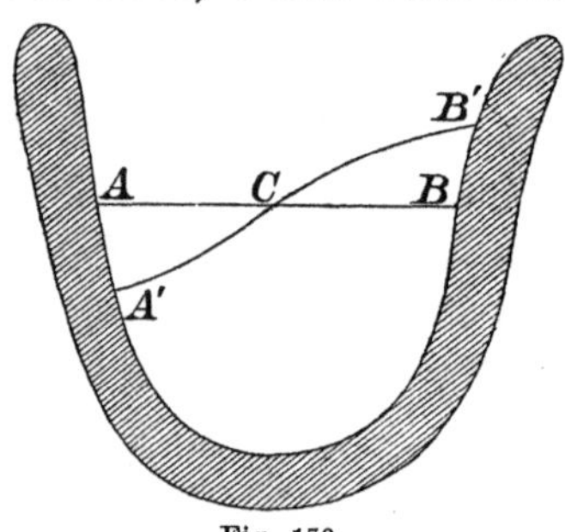

Fig. 170.

2. Eine schwere Kette, die an ihren Endpunkten befestigt ist, nimmt die Gestalt einer Kurve an, deren Schwerpunkt bei gegebener Länge und gegebenen Endpunkten so tief wie möglich liegt. Diese Kurve heißt Kettenlinie.

3. Eine schwere Flüssigkeit in einem Gefäß stellt sich im Gleichgewicht so ein, daß die Oberfläche horizontal ist. Um einzusehen, daß dann der Schwerpunkt so tief als möglich liegt, betrachte man die Figur 170. Ist ACB das horizontale Niveau, so betrachte man irgend eine andere Gestalt der Oberfläche, etwa $A'CB'$. Da die Flüssigkeit beide Male dasselbe

---

1) Der Satz vom stabilen Gleichgewicht, der schon länger als richtig angenommen war, ist zuerst bewiesen von Minding und Dirichlet. (Vgl. Stäckel, Jahresbericht der deutschen Mathematiker-Vereinigung von 1905, S. 504.)

Man kann jedes materielle System, dessen Lage durch eine endliche Zahl von Bestimmungsstücken gegeben ist, durch einen Punkt in einem Raume von mehr Dimensionen darstellen, indem man die Bestimmungsstücke als Koordinaten eines Punktes in diesem Raume betrachtet. Die potentielle Energie des Systems ist eine Ortsfunktion in diesem Raume, und wenn man sich die Freiheit nimmt, von den Gebilden dieses Raumes ebenso zu sprechen, wie von denen in unserem gewöhnlichen Raume, so gestaltet sich der allgemeine Beweis ganz so, wie bei dem besprochenen besonderen Falle.

Volumen einnehmen muß, so ist das unter dem Niveau gelegene Volumen ACA' gleich dem über dem Niveau gelegenen BCB'.

Das von $A'CB'$ begrenzte Volumen entsteht daher aus dem von ACB begrenzten dadurch, daß das Volumen ACA' nach BCB' gehoben wird. Hierdurch wird aber auch der Schwerpunkt der Gesamtmasse gehoben (§ 12, 6), und es liegt folglich der Schwerpunkt der Gesamtmasse mit horizontaler Begrenzung ACB tiefer als der derselben Masse mit einer beliebigen anderen Begrenzung $A'CB'$, und die Voraussetzung für das stabile Gleichgewicht ist nur bei horizontaler Begrenzung befriedigt.

Hieraus folgt auch, daß eine schwere Flüssigkeit in einem Systeme untereinander kommunizierender Röhren in allen Röhren des Systems in gleicher Höhe stehen muß.

§ 56. Kapillare Kräfte.

1. Die Sätze über das Gleichgewicht einer Flüssigkeit, die wir soeben abgeleitet haben, sind nicht genau richtig, und es gibt sogar Fälle, die sehr bedeutend davon abweichen.

Eine kleine Quecksilbermenge ist auf einer horizontalen Unterlage im Gleichgewicht in Gestalt eines Tropfens, der, wenn die Masse der Flüssigkeit klein ist, nahe Kugelgestalt hat. Ein Wassertropfen, dessen Oberfläche mit der horizontalen Ebene gar keine Ähnlichkeit hat, kann von einer festen Fläche im Gleichgewicht herabhängen, und in kommunizierenden Röhren von verschiedener Weite steht das Wasser höher in der engen Röhre als in der weiten. Das sind Tatsachen, die uns die Erfahrung jeden Augenblick zeigt.

2. Um solche Erscheinungen zu erklären, muß man annehmen, daß außer der Schwerkraft noch andere Kräfte wirksam sind, die man die Kapillarkräfte nennt und durch die der mathematische Ausdruck § 55 (1) für die potentielle Energie abgeändert wird. Diese sind von zweierlei Art; die einen, die wir die inneren nennen wollen, wirken zwischen den Teilen der Flüssigkeit, die anderen, die äußeren, wirken zwischen den Teilen der Flüssigkeit und der festen Gefäßwand, mit der sie in Berührung sind. Über die Natur dieser Kräfte wissen wir wenig; nur die eine Wahrnehmung ist gemacht worden, daß sie nur bei unmittelbarer Berührung merklich sind. Denn bringt man z. B. einen Quecksilbertropfen mit einem anderen oder mit einem festen Körper in Verbindung, so zeigt der Tropfen nicht die geringste Veränderung, so lange ein auch nur mit dem Mikroskop nachzuweisender Abstand zwischen den beiden Körpern ist.

Laplace und Gauß haben auf verschiedenen Wegen die Gesetze der Kapillarität aus der Annahme hergeleitet, daß zwischen den Molekülen der Körper Anziehungskräfte wirken, die, ähnlich wie die Gravitation nach dem Newtonschen Gesetze, Funktionen der Entfernung sind, aber solche Funktionen, die in der Entfernung außerordentlich rasch abnehmen, und, sozusagen, nur für unendlich kleine Werte der Entfernung merkliche Werte haben. Es ist dies nur eine Hypothese, die, nach der heutigen Anschauungsweise der Physiker, kaum wahrscheinlicher oder verständlicher ist, als wenn wir durch eine andere Hypothese gleich das Gesetz im ganzen annehmen. Erst durch die anderweitig geforderte kinetische Theorie der Materie erlangt die Laplace-Gaußsche Hypothese wieder eine heuristische Bedeutung.

3. Wir wollen von der Wahrnehmung ausgehen, daß eine Flüssigkeitsmasse eine Gestalt annimmt, die sich der Kugelgestalt um so mehr nähert, je mehr sie durch die inneren Kapillarkräfte allein bestimmt ist, je mehr sie also den Einwirkungen der Schwere und der äußeren Kapillarkräfte entzogen ist; ein kleiner Quecksilbertropfen, ein frei fallender Wassertropfen, ein in einer anderen Flüssigkeit von gleichem spezifischem Gewichte schwimmender Öltropfen bieten solche Fälle dar. Die Kugel ist aber unter allen Gestalten die, die ein gegebenes Volumen bei kleinster Oberfläche einschließt.

Es scheint hiernach plausibel, daß die Arbeit der inneren Kapillarkräfte nur in einer Verkleinerung der Oberfläche besteht und mit der Verkleinerung der Oberfläche proportional ist.

Wir setzen daher die potentielle Energie der inneren Kapillarkräfte P_i mit der Oberfläche F der Flüssigkeit proportional:

$$(1) \qquad P_i = aF,$$

worin a eine Konstante, die Kapillarkonstante der Flüssigkeit ist.[1])

4. Die äußeren kapillaren Kräfte rühren her von der Anziehung der Gefäßwand auf die mit ihr in Berührung stehenden Flüssigkeitsteile. Die Gefäßwände ziehen die Flüssigkeit zu sich heran und suchen den von Flüssigkeit bedeckten Teil ihrer Oberfläche zu vergrößern. Die Arbeit dieser Kräfte besteht in einer Vergrößerung des bedeckten Teils der Oberfläche und wir nehmen also an, daß die potentielle Energie P_a der äußeren Kapillarkräfte mit dem negativen Werte der Oberfläche des bedeckten Teiles der Gefäßwand pro-

1) Die Thermodynamik lehrt, daß, wenn die Kapillarkräfte von der Temperatur abhängig sind, diese Kapillarkräfte außer einer mechanischen Arbeit, auch noch eine andere energetische, nämlich eine thermische Wirkung hervorbringen, d. h. die Temperatur der Oberfläche verändern. $P_i = aF$ ist dann die sogenannte „freie Energie" der Oberfläche F. R. H. W.

portional sei. Ist also T die Fläche der Gefäßwand (Fig. 171), die mit Flüssigkeit bedeckt ist, so setzen wir

$$(2) \qquad P_a = -2bT,$$

worin b eine zweite Kapillarkonstante ist, die von der Natur der Flüssigkeit und des Gefäßes gemeinschaftlich abhängt. (Der Faktor 2 ist aus Zweckmäßigkeitsgründen beigefügt.)

Bezeichnen wir noch mit U den freien Teil der Flüssigkeitsoberfläche, so ist $F = U + T$ und folglich

$$(3) \qquad P_i = a(U + T).$$

5. Außer den kapillaren Kräften wirkt auf die Flüssigkeit noch die Schwerkraft. Die potentielle Energie P_s dieser Kraft ist, wenn c das spezifische Gewicht, d. h. das Gewicht der Volumeneinheit, V das Volumen der Flüssigkeit und Z die Höhe des Schwerpunktes über einer beliebigen aber festen Horizontalebene bedeutet (§ 25),

$$(4) \qquad P_s = cVZ,$$

und folglich ist die potentielle Energie der ganzen Flüssigkeit

$$(5) \qquad P = cVZ + (a - 2b)T + aU.$$

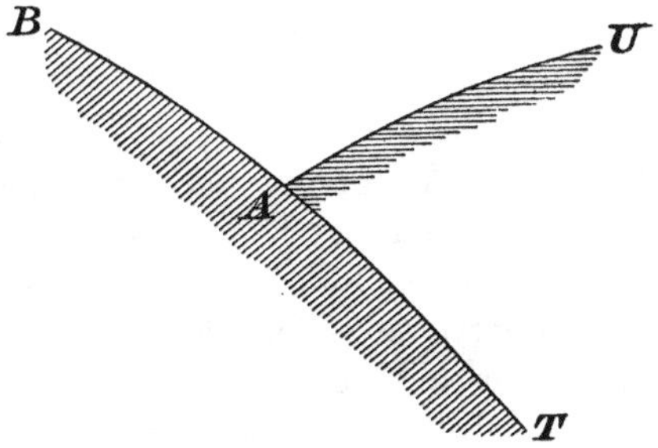

Fig. 171.

Wenn diese Funktion einen möglichst kleinen Wert hat, so befindet sich die Flüssigkeit im stabilen Gleichgewicht.[1])

6. In bezug auf die Konstanten a und b ist zunächst zu bemerken, daß, wenn $b > a$ ist, ein Gleichgewicht nicht möglich ist, so lange noch irgend ein Teil der Gefäßwand unbedeckt ist.

Eies zeigt uns die folgende Erwägung.

Es sei A in Figur 171 der Spurpunkt einer Linie, in der die freie Oberfläche U der Flüssigkeit an die Wand des Gefäßes stößt, und AB sei ein unbedeckter Teil der Gefäßwand. Man denke sich

1) Nach der älteren von Gauß und Laplace gebrauchten Bezeichnung wäre $a = \alpha^2 c$, $b = \beta^2 c$ zu setzen und α und β heißen darin die Kapillaritätskonstanten; a und b haben die Dimensionen „Gewicht durch Länge", da die Energie die Dimension „Gewicht mal Länge" hat; α und β sind einfach Längen. Für Quecksilber ist nach Quincke

$$a = 52{,}25 \text{ bis } 56{,}43 \, \frac{\text{mg}}{\text{mm}},$$

für Wasser ist

$$a = 7{,}6 \, \frac{\text{mg}}{\text{mm}}.$$

mg bedeutet hier das Gewicht eines Milligramms, nicht seine Masse.

nun an AB ein dünnes Häutchen AD (Fig. 172) über einen Teil σ der Wand gezogen. Hierdurch nehmen U und T jedes um eine gleiche Größe σ zu, nämlich T um die innere, U um die äußere Fläche des Häutchens.

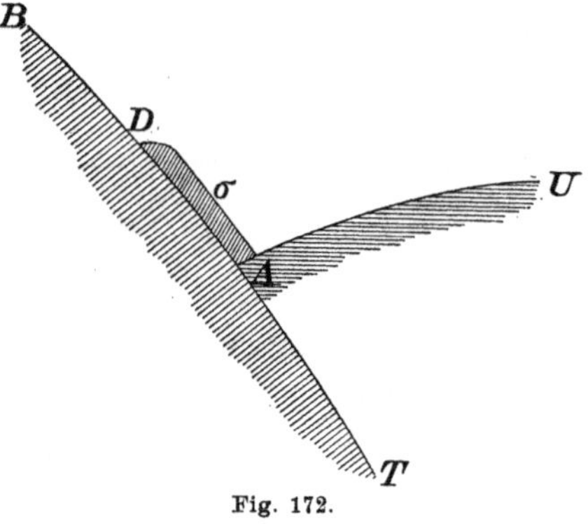

Fig. 172.

Die Masse des Häutchens kann man sich so klein denken, daß dadurch die übrige Fläche U und der Schwerpunkt der Masse nicht merklich verändert werden.

Nach (5) hat sich dann P um $2(a-b)\sigma$ geändert, und wenn also $a < b$ ist, so ist diese Änderung eine Abnahme. Es würde dann also P von dem Werte aus, den es in Figur 171 hat, noch verkleinert werden können, und die Figur 171 könnte keiner Gleichgewichtslage entsprechen.

In einem solchen Falle wird also nicht eher Gleichgewicht eintreten können, als bis die ganze Gefäßwand mit einer Flüssigkeitshaut überzogen, „benetzt" ist, und dann wird sich die Sache ebenso verhalten, als ob das Gefäß aus der starr gewordenen Flüssigkeit bestände, d. h. es wird $b = a$ zu setzen sein. Dieser Fall tritt z. B. ein bei Wasser oder Alkohol in einem Glasgefäße. Er hängt übrigens sehr von der Beschaffenheit der Oberfläche ab und wird z. B. nicht eintreten, wenn die Wand etwas fettig ist. Dagegen tritt er ein, wenn man das Glasgefäß gut mit Schwefelsäure reinigt und austrocknet.

7. Randwinkel. Da nun b nicht größer als a sein kann, so läßt sich ein Winkel zwischen 0° und 180° bestimmen, den wir mit A bezeichnen wollen, so daß

$$\frac{a-2b}{a} = \cos A, \tag{6}$$

und dann wird nach (5)

$$P = cVZ + a(T\cos A + U). \tag{7}$$

Dieser Winkel A ist von der Natur der Flüssigkeit und der Gefäßwand abhängig; er ist 180°, wenn $a = b$ wird, also bei den benetzenden Flüssigkeiten. Die Bedeutung dieses Winkels ergibt sich aus folgender Betrachtung:

Es sei in Figur 173 C die Spur der Grenzlinie zwischen Flüssigkeit und Gefäßwand, die wir uns auf der Ebene der Figur senkrecht denken. CU sei ein Stück der Fläche U, CT ein Stück der Fläche T. Man verschiebe nun den Teil CB von U einmal nach BC', dann nach BC'', so daß jedesmal ein gleich großes Stück δ der Fläche T von C überstrichen wird und die Fläche nach BC' und BC'' kommt. Diese Verschiebung denke man sich längs eines Stückes der Grenzlinie von der Länge 1 vorgenommen.

Von den Punkten C' und C'' fälle man Perpendikel $C'E'$ und $C''E''$ auf BC.

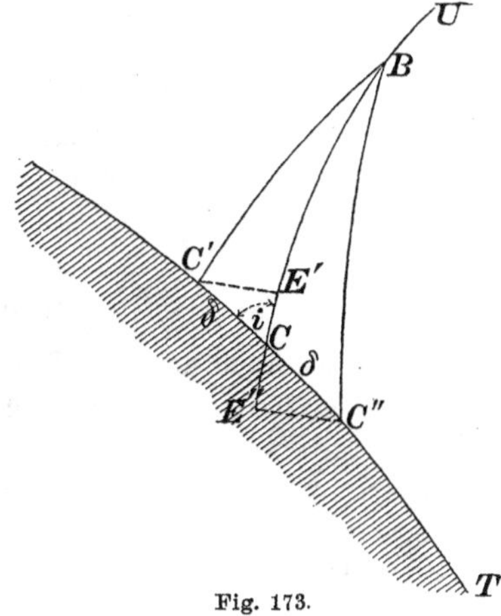

Fig. 173.

Alles das denke man sich in so kleinem Maßstabe ausgeführt, daß CB, CC', CC'', BC', BC'' als geradlinig betrachtet werden können, und daß zugleich die Massenverschiebung so klein ist, daß man ihren Einfluß auf die Lage des Schwerpunktes vernachlässigen darf. Daß dies möglich ist, bedarf eines Beweises, da es sich hier überhaupt um unendlich kleine Änderungen, auch der Flächen und damit der Energie, handelt. Sind aber die Leneardimensionen der Flächenelemente, also CC', CC'', CB und damit die Änderung der Flächen unendlich klein erster Ordnung, so sind die Änderungen der Flächeninhalte $CC'B$, $CC''B$ und damit die Volumen- und Massenänderung unendlich klein zweiter Ordnung, und ein unendlich Kleines zweiter Ordnung darf gegen ein unendlich Kleines erster Ordnung vernachlässigt werden.

Es werde mit i der Winkel $C'CB$ bezeichnet, unter dem die Oberfläche der Flüssigkeit an die Wand stößt. Sind die Winkel CBC' und CBC'' hinlänglich klein, so können wir in erster Annäherung setzen:

$$BC' = BE' = BC - \delta \cos i,$$
$$BC'' = BE'' = BC + \delta \cos i,$$

und für die Zunahme der Flächen U und T ergibt sich bei den beiden Verschiebungen:

$$U' - U = -\delta \cos i, \quad T' - T = \delta,$$
$$U'' - U = \delta \cos i, \quad T'' - T = -\delta.$$

Demnach erhalten wir aus (7) für die Zunahme von P

$$(8) \qquad \begin{aligned} P' - P &= a\delta(\cos A - \cos i), \\ P'' - P &= -a\delta(\cos A - \cos i), \end{aligned}$$

und wenn also der Winkel i, der wie A zwischen 0^0 und 180^0 liegt, nicht gleich A ist, so ist entweder $P' - P$ oder $P'' - P$ negativ; also findet für eine der beiden Verschiebungen ein Abnehmen von P statt und es besteht kein Gleichgewicht. Wenn daher Gleichgewicht besteht, so muß $i = A$ sein.

Der Winkel i heißt der Randwinkel. Er ist für gegebene Flüssigkeiten und Gefäße konstant. Für Quecksilber und Glas ist er etwa $43^0\,12'$. Bei den benetzenden Flüssigkeiten ist er 180^0 und hier tangiert also die Oberfläche der Flüssigkeit die Gefäßwand.

Wir haben die Ausdrücke (8) nur mit gewissen Vernachlässigungen gebildet. Der genaue Sinn der Gleichungen ist der, daß, wenn $\cos A - \cos i$ nicht gleich Null wäre, man die Verschiebung δ so klein annehmen könnte, daß das Vorzeichen von $P' - P$ und $P'' - P$ durch (8) bestimmt wäre, und das genügt für unseren Nachweis.

§ 57. Kapillare Röhren.

1. Wir wenden den Ausdruck für die potentielle Energie dazu an, das Ansteigen oder Niederdrücken von Flüssigkeiten in kapillaren Röhren zu untersuchen. Wir wollen annehmen, daß eine enge Röhre, deren Querschnitt den Flächeninhalt q und den Umfang u habe, in ein großes mit Flüssigkeit gefülltes Bassin eintaucht. Die vertikalen Wände der Röhre nehmen wir zylindrisch an, setzen aber über die Gestalt des Querschnitts einstweilen nichts voraus. Erfahrungsmäßig wird in einer solchen Röhre die Flüssigkeit entweder in die Höhe gezogen oder (z. B. bei Quecksilber) herabgedrückt.

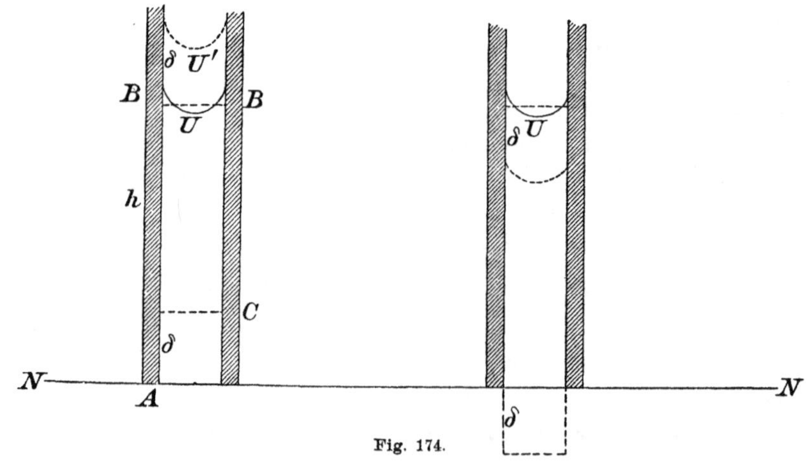

Fig. 174.

Nehmen wir an, es sei NN in der Figur 174 das äußere Niveau, AB die Röhre, in der die Flüssigkeit bis U gestiegen und da im Gleichgewicht ist. Die Oberfläche U der Flüssigkeit in der Röhre ist nicht horizontal, sondern in einer Weise gekrümmt, die nur mit Hilfe der höheren Mathematik bestimmt werden kann und auch da große Schwierigkeiten macht. Die Kenntnis dieser Oberfläche ist aber zur Bestimmung der Steighöhe nicht nötig. Wir legen nämlich einen ebenen Schnitt $\overline{BB}$ durch die Oberfläche U in solcher Höhe h, daß die Flüssigkeitssäule AB dasselbe Volumen hq hat wie die Säule AU und nennen dieses h die Steighöhe.

2. Jetzt geben wir der Flüssigkeitssäule eine Verschiebung, indem wir sie im ganzen um eine Strecke δ in die Höhe heben, ohne die Gestalt der Oberfläche U dabei zu verändern. Um die Kontinuität der Flüssigkeit zu erhalten, müssen wir bei A eine zylindrische Säule AC von dem Volumen $q\delta$ aus dem Bassin herausheben, wodurch das Niveau des Bassins und die potentielle Energie der äußeren Flüssigkeit nicht merklich verändert wird. Die Arbeit, die bei dieser Verschiebung gegen die Schwerkraft allein geleistet werden muß, ist für die Hebung des Zylinders AC gleich dem Gewicht mal der Höhe des Schwerpunktes, d. h. $= \frac{1}{2} cq\delta^2$, und für den Zylinder AU, der nach CU' gehoben ist, gleich dessen Gewicht chq mal der Hubhöhe δ, also $chq\delta$. Der Zuwachs, den die potentielle Energie P_s dadurch erleidet, ist also

$$c(hq\delta + \tfrac{1}{2} q\delta^2).$$

Die freie Oberfläche U hat sich nicht geändert; dagegen ist die bedeckte Fläche T um das zwischen U und U' gelegene Stück $u\delta$ gewachsen, und daher ist die Zunahme der potentiellen Energie P nach § 56, (7)

$$(1) \qquad \delta(chq + ua\cos A) + \tfrac{1}{2} cq\delta^2,$$

und diese Größe darf nicht negativ sein.

3. Ebenso ergibt sich, wenn wir die Fläche U nach unten verschieben, für die Zunahme von P_s die Arbeit des Zylinders CU, nämlich der Wert

$$-c(h-\delta)q\delta,$$

vermehrt um die Arbeit des in das Bassin hinabgedrückten Zylinders CA:

$$-\tfrac{1}{2} cq\delta^2;$$

endlich vermindert sich hier T um $q\delta$ und es ergibt sich für die Zunahme der potentiellen Energie

$$(2) \qquad -\delta(chq + ua\cos A) + \tfrac{1}{2} cq\delta^2,$$

und auch dieser Ausdruck darf nicht negativ sein.

4. Wenn aber $chq + ua\cos A$ von Null verschieden, etwa dem absoluten Werte nach größer als ω wäre, so brauchte man nur δ so klein zu nehmen, daß $\omega - \frac{1}{2} cq\delta$ positiv wird, um entweder den Ausdruck (1) oder (2) negativ zu machen. Folglich muß im Zustande des Gleichgewichts

$$(3) \qquad chq + ua\cos A = 0$$

sein, oder wenn man

$$\frac{4q}{u} = d \tag{4}$$

setzt und d die Weite der Röhre nennt:

$$h = -\frac{4a\cos A}{cd}. \tag{5}$$

Ist der Querschnitt der Röhre kreisförmig vom Radius r, so ist $q = \pi r^2$, $u = 2\pi r$ und $d = 2r$ der Durchmesser der Röhre. Man sieht, daß h positiv ist, also eine Hebung der Flüssigkeit in der Röhre stattfindet, wenn der Winkel A stumpf ist; und speziell bei netzenden Flüssigkeiten, wie Wasser an Glas, wo $\cos A = -1$ ist, ergibt sich

$$h = \frac{4a}{cd}, \tag{6}$$

also die Steighöhe der Weite der Röhre umgekehrt proportional. Ist der Winkel A spitz, wie bei Quecksilber an Glaswänden, dann ist h negativ und es findet eine Depression der Flüssigkeitssäule statt.

5. Denken wir uns zwei solche Röhren von den Weiten d und d' in das gleiche Bassin eingetaucht, so ergibt sich

$$h = -\frac{4a}{cd}\cos A,\quad h' = -\frac{4a}{cd'}\cos A,$$

also

$$h - h' = -\frac{4a}{c}\cos A\left(\frac{1}{d} - \frac{1}{d'}\right); \tag{7}$$

man kann nun, ohne das Gleichgewicht zu stören, im Innern des Bassins einen Teil der Flüssigkeit starr machen, so daß die beiden Röhren d und d' unten miteinander kommunizieren. Dann gibt der Ausdruck (7) (bei negativem $\cos A$) an, um wieviel das Wasser in dem engen Schenkel höher steht als in dem weiten.

Man hätte auch, wenn auch etwas umständlicher, die Formel (7) direkt ableiten können und hätte daraus den Ausdruck (5) erhalten, indem man d' unendlich groß im Vergleich zu d annimmt.

6. Das Energieprinzip lehrt den Druck im Innern einer Seifenblase bestimmen.

Bei einer Seifenblase können wir, da die Flüssigkeitsschicht außerordentlich dünn ist, von dem Einfluß der Schwerkraft absehen. Ebenso haben wir, wenn die Seifenblase frei schwebt, oder nur an einem kleinen Teile festhängt, von den äußeren Kapillarkräften abzusehen. Die Seifenblase nimmt dann Kugelgestalt an und schließt ein bestimmtes Luftvolumen ein, das unter dem Drucke p steht.

Bezeichnen wir mit r den Radius der Kugel und nehmen an, daß dieser sich unter dem Einflusse des Druckes der eingeschlossenen

Luft um die sehr kleine Größe δ vermehrt habe, dann ist die Arbeit der Druckkräfte (vgl. § 29, B)

$$p \cdot 4\pi r^2 \cdot \delta.$$

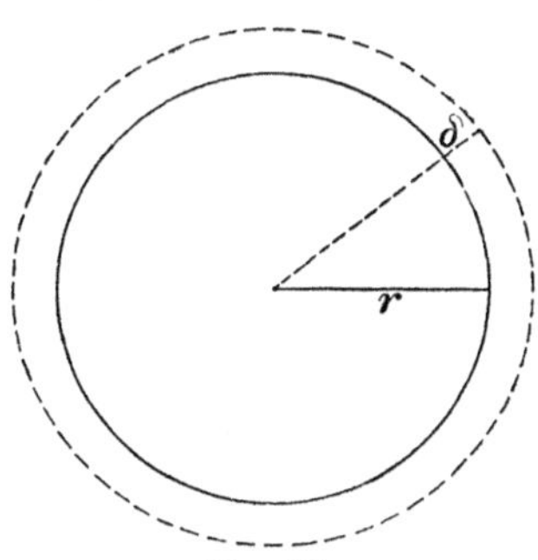

Fig. 175.

Diese Arbeit muß gleich der Vermehrung der potentiellen Energie der inneren Kapillarkräfte sein, also nach unserer Grundhypothese proportional mit der Vergrößerung der Oberfläche. Es kommt hier die innere und die äußere Fläche in Betracht und die Zunahme der potentiellen Energie ist daher

$$2a \cdot 4\pi((r+\delta)^2 - r^2) = 16a\pi r\delta$$

(mit Vernachlässigung von δ^2). Hiernach ergibt sich

$$p = \frac{4a}{r}.$$

VIERTES BUCH

OPTIK

Achter Abschnitt.

Geometrische Optik.

§ 58. Grundgesetze der geometrischen Optik.

1. Wenn eine Lichtquelle in einiger Entfernung von einer weißen Wand aufgestellt ist, und wenn man zwischen beide ein Schirmchen mit einem Loch, ein „Diaphragma“ (oder etwas ähnliches) bringt, so sieht man auf der Wand den „Schatten“ des Diaphragmas, im allgemeinen in unscharfer Umgrenzung.

Je kleiner die Lichtquelle wird, um so schärfer wird die Umgrenzung, und um so mehr nähert sie sich dem „geometrischen Schatten“ des Diaphragmas. Dieser wird aus den Fußpunkten aller der Geraden gebildet, die man vom Zentrum der Lichtquelle aus nach der Umgrenzung des Diaphragmas und darüber hinaus nach der Wand ziehen kann.

2. Hieraus können wir den Begriff der unendlich kleinen, „punktförmigen“ Lichtquelle bilden, die einen vollkommenen geometrischen Schatten werfen würde.

Die Unschärfe bei endlich dimensionierten Lichtquellen würde sich dann durch die Übereinanderlagerung gegeneinander verschobener geometrischer Schatten erklären, was auch allen Erfahrungstatsachen entspricht; eine endliche Lichtquelle kann in „elementare“ Lichtquellen, von unendlich kleinen Dimensionen, zerlegt gedacht werden, deren jede einen scharfen Schatten erzeugt.

3. Das Zustandekommen des geometrischen Schattens, den eine punktförmige Lichtquelle erzeugt, kann man durch die „geradlinige Ausbreitung“ des Lichtes erklären. Von einer solchen Lichtquelle geht radial in den umgebenden Raum etwas aus, das wir „Licht“ nennen, und das sich in geraden Bahnen bewegt. Eine solche Bahn heißt „Lichtstrahl“. Was die Physik sich im übrigen von dem Licht für eine Vorstellung macht, interessiert die geometrische Optik nicht. Es braucht nichts materielles zu sein, das diese geraden Bahnen beschreibt; auch ein „Zustand“ kann sich in solchen Bahnen ausbreiten, indem z. B. nacheinander alle die Teilchen eines Körpers, die in einer geraden Linie liegen, sich der Reihe nach ablösend, irgendeinen Zustand, eine Spannung, oder was man sonst will, annehmen. Ja wir sind auch berechtigt, anzunehmen, daß überhaupt kein physisches Fortschreiten irgendeines Zustandes längs der Strahlen erfolgt. Die Strahlen verhalten sich geometrisch ähnlich, wie die Kraftlinien einer punktförmigen elektrischen Ladung (§ 32), bei denen wir auch durch den Richtungssinn ein „vorn" und „hinten" unterscheiden können, ohne daß längs ihnen ein zeitliches Fortschreiten eines Zustandes stattfände. So könnten also die Lichtstrahlen als rein geometrische Linien aufgefaßt werden, bei denen wir aber einen Richtungssinn unterscheiden müssen, um erklären zu können, warum ein Strahl „hinter" einem Schirm, von der Lichtquelle aus gerechnet, ausgelöscht wird, nicht aber „vor" dem Schirm. Die beiden Richtungssinne sind physikalisch nicht gleichwertig.[1])

Der Kraftröhre (§ 33, 4) entsprechend, können wir ein „Strahlenbündel" definieren, das alle Strahlen innerhalb eines röhrenförmigen, selbst von Strahlen gebildeten Mantels umfaßt. Wie bei den Kraftlinien gilt auch hier die geradlinige Ausbreitung nur, so lange das die Lichtquelle umgebende Medium homogen ist.

4. Schiebt man einen scharf begrenzten Schirm in ein Strahlenbündel so ein, daß er einen Teil der Strahlen des Bündels durchschneidet, so muß man, um den geometrischen Schatten dieses Schirmes zu erklären, annehmen, daß er auf die nicht durchschnittenen Strahlen keinerlei Einfluß ausübt, wohl aber auf die durchschnittenen, die „hinter" ihm, von der Lichtquelle aus gerechnet, verschwinden. Die nicht durchschnittenen Strahlen ändern sich auch hinter dem Schirm nicht. Die Strahlen eines Bündels müssen also auch voneinander unabhängig angenommen werden; sonst müßte das Auslöschen eines Teiles von ihnen auf den Rest einen Einfluß haben. Dies ist die zweite Annahme, die wir von den Lichtstrahlen machen müssen.

5. Wir haben somit die zwei verschiedenen Voraussetzungen zu machen:

I. Die Voraussetzung von der geradlinigen Ausbreitung des Lichtes. Diese Voraussetzung definiert den Begriff Strahl.

II. Die Voraussetzung von der Unabhängigkeit der Strahlen voneinander.

Die erste Voraussetzung sagt aus, daß alle die Punkte, die auf einer von der punktförmigen Lichtquelle aus gezogenen Geraden liegen,

1) Die Newtonsche Emissionstheorie, die annimmt, ein leuchtender Punkt sendet radial in den umgebenden Raum unmeßbar kleine Teilchen aus, gibt ein für die geometrische Optik, aber nur für diese ausreichendes und zugleich anschauliches Bild der Lichtstrahlen. Der Weg, den ein Teilchen beschreibt, ist ein Lichtstrahl.

voneinander abhängig sind, indem jeder irgend etwas, was wir „Licht“ nennen, auf den ihn benachbarten ferneren überträgt. Alle diese Punkte bilden den Lichtstrahl.

Die zweite Voraussetzung sagt aus, daß je zwei Punkte, die nicht auf der gleichen von der punktförmigen Lichtquelle aus gezogenen Geraden liegen, keinen Einfluß aufeinander ausüben.

Diese Gesetze sind zu ergänzen, wenn das Medium in der Umgebung der Lichtquelle inhomogen ist, z. B. sprungweise in anderes Material übergeht.

6. Die beiden Voraussetzungen in Nr. 5 sind streng nicht richtig. Wenn man die Öffnung im Diaphragma sehr klein nimmt, wird auch bei punktförmiger Lichtquelle der Schatten unscharf. Es tritt hier die Erscheinung ein, die man als „Beugung“ des Lichtes bezeichnet, und die man nur dadurch erklären kann, daß man die zweite Voraussetzung fallen läßt. Damit fällt aber gleichzeitig die erste; denn wenn außer den Punkten einer Geraden auch noch andere Punkte voneinander abhängig sind, ist der Begriff „Strahl“ nicht mehr definierbar.

Die ganze geometrische Optik ist deswegen nur anwendbar, wenn man von allen den Vorrichtungen absieht, die die Beugungserscheinungen erkennen lassen.

7. Es würde für die geometrische Optik genügen, wenn man die Gesetze der Brechung und Reflexion als rein empirische Grundannahmen einführte, also etwa zur Ergänzung der Gesetze I, II in Nr. 5 die folgenden Gesetze annimmt.

III. Der Lichtstrahl — also der Komplex aller voneinander abhängigen Punkte — erfährt eine Richtungsänderung an gewissen polierten Flächen und zwar derart, daß er in den von einer solchen Fläche resp. ihrer Tangentialebene begrenzten Halbraum, aus dem er als „einfallender Strahl“ kommt, als „reflektierter Strahl“ zurückgeworfen wird. Das geschieht nach den „Reflexionsgesetzen“ (Fig. 176):

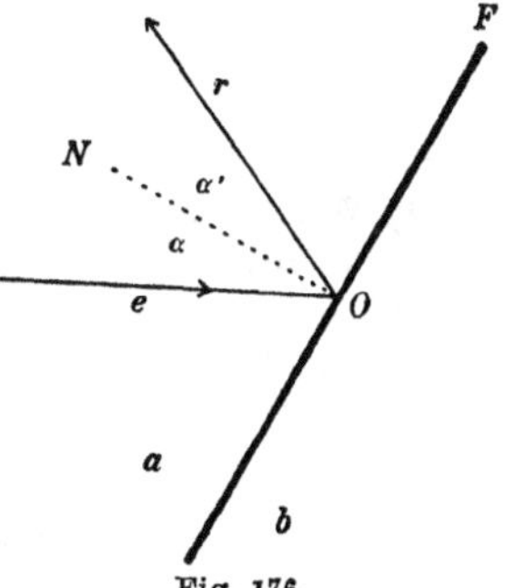

Fig. 176.

a) Der Lichtstrahl bleibt in der Einfallsebene. Unter Einfallsebene ist die Ebene zu verstehen, die den einfallenden Strahl (e in Fig. 176) und das Lot auf der reflektierenden Fläche am Fußpunkte dieses Strahls, das „Einfallslot“ (ON), enthält.

b) Nach der Reflexion liegt der Strahl in dieser Ebene auf der anderen Seite des Einfallslotes, als vorher.

c) Der Einfallswinkel ist gleich dem Reflexionswinkel.

Einfallswinkel (α in Fig. 176) ist der Winkel, den der einfallende Strahl, „Reflexionswinkel" (α') derjenige, den der reflektierte Strahl (r) mit dem Einfallslot bildet.

IV. An der Grenze gewisser „durchsichtiger" Körper erfährt der Lichtstrahl eine Richtungsänderung, die ihn als „gebrochenen" Strahl in den anderen Halbraum hinüberführt. Das geschieht nach den „Brechungsgesetzen" (Fig. 177):

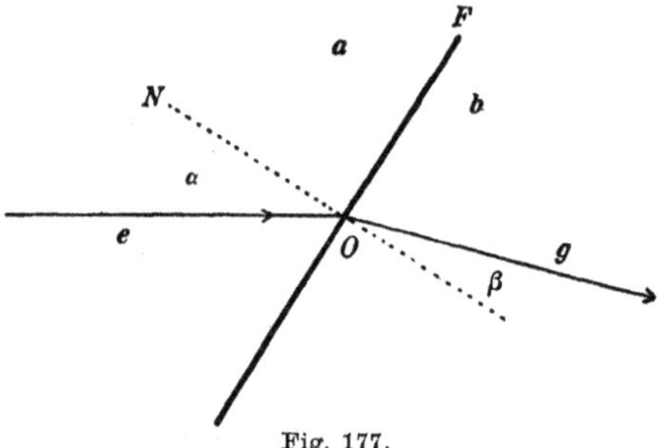

Fig. 177.

a) Der Lichtstrahl bleibt in der Einfallsebene.

b) Er liegt wieder nach der Brechung auf der anderen Seite des Einfallslotes.

Jedem durchsichtigen Medium kommt ein Zahlenwert n zu, sein „Brechungsexponent".

c) An der Grenze zweier solcher Medien mit den Brechungsexponenten n_a, n_b ist das Verhältnis der Sinus von Einfallswinkel und Brechungswinkel gleich dem Verhältnis $n_b : n_a$, wenn der Strahl aus dem Medium mit dem Exponenten n_a kommt und in das mit dem Exponenten n_b hinübertritt. Es ist also (Fig. 177)

$$\sin\alpha : \sin\beta = n_b : n_a. \tag{1}$$

Dieses Gesetz heißt das „Snelliussche Brechungsgesetz".[1])

Der Einfallswinkel ist hier wie in IIIb definiert. Der Brechungswinkel ist der spitze Winkel zwischen dem gebrochenen Strahl und dem Einfallslot.

Nach diesem Gesetz ist also, wie man auch α wählt, immer $\sin\alpha : \sin\beta$ eine Konstante n_{ab}, die dem System der beiden Medien eigentümlich ist. Es ist

$$n_{ab} = n_b : n_a.$$

1) Willebrord Snellius, geb. 1591 in Leiden, gest. 1626, ebenda, war Professor der Mathematik in Leiden. Er ist der Entdecker des Brechungsgesetzes, das später von Huygens, und exakter von A. J. Fresnel aus der Undulationstheorie abgeleitet wurde.

Christian Huygens, geb. 1629 im Haag, gest. 1695 daselbst, war Mathematiker, Physiker und Astronom. Die Physik verdankt ihm vor allem die Undulationstheorie des Lichtes.

Augustin Jean Fresnel, geb. 1788 in Broglie, gest. 1827 in Ville d'Array bei Paris, war Ingenieur, zuletzt Ingenieur en chef des ponts et chaussées. Er verhalf der Huygensschen Undulationstheorie zum Siege durch die aus ihr abgeleiteten Theorien der Interferenz, der Beugung, der Polarisation und der Doppelbrechung, durch welche eine große Zahl bekannter Erscheinungen, wie die „Farben dünner Blättchen" eine einfache Erklärung fand.

8. Die Konstante n_{ab} heißt der „relative Brechungsexponent" des Mediums b gegen das Medium a. Analog wird $n_{ba} = n_a/n_b$ der „relative Brechungsexponent" des Mediums a gegen das Medium b. Er spielt zunächst dann eine Rolle, wenn ein Strahl aus dem Medium b in das Medium a übergeht. Es ist

$$n_{ab} \cdot n_{ba} = 1. \tag{2}$$

Die Exponenten n_a, n_b heißen zum Unterschied von n_{ab} die „absoluten Brechungsexponenten". Da immer nur ihre Verhältnisse in dem Brechungsgesetz (1) auftreten, so sind sie auch nur bis auf einen gemeinsamen, willkürlichen Faktor bestimmbar. Über diesen Faktor verfügt man gewöhnlich dadurch, daß man

$$n_a = 1$$

setzt, wenn das Medium a vom luftleeren Raum, der ja auch durchsichtig ist, gebildet wird. Geht ein Strahl aus dem luftleeren Raum a in einen anderen Raum b über, so wird

$$n_{ab} = n_b.$$

Der absolute Brechungsexponent eines Körpers wird nach unseren jetzigen Festsetzungen also gleich dem relativen dieses Körpers gegen den Äther (leeren Raum).

Weiter folgt für zwei Medien a, c, die aneinander grenzen,

$$n_{ac} = \frac{n_c}{n_a} = \frac{n_c}{n_b} \cdot \frac{n_b}{n_a}$$

oder

$$n_{ac} = \frac{n_{bc}}{n_{ba}} = n_{bc} \cdot n_{ab} = \frac{n_{ab}}{n_{cb}}. \tag{3}$$

Der relative Brechungsexponent zweier Medien a, c läßt sich also aus dem relativen Brechungsexponenten eines jeden von ihnen gegen ein beliebiges drittes Medium berechnen.

9. Ist $\alpha = 0$, so kann die Gleichung (1) nur dann erfüllt sein, wenn auch $\beta = 0$ ist. Bei „senkrechter Inzidenz" wird der Strahl nicht gebrochen.

10. Das Reflexionsgesetz und das Brechungsgesetz lehren das Prinzip der Umkehrbarkeit der Lichtwege. Im allgemeinsten Falle wird bei Verteilung diskreter, in sich homogener Körper im Raume ein Lichtstrahl einen Linienzug beschreiben, der aus geradlinigen, geknickten Stücken besteht. Die Knicke liegen an reflektierenden und brechenden Grenzen. Wenn man an irgendeiner Stelle des Lichtweges einen Strahl in entgegengesetzter Richtung aussendet, so wird dieser den ganzen Weg in entgegengesetztem Sinne durchlaufen, ohne von ihm abzuweichen. Das folgt daraus, daß an jeder brechenden Fläche der Brechungswinkel jetzt zum Einfallswinkel und die Reihenfolge der beiden aneinandergrenzenden Medien vertauscht wird. Es muß sich der neue Brechungswinkel $\bar{\alpha}$ aus dem Einfallswinkel β nach der Gleichung

$$\sin\beta : \sin\bar{\alpha} = n_a : n_b = n_{ba}$$

berechnen. Also wird $\sin\bar{\alpha} = \sin\alpha$ und, wegen IV a), b), $\alpha = \bar{\alpha}$.

Wenn wir also den gebrochenen Strahl zum einfallenden machen, d. h. nur den Richtungssinn wechseln, so wird der einfallende Strahl zum gebrochenen. Ebenso folgt das gleiche für eine Reflexion.

11. Eine einfache Konstruktion des gebrochenen Strahles aus dem einfallenden zeigt die Fig. 178. Um den Fußpunkt O des einfallenden Strahles L zeichne man in der Einfallsebene zwei Kreise, deren Radien den beiden Brechungsexponenten proportional, oder deren Radien im Verhältnis des relativen Brechungsexponenten der beiden Medien stehen. Der einfallende Strahl werde über O hinaus verlängert, bis er, bei A, den Kreis schneidet, dessen Radius dem Exponenten n_a des Mediums, in dem der einfallende Strahl verläuft, proportional ist. Von hier fällt man das Lot AH auf die brechende Fläche, und dieses verlängert man (wenn die Verlängerung nötig, wenn also $n_b > n_a$) über A hinaus bis zum Schnitt B mit dem andern Kreis. Die Gerade OB ist dann der gebrochene Strahl; denn es ist, wie man leicht übersieht,

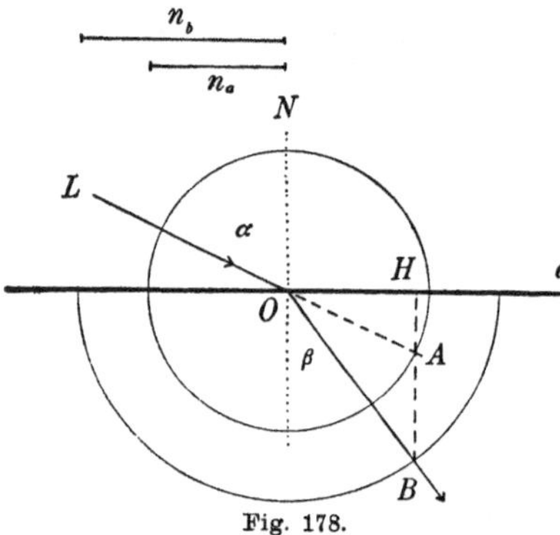

Fig. 178.

$$\sin\alpha : \sin\beta = \frac{OH}{AO} : \frac{OH}{BO} = BO : AO,$$

also nach der Voraussetzung über die Kreisradien

$$\sin\alpha : \sin\beta = n_b : n_a .$$

12. Diese Konstruktion zeigt, daß, wenn $n_b > n_a$, der Lichtstrahl nach der Brechung dem Einfallslot näher liegt, als vorher. Das Medium mit größerem Brechungsexponent heißt „optisch dichter“.

Ein Lichtstrahl wird im optisch dichteren Medium dem Einfallslot zu gebrochen, im optisch dünneren von ihm abgebrochen.

§ 59. Das Gesetz vom ausgezeichneten Lichtweg.

1. Reflexions- und Brechungsgesetz lassen sich aus einem einzigen Gesetz, dem Gesetz vom „ausgezeichneten Lichtweg“ ableiten.

Ein Lichtstrahl möge von einem Punkte L aus, der selbst ein leuchtender Punkt („Lichtpunkt“) oder auch sonst ein beliebiger Punkt des Strahles sein mag, nach einem Punkte B („Bildpunkt“) hin verlaufen. Unterwegs soll er an einer brechenden oder reflektierenden beliebig gekrümmten Fläche F, die er in einem Punkte O erreicht, eine Knickung erfahren. Im Medium vor der Fläche F sei der Brechungsexponent n_1, hinter der Fläche F sei er n_2. Ist die Fläche F eine reflektierende, so wird $n_1 = n_2$.

2. Es seien h_1, h_2 die Längen, die der Strahl in den beiden Medien durchläuft

$$h_1 = \overline{LO}; \quad h_2 = \overline{BO}.$$

Nun legen wir in O an die Fläche F die Tangentialebene E, und in dieser zeichnen wir einen Nachbarpunkt P von O, der eine beliebige Stellung in dieser Ebene einnehmen kann und sich O beliebig nähern darf.

Der Punkt P werde mit L und B geradlinig verbunden, und es sei

$$\overline{LP} = l_1; \quad \overline{BP} = l_2,$$

und der Linienzug LPB, der im allgemeinen bei P geknickt ist, soll ein „Nachbarweg“ (über die Tangentialebene) zu LOB heißen. Wenn P in O übergeht, geht der Nachbarweg LPB in den „wahren Lichtweg“ LOB über.

3. Das Produkt nl für eine beliebige in einem Medium vom Brechungsexponenten n verlaufende Länge l heiße die „optische Länge“ des Weges l. Und entsprechend soll

$$n_1 l_1 + n_2 l_2$$

die optische Länge des Nachbarweges LPB heißen. $(n_1 h_1 + n_2 h_2)$ wird dementsprechend die des wahren Lichtweges.

4. Den Satz vom „ausgezeichneten Lichtweg“ kleiden wir in die Fassung:

Der wahre Lichtweg zwischen zwei Punkten L, B vor und hinter einer Grenzfläche hat unter allen „Nachbarwegen über die Tangentialebene“ die geringste optische Länge.

Es muß also, wo auch P gelegen ist, immer

$$h_1 n_1 + h_2 n_2 < l_1 n_1 + l_2 n_2$$

sein, wobei P in der an O zur wahren brechenden Fläche F gelegten Tangentialebene[1]) bleiben muß. Man hat also gleichsam die wahre

1) Die Einführung der Tangentialebene in O und die Wahl eines Nachbarpunktes P in dieser, anstatt in der wahren Fläche F, ersetzt die Fassung dieses Satzes: für den wahren Lichtweg ist

$$\delta(ln) = 0,$$

die die höheren Mittel der Variationsrechnung voraussetzt. Hier ist P in der wahren brechenden Fläche gedacht. In den Folgerungen kommen beide Fassungen auf das Gleiche hinaus.

(im Allgemeinen gekrümmte) brechende Fläche durch eine ebene Begrenzung der Medien zu ersetzen.

5. Nimmt man an, das Licht bewege sich längs der Strahlen mit Geschwindigkeiten, die den Brechungsexponenten umgekehrt proportional sind, sodaß es sich also im Medium i mit einer Geschwindigkeit $v_i = c/n_i$ bewegt, so findet dieser Satz noch eine tiefere physikalische Deutung. Die Zeit, die der Strahl im Medium i braucht, ist aus der Geschwindigkeit und dem Wegstück l_i in diesem Medium berechenbar. (§ 18 (1) p. 87.) Es ist

$$v_i = \frac{l_i}{t_i},$$

also

$$t_i = \frac{1}{c} \cdot l_i n_i;$$

und die gesamte Zeit, die er auf dem Wege von L bis B braucht, ist

$$t = \frac{1}{c} \Sigma l_i n_i.$$

Die optische Länge eines beliebig geknickten Weges ist dann die Weglänge, die das Licht im Vakuum in der Zeit durchlaufen würde, die es zur Zurücklegung des Weges l in Wirklichkeit braucht; denn im Vakuum würde die Geschwindigkeit nach unserer Definition des Brechungsindex $v_0 = c/1$ sein, also in der Zeit t ein Weg

$$l_0 = t \cdot v_0 = c \cdot t = \Sigma l_i n_i$$

vom Licht zurückgelegt.

Der Satz vom ausgezeichneten Lichtweg[1]) kann nun auch so ausgesprochen werden:

Das Licht bewegt sich von L nach B auf dem Wege, der unter allen Nachbarwegen die geringste Zeit erfordert.

6. Wir haben nun also zu beweisen, daß das Gesetz von Nr. 4 die Brechungs- und Reflexionsgesetze enthält. Ein Strahl LO treffe im Punkte O auf eine ebene Fläche auf (Fig. 179). Von O aus ziehen wir zwei zu einander senkrechte Richtungen in der Grenzebene, nämlich eine Richtung y so, daß die Ebene LOy normal auf der Grenzebene steht, also die Einfallsebene ist, und eine Richtung x normal zu y. Schließlich mag die Richtung des Einfallslotes mit z

1) Für die Reflexion an einer Ebene ist dieser Satz schon Hero von Alexandrien bekannt gewesen; für die Brechung ist er von Fermat und später von Huygens (Traité de la lumière, Leiden 1690) bewiesen worden. Helmholtz hat den Beweis auf mehr als eine Grenzfläche zwischen Licht- und Bildpunkt ausgedehnt (Wissensch. Abhandl. II).

bezeichnet werden. Die Figur 179 soll den einfallenden Strahl LO in der Zeichenebene enthalten, also auch die Richtungen y und z.

Das Medium auf der Seite der positiven z, also auf der Seite des einfallenden Strahles, soll den Brechungsexponenten n, das andere den Exponenten n' haben.

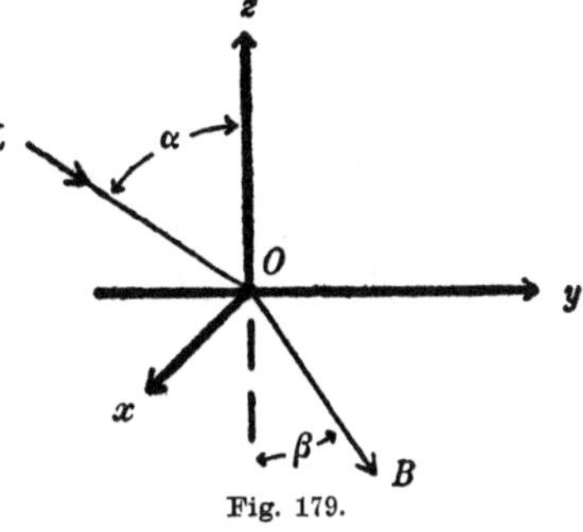

Fig. 179.

7. Zunächst beweisen wir, daß bei einer Brechung B in der Einfallsebene liegen muß. Zu diesem Zweck greifen wir aus allen Nachbarwegen des Strahls LOB, die ein Bündel erfüllen, ein Büschel heraus. Auch unter den Strahlen dieses Büschels muß der wahre Lichtweg die minimale optische Länge besitzen. Wir wählen dies Büschel nach folgendem Prinzip: Wir zeichnen das ebene Strahlenbüschel, das von L aus nach einem bei O befindlichen Linienstück P_1P_2 (Fig. 180) der x-Achse hin verläuft. Von den einzelnen Punkten dieser Strecke aus ziehen wir weiter die Strahlen eines durch B gehenden Büschels. Wir nehmen nun an, es liege B nicht in der Einfallsebene, der yz-Ebene.

Die Fig. 180 zeigt eine Ansicht dieses Linienbüschels von der y-Richtung aus gesehen. Der Punkt L liegt also nicht auf der z-Achse, sondern dahinter. Der Punkt B liegt nicht in der xz-Ebene, sondern davor.

Daß bei dieser Lage des Punktes B der Lichtweg

$$n\overline{LO} + n'\overline{BO} = \lambda$$

kein Minimum (und kein Maximum) sein kann, erkennt man auf folgendem Wege.

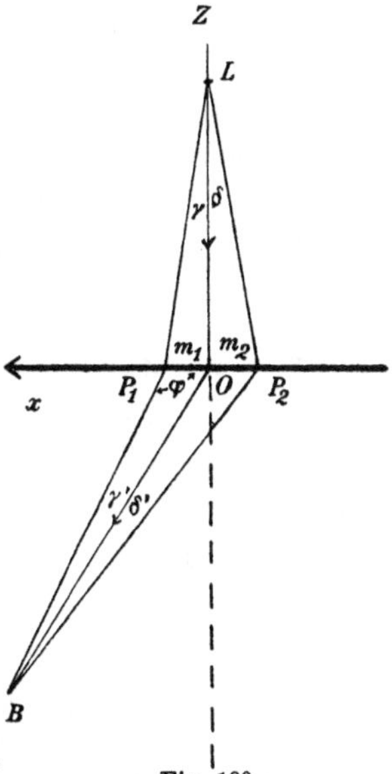

Fig. 180.

8. Es ist (Fig. 180)

$$\overline{LO} = \overline{LP}_2 \cdot \cos\delta.$$

Nach Bd. I 2. Aufl. § 127, 4 ist für hinreichend kleine δ, d. h. wenn man sich mit Gliedern erster und zweiter Ordnung in δ begnügen kann

$$\text{(1)} \qquad \begin{aligned} \sin\delta &= \delta \\ \cos\delta &= 1 - \tfrac{1}{2}\delta^2, \end{aligned}$$

also

$$\overline{LO} = \overline{LP}_2(1 - \tfrac{1}{2}\delta^2);$$

und ebenso folgt

$$\overline{LO} = \overline{LP_1}(1 - \tfrac{1}{2}\gamma^2)$$

und deshalb unter Berücksichtigung der Glieder zweiter Ordnung

(2) $$\overline{LP_2} > \overline{LO} < \overline{LP_1}.$$

LO ist ein Minimum unter den Nachbarwegen des Bündels L, P_1, P_2. Vernachlässigen wir Glieder zweiter Ordnung, so folgt

(2a) $$\overline{LP_2} = \overline{LO} = \overline{LP_1}.$$

Weiter ist nach dem Kosinussatz

$$\overline{BP_2}^2 = \overline{BO}^2 + m_2^2 - 2\overline{BO}\cdot m_2 \cos(BOP_2),$$

und es ist

$$\begin{aligned}\cos(BOP_2) &= \cos(\gamma' + \varphi) = \cos\gamma'\cos\varphi - \sin\gamma'\sin\varphi\\ &= (1 - \tfrac{1}{2}\gamma'^2)\cos\varphi - \gamma'\sin\varphi,\\ m_2 &= \overline{LO}\cdot\delta;\quad m_2^2 = \overline{LO}^2\delta^2.\end{aligned}$$

Wenn man also wieder quadratische Glieder in γ' und δ vernachlässigt:

$$\overline{BP_2}^2 = \overline{BO}^2 - 2\overline{BO}m_2\cos\varphi$$

(3) $$\overline{BP_2} = \overline{BO}\sqrt{1 - 2\frac{\overline{LO}}{\overline{BO}}\cos\varphi\cdot\delta}\,.$$

9. In analoger Weise kann man BP_1 aus BO berechnen. Anstelle von $\cos(BOP_2)$ tritt dann $\cos(BOP_1)$, und es ist

$$\cos(BOP_1) = -\cos(BOP_2),$$

und bis auf unendlich kleine Glieder

$$\cos(BOP_1) = -\cos\varphi.$$

Deshalb wird schließlich

(4) $$\overline{BP_1} = \overline{BO}\sqrt{1 + 2\frac{\overline{LO}}{\overline{BO}}\cos\varphi\cdot\gamma}\,.$$

10. Ist ε eine kleine Zahl, so wird nach dem binomischen Lehrsatz für die Exponenten $+\frac{1}{2}, -\frac{1}{2}$ mit Vernachlässigung von ε^2

(5) $$\sqrt{1 \pm \varepsilon} = 1 \pm \frac{\varepsilon}{2}$$
$$\frac{1}{\sqrt{1 \pm \varepsilon}} = 1 \mp \frac{\varepsilon}{2}.$$

Die Anwendung dieser Näherungsformeln gibt aus (3) und (4)

$$\overline{BP_2} = \overline{BO}\left(1 - \frac{\overline{LO}}{\overline{BO}}\cos\varphi\cdot\delta\right).$$

$$\overline{BP_1} = \overline{BO}\left(1 + \frac{\overline{LO}}{\overline{BO}}\cos\varphi\cdot\gamma\right),$$

also

(6) $$\overline{BP_2} > \overline{BO} > \overline{BP_1}.$$

Aus (2a) und (6) folgt nun

$$n\overline{LP_2} + n'\overline{P_2B} > n\overline{LO} + n'\overline{OB} > n\overline{LP_1} + n'\overline{P_1B}.$$

Es ist also die mittelste dieser Summen kein Minimum (und kein Maximum) unter den optischen Längen der Nachbarwege. Nur wenn B in der yz-Ebene liegt, steht BO auf der x-Achse senkrecht, und es gilt für BP_2 und BP_1 dasselbe wie für LP_2 und LP_1 (Gl. (2)). Es wird dann BO ein Minimum unter den Nachbarwegen des Büschels B, P_1, P_2, somit wird dann auch der wahre Lichtweg LOB die kürzeste optische Länge unter den Strahlen des durch L, P_1, P_2, B angedeuteten Büschels haben und kann nun auch unter allen Nachbarwegen des von L ausgehenden Bündels ein Minimum werden.

11. Für die Reflexion läßt sich der gleiche Beweis durchführen. Man hat in Fig. 180 nur die untere Hälfte der Zeichnung nach oben geklappt zu denken. (Vgl. auch § 47, 4, Fig. 150, wonach

$$LP_2 + P_2B > LO + OB > LP_1 + P_1B$$

sein muß.)

12. Nachdem wir nun wissen, daß B in der Einfallsebene liegen muß, können wir leicht zeigen, daß der Satz vom ausgezeichneten Lichtweg das Snelliussche Brechungsgesetz (§ 58, 7 Gl. (1)), fordert. Wir betrachten jetzt ein anderes Büschel des von L ausgehenden Bündels als in Nr. 7, nämlich das Büschel in der Einfallsebene (Fig. 181). Wir zeichnen alle Geraden von L aus nach einer den Punkt O enthaltenden Strecke P_1P_2 der y-Achse und von diesen Punkten weiter die Strahlen nach dem Punkte B. Dieses ganze Büschel der Nachbarstrahlen liegt in einer Ebene, der Einfallsebene.

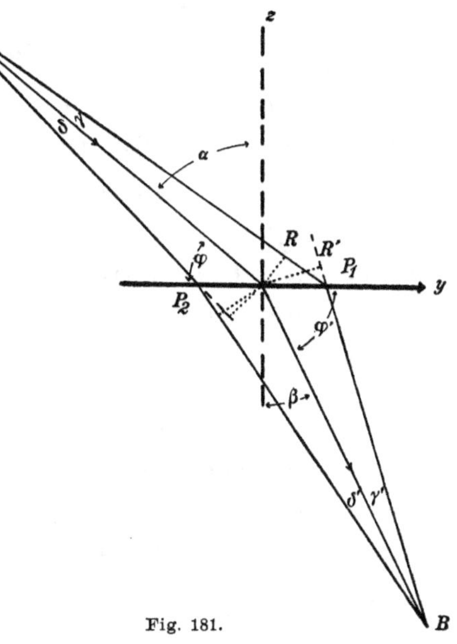

Fig. 181.

Es ist

$$\overline{LP_1} = \overline{LO}\cos\gamma + \overline{OP_1}\cos(OP_1R)$$

$$\cos\gamma = (1 - \tfrac{1}{2}\gamma^2)$$

$$\cos(OP_1R) = \cos(\varphi - \gamma) = \cos\varphi\cos\gamma + \sin\varphi\sin\gamma$$

$$= \cos\varphi(1 - \tfrac{1}{2}\gamma^2) + \gamma\sin\varphi = (1 - \tfrac{1}{2}\gamma^2)\sin\alpha + \gamma\cos\alpha.$$

So wird bis auf Glieder dritter Ordnung, da

$$\overline{OP_1} = \overline{OL}\,\frac{\gamma}{\sin(OP_1L)} \tag{7}$$

selber mit δ unendlich klein wird,

$$\overline{LP_1} = \overline{LO}\,(1-\tfrac{1}{2}\gamma^2) + \overline{OP_1}\sin\alpha + \overline{OP_1}\,\gamma\cdot\cos\alpha. \tag{8}$$

Ebenso findet man

$$\overline{BP_1} = \overline{BO}\cos\gamma' - \overline{OP_1}\cos(OP_1R')$$

$$\cos(OP_1R') = \cos(\varphi'+\gamma') = (1-\tfrac{1}{2}\gamma'^2)\sin\beta - \gamma'\cos\beta,$$

also

$$\overline{BP_1} = \overline{BO}\,(1-\tfrac{1}{2}\gamma'^2) - \overline{OP_1}\sin\beta + \overline{OP_1}\,\gamma'\cos\beta. \tag{9}$$

Analog ergibt sich, wie schon die Verwandtschaft in der oberen und unteren Hälfte der Figur 181 lehrt:

$$\overline{LP_2} = \overline{LO}\,(1-\tfrac{1}{2}\delta^2) - \overline{OP_2}\sin\alpha + \overline{OP_2}\,\delta\cos\alpha, \tag{10}$$

$$\overline{BP_2} = \overline{BO}\,(1-\tfrac{1}{2}\delta'^2) + \overline{OP_2}\sin\beta + \overline{OP_2}\,\delta'\cos\beta, \tag{11}$$

und somit wird nach (8), (9), (10), (11)

$$\begin{aligned} n\,\overline{LP_1} + n'\,\overline{BP_1} &= (n\overline{LO} + n'\overline{BO}) + [\overline{OP_1}(n\sin\alpha - n'\sin\beta)] \\ &\quad + \{\overline{OP_1}(n\gamma\cos\alpha + n'\gamma'\cos\beta) - \tfrac{1}{2}(n\overline{LO}\gamma^2 + n'\overline{BO}\gamma'^2)\} \end{aligned} \tag{12}$$

$$\begin{aligned} n\,\overline{LP_2} + n'\,\overline{BP_2} &= (n\overline{LO} + n'\overline{BO}) - [\overline{OP_2}(n\sin\alpha - n'\sin\beta)] \\ &\quad + \{\overline{OP_2}(n\delta\cos\alpha + n'\delta'\cos\beta) - \tfrac{1}{2}(n\,\overline{LO}\delta^2 + n'\overline{BO}\delta'^2)\}. \end{aligned} \tag{13}$$

13. Setzt man in den geschweiften Klammern (vgl. (7))

$$\overline{OP_1} = \overline{OL}\,\frac{\gamma}{\sin(OP_1L)} = \overline{OL}\,\frac{\gamma}{\sin\varphi} = \overline{OL}\,\frac{\gamma}{\cos\alpha},$$

was in diesen so schon von zweiter Ordnung unendlich kleinen Gliedern erlaubt ist, und ebenso

$$\overline{OP_1} = \overline{OL}\,\frac{\gamma}{\cos\alpha} = \overline{OB}\,\frac{\gamma'}{\cos\beta}$$

$$\overline{OP_2} = \overline{OL}\,\frac{\delta}{\cos\alpha} = \overline{OB}\,\frac{\delta'}{\cos\beta},$$

so wird aus (12) und (13) noch

$$\begin{aligned} (n\overline{LP_1} + n'\overline{BP_1}) &= (n\overline{LO} + n'\overline{BO}) + [\overline{OP_1}(n\sin\alpha - n'\sin\beta)] \\ &\quad + \tfrac{1}{2}\{n\gamma^2\overline{LO} + n'\gamma'^2\overline{BO}\} \end{aligned} \tag{12a}$$

$$\begin{aligned} (n\overline{LP_2} + n'\overline{BP_2}) &= (n\overline{LO} + n'\overline{BO}) - [\overline{OP_2}(n\sin\alpha - n'\sin\beta)] \\ &\quad + \tfrac{1}{2}\{n\delta^2\overline{LO} + n'\delta'^2\overline{BO}\}. \end{aligned} \tag{13a}$$

14. Diese Gleichungen lehren, da in beiden die quadratischen Glieder positiv sind, daß dann und nur dann die optische Länge des wahren Lichtwegs ein Minimum ist, wenn

$$n\sin\alpha - n'\sin\beta = 0,$$

wenn also das Snelliussche Gesetz erfüllt ist. Denn dann ist der optische Lichtweg über P_1 sowohl wie der über P_2 größer als der über O.

15. Für die Reflexion kann man den Beweis ganz analog gestalten; nur vereinfacht er sich wesentlich dadurch, daß $n = n'$ zu setzen ist. In der Figur 181 ist die untere Hälfte nach oben geklappt zu denken. Dieser Beweis ist schon in § 47, 2 durchgeführt. A, B sind unsere Punkte L und B, die Gerade u ist der Schnitt der Einfallsebene mit der reflektierenden Ebene.

Somit ist bewiesen, daß das Gesetz vom ausgezeichneten Lichtweg, das wir in zwei verschiedenen Formen (Nr. 4 und Nr. 5) ausgesprochen haben, sowohl die Brechungs- als auch die Reflexionsgesetze enthält.

§ 60. Die aplanatische oder kartesische Fläche.

1. Unter allen Nachbarwegen über die Tangentialebene muß der wahre Lichtweg die kürzeste optische Länge haben. Es lassen sich aber auch Nachbarwege über die wahre brechende oder reflektierende Fläche definieren, die wir als „reale“ Nachbarwege bezeichnen wollen. Man erhält sie, wenn man den Punkt P (§ 59, 2) nicht in die Tangentialebene, sondern in die Fläche F selber verlegt, die Verbindungen LP und BP zieht und P beliebig in der Nachbarschaft von O auf F wandern läßt.

2. Unter diesen realen Nachbarwegen braucht der wahre Lichtweg nicht eine minimale optische Länge zu haben. Es sind folgende Fälle denkbar:

a) Die optische Länge des wahren Lichtwegs ist ein Minimum unter allen realen Nachbarwegen.

b) Sie ist ein Maximum.

c) Es gibt in ein und demselben von L ausgehenden Nachbarstrahlbündel gewisse (flächenhafte) Büschel, innerhalb deren die wahre optische Länge ein Maximum, und andere, innerhalb deren sie ein Minimum ist (Pseudosattelförmige Flächen).

d) Es gibt Büschel, in denen der wahre Lichtweg weder ein Maximum noch ein Minimum ist (Pseudowendepunkte).

3. Der Fall a) ist z. B. für ebene Grenzflächen erfüllt, wie wir in § 59 gesehen haben. Den Fall b) illustriert die Figur 182. Die Fläche F, die etwa durch Rotation der Kurve F um die Gerade f entsteht, reflektiert am Scheitelpunkt S einen Strahl von L nach B. Der Lichtweg LSB ist nun, wenn die Kurve F hinreichend stark gekrümmt ist, größer als jeder Nachbarweg LRB. Der Strahl LR

wird aber nicht nach B, sondern in einer Richtung RB' reflektiert, LRB ist demnach kein wahrer Lichtweg.

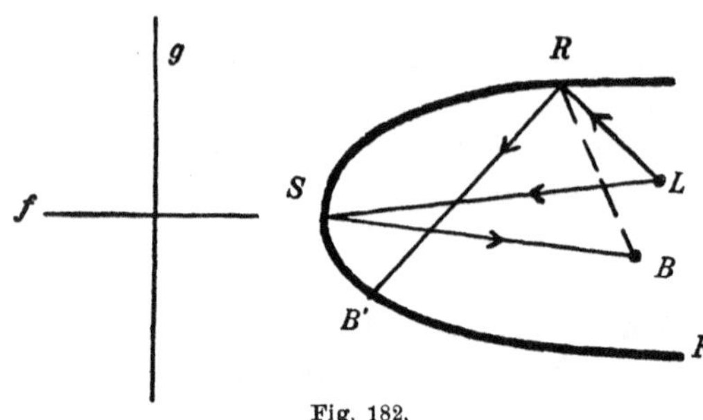

Fig. 182.

4. Läßt man die Zeichnung (Fig. 182) um die Achse g rotieren, so erhält man eine Illustration zum Fall c).

Unter allen Nachbarwegen in der Zeichenebene ist der wahre Lichtweg LSB ein Maximum. Diese Nachbarwege erfüllen ein ebenes Büschel.

Unter allen Nachbarwegen senkrecht zur Zeichenebene, d. h. unter allen Lichtwegen, die man erhält, wenn der Punkt S auf einem Kreisbahnstück um g entlang läuft, ist der wahre Lichtweg ein Minimum. Hier ist die reflektierende Fläche bei S sattelförmig gekrümmt. Wir werden später sehen, daß die Sattelform kein notwendiges, auch kein ausreichendes Kriterium für den Fall c) ist.

5. Den Fall d) veranschaulicht die Figur 183, ebenfalls durch eine Reflexion. F sei der Schnitt der Einfallsebene eines Strahles LO durch eine reflektierende Fläche. Es ist

$$\overline{LP_1} + \overline{P_1B} > \overline{LO} + \overline{OB} > \overline{LP_2} + \overline{P_2B},$$

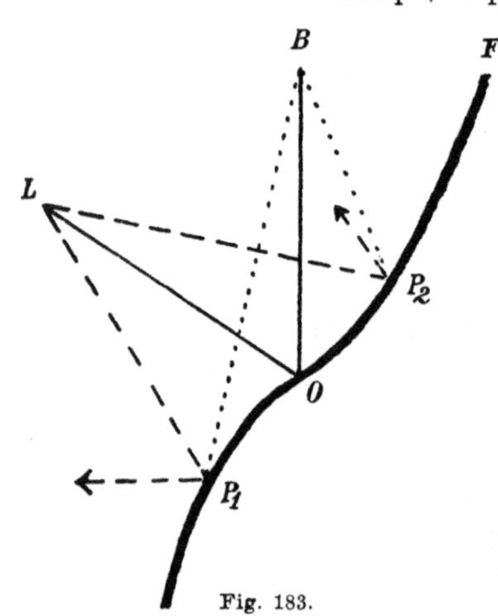

Fig. 183.

und es ist weder LP_1B noch LP_2B ein wahrer Lichtweg.

Der wahre Lichtweg ist hier weder ein Maximum noch ein Minimum. In der Figur liegt bei O ein Wendepunkt der Kurve F. Aber auch hier ist die Existenz des Wendepunktes weder ein notwendiges noch ein hinreichendes Kriterium für den Fall d).

6. Wann nun der wahre Lichtweg ein Maximum, wann ein Minimum unter allen realen Nachbarwegen ist, und wann er in einigen flächenhaften Büscheln desselben Bündels ein Maximum, in anderen ein Minimum wird, erkennt man leicht, wenn man den Begriff der sogenannten „aplanatischen“ oder „kartesischen“ Fläche einführt. Es seien zwei Punkte, L und B, gegeben. Es sollen von L aus Strahlen gehen und auf eine brechende Fläche F auftreffen, die so gekrümmt ist, daß alle Strahlen nach B gebrochen

werden. B heißt der „Bildpunkt“ von L. Die gesuchte Fläche F heißt die „aplanatische“ oder „kartesische“ Fläche.

Wenn alle Strahlen nach B gelangen sollen, muß jeder von L nach F geradlinig und von F nach B wieder geradlinig verlaufende Weg den Bedingungen des ausgezeichneten Lichtweges genügen. Kein solcher Weg kann kleiner oder größer sein als ein anderer; nur Extremwerte unter krummlinigen Wegen $LF + FB$ kann er besitzen. Bezeichnen wir eine Gerade von L nach der Fläche F mit l_1, eine solche von F nach B mit l_2, und sind n_1, n_2 die Brechungsexponenten der Medien, die durch die Fläche F getrennt werden, so ist (Fig. 184)

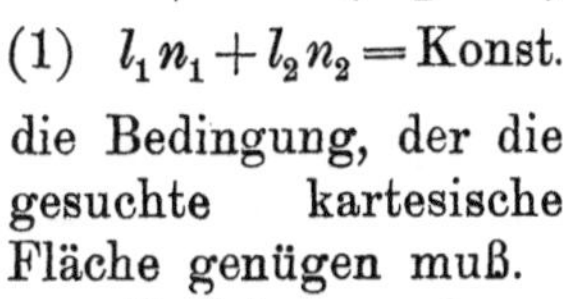

(1) $l_1 n_1 + l_2 n_2 = \text{Konst.}$

die Bedingung, der die gesuchte kartesische Fläche genügen muß.

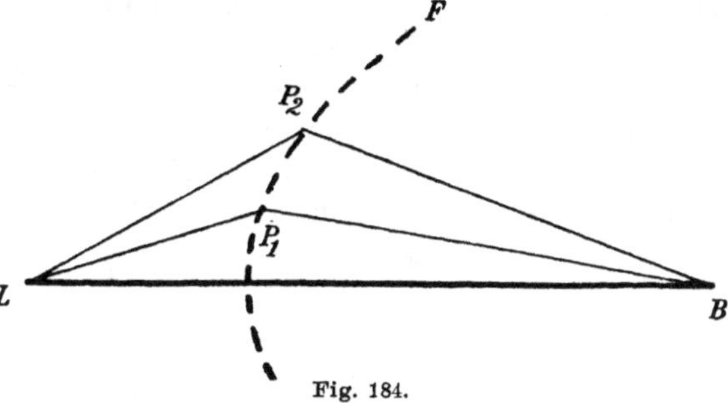

Fig. 184.

7. Ist $n_1 = n_2$, so ist, wie man sich leicht am geometrischen Bilde (Fig. 184) überzeugen kann, eine Fläche F, die L und B trennt, unmöglich. In diesem Falle müßte die Fläche der Bedingung genügen

(2) $$l_1 + l_2 = \text{Konst.},$$

und das ist die Bedingung für ein Rotationsellipsoid mit den Brennpunkten L und B; in jeder durch LB gehenden Ebene ist dies nämlich die Bedingung für die Ellipse (Bd. II, § 66). Da in diesem Falle der Strahl im unveränderten Medium bleibt, so kann seine Knickung nicht von einer Brechung, sie muß von einer Reflexion herrühren.

Die kartesische Fläche für die Reflexion ist ein Rotationsellipsoid.

Und zwar sind alle konfokalen Rotationsellipsoide solche den zwei vorgegebenen Punkten zugehörige kartesische Flächen.

8. Ganz allgemein, auch bei Brechung, muß die kartesische Fläche immer eine Rotationsfläche sein, oder richtiger ausgedrückt: Zu zwei vorgegebenen Punkten L und B bei vorgegebenen Brechungsexponenten n_1, n_2 gehört immer eine Schar von Rotationsflächen, deren jede eine kartesische Fläche der beiden Punkte ist. Um das zu beweisen, gehen wir so vor:

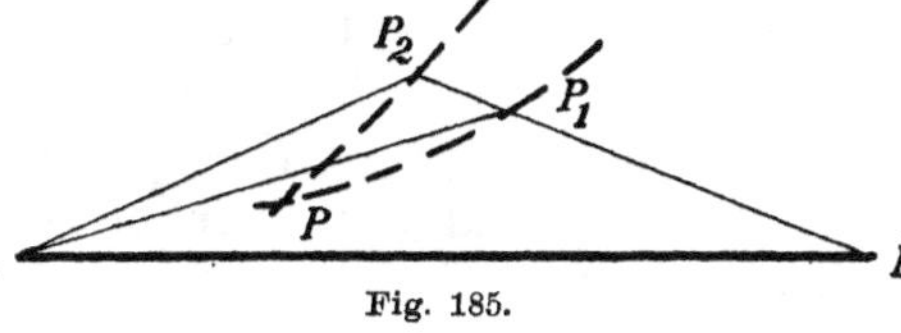

Fig. 185.

9. Es kann durch jeden Punkt im Raume bei vorgeschriebenen Brechungsexponenten n_1, n_2 nur eine kartesische Fläche der Punkte

L, B gezeichnet werden. Angenommen durch P (Fig. 185) gingen zwei solche Flächen, die sich in einer Kurve g durchschneiden müßten, und die beide der Forderung (1) genügten. Wenn P_1 ein beliebiger von P verschiedener Punkt der einen, P_2 ein solcher der anderen Fläche ist, so gewählt, daß weder P_1 noch P_2 auf der Schnittkurve g liegt, so müßte sein

$$\overline{LP_1}n_1 + \overline{BP_1}n_2 = \overline{LP_2}n_1 + \overline{BP_2}n_2 = \overline{LP}n_1 + \overline{BP}n_2 .$$

Es möge $n_2 > n_1$ sein. Ist das nicht der Fall, so hat man im folgenden Beweis die Buchstaben L und B zu vertauschen. Wir wählen die Punkte P_1, P_2 so, daß sie auf einer Geraden mit B liegen. Das ist immer möglich, wenn P_1, P_2 nicht auf der Schnittkurve g liegen. Wir wollen den näher an B gelegenen Punkt mit P_1 bezeichnen. Nun muß also nach voriger Gleichung

$$(\overline{LP_1} - \overline{LP_2})n_1 = \overline{P_1P_2} \cdot n_2 \tag{3}$$

sein, und es ist immer

$$(\overline{LP_1} - \overline{LP_2}) < \overline{P_1P_2} ,$$

ja es kann sogar $(LP_1 - LP_2)$ negativ werden. Da nun $n_1 < n_2$ vorausgesetzt ist, so ist die Gleichung (3) unmöglich, und damit ist die Existenz zweier durch P gehenden kartesischen Flächen unmöglich.

10. Es kann aber durch jeden Punkt des Raumes immer eine kartesische Fläche gelegt werden. Es sei P (Fig. 186) der gewählte

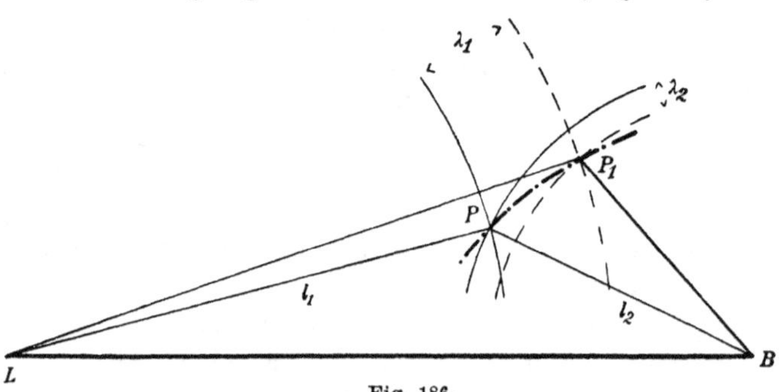

Fig. 186.

Punkt. Wir zeichnen die Ebene, die L, P, B enthält, die „Meridianebene“ durch P. Wir zeichnen ferner in dieser Ebene die Kreise um L und B mit den Radien $LP = l_1$ und $BP = l_2$. Dann gibt es in beliebiger Nachbarschaft zu P in dieser Ebene einen Punkt P_1, der der Bedingung genügt

$$n_1\overline{LP_1} + n_2\overline{BP_1} = n_1\overline{LP} + n_2\overline{BP} = n_1 l_1 + n_2 l_2 \tag{4}$$

oder, wenn man

$$\overline{LP_1} = l_1 + \lambda_1; \quad \overline{BP_1} = l_2 + \lambda_2$$

setzt

$$n_1 \lambda_1 + n_2 \lambda_2 = 0.$$

Es folgt daraus, da n_1, n_2 beide positiv, daß entweder λ_1 oder λ_2 negativ sein muß.

Wählen wir λ_1 gleich einer bestimmten positiven Länge, so erhalten wir einen einzigen negativen Wert λ_2

$$\lambda_2 = -\frac{n_1}{n_2}\lambda_1,$$

und wenn $n_2 > n_1$, so ist

$$|\lambda_2| < |\lambda_1|.$$

Wir haben also einen Kreis um L zu ziehen, dessen Radius um $|\lambda_1|$ größer ist als der Radius des durch P gehenden Kreises, und wir haben einen Kreis um B zu ziehen, dessen Radius um $|\lambda_2|$ kleiner ist als der Radius des durch P gehenden Kreises. Wo diese beiden Kreise sich schneiden, liegt der Punkt P_1. Je kleiner wir λ_1 wählen, um so näher rückt P_1 an P heran, und wenn wir λ_1 ins negative übergehen lassen, rückt P_1 über P hinaus gegen die Achse LB hin. Dabei beschreibt aber P_1 eine Kurve, deren Punkte alle der geforderten Eigenschaft (4), also auch der Forderung (1) genügen. Wir können sie als „kartesische Kurve" bezeichnen.

11. Drehen wir die Zeichenebene um die Gerade LB, so beschreibt diese Kurve eine Rotationsfläche. Einer ihrer Punkte, P_1 z. B., geht dabei in einen anderen Punkt P_1' über, der nun sowohl von L als von B den gleichen Abstand hat, wie der Punkt P_1, für den also jedenfalls

$$n_1\overline{LP_1} + n_2\overline{BP_1} = n_1\overline{LP_1'} + n_2\overline{BP_1'}$$

ist. Diese Rotationsfläche ist somit eine kartesische Fläche, da nun für alle Punkte auf ihr

$$n_1\overline{LP} + n_2\overline{BP} = \text{Konst.} \tag{5}$$

ist; und da sie durch P (Fig. 186) gelegt ist, so ist sie nach Nr. 9 die einzige durch P gehende kartesische Fläche. Jede der Gleichung (5) genügende Fläche heißt mathematisch ein „kartesisches Oval".

12. Um noch einen Anhaltspunkt über die Form der kartesischen Fläche zu erhalten, denken wir uns die in Nr. 10 beschriebene Konstruktion eines Nachbarpunktes zu P auf einen Punkt S der Verbindungslinie LB angewandt (Fig. 187). Die beiden um L und B beschriebenen, durch S gehenden Kreise J_1, J_2 tangieren sich hier. Es sei wieder $n_2 > n_1$. Wir zeichnen einen Kreis K_1 um L, dessen Radius um ein beliebiges Stück $|\lambda_1|$ größer ist als der von J_1. Ebenso zeichnen wir einen Kreis K_2 um B, dessen Radius um $|\lambda_2|$ kleiner als der von J_2 ist und es soll

(6) $$|\lambda_2| = \frac{n_1}{n_2} |\lambda_1|$$

gewählt sein. Die Kreise K_1, K_2 schneiden sich in zwei Punkten T_1, T_2 und diese Punkte müssen nach Konstruktion Punkte der kartesischen Fläche sein. T_1, T_2 liegen näher an B als S.

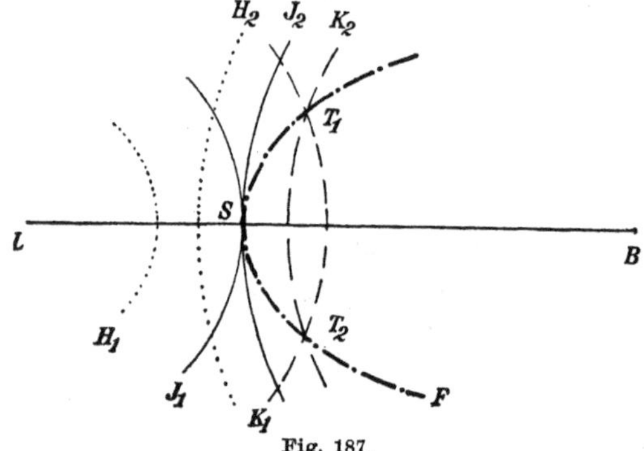

Fig. 187.

Hätten wir $|\lambda_1|$ negativ gewählt, also einen Kreis H_1 gezeichnet, der **kleiner** als J_1 wäre und umgekehrt einen Kreis H_2, der um das der Gleichung (6) entsprechende Stück größer wäre als J_2, so hätten diese Kreise H_1, H_2, wie die Figur 187 zeigt, sich überhaupt nicht geschnitten. Es folgt daraus, daß die kartesische Fläche nach B hin konkav ist.

13. Wäre $n_1 > n_2$, so hätten sich umgekehrt die Kreise H_1, H_2, nicht aber die Kreise K_1, K_2 geschnitten, die Punkte T_1, T_2 wären näher an L gelegen, als der „Scheitelpunkt" S.

Die kartesische Fläche ist am Scheitelpunkt konkav gegen das optisch dichtere Medium hin. Sie ist hier stärker gekrümmt als die Kugel (J_2 in Fig. 187), die man um den Licht- oder Bildpunkt in diesem Medium durch ihren Scheitelpunkt legen kann.

14. Wäre $n_1 = n_2$ gewählt worden, so hätten sich in Fig. 187 nicht nur die Kreise J_1, J_2, sondern auch die Kreise K_1, K_2 und H_1, H_2 paarweise berührt. Alle Punkte der LB-Achse wären Punkte der kartesischen Fläche gewesen. Für die Reflexion sind die kartesischen Flächen konfokale Ellipsoide und das innerste von ihnen artet eben in die LB-Achse aus.

15. Um den Verlauf der kartesischen Fläche an einem beliebigen Punkte P zu veranschaulichen, betrachten wir noch einmal deren Schnitt in einer durch LB gehenden Halbebene (Fig. 186). Wenn $n_2 > n_1$ ist, ist dem absoluten Wert nach $\lambda_2 < \lambda_1$. Nähert sich der Wert von n_2 dem von n_1, so nähert sich λ_2 dem λ_1. Und wenn $n_2 = n_1$ geworden ist, muß P_1 mit P auf einer Ellipse mit den Brennpunkten L, B liegen. Vorher, also so lange $n_2 > n_1$ ist, liegt P_1 oberhalb der durch P gehenden Ellipse. Wenn $n_2 < n_1$ ist, liegt es unterhalb dieser. Im ersten Falle schneidet die kartesische Kurve die Ellipse von links unten nach rechts oben, im anderen Falle von links oben nach rechts unten.

16. Ob ein Lichtweg ein Maximum oder ein Minimum unter allen realen Nachbarwegen desselben Büschels ist, hängt nun davon ab, ob die brechende Fläche am Orte der Brechung in der Richtung des Büschelschnittes stärker oder schwächer gekrümmt ist, als die kartesische Fläche. Es sei eine beliebig gekrümmte Fläche F gegeben (Fig. 188), auf die bei P ein von L kommender Strahl auffällt, der nach einem beliebigen Punkte B hin gebrochen wird. Das bei P liegende Flächenelement do der Fläche F, das den Strahl bricht, muß eine eindeutig feststellbare Richtung haben, damit die beiden Strahlen LP und PB in der Relation der Brechungsgesetze zueinander stehen.

Zeichnen wir nun bei P diese kartesische Fläche F' zu L und B, so muß deren Flächenelement bei P ebenso gerichtet sein, wie das der Fläche F; denn es muß durch Brechung denselben Strahlengang erzeugen.

An einem Punkte P einer beliebigen brechenden Fläche tangiert diese Fläche die denselben Bildpunkt erzeugende, den Punkt P durchsetzende kartesische Fläche.

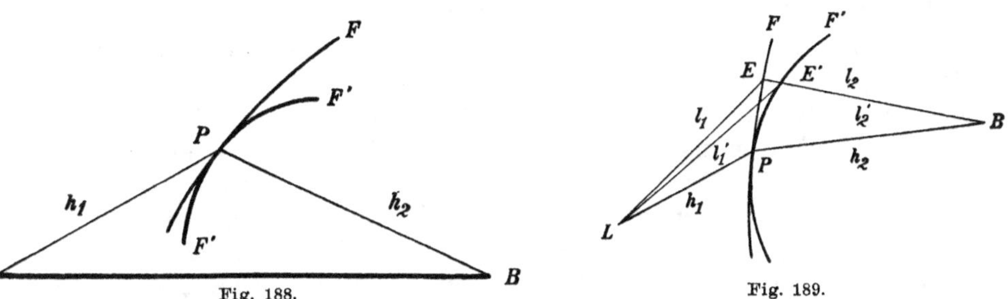

Fig. 188. Fig. 189.

17. Wir legen nun eine beliebige Ebene durch den Strahl PB, d. h. durch den im Medium von größerem Brechungsexponenten liegenden Strahl (Fig. 189). Sie schneidet aus F und aus F' je eine Kurve aus. In ihr zeichnen wir eine unendlich benachbarte, von B ausgehende Gerade; l_2 sei ihre Länge bis F, l_2' ihre Länge bis F'. Von ihren Schnittpunkten E, E' mit F, F' ziehen wir die Geraden nach L hin, die im allgemeinen nicht mehr in der Zeichenebene liegen werden. Ihre Längen seien l_1, l_1'. Es seien ferner h_1, h_2 die wahren Lichtwege über den Punkt P. Nun gilt wegen der Eigenschaft der kartesischen Fläche F'

$$n_1 h_1 + n_2 h_2 = n_1 l_1' + n_2 l_2',$$

und es wird

$$n_1 l_1 + n_2 l_2 = n_1(l_1' + \delta_1) + n_2(l_2' + \delta_2),$$

wenn $l_1 - l_1' = \delta_1$; $l_2 - l_2' = \delta_2$ gesetzt wird. Der Vergleich der beiden letzten Gleichungen lehrt:

$$(7) \qquad (n_1 l_1 - n_2 l_2) = (n_1 h_1 + n_2 h_2) + (n_2 \delta_2 + n_1 \delta_1).$$

Hierin ist nun δ_2 positiv, wenn E links von E' liegt, wenn also die kartesische Kurve PE' stärker gekrümmt ist als die brechende Kurve PE.

δ_1 kann positiv oder negativ sein. Es ist aber immer

$$|\delta_1| < |\delta_2|,$$

da eine Seite eines Dreiecks immer größer sein muß als die Differenz der beiden anderen. Da wir $n_2 > n_1$ angenommen haben, so ist also das Vorzeichen des Ausdruckes

$$(n_2 \delta_2 + n_1 \delta_1)$$

lediglich durch das von δ_2 bestimmt, und nun folgt aus (7) sofort:

Der wahre optische Lichtweg hat unter allen benachbarten (realen) Lichtwegen eines flächenhaften Büschels dann einen Minimalwert, wenn dieses Büschel aus der brechenden Fläche eine schwächer gekrümmte Kurve ausschneidet, als aus der entsprechenden kartesischen Fläche. Im anderen Falle ist der wahre optische Weg ein Maximum. Für die Reflexion ist der Beweis analog zu führen.

18. Man sieht nun leicht, daß es an ein und demselben Orte P Büschel geben kann, für die der wahre Lichtweg ein Maximum, andere gegen ein solches gedrehte Büschel, für die er ein Minimum ist. Es ist nicht nötig, daß die brechende Fläche, wie es in Nr. 4 angenommen, sattelförmig gekrümmt ist. Es kommen sogar Sattelflächen vor, für die der wahre optische Weg nur ein Maximum ist. Die Fläche muß, wenn der Wechsel zwischen Maximum und Minimum auftreten soll, in einigen Schnitten stärker, in anderen schwächer gekrümmt sein, als die kartesische Fläche. Sie muß, wenn man so sagen darf, „relativ zur kartesischen Fläche" sattelförmig gestaltet sein.

19. Wenn die brechende oder reflektierende Fläche am Orte P die kartesische Fläche durchsetzt, ist der wahre Lichtweg weder ein Minimum noch ein Maximum (vgl. Nr. 5). Es ist nicht nötig, daß eine Schnittkurve hier einen Wendepunkt hat. Sie muß nur aus einer stärkeren Krümmung als die der kartesischen Fläche in eine schwächere übergehen.

20. Der Verlauf der kartesischen Fläche bietet noch eine Schwierigkeit, die wir bisher unbeachtet gelassen haben.

Sind zwei Werte n_1, n_2 vorgeschrieben, so kann nach Nr. 10 durch einen Punkt P, wo er auch im Raume liegen mag, zunächst in der durch P gelegten Meridianebene eine kartesische Kurve und damit dann eine kartesische Fläche gezeichnet werden. Das in Nr. 10 gegebene Konstruktionsverfahren lehrt, daß durch jeden Punkt P eine reelle Fläche geht, die der Bedingung (1)

$$l_1 n_1 + l_2 n_2 = \text{Konst.}$$

genügt. Trotzdem sind nicht alle Punkte imstande einen von L kommenden Strahl nach B hin zu brechen. Wie die Fig. 177 lehrt, muß zwischen einfallendem und gebrochenem Strahl immer ein stumpfer Winkel liegen. Es muß also als notwendige Voraussetzung gefordert werden, daß

$$\sphericalangle(LPB) > \pi/2$$

ist; und diese Forderung reicht noch nicht aus (vgl. Nr. 23). Es gibt aber jedenfalls Punkte im Raume, die dieser Bedingung nicht genügen. Es gibt also, trotzdem durch jeden Punkt eine aplanatische Fläche geht, doch Punkte, durch die keine den Strahl LP nach B brechende Fläche legbar ist. Diese Tatsache scheint einen Widerspruch zu enthalten.

21. Es sei δ der (spitze) Winkel zwischen dem über P hinaus verlängerten einfallenden Strahl und dem gebrochenen Strahl. δ soll der „Ablenkungswinkel" heißen (Fig. 190). Wir fragen: Welches ist der größte Wert, den dieser Winkel δ bei einer Brechung erhalten kann, wenn n_1 und n_2 vorgeschrieben sind. Es sei zunächst wieder $n_2 > n_1$, was keine Beschränkung enthält.

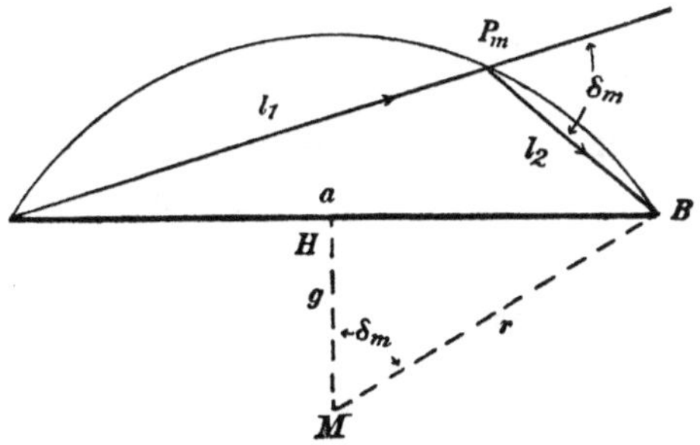

Fig. 190.

Es ist

$$n_1 \sin\alpha = n_2 \sin\beta$$

und

$$\alpha - \beta = \delta.$$

Um α und β je durch δ auszudrücken, setze man

$$\sin\alpha = \sin\delta\cos\beta + \cos\delta\sin\beta,$$

was, nach Division mit $\sin\beta$ in

$$\frac{n_2}{n_1} = \frac{\sin\delta}{\operatorname{tg}\beta} + \cos\delta$$

übergeht. Es wird also

$$\operatorname{tg}\beta = \frac{n_1 \sin\delta}{n_2 - n_1\cos\delta}; \tag{8}$$

und ebenso findet man durch Zerlegung von $\sin\beta$

$$\operatorname{tg}\alpha = \frac{n_2 \sin\delta}{n_2\cos\delta - n_1}. \tag{9}$$

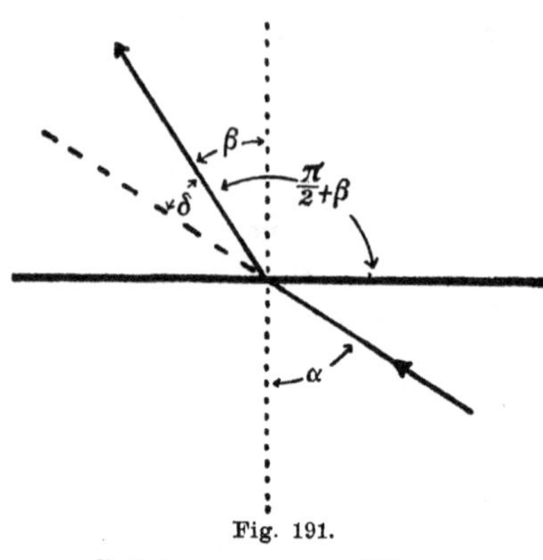

Fig. 191.

22. Es folgt aus Fig. 191

$$\frac{\pi}{2} + \beta \leqq \pi - \delta\,; \qquad \beta \leqq \frac{\pi}{2} - \delta\,.$$

Das Gleichheitszeichen bezieht sich auf den Grenzfall. Also wird

$$\operatorname{tg} \beta \leqq \operatorname{cotg} \delta.$$

Somit folgt (Gl. 8)

$$\frac{n_1 \sin \delta}{n_2 - n_1 \cos \delta} \leqq \frac{\cos \delta}{\sin \delta}$$

$$n_1 \sin^2 \delta \leqq n_2 \cos \delta - n_1 \cos^2 \delta.$$

Setzt man zur Abkürzung $n_1/n_2 = \varrho$, so wird hieraus

$$\cos \delta \geqq \frac{n_1}{n_2} = \varrho\,,$$

also, da $\cos \delta$ mit wachsendem δ abnimmt:

$$\delta \leqq \operatorname{arc} \cos \varrho\,.$$

Der Grenzwert

$$\cos \delta_m = n_1/n_2$$

ist dann erreicht, wenn nach (9)

$$\text{(10)} \qquad \operatorname{tg} \alpha = \infty\,,$$

also $\alpha = \frac{\pi}{2}$ geworden ist.

23. Der Punkt P darf also, wenn eine Brechung von L über P nach B möglich sein soll, nur solche Orte einnehmen, für die

$$\delta < \delta_m = \operatorname{arc} \cos \varrho$$

ist. Daraus folgt (vgl. Fig. 190), wenn man sich auf die durch P gehende Meridianhalbebene beschränkt, daß der Punkt P innerhalb eines Kreissegmentes liegen muß, dessen Mittelpunkt so gewählt ist, daß der Peripheriewinkel über LB als Sehne den Wert $(\pi - \delta_m)$ besitzt. (Bd. II, § 20, 11, S. 240.)

24. Wenn wir $n_1 > n_2$ gewählt hätten und etwa $n_2/n_1 = \varrho'$, so wäre $\delta = \beta - \alpha$ geworden und für δ_m hätte sich der Wert

$$\delta_m = \operatorname{arc} \cos \varrho'$$

ergeben. Wenn

$$\varrho' = \varrho$$

wäre, würde man also P im gleichen Kreissegment annehmen müssen, wie im Falle $n_2 > n_1$, $n_2/n_1 = \varrho$.

25. Das Segment, innerhalb dessen P in einer Meridianebene liegen muß, ist außer durch die Sehnenlänge LB, durch die Lage des Kreismittelpunktes gegeben. Es ist (Fig. 190), wenn M der Kreismittelpunkt, H der Mittelpunkt zwischen L und B

$$\sphericalangle(HMB) = \delta_m .$$

Das kann man auf die verschiedenste Weise leicht einsehen. Wenn man sich z. B. den Radius MB bis zum zweiten Schnitt B' mit dem Kreis verlängert denkt, so ist

$$\sphericalangle(B'LB) = \pi/2 ,$$

$$\sphericalangle(LB'B) = \pi - \sphericalangle(LPB) = \delta_m = \sphericalangle(HMB)$$

(im Kreisviereck $LPBB'$).

Es wird also, wenn MH mit g, der Kreisradius mit r, LB mit a bezeichnet wird

$$g = \frac{a}{2} \operatorname{cotg} \delta_m = \frac{a}{2}\sqrt{\frac{\varrho^2}{1-\varrho^2}} ,$$

$$r = \frac{a}{2 \sin \delta_m} = \frac{a}{2\sqrt{1-\varrho^2}} .$$

Wenn $n_1 > n_2$, so ist ϱ durch ϱ' zu ersetzen.

26. Wenn man die Fläche des Segmentes mit q bezeichnet, so folgt:

Für $\frac{n_1}{n_2} = 0$ ist $\quad \varrho = 0; \quad g = 0; \quad r = \frac{a}{2}; \quad q = \frac{a^2}{8}\pi .$

Die Segmentfläche wird ein Halbkreis.

Für $\frac{n_1}{n_2} = 1$ ist $\quad \varrho = 1; \quad g = \infty; \quad r = \infty; \quad q = 0 .$

Das Segment wird unendlich schmal.

Für $\frac{n_1}{n_2} = \infty$ ist $\quad \varrho = 0; \quad g = 0; \quad r = \frac{a}{2}; \quad q = \frac{a^2}{8}\pi .$

Das Segment hat sich wieder zum Halbkreis ausgebildet.

Innerhalb des Segmentes q liegen also in der Meridianhalbebene alle Punkte, durch die eine den Strahl nach P hin brechende Fläche gelegt werden kann. Läßt man die Zeichenebene von Fig. 190 um die Achse LB rotieren, so beschreibt das Segment q einen spindelförmigen Körper, in dem nun alle Punkte im ganzen Raume liegen, die bei vorgeschriebenem ϱ eine Brechung von P nach B hin ermöglichen.

Ist $\varrho = 1$, so artet die Spindel zur geraden Linie LB aus. Es gibt nur noch auf dieser Punkte, die von L nach B hin brechen, d. h. also Punkte, die der Strahl ohne Knick passiert, entsprechend der Tatsache, daß, wenn $n_1 = n_2$, also $\varrho = 1$ wird, überhaupt keine Brechung vorliegt.

27. Im letzteren Falle ist außerhalb dieser Linie der ganze Raum von Punkten R erfüllt, deren kartesische Flächen Ellipsoide sind, die also nur durch eine Reflexion den Strahl von Q nach B hin knicken.

Das legt den Schluß nahe, daß auch, wenn $\varrho < 1$, $n_1 \gtrless n_2$ der Raum außerhalb der Spindel von Punkten erfüllt ist, die nur durch eine Reflexion die hinreichende Ablenkung des Strahles ermöglichen. Die kartesischen Flächen existieren jedenfalls auch außerhalb des Spindelraumes, und es fragt sich, was haben sie dort für eine physikalische Bedeutung.

28. Wir beschränken uns jetzt wieder auf eine Meridianhalbebene. Liegt ein Punkt P_m auf der Peripherie des dem vorgegebenen Werte ϱ entsprechenden Segmentes (Fig. 190), so ist der Ablenkungswinkel ein Maximum, was dadurch erreicht wird, daß der Einfallswinkel α ($n_2 > n_1$ vorausgesetzt) ein Rechter wird, daß also der einfallende Strahl die brechende Grenzfläche tangiert („streifende Inzidenz"). Es ist also LP_m (Fig. 190, 192) gleichzeitig der Schnitt der Meridianhalbebene durch die brechende Fläche (oder deren Tangente).

Der Brechungswinkel β, der dem Einfallswinkel $\alpha = \pi/2$ entspricht, soll mit β_1 bezeichnet werden.

29. Ein Punkt R außerhalb des Segmentes q (Fig. 192) würde einen größeren Ablenkungswinkel δ' fordern, als bei Brechung möglich ist. Die kartesische Kurve durch R genügt trotzdem der Gleichung

$$n_1 l_1 + n_2 l_2 = \text{Konst.}$$

Sie setzt also gleichwohl den Strahl $LR = l_1$ im Medium vom Brechungsexponent n_1, den abgelenkten Strahl $RB = l_2$ im Medium vom Brechungsexponent n_2 voraus.

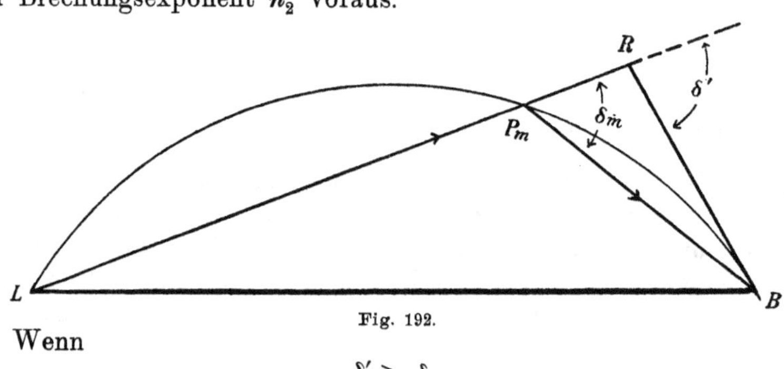

Fig. 192.

Wenn

$$\delta' > \delta_m$$

sein soll, wobei

$$\delta' = \alpha - \beta; \quad \delta_m = \pi/2 - \beta_1$$

und

$$n_1 \sin \alpha = n_2 \sin \beta,$$

so müßte, wenn wieder $n_2 > n_1$ vorausgesetzt wird,

$$\alpha > \pi/2$$

sein, wodurch der einfallende Strahl aus seinem Medium heraus auf die andere Seite der brechenden Fläche ins Medium n_2 geraten würde.

30. Denkt man sich einen Strahl LR (Fig. 193) bei R auf ein reflektierendes Flächenstück unter dem Einfallswinkel α' im Medium n_1 auffallen, so wird er unter normalen Verhältnissen unter einem Winkel $\alpha'' = \alpha'$ in einer Richtung B' reflektiert. Wenn aber der reflektierte Strahl am Orte R selber in ein verändertes Medium n_2 eintritt, so wird dieser Strahl RB' sofort hinter R gleich wieder gebrochen und in einer Richtung RB weitergehen. Der schraffierte Quadrant in Fig. 193 deutet das Medium vom Brechungsexponenten n_2 an. α'' kann als der Einfallswinkel des Strahles RB' gegen das Medium n_2 angesehen werden, wenn er sich auch nur ein unendlich kleines Stück in dieser Richtung bewegt. Es muß sich also β aus der Gleichung

$$n_1 \sin \alpha'' = n_2 \sin \beta$$

berechnen.

Ist $\alpha = \pi - \alpha'$, so wird hier noch

$$(11) \quad n_1 \sin \alpha = n_2 \sin \beta,$$

worin $\alpha > \pi/2$ ist.

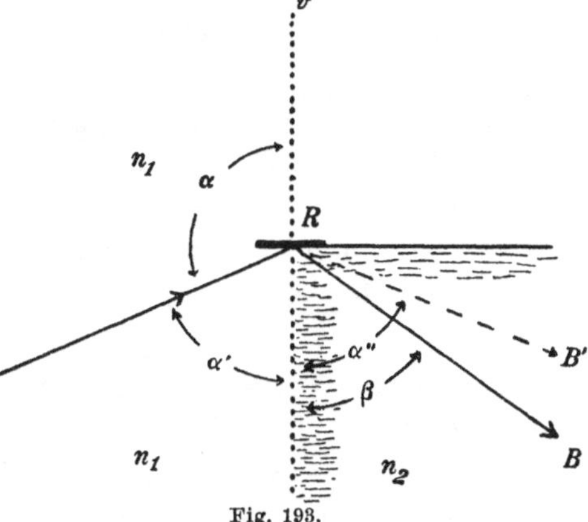

Fig. 193.

31. Bei dieser Anordnung können wir uns also den Strahl LB als einen unter dem stumpfen Einfallswinkel α auf das Medium n_2 auffallenden Strahl vorstellen, der, den normalen Brechungsgesetzen folgend, unter dem Winkel β in dieses Medium eindringt.

Wenn α von $\pi/2$ bis π wächst, so wird nach (11), da α ein stumpfer Winkel ist, $\sin \alpha$ kleiner, also nimmt auch β von β_1 an ab und wird, wenn $\alpha = \pi$ geworden ist, in 0 übergegangen sein; deshalb kann

$$\delta = \alpha - \beta$$

von $\delta_m = \pi/2 - \beta_1$ bis π wachsen, während es, wenn α von 0 bis $\pi/2$ wächst, selber von 0 bis $\pi/2 - \beta_1$ gewachsen ist. Es kann also nun δ jeden beliebigen Wert bis π hinauf annehmen. Der Winkel β wächst von 0 bis β_1, um, wenn α den Winkel $\pi/2$ überschreitet, wieder abzunehmen.

32. Den in Fig. 193 beschriebenen Strahlengang wollen wir als „Reflexion ins veränderte Medium" bezeichnen. Diese ist, wie wir gesehen haben, äquivalent mit einer „Brechung mit stumpfem Einfallswinkel".

Wir können nun den Punkten R der kartesischen Flächen außerhalb des Segmentes q die Rolle zuschreiben, eine „Brechung unter stumpfem Einfallswinkel“ oder eine „Reflexion ins veränderte Medium“ zu veranlassen. Wenn $n_1 = n_2$ wird, wird aus der Reflexion ins veränderte Medium eine normale Reflexion. Diese kann nun auch als „Brechung unter stumpfem Einfallswinkel“ an einem Medium mit dem relativen Brechungsexponent 1 aufgefaßt werden.

Hierdurch ist die Kontinuität zwischen Brechung und Reflexion, die durch die kartesischen Flächen gefordert wird, hergestellt.

§ 61. Strahlenbrechung an einer ebenen Grenze.

1. Um die Änderung zu übersehen, die der Strahlengang erfährt, wenn man den Einfallswinkel variiert, denken wir uns eine ebene Grenzfläche F zwischen zwei Medien und einen Lichtpunkt L in deren Nachbarschaft. Von diesen gehen radial in die Umgebung Lichtstrahlen aus, die unter allen möglichen Einfallswinkeln auf die Grenzfläche auffallen. Es ist

$$\sin \alpha = n \sin \beta,$$

worin n den relativen Brechungsexponenten des Mediums b gegen das Medium a bedeutet. Ist $n > 1$, so heißt das Medium b das „optisch dichtere“, das Medium a das „optisch dünnere“ und umgekehrt.

2. Es sei $n > 1$. Dann läßt sich zu jedem Winkel α zwischen 0 und $\frac{\pi}{2}$ ein Winkel β finden. Der größte mögliche Winkel α, der einem im Unendlichen die Ebene F treffenden Strahl zukommt, liefert einen Winkel β, für den

$$\sin \beta_1 = \frac{1}{n}$$

$$\beta_1 = \arcsin \frac{1}{n}$$

ist.

Der kleinste mögliche Winkel, $\alpha = 0$, liefert einen Winkel

$$\beta_0 = 0,$$

also überhaupt keine Brechung.

Der Winkel β läuft also von 0 bis $\arcsin \frac{1}{n}$, während α von 0 bis $\frac{\pi}{2}$ läuft. Es ist

$$0 < \alpha < \frac{\pi}{2}; \qquad 0 < \beta < \arcsin \frac{1}{n}.$$

3. Physikalisch ist jede brechende Fläche gleichzeitig eine reflektierende, nicht aber umgekehrt. Man muß sich vorstellen, daß jeder Strahl in zwei (von verschiedener Intensität, vgl. § 75) zerlegt wird, deren einer reflektiert, deren anderer gebrochen wird. Die reflektierten

Strahlen werden hier, wie an jedem anderen („metallischen") ebenen Spiegel so gerichtet sein, als ob sie von dem „Spiegelbild" von L herkämen, d. h. aus dem Punkte L', der auf der entgegengesetzten Seite von F im gleichen Abstand von F wie L und auf dem verlängerten Lote von L auf F liegt. Eine einfache geometrische Betrachtung zeigt, daß diese Strahlenknickung von den Reflexionsgesetzen gefordert wird (vgl. später Nr. 4 in § 64). Man kann die Reflexion aber auch auf eine Brechung mit dem Index $n = 1$ zurückführen, die ja auch eine Gleichheit der Winkel α und β fordern würde. Die jenseits der Ebene F verlaufenden Strahlstücke hat man sich nach oben, in den ersten Halbraum hinauf geklappt zu denken.

4. Ist $n < 1$, so gibt es einen Winkel $\alpha = \alpha_1$, kleiner als $\pi/2$, für den β bereits gleich $\pi/2$ ist. Für alle Einfallswinkel $\alpha > \alpha_1$ lassen sich keine reellen β mehr finden (Fig. 194). Es wird nämlich

$$\sin \beta = \frac{1}{n} \sin \alpha,$$

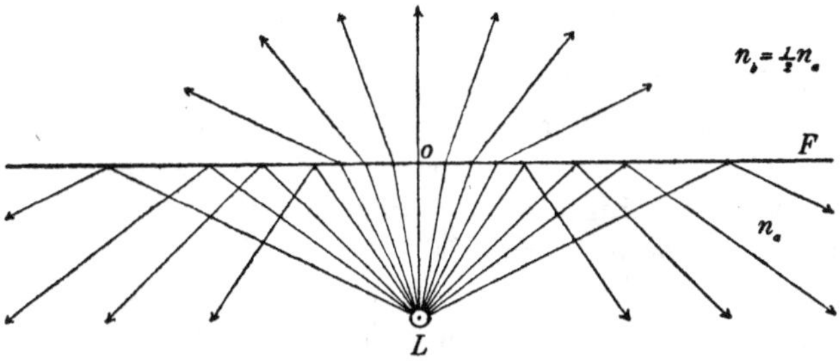

Fig. 194.

wenn $1/n$ den relativen Brechungsexponenten des Mediums a gegen das Medium b bedeutet. Wenn also $\sin \alpha = n$ wird, was jetzt möglich ist, da $n < 1$, so wird

$$\alpha = \alpha_1 = \text{arc} \sin n < \frac{\pi}{2}$$

und

$$\sin \beta = 1, \quad \beta = \frac{\pi}{2}.$$

Ein Winkel $\alpha > \alpha_1$ würde fordern

$$\sin \beta > 1;$$

und das ist unmöglich.

Diejenigen Strahlen, die aus dem dichteren Medium kommen und unter einem Winkel $\alpha > \text{arc} \sin n$ auf die Grenze auffallen, dringen überhaupt nicht mehr in das zweite, optisch dünnere Medium ein. Sie werden nur noch reflektiert. Es tritt hier die Erscheinung der „Totalreflexion" ein. In der Figur 194 ist $n = 1/2$ angenommen. Es tritt hier Totalreflexion auf, sobald

$$\sin\alpha = \tfrac{1}{2}, \qquad \alpha = 30^0$$

geworden ist. Der Winkel der Totalreflexion steht in Zusammenhang mit dem in § 60, 23 eingeführten Maximum des Ablenkungswinkels δ_m. Es ist, wie aus der Umkehrbarkeit des Lichtweges folgt

$$\alpha_1 = \frac{\pi}{2} - \delta_m .$$

§ 62. Strahlengang im Prisma.

1. Jeder durchsichtige Körper, dessen Oberfläche zwei gegeneinander geneigte Ebenen enthält, heißt allgemein in der Optik ein „Prisma". Der Name rührt daher, weil diese Körper meist dreikantige Prismen sind, von deren Prismenflächen nur zwei unter einem meist spitzen Winkel aneinanderstoßende verwendet werden. Diese beiden Ebenen, oder die beiden des allgemeinen optischen Prismas, heißen die „brechenden Ebenen", ihr Neigungswinkel γ heißt „brechender Winkel".

2. Ein Strahl LP (Fig. 195) fällt auf eine der brechenden Ebenen auf, wir wollen annehmen, in einer zu den brechenden Ebenen senkrechten Ebene. Der Einfallswinkel sei α. Im Prisma geht er unter dem Winkel β gegen das Einfallslot geneigt, weiter, trifft unter einem Winkel β' auf die zweite brechende Fläche bei Q auf und verläßt, zum zweiten Male gebrochen, unter einem Winkel α' gegen das Lot geneigt, das Prisma. Die zweimalige Richtungsänderung gibt einen „Ablenkungswinkel" δ zwischen dem austretenden Strahl QB und dem einfallenden Strahl LP.

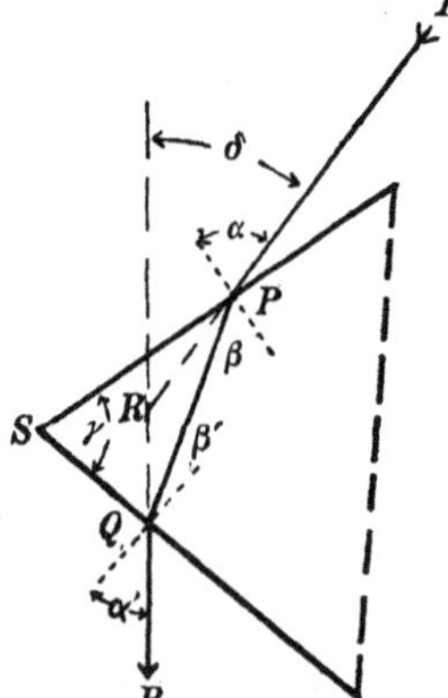

Fig. 195.

3. Es wird, wenn n wieder der relative Brechungsexponent des Prismenmaterials gegen die Umgebung ist,

(1) $$\sin\alpha = n\sin\beta ,$$

(2) $$\sin\alpha' = n\sin\beta',$$

worin über α beliebig verfügt werden kann. Es ist, wie die Zeichnung lehrt

(3) $$\gamma = \beta + \beta'$$

(4) $$\delta = (\alpha - \beta) + (\alpha' - \beta') = \alpha + \alpha' - \gamma ,$$

als Außenwinkel am Dreieck P, Q, R.

Aus diesen vier Gleichungen folgt, daß die Ablenkung δ außer von dem willkürlichen Winkel α auch von dem brechenden Winkel γ abhängig ist.

4. Ist der Prismenwinkel γ klein, und läßt man den auffallenden Strahl wenig gegen das Einfallslot geneigt auffallen, so daß auch α klein ist, so wird β und dann weiter β' und α' ebenfalls klein und die Sinus lassen sich durch die Winkel ersetzen. Dann berechnet sich die Ablenkung aus den letzten Gleichungen einfach zu

$$\delta = (n-1)\gamma. \tag{5}$$

5. Läßt man α wachsen, so wächst nach (1) auch β (α und β sind immer spitze Winkel). Es muß nach (3) also β' und nach (2) auch α' abnehmen. Es wird sich also α und α' immer in entgegengesetztem Sinne ändern, mit wachsendem α nimmt α' ab und mit abnehmendem α wächst α'. Es bleibt bei allen Veränderungen von α immer $\beta+\beta'$ eine Konstante. Wie sich $\alpha+\alpha'$ ändert, ist aber nicht so einfach einzusehen. γ soll jetzt wieder beliebig groß sein.

6. Aus (1) und (2) kann man mit Hilfe von (3) eine Form schaffen, die $\alpha+\alpha'$ als Funktion von $\alpha-\alpha'$ erscheinen läßt. Addiert und subtrahiert man (1) und (2), so folgt

$$\sin\alpha + \sin\alpha' = 2\sin\frac{\alpha+\alpha'}{2}\cos\frac{\alpha-\alpha'}{2} = 2n\sin\frac{\beta+\beta'}{2}\cos\frac{\beta-\beta'}{2}$$

$$\sin\alpha - \sin\alpha' = 2\cos\frac{\alpha+\alpha'}{2}\sin\frac{\alpha-\alpha'}{2} = 2n\cos\frac{\beta+\beta'}{2}\sin\frac{\beta-\beta'}{2}$$

$$\sin\frac{\alpha+\alpha'}{2}\cos\frac{\alpha-\alpha'}{2} = n\sin\frac{\gamma}{2}\cos\frac{\beta-\beta'}{2}$$

$$\cos\frac{\alpha+\alpha'}{2}\sin\frac{\alpha-\alpha'}{2} = n\cos\frac{\gamma}{2}\sin\frac{\beta-\beta'}{2}.$$

Multipliziert man die erste Gleichung mit $\cos\gamma/2$, die zweite mit $\sin\gamma/2$, quadriert und addiert, so folgt

$$\sin^2\frac{\alpha+\alpha'}{2}\cos^2\frac{\alpha-\alpha'}{2}\cos^2\frac{\gamma}{2} + \cos^2\frac{\alpha+\alpha'}{2}\sin^2\frac{\alpha-\alpha'}{2}\sin^2\frac{\gamma}{2}$$
$$= n^2\sin^2\frac{\gamma}{2}\cos^2\frac{\gamma}{2}.$$

Unter Anwendung der Relation $\cos^2\varphi = 1 - \sin^2\varphi$ ergibt sich

$$\sin^2\frac{\alpha+\alpha'}{2}\left(\cos^2\frac{\gamma}{2} - \sin^2\frac{\alpha-\alpha'}{2}\cos^2\frac{\gamma}{2}\right)$$
$$+ \sin^2\frac{\alpha-\alpha'}{2}\left(\sin^2\frac{\gamma}{2} - \sin^2\frac{\alpha+\alpha'}{2}\sin^2\frac{\gamma}{2}\right) = n^2\sin^2\frac{\gamma}{2}\cos^2\frac{\gamma}{2}.$$

Nach $\sin^2(\alpha+\alpha')/2$ aufgelöst, gibt das

$$\sin^2\frac{\alpha+\alpha'}{2} = \sin^2\frac{\gamma}{2}\,\frac{n^2\cos^2\frac{\gamma}{2} - \sin^2\frac{\alpha-\alpha'}{2}}{\cos^2\frac{\gamma}{2} - \sin^2\frac{\alpha-\alpha'}{2}}$$

oder schließlich

$$(6) \qquad \sin^2\frac{\alpha+\alpha'}{2} = \sin^2\frac{\gamma}{2}\left(1 + \frac{(n^2-1)\cos^2\frac{\gamma}{2}}{\cos^2\frac{\gamma}{2} - \sin^2\frac{\alpha-\alpha'}{2}}\right).$$

7. Da α' entgegengesetzt mit α veränderlich ist, so ist $\alpha - \alpha'$ sicherlich keine Konstante. Also kann nach dieser Gleichung auch $\alpha + \alpha'$ keine Konstante sein.

Man sieht aus (6), daß $\alpha + \alpha'$ seinen kleinsten Wert erreicht, wenn $(\alpha - \alpha')$ verschwindet. Da mit $\alpha + \alpha'$ nach (4) auch δ wächst, so folgt:

Die Ablenkung δ wird ein Minimum, wenn $\alpha = \alpha'$ wird.

In diesem Falle ist auch $\beta = \beta'$ und das Dreieck (P, Q, S) (Fig. 195) gleichschenklig. Also:

Die Ablenkung δ durch ein Prisma wird dann ein Minimum, wenn der Strahlengang im Prisma symmetrisch verläuft.[1])

8. Hat man einen Strahl ausfindig gemacht, der diesen symmetrischen Weg einschlägt, der also das Minimum der Ablenkung erfährt, so ist nach (1) bis (4)

$$\delta + \gamma = 2\alpha$$

$$\gamma = 2\beta$$

und

$$n = \frac{\sin\frac{\delta+\gamma}{2}}{\sin\frac{\gamma}{2}}.$$

Diese Relation findet zur Bestimmung von relativen Brechungsexponenten Anwendung.

9. Ein anderer ausgezeichneter Strahlengang dient dem gleichen Zweck. Läßt man einen Strahl auf die erste brechende Fläche eines Prismas normal auffallen, so ist nach (1) bis (4)

$$\alpha = 0, \text{ also } \beta = 0, \; \beta' = \gamma, \; \alpha' = \delta + \gamma,$$

was auch aus einer Zeichnung sofort zu erkennen ist. Dann wird

$$n = \frac{\sin\alpha'}{\sin\beta'} = \frac{\sin(\delta+\gamma)}{\sin\gamma}.$$

---

1) Es gibt eine große Zahl Beweise dieses Satzes. Sie sind in H. Kaisers Handb. d. Spektroskopie (Leipzig 1900) von Konen zusammengestellt. Wir sind hier dem Beweisgang von Stoll im Programm d. Gymn. z. Bensheim, 1873, gefolgt.

§ 63. Optische Abbildung.

1. Wenn von einem Punkte L (Lichtpunkt) ein kegelförmiges Strahlenbündel ausgeht, und dessen Strahlen nach einer Anzahl von Brechungen und Reflexionen — wir wollen sagen, „nach einer Anzahl von Knickungen" um beides in einem Worte auszudrücken — so verlaufen, daß sie sich in einem Punkte B (Bildpunkt) schneiden, so nennen wir den Punkt L „in B optisch abgebildet". Passieren die Strahlen nach der letzten Knickung den Punkt B selber, so heißt das Bild ein „reelles" Bild. Verlaufen die Strahlen nach der letzten Knickung so, daß ihre Rückverlängerungen über die letzte knickende Fläche sich in einem Punkte schneiden, so heißt das Bild ein „virtuelles". Unter „Öffnungswinkel" des Bündels verstehen wir das Flächenstück, das der von L ausgehende Strahlenkegel aus einer Einheitskugel herausschneidet („räumlicher Winkel" vgl. S. 185, Anm. 2).

2. Im allgemeinen werden sich, wenn überhaupt, nur je zwei Strahlen eines von L ausgehenden Bündels in einem mathematischen Punkte schneiden. Die Schnittpunkte aller Strahlenpaare eines Bündels erfüllen dann ein Volumen τ, das dem Bilde von L entsprechen würde und als „unscharfes" Bild von L bezeichnet werden möge.[1])

3. Wenn man den Öffnungswinkel des Bündels verkleinert, so kann damit eine Verkleinerung des Raumes τ unter alle Grenzen verbunden sein. Dann darf bei unendlich kleinem Öffnungswinkel τ als physikalischer Punkt aufgefaßt werden und man spricht nun von einer „Abbildung durch elementare Bündel".

4. Ein Bündel von endlichem Querschnitt kann immer in solche von unendlich kleinen Querschnitten, in elementare Bündel zerlegt werden. Gibt jedes dieser elementaren Bündel einen Bildpunkt im Sinne von Nr. 3, so brauchen noch nicht alle elementaren Bündel den gleichen Bildpunkt zu geben. Tun sie es, oder strenger gesagt, liegen die Bildpunkte aller elementaren Bündel in einem Raume τ, dessen Ausmessungen alle unendlich klein sind, gegen die Ausmessungen des ganzen Bündels, so nennt man die Abbildung eine „Abbildung mittels endlicher Strahlenbündel", oder eine „vollkommene Abbildung". τ kann als ein „physikalischer Punkt" bezeichnet werden.

5. Wenn ein Punkt L in einem Punkte B abgebildet wird, so folgt noch nicht, daß Punkte in endlichem Abstand von L auch abgebildet werden. Eine kartesische Fläche F_1 der Punkte L und B

1) Schneiden sich auch paarweise die Strahlen nicht, so könnte man noch den Raum τ, der alle Punkte kürzesten Abstandes enthält, als unscharfes Bild auffassen. Wir lassen diesen Fall unberücksichtigt.

bildet z. B. L in B vollkommen ab. Ein von L endlich entfernter Punkt wird aber, wo wir auch sein Bild erwarten wollen, im allgemeinen eine andere kartesische Fläche F_2 verlangen, was ein geometrischer Zeichenversuch lehrt. Die Fläche F_1 kann ihn also dann nicht vollkommen abbilden.

Wenn sämtliche Punkte eines zusammenhängenden endlich dimensionierten Raumes abgebildet werden, so sprechen wir von einer „endlichen Abbildung" oder einer „Abbildung endlicher Gebiete".

6. Liegt eine solche nicht vor, so ist es immer noch denkbar, daß die unendliche Nachbarschaft eines optisch abgebildeten Punktes L ebenfalls optisch abgebildet wird, d. h. daß die Punkte eines unendlich kleinen, den Punkt L umgebenden Raumes elementare Strahlenbündel aussenden, deren Strahlen sich im Sinne von Nr. 3, oder endliche Strahlenbündel, deren Strahlen sich im Sinne von Nr. 4 in einem Punkte schneiden. Wir haben dann eine Abbildung unendlich kleiner Gebiete.

Es ist weiter denkbar, daß alle Punkte einer endlich langen Linie nicht aber die einer endlich benachbarten abgebildet werden.

7. An Stelle der Abbildung durch Bündel kann auch die Abbildung durch Büschel eintreten. In dem kegelförmigen Bündel, das von einem Punkte L ausgeht, bilden alle die Strahlen, die in einer den Kegel der Länge nach durchsetzenden Ebene liegen, ein Strahlenbüschel. Jeder Strahl dieses Büschels setzt sich jenseits einer Grenzfläche fort. Wenn nun die Strahlen eines solchen Büschels sich schließlich in einem Punkte schneiden, so ist dieser Punkt ein (reelles oder virtuelles) Bild, entstanden durch „büschelhafte Abbildung". Ein anderes Büschel desselben Bündels erhält man, wenn man den Längsschnitt des Ausgangskegels dreht. Jedes andere Büschel kann sich wieder in einem Punkte vereinigen. Es ist aber denkbar, daß die einzelnen Büschel verschiedene Bilder liefern. Das tritt bei der „astigmatischen Aberration" (vgl. § 64. 19) ein.

8. Allgemeinere Strahlenbüschel innerhalb eines Bündels bilden die Strahlen, die eine beliebige von der Spitze L ausgehende Kegelfläche erfüllen, und deren Fortsetzungen über brechende und reflektierende Flächen hinaus. Unter diesen werden die von besonderer Wichtigkeit sein, die als kreiskegelförmige Büschel den Punkt L verlassen.

9. Die Punkte eines Raumes, die optisch abgebildet werden, werden im allgemeinen ein Raumstück stetig erfüllen. Dieses Raumstück heißt der „Objektraum". Ebenso werden die Bildpunkte ein Raumstück erfüllen, den „Bildraum". Beide können sich gegenseitig durchdringen. Es kann sogar vorkommen, daß ein Punkt in sich selbst abgebildet wird. Liegt keine strenge punktförmige Abbildung von Punkten vor, so soll trotzdem ein Raum, in dem Strahlen nach einer $i$ten Knickung untersucht werden sollen, ein Bildraum heißen.

Ein Strahl l_i im Bildraum, und der Strahl l_0 im Objektraum, dessen optische Fortsetzung l_i ist, sollen zugeordnete oder konjugierte Strahlen heißen. Bei virtueller Abbildung ist l_i die Rückverlängerung eines Strahles. l_i soll immer kurz ein „Bildstrahl", l_0 ein „Objektstrahl" heißen.

§ 64. Abbildung durch ebene Grenzflächen.

1. Wir beschränken uns zunächst, wie in § 61, auf eine einzige brechende Fläche. Von einem Punkte L aus mögen Lichtstrahlen auf eine Ebene O, r auffallen (Fig. 196). O sei der Fußpunkt des Lotes z von L auf diese Ebene. Zeichnet man alle Strahlen des in der Zeichenebene liegenden ebenen Büschels, das wir mit $\mathfrak{E}$ bezeichnen wollen, und dreht man dann die Zeichenebene um die z-Achse um einen Winkel von 180^0, so beschreiben die gezeichneten Strahlen der Reihe nach alle Strahlen des ganzen von L ausgehenden Bündels, indem jeder Strahl die Hälfte eines kreiskegelförmigen Büschels, $\mathfrak{K}$, beschreibt.

2. Die Strahlen eines kreiskegelförmigen Büschels $\mathfrak{K}$ schneiden sich in einem Punkte B und zwar in einem Punkte ihrer Rückverlängerung. Das folgt daraus, daß der gebrochene Strahl PH in der Einfallsebene, also in einer Meridianebene durch die z-Achse liegt. Sein Schnittpunkt B mit OL bleibt also unverändert, wenn wir die Meridianebene drehen.

3. Die Strahlen eines meridionalen ebenen Büschels $\mathfrak{E}$ schneiden sich nicht in einem Punkt, außer wenn man sich auf Lichtbündel von kleinem Öffnungswinkel beschränkt. Ist n der relative Brechungsexponent des Mediums, in das der Strahl übergeht, so muß für jeden von L ausgehenden Strahl (Fig. 196) gelten

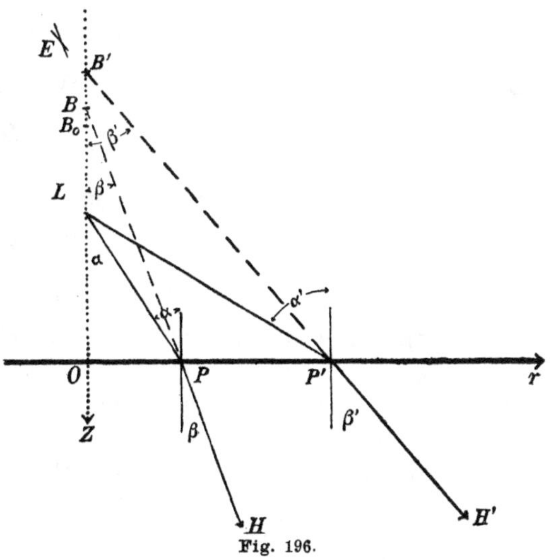

$$\sin\alpha = n \sin\beta\,,$$

Fig. 196.

es wird, wie die Figur (196) erkennen läßt,

$$\overline{OB} : \overline{OL} = \operatorname{tg}\alpha : \operatorname{tg}\beta\,,$$

und somit

$$\overline{OB} = \overline{OL} \cdot \frac{\sin\alpha}{\sin\beta} \cdot \frac{\cos\beta}{\cos\alpha},$$

$$(1)\quad \overline{OB} = n \cdot \overline{OL} \frac{\sqrt{1-\sin^2\beta}}{\cos\alpha} = \overline{OL}\sqrt{\frac{n^2-\sin^2\alpha}{1-\sin^2\alpha}} = \overline{OL}\sqrt{\frac{n^2-1}{\cos^2\alpha}+1}.$$

Hieraus läßt sich erkennen, daß, wenn $n > 1$, OB größer wird, wenn α wächst. B ist der Punkt, in dem sich die Rückverlängerung des Strahles PH mit dem Lot LO schneidet. Das Lot LO aber ist die Rückverlängerung des unter dem Einfallswinkel $\alpha = 0$ auf die Grenzfläche auftreffenden Strahles. B ist außerdem der Punkt, in dem die Strahlen eines kreiskegelförmigen Büschels ein Bild liefern. Aus (1) folgt für kleine Werte α, für die der Sinus durch die Winkel ersetzt werden kann

$$\overline{OB} = n\,\overline{OL}\frac{\sqrt{1-\frac{1}{n^2}\alpha^2}}{\sqrt{1-\alpha^2}} = \overline{OL}\sqrt{\frac{n^2-\alpha^2}{1-\alpha^2}},$$

und das wird bis auf Glieder höheren als zweiten Grades in α, nach der Formel § 59. (5)

$$\overline{OB} = n\,\overline{OL}\frac{1-\frac{1}{2}\frac{\alpha^2}{n^2}}{1-\frac{1}{2}\alpha^2},$$

und wenn man mit $1+\alpha^2/2$ erweitert und die Glieder höheren als zweiten Grades wieder vernachlässigt

$$\overline{OB} = n\,\overline{OL}\left(1+\tfrac{1}{2}\alpha^2\left(1-\frac{1}{n^2}\right)\right);$$

also wird bei hinreichend kleinen Winkeln α

$$\overline{OB} = \overline{OB_0} = n\,\overline{OL}$$

eine Konstante.

Für $\alpha = \pi/2$ wird OB unendlich, wie aus (1) folgt.

4. Wird $n = 1$, so wird für alle Winkel α

$$(2)\quad \overline{OB} = n\,\overline{OL} = \overline{OL}.$$

Der Punkt L wird in sich selbst abgebildet. Dieser Fall bedeutet keine Brechung mehr. Denn für $n = 1$ werden die aneinandergrenzenden Medien optisch gleich. Die Relation (2) gilt aber auch für die Reflexion.

Denkt man sich die Strahlen BPH und $B'P'H'$ um die Or-Gerade herum nach unten geklappt und dann überall $\beta = \alpha$, $\beta' = \alpha'$ gemacht, so gelten dieselben Ableitungen, wie oben, nur daß $n = 1$ wird. Man erhält das Problem der Reflexion. Eine einfache geometrische Zeichnung lehrt dasselbe wie die Gleichung (1), in der OB nur nach unten von O aus gelegen zu denken ist Der Punkt L wird „vollkommen“

abgebildet und zwar virtuell in dem Punkte, der ebenso weit hinter der reflektierenden Ebene liegt, wie der Punkt L selber davor. Das gilt für alle Punkte vor der reflektierenden Ebene.

Eine spiegelnde Ebene bildet einen ganzen Halbraum vollkommen ab. Das ist aber der einzige Fall, in dem eine solche umfassende Abbildung möglich ist. Leider ist es nur eine virtuelle Abbildung.

5. Der Fall $n = 1$ enthält also, bei geeigneter Modifikation der Zeichnung, die Reflexion.

Aus der Formel (1) folgt, daß OB kleiner als OL wird, wenn $n < 1$. Außerdem wird in diesem Falle OB mit wachsendem α kleiner und zwar so lange, bis $\sin\alpha = n$ geworden ist, was jetzt, wo n ein echter Bruch ist, möglich ist. Es wird nun $OB = 0$. Von diesem Momente, dem Moment der „totalen Reflexion" (vgl. § 61) an, wird bei weiter wachsendem α die Wurzel imaginär. Es gibt physikalisch keinen Punkt B mehr.

Abgesehen von diesen letzteren Winkeln, in denen $\sin\alpha > n$ ist, kann man also folgende zwei Fälle unterscheiden:

Ist $n > 1$, so erzeugt jedes Kegelbüschel einen Bildpunkt B, dessen Abstand von der brechenden Ebene mit wachsendem Winkel α von einem Grenzwert

$$\overline{OB_0} = n\,\overline{OL} > \overline{OL}$$

bis ins Unendliche wächst.

Ist $n < 1$, so erzeugt jedes solche Büschel einen Bildpunkt B, dessen Abstand von der brechenden Ebene mit wachsendem Winkel α von einem Grenzwert

$$\overline{OB_0} = n\,\overline{OL} < \overline{OL}$$

gegen Null hin abnimmt.

6. Planparallele Platte. Wenn der bisher betrachteten Grenzfläche F parallel eine zweite F' angeordnet ist (Fig. 197), so gibt ein kegelförmiges Büschel durch seine Brechung an F eine Abbildung B des Punktes L, durch Brechung an F' eine Abbildung C des Punktes B.

Ändern wir den Öffnungswinkel des Kegelbüschels, also auch den Winkel α, so wandert der Bildpunkt C auf der Kegelachse. Es sei im folgenden der Einfachheit halber vor F und hinter F' das gleiche Medium angenommen, in das also eine „planparallele" Platte mit den Begrenzungen F, F' eingebettet ist.

Die Brechungsgesetze lehren, daß ein von L ausgehender Strahl LP, nachdem er in der Platte eine veränderte Richtung eingeschlagen hat, nach dem Austritt wieder die alte Richtung einnehmen muß, also nur eine Parallelverschiebung erfährt.

7. Es ist $LC = PJ$ (Fig. 197) und, wie die Figur erkennen läßt,

$$\overline{PH} : \overline{JH} = \operatorname{ctg}\beta : \operatorname{ctg}\alpha = \operatorname{tg}\alpha : \operatorname{tg}\beta,$$

und

$$\overline{PH} : (\overline{PH} - \overline{JH}) = \operatorname{tg}\alpha : (\operatorname{tg}\alpha - \operatorname{tg}\beta).$$

Ist h die Dicke der Platte und n ihr Brechungsexponent gegen die Umgebung, so folgt hieraus

$$\overline{LC} = h \cdot \frac{\operatorname{tg}\alpha - \operatorname{tg}\beta}{\operatorname{tg}\alpha} = h \cdot \left(1 - \frac{\sin\beta}{\sin\alpha}\frac{\cos\alpha}{\cos\beta}\right),$$

$$(3) \qquad \overline{LC} = h\left(1 - \frac{1}{n}\sqrt{\frac{1-\sin^2\alpha}{1-\frac{\sin^2\alpha}{n^2}}}\right) = h\left(1 - \sqrt{\frac{1-\sin^2\alpha}{n^2-\sin^2\alpha}}\right).$$

Hieraus erkennt man, daß bei beliebiger Variation von α, — wenn n größer als 1 —, der Punkt C zwischen zwei Grenzwerten C_0 $(\alpha = 0)$ und C_∞ $(\alpha = \pi/2)$ variiert, so daß

$$(4) \qquad \overline{LC_0} = h\left(1 - \frac{1}{n}\right); \quad \overline{LC_\infty} = h$$

und

$$\overline{LC_0} < \overline{LC} < \overline{LC_\infty}$$

wird.

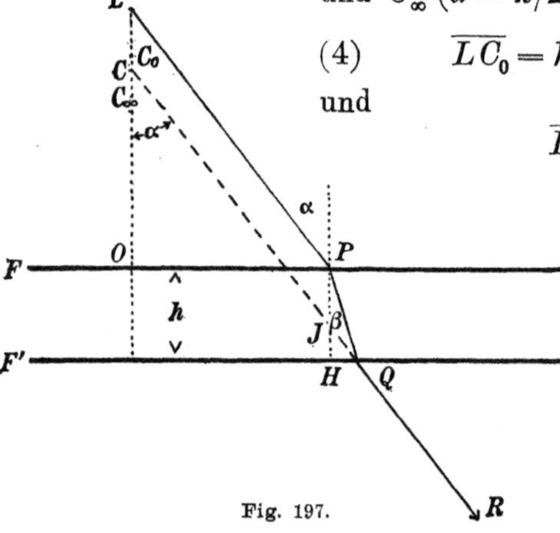

Fig. 197.

Ist n sehr groß, was freilich praktisch nie der Fall, so folgt hieraus, daß auch innerhalb weiter Grenzen endliche Bündel eine gute Abbildung geben.

8. Eine Ebene durch das Lot OL soll wieder eine Meridianebene heißen. Ein von L ausgehendes Strahlenbüschel, das in dieser Ebene liegt, ein meridionales Büschel, und zwar ein „vollständiges", wenn es alle von L ausgehenden Strahlen, die in dieser Ebene liegen, enthält, ein „Teilbüschel", wenn nicht alle Strahlen berücksichtigt sind, und ein „elementares" Meridionalbüschel, wenn die Grenzstrahlen des Büschels einen unendlich kleinen Winkel miteinander einschließen.

Legen wir durch einen beliebigen Strahl (z. B. LP in Fig. 197) eine Ebene normal zur Meridianebene und zeichnen wir in dieser ein elementares, den gewählten Strahl (LP) enthaltendes Büschel, so soll dieses Büschel, das als Element eines kegelförmigen Büschels angesehen werden kann, ein (elementares) „sagittales" Büschel heißen. Andere als elementare Büschel dieser Art wollen wir nicht betrachten.

9. Dieselben Definitionen können wir überall da wiederholen, wo eine ausgezeichnete Achse, wie OL in Fig. 197, z. B. eine Symmetrieachse des brechenden oder reflektierenden Systems, existiert. Dabei braucht diese Achse den Punkt L nicht selbst zu enthalten. Eine Meridianebene durch die Achse und durch den Punkt L ist trotzdem angebbar, und damit ein Meridionalbüschel und mindestens ein Sagittalbüschel von L aus.

10. In Nr. 6 haben wir die Strahlen eines kegelförmigen Büschels betrachtet. Sie schneiden sich in einem Punkte C der Achse OL, der nach (3) gegeben ist durch

$$\overline{LC} = h\left(1 - \sqrt{\frac{1-\sin^2\alpha}{n^2-\sin^2\alpha}}\right),$$

der also vom Einfallswinkel α eines der Strahlen abhängt. Es folgt nach (4) und (3)

$$\overline{CC_\infty} = h\sqrt{\frac{1-\sin^2\alpha}{n^2-\sin^2\alpha}} = h\,\frac{\cos\alpha}{\sqrt{n^2-\sin^2\alpha}}. \tag{5}$$

Betrachten wir die Strahlen eines vollständigen Meridionalbüschels, so ist CC_∞ die Höhe über C_∞, in der einer dieser Strahlen die Achse schneidet. Zwei benachbarte, um den Einfallswinkel ε voneinander abweichende Strahlen, schneiden in verschiedenen Höhen CC_∞ die Achse, also sich gegenseitig in einem Punkte außerhalb der Achse. Fig. 198 enthält eine Anzahl von L ausgehender Strahlen eines halben Meridionalbüschels und, gestrichelt gezeichnet, die Rückverlängerung der aus der Platte h austretenden zugehörigen Strahlen, d. h. die „korrespondierenden" Strahlen. Die Schnittpunkte dieser korrespondierenden Strahlen untereinander erfüllen das zwischen den Punkten C_0, C_∞, D_∞ gelegene Flächenstück, das zwischen C_0 und D_∞ von einer Kurve[1]) begrenzt ist. Dieses Flächenstück beschreibt einen Rotationskörper, wenn die Meridian-

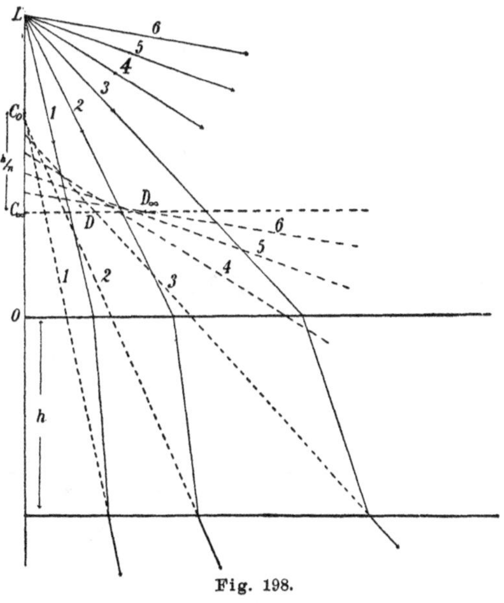

Fig. 198.

1) Eine solche Begrenzungskurve des Schnittpunktegebietes, die also von den äußersten Schnittpunkten gebildet wird, heißt eine „kaustische Kurve", „Kaustik" oder „Brennlinie". Die durch Rotation daraus entstehende krumme Fläche „Brennfläche" oder „kaustische Fläche".

ebene um LO gedreht wird, und dieser Rotationskörper enthält die Schnittpunkte der korrespondierenden Strahlen aller von L aus unter Winkeln α

$$-\frac{\pi}{2} < \alpha < +\frac{\pi}{2}$$

ausgehenden Strahlen. Er kann als das (räumliche) optische Bild des Punktes L angesehen werden.

Die Fig. 198 ist unter der Annahme $n = 2$ gezeichnet. Für eine Glasplatte hätte man etwa $n = 1{,}5$ zu setzen.

11. Errichtet man in C_∞ (Fig. 197, 198) ein Lot auf LO in der Meridianebene, so wird dieses Lot von einem Bildstrahl in einem Punkte D geschnitten, der sich aus dem Dreieck (C, C_∞, D) als

$$\overline{DC}_\infty = \frac{h \sin\alpha}{\sqrt{n^2 - \sin^2\alpha}} = \frac{h \sin\alpha}{p} \tag{6}$$

berechnet, was mit

$$\overline{CC}_\infty = \frac{h \cdot \cos\alpha}{\sqrt{n^2 - \sin^2\alpha}} = \frac{h\cos\alpha}{p},$$

worin

$$p = \sqrt{n^2 - \sin^2\alpha}$$

gesetzt ist, zur Berechnung der Schnittpunkte aller Bildstrahlen verwertet werden kann. Es folgt aus (6), daß sich D mit wachsendem α nicht der Unendlichkeit, sondern einem endlichen Punkte D_∞ nähert. Das ist zunächst auffällig, da, wenn $\alpha = \pi/2$ geworden ist, der einfallende Strahl im Unendlichen die Platte erreicht. Es wird

$$\overline{D_\infty C}_\infty = \frac{h}{\sqrt{n^2 - 1}}, \tag{7}$$

während

$$\overline{C_0 C}_\infty = \frac{h}{n}$$

wird.

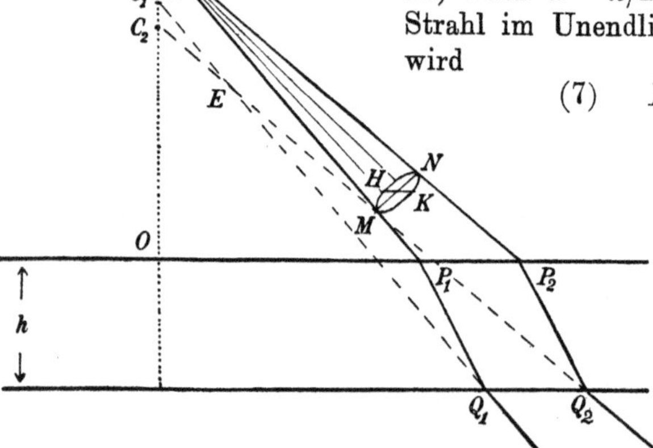

Fig. 199.

12. Es sei LP_1 ein auf die Platte h unter dem Einfallswinkel α auftreffender Strahl, LP_2 ein Strahl des gleichen Meridionalbüschels, dessen Einfallswinkel um ε größer sei als α. C_1Q_1, C_2Q_2 seien die korrespondierenden Strahlen von LP_1, LP_2. Wir fragen, in welchem Abstande $x = C_1E$ von der Achse schneidet der Bildstrahl C_2Q_2 den Bildstrahl C_1Q_1?

Es ist (Fig. 199)

$$\sphericalangle\, OC_2Q_2 = \sphericalangle\, OC_1Q_1 + \varepsilon = \alpha + \varepsilon,$$

also

$$\sphericalangle\, C_1EC_2 = \varepsilon,$$

und deshalb wird nach dem Sinussatz

$$x = \overline{C_1E} = \overline{C_1C_2} \cdot \frac{\sin(\alpha+\varepsilon)}{\sin\varepsilon}.$$

Nach (5) ist

$$\overline{C_1C_2} = h\left(\frac{\cos\alpha}{\sqrt{n^2-\sin^2\alpha}} - \frac{\cos(\alpha+\varepsilon)}{\sqrt{n^2-\sin^2(\alpha+\varepsilon)}}\right) \tag{8}$$

und

$$x = h\cdot\left(\frac{\cos\alpha}{\sqrt{n^2-\sin^2\alpha}} - \frac{\cos(\alpha+\varepsilon)}{\sqrt{n^2-\sin^2(\alpha+\varepsilon)}}\right)\frac{\sin(\alpha+\varepsilon)}{\sin\varepsilon}. \tag{9}$$

13. Es folgt daraus, daß x sowohl von α als auch von ε abhängig ist. Nimmt man nun ε im Bogenmaß gemessen so klein an, daß in einer Summe alle Summanden, die ε^2, ε^3 usw. als Faktoren enthalten, gegen solche, die ε in erster Potenz enthalten, vernachlässigt werden können, so wird, wenn wieder $\sqrt{n^2-\sin^2\alpha} = p$ gesetzt wird (vgl. § 59, (1), (5))

$$\begin{aligned}
&\sin\varepsilon = \varepsilon;\quad \cos\varepsilon = 1,\\
&\sin(\alpha+\varepsilon) = \sin\alpha\cos\varepsilon + \cos\alpha\sin\varepsilon = \sin\alpha + \varepsilon\cos\alpha,\\
(10)\quad &\cos(\alpha+\varepsilon) = \cos\alpha - \varepsilon\sin\alpha,\\
&\sqrt{n^2-\sin^2(\alpha+\varepsilon)} = \sqrt{n^2-\sin^2\alpha - 2\varepsilon\sin\alpha\cos\alpha}\\
&= \sqrt{p^2 - 2\varepsilon\sin\alpha\cos\alpha} = p\sqrt{1-\frac{2\varepsilon}{p^2}\sin\alpha\cos\alpha},\\
&\frac{1}{\sqrt{n^2-\sin^2(\alpha+\varepsilon)}} = \frac{1}{p}\left(1+\frac{\sin\alpha\cos\alpha}{p^2}\varepsilon\right).
\end{aligned}$$

14. Mit Hilfe der Gleichungen (10) wird aus (9)

$$x = h\left\{\frac{\cos\alpha}{p} - \frac{\cos\alpha - \varepsilon\sin\alpha}{p}\left(1+\frac{\sin\alpha\cos\alpha}{p^2}\varepsilon\right)\right\}\frac{\sin\alpha+\varepsilon\cos\alpha}{\varepsilon}$$

und weiter, nach Ausmultiplizierung der Klammern und Vernachlässigung höherer Potenzen von ε im Zähler:

$$x = \frac{h}{p}\left(\sin\alpha - \frac{\sin\alpha\cos^2\alpha}{p^2}\right)\sin\alpha,$$

und nach Einführung des Wertes p,

$$x = h\,\frac{(n^2-1)\sin^2\alpha}{\sqrt{n^2-\sin^2\alpha}^{\,3}}. \tag{11}$$

Es wird hieraus

$$\text{für } \alpha = 0,\quad x_0 = 0,$$

$$\alpha = \frac{\pi}{2},\quad x_\infty = \frac{h}{\sqrt{n^2-1}}.$$

Die Gleichung (11) zeigt, daß bei hinreichend kleinem ε der Schnittpunkt zweier benachbarten Bildstrahlen von ε unabhängig wird. Es werden dann alle Strahlen, die unter einem Winkel zwischen α und $\alpha + \varepsilon$ auffallen, sich in dem gleichen Punkte E schneiden.

Analog findet man

$$(12) \qquad \overline{C_1 C_2} = \frac{h(n^2-1)}{\sqrt{n^2-\sin^2\alpha}^3} \sin\alpha \cdot \varepsilon.$$

15. Ein aus der Richtung von R nach L schauendes Auge faßt ein Strahlenbündel, das im ersten Medium einen Kegel erfüllt, dessen Spitze in L liegt und dessen Achse etwa nach R hin gerichtet ist. Wenn L nicht zu nahe an der Platte und am Auge liegt, so wird der Öffnungswinkel dieses Kegels klein sein. In der Fig. 199 soll die ovale Figur $MHNK$ einen Schnitt durch das Bündel normal zu seiner Achse vorstellen. Ein mittlerer Meridianschnitt durch das Bündel ist durch den Durchmesser MN, ein mittlerer Sagittalschnitt durch den Durchmesser HK dieses Schnittes angedeutet.

Das Meridionalbüschel, dessen äußerste Strahlen durch die Punkte M und N gehen, kann, wenn $\sphericalangle MLN = \varepsilon$ hinreichend klein ist, als elementares Büschel angesehen werden. Das Büschel der korrespondierenden Bildstrahlen schneidet sich nach Nr. 14 in einem Punkte E, so gelegen, daß

$$\overline{C_1 E} = h \frac{(n^2-1)\sin^2\alpha}{\sqrt{n^2-\sin^2\alpha}^3}$$

ist, der also bei endlichem h und α in endlichem Abstand von der Achse OL liegt.

16. Das von den Strahlen LK und LH begrenzte Sagittalbüschel liefert, da es als Elementarbüschel eines kegelförmigen Büschels angesehen werden kann, ein Bild F auf der Achse LO, das zwischen den Punkten C_1, C_2 liegt. Da nach (12) $C_1 C_2$ mit ε unendlich klein wird, so kann man $C_1 E$ durch FE ersetzen, und es wird

$$(13) \qquad \overline{FE} = h \cdot \frac{(n^2-1)\sin^2\alpha}{\sqrt{n^2-\sin^2\alpha}^3}$$

der Abstand des Sagittalstrahlbildes vom Meridionalstrahlbild.

17. Außer dem bisher besprochenen mittleren Meridionalbüschel MLN kann man noch andere Meridionalbüschel aus dem Strahlenbündel herausschneiden, indem man zu MN parallele Linien zieht und durch L und jede von diesen einen Schnitt legt. Jedes solche Meridionalbüschel gibt einen Bildpunkt in der Nachbarschaft von E. Alle diese Bildpunkte setzen sich zu einer kurzen Linie λ_2 normal zur Zeichenebene zusammen, der „zweiten Bildlinie".

18. Ebenso kann man außer dem mittleren Sagittalstrahlbüschel HLK auf dieselbe Weise noch andere zeichnen. Ihre Bildpunkte liegen alle auf der kleinen Strecke $C_1C_2 = \lambda_1$ verteilt, die die „erste Bildlinie" heißen mag. (Die dem Beschauer ferner gelegene ist die erste.) Die beiden Bildlinien kreuzen sich senkrecht.

19. Unter Astigmatismus versteht man allgemein die Eigenschaft eines Strahlenbündels, mittels eines Sagittalbüschels einen Bildpunkt zu liefern, der um endliches von dem eines Meridionalbüschels entfernt ist.

Der Abstand der beiden Bilder, also im obigen Beispiel der Abstand der beiden Brennlinien, heißt „astigmatische Differenz". Es ist also FE die astigmatische Differenz unserer optischen Abbildung.

Am Orte F sind die Meridionalstrahlen nicht mehr vereinigt. Man sieht hier eine Linie $\lambda_1 = C_1 C_2$, erfüllt von Bildpunkten, erzeugt je von einem Sagittalstrahlbüschel. Am Orte E sind die Sagittalstrahlen noch nicht vereinigt. Man sieht hier ein zur Zeichenebene senkrechtes Linienstück λ_2 aus Bildpunkten gebildet, deren jeder von einem Meridionalstrahlenbüschel unseres Bündels erzeugt wird.

20. Der Punkt L wird also durch zwei zueinander senkrechte, sich nicht schneidende Linienstücke abgebildet. Zwischen den Linien λ_1 und λ_2 spannt sich ein räumliches Gebilde aus, in dem sich noch Schnittpunkte von Strahlenpaaren, die nicht sagittal oder meridional zusammen gehören, befinden können. In diesem Raume, der etwa geformt ist wie ein Stück Gummischlauch, das an seinen Enden in zwei zueinander senkrechten Richtungen zusammengequetscht ist, verlaufen alle Bildstrahlen von λ_2 nach λ_1 hin. Man kann auch dieses ganze Raumstück als ein Bild von L ansehen.

21. Je kleiner h ist und je kleiner α ist, um so mehr kann dieses Raumstück als ein physikalischer Punkt angesehen werden; denn um so kürzer wird die Linie λ_2 nach (12), die astigmatische Differenz FE nach (13) und damit dann auch die Linie λ_1, da aus deren Endpunkten Strahlen nach einem mittleren Punkte zwischen C_1, C_2 hinlaufen. Allgemein sind die Längen λ_1, λ_2, solange ε klein ist, mit ε proportional anzusehen.

22. Der Astigmatismus verschwindet auch, wenn $n = 1$ wird, was von vornherein gefordert werden muß, weil dann keine Brechung mehr eintritt. Man kann dieses Ergebnis aber auch auf eine doppelte Reflexion an zwei parallelen Ebenen anwenden, wenn man durch Umklappen gewisser Linien die Figuren 197 bis 199 modifiziert. Bei dieser zweifachen Reflexion gibt es also auch keinen Astigmatismus, was aus Nr. 4 schon gefolgert werden kann.

In ähnlicher Weise, wie die letzten Betrachtungen, kann man auch bei einer einzigen Brechung (Fig. 196) den Astigmatismus behandeln.

§ 65. Brechung an einer Kugelfläche.

1. Die Richtungsänderung, die ein von L kommender Strahl an einer Kugelfläche erfährt, läßt eine von Weierstraß[1]) gegebene Konstruktion übersichtlich erkennen.

Es sei (Fig. 200) r eine Kugel aus einem durchsichtigen Material vom relativen Brechungsexponenten $\bar{n} = n'/n$ gegen die Umgebung und vom Radius r; LP sei ein die Kugel in P treffender Strahl. Man ziehe zwei Hilfskugeln mit den Radien

$$r_1 = \bar{n} r\,, \quad r_2 = r/\bar{n}.$$

Der Strahl LP wird bis zum Schnitt S_1 mit der Kugel r_1 verlängert. Dann zieht man den Radius OS_1, und von P den Strahl PS_2 nach dem Schnitt S_2 dieses Radius mit der Kugel r_2. Es ist PS_2 der gebrochene Strahl.

Beweis. a) Da OP das Einfallslot, und PB in der Ebene des Dreiecks (OPS_1) liegt, so liegt PB in der Einfallsebene.

b) Nach Konstruktion ist

$$\overline{OS_1} : \overline{OP} = \overline{OP} : \overline{OS_2}\,,$$

also

$$\triangle(OS_1P) \sim \triangle(OPS_2)$$

und deshalb

$$\sphericalangle\,(OS_2P) = \alpha\,.$$

Nach dem Sinussatze folgt nun aus Dreieck (OPS_2)

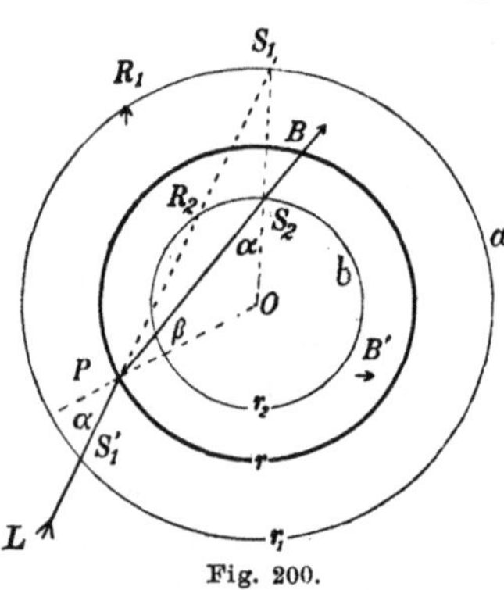

Fig. 200.

$$\sin\alpha : \sin\beta = \overline{OP} : \overline{OS_2} = r : r_2$$

und

$$\sin\alpha : \sin\beta = \bar{n} = n' : n\,.$$

Der Strahl PB genügt also dem Snelliusschen Brechungsgesetz.

c) Der Strahl PB liegt auch im richtigen Quadranten, vorausgesetzt, daß man unter den zwei Schnittpunkten des Strahls LP mit dem Kreis r_1 den richtigen, hier den der Verlängerung von LP, wählt. Der Schnittpunkt S_1' würde einen dem Brechungsgesetz genügenden, aber im falschen Quadranten, nämlich in der Figur unterhalb des Lotes OP gelegenen Strahl PB' liefern. (Dieser Strahl, oder seine Rückverlängerung würde der Reflexion ins veränderte Medium entsprechen.)

2. Denkt man sich die beiden Medien n' und n vertauscht, so daß das äußere das optisch dichtere ist, so hat man auch die Kugeln

1) Vgl. K. Schellbach, Ztschr. f. d. phys. u. chem. Unterricht 2 (1889).

r_1, r_2 zu vertauschen. Es muß dann der eine (fernere) Schnittpunkt R_2 des Strahles SP mit der kleineren Kugel gesucht und R_2 mit O verbunden werden. Der Schnitt R_1 von $R_2 O$ mit der größeren Kugel gibt die Richtung an, in der der Strahl von P aus, also PR_1, in der Kugel verläuft.

In diesem Falle sieht man, daß, wenn der Winkel α eine gewisse Größe α_1 überschritten hat, ein Schnittpunkt R_2 nicht mehr existiert. Der Winkel α_1 ist der Winkel der Totalreflexion.

3. Nicht berücksichtigt ist in diesen Ausführungen, was aus dem gebrochenen Strahl wird, wenn er die Kugel wieder verläßt. Man erhält den weiteren Verlauf, wenn man in umgekehrtem Wege die geometrische Konstruktion von Nr. 1 und Nr. 2 noch einmal ausführt.

4. Die Konstruktion der Fig. 200 lehrt noch, daß alle nach S_1 hinzielenden Strahlen nach S_2 gebrochen werden, aus welcher Richtung kommend sie auch auf die Kugel r auffallen. Ebenso müssen umgekehrt alle von S_2 ausgehenden Strahlen nach der Brechung so verlaufen, als ob sie von S_1 ausgingen. Es wird demnach der Punkt S_2 in S_1 vollkommen abgebildet. Bezeichnet man die Winkel $\sphericalangle\, OS_1P$ mit u, $\sphericalangle\, OS_2P$ mit u', so ist für alle von S_1 ausgehenden Strahlen und die entsprechenden Bildstrahlen

$$\sin u' : \sin u = \sin \alpha : \sin \beta = \bar{n}.$$

In Worten:

Es gibt auf jedem Durchmesser durch die brechende Kugel ein Punktepaar, dessen einer Punkt das vollkommene Bild des anderen ist. Für dieses Punktepaar (aplanatische Punkte) ist die vorgegebene Kugel das Analogon der „kartesischen" Fläche für virtuelle Abbildung.

Von diesen beiden Punkten ist einer ein virtuelles Bild des anderen.

5. Um zu übersehen, wie ein leuchtender Punkt L durch eine Kugelfläche K vom Radius r abgebildet wird, betrachten wir die Figur 201, die einen Meridianschnitt durch die Verbindungslinie von L mit dem Kugelmittelpunkt M darstellt.

Ein nach M hingerichteter Strahl LSM, ein „Zentralstrahl" durchdringt im „Scheitel" S die Fläche ohne Knick. Ein anderer Strahl LP, der unter dem Winkel u gegen die „Achse" LM geneigt ist, trifft die Achse wieder in einem Punkte B. Und in B schneidet sich auch das ganze kegelförmige Büschel, das man aus dem Strahl LP erhält, wenn man die Zeichenebene um die Achse LM rotieren läßt.

Wir setzen wieder $\bar{n} = n'/n$ als den relativen Brechungsexponenten an, so daß n, n' die absoluten Brechungsexponenten der aneinandergrenzenden Medien sind. Es wird dann

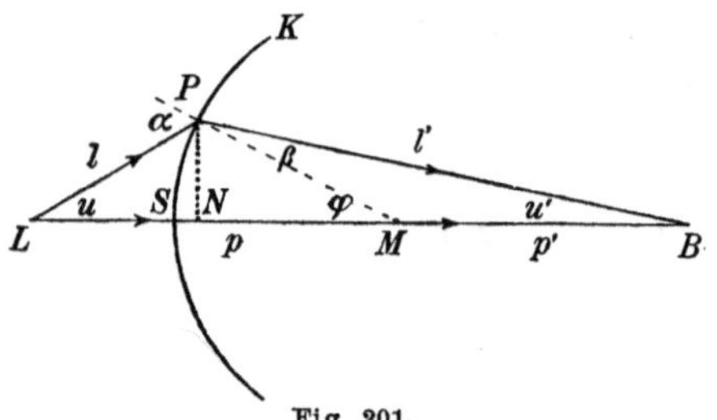

Fig. 201.

$$\sin\alpha = \bar{n}\sin\beta .$$

Nach dem Sinussatz folgt

$$p' = \overline{MB} = r\frac{\sin\beta}{\sin u'} = \frac{r}{\bar{n}}\frac{\sin\alpha}{\sin u'}$$

$$p = \overline{LM} = r\frac{\sin\alpha}{\sin u}$$

und somit

(1) $$\overline{MB} = \frac{\overline{LM}}{\bar{n}}\frac{\sin u}{\sin u'};\quad p' = \frac{p}{\bar{n}}\frac{\sin u}{\sin u'} .$$

Wenn $MB = \beta'$ zwar von der Lage des Punktes L, also von der Entfernung $LM = p$, nicht aber von dem „Divergenzwinkel" u abhängig sein soll, so müßte

$$\frac{\sin u}{\sin u'} = \text{const}$$

sein, eine Bedingung, die sicher nicht allgemein erfüllt ist.

Es ist

$$\frac{\sin u}{\sin u'} = \frac{\overline{BP}}{\overline{LP}} = \frac{l'}{l},$$

also wird nach (1)

(2) $$\bar{n} = \frac{p\sin u}{p'\sin u'} = \frac{p}{p'}\frac{l'}{l} .$$

Weiter ist, wenn man die Abstände LS und BS mit s und s' bezeichnet:

$$l\cos u = \overline{LN} = s + r(1-\cos\varphi),$$

$$l'\cos u' = \overline{BN} = s' - r(1-\cos\varphi),$$

so daß man schließlich erhält

$$\bar{n} = \frac{p}{p'}\cdot\frac{\cos u}{\cos u'}\cdot\frac{s' - r(1-\cos\varphi)}{s + r(1-\cos\varphi)} .$$

6. Wird nun u sehr klein, so wird auch u', und es wird auch φ sehr klein, wenn r nicht sehr klein ist. Dann kann $\cos\varphi = 1$; $\cos u = 1$; $\cos u' = 1$ gesetzt werden, und es wird

(3) $$\bar{n} = \frac{ps'}{p's} = \frac{p(p'+r)}{p'(p-r)} = \frac{pp'+pr}{pp'-p'r} = \frac{1+\dfrac{r}{p'}}{1-\dfrac{r}{p}},$$

gültig für die Strahlen eines „Zentralstrahlbüschels", d. h. eines die Zentralachse enthaltenden elementaren Büschels. Jeder Strahl dieses Büschels soll kurz ein „paraxialer Strahl" heißen. Der Zentralstrahl ist nach wie vor der Strahl LSB.

Für den Schnittpunkt des Zentralstrahlbüschels folgt also aus (3)

$$p' = p\frac{r}{\bar{n}(p-r)-p} = p\frac{r}{(\bar{n}-1)p-\bar{n}r}. \tag{4}$$

Es ist also p' von u unabhängig, wenn u hinreichend klein wird. Das Zentralstrahlbüschel und damit das Zentralstrahlbündel liefert vom Punkte B ein punktförmiges Bild.

Es folgt dann wegen

$$s = p - r; \quad s' = p' + r,$$

$$s' = s\frac{\bar{n}r}{(\bar{n}-1)s-r}. \tag{5}$$

7. Läßt man bei konstant bleibender Krümmung und unveränderter Lage von L den Index $\bar{n}$ kleiner und kleiner werden, so wächst β. Man kommt zu einem Werte $\bar{n}$, bei dem l' parallel mit p' wird.

Das ist der Fall, wenn $\beta = \varphi$, also nach dem Sinussatz

$$\sin\alpha : \sin\varphi = p : l,$$

$$\bar{n} = p : l = p : s = (s+r) : s,$$

also wenn

$$(\bar{n}-1)s - r = 0$$

wird. In der Tat wird dann nach (5) s' unendlich. Wird $\bar{n}$ noch kleiner, so divergieren die Strahlen l' und B liegt auf der Seite links von S als „virtueller" Bildpunkt. In (5) wird s' negativ, wodurch die Lage des Punktes B links von S charakterisiert wird.

Ist trotzdem noch $\bar{n} > 1$, so ist dem absoluten Wert nach $|s'| > s$.

Wird $\bar{n} = 1$, so wird $s' = -s$; L und B fallen zusammen. Wird $\bar{n} < 1$, so wird dem absoluten Werte nach $|s'| < s$. Der virtuelle Bildpunkt liegt zwischen L und S.

Ein negatives s' deutet einen virtuellen Bildpunkt an, links von S aus gelegen.

8. Wenn die Kugelfläche K nach L hin konkav ist (Fig. 202), und wenn wir wieder einem Bildpunkt auf der von L aus entgegengesetzten Seite des Scheitelpunktes S einen positiven Abstand SB zuschreiben, so wird, solange $n_2 > n_1$, bei kleinem Winkel φ

$$l\cos u = \overline{LN} = s = p + \bar{r}$$

$$l'\cos u' = \qquad s' = p' - \bar{r},$$

wo s' und p' beide negative Werte haben. Hier ist $\bar{r}$ der absolute Wert des Radius. Es folgt also wie (3)

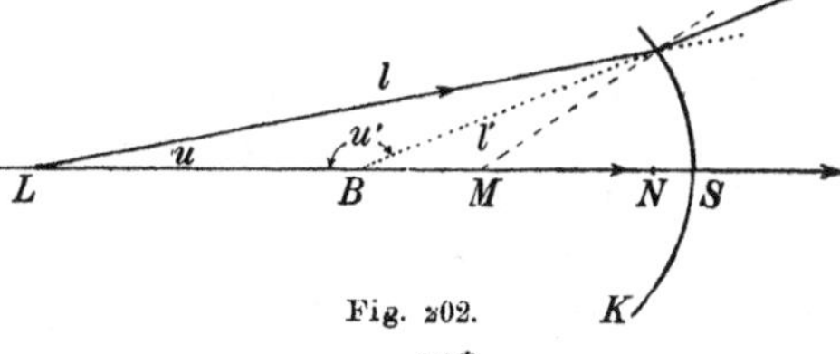

Fig. 202.

$$\bar{n} = \frac{s'p}{p's}$$

und daraus

$$s' = s\frac{-\bar{n}\bar{r}}{(\bar{n}-1)s+\bar{r}}.$$

Setzt man den Radius $\bar{r}$ bei dieser Krümmung negativ in Rechnung, $-\bar{r} = r$, so wird

$$s' = s\frac{\bar{n}r}{(\bar{n}-1)s-r}.$$

9. Diese Form lehrt, daß die Gleichung (5) auch für Kugelflächen, die gegen L hin konkav sind, gültig bleibt, wenn man deren Radius als das Negative der gleichstark gekrümmten Konvexkugel ansieht.

Die Form

$$s' = s\frac{-\bar{n}\bar{r}}{(\bar{n}-1)s+\bar{r}},$$

in der $\bar{r}$ den absoluten Betrag von r bedeutet, lehrt, daß, wenn n unter einen gewissen Wert, der selbst kleiner als 1 ist, gesunken ist, s' positiv, die Abbildung also eine reelle werden kann.

Die Form (5) enthält somit, bei richtiger Deutung der Vorzeichen alle möglichen Fälle der Abbildung durch eine Kugelfläche mittels Zentralstrahlbüschel.

10. Eine etwas übersichtlichere Form erhält die Gleichung (5), wenn man das reziproke bildet:

$$\frac{1}{s'} = \frac{\bar{n}-1}{\bar{n}r} - \frac{1}{\bar{n}s}. \tag{6}$$

Läßt man s unendlich groß werden, also achsenparallele Lichtstrahlen auf die Kugelfläche F_1 auffallen, so folgt

$$\frac{1}{f'} = \frac{\bar{n}-1}{\bar{n}r},$$

und f', der Wert von s' für den Bildpunkt des unendlich fernen Achsenpunktes heißt die „zweite Brennweite" der brechenden Fläche.

11. Ebenso kann man eine „erste Brennweite" definieren, wenn man fordert, daß $s' = \infty$ werden soll. Dann folgt

$$\frac{1}{f} = \frac{\bar{n}-1}{r},$$

und f, der Wert den s einnimmt, wenn die Bildstrahlen achsenparallel werden, heißt die „erste Brennweite". f wird die zweite Brennweite, wenn man einen Lichtstrahl in entgegengesetzter Richtung laufen läßt. Es ist also der Wert von s für den Bildpunkt des auf der anderen Seite der Fläche liegenden unendlich fernen Punktes. Diese

Bildpunkte F, F' der unendlich fernen Achsenpunkte heißen Brennpunkte[1]). Es wird

$$(7) \qquad f = \frac{r}{\bar{n}-1}; \quad f' = \frac{\bar{n}r}{\bar{n}-1}; \quad f'-f=r; \quad f'/f=\bar{n}.$$

Hiernach können f und f' auch negativ werden. Ein Strahl, der einen Brennpunkt passiert, heißt Brennstrahl.

12. Eine symmetrische Form nehmen die Gleichungen (6), (7) an, wenn man die absoluten Brechungsexponenten n, n' einführt. Dann erhält man z. B.

$$(6\text{a}) \qquad \frac{n'}{s'} + \frac{n}{s} = \frac{n'-n}{r};$$

$$(7\text{a}) \qquad f = \frac{nr}{n'-n}; \quad f' = \frac{n'r}{n'-n}.$$

Die Unsymmetrie, die nun noch in den $n'-n$ zu liegen scheint, beruht auf der Unsymmetrie, die in der willkürlichen Festsetzung des positiven Zeichens von r liegt.

Eine andere symmetrische Form für (6) bekommt man durch (7), wenn man r und $\bar{n}$ eliminiert, nämlich

$$(6\text{b}) \qquad \frac{f}{s} + \frac{f'}{s'} = 1.$$

Führt man statt der Abstände s, s' nun die Abstände

$$\xi = s - f; \quad \xi' = s' - f',$$

ein, d. h. die Abstände von den Brennpunkten, positiv gerechnet vom ersten Brennpunkt aus nach links und vom zweiten nach rechts, also im selben Sinn, wie s und s', so wird aus (6b), wie man leicht sieht,

$$(6\text{c}) \qquad \xi\xi' = ff'.$$

13. Wir wollen jetzt ein elementares Bündel betrachten, das nicht ein Achsenstrahlbündel ist, dessen mittlerer Strahl also nicht normal zur Kugelfläche verläuft.

Bezeichnet man wieder $\overline{LP} = l$, $\overline{BP} = l'$, (Fig. 203) so berechnet man aus dem Flächeninhalt der Dreiecke

$$\triangle(LPM) + \triangle(MPB) = \triangle(LPB)$$
$$lr\sin\alpha + l'r\sin\beta = ll'\sin(\alpha-\beta),$$

was mittels des Brechungsgesetzes

$$\sin\alpha = \bar{n}\sin\beta$$

1) Die Brennweiten findet man manchmal als Hauptbrennweiten, diese Brennpunkte als Hauptbrennpunkte bezeichnet. Dann führen alle Bildpunkte den Namen Brennpunkte.

übergeht in

$$\bar{n} l r + l' r = l l' (\bar{n} \cos\beta - \cos\alpha)$$

oder

(8) $$\frac{1}{l} + \frac{\bar{n}}{l'} = \frac{\bar{n}\cos\beta - \cos\alpha}{r}.$$

Nach dieser Gleichung kann man l' aus l berechnen, da zu jedem l ein eindeutiger Winkel α und damit ein eindeutiger Winkel β gehört.

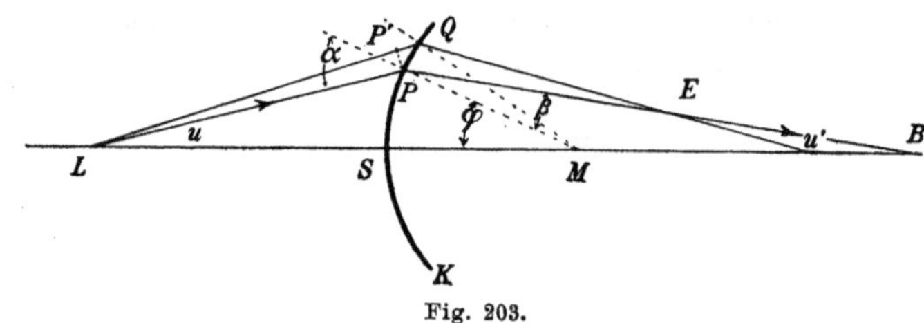

Fig. 203.

14. Läßt man L ins Unendliche rücken, so folgt hieraus für achsenparallele Strahlen

$$l'_{(\infty)} = \frac{\bar{n} r}{\bar{n}\cos\beta - \cos\alpha}.$$

Für die der Achse benachbarten Strahlen wird $\alpha = 0$, $\beta = 0$ und nach (7):

(9) $\alpha = 0$ $$l_1'{}_{(\infty)} = \overline{SB_\infty} = \frac{\bar{n} r}{\bar{n} - 1} = f' = \overline{SF'},$$

wie von vornherein gefordert werden muß (vgl. auch Fig. 205).

Ein anderer Wert ist für $l'_{(\infty)}$ möglich, wenn $\alpha = \pi/2$ wird. Ist $n > 1$, so wird (vgl. § 61, 2) $\sin\beta = \sin\beta_1 = 1/\bar{n}$ und

(9a) $(\alpha = \pi/2)$ $$l_2'{}_{(\infty)} = \frac{\bar{n} r}{\sqrt{\bar{n}^2 - 1}}.$$

Für diesen Grenzfall wird dann der Abstand des Punktes B vom Scheitelpunkt

(10) $(\alpha = \pi/2)$ $$\overline{SB'}_\infty = r + \frac{\bar{n} r}{\sqrt{\bar{n}^2 - 1}} \cdot \sin\beta_1 = r \cdot \left(1 + \frac{1}{\sqrt{\bar{n}^2 - 1}}\right),$$

also jedenfalls nicht gleich f'. Man kann bei endlich dimensionierten Bündeln nicht mehr von einer Brennweite reden.

15. Wir setzen jetzt (Fig. 203) $PE = t'$, wenn E der Schnittpunkt zweier unter verschiedenen Winkeln u, etwa u und $u + \delta u$, einfallenden Meridionalstrahlen ist. Es wird $\sphericalangle PEQ = \delta u'$ der Zuwachs von u'. Deshalb folgt, wenn wir den Abstand LP jetzt mit t bezeichnen

$$\overline{PP'} = t \cdot \delta u = \overline{PQ} \cdot \cos\alpha = r \cdot \delta\varphi \cos\alpha,$$

wenn r der Radius der Kugelfläche, $\delta\varphi$ der mit dem Zuwachs δu verbundene Zuwachs von φ ist, und PP' das Lot von P auf LQ bedeutet. PQ soll die bei der Abbildung verwendete „Blende" des ebenen Büschels von L nach PQ heißen. Es wird demgemäß

$$t\,\delta u = r\,\delta\varphi\cos\alpha$$

$$t'\,\delta u' = r\,\delta\varphi\cos\beta\,.$$

Es ist

$$\varphi = \alpha - u = \beta + u'$$

$$\delta\varphi = \delta\alpha - \delta u = \delta\beta + \delta u',$$

und daraus folgt

$$\text{(11)}\qquad \begin{aligned}\delta\alpha &= \delta\varphi + \delta u = \delta\varphi\left(1 + \frac{r\cos\alpha}{t}\right)\\ \delta\beta &= \delta\varphi - \delta u' = \delta\varphi\left(1 - \frac{r\cos\beta}{t'}\right).\end{aligned}$$

16. Das Brechungsgesetz, das für beide Strahlenwege gelten muß, fordert

$$\sin\alpha = \bar{n}\sin\beta\,;\quad \sin(\alpha + \delta\alpha) = \bar{n}\sin(\beta + \delta\beta)\,.$$

Letzteres gibt unter Vernachlässigung quadratischer Glieder in $\delta\alpha$ und $\delta\beta$

$$(\sin\alpha + \delta\alpha\cos\alpha) = \bar{n}(\sin\beta + \delta\beta\cos\beta)$$

oder, weil $\sin\alpha = \bar{n}\sin\beta$,

$$\delta\alpha\cdot\cos\alpha = \bar{n}\,\delta\beta\cdot\cos\beta$$

und wegen (11) nach Hebung von $\delta\varphi$

$$\cos\alpha + \frac{r\cos^2\alpha}{t} = \bar{n}\left(\cos\beta - \frac{r\cos^2\beta}{t'}\right),$$

und somit

$$\text{(12)}\qquad \frac{\cos^2\alpha}{t} + \frac{\bar{n}\cos^2\beta}{t'} = \frac{\bar{n}\cos\beta - \cos\alpha}{r},$$

eine Gleichung, die der Gleichung (8) ähnlich sieht, aber zeigt, daß t' um endliches von l' verschieden sein muß. Vom Öffnungswinkel δu des Büschels wird die Differenz $l' - t'$ unabhängig.

Setzen wir in (12) $\cos^2 = 1 - \sin^2$, so folgt

$$\left(\frac{1}{t} + \frac{\bar{n}}{t'}\right) - \left(\frac{\sin^2\alpha}{t} + \frac{\bar{n}\sin^2\beta}{t'}\right) = \frac{\bar{n}\cos\beta - \cos\alpha}{r}$$

und wegen (8)

$$\text{(13)}\qquad \left(\frac{\bar{n}}{t'} - \frac{\bar{n}}{l'}\right) = \left(\frac{\sin^2\alpha}{t} + \frac{\bar{n}\sin^2\beta}{t'}\right) - \left(\frac{1}{t} - \frac{1}{l}\right)$$

oder, wenn $l = t$,

$$\text{(13a)}\qquad \frac{\bar{n}}{t'} - \frac{\bar{n}}{l'} = \frac{\sin^2\alpha}{t} + \frac{\bar{n}\sin^2\beta}{t'} = \sin\alpha\left(\frac{\sin\alpha}{t} + \frac{\sin\beta}{t'}\right).$$

17. Ein sagittales Büschel liefert in B einen Bildpunkt, also im Abstand l' von P. Ein meridionales, einen Bildpunkt im Abstand t'. Wir haben also hier wieder eine astigmatische Differenz vom Betrage

$$l' - t'.$$

Wenn α nur klein ist, so ist auch $\sin\alpha$ und $\sin\beta$ nur klein, und die astigmatische Differenz wird von den Quadraten dieser kleinen Größen abhängen. Da der Sinus eines Winkels bei beträchtlichen Winkeln noch ein kleiner Bruch ist, z. B. $\sin 10^0 = 0{,}1736$, so braucht man gar nicht zu sehr kleinen Einfallswinkeln zu gehen, um die rechte Seite von (13a) vernachlässigen zu können.

Bei kleinen Divergenzwinkeln eines schiefen Büschels findet eine anastigmatische Abbildung des Lichtpunktes auf der Achse der brechenden Fläche, d. h. auf dem verlängerten Lot von L auf die Fläche, statt. Wenn u hinreichend klein ist (Fig. 203), ist B merklich der gleiche Punkt, in den ein Achsenstrahlbündel den Punkt L abbilden würde, weil dann das Bündel von L nach PQ selber als ein Teil eines Achsenstrahlbündels aufgefaßt werden kann.

18. Dieses Ergebnis können wir dazu verwerten, zu zeigen, daß auch Nachbarpunkte einer einmal festgelegten Achse durch Bündel, die nach derselben Blende hin laufen, hinreichend gut abgebildet werden.

Es sei L_1 ein Nachbarpunkt von L, den wir so annehmen wollen (Fig. 204), daß er mit L auf einer um den Mittelpunkt der brechenden Fläche geschlagenen Kugel J liegt. Das schiefe von L_1 ausgehende und die Blende PQ benützende Bündel liefert ein Bild auf der durch L_1 gedachten Achse, und zwar auf dieser in einem Punkte B_1, der bezüglich M zu L_1 ebenso gelegen ist, wie der Punkt B zu L, also auf einer Kugelfläche J' um den Mittelpunkt M.

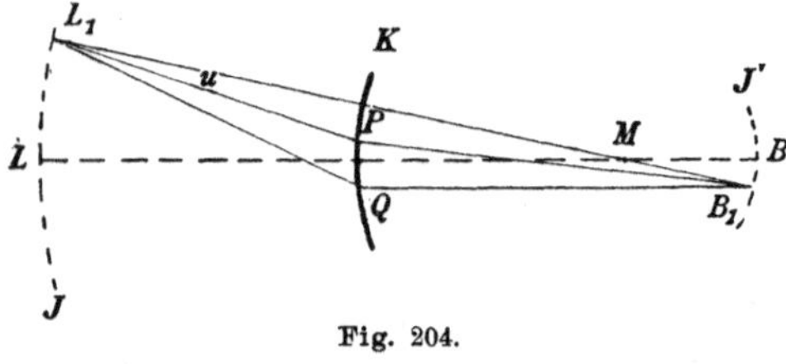

Fig. 204.

Da L ein beliebiger Punkt der Achse in hinreichendem Abstand von der brechenden Fläche war, so ist auch L_1 kein spezieller Punkt. Es werden also die Punkte eines gewissen räumlichen Gebietes in der Nachbarschaft einer Achse durch Bündel abgebildet, die dieselbe Blende PQ treffen.

19. Da man, solange alle in Betracht kommenden Strahlen nur wenig von der Achsenrichtung abweichen, die Kugelflächen J, J' als Ebenen ansehen kann, so kann man folgern:

> Die Punkte einer Ebene, die senkrecht auf der Achse steht, werden durch Punkte einer Ebene abgebildet, die ebenfalls senkrecht auf der Achse steht.

20. Die Gleichung (13a) zeigt wieder, daß bei einem Lichtbündel von endlichem Querschnitt, also bei einer endlich ausgedehnten Blende, von einem Brennpunkte nicht mehr die Rede sein kann (vgl. Nr. 14). Setzt man $t = \infty$, so folgt aus (13a):

$$l' = \frac{t'}{\cos^2 \beta}.$$

Es ist also l' stets größer als t'. Der Schnittpunkt zweier benachbarten Strahlen liegt, von der Achse aus gerechnet, gegen die brechende Fläche zu. Wenn wir ein paralleles Strahlenbündel auf eine Halbkugel auftreffen lassen (Fig. 205), deren Brechungsexponent n gegen die Umgebung größer als 1 ist, und wenn wir nun von dem Achsenstrahl aus auf einer Meridianebene nach außen hin die Strahlen verfolgen, so muß der Bildpunkt E zweier benachbarten Strahlen immer mehr gegen die Fläche hinrücken. Der Schnitt B eines Strahles mit der Achse rückt, nach Nr. 14, dabei von der Grenze F' zur Grenze B'_∞ (Gl. (9), (10)). Die Punkte E erfüllen dabei eine kaustische Kurve. Die Grenzlage von E für den äußersten Strahl ergibt sich, wenn man für β den Winkel der totalen Reflexion β_1, für l' dessen Grenzwert (9a) einsetzt, also

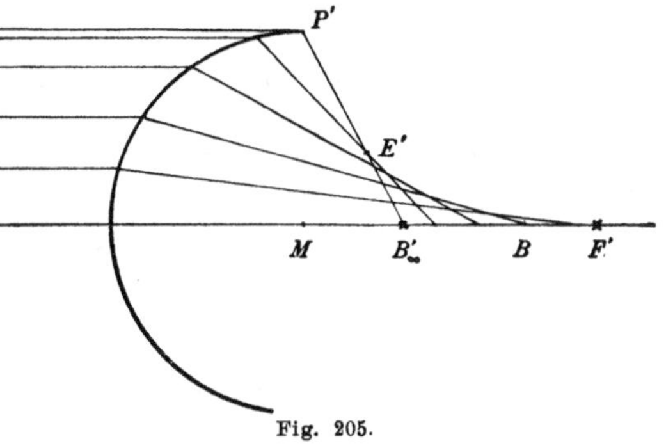

Fig. 205.

$$\sin \beta_1 = \frac{1}{\bar{n}}; \quad \cos^2 \beta_1 = \frac{\bar{n}^2 - 1}{\bar{n}^2}$$

$$l'_{2(\infty)} = \frac{\bar{n} r}{\sqrt{\bar{n}^2 - 1}}$$

setzt. Es folgt

$$\overline{P'E'} = t'_{2(\infty)} = r \cdot \frac{\sqrt{\bar{n}^2 - 1}}{\bar{n}}.$$

Läßt man die Zeichenebene rotieren, so beschreibt das Gebiet (F', E', B'_∞) einen Rotationskörper, der den Brennpunkt ersetzt.

Der Punkt B ist als der Brennpunkt für ein kreiszylinderförmiges Bündel aufzufassen. Der Abstand des Punktes B von dem Punkte F', dem Brennpunkt des Achsenstrahlbündels, heißt „sphärische Aberration“.

21. Die Gleichung (13) kann man verwerten, wenn bereits eine astigmatische Differenz infolge einer früheren Abbildung vorliegt. Man hat dann zu berechnen, um wieviel die bereits vorhandene astigmatische Differenz

$$l - t$$

gewachsen ist.

22. Wir beschränken uns jetzt wieder auf elementare Bündel und auf ein Gebiet τ, den Objektraum, das der Achse so benachbart ist, daß wir es im Bildraum gut abgebildet annehmen können durch Bündel, die alle dieselbe Öffnung der Kugelfläche treffen. Es sei y der Abstand eines Punktes L des Objektraumes von der Achse, y' der des Bildpunktes B von der Achse, und zwar soll y in irgend einem Sinne in der Meridianebene positiv gerechnet sein, y' negativ, wenn es entgegengesetzten Sinn hat.

Die vorigen Ausführungen geben für den Bildpunkt B die folgende Konstruktion.

Der Strahl LM geht ungebrochen durch die Grenzfläche.

Ein Brennstrahl im Objektraum tritt als achsenparalleler Strahl in den Bildraum.

Ein achsenparalleler Strahl muß im Bildraum zum Brennstrahl werden.

Von diesen drei Tatsachen genügen zwei zur Konstruktion.

23. Danach wird (vgl. Fig. 206):

$$y : -y' = (s + r) : (s' - r) = p : p'$$

oder nach den Gleichungen (3), (5)

$$-\frac{y}{y'} = \bar{n}\frac{s}{s'} = \frac{(\bar{n} - 1)s - r}{r}. \tag{14}$$

Das Verhältnis $y'/-y$, die „Lateralvergrößerung", ist demnach nur vom Abstande s, nicht von der Größe y des Gegenstandes abhängig.

24. Es sei $L_0 P$ (Fig. 206) ein vom Fußpunkte von y ausgehender Strahl, der nach Nr. 18 und dem Gesetz aus Nr. 19 in dem Fußpunkte B_0 von y' abgebildet wird. u, u' seien die Divergenzwinkel von Objekt- und Bildstrahl.

Wenn u, u' hinreichend klein sind, so daß N und S merklich zusammenfallen, wird

$$\frac{\operatorname{tg} u'}{\operatorname{tg} u} = \frac{s}{s'}$$

und damit

$$-\frac{y}{y'} = \bar{n}\frac{\operatorname{tg} u'}{\operatorname{tg} u}.$$

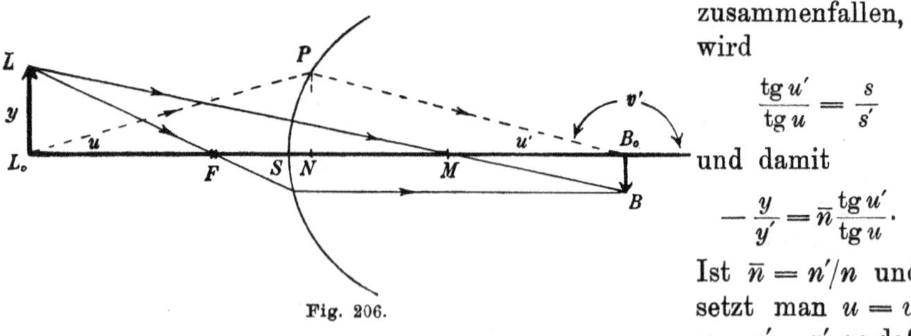

Fig. 206.

Ist $\bar{n} = n'/n$ und setzt man $u = v$, $\pi - u' = v'$, so daß v' gegen den gleichen Achsensinn gerechnet erscheint, wie v, so ergibt sich

$$y n \operatorname{tg} v = y' n' \operatorname{tg} v'. \tag{15}$$

Es ist $y n \operatorname{tg} v$ eine Invariante bei der Brechung.

25. Der Quotient $\operatorname{tg} v/\operatorname{tg} v'$ heißt „Winkelvergrößerung“ oder „Konvergenzverhältnis“. Es gilt demnach:

Das Produkt aus Lateral- und Winkelvergrößerung ist eine Konstante. Nach (7a) folgt hieraus noch

$$\frac{y' \operatorname{tg} v'}{y \operatorname{tg} v} = \frac{f}{f'}, \tag{16}$$

ebenso aus (14), (7) und (6b):

$$\frac{y'}{y} = -\frac{fs'}{f's} = -\frac{s'}{f'}\,\frac{s'-f'}{s'},$$

und nach (6c) und der Definition von ξ, ξ'

$$\frac{y'}{y} = -\frac{\xi'}{f'} = -\frac{f}{\xi}. \tag{17}$$

§ 66. Kugelspiegel.

1. In derselben Weise wie die Brechung an einer Kugelfläche kann man auch die Reflexion an einer solchen behandeln. Da bei unendlich engem Achsenstrahlbüschel und achsenbenachbarten Punkten das Kugelflächenstück als Ebene angesehen werden kann, so kann man alle unsere Ableitungen dadurch auf die Reflexion übertragen, daß man die Figuren 201 bis 206 in den Teilen, die die gebrochenen Strahlen und alles darauf bezügliche enthalten, um eine Vertikalachse umgeklappt denkt (Fig. 207). Ein reeller Bildpunkt liegt nun vom Scheitel aus gerechnet gleichsinnig, wie der Lichtpunkt.

2. Man erhält (Fig. 207)

$$\frac{p}{p'} = \frac{\sin u'}{\sin u} = \frac{l}{l'},$$

also

$$\frac{pl'}{p'l} = 1$$

und mit den in § 65, 5 begründeten Annäherungen

$$\frac{ps'}{p's} = 1,$$

worin, wenn ϱ der Kugelradius,

$$s = \varrho + p, \quad s' = \varrho - p'$$

zu setzen ist, und man, der Umklappung entsprechend, den Radius positiv rechnen muß, wenn er gegen L_0 hin gerichtet ist; und daraus folgt weiter

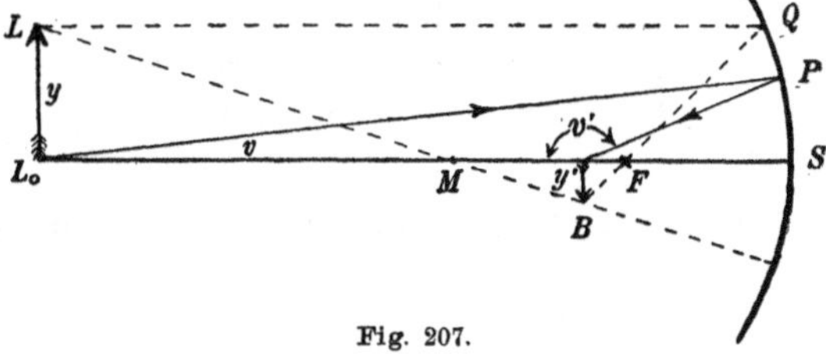

Fig. 207.

$$s' = \frac{s\varrho}{2s - \varrho}; \quad \frac{1}{s'} + \frac{1}{s} = \frac{2}{\varrho}. \tag{1}$$

Das ist die der Gleichung § 65 (5) entsprechende Formel, und man kann sie sich aus (5) dadurch entstanden denken, daß man

$$r = -\varrho; \quad \bar{n} = -1$$

setzt, und s' durch $-s'$ ersetzt.

3. Es ergibt sich dann weiter als Brennweite

$$f = \frac{\varrho}{2}, \quad f' = \frac{\varrho}{2}.$$

Die Brennpunkte fallen zusammen.

Wird $s = \varrho$, so wird auch $s' = \varrho$; d. h. der Kugelmittelpunkt wird in sich selbst abgebildet, was von selbst klar ist.

4. Es bleiben weiter auch bei Reflexion an einer Kugelfläche, wenn man die Abstände der Licht- und Bildpunkte vom Brennpunkt an zählt, also

$$s' = \xi' + f; \quad s = \xi + f$$

setzt, die Gleichungen gültig

(2) $$\xi\xi' = ff' = f^2,$$

(3) $$\frac{y'}{y} = -\frac{\xi'}{f} = -\frac{f}{\xi},$$

(4) $$y \operatorname{tg} v = y' \operatorname{tg} v',$$

worin v, v' die Winkel eines Objekt- und seines Bildstrahls mit entgegengesetzten Richtungssinnen der Achse bedeuten (Fig. 207).

5. Wir unterscheiden Hohl- oder Konkav- und Konvexspiegel. Bei letzteren ist ϱ negativ zu rechnen.

Die Konstruktion des Bildes erfolgt nach den Prinzipien, die in § 65, 22 genannt sind. Es folgt daraus für den Hohlspiegel (vgl. Gl. (1)):

a) Solange $s > \frac{\varrho}{2}$, wenn also das Objekt außerhalb der Brennweite liegt, ist s' positiv. Wir erhalten ein reelles Bild, und zwar immer ein verkehrtes.

Das Bild ist verkleinert und liegt zwischen Brenn- und Mittelpunkt, es ist also (nach (2))

$$\xi' < f,$$

wenn das Objekt außerhalb des Mittelpunktes liegt, d. h. wenn

$$\xi > f$$

und umgekehrt.

Das Bild hat natürliche Größe, wenn $\xi = f$, wenn das Objekt im Mittelpunkt liegt.

b) Wenn $s < \frac{\varrho}{2}$, wird s' negativ. Es wird ξ negativ, und

$$0 > \xi > -f,$$

da das Objekt nicht über S hinausrücken kann. Deshalb wird

$$-f > \xi' > -\infty,$$

und

$$\left|\frac{y'}{y}\right| > 1.$$

Das Bild wird virtuell und vergrößert. Es liegt hinter dem Hohlspiegel.

6. Für den Konvexspiegel folgt, da s nicht negativ werden kann, ϱ aber negativ ist,

$$\frac{1}{s'} = \frac{2}{\varrho} - \frac{1}{s}$$

wird immer negativ. Es gibt nur virtuelle Bilder. Es werden auch f und f' negativ. Da nun immer

$$\xi > |f| = -f,$$

so wird

$$0 < y' < y.$$

Das Bild ist aufrecht stehend und verkleinert.

7. Statt die s'-Achse nach vorn umgeklappt zu denken, kann man auch bei dem im vorigen Paragraphen verwandten Koordinatensystem bleiben. Dann wird beim Hohlspiegel s' für ein reelles Bild negativ. Es wird $f = +\varrho/2$; $f' = -\varrho/2$, und gerade diese entgegengesetzten Vorzeichen sagen aus, daß die beiden Brennpunkte in einem Punkte zusammenfallen. Bei dieser Festsetzung des Koordinatensystems erhalten auch die Ausführungen des § 70 allgemeine Gültigkeit, auch für Spiegelungen an Kugelflächen.

§ 67. Abbildung durch zentrierte Systeme.

1. Die Gesetze § 65 erhalten ihre wesentliche Bedeutung erst durch wiederholte Anwendung, wenn z. B. ein Lichtstrahl nacheinander durch mehr als eine Kugelfläche hindurchtritt. Eine gute Abbildung ist nur dann möglich, wenn alle Kugelmittelpunkte auf derselben Geraden liegen; denn nur dann ist eine gemeinsame Achse, durch alle diese Mittelpunkte, definierbar. Die brechenden Flächen sind Kugelsegmente, die von der Achse symmetrisch durchsetzt werden. Begrenzen zwei Kugelflächensegmente einen durchsichtigen Körper, so heißt dieser eine „Linse". Aus solchen Linsen sind die optischen Instrumente zusammengesetzt.

2. Es sei ein System derartig angeordneter brechender Kugelflächensegmente gegeben, ein „zentriertes System". Dessen erste Fläche erzeugt nun von einem Objektpunkt L ein Bild B', das wieder als — eventuell virtuelles — Objekt für die zweite brechende Fläche gelten kann, die ein Bild B'' von ihm entwirft. Das Bild B' wird von der dritten brechenden Fläche als Bild B''' abgebildet usw., und so resultiert schließlich nach der letzten Brechung ein Bild B. L und B heißen konjugierte Punkte.

3. Eine wiederholte Anwendung der Gesetze von § 65 lehrt uns: Eine zur Achse senkrechte Ebene im Objektraum wird — soweit überhaupt eine brauchbare Abbildung erfolgt — wieder als achsensenkrechte Ebene im Bildraum abgebildet. Zwei solche Ebenen sollen konjugierte Querschnitte heißen.

4. Es seien zwei Punkte L_1, L_2 im Objektraum gegeben und ihre Bilder B_1, B_2 im Bildraum. Es sei $L_1 L_2$ wenig gegen die Achse der Linse geneigt. Dann muß ein Strahl, der von L_1 ausgeht und L_2 passiert, auch nach den Brechungen beide Bildpunkte B_1, B_2 passieren, weil er sowohl ein Strahl des von L_1 als auch ein Strahl des von L_2 ausgehenden Büschels ist. Wenn man nun L_2 auf der Geraden $L_1 L_2$ verschiebt, so wird sich B_2 auf dem betreffenden Bildstrahl, d. h. auf der Geraden $B_1 B_2$ verschieben müssen. Daraus folgt:

Eine gerade Linie, die wenig gegen die Achse geneigt ist, wird wieder durch eine gerade Linie abgebildet.

Diese Geraden sollen korrespondierende Strahlen heißen.[1]) Für sie muß gelten:

Korrespondierende Strahlen müssen immer durch konjugierte Punkte gehen.

5. Wählt man zwei solche in einem Punkte A sich schneidende Linien h, i und auf jeder noch zwei Punkte außer A, also die vier Punkte L_1, L_2, L_3, L_4, die in einer Ebene E liegen, so wird A in einem Punkte A' abgebildet, der der Schnitt der korrespondierenden Strahlen h', i' ist. Auf diesen Strahlen h', i' müssen nun auch die zu den L konjugierten vier Punkte B_1, B_2, B_3, B_4 liegen. Diese vier Punkte liegen also auch in einer Ebene E'. Verlegt man den Punkt L_4 beliebig in seiner Ebene, so wandert auch A und damit A'. Es muß aber A' in der Ebene E' bleiben, nämlich auf dem einen der Strahlen h', i'. Also bleibt auch B_4 in dieser Ebene. Daraus folgt:

Ebenen, die der Achse benachbart sind, werden durch Ebenen, die ihr auch benachbart sind, abgebildet (korrespondierende Ebenen).

6. Nun kann man eine beliebige Gerade im Objektraum wählen und durch sie zwei der Achse benachbarte Ebenen E_1, E_2 legen.

---

1) Korrespondierende Strahlen sind gleichzeitig konjugierte Gerade (vgl. Nr. 6), nicht aber umgekehrt, da nicht jede Gerade die Bedeutung eines zur Abbildung verwerteten Strahles hat.

Die Punkte dieser Geraden müssen in jeder der korrespondierenden Ebenen E_1', E_2' liegen. Daraus folgt:

Eine beliebige Gerade im Objektraum wird durch eine Gerade im Bildraum abgebildet.

Diese zwei Geraden sollen konjugierte Geraden heißen.

7. Den Schluß von Nr. 5 kann man nun auf beliebige konjugierte Geradenpaare anwenden, und erhält den Satz:

Die Punkte einer beliebigen Ebene werden durch die Punkte einer Ebene abgebildet (konjugierte Ebenen).

Es werden also Ebenen durch Ebenen, Gerade durch Gerade, Punkte durch Punkte abgebildet.

8. Es gilt ferner, wie durch eine wiederholte Anwendung von § 65, 24, (15) folgt,

$$y n \operatorname{tg} v = y' n' \operatorname{tg} v', \tag{1}$$

wenn v, v' die Winkel eines Strahls in einer Meridianebene und seines korrespondierenden Strahls gegen einen einheitlich festgesetzten Richtungssinn der Achse, y, y' die Abstände konjugierter Punkte L, B von der Achse bedeuten, vorausgesetzt, daß L, B in Ebenen liegen, die in den Scheitelpunkten der Winkel v, v' senkrecht zur Achse stehen.

9. Es gilt hiernach noch das Gesetz, daß die Lateralvergrößerung

$$\frac{y}{y'} = \beta \tag{2}$$

von dem Abstande eines Punktes vom brechenden System, nicht aber von y abhängig ist. Das folgt aus (1), da $\operatorname{tg} v$, $\operatorname{tg} v'$ nur von der Lage der Scheitelpunkte auf der Achse abhängig sind. Ebenso ist die Winkelvergrößerung von diesem Abstand abhängig.

10. Schließlich gilt noch das Gesetz, daß alle Strahlen einer Meridianebene auch in dieser bleiben; denn, da die brechenden Flächen Rotationsflächen derselben Achse sind, so ist jede Meridianebene die Einfallsebene für jeden in ihr verlaufenden Strahl.

Da weiter jedes räumliche elementare Strahlenbündel ein Meridionalstrahlbüschel enthält, so genügt für die Ableitung aller Abbildungsgesetze die Untersuchung des Strahlverlaufs in einer Meridionalebene.

11. Wir müssen wieder einen Objektraum und einen Bildraum unterscheiden, die sich teilweise durchdringen können. In jedem wählen wir innerhalb der gewählten Meridianebene ein ebenes Koordinatensystem x, y und x', y' so, daß x, x' einander entgegengesetzt und parallel der Achse, y, y' einander parallel senkrecht zur Achse stehen und die Nullpunkte in der Achse liegen (vgl. Fig. 208, p. 418, in der die Nullpunkte bereits spezialisierte Lagen haben).

12. Wir wählen einen Objektpunkt L mit den Koordinaten x, y und den konjugierten Bildpunkt B, dessen Koordinaten x', y' seien. Wegen (2) muß

$$\frac{y}{y'} = f(x) \tag{3}$$

nur von x, nicht von y abhängen; d. h. die Lateralvergrößerung ist dieselbe für alle Objekte und Bilder, die in dem gleichen Paar konjugierter Querschnitte liegen.

Geht man von einem Punkte x', y' zu einem andern über, der nur seine Koordinate x' ändert, bewegen wir also den Bildpunkt im Bildraum parallel mit der Achse, so muß der Objektpunkt nach Nr. 6 eine andere Gerade beschreiben, die einer Gleichung der Form (Bd. II, § 58)

$$ax + by + c = 0 \tag{4}$$

genügen mag. Es muß also, wenn g irgend eine Konstante ist, die auch gleich 1 gewählt werden dürfte,

$$g\left(f(x) - \frac{y}{y'}\right) = ax + by + c = 0$$

werden, da jeder Punkt x, y der Geraden sowohl der Gleichung (4) als der Gleichung (3), d. h. der Gleichung

$$f(x) - \frac{y}{y'} = 0$$

genügen muß.

Die Gerade (4) ändert sich, wenn wir y' ändern; es können also die Koeffizienten a, b, c Funktionen von y' sein. Es folgt demnach

$$f(x) = \frac{ax + c}{g},$$

$$b = -\frac{g}{y'},$$

woraus folgt, daß nur b von y' abhängt. Es wird demnach

$$f(x) = \frac{ax + c}{g},$$

und aus (3) wird

$$y' = \frac{gy}{ax + c}. \tag{5}$$

Diese Gleichung gibt nun allgemeingültig die Abhängigkeit der Koordinate y' von x und y wieder.

13. In derselben Weise muß man natürlich finden können

$$y = \frac{g_1 y'}{a_1 x' + c_1},$$

wo a_1, c_1, g_1 neue Konstanten sind. Setzt man hier y' nach (5) ein, so folgt

$$(ax + c)(a_1 x' + c_1) = g g_1$$

oder:

$$x' = \frac{g g_1 - c_1 (ax + c)}{a_1 (ax + c)}.$$

Setzt man

$$-\frac{c_1 a}{a_1} = a'; \quad \frac{g g_1}{a_1} - \frac{c_1 c}{a_1} = c',$$

was also nur eine Einführung neuer Konstanten a', c' an Stelle der uns auch noch unbekannten a_1, c_1 bedeutet, so folgt

(6) $$x' = \frac{a'x + c'}{ax + c},$$

und diese Gleichung enthält die Abhängigkeit der x-Koordinate eines beliebigen Punktes des Bildraumes vom Orte des konjugierten Objektraumes.

14. Die Gleichungen (5), (6)

(7) $$x' = \frac{a'x + c'}{ax + c}; \quad y' = \frac{gy}{ax + c}$$

lehren folgendes. Es ist y' von x und y, x' dagegen nur von x, nicht von y abhängig. Letzteres entspricht der Tatsache, daß die Punkte eines Querschnitts durch die Punkte eines Querschnitts dargestellt werden. Verändert man nun y im Objektraum, so verändert sich y', nicht aber x', im Bildraum.

15. Wenn wir die Gleichungen (7) nach x und y auflösen, erhalten wir

(8) $$x = -\frac{cx' - c'}{ax' - a'}; \quad y = \frac{g'y'}{ax' - a'},$$

worin

$$g' = \frac{ac' - a'c}{g}$$

gesetzt ist.

16. Aus (7) folgt, daß, wenn

(9) $$ax + c = 0,$$

sowohl x' als y' unendlich wird. Nur dann kann y' endlich bleiben, wenn gleichzeitig $y = 0$ ist. Ebenso werden x, y unendlich, wenn

(10) $$ax' - a' = 0$$

wird. Es sind (9) und (10) die Gleichungen von zwei Geraden, normal zur Achse (Bd. II § 58, p. 446 d. 2. Aufl.). In dem Raume, den man durch Rotation der Meridianebene um die Achse erhält, stellen sie also je eine Ebene senkrecht zur Achse dar. Den Punkten der einen entsprechen immer die unendlich fernen Punkte im anderen Raume. Diese Ebenen heißen die „Brennebenen" des Systems. Wo sie die Achse schneiden, liegen die „Brennpunkte“, die also in unserem Koordinatensystem die Abstände

$$x_0 = -\frac{c}{a}; \quad x_0' = +\frac{a'}{a}$$

haben.

Jeder Punkt der einen Brennebene ist das Bild eines unendlich fernen Punktes. In ihm schneiden sich also die Strahlen eines Büschels, das als Parallelstrahlbüschel auf das optische System auftrifft. Je nach dem Neigungswinkel eines solchen Parallelstrahlbündels gegen die Achse wird ein anderer Punkt der Brennebene getroffen.

17. Wenn wir die zwei Koordinatensysteme mit ihren Nullpunkten in die Brennpunkte legen, so müssen die Abstände x_0, x'_0 verschwinden. Oder mit anderen Worten, sie verschwinden, wenn wir eine Koordinatentransformation nach dem Schema

$$\xi = x - x_0; \quad \xi' = x' - x_0'$$

ausführen (Fig. 208). Die Gleichungen (7), (8) gehen dann in die Form über

$$\text{(11)} \qquad \begin{gathered} \xi\xi' = \frac{ac' - a'c}{a^2} = \frac{g}{a}\frac{g'}{a}, \\ y' = \frac{g}{a}\frac{y}{\xi}; \quad y = \frac{g'}{a}\frac{y'}{\xi'}. \end{gathered}$$

18. Führen wir für die hier auftretenden Kombinationen die vereinfachenden Bezeichnungen ein

$$\frac{g}{a} = -f; \quad \frac{g'}{a} = -f',$$

so erhalten wir

$$\text{(12)} \qquad \xi\xi' = ff',$$

$$\text{(13)} \qquad \frac{y'}{y} = -\frac{f}{\xi}, \quad \frac{y'}{y} = -\frac{\xi'}{f'}.$$

Das Verhältnis y'/y heißt „Lateralvergrößerung“. Hieraus folgt, daß ein Flächenstück im Abstand ξ durch ein geometrisch ähnliches im Abstand ξ' abgebildet wird.

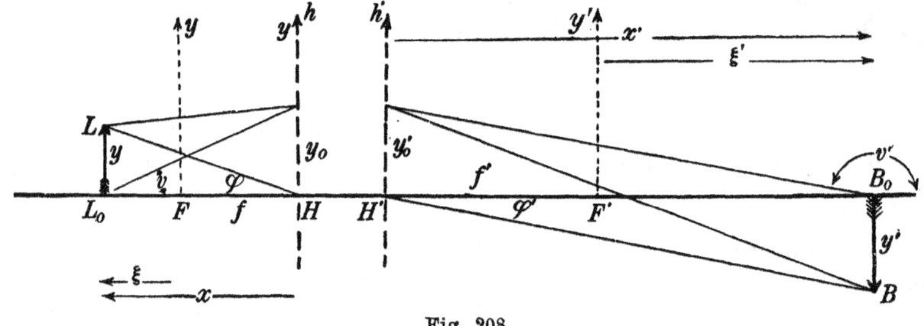

Fig. 208.

19. Wird $\xi = -f$, so wird $\xi' = -f'$. In den Abständen f und f', rückwärts von den Brennpunkten gelegen, befinden sich zwei Ebenen, deren Punkte einander zugeordnet sind. Es gilt für diese Punkte

$$y' = y$$

d. h. sie befinden sich in ihrer Meridianebene in gleichem Abstand von der Achse. Die konjugierten Punkte dieser Ebenen sind die Projektionen voneinander auf die Ebenen. Diese Ebenen heißen die „erste und zweite" oder die „vordere und hintere Hauptebene". Die Abstände f, f' der Brennpunkte von diesen Ebenen heißen die „Brennweiten". Wo die Hauptebenen die Achse schneiden, liegen die „Hauptpunkte". Die Gleichungen (12), (13) entsprechen den Gleichungen § 65 (6c), (17).

20. Trifft ein von einem Achsenpunkt L_0 ausgehender Strahl die erste Hauptebene in der Höhe y_0, so muß sein konjugierter Strahl in einem Punkte in der Höhe

$$y_0' = y_0$$

die zweite Hauptebene verlassen, weil korrespondierende Strahlen immer durch konjugierte Punkte gehen müssen. Es ist (Fig. 208)

$$y_0 = (f + \xi)\,\mathrm{tg}\, v; \quad y_0' = -(f' + \xi')\,\mathrm{tg}\, v'$$

also, wegen (12),

$$\frac{\mathrm{tg}\, v'}{\mathrm{tg}\, v_1} = -\frac{f + \xi}{f' + \xi'} = -\frac{\xi}{f'} = -\frac{f}{\xi'},$$

und daraus folgt nach (13) und (1)

$$\frac{f}{f'} = \frac{n}{n'}.$$

Die beiden Brennweiten sind nur dann gleich, wenn das erste und das letzte Medium den gleichen Brechungsexponenten haben.

21. Rechnet man den Abstand eines Punktes und seines Bildes von den Hauptebenen an, setzt man also

$$x = f + \xi, \quad x' = f' + \xi',$$

so erhält man aus (12)

$$\frac{f}{x} + \frac{f'}{x'} = 1. \tag{14}$$

22. Aus (13) und (14) folgt nun weiter

$$\frac{y}{x} \cdot \frac{x'}{y'} = \frac{y}{y'} \cdot \frac{x'}{x} = -\frac{x - f}{f} \cdot \frac{f'}{x - f},$$

also

$$\frac{y}{x}\,\frac{x'}{y'} = -\frac{f'}{f}. \tag{15}$$

Die linke Seite hat eine einfache geometrische Bedeutung (Fig. 208). Zieht man von dem Bildpunkte L einen Strahl nach dem ersten Hauptpunkt H, so schneidet dieser die Achse unter einem Winkel φ, gegen die positive x-Richtung gerechnet. Sein konjugierter Strahl geht von dem zweiten Hauptpunkt H' nach dem Bildpunkt B und schneidet die Achse, gegen die positive x'-Richtung gerechnet, unter einem Winkel φ'. Es ist

$$\operatorname{tg}\varphi = \frac{y}{x}; \quad \operatorname{tg}\varphi' = \frac{-y'}{x'},$$

also nach (15)

$$\frac{\operatorname{tg}\varphi}{\operatorname{tg}\varphi'} = \frac{f'}{f}.$$

Wird $f = f'$, was der Fall ist, wenn $n = n'$ ist, so wird $\operatorname{tg}\varphi = \operatorname{tg}\varphi'$.

Der nach dem ersten Hauptpunkt gerichtete Strahl geht ohne Richtungsänderung vom zweiten Hauptpunkt weiter, wenn $n = n'$ ist.

23. Wir definieren nun noch die „Tiefenvergrößerung“. Wenn sich ξ um eine positive sehr kleine Größe $d\xi$ ändert, so muß sich auch ξ' um eine sehr kleine Größe $d\xi'$ ändern, und es muß nach diesen Änderungen die Gleichung (12) noch erfüllt sein. Es ist also

$$\xi\xi' = ff', \qquad (\xi + d\xi)(\xi' + d\xi') = ff',$$

und daraus folgt, bis auf quadratische Glieder

$$\xi d\xi' + \xi' d\xi = 0,$$

$$\alpha = \frac{d\xi'}{d\xi} = -\frac{\xi'}{\xi} = -\frac{ff'}{\xi^2}.$$

Dieser Quotient heißt Tiefenvergrößerung. Er soll mit α bezeichnet werden. Wir haben somit drei Vergrößerungen definiert.

24. Zusammenstellung der Formeln.

a) Tiefenvergrößerung: $\alpha = \frac{d\xi'}{d\xi} = -\frac{\xi'}{\xi} = -\frac{ff'}{\xi^2} = -\frac{\xi'^2}{ff'}$;

b) Lateralvergrößerung: $\beta = \frac{y'}{y} = -\frac{f}{\xi} = -\frac{\xi'}{f'} = \frac{f\operatorname{tg}v}{f'\operatorname{tg}v'}$;

c) Winkelvergrößerung: $\gamma = \frac{\operatorname{tg}v'}{\operatorname{tg}v} = -\frac{\xi}{f'} = -\frac{f}{\xi'} = -\frac{\operatorname{tg}u'}{\operatorname{tg}u}$.

Daraus folgt z. B $\alpha\gamma + \beta = 0$, und andere Relationen.

Zu den hier aufgezählten Gleichungen gehört noch die weitere, die in ihnen enthalten ist:

d) $$\xi\xi' = ff',$$

und weiter die Relation für die Richtungen der Hauptpunktstrahlen

e) $$\operatorname{tg}\varphi : \operatorname{tg}\varphi' = f' : f.$$

Zwischen f und f' besteht die Beziehung

f) $$\frac{f}{f'} = \frac{n}{n'},$$

worin n, n' die Brechungsexponenten im ersten und im letzten Medium des Systems bedeuten.

Wenn man die Abstände der konjugierten Punkte von den Hauptebenen statt von den Brennebenen mißt, so werden diese

$$x = \xi + f;\quad x' = \xi' + f'.$$

Es wird dann aus d)

g) $$\frac{f}{x} + \frac{f'}{x'} = 1.$$

Mit Hilfe dieser Gleichung wird aus den drei ersten

h) $$\alpha = -\frac{f x'^2}{f' x^2}$$

i) $$\beta = \frac{y'}{y} = -\frac{1}{\frac{x}{f} - 1} = -\left(\frac{x'}{f'} - 1\right).$$

k) $$\gamma = \frac{\operatorname{tg} v'}{\operatorname{tg} v} = -\left(\frac{x}{f'} - \frac{n}{n'}\right).$$

Wird $n = n'$, also $f = f'$, so folgt nach g)

l) $$\beta = \frac{y'}{y} = -\frac{x'}{x}.$$

25. Die Einführung der Brennpunkte als Nullpunkte der Koordinatensysteme ξ, y; ξ', y', wie es in den vier ersten dieser Gleichungen geschehen ist, ist nur dann gestattet, wenn keiner dieser Brennpunkte im Unendlichen liegt, was, wie wir in § 69 sehen werden, vorkommen kann.

Im übrigen können die Brennweiten positiv oder negativ sein. Ein negatives f bedeutet, daß der Brennpunkt F nicht links sondern rechts von seiner Hauptebene liegt. Ebenso bedeutet ein negatives f', daß F' links von seiner Hauptebene liegt.

§ 68. Abbildung durch eine Linse.

1. Sind nur zwei Kugelflächen K, K', mit den Radien r, r' gegeben, und schließen sie einen Körper zwischen sich ein, dessen Brechungsexponent $\bar{n}$ von dem der Umgebung abweicht, so entwirft die erste nach § 65 (5) von einem Achsenpunkt L (Fig. 209) ein Bild B_1, so gelegen, daß

(1) $$-\overline{B_1 S} = s_1' = s\,\frac{\bar{n} r}{(\bar{n} - 1)s - r};\quad \frac{1}{s_1'} = \frac{\bar{n} - 1}{\bar{n} r} - \frac{1}{\bar{n} s}$$

wird, wenn s_1' den Abstand des Punktes B_1 vom Scheitelpunkt S der vorderen Kugel bedeutet, positiv, wenn B_1 rechts von S liegt. Will man hieraus den Bildpunkt B des Objektes B' berechnen, so ist in § 65 Gleichung (5)

$$s \text{ durch } \overline{B_1 S'} = \overline{B_1 S} + \overline{SS'} = \overline{B_1 S} + d = -s_1' + d$$

$$\bar{n} \text{ durch } \frac{1}{\bar{n}}; \quad r \text{ durch } r'$$

zu ersetzen, wenn r' den, in der Figur negativ angenommenen Radius der zweiten Kugelfläche bedeutet. Danach wird der Abstand s' des Punktes B vom Scheitelpunkt S' der zweiten Fläche gegeben sein durch

$$\frac{1}{s'} = \frac{1-\bar{n}}{r'} - \frac{\bar{n}}{-s_1' + d} \tag{2}$$

oder

$$\frac{1}{s'} = \frac{1-\bar{n}}{r'} + \frac{\bar{n}\{(\bar{n}-1)s - r\}}{s\bar{n}r - d(\bar{n}-1)s + rd}, \tag{3}$$

und daraus folgt, wenn man zur Abkürzung

$$N = d(\bar{n}-1) - \bar{n}(r - r') \tag{4}$$

setzt

$$s' = \frac{sr'(N - \bar{n}r') - rr'd}{(\bar{n}-1)\left(-sN + rd + \frac{\bar{n}}{\bar{n}-1} rr'\right)}. \tag{5}$$

2. Definiert man wieder die beiden Brennpunkte F, F' als die Bildpunkte der unendlich fernen Achsenpunkte, so daß z. B.

$$f'_{S'} = \lim_{s=\infty} s'$$

der Abstand des zweiten Brennpunktes vom Scheitel S' wird, so erhält man aus (5), wenn man Zähler und Nenner erst noch mit s dividiert,

$$\begin{aligned} f_S &= \frac{r}{\bar{n}-1} \frac{d(\bar{n}-1) + \bar{n}r'}{d(\bar{n}-1) - \bar{n}(r - r')} = \frac{r}{\bar{n}-1} \frac{N + \bar{n}r}{N}, \\ f'_{S'} &= -\frac{r'}{\bar{n}-1} \frac{d(\bar{n}-1) - \bar{n}r}{d(\bar{n}-1) - \bar{n}(r - r')} = -\frac{r'}{\bar{n}-1} \frac{N - \bar{n}r'}{N}, \end{aligned} \tag{6}$$

worin zu beachten, das r' einen negativen Wert hat, wenn, wie in der Figur angenommen, die zweite Kugelfläche gegen L hin konkav ist.

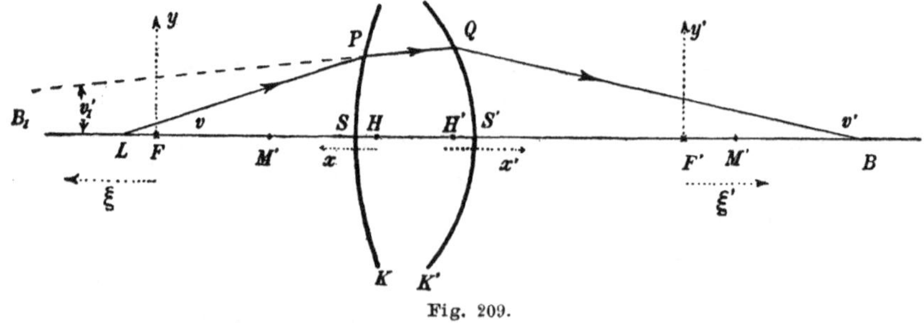

Fig. 209.

3. Definiert man zwei Punkte H, H' auf der Achse, in den Abständen $HS = h$ hinter dem Scheitel S und $H'S' = h'$ vor dem Scheitel S', wobei

$$(7)\qquad \begin{aligned} h &= \frac{-rd}{d(\bar{n}-1)-\bar{n}(r-r')} = \frac{-rd}{\bar{n}(d-r+r')-d} = \frac{-rd}{N}, \\ h' &= \frac{+r'd}{d(\bar{n}-1)-\bar{n}(r-r')} = \frac{+r'd}{\bar{n}(d-r+r')-d} = \frac{+r'd}{N}, \end{aligned}$$

und definiert man als Brennweiten f, f' die Abstände der Brennpunkte von diesen „Hauptpunkten" HH', so wird

$$(8)\qquad f = f_s + h;\quad f' = f'_{s'} + h'$$

und

$$(9)\qquad f = \frac{\bar{n}}{\bar{n}-1}\,\frac{rr'}{d(\bar{n}-1)-\bar{n}(r-r')} = \frac{\bar{n}rr'}{(\bar{n}-1)N} = f'.$$

4. Der Abstand der beiden Hauptpunkte voneinander wird

$$(10)\quad p = d - h - h' = d(n-1)\frac{d-r+r'}{d(n-1)-n(r-r')} = d(n-1)\frac{d-r+r'}{n(d-r+r')-d}.$$

Die Abstände h, h' können sowohl positiv, wie negativ sein.

Ist $r > 0$, $r' < 0$, wie wir in Fig. 209 angenommen haben (Bikonvexlinse), so sind, wenn $d < |r| + |r'|$, was wohl immer der Fall ist, h und h' bei beliebigem n immer positiv; die Hauptpunkte liegen, wie in Fig. 209 angedeutet, im Innern der Linse. Nur wenn $d > |r| + |r'|$ und dabei n eine sehr große Zahl, werden h, h' negativ.

Ist $r < 0$, $r' > 0$ (Bikonkavlinse), so werden bei allen Dicken d der Linse h und h' immer positiv, wenn nicht n abnorm klein wird.

Sind r, r' beide positiv oder beide negativ, so haben h, h' immer entgegengesetzte Vorzeichen.

5. Aus den Gleichungen (7) und (9) erhält man

$$hh' = -\frac{rr'd^2}{N^2};\quad f(h+h') = -\frac{nrr'}{(n-1)N^2}(r-r')d$$

und daraus

$$(11)\qquad f(h+h') - hh' = \frac{df}{n}.$$

6. Dividiert man in (5) Zähler und Nenner mit N, und führt man dann die Werte (7), (8), (9) ein, so erhält man

$$s' = \frac{s(f-h') + \frac{d}{n}f}{s+h-f}.$$

Bezeichnet man, wie in § 67, die Abstände der Punkte L, B von den Brennpunkten mit ξ, ξ', wobei ξ vom Brennpunkt F nach links (Fig. 209), ξ' vom Brennpunkt F' nach rechts positiv gerechnet seien, so wird

$$\xi = s + h - f;\quad \xi' = s' + h' - f',$$

und aus voriger Gleichung ergibt sich, wenn man (11) berücksichtigt

$$(12)\qquad \xi\xi' = ff',$$

worin $f = f'$ ist, was mit der Tatsache im Einklang steht, daß im Objektraum und Bildraum der Brechungsexponent der gleiche ist.

Die Gleichung (12) lehrt durch Vergleich mit § 67, 18 (12), daß die in (9) definierten Brennweiten f, f' die gleiche Bedeutung haben, wie die in § 67, 18 definierten, und daß das Gleiche für die in Nr. 3 und in § 67, 19 definierten Hauptpunkte gilt.

Die normal zur Achse in den Hauptpunkten stehenden Ebenen sind die **Hauptebenen.**

7. Wenn der Abstand d der beiden Kugelflächen so klein ist, daß man ihn gegen alle anderen in Betracht kommenden Abstände von den Scheitelpunkten vernachlässigen kann, so heißt die Linse eine „unendlich dünne" Linse. Es folgt dann aus (3)

$$\frac{1}{s} + \frac{1}{s'} = (\bar{n} - 1)\left(\frac{1}{r} - \frac{1}{r'}\right) \tag{13}$$

und daraus, oder aus (6) oder (9)

$$\frac{1}{f} = \frac{1}{f'} = (\bar{n} - 1)\left(\frac{1}{r} - \frac{1}{r'}\right), \tag{14}$$

also

$$\frac{1}{s} + \frac{1}{s'} = \frac{1}{f}. \tag{15}$$

Die Hauptpunkte fallen dann merklich mit den Scheiteln und miteinander zusammen.

8. Für unendlich dünne Linsen (Gleichung (14)) gilt folgendes:

I. $n > 1$.

Ist $r > 0$, $r' < 0$ (Bikonvexlinse), so werden f, f' positiv.

Ist $r < 0$, $r' > 0$ (Bikonkavlinse), so werden f, f' negativ.

Ist $r > 0$, $r' > 0$, $|r| < |r'|$ (Konkavkonvexlinse), so sind f, f' positiv. (Bei dieser Linse überwiegt die Konvexität).

Ist $r > 0$, $r' > 0$, $|r| > |r'|$ (Konvexkonkavlinse), so sind f, f' negativ.

Ist $r < 0$, $r' < 0$, $|r| < |r'|$ (Konvexkonkavlinse), so sind f, f' negativ.

Ist $r < 0$, $r' < 0$, $|r| > |r'|$ (Konkavkonvexlinse), so sind f, f' positiv.

II. $n < 1$. Es drehen sich alle Relationen um, so daß man im vorigen bloß die Worte „positiv" mit „negativ" zu vertauschen hat. Eine Bikonvexlinse mit den Exponenten $n < 1$ wirkt ebenso wie eine Bikonkavlinse mit einem Exponenten $n > 1$.

Wird einer der Radien, r, r' unendlich, so heißt die Linse „plankonvex" oder „plankonkav", je nach der Richtung des anderen Radius.

9. Für endlich dicke Linsen gelten diese einfachen Relationen nicht. Es folgt aus (9) daß das Vorzeichen der Brennweiten noch von den Größenverhältnissen von d zu $(r - r')$ abhängig ist. Sind z. B. $r > 0$; $r' < 0$, so wird im allgemeinen f positiv. Wenn aber d sehr groß wird,

$$d > \frac{n}{n-1}(r - r'),$$

so wird f negativ. Die Bikonvexlinse nimmt bei großer Dicke die Eigenschaften einer Bikonkavlinse an. Physikalisch erklärt sich das dadurch, daß bei hinreichender Dicke d der Linse das bei Q auftreffende Strahlstück PQ die Achse kreuzt, also von Strahlen im Objektraum herrührt, die konvergierend auf die Fläche K auffallen.

§ 69. Zusammensetzung abbildender zentrierter Systeme.

1. H_1, H_1' seien die Hauptebenen eines abbildenden Systems, F_1, F_1' seien seine Brennpunkte. H_2, H_2' seien die Hauptebenen eines zweiten Systems, dessen Achse mit der des ersten identisch ist, F_2, F_2' dessen Brennpunkte. Der Abstand $i = F_1' F_2$ soll das „Intervall" der beiden Systeme heißen, und positiv gerechnet werden, wenn die Brennpunkte F_1', F_2 in derselben Reihenfolge aufeinanderfolgen, wie die Systeme 1, 2. Es seien f_1, f_1' und f_2, f_2' die Brennweiten der Systeme.

Die Kombination beider Systeme liefert ein neues System, das, nach den Ableitungen von § 67 seine Brennpunkte F, F', seine Brennweiten f, f' und seine Hauptebenen H, H' haben muß. Wir fragen: Wie berechnen sich diese Daten aus denen der einzelnen Systeme und dem Intervall i.

Die Buchstaben H, H' usw. sollen gleichzeitig die Hauptpunkte charakterisieren.

2. Ein achsenparalleler Strahl falle auf die Ebene H_1 auf. Er muß durch den Brennpunkt F_1', wenn er das erste System passiert hat

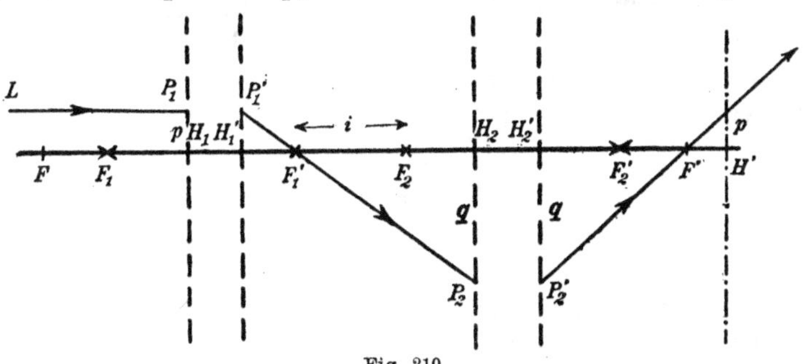

Fig. 210.

und durch den Brennpunkt F', wenn er das ganze System passiert hat (Fig. 210). Daraus und aus § 67 (d) folgt

(1) $$\overline{F_2'F'} = \frac{f_2 f_2'}{i},$$

wodurch der zweite Brennpunkt F' des ganzen Systems festgelegt ist. Ebenso wird

(2) $$\overline{F_1 F} = \frac{f_1 f_1'}{i},$$

wodurch der erste Brennpunkt festgelegt ist.

3. Wo der Strahl $P_2'F'$ die Verlängerung des einfallenden Strahles LP_1 schneidet, muß die zweite Hauptebene liegen. Demnach wird, wenn p den Abstand des einfallenden Strahles von der Achse, q den Abstand von der Achse bedeutet, in dem seine Fortsetzung die Hauptebene H_2 schneidet,

$$\overline{F'H'} : \overline{H_2'F'} = p : q,$$

oder

$$\overline{F'H'} : (f_2' + \overline{F_2'F'}) = p : q$$

und (q ist in Fig. 210 negativ zu rechnen)

$$p : -q = f_1' : f_2 + i.$$

Das gibt nach (1), da $F'H' = f'$

(3) $$f' = -\frac{f_1' f_2'}{i},$$

und ebenso

(4) $$f = -\frac{f_1 f_2}{i}.$$

f wird hier negativ, weil F' links von H' liegt. Wäre eine der Brennweiten f_1' oder f_2' oder wäre i negativ, so wäre $F'H'$ positiv. In jedem dieser Fälle hätte der letzte Strahl, $P_2'F'$ von links nach rechts gerechnet, erst die Höhe p erreicht und später erst die Achse geschnitten. Wären z. B. f_1', f_2' positiv, i negativ, so müßte der Strahl $P_1'F_1'$ die Achse in einem Punkte innerhalb der Brennweite f_2 passieren und nach § 67, 24 (d) würde sein korrespondierender, von P_2' weiterlaufender Strahl gegen die Achse divergieren. Auf seiner Rückverlängerung liegen dann sowohl der Punkt F', als der Schnitt mit der Hauptebene H'.

4. Weiter folgt aus (3) und (4)

$$\frac{f}{f'} = \frac{f_1 f_2}{f_1' f_2'}.$$

Da

$$\frac{f_1}{f_1'} = \frac{n}{n_1'}; \quad \frac{f_2}{f_2'} = \frac{n_1'}{n'},$$

wenn n_1' der Brechungsindex des mittleren, n, n' die des ersten und letzten Mediums sind, so folgt in der Tat

$$\frac{f}{f'} = \frac{n}{n'},$$

wie erforderlich.

5. Wenn $i = 0$ wird, so folgt aus (3), (4), daß $f = \infty$, $f' = \infty$ wird. Beide Brennpunkte liegen im Unendlichen („teleskopisches System"). Ein achsenparallel einfallender Strahl muß als solcher wieder austreten.

Es wird also der von P_2' weitergehende Strahl parallel der Achse werden, also $y' = q$ die Größe des Bildes, dessen Objekt die Größe y hat. Nach Fig. 210 folgt, da F_1' und F_2 in einen Punkt fallen, die Lateralvergrößerung

$$\frac{-y'}{y} = \frac{f_2}{f_1'}. \tag{5}$$

Übrigens wird das Verhältnis der unendlichen Brennweiten ein endliches bleiben

$$\frac{f}{f'} = \frac{n}{n'} = \frac{f_1 f_2}{f_1' f_2'}.$$

Für die Winkelvergrößerung folgt demnach (§ 67, 24 (c), (b))

$$\frac{\operatorname{tg} v'}{\operatorname{tg} v} = -\frac{f}{f'} \cdot \frac{f_1'}{f_2} = -\frac{f_1}{f_2'}. \tag{6}$$

6. Die Ausführungen dieses Paragraphen gestatten den Übergang von den in § 68 für eine Linse durchgeführten Berechnungen der Hauptebenen zu der Berechnung der Hauptebenen in einem beliebigen System, wie es in § 67 durchgeführt ist. Es ist hier manchmal praktisch, an Stelle des Abstandes i der zwei Brennpunkte F_1', F_2 den Abstand δ der zwei Hauptebenen H_1', H_2 einzuführen. Dann wird

$$i = \delta - f_1' - f_2. \tag{7}$$

§ 70. Abbildungsmöglichkeiten.

1. Wenn beide Brennweiten gleiches Vorzeichen haben, so muß nach § 67, 24 (d) mit wachsendem ξ ein Abnehmen von ξ' stattfinden und umgekehrt. Nach der Festlegung der Richtungen in den Koordinatensystemen heißt das: Der Lichtpunkt und der Bildpunkt verschieben sich längs der Achse im gleichen Sinne. Die Abbildung heißt eine „rechtläufige" oder, weil sie meist durch brechende Systeme erreicht wird, „dioptrische".

2. Unter den dioptrischen Abbildungen sind die zwei Fälle zu unterscheiden, in deren einem f und f' beide positiv und in deren anderem f und f' beide negativ sind.

a) Sind f und f' positiv, so ist nach § 67, 24 (c) mit einem positiven ξ ein stumpfwinkliges v' verbunden (vgl. Fig. 208, 209). Die Bildstrahlen eines solchen Bündels konvergieren. Das abbildende System heißt ein „kollektives".

b) Sind f und f' beide negativ, so folgt ebenso, daß bei positivem ξ der Winkel v ein spitzer wird. Das System ist ein „dispansives".

3. Dieselben zwei Untergruppen kann man bei den „katoptrischen" oder „rückläufigen" Abbildungen unterscheiden.

a) Ist f positiv, f' negativ, so gehört zu positivem ξ ein spitzer Winkel v'. Da dieser Fall bei Hohlspiegeln eintritt und wir über v' und den Sinn von ξ' in diesem Paragraphen ebenso wie bei Linsen, nicht wie in § 66 verfügt haben (vgl. § 66, 7), so ist mit dem spitzen Winkel v' eine Strahlenkonvergenz verbunden. Es heißt dieses System also ein „kollektives".

b) Ist f negativ, f' positiv, so liegt aus gleichem Grunde ein „dispansives" System vor.

4. Wenn $f = \infty$ wird, so wird nach § 67, 24 (f) auch $f' = \infty$. Dieser Fall liegt bei einem auf unendlich eingestellten Fernrohr vor. Die Art der Abbildung heißt deswegen hier eine „teleskopische". (§ 69, 5.)

Man kann, wenn die Brennpunkte im Unendlichen liegen, sie nicht mehr zu Anfangspunkten der Koordinatensysteme machen.

5. Wir haben also die folgenden Abbildungsmöglichkeiten:

Teleskopisches System:	$f = \infty$,	$f' = \infty$.	
Dioptrisches System:	$f > 0$,	$f' > 0$	kollektiv.
(rechtläufig)	$f < 0$,	$f' < 0$	dispansiv.
Katoptrisches System:	$f > 0$,	$f' < 0$	kollektiv.
(rückläufig)	$f < 0$,	$f' > 0$	dispansiv.

Einzelne Linsen, für die $f > 0$, $f' > 0$ (meist $f = f'$), heißen „Sammellinsen", solche für die $f < 0$, $f' < 0$ „Zerstreuungslinsen".

§ 71. Konstruktion und Berechnung der Abbildung durch einzelne Linsen und Linsensysteme.

1. Die Konstruktion eines Bildes ist nach den Ausführungen der vorigen Paragraphen einfach durchzuführen. Man benutzt dazu die folgenden Sätze.

Ein beliebiger Strahl, der die erste Hauptebene in einem Punkte P trifft, muß die zweite Hauptebene in einem Punkte P' verlassen, der denselben Abstand von der Achse hat wie P, das Vorzeichen eingeschlossen, und in derselben Meridianebene liegt, also die Projektion von P auf die zweite Hauptebene ist.

Ein achsenparalleler Strahl muß durch den zweiten Brennpunkt gehen.

Ein Brennstrahl muß achsenparallel austreten.

Bei den meisten praktischen Systemen ist $n = n'$ und dann gilt noch der weitere einfache Satz:

Ein Hauptpunktstrahl geht ohne Richtungsänderung vom zweiten Hauptpunkt aus weiter. Dadurch wird einer der zwei vorigen Sätze für die Konstruktion überflüssig.

Für unendlich dünne Linsen fallen die zwei Hauptebenen zusammen. Der Hauptpunktstrahl wird „Zentralstrahl".

Wir beschränken uns jetzt auf solche, der einfacheren Zeichnung halber. Endlich dicke Linsen sind im Prinzip nicht schwieriger zu behandeln.

2. Es sei eine einzelne Linse in Luft gegeben, und zwar zunächst eine Sammellinse. Dann wird

$$f' = f > 0.$$

Ein Gegenstand (Fig. 211) von der Länge y stehe senkrecht zur Achse, mit dem einen Ende, L_0, in der Achse. Der Bildpunkt B_0 von L_0 muß demnach auch in der Achse liegen und der Bildpunkt B von L liegt vertikal unter oder über ihm im Abstand y'.

3. Wenn $x < f$, so folgt aus (g)[1]), daß x' negativ wird. Das Bild ist ein „virtuelles". Es ist nämlich

$$\frac{f}{x'} = -\frac{f-x}{x}; \qquad \frac{x}{x'} = -\frac{f-x}{f}.$$

Dem absoluten Werte nach ist $|x'| > x$. Aus (i) folgt

$$\frac{y'}{y} = \frac{f}{f-x} > +1; \qquad \frac{y'}{y} = \frac{f-x'}{f},$$

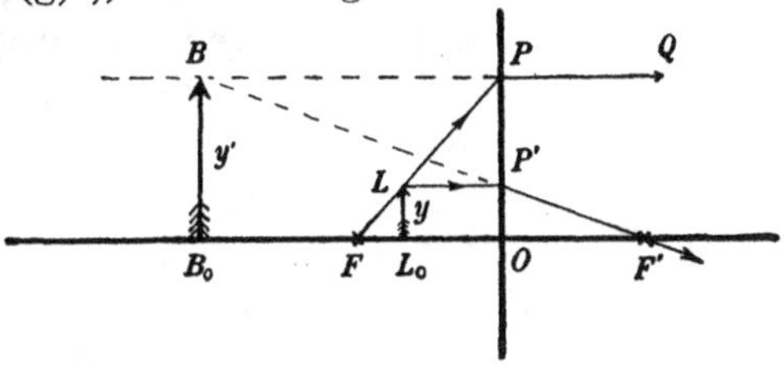

worin x' negativ. Wenn $x = 0$, wird auch $x' = 0$.

Fig. 211.

Das Bild ist immer ein aufrecht stehendes, vergrößertes virtuelles[2]) Bild, auf der Seite des Objektes gelegen, aber (bei unendlich dünnen Linsen) der Linse ferner als dem Objekt.

Je größer f bei gleichem x, um so geringer ist die Vergrößerung.

Die in Fig. 211[3]) angedeutete Konstruktionsmethode lehrt das gleiche. Diese Art der Abbildung liegt bei der Lupe vor.

4. Wenn $f < x < 2f$, so ist x' positiv, das Bild ein reelles. Es wird in (d)

$$f > \xi > 0,$$

1) Die Gleichungen von § 67, 24. mögen hier und im folgenden nur mit ihren Buchstaben, ohne Paragraphen und Nummer zitiert werden.

2) Die Strahlen PQ und $P'F'$ und alle anderen von L stammenden Strahlen des Bildraumes scheinen von B herzukommen. Das soll der Name „virtuell" andeuten.

3) In den folgenden Figuren deutet die durch den Punkt O gezeichnete Vertikallinie die unendlich dünne Linse an. Bei endlich dicken Linsen ist diese Linie durch zwei die Hauptebenen andeutende zu einander parallele zu ersetzen.

also

$$\mathfrak{x}' > f; \qquad x' > 2f$$

und nach (b)

$$y' < 0; \qquad \frac{-y'}{y} > 1.$$

Liegt das Objekt zwischen einfacher und doppelter Brennweite, so liegt das Bild außerhalb der doppelten Brennweite. Es ist ein umgekehrtes reelles vergrößertes Bild. (Fig. 212.)

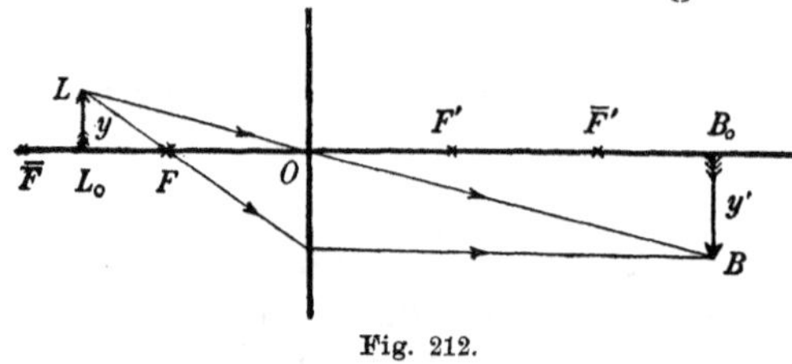

Fig. 212.

Diese Art der Abbildung verwendet der Projektionsapparat (Laterna Magica).

5. Wenn $x > 2f$, so folgt analog, was auch durch die Umkehrbarkeit des Lichtweges folgt:

Liegt das Objekt außerhalb der doppelten Brennweite, so ist das Bild ein umgekehrtes, reelles verkleinertes, und liegt zwischen einfacher und doppelter Brennweite.

Diese Abbildungsart führt meist das photographische Objektiv aus (Camera obscura).

6. Die Umkehrbarkeit des Lichtweges lehrt, daß die Gesetze von Nr. 4 und 5 auch quantitativ entgegengesetzte sind. Das heißt: Objekt und Bild sind miteinander vertauschbar.

7. Wenn $x = 2f$ wird, folgt aus (g) $x' = 2f$ und aus (i) $y' = -y$.

Ein Objekt in der doppelten Brennweite ($\bar{F}$ in Fig. 212) wird reell verkehrt im gleichen Abstand ($\bar{F}'$ in Fig. 212) und in natürlicher Größe abgebildet.

8. Ein anderer Grenzfall, nämlich der, daß $x = f$ wird, erledigt sich von selbst aus den Eigenschaften der Brennebenen. Es wird $x' = \infty$, und auch die Größe des Bildes wird unendlich.

9. Wir haben also das folgende Bild:

Wenn ein Gegenstand aus dem Unendlichen heranrückt, bis zur einfachen vorderen Brennweite, so rückt sein Bild aus der einfachen vorderen Brennweite ins Unendliche und zwar so, daß beide sich gleichzeitig in der doppelten Brennweite ($\bar{F}$, $\bar{F}'$ in Fig. 212) befinden und hier gleich groß sind.

Rückt der Gegenstand noch näher an die vordere Hauptebene heran, so rückt das Bild aus der negativen Unendlichkeit als virtuelles Bild wieder heran, und hat die zweite Hauptebene erreicht, wenn das Objekt die erste erreicht hat. Bei endlich dicken Linsen überholt also das virtuelle Bild irgendwo das Objekt.

10. Ist

$$f = f' < 0,$$

so haben wir es mit einer Zerstreuungslinse zu tun. Aus (g) folgt

$$\frac{1}{x} + \frac{1}{x'} = \frac{1}{f},$$

und wenn x positiv ist, muß x' negativ sein und

$$-\frac{1}{x'} > \frac{1}{x}.$$

Es wird dem absoluten Werte nach

$$|x'| < x$$

und es wird nach (i)

$$\frac{y'}{y} = + \frac{1}{\frac{x}{-f} + 1} < 1.$$

Das Bild ist ein virtuelles, auf derselben Seite der Linse, wie das Objekt, gelegen. Es erscheint der Linse nähergerückt, ist aufrecht stehend und verkleinert. (Fig. 213.)

Diese Abbildung ist die des konkaven Brillenglases. Man kann hier die gleichen Untersuchungen über Ort und Größe der Bilder anstellen, wie bei der Sammellinse.

Bezüglich der Konstruktion dieser Abbildung (Fig. 213) sei darauf aufmerksam gemacht, daß F und F' vertauscht erscheinen. Der nach F zielende Strahl muß achsenparallel austreten.

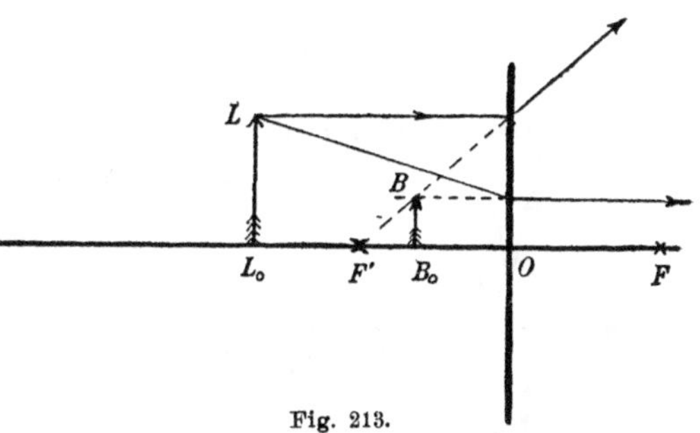

Fig. 213.

11. Die Linse mit kleinerer Brennweite heißt die „stärkere" weil z. B. eine Lupe bei kleinerer Brennweite die stärkere Vergrößerung liefert (Nr. 3). Die Namen „stärker" und „schwächer" werden aber auch auf Konkavlinsen ausgedehnt. Die Stärke der Linse wächst also allgemein mit dem absoluten Werte von $1/f$.

Man kann demgemäß die Stärke durch den Quotienten $1/|f|$ ausdrücken. Ist $|f| = 1$ m, so schreibt man dem Glase die Stärke „1 Dioptrie" zu. Ist $|f| = 20$ cm, so hat das Glas demnach die Stärke „5 Dioptrien".[1])

1) An Stelle der Dioptrienangaben wurden früher die Brillengläser mit Nummern versehen. Nr. 1 war ein Glas von der Brennweite 1 engl. Zoll = 2,5 cm.

12. Wenn man zwei Linsen (Fig. 214, 215) dicht aneinander legt, so repräsentieren sie eine einzige Linse. Es seien

$$p_1 = \overline{H_1 H_1'}; \qquad p_2 = \overline{H_2 H_2'}$$

die Abstände, die in je einer der beiden Linsen die Hauptpunkte voneinander haben. δ sei der Abstand, der zwischen H_1' und H_2 noch übrig bleibt, wenn sich die Scheitel der Linsen berühren, positiv zu rechnen, wenn H_1' in der Richtung der Linse 1 von H_2 aus gesehen liegt. Die Bezeichnung soll so gewählt werden, wie in § 69. Es wird nach § 69 (7):

$$i = \overline{F_1' F_2} = -(f_1 + f_2 - \delta),$$

eine Gleichung, deren Richtigkeit man auch in den Fig. 214, 215 erkennt, wenn man bedenkt, daß wenn f_1, f_2 beide positiv, wie in Fig. 214 der Abstand i nach den darüber gemachten Festsetzungen negativ ausfallen muß.

13. Nach dieser Bezeichnung wird (§ 69 (4)),

$$f = -\frac{f_1 f_2}{i} = \frac{f_1 f_2}{f_1 + f_2 - \delta}. \tag{1}$$

Der Abstand δ könnte nun nach § 68, 3. aus den für die beiden Linsen geltenden Werten h, h' berechnet werden. Es würde

$$\delta = h_1' + h_2.$$

14. Wenn die Linsen selbst unendlich dünn sind, kann auch δ vernachlässigt werden und dann folgt aus (1)

$$\frac{1}{f} = \frac{1}{f_1} + \frac{1}{f_2}. \tag{2}$$

Diese Gleichung behält ihre Gültigkeit auch noch, wenn die Brennweite f_1 oder f_2 oder wenn beide Brennweiten f_1 und f_2 negativ werden.

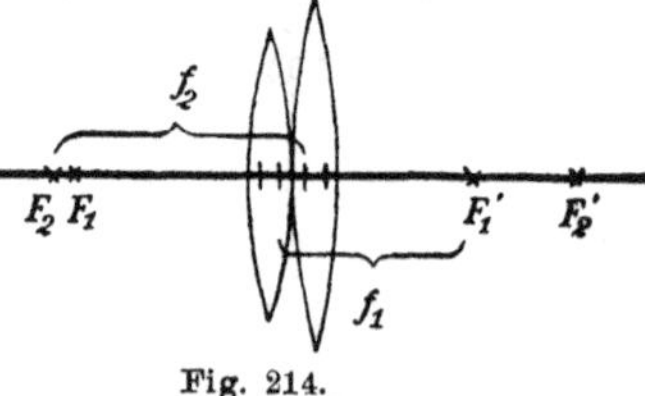

Fig. 214.

15. In Fig. 214 sind zwei Sammellinsen angenommen. Es folgt aus (2), daß sie eine Sammellinse von kleinerer Brennweite als die der Einzellinsen ersetzt. Ist speziell $f_1 = f_2$, so wird $f = f_1/2$.

Nr. 2 hatte die doppelte Brennweite usw. Es hatten demnach die stärksten Gläser die kleinsten Nummern. Ein Glas Nr. y hat also die Brennweite $f = 2{,}5 \cdot y$, ein Glas von x Dioptrien die Brennweite $f = 100/x$ cm. Es entspricht also Nr. y dem Glase von x Dioptrien, wenn

$$\frac{40}{x} = y$$

ist.

16. In Fig. 215 ist ein System aus einer Sammel- und einer Zerstreuungslinse angenommen. Da hier speziell i negativ, so ist in Fig. 215 zufällig die Annahme so gestellt, daß f negativ wird. Die Doppellinse ersetzt eine Zerstreuungslinse.

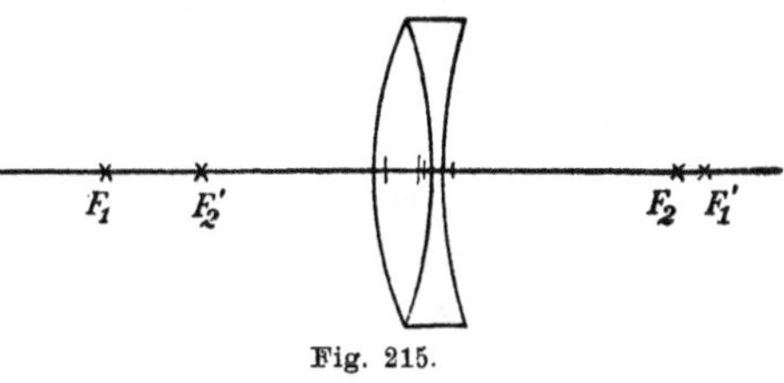

Fig. 215.

17. Wenn $|f_1| < |f_2|$, f_2 negativ, so ist bei unendlich dünnen Linsen die Doppellinse eine Sammellinse; wenn $|f_1| > |f_2|$, f_2 negativ, eine Zerstreuungslinse. Die stärkere der Linsen entscheidet also über den Sinn der Kombination.

Bei endlich dicken Linsen erkennt man, daß die Frage, ob das System eine Sammel- oder eine Zerstreuungslinse repräsentiert, auch noch von den Größenverhältnissen von δ zu f_1 und f_2 abhängt.

§ 72. Bestimmung der Brennweite von Linsen.

1. Direkte Messung.

Nach § 68, (7) fallen für unendlich dünne Linsen die beiden Hauptebenen zusammen und in die Scheitel der Linse. Die Brennweite ist dann gleich dem Abstand der Linse von ihrer Brennebene. Bei Sammellinsen kann man von einem „unendlich fernen", in Praxi sehr fernen Gegenstand, etwa der Sonne, ein Bild auf einem der Linse parallelen Schirm entwerfen, diesen bis zur Schärfe des Bildes verschieben und nun den Abstand von Linse und Schirm messen. An Stelle des „unendlich fernen" Gegenstandes kann man auch ein Objekt im Brennpunkt einer bekannten Linse anbringen, und die von der Linse ausgehenden Strahlen auf die zu messende auffallen lassen.

Für Zerstreuungslinsen versagt diese Methode. Da kann man sich dann dadurch helfen, daß man sie mit einer stärkeren Sammellinse zu einem als Sammellinse wirkenden System zusammensetzt. Man mißt nun die Brennweite f des Systems, diejenige f_1 der Sammellinse und berechnet f_2 nach § 71, 14.

2. Aus Gegenstands- und Bildweite.

Es ist nach § 67, 24 (g)

$$\frac{1}{x} + \frac{1}{x'} = \frac{1}{f}, \tag{1}$$

und diese Gleichung läßt sich bei unendlich dünnen Linsen zur Bestimmung von f verwerten. Man hat dazu nur den Abstand eines beliebigen Objektes und seines Bildes von der Linse zu messen. Diese Abstände können gleich x und x' gesetzt werden. Nach § 71, 9 ist einer der beiden Abstände jedenfalls kleiner als $2f$ und größer als f, der andere größer als $2f$. Der Fehler, den man bei dem kleineren von ihnen macht, wenn man den Abstand statt von der Hauptebene etwa von dem Zentrum der Linse aus mißt, ist demnach der wesentliche Fehler.

3. Eine Abart dieser Methode ist von Fresnel angegeben. Es sei eine scharfe Abbildung eines Objektes L_0L in B_0B erzielt (Fig. 216), und es sei

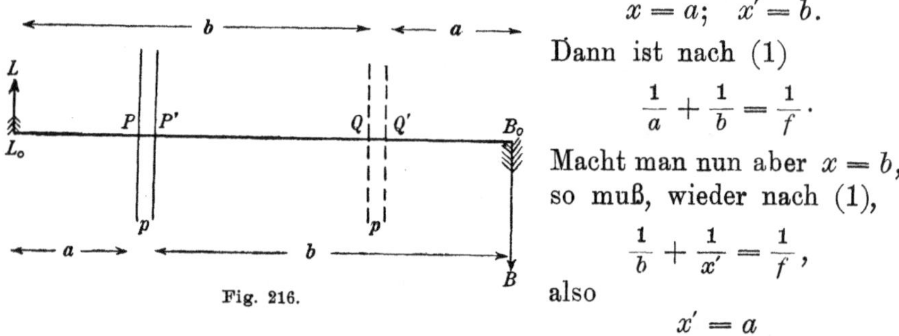

Fig. 216.

$$x = a; \quad x' = b.$$

Dann ist nach (1)

$$\frac{1}{a} + \frac{1}{b} = \frac{1}{f}.$$

Macht man nun aber $x = b$, so muß, wieder nach (1),

$$\frac{1}{b} + \frac{1}{x'} = \frac{1}{f},$$

also

$$x' = a$$

werden und B_0 bleibt ungeändert. Man erhält zwischen L_0, B_0 zwei Stellungen der Linse, die ein scharfes Bild eines bei L_0 befindlichen Objektes bei B_0 liefern. Es sei $L_0B_0 = l$, und die Verschiebung, die man ausführen muß, um die zweite Einstellung zu erhalten, sei $PQ = e$. Dann folgt (Fig. 216), wenn p der Abstand der zwei Hauptebenen:

$$l = a + b + p,$$
$$e = b - a;$$

daraus weiter

$$2a = l - p - e,$$
$$2b = l - p + e$$

und

$$f = \frac{ab}{a+b} = \frac{(l-p)^2 - e^2}{4(l-p)}.$$

Wenn die Linse hinreichend dünn ist, so wird

$$f = \frac{l^2 - e^2}{4l},$$

und man braucht nur den Abstand l und die Verschiebung e zu messen, was exakter ausführbar ist, als die Messung der Abstände von der Linse.[1])

1) Die „Optische Bank" ist eine Schiene mit Längsteilung, auf der in „Schlitten" Schirm, Lichtquelle und Linse verschiebbar sind. Sie gestattet die in diesem Paragraphen angedeuteten Messungen bequem auszuführen. Diese optische Bank muß größer sein als die vierfache Brennweite der zu messenden Linsen, da zwischen Objekt und Bild mindestens dieser Abstand besteht.

4. Der Wert von l besitzt, wie sich nachweisen läßt, einen Minimalwert, unter den er bei beliebiger Wahl des Objektpunktes nicht hinuntersinken kann. Zweckmäßig führt man hier die Koordinaten ξ, ξ' von den Brennpunkten aus ein (§ 67, 17, 21.). Es ist

$$l = x + x' = 2f + \xi + \xi'$$

und wir können fragen, wann wird

$$\lambda = \xi + \xi'$$

ein Minimum, oder wann wird (vgl. § 67, 24 (d))

$$\lambda = \xi + \frac{f^2}{\xi}$$

ein Minimum? Nach § 48, 4 tritt das ein, da für uns nur ein positives ξ in Frage kommt, wenn

$$\xi_0 = +f$$

ist. Dann wird der zugehörige Wert von ξ' nach (d)

$$\xi_0' = +f$$

und

$$l_0 = 4f$$

der Minimalabstand zwischen Objekt und Bild. Dies ist der Abstand in dem die Abbildung in natürlicher Größe erfolgt.

5. Diesen Abstand l_0 benutzt eine andere Methode der Brennweitenbestimmung. Ist die Abbildung in natürlicher Größe erreicht, so ist $x = 2f$, $x' = 2f$, und wenn p vernachlässigt werden darf,

$$f = \frac{l_0}{4}.$$

Die Ermittelung von l_0 ist experimentell schwierig, weil immer gleichzeitig zwei verschiedene Verschiebungen — von Gegenstand und Bildschirm — ausgeführt werden müssen.

6. Diese Methode führt zu einer anderen Serie von Methoden über, die die Lateralvergrößerung benutzen. Es ist nach § 67 (i)

$$\frac{y'}{y} = -\left(\frac{x'}{f} - 1\right)$$

oder, wenn L, L' die (absoluten) Längen eines Gegenstandes und seines Bildes

$$\frac{L'}{L} = \frac{x' - f}{f}, \quad f = x' \frac{L}{L' + L}.$$

Wenn x', der Abstand des Bildes von der zweiten Hauptebene, groß ist, was man willkürlich einrichten kann, so ist der Fehler, den die Vernachlässigung von p bringt, nur klein. Man kann also dann den Abstand des Bildes von dem Zentrum der Linse als x' ansehen;

außerdem hat man noch das Objekt und sein — bei großem x' stark vergrößertes — Bild auszumessen.

7. Die Messung von x' kann man (nach Abbe) noch umgehen, so daß sich eine von der Linsendicke unabhängige, also fehlerfreie Methode ergibt. Wenn man die Vergrößerung

$$\beta_1 = \frac{y'}{y} = -\frac{f}{\xi}$$

bei einer gewissen unbekannten Einstellung ξ des Objektes mißt, dann dieses um eine gemessene Größe Δ verschiebt, und die jetzt erfolgende Vergrößerung

$$\beta_2 = -\frac{f}{\xi + \Delta}$$

wieder mißt, so folgt

$$\frac{1}{\beta_1} = -\frac{\xi}{f}; \quad \frac{1}{\beta_2} = -\frac{\xi + \Delta}{f}$$

und

$$f = \frac{\Delta}{\frac{1}{\beta_1} - \frac{1}{\beta_2}},$$

wobei zu beachten ist, daß β_1 und β_2 bei Sammellinsen beide negative Werte besitzen.

8. Ebenfalls bei endlich dicken Linsen fehlerfrei ist die Methode, die man aus einer Kombination von Nr. 1 und Nr. 5 erhält. Man stellt einen Schirm auf den Brennpunkt[1]) einer Linse, verschiebt ihn dann, bis er von einem ebenfalls an die Linse herangerückten Gegenstand ein Bild in natürlicher Größe gibt. Er steht nun in doppelter Brennweite, und die Verschiebung gibt die Brennweite.

§ 73. Optische Instrumente.

1. Die optischen Instrumente, die die geometrischen Abbildungsmöglichkeiten verwerten, bestehen aus einer Anzahl zentrierter Linsen. Das von einem leuchtenden Gegenstande, dem „Objekt", ausgehende Licht trifft zum Teil auf das Instrument auf. Wieviel von diesem Licht zur Abbildung verwertet wird, hängt entweder (bei der Lupe z. B.) von den Dimensionen der Linsen, oder den eingeschalteten „Blenden"

1) Ein auf Unendlich eingestelltes Fernrohr gibt einen bequemen Weg, diese Einstellung durchzuführen. Wenn man mit ihm durch die Linse hindurch nach dem Schirm sieht, so sieht man eine Zeichnung (Korn einer Mattscheibe oder dgl.) auf dem Schirme nur dann scharf, wenn er sich in der Brennebene befindet; denn nur dann sind von dem Schirm ausgehende Strahlen, nachdem sie die Linse passiert haben, einander parallel, und nur solche Strahlen geben im genannten Fernrohr ein Bild.

ab. In welcher Weise dies der Fall ist, wollen wir an dem von einem Punkte L ausgehenden Strahlenbündel untersuchen.

2. Die wahre oder „körperliche“ Blende, d. h. ein Schirm mit einem zentriert zur Achse stehenden kreisförmigen Loch, befindet sich im allgemeinen innerhalb des Systems, so daß sowohl vor ihr wie hinter ihr je eine Anzahl Linsen des Systems liegen. Diese körperliche Blende A heißt auch Apertur- oder Öffnungsblende. Sie bestimmt den Öffnungswinkel des einfallenden Strahlenbündels nur indirekt (Fig. 217). Ihr Bild im Objektraume, A_1, erzeugt durch den vordern Teil des Systems, muß irgendwo das von L ausgehende Strahlenbündel (oder dessen Rückverlängerung) nach außen abgrenzen, also etwa bei P_1, Q_1 in dieses Bündel von außen her einschneiden; denn gäbe es einen Strahl, der noch ferner von der Achse als P_1, etwa in R die Ebene von A_1 durchsetzt, so würde R in einem Punkte der Ebene A abgebildet werden müssen, der auch noch ferner von der Achse liegt als P, weil die Lateralvergrößerung y'/y für diese zwei Ebenen eine Konstante ist (vgl. § 67, 18.).

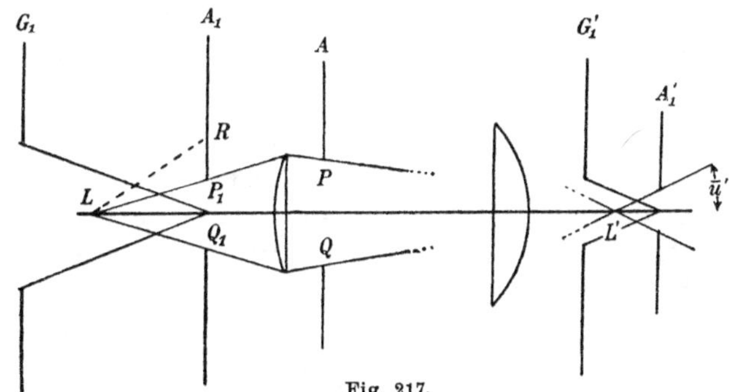

Fig. 217.

3. Das Bild A_1 der Blende heißt die „Eintrittspupille“. Hat man, wie es schon wegen der Linsenfassungen der Fall ist, mehr als eine wahre Blende im System, so muß man diejenige aussuchen, deren Bild A_1 das kleinste Bündel unter den von L ausgehenden Strahlen ausschneidet. Die übrigen Blenden bleiben für die Bestimmung der Eintrittspupille außer Betracht. Ebenso definiert man die „Austrittspupille“ als das Bild A_1' der Blende A, wie es durch den zweiten Teil des optischen Systems erzeugt wird. Es ist A_1' das Bild von A_1, entworfen durch das ganze System, da A das Bild von A_1', A_1' das Bild von A ist. Der Winkel $2\bar{u}'$, unter dem der Durchmesser der Austrittspupille vom Bilde L' aus erscheint, heißt Projektionswinkel.

4. Rückt eins der Bilder A_1, A_1' ins Unendliche, was der Fall ist, wenn die Blende A im Brennpunkte des betreffenden Systemteiles liegt, so heißt das System „telezentrisch“, und zwar wenn A_1

im Unendlichen liegt, „telezentrisch nach der Objektseite“, wenn A_1' im Unendlichen liegt, „telezentrisch nach der Bildseite“. Bei teleskopischen Systemen (vgl. § 69, 5.) kann beides gleichzeitig erfüllt sein.

Da die Hauptebenen eines Systems sich gegenseitig abbilden, so können wir weiter schließen, daß, wenn die Blende A der hinteren Hauptebene des sie abbildenden Systems nahe liegt, die Eintrittspupille — als virtuelles Bild allerdings — der vorderen Hauptebene nahe liegen wird.

5. Von allen Blenden, die in einem System vorkommen, suchen wir die Bilder im Objektraum, erzeugt durch den vor ihnen liegenden Linsenteil. Zum Teil sind diese Blenden identisch mit ihren Bildern, wenn nämlich zwischen Blende und Objekt keine Linsen mehr liegen. Dasjenige unter diesen Bildern, G_1, das von der Eintrittspupille aus gesehen am kleinsten erscheint, heißt das „Gesichtsfeld“. Der räumliche Winkel, unter dem sie erscheint, heißt der „räumliche Gesichtsfeldwinkel“. Wenn die Eintrittspupille klein ist, so sieht man von ihrem Mittelpunkt aus innerhalb dieses Bildes G_1 gelegen alle Punkte, die überhaupt noch abbildbare Strahlen nach dem Instrument senden, wodurch sich der Name „Gesichtsfeld“ erklärt.

6. Die Blende G (in Fig. 217 nicht gezeichnet), deren Bild im Objektraum G_1 ist, heißt die „Gesichtsfeldblende“. Ihr Bild im Bildraum G_1', erzeugt durch den hinteren Systemteil, heißt „Bildfeld“, und der Winkel, unter dem sie von der Austrittspupille aus erscheint, „Bildfeldwinkel“.

Wenn der Punkt L in die Ebene von G_1 fällt, so fällt der Bildpunkt L' in die von G_1'. Dann ist das Bild L' von L „scharf umgrenzt“.

7. Lupe. Ihre Theorie ist § 71, 3. im Prinzip entwickelt. Ein Auge zwischen Linse und hinterer Brennweite empfängt die Strahlen, die von dem virtuellen Bild auszugehen scheinen. Der Nutzen der Lupe besteht in folgendem: Ein Gegenstand von der Länge y scheint dem Auge um so größer und dadurch in seinen Details deutlicher, je näher er ihm liegt. Es ist aber dem Auge nicht mehr möglich, sich auf einen Gegenstand scharf einzustellen, wenn er näher als eine gewisse Entfernung σ liegt, die die „kleinste deutliche Sehweite“ oder kurz die „deutliche Sehweite“ heißt. Für ein normales Auge ist diese etwa 25 cm, für ein kurzsichtiges geringer. Das kurzsichtige Auge ist hier also im Vorteil. Der Winkel, unter dem die Länge y dem Auge erscheint, d. h. der Winkel der beiden von dem Auge nach den Endpunkten von y gezeichneten Strahlen heißt „Sehwinkel“ oder „scheinbare Größe“.

8. Schaltet man zwischen Auge und Gegenstand eine „Lupe“, d. h. eine Sammellinse, so kann man den Gegenstand näher an das Auge bringen, er erscheint nach § 71, 3. dann weiter und zugleich größer; seine scheinbare Länge sei y'. Man muß nun den Abstand s des Gegenstandes von der Lupe so wählen, daß der Abstand des Bildes y' von dem Auge die deutliche Sehweite wird. Ist d der Abstand des Auges A vom hinteren Brennpunkt, positiv gerechnet, wenn das Auge zwischen Linse und Brennpunkt liegt, so ist, für unendlich dünne Linsen also, da x', ξ' negative Größen (Fig. 218),

$$-\xi' - d = \sigma, \quad \xi' + f = x'$$

zu setzen, und nach § 71, 3. wird die Lateralvergrößerung

$$\frac{y'}{y} = \frac{\sigma + d}{f}$$

oder, wenn man, was meist der Fall ist, d vernachlässigen kann,

$$\frac{y'}{y} = \frac{\sigma}{f}.$$

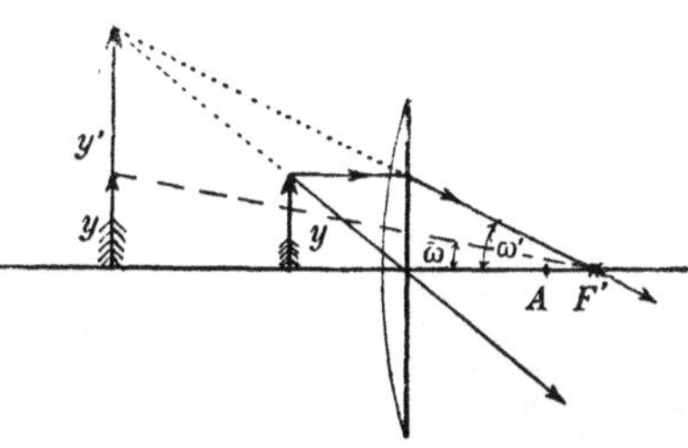

Fig. 218.

9. Als „Vergrößerungszahl“ der Lupe versteht man das Verhältnis der Sehwinkel, unter denen der Gegenstand y einmal durch die Lupe gesehen, ein andermal im Abstand σ mit bloßem Auge gesehen erscheint. Sind diese Winkel ω und ω', so ist angenähert

$$\frac{\omega'}{\omega} = \frac{\operatorname{tg} \omega'}{\operatorname{tg} \omega} = \frac{y'}{y} = \frac{\sigma}{f},$$

wenn man wieder den Abstand des Auges vom hinteren Brennpunkt vernachlässigen kann.

Für σ setzt man, um vergleichbare Daten zu erzielen, 25 cm, indem man diese Zahl als deutliche Sehweite eines Normalauges ansieht. In Wirklichkeit ist die Vergrößerung der Lupe und des Mikroskops für verschiedene Augen verschieden.

10. Mikroskop.

Eine Linse I, das „Objektiv“, entwirft von einem Objekt y, das zwischen ihrer einfachen und doppelten Brennweite liegt, ein reelles verkehrtes Bild y'. Dieses wird mit der Lupe II, dem „Okular“, betrachtet, die also ein virtuelles, gegen y' gerechnet aufrechtes Bild y'' erzeugt. Es wird dessen Größe nach § 67, 24., (b)

$$y' = (-y) \cdot \frac{l'}{f_1'},$$

wenn l' der Abstand des Bildes y' von dem hinteren Brennpunkt der Linse I, f_1' die hintere Brennweite dieser Linse ist (Fig. 219). Es wird weiter (f_2' ist immer gleich f_2)

$$y'' = y' \cdot \frac{l''}{f_2'},$$

wo $l''(= -\mathfrak{x}'')$ der Abstand des Bildes y'' vom hinteren Brennpunkt ist. Also wird, dem absoluten Werte nach,

$$(1) \qquad |y''| = |y| \cdot \frac{l' l''}{f_1' f_2'},$$

und das letzte Bild y'' erscheint umgekehrt gegen das Objekt.

Wenn wieder der Abstand $d = AF_2'$, der Abstand des Auges A vom hinteren Brennpunkt, vernachlässigt werden kann, so wird, wenn das Auge das Bild y'' deutlich sehen soll, $l'' = \sigma$ die deutliche Sehweite sein müssen. Der Abstand l' ist im wesentlichen durch die Tubuslänge des Instruments bedingt, und da die Brennweiten der zwei Linsen klein sind, so ist l' angenähert durch diese Tubuslänge h zu ersetzen. Jetzt wird

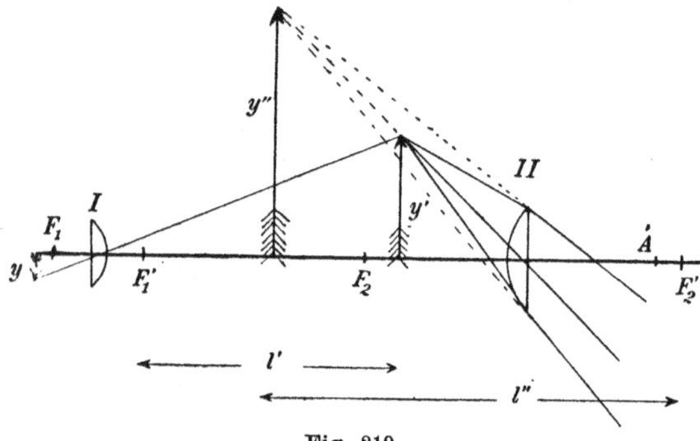

Fig. 219.

$$|y''| = |y| \cdot \frac{h\sigma}{f_1' f_2'},$$

und man erkennt, daß die Tubuslänge l möglichst groß, die Brennweiten von Okular und Objektiv möglichst klein gemacht werden müssen, um starke Vergrößerung zu erzielen.

Das Verhältnis $|y''| : |y|$ ist wieder das des Winkels, unter dem das letzte Bild y'' erscheint, zu dem Winkel, in dem das Objekt in der deutlichen Sehweite gelegen erscheinen würde.

11. Der Mikroskoptubus ist sehr weit, das Okular hat ziemlich großen Durchmesser, dagegen ist das Objektiv sehr eng gebaut. Die für die Eintrittspupille in Betracht kommende körperliche Blende ist deshalb in der Objektivfassung gelegen. Nehmen wir sie etwa in der hinteren Hauptebene des Objektivs an, so wird die Eintrittspupille ihr gleich sein und in der vorderen Hauptebene liegen. In der Bezeichnungsweise des § 69 wird der Abstand der körperlichen Blende vom vorderen Brennpunkt des Okulars, wenn i der Abstand der inneren Brennpunkte von Objektiv und Okular ist,

$$\mathfrak{x} = f_1' + i$$

und demnach der Abstand ihres durch das Okular erzeugten Bildes, also der Abstand der Austrittspupille von dessen hinterem Brennpunkt nach § 67, 24 (d),

$$\xi' = \frac{f_2 f_2'}{f_1' + i}.$$

Der Abstand des hinteren Brennpunktes F' des ganzen Systems von dem hinteren Brennpunkt des Okulars ist nach § 69, (1)

$$\overline{F_2' F'} = \frac{f_2 f_2'}{i}.$$

Bei den gebräuchlichen Mikroskopen ist f_1' klein gegen i, also

$$\overline{F_2' F'} = \xi'.$$

Die Austrittspupille fällt merklich in die hintere Brennebene des ganzen Systems.

12. Das astronomische oder Keplersche Fernrohr benutzt dasselbe Prinzip wie das Mikroskop, nur daß das Objekt außerhalb der doppelten Brennweite des Okulars — in Praxi meist im „Unendlichen“ — liegt, und somit das erste Bild, y', stark verkleinert erscheint. Man kann nicht verlangen, ein vergrößertes Bild des Mondes z. B. im Tubus des Fernrohrs zu erhalten; es kommt hier auch nur darauf an, die „Sehwinkel“ zu vergrößern.

Unter „Vergrößerung“ versteht man hier dementsprechend den Sehwinkel ψ'', unter dem das Bild y'' erscheint, dividiert durch den Sehwinkel ψ, unter dem das Objekt y an seinem Orte — also nicht wie beim Mikroskop in deutlicher Sehweite — mit bloßem Auge erscheinen würde.

Es sei das Objekt in so großer Entfernung gelegen, daß man das Bild y' in F_1' (Fig. 219) annehmen kann. Ein auf sehr große Ferne — „auf Unendlich“ — „akkommodiertes“ Auge sieht Lichtpunkte scharf, von denen nahezu parallelstrahlige Bündel ausgehen; es sieht also das Bild y'' scharf, wenn sich y' in F_2 befindet. Somit müssen die Brennpunkte F_1' und F_2 zusammenfallen, und y' in diesen gemeinsamen Punkt.

13. Die Formel (1) bleibt nun immer noch gültig. Es wird aber $l' = 0$ und dann würde folgen $y'' = 0$. Das ist nun deswegen nicht richtig, weil l' nicht streng gleich Null, sondern nur sehr klein, und gleichzeitig y sehr groß wird; wäre das nicht der Fall, so würde in der Tat schon y' unendlich klein werden.

Es sei a der Abstand des Objektes y vom Auge, dann wird

$$\operatorname{tg} \psi = \frac{|y|}{a}; \quad \operatorname{tg} \psi'' = \frac{|y''|}{l''},$$

wenn A nahe an F_2' liegt, und die Vergrößerung des Fernrohres wird, wenn diese Winkel klein sind,

$$\frac{\psi''}{\psi} = \frac{\operatorname{tg} \psi''}{\operatorname{tg} \psi} = \left|\frac{y''}{y}\right| \frac{a}{l''},$$

und nach (1)

$$\frac{\psi''}{\psi} = \frac{l'a}{f_1' f_2'},$$

und hieraus erkennt man, daß die Vergrößerung nicht verschwindet; denn $l' \cdot a$ ist, wenn auch l' unmeßbar klein wird, eine endliche Größe.

14. Wenn a hinreichend groß ist, kann

$$a = \xi_1$$

gesetzt werden, während streng genommen (Fig. 219)

$$a = \xi_1 + f_1 + f_1' + l''$$

wird. Dann wird aber $l' = \xi_1'$ und nach (d)

$$a \cdot l' = \xi_1 \xi_1' = f_1 f_1',$$

und die Vergrößerung wird

$$\frac{\psi''}{\psi} = \frac{f_1}{f_2'}.$$

Das ist, abgesehen vom Vorzeichen, auf das wir hier keine Rücksicht genommen haben, die Winkelvergrößerung eines teleskopischen Systems (§ 69, 5).

Da wohl in allen Fällen $f_1' = f_1$, $f_2' = f_2$ ist, so lehrt dieses:

Man muß die Brennweite des Objektivs möglichst groß, die des Okulars möglichst klein machen, um eine möglichst starke Vergrößerung zu erzielen.

15. Das Fernrohr kehrt, wie das Miskroskop, das Bild um. Will man das vermeiden, so ersetzt man das Fernrohrokular, also die Lupe, durch ein Mikroskop, das selber das vom Fernrohrobjektiv umgekehrte Bild noch einmal umkehrt. Man erhält so das „terrestrische" Fernrohr. Einen Vorteil für die Vergrößerung erzielt man dadurch nicht, da man die stärkere Vergrößerung, die das Mikroskop gegenüber der Lupe liefert, schon durch hinreichende Brennweite des Fernrohrobjektivs erreichen kann.

16. Eine andere Methode, das Bild des Keplerschen Fernrohrs umzukehren, stammt von dem Optiker Porro (1850). Er benutzt wiederholte Reflexionen an den Flächen gleichschenklig rechtwinkliger Prismen. In welcher Weise die Prismen in das Instrument eingebaut sind, zeigt Figur 220. Das erste Prisma steht mit seiner Prismenkante horizontal, das zweite vertikal. Zwei zueinander parallele Strahlen — natürlich von verschiedenen Punkten des Objektes ausgehend — sind in ihrem Verlauf eingezeichnet. Der obere — ausgezogene — Strahl kommt durch die zwei ersten Reflexionen unter

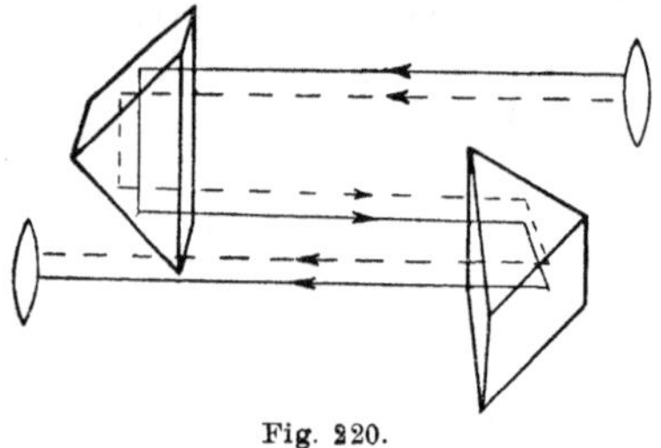

Fig. 220.

den anderen — gestrichelten. Die zwei nächsten Reflexionen ändern an der gegenseitigen Lage dieser zwei Strahlen nichts mehr. Dagegen werden sie einen linken und einen rechten Strahl vertauschen.

Durch die großen Flächen der Prismen treten alle Strahlen fast ungebrochen durch, da sie fast senkrecht auffallen. An den kleineren Flächen werden sie total reflektiert.

Diese „Prismenfernrohre“, „Triëdermonokels oder -binokels“, sind mit Erfolg zuerst von Zeiß, dann von anderen Firmen hergestellt worden. Sie haben gegenüber den älteren terrestrischen Fernrohren noch den großen Vorteil, wesentlich kürzer zu sein, da der Strahlengang gleichsam zusammengefaltet ist. Aus diesem Grunde sind sie auch in Gestalt der Binokels für binokulares Sehen geeignet. Sie geben ein größeres Gesichtsfeld bei gleicher Vergrößerung, aber eine geringere Helligkeit, als die nächste Fernrohrsorte, die holländischen Fernrohre.

17. Das holländische oder Galileische Fernrohr.

Ein ferner Gegenstand y wird mittels einer Sammellinse in der Größe y' abgebildet. Bevor aber die Bildstrahlen den Ort y' erreichen, werden sie durch eine Zerstreuungslinse divergent gemacht. Sie scheinen nun von dem näheren Bilde y'' herzustammen. Es ist, wenn a der Abstand des Objektes y vom vorderen Brennpunkt der ersten Linse, des „Objektivs“ (Fig. 221):

$$\frac{y'}{y} = -\frac{f_1}{a},$$

und es ist

$$\frac{y''}{y'} = -\frac{l''}{f_2},$$

wo l'' den negativ zu rechnenden Abstand des Bildes y'' von dem zweiten, hier vor der Linse II gelegenen Brennpunkt F_2' bedeutet. Auch f_2 ist negativ zu rechnen. Man kann deshalb für l'' und f_2 ihre absoluten Werte einsetzen.

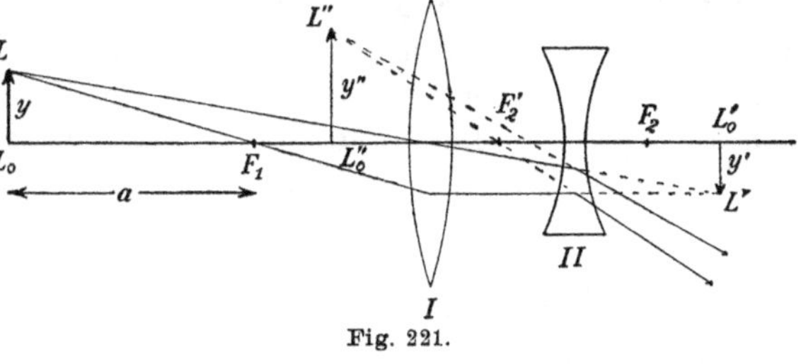

Fig. 221.

18. Angenähert kann $-l''$ als der Abstand s des Bildes y'' vom Auge aufgefaßt werden, wenn das Auge auf große Entfernung akkommodiert ist. Somit wird

$$\frac{y''}{y} = -\frac{s}{a} \cdot \frac{f_1}{f_2},$$

woraus, da f_2 negativ, folgt, daß das Bild y'' aufrecht steht.

Die Vergrößerungszahl wird, wenn a und s sehr groß gegen f_1 und f_2,

$$\frac{\operatorname{tg} \psi''}{\operatorname{tg} \psi} = \frac{y''}{s} : \frac{y}{a} = \frac{f_1}{|f_2|},$$

wobei $|f_2|$ der absolute Wert der Brennweite der hinteren Linse ist. Diese Relation ist, abgesehen vom Vorzeichen, dieselbe, wie die des terrestrischen Fernrohrs. Man hat also wieder die Brennweite des Objektivs möglichst groß, die des Okulars möglichst klein zu wählen, um starke Vergrößerung zu erhalten.

19. Das Konvergenzverhältnis eines speziellen Paares konjugierter Strahlen, nämlich der Strahlen LF_1 und $L''F_2'$ wird

$$\frac{\operatorname{tg} v''}{\operatorname{tg} v} = \frac{\operatorname{tg} \sphericalangle (L''F_2'L_0')}{\operatorname{tg} \sphericalangle (LF_1L_0')} = \frac{y''}{L_0''F_2'} : \frac{y}{a}.$$

Es ist aber

$$\frac{y}{a} = -\frac{y'}{f_1}; \quad \frac{y''}{L_0''F_2'} = \frac{y'}{f_2},$$

also

$$\frac{\operatorname{tg} v''}{\operatorname{tg} v} = \frac{f_1}{|f_2|},$$

und somit gleich dem Wert, den wir angenähert für die Vergrößerungszahl gesetzt haben.

Dieses Konvergenzverhältnis gilt für alle Strahlenpaare, wenn die Einstellung eine teleskopische ist, wenn also die Brennpunkte F_2 und F_1' in einen Punkt zusammenfallen. Das folgt aus § 69, 5., Gleichung (6). In diesem Falle kann man also direkt dieses Konvergenzverhältnis als Vergrößerungszahl definieren. Das gilt für alle teleskopischen Systeme.

20. Bei allen optischen Instrumenten, die für eine Beobachtung mittels des Auges bestimmt sind, ist zu beachten, daß man für eine vollständige Berechnung dessen, was der Mensch wahrnimmt, auch das Auge in das System mit aufnehmen muß.

Die Kristallinse hinter der Pupille und der vor der Pupille gelegene, mit einer Flüssigkeit, humor aqueus, erfüllte Raum bilden das vom Okular erzeugte Bild auf der Netzhaut (retina) ab. Der Raum zwischen Kristallinse und Netzhaut, also der definitive Bildraum, ist von dem Glaskörper erfüllt, der einen Brechungsexponent 103/77, denselben wie der humor aqueus hat. Die Kristallinse hat den größeren Exponent 16/11.

§ 74. Abbildung durch Bündel größerer Öffnungswinkel.

1. Die bisher besprochenen Gesetze gelten nur für parachsiale Strahlenbündel, also nur, wenn alle zur Abbildung verwerteten Strahlen in ihrer Richtung wenig von der Achse abweichen. In diesem Falle erhält man eine hinreichend gute Abbildung eines die ganze Achse umgebenden Gebietes.

Es fragt sich nun, ist es nicht möglich, ein gewisses Gebiet, wenn auch vielleicht nur ein kleines, mit endlich geöffneten Lichtbündeln abzubilden? Dadurch würde die Lichtstärke wesentlich gewinnen.

2. In einem speziellen Falle haben wir eine solche Abbildung schon erreicht, nämlich (§ 65, 4) die Abbildung eines Punktepaares ineinander, des aplanatischen Punktepaares. In diesem Falle werden aber Nachbarpunkte nicht mehr allgemein durch Nachbarpunkte abgebildet.

Es gilt demgemäß auch die Bedingung

$$y n \operatorname{tg} v = y' n' \operatorname{tg} v'$$

nicht mehr, also nicht mehr die daraus folgende Relation, daß, wenn y festgehalten wird,

$$\operatorname{tg} v' / \operatorname{tg} v = \text{konst.} \tag{1}$$

ist; dafür gilt aber die Relation (vgl. § 65, 4)

$$\sin u' / \sin u = \text{konst.}$$

aus der, da dort $u' = \pi - v'$, $u = v$ ist, folgen würde

$$\sin v' / \sin v = \text{konst.} \tag{2}$$

3. Da die Bedingungen (1), (2) unmöglich gleichzeitig erfüllt sein können, außer für kleine v, so folgt daraus schon, daß unmöglich größere Raumgebiete durch größere Bündel abgebildet werden können; denn größere Raumgebiete verlangen zur Abbildung die Konstanz der Tangenten, größere Öffnungswinkel die Konstanz der Sinus.

4. Die Sinusbedingung hat allgemeinere Gültigkeit, als für die Brechung durch eine Kugelfläche. Wenn ein System von brechenden Flächen so beschaffen ist, daß sie bezüglich eines Achsenpunktes im Objekt und eines Achsenpunktes im Bildraum erfüllt ist, so werden diese durch endliche Bündel ineinander abgebildet; aber auch die ganzen unendlich kleinen Querschnittselemente, in denen sie liegen, werden ineinander abgebildet.

5. Punktepaare die auf diese Weise mit den zur Achse senkrechten Flächenelementen durch endliche Bündel ineinander abgebildet werden, heißen nach Abbe „aplanatische“ Punktepaare. Eine Abbildung zweier Punkte durch endliche Bündel, heißt dagegen nur „aberrationsfrei“, wenn die Nachbarelemente nicht auch abgebildet werden. Letzteres ist der Fall, wenn ein Nachbarpunkt im Abstand δ von dem aberrationsfrei abgebildeten Punkt durch ein räumliches Gebilde (§ 63) abgebildet wird, dessen Dimensionen von der Größenordnung von δ sind.

6. In Figur 222 sollen die beiden Kugelflächen irgend ein brechendes System andeuten. Die punktierten Strahlstücke sollen nur symbolisch den, in Wirklichkeit vielleicht öfters geknickten Lichtweg im Innern bedeuten. Der Achsenpunkt L_0 soll in B_0, der senkrecht über L_0 liegende, aber unendlich benachbarte Punkt L soll in dem ebenso zu B_0 gelegenen Punkt B abgebildet werden. Wenn wir durch Klammern, z. B. $(L_0 S S' B_0)$, die „optischen Längen" der Lichtwege andeuten, so müssen wie in § 60, 6, wenn die Abbildung durch endliche Büschel erfolgen soll, alle Lichtwege von L_0 nach B_0 und ebenso alle von L nach B gleiche optische Länge haben; also wird

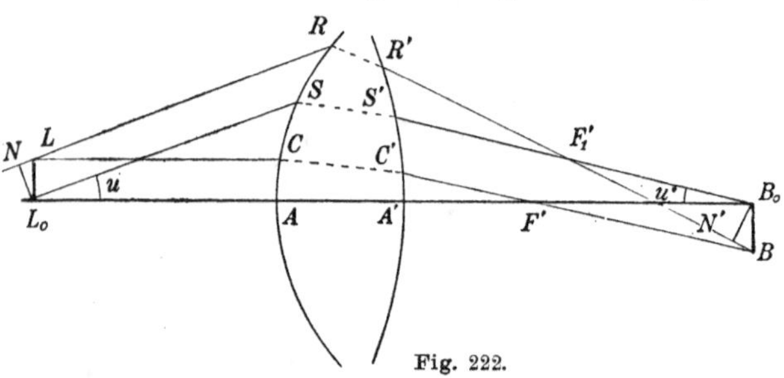

Fig. 222.

(3) $$(L_0 A A' B_0) = (L_0 S S' B_0),$$

(4) $$(L C C' B) = (L R R' B).$$

7. LC sei parallel mit $L_0 A$. Dann ist F' der Brennpunkt für achsenparallele Strahlen, und somit die Grenzlage des Bildes eines ins Unendliche rückenden Punktes T, so daß

$$(T L_0 A A' F') = (T C C' F')$$

ist, und da mit ferner rückendem T

$$T L_0 = T L, \quad T C = T L C$$

wird, so folgt

(5) $$(L_0 A A' F') = (L C C' F'),$$

und aus demselben Grunde findet man

(6) $$(L_0 S S' F_1') = (N R R' F_1').$$

Schließlich wird noch, wenn $L L_0$ und $B B_0$ unendlich klein werden

(7) $$F' B_0 = F' B \quad \text{also} \quad (F' B_0) = (F' B),$$

(8) $$F_1' B_0 = F_1' N' \quad \text{also} \quad (F_1' B_0) = (F_1' N').$$

Aus (5) und (7), sowie aus (6) und (8), folgt durch Addition

(9) $$(L_0 A A' B_0) = (L C C' B),$$

(10) $$(L_0 S S' B_0) = (N R R' N'),$$

und wegen (3)

$$(L C C' B) = (N R R' N'),$$

und wegen (4)

$$(L R R' B) = (N R R' N');$$

und daraus folgt, wenn man beide Seiten von $(N R R' B)$ subtrahiert,

$$(N L) = (N' B),$$

oder, da die optische Länge gleich der mit dem Brechungsindex multiplizierten Länge ist

$$n\,\overline{NL} = n'\,\overline{N'B}$$

und schließlich, wenn man $LL_0 = y$; $B_0B = -y'$ setzt und wieder die Winkel u, u' einführt

$$ny \sin u = -n'y' \sin u'.$$

(11) $$\frac{\sin u'}{\sin u} = -\frac{ny}{n'y'}.$$

8. Dies ist die sogenannte Sinusbedingung. Soll ein bei L_0 gelegener kleiner Gegenstand durch endliche Büschel abgebildet werden, so muß das abbildende Objektiv so beschaffen sein, daß alle von L_0 ausgehenden Strahlen des Objektraumes im Bildraum korrespondierende Strahlen haben, die sich mit der Achse unter einem Winkel schneiden, so beschaffen, daß

(12) $$\frac{\sin u'}{\sin u} = \text{konst.} \quad \text{oder} \quad \frac{n' \sin u'}{n \sin u} = \text{konst.}$$

Die erste Konstante ist von den Brechungsindizes des ersten und letzten Mediums und von der zu erzielenden Lateralvergrößerung abhängig.

9. Es ist, was nur erwähnt werden möge, nicht möglich, einen an anderem Orte der Achse gelegenen kleinen Gegenstand gleichzeitig abzubilden. Die Sinusbedingung ist nur für einen Punkt der Achse auf einmal erfüllbar. Diese Tatsache ist für die Konstruktion der Mikroskope von Wichtigkeit, bei denen kleine ebene Gebilde abgebildet werden sollen und zwar, wegen der zu erreichenden Lichtstärke mittels weit geöffneter Bündel.

10. Daß in der Tat die Anordnung von Kugelflächen so möglich ist, daß das Sinusgesetz für einen Punkt der Achse und dessen Bild erfüllt wird, haben wir an einem speziellen Fall (§ 65, 4) erkannt. Daß dort (Fig. 200) ein bei S_2 gelegenes ebenes Flächenelement durch ein solches bei S_1 gelegenes abgebildet wird, folgt daraus, daß alle Punktepaare der Kugeln r_1, r_2 einander als aplanatische Punktepaare zugeordnet sind; und Elemente von Kugelflächen können als ebene Elemente aufgefaßt werden.

§ 75. Lichtintensität.

1. Die Oberfläche eines leuchtenden Körpers (glühendes Metall z. B. oder auch ein von Licht bestrahlter weißer oder farbiger Körper) sendet in den ganzen umgebenden Raum die Lichtstrahlen aus, deren einer Teil nun auf irgend eine andere undurchsichtige Fläche senkrecht auffallen möge. Die so bestrahlte Fläche erscheint verschieden hell, je nach den Eigenschaften der Lichtquelle und je nach der Entfernung, in der sie sich von der Lichtquelle befindet. Um diese Tatsache zu erklären, nehmen wir an, daß jedes Oberflächenelement der Lichtquelle in der Zeiteinheit eine gewisse Lichtmenge in den angrenzenden Halbraum aussendet und daß diese Lichtmenge von der Beschaffenheit, der „Helligkeit", des Oberflächenelementes abhängt. Diese Lichtmenge wird von der Strahlung befördert. Innerhalb eines Strahlenbündels fließt also gleichsam eine Lichtmenge hin.

2. Wenn wir von einem Element dq der leuchtenden Oberfläche aus einen elementaren Strahlenkegel zeichnen, so werden wir annehmen müssen, daß die in diesem strömende Lichtmenge abhängig ist von dem Neigungswinkel der Kegelachse gegen die Normale auf dq und außerdem dem Öffnungswinkel — solange dieser unendlich klein ist — proportional ist.

3. In welcher Beziehung die von einem Flächenelement ausgesendete Lichtmenge zum Neigungswinkel der Strahlenrichtung gegen die Flächennormale steht, hat Lambert[1]) aus der Tatsache entnommen, daß die Sonne als gleichmäßig helle Scheibe erscheint. Ein normal zu unserer Sehrichtung stehendes Flächenelement dq der Sonnenoberfläche muß demnach in den dieses Element umgrenzenden Strahlenzylinder C dieselbe Lichtmenge senden, wie ein schiefstehendes Element dq' in einen Zylinder C' von gleichem Durchmesser (Fig. 223), den es gerade durchschneidet. Nach diesen Festsetzungen ist

$$dq = dq' \cdot \cos\vartheta,$$

wenn ϑ der Neigungswinkel zwischen der Flächennormalen und der Strahlrichtung ist. Wenn also die Flächeneinheit von dq die Menge $\varkappa$, vertikal, die von dq' die Menge $\varkappa'$ in der Richtung ϑ aussendet, so muß

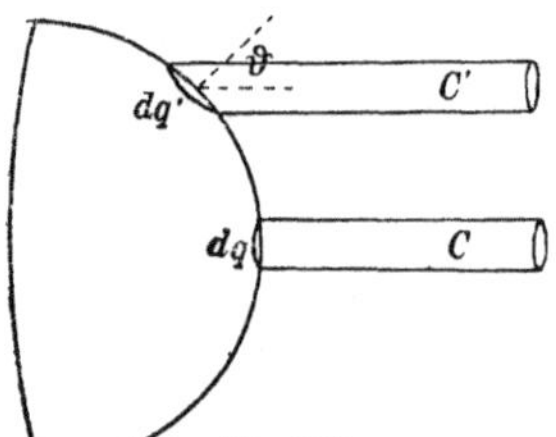

$$\varkappa dq = \varkappa' dq'$$

sein, woraus also folgt

$$\varkappa' = \varkappa \cdot \cos\vartheta.$$

Fig. 223.

Die Lichtmenge, die die Flächeneinheit eines Flächenelementes in einer

1) Johann Heinrich Lambert, geb. 26. August 1728 zu Mülhausen im Elsaß, gest. 25. August 1777 in Berlin, war Professor und Mitglied der Akademie der Wissenschaften in München, später Mitglied der Akademie der Wissenschaften in Berlin. Er stammt aus geringen Verhältnissen und hat durch eigene Kraft erreicht, was er geworden ist. Lambert ist der Begründer der Photometrie, aber auch in der Mathematik, Philosophie und besonders in der Astronomie hat er sich einen Namen erworben.

um den Winkel ϑ gegen die Normale geneigten Richtung aussendet, ist dem $\cos\vartheta$ proportional.

4. Von einem Flächenelement dq gehe in beliebiger Richtung ϑ gegen die Normale ein Strahl aus. Wir zeichnen uns senkrecht zu diesem Strahl im Abstand 1 ein Flächenelement $d\omega_1$, und es sei $d\omega_1$ unendlich klein wie dq. Das Element $d\omega_1$ wird dann von Lichtstrahlen getroffen, die alle merklich den gleichen Winkel ϑ gegen die Normale ν einschließen.

Wir wählen das Element $d\omega_1$ so, daß es gerade den normalen Querschnitt eines Zylinders bildet, der von der Umrandung von dq schräg ausgeht. Dann wird $d\omega_1$ in der Zeiteinheit von der Lichtmenge

$$\varkappa \cdot dq \cos\vartheta$$

getroffen. Da die Strahlen merklich parallel auf $d\omega_1$ auffallen, so müssen wir schließen, daß jeder n^{te} Bruchteil von $d\omega_1$ auch den n^{ten} Bruchteil dieser Menge erhält. Ein Nachbarelement $d\omega_2$, daß sich unmittelbar an $d\omega_1$ anschließt, wird, wenn es ebenso groß ist wie $d\omega_1$, auch noch die gleiche Lichtmenge, und wenn es ein n^{tel} von $d\omega_1$ ist, noch ein n^{tel} der Lichtmenge von $d\omega_1$ erhalten usw. Daraus folgt, daß ein beliebiges Flächenelement $d\omega$, daß wir uns als Summe aus einer Anzahl von $d\omega_1, d\omega_2 \ldots$ zusammengesetzt denken können, vorausgesetzt, daß $d\omega$ noch unendlich klein ist, eine Lichtmenge pro Zeiteinheit erhält, die mit $d\omega$ proportional ist, die außerdem mit $\cos\vartheta$, wenn ϑ der — untereinander merklich gleiche — Winkel der Strahlen von dq nach $d\omega$ gegen die Normale auf dq bedeutet, und die schließlich proportional mit dq sein muß. Also können wir die Lichtmenge, die von dq aus in der Zeiteinheit nach $d\omega$ läuft als

$$L = i\,dq \cos\vartheta\, d\omega \tag{1}$$

bezeichnen.

5. Legen wir um den Mittelpunkt von dq die Einheitshalbkugel in den Außenraum, so daß diese einseitig von der durch dq gehenden Ebene begrenzt wird (Fig. 224), und teilen wir diese durch Meridiane und Parallelkreise, wie bei den räumlichen Polarkoordinaten (Bd. II, § 98), so erkennt man, daß jedes Element $d\omega$ des unendlich schmalen Ringgebiets QQ', RR' die gleiche Lichtmenge erhält, wenn es gleich groß ist. Ist also $d\Omega$ der Flächeninhalt des ganzen von QQ' über RR' nach QQ' zurücklaufenden Ringes, so erhält dieses in der Zeiteinheit die Lichtmenge

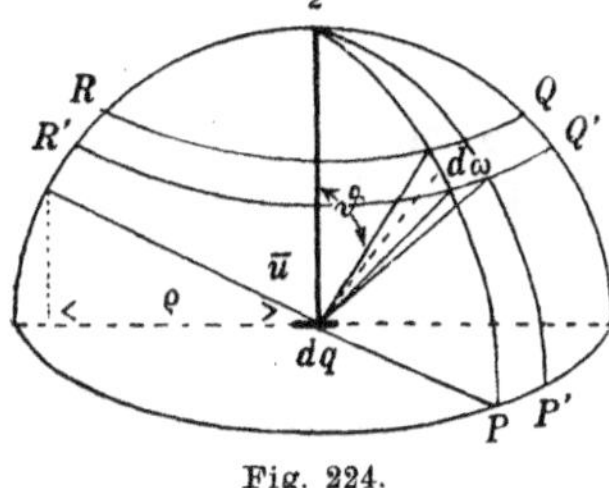

Fig. 224.

$$i\,dq \cos\vartheta\, d\Omega\,.$$

Es ist aber $\cos\vartheta\, d\Omega = dF$ nichts anderes, als die Projektion des

Ringes in die Durchmesserebene. Die ganze Einheitshalbkugel erhält demnach von dq die Lichtmenge:

$$J \cdot dq = i dq \cdot \int \cos\vartheta \, d\Omega = i dq \cdot \int dF,$$

und $\int dF$ ist die ganze Durchmesserebene, also gleich π; somit wird

(2) $$J dq = i \pi dq.$$

6. In derselben Weise läßt sich aus (1) auch die Lichtmenge berechnen, die in der Zeiteinheit von dq aus nicht in den ganzen Halbraum, sondern nur in einen Kreiskegel mit der Achse z (Fig. 224) ausstrahlt, dessen Erzeugende einen Winkel $\bar{u}$ mit der Achse einschließt. Es ist nun $\int dF$ die Projektion der Basisfläche dieses Kegels in die Ebene von dq, also, wenn der Radius dieser Projektion ϱ ist

$$\int dF = \varrho^2 \pi,$$

und es ist

$$\varrho = \sin \bar{u}.$$

Somit wird diese Lichtmenge

(3) $$L = i\pi \sin^2 \bar{u} \cdot dq.$$

Diese Lichtmenge heißt der „Lichtstrom durch den Kegel".

7. Aus (1) folgt: i ist die Lichtmenge, die die Flächeneinheit von dq (unendlich kleine Flächeneinheit, vgl. Anm. S. 181) normal zu dq durch die Flächeneinheit von $d\omega$ sendet. Aus (2) folgt: J ist die Lichtmenge, die die Flächeneinheit von dq in den ganzen umgebenden Halbraum sendet. Es ist

$$i = \frac{J}{\pi}.$$

8. Von dq möge ein unendlich enger Strahlenkegel vom körperlichen Winkel $d\omega$ in den umgebenden Raum ausgehen. Es ist dann $d\omega$ der Flächeninhalt, den der von dq ausgehende Kegel aus der Einheitshalbkugel ausschneidet. Dann ist also die in diesem Kegel in der Zeiteinheit den Querschnitt $d\omega$ im Abstand 1 treffende Lichtmenge

$$i dq \cdot \cos\vartheta \, d\omega$$

und wenn bei $d\omega$ keine Fläche liegt, sondern im Abstand r erst ein normaler Querschnitt do gelegt ist, so trifft diese Lichtmenge das Flächenelement do, und es ist

$$d\omega : do = 1 : r^2;$$

die Menge, die die Fläche do trifft ist also

$$\frac{i dq \, do \cos\vartheta}{r^2}.$$

Legen wir im Abstand r einen Querschnitt nicht normal zu den Strahlen, sondern mit seiner Normalen um den Winkel ϑ' gegen die Strahlrichtung geneigt, so ist dieser Querschnitt

$$dq' = \frac{do}{\cos\vartheta'},$$

und die Lichtmenge, die das Element dq' trifft, ist

$$dL = \frac{i\,dq\,dq'\cos\vartheta\cos\vartheta'}{r^2}. \tag{4}$$

ϑ ist der Winkel der äußeren Normalen auf dq gegen die positive Strahlrichtung, ϑ' ist der Winkel den die auf der bestrahlten Seite von dq' errichtete Normale mit der negativen Strahlrichtung bildet. Die Gleichung (4) heißt das „Lambertsche Gesetz".

9. Diese Relation (4) gilt für selbstleuchtende Flächen, wie die Oberfläche glühender Körper oder leuchtender Flammen (so weit man bei letzteren von einer Oberfläche sprechen kann) aber auch für Flächen die „diffus" reflektieren.

Zu letzteren gehören die Oberflächen nicht leuchtender Körper, soweit sie nicht „spiegelnd" sind. Als spiegelnd wäre eine Oberfläche zu bezeichnen, die alles auffallende Licht nach den Reflexionsgesetzen zurückwirft; als „diffus reflektierend" eine solche, die, selbst von Licht bestrahlt, nach allen Seiten hin Licht aussendet, in einer Weise, daß die Gleichung (4) erfüllt ist. In Wirklichkeit wird sich immer diffuse Reflexion und Spiegelung überlagern. Ein weißes Papier zeigt z. B. aus gewisser Richtung einen Glanz, der von gerichteter Reflexion (Spiegelung) herrührt, während es aus anderer Richtung betrachtet matt weiß erscheint. Die reinste Spiegelung zeigen polierte Metallflächen; die beste diffuse Reflexion geben nach H. Wright stark gepreßte Pulver.

10. Die Konstante i bedeutet die Lichtmenge, die im Abstand 1 ($r = 1$), auf der Normalen zu dq ($\vartheta = 0$) gemessen, durch eine zu den Strahlen senkrechte ($\vartheta' = 0$) unendlich kleine Flächeneinheit ($dq' = 1$) von der unendlich kleinen Flächeneinheit von dq ausgehend, in der Zeiteinheit hindurchtritt. Da $dq' = 1$ im Abstand 1 von dem Öffnungswinkel 1 des Strahlenkegels gefaßt wird, so können wir auch sagen: i ist die Lichtmenge, die von der Flächeneinheit von dq in der Zeiteinheit in einen Kegel vom Öffnungswinkel 1 normal zu dq ausstrahlt. Diese Menge heißt der „Glanz" oder die „spezifische Intensität" des Flächenelementes.

Es ist also

$$\frac{dq'\cos\vartheta'}{r^2} = d\omega$$

und

$$dL = i\,dq\cos\vartheta\,d\omega.$$

11. Erhält das Flächenstück dq', außer von dq, noch von anderen Flächenelementen einer Lichtquelle her Lichtstrahlen, so wird die gesamte Lichtmenge pro Zeiteinheit

$$dL = dq' \cdot B, \tag{5}$$

wo

$$B = \int\limits_q \frac{i \cos \vartheta \cos \vartheta' \, dq}{r^2}$$

ist, zu integrieren über die ganze leuchtende Fläche q. Dieser Wert B, die Lichtmenge, die die Flächeneinheit von dq' erhält, heißt seine „Beleuchtungsstärke". Sind die Abstände der dq' von den dq groß gegen die Dimensionen der Lichtquelle, so wird $1/r^2$ vor das Integral gesetzt werden dürfen. Außerdem ist ϑ', der Winkel der Normalen auf dq' gegen die Radien r, dann für die einzelnen dq merklich identisch und es wird

$$B = \frac{K \cdot \cos \vartheta'}{r^2}, \tag{6}$$

worin

$$\int i \cos \vartheta \, dq = K \tag{7}$$

gesetzt ist. K heißt die Leuchtintensität (Lichtstärke, Lichtintensität) der Lichtquelle. In Worten kann man sie nach (6) definieren als die Beleuchtungsstärke, die ein Flächenelement im Abstand 1, senkrecht zu den Strahlen[1]) gelegen, von der Lichtquelle erfährt.

Die Lichtstärke K, wie sie durch (7) definiert ist, enthält die Richtungen ϑ der Elemente gegen die nach dq' hin zielenden Strahlen. Daraus folgt, daß die Lichtstärke im allgemeinen von der Richtung abhängig sein wird, aus der man sie untersucht.

So wird eine Kerze nach oben nicht ebensogut leuchten, wie nach der Seite. Im übrigen ist die Lichtstärke K und ihre Verteilung nach der Richtung nur eine Eigenschaft der Lichtquelle, während das für B nicht der Fall ist.

12. Die Gleichung (6) gibt die Methode, Lichtintensitäten verschiedener Lichtquellen zu vergleichen. Man stellt sie relativ zu einem Schirm, den sie beide möglichst normal bestrahlen ($\cos \vartheta' = 1$) in solchen Abständen auf, daß sie gleiche Beleuchtungsstärke auf dem Schirm hervorrufen. Es wird dann

$$K_1 : K_2 = r_2^2 : r_1^2.$$

---

1) Man muß, um die Strahlenrichtung definieren zu können, annehmen, daß der Abstand 1 groß gegen die Dimensionen der Lichtquelle ist. Ist das nicht der Fall, so muß man mit dem Flächenelement in großen Abstand r gehen, und das Resultat auf den Abstand 1 nach Gleichung 6 umrechnen. Man kann dann die „unendlich große Abstandseinheit" definieren, analog wie Anm. S. 181 die „unendlich kleine Einheit" definiert war.

Als Kriterium gleicher Beleuchtung B, hat Bunsen ein Papier mit einem Fettfleck benutzt, das von beiden Seiten her beleuchtet wird. Wenn die Beleuchtung identisch ist, wird der Fettfleck von keiner Seite her mehr durchscheinend aussehen. Auf einer optischen Bank sind die Lichtquellen und zwischen ihnen ist der Schirm aufgestellt.

13. Als Einheit der Lichtstärke diente bis vor Kurzem bei uns in der Technik die der 50 mm hoch brennenden Vereins-Paraffinkerze, die „Normalkerzenstärke". Für exaktere Messungen wird jetzt die Lichtstärke einer von v. Hefner-Alteneck konstruierten 40 mm hoch brennenden Amylacetatlampe, die „Hefnereinheit", „Hefnerkerze" oder „Pyr." (H. K.) als Einheit verwandt. Die Normalkerzenstärke soll 1,20 Hefnereinheiten betragen. In anderen Ländern sind andere technische Einheiten eingeführt.

Unter den gebräuchlichen Beleuchtungsvorrichtungen haben

Eine Paraffinkerze	etwa	1,2 H. K.
Rundbrenner Petroleumlampe	„	20—30 H. K.
Auerbrenner	„	55 H. K.
Elektrische Glühlampen		10—60 H. K.
„ Bogenlampen . .		120—2000 H. K. und mehr.

14. Die Beleuchtungsstärke, die eine Fläche normal zu den Strahlen in einem Meter Abstand von der Hefnerkerze erfährt, ist die Einheit der Beleuchtungsstärke. Sie heißt 1 „Meterkerze" (1 „Lux"). Tageslichtbeleuchtung beträgt etwa 50 Lux.

Die Lichtmenge, die in der Zeiteinheit einen Querschnitt durchfließt, heißt der „Lichtstrom". Als Einheit, ein „Lumen", gilt der Lichtstrom, der von einer Hefnerkerze aus durch jeden Querschnitt des räumlichen Winkels 1 hindurchfließt.

Daraus läßt sich eine Einheit für die Lichtmenge ableiten, die „Lumensekunde" oder „Lumenstunde", die Lichtmenge, die der Lichtstrom 1 Lumen in einer Sekunde oder einer Stunde durch seinen Querschnitt befördert.

Die Lumensekunde, die auch 1 „Rad" heißt, können wir auch definieren als die Lichtmenge, die in 1 sek. ein Quadratmeter erhält, das überall von 1 Lux normal getroffen wird. In t Sekunden erhält diese Fläche also t Rad, und die Fläche q in t sek. also qt Rad.

15. Es gibt gewisse Körper, die man schwarz nennt, die fast kein Licht reflektieren, weder spiegelnd noch diffus. Sie „absorbieren" das Licht. Ein Körper, der gar kein Licht reflektiert, ist ein „vollkommen schwarzer Körper". Diese Körper erwärmen sich, wenn sie von Lichtstrahlen getroffen werden, und zwar um so mehr, je länger sie getroffen werden. Das führt uns im Anschluß an die Ausführungen von § 28 zu dem Schluß, daß die Lichtmenge eine Energieform sein muß. Wenn wir uns in einen Strahlenkegel einen Querschnitt gelegt denken, so wird dieser dauernd von Energie durchströmt, der „Strahlungsenergie". Quantitative Messungen haben ergeben, daß

$$(8) \qquad \begin{aligned} 1 \text{ Rad} &= 6{,}24.10^{-4} \text{ kg-Meter} \\ &= 61200 \text{ Erg}, \\ &= 1{,}46 \cdot 10^{-3} \text{ cal.} \end{aligned}$$

beträgt. (Diese Energie ist die der sichtbaren Strahlung der Hefnerkerze.)

Eine Lichtquelle, die nach allen Seiten gleichmäßig strahlt und die Lichtstärke J besitzt, sendet in den ganzen umgebenden Raum den Lichtstrom $4\pi J$ aus, gibt also an sichtbarem Licht in t sek die Energie ab

$$4\pi Jt \text{ Rad} = 4\pi Jt \cdot 61200 \text{ Erg}.$$

16. Denkt man sich an irgend einen Ort im Raume, in dem Strahlung erfolgt, einen Moment lang einen Schirm gehalten, und die Beleuchtungsstärke dieses Schirmes gemessen, und denkt man sich diesen Versuch nach Ablauf gewisser Zeiten wieder und wieder ausgeführt, so kann man darüber entscheiden, ob die Strahlung eine „stationäre" ist oder nicht, je nachdem die Beleuchtungsstärken sich immer wieder als die gleichen ergeben oder nicht.

17. In einem stationär durchstrahlten Raume denken wir uns ein Volumen so abgegrenzt, daß es ein Stück eines Strahlenkegels bildet, daß also zwei Flächenstücke seiner Oberfläche senkrecht[1]) zu den Strahlen, die übrige Oberfläche parallel mit den Strahlen stehen. Machen wir dieses Volumen unendlich klein, dv, nach allen Dimensionen hin, so können wir es als einen Zylinder von einer Höhe l ansehen. Durch die eine Basisfläche q_1 strahlt fortgesetzt Energie ein, von der anderen q_2 strahlt ebensoviele Energie aus, wenn keine Absorption stattfindet. Im Inneren des Volumens dv ist dann in jedem Zeitpunkt ein gewisses Quantum Strahlungsenergie vorhanden.

18. Wir denken uns, was allerdings praktisch nicht ausführbar, die ganze Strahlungsenergie im Innern des Volumens dv ausgelöscht, in der Umgebung aber unverändert erhalten. Die Energie strahlt durch q_1 nach und es wird eine gewisse Zeit t dauern, bis das Volumen dv wieder mit seiner Energie erfüllt ist, nämlich so lange, bis die Energie von q_1 aus den Weg l zurückgelegt hat. Ist c die Fortpflanzungsgeschwindigkeit der Energie, so ist $c = l/t$.

1) Es ist hier vorausgesetzt, daß zu den Strahlen normale Flächen gelegt werden können. Wenn die Strahlen geradlinig von einem Punkte aus, oder nach ihm hinlaufen, also bei punktförmiger Lichtquelle und deren vollkommener Abbildung, ist das ohne weiteres klar. Wir können uns auf eine Übereinanderlagerung solcher Strahlungen beschränken. Ein von Malus aufgestellter Satz beweist die Möglichkeit orthogonaler Schnitte allgemeiner.

Bedeutet B die Beleuchtungsstärke, die ein Schirm bei q_1 erfahren würde, so ist nach Nr. 14

$$B \cdot q_1 t = \frac{1}{c} B \cdot q_1 l$$

die Lichtmenge, die in den t sek. die Fläche q_1 passiert, also

$$dw = \frac{1}{c} B \cdot q_1 l = \frac{B}{c} dv, \tag{9}$$

in Rad ausgedrückt, der Energieinhalt des Volumens dv. Da man jedes unendlich kleine Volumen dv in Volumenelemente, die unendlich klein höherer Ordnung sind und die oben beschriebene Gestalt haben, zerlegen kann, so gilt (9) für beliebig geformte unendlich kleine Volumina. Es ist demnach, in Rad ausgedrückt, der Energieinhalt der unendlich kleinen Volumeneinheit

$$w = \frac{B}{c}, \tag{10}$$

wo c die Geschwindigkeit der Lichtenergie (Lichtgeschwindigkeit) bedeutet.

§ 76. Lichtintensität und optische Instrumente.

1. Ein zur Achse senkrechtes Flächenstück der Größe q möge sich in einem Abstand x, größer als die doppelte Brennweite, vor der ersten Hauptebene eines Objektivs, z. B. dem eines Fernrohrs befinden. Dann wird das verkleinerte Bild q' dieses Flächenstückes zwischen einfacher und doppelter Brennweite im Abstand x' hinter der zweiten Hauptebene liegen. Es sei δ der Abstand der Eintrittspupille von der ersten Hauptebene und

$$s = x - \delta$$

der des abzubildenden Flächenstückes vor der Eintrittspupille. Es sei ε die Fläche der Eintrittspupille. Jedes Flächenelement der Fläche q sendet ein Strahlenbündel aus, dessen Öffnungswinkel, wenn s hinreichend groß gegen die Dimensionen von q und ε,

$$\omega = \frac{\varepsilon}{s^2}$$

ist. Wenn i wieder den Glanz von q bedeutet, so wird demnach, da ϑ nahe gleich 0 ist,

$$L = iq \frac{\varepsilon}{s^2}$$

die Lichtmenge, die in der Zeiteinheit von q ausstrahlend das Objektiv trifft.

2. Diese Lichtmenge trifft das Flächenstück q', vorausgesetzt, daß unterwegs nichts davon verloren geht (durch Absorption oder

Reflexion). Die Flächeneinheit von q' empfängt also in der Zeiteinheit die Menge

$$B' = i \frac{q}{q'} \frac{\varepsilon}{s^2},$$

und sie gibt diese Menge auch wieder ab. Nun ist, wenn y, y' zwei konjugierte Längendimensionen von q und q' sind, wegen der Ähnlichkeit von q und q' und nach § 67, 24. (1):

$$\frac{q}{q'} = \frac{y^2}{y'^2} = \left(\frac{x}{x'}\right)^2,$$

wobei vorausgesetzt ist, daß vor und hinter dem Objektiv das gleiche Medium liegt.

3. Wenn x hinreichend groß wird, fällt das Bild merklich in die hintere Brennebene. Dann wird $x' = f'$ (wenn $n = n'$, ist $f = f'$) und bei geeigneter Lage der Blende, wenn nämlich die Eintrittspupille hinreichend nahe der vorderen Hauptebene liegt, wird

$$x = s$$

und, wenn d der Durchmesser der kreisförmig gedachten Eintrittspupille,

(1) $$B' = \frac{i\varepsilon}{f'^2} = \frac{i\pi}{4} \cdot \left(\frac{d}{f'}\right)^2.$$

Die „Helligkeit" des Bildes ist außer vom Glanz des Objektes nur noch von der Größe der Eintrittspupille und von der Brennweite abhängig, nicht mehr von dem Orte des Objektes.

4. Die in (1) ausgesprochene Tatsache spielt für die Photographie eine Rolle. Objekte in hinreichend großem Abstande werden nach dieser Gleichung nicht mit unrichtigen Helligkeitswerten abgebildet, wenn sie verschieden fern vom Apparat stehen (vorausgesetzt, daß nicht andere Gründe, wie Farbenunterschiede, fehlerhafte Helligkeitswerte geben). Die Eintrittspupille nennt man hier „wirksame Öffnung" oder „wirksame Blende". Experimentell kann man sie dadurch ermitteln, daß man vom hinteren Brennpunkte aus (Mitte der Mattscheibe des Photographenapparates, die bis auf ein feines Loch abgedeckt wird) ein Lichtstrahlbündel ausgehen läßt. Dieses muß als achsenparalleler Zylinder aus dem Objektiv ausstrahlen. Der Durchmesser dieses Zylinders ist die wirksame Öffnung.

Der Quotient d/f heißt die „Lichtstärke" des Objektivs. Die erforderlichen Belichtungszeiten nehmen mit dem reziproken Quadrat dieses Quotienten ab. Das Verhältnis d/f ist auf allen besseren Objektiven für die größte Blende vermerkt.

5. Die Unabhängigkeit der Helligkeit des Bildes vom Abstand des Objektes haben Holborn und Kurlbaum in ihrem optischen Pyrometer zur Temperaturmessung ferner Gegenstände verwertet. In der Brennebene des Objektivs eines Fernrohres befindet sich der Kohlenfaden einer Glühlampe, die man durch Stromregulierung verschieden hell leuchten lassen kann. Man stellt auf einen selbstleuchtenden Körper ein und reguliert die Helligkeit der Glühlampe so lange, bis sie nicht mehr von der Umgebung unterschieden werden kann. Dann sind der Kohlenfaden und der ferne Körper gleich hell. Nach einem von Stephan gegebenen Gesetze ist die Strahlung eines Körpers, also der Faktor i in (1), proportional mit der vierten Potenz seiner absoluten Temperatur. Als Korrektion ist das „Schwächungsverhältnis“ (infolge Absorption und Reflexion der durchstrahlten Körper) in Rechnung zu setzen. Sieht man von dieser Korrektion ab, so ist, wenn die Helligkeitsregulierung erfolgt ist, die Temperatur des leuchtenden Körpers aus der des Kohlenfadens berechenbar.[1]) Bei sehr heißen Körpern, wie z. B. der Sonne, müssen Platten mit bekannter Lichtabsorption vorgeschaltet werden.

6. Beim Mikroskop gelten diese Ableitungen nicht mehr, weil hier das Objekt nicht fern von der vorderen Hauptebene des Objektivs liegt. Im übrigen ist das Mikroskop so gestaltet, daß die Sinusbedingung (§ 74) erfüllt ist.

Der Öffnungswinkel des von einem Objektpunkt ausgehenden Strahlenbüschels der Meridianebene nähert sich bei den gebräuchlichen Mikroskopen dem Winkel 180°. Dagegen liegt der Bildpunkt dieses Objektpunktes so fern, daß die entsprechenden aus dem Mikroskop austretenden Bildstrahlen nur einen kleinen Öffnungswinkel einschließen.

Beim Brennglas, wenn man von ihm eine gute Abbildung fordert, ferner bei den sogenannten „Weitwinkelobjektiven“ muß ebenfalls die Sinusbedingung erfüllt sein, aber aus dem entgegengesetzten Grunde, nämlich weil sich die Bildstrahlen unter großem Winkel vereinigen.

7. Es sei $\bar{u}$ der Winkel, den die äußersten Strahlen des einfallenden Büschels mit der Achse einschließen, d. h. der Winkel zwischen den Erzeugenden des Strahlenkegels und der optischen Achse, die gleichzeitig die Kegelachse ist. u sei der Winkel eines beliebigen Strahles des Büschels (oder Bündels) mit der Achse. Es seien $\bar{u}'$ und u' die Winkel der korrespondierenden Strahlen im Bildraum. Nach unseren Voraussetzungen ist beim Mikroskop $\bar{u}$ ein endlicher Winkel, $\bar{u}'$ aber sehr klein.

8. Senkrecht zur Achse im Objektraum stehe ein kleines Flächenstück q, von dem die Lichtstrahlen ausgehen und auf das Mikroskop fallen. Ein Strahlenkegel vom halben Kegelwinkel u enthält nach § 75 (3) einen Lichtstrom, wenn i der Glanz von q ist:

1) Wenn beide sogenannte „absolut schwarze Körper“ (§ 75, 15) sind, worauf hier nicht weiter eingegangen werden soll.

(2) $$L = i\pi q \sin^2 u,$$

und durch den Kegel der korrespondierenden Strahlen geht, da sein Öffnungswinkel klein ist, ein mit diesem Öffnungswinkel proportionaler Lichtstrom L' (wie in § 75 (1), wo $\vartheta = 0$ zu setzen ist).

9. Der Öffnungswinkel dieses Kegels ist aber, da u' klein sein soll, gleich dem Querschnitt des Kegels im Abstand 1 von der Spitze, also

$$\pi \sin^2 u'.$$

Außerdem muß der Lichtstrom L', wie in § 75 (1) proportional mit der Größe des Bildes q' sein, und wenn wir den Proportionalitätsfaktor gleich i' setzen, so wird

(3) $$L' = i'\pi q' \sin^2 u',$$

hat also hier jedenfalls dieselbe Form, wie L, obwohl wir nichts über seine Abhängigkeit vom Neigungswinkel ϑ eines Strahlenkegels gegen die Normale zu q' wissen.

10. i' kann als der „Glanz" des Bildes q' bezeichnet werden. Es ist eine von u' unabhängige Größe.

Wenn wir von Lichtverlusten durch Absorption absehen, so muß

(4) $$L = L'$$

werden, wie groß wir auch u, das ja zwischen 0 und $\bar{u}$ liegen muß, wählen.

11. Machen wir $u = \bar{u}$, so muß zwischen u und u', wie für alle endlichen u, das Sinusgesetz (§ 74 (11)) gelten, also auch

$$n^2 y^2 \sin^2 \bar{u} = n'^2 y'^2 \sin^2 \bar{u}'$$

sein, und es ist wieder, wie in Nr. 2,

$$q : q' = y^2 : y'^2,$$

woraus folgt

$$i : n^2 = i' : n'^2.$$

Für $n = n'$ heißt das: Der Glanz des Bildes ist gleich dem des Objektes; was freilich nur unter der niemals streng erfüllten Annahme gilt, daß kein Lichtverlust im Instrument eintritt.

Der Glanz (die Intensität) ist also niemals gegenüber dem des Objektes gesteigert. Aber das Bild liegt dem Auge näher, oder an einem anderen für die gewünschten Zwecke geeigneteren Orte, als das Objekt. Bei der Anwendung des Brennglases liegt z. B. das Sonnenbild in dessen Brennebene.

12. Die Beleuchtungsstärke des Bildes, die auf seine Flächeneinheit auffallende Lichtströmung ist nun

$$B' = L'/q' = i \frac{n'^2}{n^2} \pi \sin^2 \bar{u}',$$

also von $\bar{u}'$, und damit von der Austrittspupille abhängig. Nennt man nach Abbe

$$n' \sin \bar{u}' = a'$$

die bildseitige „numerische Apertur“, so wird

(5) $$B' = \frac{\pi i}{n^2} a'^2.$$

Die Beleuchtungsstärke des Bildes ist also, außer von dem Glanz des Gegenstandes und von dem ihn umgebenden Medium (n) nur von der bildseitigen numerischen Apertur, nicht von anderen Daten des abbildenden Systems abhängig. Berücksichtigt man den Sinussatz, indem man die „objektseitige numerische Apertur“ $a = n \sin \bar{u}$ einführt in der Form:

(6) $$a = - \beta a',$$

so folgt

$$B' = \frac{\pi i a^2}{n^2 \beta^2}.$$

13. Aus (2) folgt für die „Leuchtstärke“ $B = L/q$ des Objektes

$$B = \frac{\pi i a^2}{n^2},$$

so daß

$$B/B' = \beta^2 = y'^2/y^2 = a^2/a'^2$$

oder

(7) $$By^2 = B'y'^2$$

wird. By^2 und $B'y'^2$ sind die auf konjugierte Flächenstücke von Objekt und Bild bezogenen Lichtmengen. Der letzte Satz enthält damit die Tatsache, daß keine Strahlungsenergie verloren geht, wenn keine Reflexions- und Absorptionsverluste eintreten. Das Sinusgesetz, aus dem diese Tatsache abgeleitet ist, entspricht demnach dem Energieprinzip, aus dem es von Clausius und Helmholtz auch abgeleitet worden ist.

14. Ist p' der Radius der Austrittspupille des Instrumentes, s' der Abstand des Bildes von der Austrittspupille, so ist, da $\bar{u}'$ klein ist,

$$\operatorname{tg} \bar{u}' = \bar{u}' = p'/s';$$

ferner ist

$$\frac{y'}{y} = - \frac{\xi'}{f'}$$

und da

$$n y \sin \bar{u} = - n' y' \sin \bar{u}',$$

so folgt, wenn $n \sin \bar{u} = a$ die numerische Apertur ist,

$$a = n \sin \bar{u} = n' \frac{\xi'}{f'} \frac{p'}{s'}.$$

s' ist der Abstand der Austrittspupille vom Bild, $\mathfrak{x}'$ der des hinteren Brennpunktes vom Bild. Beim Mikroskop sind diese beiden merklich gleich (§ 73, 11.). Außerdem ist im Bildraume beim Mikroskop $n' = 1$ und demnach

(8) $$a = \frac{p'}{f'},$$

während allgemeiner

$$a = n' \frac{p'}{f'}$$

zu setzen ist. Daraus folgt nach (5), (6)

$$B' = \frac{i\pi}{\beta^2} \frac{n'^2}{n^2} \left(\frac{p'}{f'}\right)^2,$$

oder wegen § 67. 24(f)

$$B' = \frac{i\pi}{\beta^2} \left(\frac{p'}{f}\right)^2,$$

eine Gleichung, die ähnlich aussieht, wie die Gleichung (1). Es ist

$$d' = 2p'$$

der Durchmesser der Austrittspupille.

15. Unter „subjektiver Helligkeit" eines Bildes versteht man die Beleuchtungsstärke des auf der Retina erzeugten Bildes.

Das Auge als selbständiges optisches Instrument hat eine körperliche Blende, die Öffnung in der Iris, die „Pupille". Die Eintrittspupille — wir wollen sie als „Augenpupille" bezeichnen — ist deren Bild, erzeugt durch den vor der Iris gelegenen Teil des Auges (humor aqueus vgl. § 73, 20.). Die Pupille und damit die Augenpupille kann vom Auge selbsttätig vergrößert und verkleinert werden. Die Augenpupille kann aber auch durch künstliche Blenden, Diaphragmen, die man in die Ebene der Augenpupille hineinhält, scheinbar verkleinert, abgeblendet, werden, nicht aber vergrößert. Mit der Augenpupille oder der künstlichen Blende proportional verändert sich dabei die Austrittspupille des Augenlinsensystems, d. i. deren Bild, erzeugt durch dieses ganze System (humor aqueus und Kristallinse).

16. Ist ϱ der Radius der Augenpupille, r der Radius einer konzentrisch in deren Ebene liegenden Blende, wobei $r < \varrho$ sein muß, und sind ϱ', r' die Radien der zugehörigen Austrittspupillen, so ist

$$\varrho'^2 : r'^2 = \varrho^2 : r^2,$$

wegen der Konstanz der Lateralvergrößerung. Ist h der Abstand der Austrittspupille von der Retina, so ist

$$\frac{\varrho'}{h} = \operatorname{tg} \bar{u}_0'; \quad \frac{r'}{h} = \operatorname{tg} \bar{u}',$$

wenn $2\bar{u}_0'$; $2\bar{u}'$ die Projektionswinkel der beiden Austrittspupillen sind. Setzt man, was wegen des Größenverhältnisses von ϱ zu h

(fast 1/10) angenähert erlaubt ist, für die Tangens die Sinus ein, so folgt nach der Definition der numerischen Apertur (Nr. 12)

$$\varrho^2 : r^2 = a_0'^2 : a'^2,$$

wenn a_0', a' sich auf die beiden Fälle der ungeblendeten und der abgeblendeten Augenpupille beziehen. Danach und nach (5) stehen die in beiden Fällen von derselben, im selben Medium (n) gelegenen Lichtquelle erzeugten Helligkeiten ($B_0' = H_0$, $B' = H$), in der Relation

$$H = H_0 \frac{r^2}{\varrho^2}.$$

17. Ist die Blende mit dem Radius r etwa die Austrittspupille eines Mikroskops, die man in die Ebene der Augenpupille fallen läßt, so gilt die letzte Gleichung auch noch, da nach Nr. 12 für die Beleuchtungsstärken, also hier für die Helligkeiten, nur die letzten bildseitigen numerischen Aperturen in Betracht kommen. Die Lichtquelle wird immer im gleichen Medium vorausgesetzt. Dann wird (vgl. (8))

$$r = p' = af',$$

und es liegt nach § 73, 11 die Augenpupille jetzt in der hinteren Brennebene des Mikroskops. Wenn das vom Mikroskop entworfene Bild in der deutlichen Sehweite σ vom Auge liegt, so wird die Lateralvergrößerung nun (§ 67, 24 (b)), also auch die Vergrößerungszahl (§ 73, 10.) des Mikroskops

$$\beta = -\frac{\sigma}{f'},$$

so daß schließlich folgt, gültig wenn $p' < \varrho$,

$$H = H_0 \frac{\sigma^2}{\varrho^2} \frac{a^2}{\beta^2}.$$

Die Helligkeit, die ein Mikroskop erzeugt, ist dem Quadrat der objektseitigen numerischen Apertur direkt, dem der Vergrößerung umgekehrt proportional.

Von Lichtverlusten durch Absorption und Reflexion ist hier abgesehen.

§ 77. Dispersion des Lichtes.

1. Bisher ist eine Tatsache ganz unberücksichtigt geblieben, nämlich die Abhängigkeit des Brechungsexponenten eines Körpers von der Farbe des Lichtes. Wir müssen annehmen, daß das normale weiße Licht, wie es etwa von der Sonne ausgestrahlt wird, nicht eine einzige Art Licht ist, sondern eine Mischung physisch voneinander verschiedener Strahlenarten. Diese Strahlenarten sind dadurch voneinander unterschieden, daß sie verschieden stark „brechbar“ sind, d. h. daß alle durchsichtigen Körper für jede dieser Strahlenarten einen anderen Brechungsexponenten besitzen. Die im Sonnenlicht enthaltenen Strahlenarten sind bezüglich dieser Eigenschaft stetig gegeneinander verändert, d. h. wenn einer Strahlenart gegenüber der Brechungsexponent n ist, so gibt es eine andere Strahlenart, für die er nur unendlich wenig größer ist, usf. Physiologisch unterscheiden sich die Strahlenarten durch den verschiedenfarbigen Eindruck aufs Auge, der ebenso stetig variiert, wie die Brechbarkeit. Wir wollen dementsprechend die verschiedenen Lichtarten nach der Farbe bezeichnen als blaues, rotes usw. Licht.

2. Die verschiedene Brechbarkeit der farbigen Strahlen kann am einfachsten mit Hilfe eines Prismas nachgewiesen werden. Ein ebenes Strahlenbüschel weißen Lichtes falle auf ein Prisma auf, das so steht, daß seine brechende Kante parallel zur Ebene des Büschels und senkrecht zur Richtung der Strahlen steht. Ein Schirm hinter dem Prisma im Strahlengang erhält nicht einen linienförmigen weißen Schein, sondern ein farbiges Band. Die einzelnen Farben haben entsprechend dem abweichenden Brechungsexponenten eine verschieden starke Ablenkung (§ 62) erfahren (Fig. 225). Diese Erscheinung nennt man „Farbenstreuung“ oder „Dispersion des Lichtes“.[1])

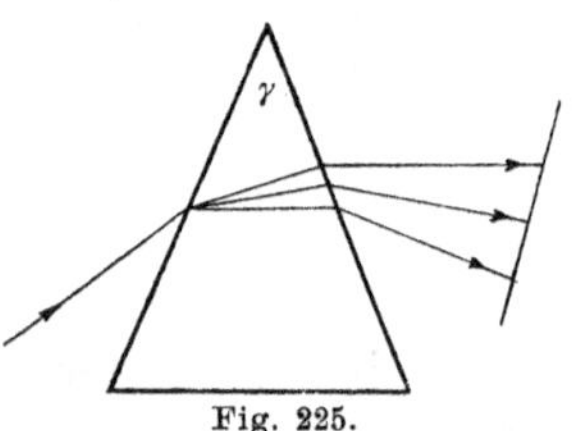

Fig. 225.

3. Wenn man aus dem farbigen Strahlenbündel ein sehr schmales (einfarbiges) Bündel heraus blendet, das man nun als ebenes Büschel ansehen kann, so verhält sich dieses nun normal. Es läßt sich nicht weiter zerlegen. Es enthält „homogenes“ Licht. In einem zweiten Prisma erfährt es eine normale, durch einen eindeutigen Brechungsexponenten erklärbare Ablenkung (Newtons „Experimentum crucis“).

4. Vereinigt man die Strahlen des aus dem Prisma (Fig. 225) austretenden Büschels wieder, was mittels einer geeigneten Sammellinse geschehen kann, so erhält man wieder weißes Licht.

5. Die Farbe des in Nr. 2 beschriebenen farbigen Bandes, das man das „Spektrum“ des betreffenden leuchtenden Körpers nennt, variiert stetig, indem sie die Reihe der Regenbogenfarben Rot, Orange, Gelb, Grün, Blau, Indigo, Violett so durchläuft, daß nirgends eine scharfe Grenze zwischen zwei Farben wahrnehmbar ist. Es genügt deshalb nicht, um eine Lichtart zu bezeichnen, ihre Farbe zu nennen. Man muß ihre Stellung in einem immer wieder auf die gleiche Weise erzeugten Spektrum angeben. Das wird wesentlich er-

1) Von Kepler in seiner Dioptrik zuerst beschrieben, von Newton, soweit ohne Undulationstheorie möglich, gedeutet. Über Kepler vgl. S. 118, Anm., über Newton S. 125, Anm.

leichtert durch eine von Fraunhofer[1]) gemachte Entdeckung. Er fand nämlich, daß das Sonnenspektrum von einer großen Zahl feiner schwarzer Linien quer durchsetzt ist so, als ob gewisse Farben im Sonnenlicht fehlten. Diese Linien, die mehr oder weniger kräftig sind und in abweichenden Abständen voneinander liegen, so daß sie sich voneinander leicht ohne Verwechslung unterscheiden lassen, hat man mit teils großen, teils kleinen Buchstaben bezeichnet. So ist eine im Gelb stehende schwarze Linie als D-Linie, eine im Rot stehende als C-Linie, eine im Blau stehende als F-Linie bezeichnet worden.

6. Die Entdeckung der Spektralanalyse durch Bunsen und Kirchhoff[2]) hat die Entstehung dieser Linien erklärt. Die glühende Atmosphäre der Sonne absorbiert nämlich die vom Sonnenkern ausgesandten Lichtstrahlen, die sie selber aussendet. Da sie viel weniger intensives Licht als der Sonnenkern liefert, so scheinen die Linien schwarz. Wenn man das Spektrum der Sonnenatmosphäre untersucht, was bei Sonnenfinsternis möglich ist, sieht man die Fraunhoferschen Linien farbig auf dunklem Grunde.

7. Warum die Atmosphäre der Sonne gerade diese Lichtarten ausscheidet, ist auch durch die Bunsen-Kirchhoffsche Entdeckung erklärt. Ein leuchtender Dampf gibt kein kontinuierliches Spektrum sondern nur einzelne farbige Linien. Er sendet demnach nur eine endliche Zahl diskreter Lichtarten aus. Glühender Natriumdampf z. B., wie man ihn erhält, wenn man Kochsalz in eine Bunsen- oder Weingeistflamme streut, sendet nur die der D-Linie entsprechenden Strahlen aus. Wasserstoff, den man durch den elektrischen Strom im Geißlerrohr zum Leuchten bringen kann, sendet vier diskrete Lichtarten aus, denen die C- und die F-Linie angehören.

Eine stetige Einteilung der Farben ist erst dadurch möglich geworden, daß sie als Licht verschiedener Wellenlänge (vgl. § 83) erkannt worden sind.

---

1) Joseph von Fraunhofer, geb. 6. März 1787 zu Straubing in Bayern, gest. 7. Juni 1826 in München, hat sich als Optiker große Verdienste erworben. Untersuchungen von Brechungsexponenten für verschiedene Farben, zum Zwecke der Konstruktion achromatischer Objektive haben ihn auf die Entdeckung der nach ihm benannten Linien geführt.

2) Robert Wilhelm Bunsen, geb. 31. März 1811 in Göttingen. gest. 16. Aug. 1899 in Heidelberg, war von 1833 an Privatdozent in Göttingen, wurde 1836 Professor der Chemie am polytechnischen Institut in Kassel, 1838 an der Universität Marburg, 1851 in Breslau und 1852 in Heidelberg. Nicht nur die Chemie, sondern auch die Physik verdankt ihm vieles. Der Bunsenbrenner, das Bunsensche (elektrische) Element, tragen den Namen des Erfinders. Das bedeutendste Werk seiner Hand aber ist wohl die in Gemeinschaft mit Kirchhoff gemachte Entdeckung der Spektralanalyse, im Jahre 1860.

Über Kirchhoff vgl. p. 258, Anm.

8. Die dem violetten Ende näher liegenden Strahlenarten sind die stärker brechbaren. Einige Brechungsexponenten für verschiedene Materialien sollen hier genannt sein. Es ist

	n_C	n_D	n_F
für Wasser	1,3314	1,3332	1,3373
Calcium-Silicat-Crown-Glas	1,5153	1,5179	1,5239
Silicat Flint-Glas	1,6143	1,6202	1,6314

Der Brechungsexponent der Gase ist für verschiedenfarbiges Licht merklich identisch.

9. Den Quotienten

$$\nu = \frac{n_F - n_C}{n_D - 1}$$

nennt man das „Dispersionsvermögen" des betreffenden Materials. Es berechnet sich für die drei genannten Stoffe:

$$\nu_W = 0{,}0177,$$
$$\nu_{Cr} = 0{,}0166,$$
$$\nu_{Fl} = 0{,}0276.$$

Diese Koeffizienten geben einen quantitativen Anhalt dafür, wie stark die Farbenstreuung ist, die man mittels eines aus einem der Materialien gefertigten Prismas erhalten kann. Aber eindeutig wird die Farbenstreuung nicht dadurch festgelegt. Die Verteilung der Zwischenfarben kann noch sehr verschiedenartig ausfallen, auch wenn die drei Farben C, D, F gleiche Ablenkung erfahren.

10. Es soll ein geradsichtiges dreiteiliges Prisma, d. h. ein Prismensystem aus zwei kongruenten Prismen einer Glassorte und einem gleichschenkligen Prisma einer anderen Glassorte konstruiert werden, so daß eine mittlere Strahlenart, etwa die D-Linie, ungebrochen wieder austritt, die anderen Strahlenarten aber zerstreut werden (Fig. 226). Die symmetrische Bauart fordert, daß der Strahl im mittleren Prisma symmetrisch verläuft. Der eintretende Strahl soll parallel diesem Strahlenverlauf im mittelsten Prisma gerichtet sein. Es wird

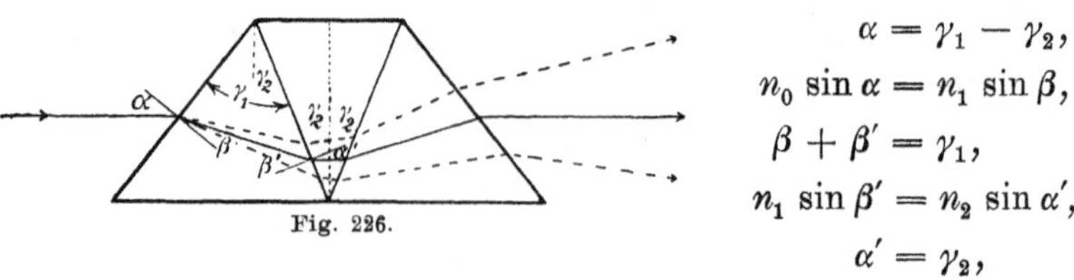

Fig. 226.

$$\alpha = \gamma_1 - \gamma_2,$$
$$n_0 \sin\alpha = n_1 \sin\beta,$$
$$\beta + \beta' = \gamma_1,$$
$$n_1 \sin\beta' = n_2 \sin\alpha',$$
$$\alpha' = \gamma_2,$$

wenn n_0 der Brechungsexponent der Luft, n_1 der des ersten, n_2 der des zweiten Prismas, γ_1 und $2\gamma_2$ die brechenden Winkel der beiden Prismen sind. Die Elimination von α, β, α', β' läßt die einzige Gleichung übrig

$$n_0 \sin(\gamma_1 - \gamma_2) = \sin\gamma_1 \sqrt{n_1^2 - n_2^2 \sin^2\gamma_2} - n_2 \sin\gamma_2 \cos\gamma_1$$

oder

$$n_0^2 \sin^2(\gamma_1 - \gamma_2) + 2 n_0 n_2 \sin(\gamma_1 - \gamma_2) \sin\gamma_2 \cos\gamma_1 = n_1^2 \sin^2\gamma_1 - n_2^2 \sin^2\gamma_2.$$

Man kann demgemäß noch über einen der Winkel γ_1 oder γ_2 frei verfügen. Die Berechnung des anderen wird im allgemeinen eine recht umständliche Rechnung erfordern. Wählt man $\gamma_1 = \pi/2$, so wird die Lösung einfach. Es folgt dann

$$n_0^2 \cos^2\gamma_2 = n_1^2 - n_2^2 \sin^2\gamma_2,$$

$$\sin^2\gamma_2 = \frac{n_1^2 - n_0^2}{n_2^2 - n_0^2}.$$

Die Lösung ist nur möglich, wenn $n_1 < n_2$, da $\sin\gamma$ ein echter Bruch werden muß. Man sieht, daß die Dispersion dieses Prismas nur dann verschwindet, daß also der erforderliche Winkel γ_2 für alle Farben der gleiche wird, wenn n_1 und n_2 beide von der Farbe unabhängig sind, oder wenn sich $n_1^2 - n_0^2$ mit der Farbe proportional mit $n_2^2 - n_0^2$ ändert.

11. Die entgegengesetzte Aufgabe ist die, eine Prismenkonstruktion zu suchen, bei der die Farbenstreuung, nicht aber die Ablenkung aufgehoben ist. Das ist streng für alle Farben nicht lösbar. Mit endlichen brechenden Winkeln fällt die Berechnung außerordentlich kompliziert aus. Wir nehmen deswegen (wie in § 62, 4) Prismen von sehr kleinem brechenden Winkel und auch sehr kleine Einfallswinkel an. Dann wird die Ablenkung

$$\delta = \gamma(n - 1),$$

also, da n von der Farbe abhängig, für zwei verschiedene Fraunhofersche Linien x, y

$$\delta_x = \gamma(n_x - 1); \qquad \delta_y = \gamma(n_y - 1),$$

$$\delta_x - \delta_y = \gamma(n_x - n_y).$$

$\delta_x - \delta_y$ heißt der „Dispersionswinkel" der Farben x und y.

12. Es sei ein zweites Prisma von verändertem Brechungsindex und verändertem brechenden Winkel gegeben, und noch eine dritte, etwa mittlere Farbe z. Dann wird, wenn wir die auf das zweite Prisma bezüglichen Größen mit einem Strich versehen

$$\delta_z = \gamma(n_z - 1); \qquad \delta_x - \delta_y = \gamma(n_x - n_y);$$

$$\delta_z' = \gamma'(n_z' - 1); \qquad \delta_x' - \delta_y' = \gamma'(n_x' - n_y').$$

Sind die Prismen so aneinander gelegt, daß die brechenden Kanten

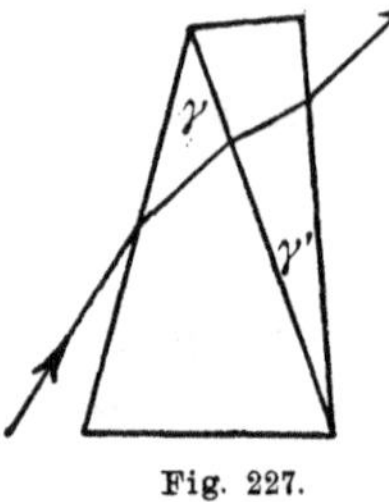

Fig. 227.

einander parallel, aber auf verschiedenen Seiten des durchgehenden Strahles liegen, wie es in Fig. 227 angedeutet ist, so wirken die Ablenkungen einander entgegen. Es resultiert für die Farbe z eine Ablenkung

$$\delta_z - \delta_z' = \gamma(n_z - 1) - \gamma'(n_z' - 1)$$

und ein Dispersionswinkel für die Farben x, y

$$\Delta_{xy} = \delta_x - \delta_y - \delta_x' + \delta_y' = \gamma(n_x - n_y) - \gamma'(n_x' - n_y').$$

13. Fordern wir einmal, daß die Farbe z überhaupt nicht abgelenkt werden soll, daß also das Prismenpaar ein gradsichtiges wird, so muß

$$\frac{\gamma}{\gamma'} = \frac{n_z' - 1}{n_z - 1}$$

gewählt werden. Dann wird

$$\Delta_{xy} = \{(n_x - n_y)(n_z' - 1) - (n_x' - n_y')(n_z - 1)\} \frac{\gamma}{n_z' - 1},$$

$$\Delta_{xy} = \left\{\frac{n_x - n_y}{n_z - 1} - \frac{n_x' - n_y'}{n_z' - 1}\right\}(n_z - 1)\gamma,$$

und das wird im allgemeinen nicht verschwinden, außer wenn das Dispersionsvermögen für beide Stoffe identisch ist. Dann aber wird es im allgemeinen nur bei einer bestimmten Wahl der Linien x, y identisch sein.

14. Fordern wir andererseits, daß der Dispersionswinkel verschwindet, daß das Prismenpaar „achromatisch“ wird, so muß

$$\frac{\gamma}{\gamma'} = \frac{n_x' - n'}{n_x - n_y}$$

gewählt werden. Es ist dann die Achromasie nur für dieses Farbenpaar erreicht, außer wenn die Farbenstreuung der beiden Prismen so variiert, daß $n_x - n_D$ für das eine proportional mit $n_x' - n_D'$ für das andere ist, wie wir auch die Fraunhofersche Linie x wählen. Die Brechungsexponenten müssen gleichsam denselben Gang zeigen. Dabei darf der Proportionalitätsfaktor nicht gleich 1 werden, sonst würden die beiden Prismen optisch identisch und wirkten wie eine sehr dünne planparallele Platte. Zwei solche Substanzen gibt es streng nicht, aber hinreichend angenähert, um die sowieso nur kleine Farbenstreuung rückgängig zu machen.

15. Bei der Brechung durch Linsen hat die Farbenstreuung die „chromatische Aberration“ zur Folge. Ein leuchtender Punkt wird sich durch verschiedene Punkte abbilden, je nach der Farbe, die das von ihm ausgehende Licht hat. Ist das Licht weiß, so erhält man eine kontinuierliche Aufeinanderfolge von Bildpunkten. Wo das der

D-Linie entsprechende Licht einen Bildpunkt gibt, ist das grüne Licht nicht mehr, das rote Licht noch nicht zum Punkt vereinigt. Der gelbe Bildpunkt muß von einer andersfarbigen Aureole umgeben sein. Eine gewisse Korrektion dieser „chromatischen Aberration" kann man nach demselben Prinzip erhalten, wie beim „achromatischen Prisma", allerdings, wegen der in Nr. 14 erwähnten Eigenschaften der Stoffe, nur angenähert.

16. Wir beschränken uns auf unendlich dünne Linsen, so daß die Lage der Hauptebenen, die ja auch mit den Farben variieren muß, keine Schwierigkeit bietet.

Es ist nach § 68, 7. die Brennweite einer solchen Linse

$$f = \frac{1}{n-1}\frac{rr'}{r'-r}, \qquad \frac{1}{f} = (n-1)\left(\frac{1}{r} - \frac{1}{r'}\right) = (n-1)k,$$

wenn k zur Abkürzung für $\left(\frac{1}{r} - \frac{1}{r'}\right)$ gesetzt wird. Haben wir zwei aufeinander liegende Linsen, deren Brennweiten durch

$$1/f_1 = (n_1 - 1)k_1; \qquad 1/f_2 = (n_2 - 1)k_2$$

gegeben sind, so resultiert eine Brennweite, die nach § 71 (2) mit f_1, f_2 in der Relation steht

$$\frac{1}{f} = \frac{1}{f_1} + \frac{1}{f_2},$$

und f_1, f_2 und f sind mit der Farbe veränderlich.

Es wird, wenn wieder x, y zwei Farben andeuten,

$$\frac{1}{f_x} - \frac{1}{f_y} = (n_{1x} - n_{1y})k_1 + (n_{2x} - n_{2y})k_2.$$

17. Ist z wieder eine dritte (mittlere) Farbe, so folgt, wenn man die rechten Summanden mit $(n_{1z} - 1)$ und $(n_{2z} - 1)$ erweitert,

$$\frac{1}{f_x} - \frac{1}{f_y} = \frac{\nu_1}{f_1} + \frac{\nu_2}{f_2},$$

worin ν_1, ν_2 die auf die Farben x, y, z bezogenen Dispersionsvermögen, f_1, f_2 die Brennweiten für die Strahlenart z bedeuten. Will man ein Objektiv für die Farben x, y chromatisch korrigieren, so muß man die Brennweiten für eine mittlere Farbe z so wählen, daß

$$\frac{\nu_1}{f_1} = -\frac{\nu_2}{f_2}$$

wird. Da ν für alle normalen Stoffe das gleiche Vorzeichen hat, so folgt, daß eine der Brennweiten negativ sein muß. Soll eine Sammellinse resultieren, so muß man die dem absoluten Wert nach größere Brennweite negativ wählen, sagen wir f_2. Dann aber muß auch ν_2 größer als ν_1 sein. Bei positiver Gesamtbrennweite eines achromatischen Systems hat die Linse von größerem Dispersionsvermögen eine negative, die von kleinerem Dispersionsvermögen eine positive Brennweite.

§ 78. Brechung im inhomogenen Medium.

1. Wenn man eine Anzahl planparalleler Platten aufeinander schichtet, deren Brechungsexponenten n_0, n_1 usw. alle voneinander verschieden sind, und wenn α_0 den Einfallswinkel beim Übergang des Strahls aus dem Medium 0 in das Medium 1, α_1 den beim Übergang aus 1 in 2 usw., und wenn β_1 den Brechungswinkel im Medium 1 usw. bedeuten, so wird (Fig. 228)

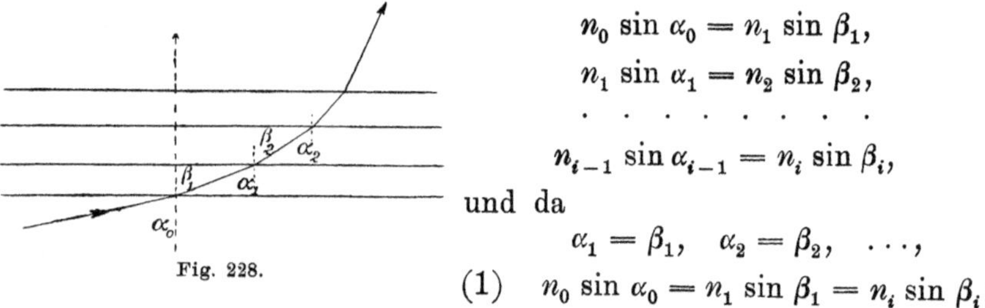

Fig. 228.

$$n_0 \sin \alpha_0 = n_1 \sin \beta_1,$$
$$n_1 \sin \alpha_1 = n_2 \sin \beta_2,$$
$$\cdots\cdots\cdots$$
$$n_{i-1} \sin \alpha_{i-1} = n_i \sin \beta_i,$$

und da

$$\alpha_1 = \beta_1, \quad \alpha_2 = \beta_2, \quad \ldots,$$

$$(1) \qquad n_0 \sin \alpha_0 = n_1 \sin \beta_1 = n_i \sin \beta_i;$$

d. h. die Richtungsänderung ist dieselbe, als ob der Strahl direkt aus dem Medium 0 in das Medium i übergegangen wäre. Das gilt, auch wenn man die Schichtzahl zwischen dem i^{ten} und 0ten Medium beliebig vermehrt. Die Strahlung ist ein geknickter Linienzug, der, wenn die Schichten unendlich dünn, dabei aber unendlich groß an Zahl werden, in eine stetig gekrümmte Kurve übergeht.

2. Ein „physikalisch inhomogenes" Medium mit diesen Eigenschaften ist z. B. eine nicht gut gemischte Salzlösung, die man dadurch erhält, daß man auf den Boden einer Flüssigkeitsmenge eine Salzmenge legt. Wir können sie als die Aufeinanderfolge unendlich vieler unendlich dünner und unendlich wenig verschiedener annähernd ebener Schichten auffassen. Ein einfallender Strahl wird dann eine gekrümmte Bahn beschreiben müssen, und die Richtung an einem Orte P' des Strahls läßt sich aus der an einem Orte P nach Gleichung (1) bestimmen, wobei nur die Kenntnis des Brechungsindex an den beiden Orten, nicht in den Zwischenpunkten erforderlich ist. Auch die Erdatmosphäre zeigt infolge Druck- und Temperaturänderung mit der Höhe annähernd diese Eigenschaften, wenn wir von der Erdkrümmung absehen.

3. Liegen P und P' einander unendlich nahe, so sind die Brechungsexponenten auch nur unendlich wenig voneinander verschieden und die Richtung β gegen die Normale ν auf die Schichten wird ebenfalls unendlich wenig variiert sein. Es sei n auf $n + dn$, β auf $\beta + d\beta$ gewachsen; dann muß nach (1) gelten

$$n \sin \beta = (n + dn) \sin (\beta + d\beta)$$

und bis auf Größen zweiter und höherer Ordnung (vgl. § 59, (1)),

$$n \sin \beta = n(\sin \beta \cos d\beta + \cos \beta \sin d\beta) + dn \sin \beta$$

$$n \cos \beta \cdot d\beta = - \sin \beta \cdot dn,$$

(2) $$n\, d\beta = - \operatorname{tg} \beta\, dn.$$

β ist hier der spitze Winkel des Strahles gegen die Normale auf eine Schicht. Diese, jetzt unendlich dünne Schicht enthält nun alle Punkte von gleichem Brechungsexponent. Sie soll als Niveaufläche bezeichnet werden.

4. Eine andere Form für (2) erhält man, wenn man den Ansatz macht, es soll sich beim Fortschreiten längs des Strahlenweges um eine sehr kleine Strecke n auf $n + dn$, $\sin \beta$ auf $\sin \beta + d \sin \beta$ vergrößern. Dann wird nach (1)

$$n \sin \beta = (n + dn)(\sin \beta + d \sin \beta),$$

und bei Vernachlässigung quadratischer Glieder

$$n \cdot d \sin \beta = - \sin \beta \cdot dn$$

(3) $$\frac{d \sin \beta}{\sin \beta} = - \frac{dn}{n}.$$

Diese Gleichungen (2), (3) sind die „Differentialgleichungen" für die Strahlkurven bei ebenen Niveauflächen. Die Gleichung (1), die man schreiben kann

(4) $$n \sin \beta = \text{const},$$

bildet ein „erstes Integral".

5. Da der Strahl beim Übergang durch eine Grenze zweier planparallelen Schichten in der Einfallsebene bleibt, und da die Einfallsebene auch beim Übergang in die dritte Schicht noch ungeändert ist, weil das Einfallslot identisch bleibt, so bleibt er überhaupt in der ursprünglichen Einfallsebene. Das gilt auch noch bei einer stetigen Variation von n, wenn die Niveauflächen parallele Ebenen sind.

6. Etwas anders sieht die Relation für die Winkel des Strahls gegen die Niveauflächennormale aus, wenn die Schichten, aus denen ein Körper zusammengesetzt ist, und die dann unendlich dünn und unendlich groß an Zahl werden, konzentrische Kugelflächen sind. Es wird nach dem Brechungsgesetz wieder (Fig. 229)

$$n_0 \sin \alpha_0 = n_1 \sin \beta_1,$$
$$n_1 \sin \alpha_1 = n_2 \sin \beta_2,$$
$$n_2 \sin \alpha_2 = n_3 \sin \beta_3$$
usw.,

aber es ist nun nach dem Sinussatze

$$r_1 \sin \beta_1 = r_2 \sin \alpha_1,$$
$$r_2 \sin \beta_2 = r_3 \sin \alpha_2$$
usw.;

somit erhält man, wenn man die obigen Gleichungen mit resp. $r_1, r_2, \ldots$ multipliziert:

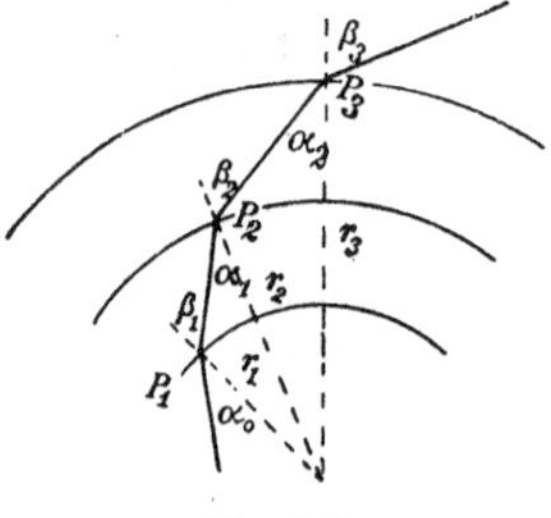

Fig. 229.

$$r_1 n_0 \sin \alpha_0 = r_1 n_1 \sin \beta_1,$$
$$= r_2 n_1 \sin \alpha_1 = r_2 n_2 \sin \beta_2,$$
$$= r_3 n_2 \sin \alpha_2 = r_3 n_3 \sin \beta_3$$
usw.,

oder, mit anderen Worten

$$rn \sin \beta = \text{const}, \tag{5}$$

gültig nun auch bei stetiger Variation von n, wenn nur die Niveauflächen Kugelflächen sind.

7. Legt man durch ein Strahlelement, etwa am Orte P_1 (Fig. 229), und den Kugelmittelpunkt eine Ebene, so ist diese am betrachteten Orte P_1 die Einfallsebene. In ihr bleibt der Strahl. Es muß also auch der Punkt P_2 und damit der Radius r_2 in ihr liegen. Deshalb muß nun wieder der Strahl $P_2 P_3$ in ihr liegen usw. Der Strahl beschreibt also auch bei kugelförmiger Schichtung eine ebene Kurve.

Die Erdatmosphäre wird unter Berücksichtigung der Erdkrümmung den hier in Nr. 6 und 7 gemachten Annahmen entsprechen, insofern sich ihre physikalischen Eigenschaften nur mit der Höhe über der Erde, nicht mit geographischer Länge und Breite ändern.

8. Um die Richtung, die ein Strahl hat, wenn er irgend eine Niveaufläche E passiert, aus der Richtung an einem Ausgangspunkte P_0 zu berechnen, ist nur die Kenntnis des Wertes n bei E und bei P_0 erforderlich, nicht die der Zwischenschichten, also nicht die Kenntnis der Verteilung von n im ganzen Raume. Diese aber muß man kennen, wenn man berechnen will, an welchem Punkte der Fläche E der Strahl diese Fläche passiert. Zur vollkommenen Berechnung des Strahlenweges ist demnach die Kenntnis des Brechungsexponenten als Funktion des Ortes erforderlich.

9. Solange die Niveauflächen parallele Ebenen oder konzentrische Kugeln sind, bleibt der Lichtstrahl in der ersten Einfallsebene. Sind die Niveauflächen beliebige gekrümmte Flächen, so wechselt die Richtung des Lotes in komplizierterer Weise und damit wechselt die Richtung der Einfallsebene. Die Strahlenbahn ist dann eine Raumkurve.

10. Es mögen im folgenden die Niveauflächen Ebenen sein. Ein Strahl soll senkrecht auf sie auffallen. Nach Gleichung (2) muß er dann, da $\operatorname{tg}\beta = 0$ und demnach auch $d\beta = 0$ ist, normal bleiben. Weicht er eine Spur von der lotrechten Richtung ab, was praktisch infolge unmerklich kleiner Störungen in der Schichtung immer der Fall sein wird, so kommt es darauf an, ob er sich in der Richtung nach wachsenden oder nach fallenden Brechungsexponenten hin bewegt. Ist ersteres der Fall, so wird er nach § 58, 11 dem Einfallslot zu gebrochen, die Abweichung von der Lotrichtung wird vermindert. Ein zylindrisches Strahlenbündel, das in diesem Sinne normal auf einen Körper der gedachten Art auftrifft, muß merklich als zylindrisches Bündel weitergehen.

Wenn aber der Bewegungssinn der Abnahme der Brechungsexponenten entspricht, dann wird eine Abweichung von der lotrechten Richtung beim Übergang in die nächsten Schichten vermehrt, weil der Strahl vom Einfallslot abgebrochen wird. Die Bahn wird gekrümmt. Ist die erwähnte Abweichung nur klein, so wird allerdings auch die Krümmung nur schwach sein. Ein Strahlenbündel enthält nur Strahlen, die alle möglichen spurenweisen Abweichungen von der Lotrichtung zeigen. Ein zylindrisches Strahlenbündel bleibt deshalb nicht streng zylindrisch, sondern verbreitert sich beim Fortschreiten so, daß ein Längsschnitt von unendlich schwach gekrümmten, nach außen konkaven Kurven begrenzt erscheint. Auch in endlicher Tiefe ist nach (1) $\sin\beta_i = 0$, da $\sin\beta_1 = 0$ ist.

Diese Tatsachen gelten auch, wenn die Niveauflächen nicht Ebenen sind, wenn nur vom Einfallsort aus eine Gerade normal zu allen Niveauflächen steht, wie es z. B. auch der Fall ist, wenn die Niveauflächen konzentrische Kugeln sind.

11. Ein Strahl möge nun parallel mit den als Ebenen gedachten Niveauflächen einfallen. Solange keine Richtungsstörung eintritt, bleibt er dann unter Umständen diesen parallel. Es wird nämlich in (2) nun $\operatorname{tg}\beta = \infty$ und $d\beta$ unendlich mal größer als dn. Wenn also beim Fortschreiten in der Strahlrichtung um eine kleine Strecke dn von höherer Ordnung verschwindet, als $1/\operatorname{tg}\beta$, was dann möglich ist, wenn in der Umgebung des Eintrittsortes die Variation von n ein gewisses Maß nicht überschreitet, so folgt $d\beta = 0$, d. h. β bleibt ein Rechter.

Eine kleine Abweichung des Strahls in der Richtung nach den optisch dünneren Medien hin hat nun, da der Strahl vom Einfallslot abgebrochen wird, den Erfolg, daß er wieder in die parallele Richtung zurückgeführt wird. Eine kleine Abweichung in entgegengesetzter Richtung führt den Strahl in gekrümmter Bahn in dieses Medium hinein. Da wieder ein zylindrisches Bündel, dessen Achse parallel der Schichtung liegt, Strahlen aller möglichen Abweichungen enthalten wird, so folgt, daß ein solches Bündel sich in das dichtere Medium hinein verbreitern muß. Entsprechend der dabei erfolgenden Zerstreuung muß damit eine Intensitätsabnahme verbunden sein. In einem Trog, in dem sich eine nach oben verdünnter werdende Salzlösung befindet, die, um die Lichtstrahlen erkenntlich zu machen, mit etwas alkoholischer Mastixlösung versetzt ist, erzeugt ein horizontal einfallendes Strahlenbündel einen Lichteffekt, wie er in Figur 230 angedeutet ist. Die Krümmung der unteren Randkurve kann hier eine endliche sein; denn nach (1) wird, wenn β_1 sich auf den Ort des Eintritts bezieht, also gleich $\pi/2$ ist,

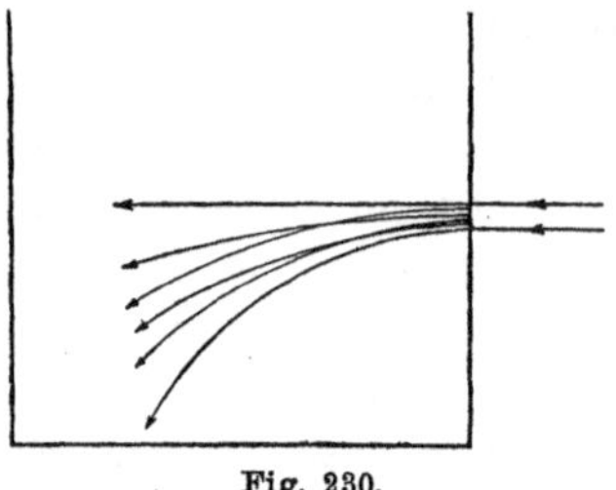
Fig. 230.

$$\sin \beta_i = \frac{n_1}{n_i},$$

also in endlicher Tiefe der Strahl um einen endlichen Winkel abgelenkt.

12. Wir wollen die Frage aufstellen: Wenn die Niveauflächen horizontale Ebenen sind und ein Strahl eine Kreisbahn in einer vertikal stehenden Ebene beschreiben soll, wie muß dann der Brechungsexponent längs der Normalrichtung variieren?

Nach (4) wird, wenn man mit dem Radius der Kreisbahn multipliziert:

$$r n \sin \beta = \text{const},$$

und es ist (Fig. 231)

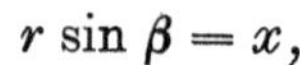

$$r \sin \beta = x,$$

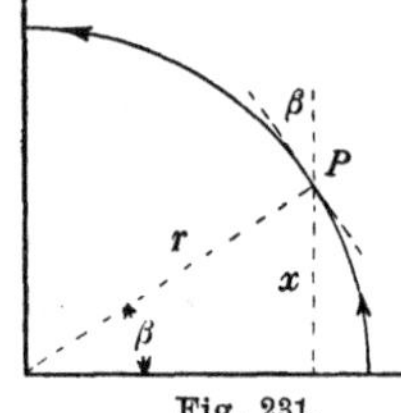

Fig. 231.

wenn mit x der Abstand eines Punktes P des Strahles von einer durch den Kreismittelpunkt gehenden Horizontalebene bezeichnet wird. Also folgt: Es muß

$$n x = \text{const}$$

sein, wenn die kreisförmige Strahlung erfolgen soll. Sind x_0, n_0 zwei zusammengehörige Werte, n_0 also der Brechungsexponent in der Höhe x_0, so wird

$$n x = n_0 x_0 \tag{6}$$

und

$$n = \frac{x_0}{x} n_0 .$$

Der Brechungsexponent muß sich umgekehrt proportional mit der Höhe über dem Kreismittelpunkt verändern. Für $x = 0$ müßte $n = \infty$ werden, was natürlich nicht ausführbar ist. Deswegen kann bis in die Tiefe des Kreismittelpunktes eine solche kreisförmige Strahlung nie realisiert werden.

Da in (6) keine auf die Kreisbahn bezüglichen Daten vorkommen, außer der Annahme, daß x von einer durch den Kreismittelpunkt gehenden Ebene aus gemessen ist, so können in diesem Medium noch alle möglichen kreisförmigen Strahlenwege vorkommen. Nur müssen die Mittelpunkte aller in derselben Niveauebene liegen.

13. Es sei zufällig die Erdatmosphäre so beschaffen (Fig. 232), daß oberhalb einer Horizontalebene E der Brechungsexponent sich umgekehrt proportional dem Abstand von einer tieferen Ebene E_0 ändert. Alle von einem Punkte A ausgehenden Strahlen müssen dann Kreise bilden, deren Mittelpunkte in der Ebene E_0 liegen. Sie werden die Horizontalebene E in den Punkten L_0, J_1, J_2 usw. treffen. Umgekehrt kommen von L_0, J_1, J_2 die Strahlen nach A, die diese selben Kreisbahnen entgegengesetzt durchlaufen.

Ein bei A befindliches Auge sieht also diese Punkte scheinbar in den Richtungen AB_0, AB_1, AB_2. Die Ebene E scheint ihm als eine Mulde, in deren tiefstem Punkte es selbst liegt.[1])

Strahlen, die von den Punkten L_0, L_1, L_2 eines vertikalen Objektes ausgehen, kommen ebenfalls auf Kreisbahnen ins Auge A. Das Objekt L_0L_2 scheint dem Auge etwa an einem Orte B_0B_2 zu liegen. Auf eine solche Weise kommen die Luftspiegelungen zu stande.

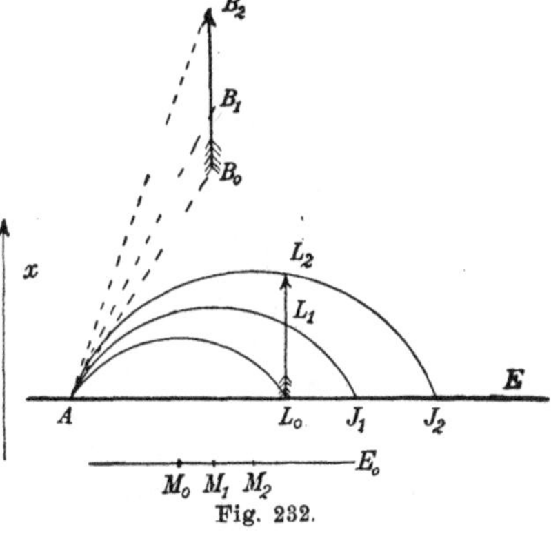

Fig. 232.

14. Die hier gemachte Annahme über n ist natürlich eine ganz willkürliche, die in Wahrheit nicht vorliegt. Eine Variation der Brechungsexponenten mit der Höhe aber liegt tatsächlich vor, da die Luft mit der Höhe dünner wird. Der Brechungsexponent der Luft weicht zwar nur wenig von dem des Vakuums ab; demnach können auch die Änderungen mit der Höhe nur geringfügig sein. Bei den großen Wegen aber, die das Licht in der Atmosphäre zurücklegt,

1) Kummer hat berechnet, daß bei einer gewissen Beschaffenheit der Erdatmosphäre die kugelförmige Erdoberfläche auch als konkave Schale erscheinen müßte. Deren oberer Rand ist der zur Kreislinie verzerrte Beobachtungsort; und auf diesem Rande würde man den eigenen Rücken, zum Ring verzerrt, stehen sehen (Crelles Journal 61, p. 263. 1863).

haben abnorme Temperaturverteilungen doch Einfluß genug, um Luftspiegelungen (Kimmung, Seegesicht, Fata morgana und ähnliche Erscheinungen) eintreten zu lassen. Auch eine Abnahme der optischen Dichte nach unten hin kommt dabei vor, wenn die Luft von der Erde aus stark erhitzt wird. Dann tritt die umgekehrte Erscheinung ein, daß man das Himmelsblau unter sich ausgebreitet sieht.

Einen Fall, in dem die Luftspiegelung ein verkehrtes Bild liefert, werden wir in Nr. 20 kennen lernen.

15. Um zu entscheiden, ob diese Art der „Luftspiegelung" überhaupt imstande ist, ein brauchbares Bild eines Gegenstandes zu liefern, müssen wir ein von einem abzubildenden Gegenstand ausgehendes Bündel untersuchen. Da die Lichtwege bis zum Auge immer sehr groß sind, so können nur solche Strahlen ins Auge gelangen, die außerordentlich geringe Richtungsunterschiede zeigen. Das ist für das Bild günstig.

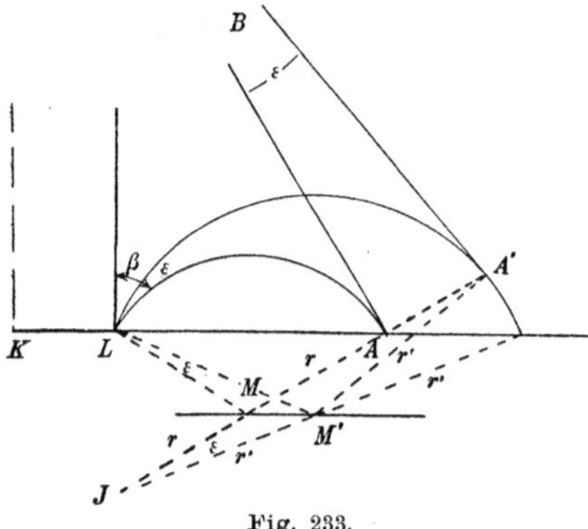

Fig. 233.

Es sei (Fig. 233) L ein leuchtender Punkt, von dem ein Strahl LA unter dem Winkel β, ein anderer LA' unter dem unendlich wenig davon verschiedenen Winkel $(\beta - \varepsilon)$ ausgeht. Diese, dem Meridionalbündel angehörenden Strahlen mögen von der senkrecht zum Kreisstrahl LA stehenden vorderen Hauptebene AA' eines Instrumentes aufgefangen werden und scheinen von dem Schnittpunkte B ihrer Tangenten auszugehen. K soll die Projektion des Punktes B in die Niveauebene, in der L liegt, bedeuten. Es ist, wie man leicht erkennt,

$$\sphericalangle ABA' = \sphericalangle MA'M' = \sphericalangle MJM' = \varepsilon,$$

$$r' : r = \sin\beta : \sin(\beta - \varepsilon),$$

woraus angenähert

$$(r' - r) = r \cdot \frac{\varepsilon \cos\beta}{\sin\beta}$$

folgt. Weiter wird angenähert

$$\overline{AA'} = 2r' \cos\varepsilon - 2r = 2(r' - r) = 2r\varepsilon \operatorname{cotg}\beta,$$

$$\overline{AB} = \frac{\overline{AA'}}{\varepsilon} = 2r \operatorname{cotg}\beta,$$

$$\overline{KA} = \overline{AB} \cdot \sin\beta = 2r\cos\beta = \overline{LA}.$$

Der durch die Meridianstrahlen eines unendlich kleinen Bündels erzeugte Bildpunkt B liegt also vertikal über L.

16. Ein sagittales Büschel erhält man, wenn man die Zeichenebene der Figur 233 um die LB-Achse dreht. Dadurch erkennt man, daß auch die Sagittalstrahlen sich im Punkte B schneiden.

Die Abbildung durch Luftspiegelung in einer Atmosphäre, deren Brechungsexponent der Höhe über einer gewissen unter dem Horizont gelegenen Ebene (MM') umgekehrt proportional ist, ist frei von astigmatischer Abweichung.

In der Figur 232 ist also $B_0 B_2$ vertikal über $L_0 L_2$ gelegen zu denken. Die punktierten Linien sind gekürzt gezeichnet.

17. Allgemein findet man für ebene Niveauflächen aus (4) folgende Relation. Es ist (Fig. 234)

$$\overline{PP'} \cdot \sin\beta = dy, \quad \overline{PP'} = \sqrt{dx^2 + dy^2},$$

wenn PP' so klein ist, daß es als geradlinig angesehen werden kann. Danach wird

$$n \frac{dy}{\sqrt{dx^2 + dy^2}} = \text{const} = n_0 \sin\beta_0,$$

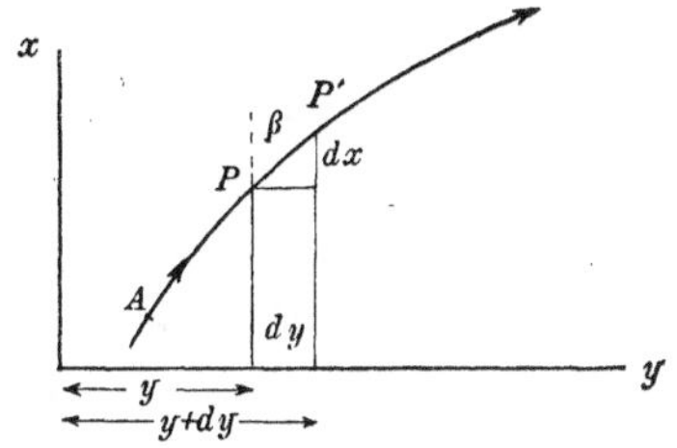

Fig. 234.

wenn wieder n_0, β_0 zwei irgend einem Ausgangspunkt entsprechende Werte von n und β sind. Daraus folgt

$$(n^2 - n_0^2 \sin^2\beta_0) dy^2 = n_0^2 \sin^2\beta_0 \, dx^2,$$

oder, wenn man

$$n_0 \sin\beta_0 = \tau$$

setzt,

$$dy = \frac{\tau}{\sqrt{n^2 - \tau^2}} dx, \tag{7}$$

worin n, wenn die x-Achse senkrecht zu den Niveauflächen gedacht ist, eine Funktion von x allein sein wird. Nun hat man die Kurve zu suchen, die sich so krümmt, daß der Zuwachs von y zu dem von x immer in der Relation (7) steht. Welches Vorzeichen der Wurzel zu geben ist, hängt von den Richtungssinnen der Koordinatenachsen gegen die Strahlenkurve ab. Senden wir aus dem Punkte A einen Strahl so aus, daß er mit $+x$ und $+y$ je spitze Winkel einschließt, was durch Wahl der Richtungssinne der Koordinatenachsen immer erreicht werden kann, so muß zunächst mit zunehmendem x auch y wachsen. Dann muß also die Wurzel positiv gewählt werden. Erst wenn der Strahl im weiteren Verlauf horizontal oder vertikal geworden ist, fragt es sich, wie nun weiter über die Wurzel verfügt werden muß.

18. Wird der Strahl irgendwo horizontal, d. h. parallel den Niveauflächen, so muß er nach den Ausführungen in Nr. 11 (infolge vorhandener Störungen) ins optisch dichtere Medium überbiegen. Er kann aber nur horizontal werden, wenn er aus den dichteren Medien kommt. Die Kurve krümmt sich also dann im gleichen Sinne weiter. Es muß nun x mit wachsendem y abnehmen. Die Wurzel muß ihr Zeichen wechseln. (Auch eine totale Reflexion an einem unendlich wenig dünneren Medium kann den Strahl ins dichtere Medium zurückführen, wenn er von der horizontalen Richtung nur noch unendlich wenig abweicht.)

Wird der Strahl irgendwo vertikal, so kann das nur geschehen, wenn er aus dem optisch dünneren ins dichtere Medium geht, weil er dem Einfallslot zugebrochen werden muß. Dann bleibt er nach Nr. 10 von jetzt an vertikal. Es wird $dy = 0$ und deshalb das Vorzeichen der Wurzel irrelevant.

19. In welcher Höhe dieses Vertikal- oder Horizontalwerden eintritt, läßt sich aus (7) ablesen. Es ist $dy/dx = \operatorname{tg}\beta$ und deshalb

der Strahl horizontal, $\beta = 90^0$, wenn $n = \tau = n_0 \sin \beta_0$,

der Strahl vertikal, $\beta = 0$, wenn $n = \infty$ (oder wenn $\tau = 0$).

Ein vollkommenes Vertikalwerden ist also, wie in dem einfachen Beispiel 12., allgemein unausführbar, wenn nicht von vornherein $\beta = 0$, also $\tau = 0$ ist.

Es hat weiter der Strahl eine Neigung von 45^0, wenn $\operatorname{tg}\beta = 1$, also wenn $n = \tau\sqrt{2}$ geworden ist.

Es folgt aus (7) noch: Es darf nie, wenn dy reell bleiben soll, $n < \tau$ werden. Der Strahl kann also nie an solche Orte kommen, in denen ein Brechungsexponent $n < n_0 \sin \beta_0$ existiert. Er wird eben vorher horizontal und biegt in die Regionen größerer optischer Dichte zurück, analog der totalen Reflexion.

20. Es möge hier noch ein Beispiel durchgeführt werden, das eine andere Erscheinung der Luftspiegelung, eine Umkehrung des Bildes kennen lehrt, und zu dessen Durchrechnung wir uns einer Integration (die auch vermieden werden könnte) bedienen wollen.

Es sei in die Erdatmosphäre ein Koordinatensystem mit der x-Achse vertikal nach unten gelegt. Die Niveauflächen sollen als Ebenen angesehen werden dürfen und der Brechungsexponent der Luft soll so verteilt sein, daß

$$n = h\sqrt{x},$$

also proportional mit der Wurzel aus dem Abstand von einer als Ebene $x = 0$ gewählten Ebene ist.

21. Die y-Achse des Koordinatensystems legen wir in die Einfallsebene des Strahls. Dann bleibt der Strahl in der xy-Ebene. Es wird nach (7)

$$dy = \sqrt{\frac{\sigma}{x - \sigma}}\, dx,$$

worin

(7) $$\sqrt{\sigma} = \frac{\tau}{h} = \frac{n_0}{h} \sin \beta_0 = \sqrt{x_0} \sin \beta_0$$

gesetzt ist. Das Integral hiervon ist (vgl. Bd. I, 2. Aufl., § 147, 2)

$$y = 2\sqrt{\sigma}\sqrt{x - \sigma} + y_1,$$

worin y_1 eine Konstante bedeutet. Es wird danach

(8) $$(y - y_1)^2 = 4\sigma(x - \sigma),$$

und das ist die Gleichung einer Parabel, die durch die Koordinatentransformation

(9) $$y - y_1 = \eta; \quad x - \sigma = \xi$$

in die Scheitelpunktsgleichung (Bd. II. § 69, (5)) übergeht. Ein Vergleich mit dieser lehrt, daß ihr Parameter

$$2p = 4\sigma$$

wird.

22. Haben wir die x-Achse so gelegt, daß sie (Fig. 235) durch den Punkt A, in dem $n = n_0$, $\beta = \beta_0$ ist, vertikal hindurch geht, so muß in diesem Punkte $y = y_0 = 0$ werden, also aus (8) der Wert für $x = x_0$ des Punktes A

(10) $$x_0 = \frac{y_1^2 + 4\sigma^2}{4\sigma}$$

folgen. Es ist in (8) y_1 der Abstand des Scheitelpunktes S der Parabel von der x-Achse, wie aus (9) folgt. Der Abstand des Scheitelpunktes von der y-Achse ist entsprechend

(11) $$x_1 = \sigma,$$

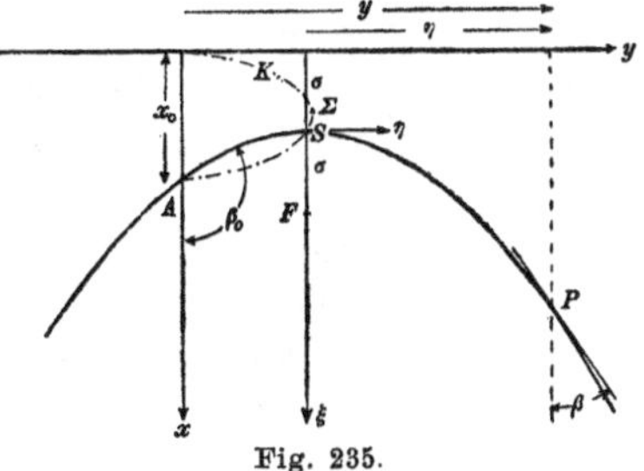

Fig. 235.

und, nach der Bedeutung des Parameters, ist also die in (8) gewählte y-Achse (Fig. 235) die Direktrix der Parabel.

23. Wenn der (stumpf angenommene) Winkel β_0, unter dem der Strahl A das Lot x schneidet, vergrößert wird, so erhält der Strahl die Form einer anderen Parabel, und zwar wird $\sin \beta_0$, also σ, für ihn kleiner. Bei wachsendem β_0 rückt also der Scheitelpunkt S näher an die Direktrix, also an die Ebene $x = 0$. Aus den Gleichungen (10), (11) erhält man durch Elimination von σ eine Gleichung

(12) $$y_1^2 = 4(x_1 x_0 - x_1^2),$$

die für die Scheitelpunkte aller durch A gehenden Parabeln erfüllt sein muß. Dies läßt sich nach Bd. II. § 68 leicht als die Gleichung einer Ellipse von den Halbachsen $a = x_0/2$, $b = x_0$ erkennen, die durch den Nullpunkt geht. Daraus folgt: Wenn man den Strahl bei A steiler macht, so verschiebt sich der Scheitelpunkt seiner Parabelkurve nach dem Nullpunkt hin auf einer elliptischen Kurve (K in der Figur 235).

24. Aus (12) folgt, daß der Scheitel S der Parabel mit dem Scheitel Σ (Fig. 235) der Scheitelpunktellipse zusammenfällt, wenn $x_1 = \sigma = x_0/2$ ist, also wenn

$$\sqrt{x_0} \sin \beta_0 = \sqrt{\frac{x_0}{2}},$$

oder da β_0 stumpfwinklig sein soll, wenn $\beta_0 = 90^0 + 45^0$ ist.

Bis zu einem Winkel $\beta_0 = \frac{3}{4}\pi$ verschiebt sich der Scheitelpunkt also nach rechts aufwärts, von da an nach links aufwärts. Daraus folgt:

Zwei von A unter größerem Winkel als 45^0 gegen die Horizontale ausgehende Strahlen überschneiden sich. Zwei Strahlen, die unter kleinerem Winkel ausgehen, tun dies nicht.

Die hier berechneten Gesetze zeigen viel Ähnlichkeit mit den Eigenschaften der Wurfparabeln.

25. Wenn von einem vertikal zu den Niveauflächen stehenden Gegenstande $L_0 L$ (Fig. 236) Strahlen ausgehen, so erreichen diejenigen unter ihnen ein bei A befindliches Auge, die unter gewissen, von der Entfernung abhängigen Winkeln ansteigen. Ist für alle Punkte des Gegenstandes der Winkel bei A größer als 45^0 gegen den Horizont, so überschneiden sich alle Strahlen. Der höhere Ort sendet den unter flacherem Winkel in A ankommenden Strahl aus. Ein Auge bei A nimmt ein in der Richtung A, BB_0 gelegenes verkehrtes Bild wahr.

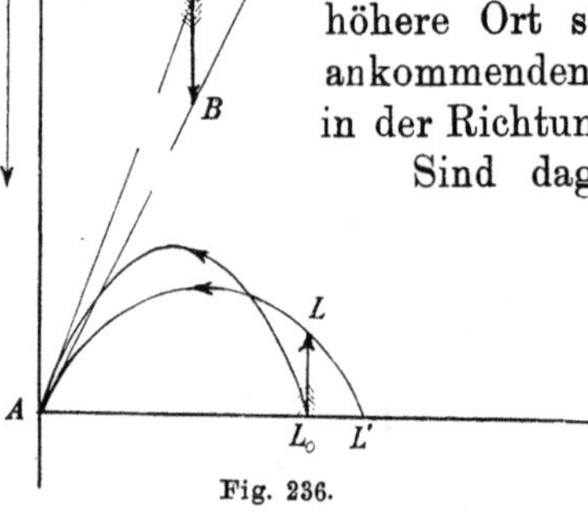

Fig. 236.

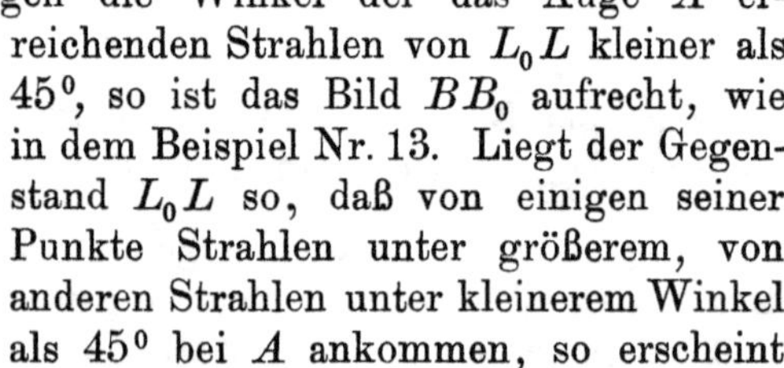

Sind dagegen die Winkel der das Auge A erreichenden Strahlen von $L_0 L$ kleiner als 45^0, so ist das Bild BB_0 aufrecht, wie in dem Beispiel Nr. 13. Liegt der Gegenstand $L_0 L$ so, daß von einigen seiner Punkte Strahlen unter größerem, von anderen Strahlen unter kleinerem Winkel als 45^0 bei A ankommen, so erscheint der Körper verzerrt und zusammengeklappt.

Die Berechnung lehrt übrigens, daß diese Art der Luftspiegelung ganz und gar nicht frei ist von Astigmatismus.

Neunter Abschnitt.

Ebene Wellen.

§ 79. Ebene Wellen.

1. Es sei ein Vektor $\mathfrak{A}$ gegeben, dessen Komponenten in einem kartesischen Koordinatensystem X, Y, Z sind. Diese Komponenten sollen außer vom Orte auch von der Zeit abhängig sein, und zwar nehmen wir die spezielle Form der Abhängigkeit an, daß alle drei Komponenten Funktionen nur vom Argumente

$$(z - vt)$$

sind, so daß also

$$\begin{aligned} X &= f_1(z - vt) \\ Y &= f_2(z - vt) \\ Z &= f_3(z - vt) \end{aligned} \tag{1}$$

wird, worin v eine Konstante bedeutet. Von x und y sollen diese Komponenten dann unabhängig sein; d. h. in allen Punkten einer zur z-Achse senkrechten Ebene hat in jedem herausgegriffenen Zeitpunkt die Komponente X einen und denselben Wert, der sich mit der Zeit überall in dieser Ebene in gleicher Weise ändert. Ebenso hat Y in dieser Ebene überall denselben Wert, und das gleiche gilt von Z.

2. In einer zur z-Achse senkrechten Ebene, die den Abstand z vom Nullpunkt des Koordinatensystems habe, wird in einem Zeitpunkt t die x-Komponente den Wert

$$X = f_1(z - vt)$$

haben, und in einer um irgend eine endliche oder unendlich kleine Länge Δz ferneren Ebene wird sie zu einer um ein Zeitintervall Δt späteren Zeit den Wert

$$X' = f_1(z + \Delta z - v(t + \Delta t))$$

besitzen. Nun können wir bei vorgegebenem Δt das Δz immer so wählen, daß

$$X = X'$$

wird, nämlich wenn

$$(z - vt) = z + \Delta z - v(t + \Delta t)$$

wird, also wenn

$$\Delta z = v \Delta t$$

gewählt wird; und das gilt bei beliebigem Δt.

3. Wir können das so ausdrücken:

In dem Zeitabschnitt Δt hat sich der Wert $X = f_1(z - vt)$ vom Orte z aus um die Strecke $\Delta z = v\Delta t$ in der z-Richtung verschoben. Dieser Tatsache entsprechend ist v die Geschwindigkeit (§ 18), mit der die Verschiebung des Wertes X vor sich gegangen ist.

4. Ebenso werden sich die Vektorkomponenten Y, Z mit der Geschwindigkeit v in der Richtung der z-Achse verschieben; es wird der ganze, durch den Vektor $\mathfrak{A}$ als Ortsfunktion charakterisierte „Zustand" in der z-Richtung mit der Geschwindigkeit v fortschreiten.

5. Den Raum, in dem der Vektor $\mathfrak{A}$ in einem Moment eine gewisse örtliche Verteilung besitzt, wollen wir das „Feld" nennen; den Vektor $\mathfrak{A}$ können wir dann etwa, wie beim Elektrischen Feld (§ 31), als eine „Feldintensität" auffassen.

Das Feld verschiebt sich in dem von uns angenommenen Falle in der Richtung z mit der Geschwindigkeit v.

6. Zerlegen wir den Vektor $\mathfrak{A}$ nach den Gesetzen der Vektorzerlegung (§ 3, 6) in zwei Vektoren, deren einer, $\mathfrak{A}_l$ parallel der z-Achse, deren anderer $\mathfrak{A}_t$ senkrecht dazu steht, so ist, wenn $\mathfrak{X}$, $\mathfrak{Y}$, $\mathfrak{Z}$ drei Vektoren der Richtungen x, y, z und der Beträge X, Y, Z sind,

$$(2) \qquad \begin{aligned} \mathfrak{A}_l &= \mathfrak{Z} \\ \mathfrak{A}_t &= \mathfrak{X} + \mathfrak{Y} \end{aligned}$$

(geometrisch addiert), und es ist nun $\mathfrak{A}_l$ ein Vektor, der sich in seiner eigenen Richtung, $\mathfrak{A}_t$ ein solcher, der sich in einer zur eigenen Richtung senkrechten Richtung verschiebt.

Die Verschiebung, wie sie der Vektor $\mathfrak{A}_l$ ausführt, heißt eine „longitudinale", die des Vektors $\mathfrak{A}_t$ eine „transversale" Verschiebung.

7. Die Annahme, die wir für eine der Komponenten in (1) gemacht haben, und die Folgerungen, die wir daraus gezogen haben und noch ziehen werden, können wir auch auf eine skalare Funktion, etwa den Druck oder die Dichte in einem Gase, übertragen. Auch eine solche Funktion kann in ebener Verteilung in einer zu den Ebenen senkrechten Richtung fortschreiten; aber man kann nun nicht mehr den Unterschied zwischen transversalem und longitudinalem Fortschreiten machen.

8. Eine Funktion eines Argumentes ξ

$$f(\xi)$$

heißt eine „rein periodische Funktion" von ξ, wenn sie die Eigenschaft hat, daß, immer wenn ξ um einen der Funktion eigentümlichen Wert λ gewachsen ist, die Funktion in den ursprünglichen Wert wieder übergeht. Es muß also für jeden Wert von ζ

$$f(\zeta) = f(\zeta + \lambda) = f(\zeta + 2\lambda) = \dots$$
$$= f(\zeta - \lambda) = f(\zeta - 2\lambda) = \dots$$

sein. λ heißt die „Periode" der Funktion.

9. Ein einfaches Beispiel einer solchen Funktion ist die Sinusfunktion

$$f(\zeta) = \sin \zeta;$$

ihre Periode ist 2π. Etwas komplizierter gebaut ist die Sinusfunktion

(3) $$f(\zeta) = a \sin \frac{2\pi}{\lambda}(\zeta + c),$$

die, wie man leicht sieht, die Periode λ hat. a und c sind zwei andere Konstanten, deren Einführung eine Verallgemeinerung bedeutet. Die Konstante a bewirkt, daß die Funktion $f(\zeta)$ nicht zwischen -1 und $+1$ schwankt, sondern zwischen zwei anderen Werten $-a$ und $+a$. Die Konstante c bewirkt, daß die Funktion $f(\zeta)$ nicht für $\zeta = 0$, sondern für einen anderen Wert $\zeta = -c$ des Argumentes verschwindet.

10. Es mögen in (1) die Funktionen f_1, f_2, f_3 rein periodische Funktionen ihres Argumentes

$$\zeta = z - vt,$$

und alle von gleicher Periode λ sein, aber zunächst noch nicht direkt Sinusfunktionen. Dann ist z. B.

$$X = f_1(z - vt) = f_1(z - vt + \lambda) = f_1(z - vt + 2\lambda) = \cdots$$
$$= f_1(z - vt - \lambda) = \cdots.$$

Der Zuwachs $\pm\lambda$ des Argumentes $\zeta = z - vt$ kann nun entweder dadurch erzielt werden, daß man bei konstant gehaltenem t den Ort z um λ wachsen oder abnehmen läßt, oder dadurch, daß man bei konstant gehaltenem z das Produkt vt um λ, also die Zeit t um

(4) $$\tau = \lambda / v$$

abnehmen oder wachsen läßt, oder daß beides teilweise eintritt.

11. Um dies zu veranschaulichen, möge man einmal die Funktion X in zwei um den Abstand λ von einander entfernten, zur z-Achse senkrechten Ebenen α, β (Fig. 237) untersuchen. Wo diese beiden Ebenen auch im übrigen liegen, es muß der Wert von X in jedem Moment in beiden der gleiche sein. In diesem Sinne heißt λ auch die „Wellenlänge" und der nach z fortschreitende periodische Zustand eine „ungedämpfte ebene Welle".

12. Anderseits möge man an einem beliebigen, unverändert bleibenden Orte z von einer beliebigen Zeit t ausgehend eine um

$\tau = \lambda / v$ spätere Zeit abwarten, und nun muß die Funktion X am Orte z wieder dieselbe geworden sein, wie sie es hier zur Zeit t war; denn es ist

$$f\left\{z - v\left(t + \frac{\lambda}{v}\right)\right\} = f(z - vt - \lambda) = f(z - vt).$$

Man übersieht schon rein geometrisch (Fig. 237), daß, wenn der Zustand sich nach der z-Richtung hin verschiebt, an einem Orte, etwa α in der Figur, ein und derselbe Wert des Zustandes immer wiederkehren muß, jeweils nach Ablauf einer Zeit, die von der Verschiebungsgeschwindigkeit und dem Abstand λ zweier übereinstimmenden Werte abhängen muß. Dieser Zeitraum τ, der mit der Wellenlänge λ in der Relation (4) steht, heißt die „Schwingungsdauer" der Welle. $m = 1/\tau$ ist die „Schwingungszahl", die Anzahl Schwingungen in der Zeiteinheit. Sieht man f als Funktion von t an, so kann man auch τ im Sinne von Nr. 8 als „Periode" der Funktion bezeichnen.

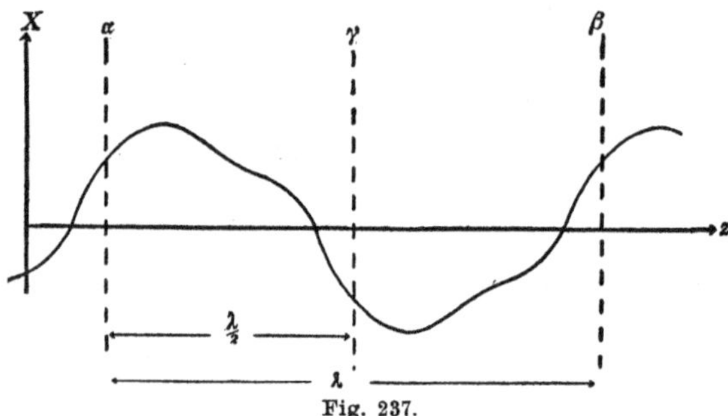

Fig. 237.

Man übersieht ferner geometrisch, wie auch aus der Form des Argumentes von f folgt, daß α an einem Orte f zeitlich abnehmen muß, wenn es hier örtlich wächst, weil dann bei der Verschiebung nach $+ z$ die kleineren Werte von f an den Ort α treten.

13. Ein weiterer Spezialfall einer periodischen Funktion ist der, daß von beliebigem Werte ζ des Argumentes aus gerechnet nach jedem Zuwachs $\lambda/2$ dieses Argumentes der Wert der Funktion in den entgegengesetzt gleichen übergegangen ist. In diesem in der Physik besonders wichtigen Falle wollen wir die Funktion eine „symmetrische periodische Funktion" nennen. Der größte Wert, den diese Funktion im Laufe einer Periode einnimmt, heißt ihre Amplitude. Eine solche symmetrische Funktion ist in Fig. 237 angenommen.

Diese Funktion hat die Eigenschaft, daß zu konstanter Zeit t überall im Abstand einer halben Wellenlänge (α, γ, in Fig. 237) entgegengesetzt gleiche Werte der Funktion bestehen, und daß am selben Orte jeweils nach Ablauf einer halben Schwingungsdauer der entgegengesetzt gleiche Wert eingetreten ist.

14. Die symmetrische periodische Funktion muß nach vorigem die Eigenschaft haben, daß

$$f(z - vt) = (-1)^{\nu} f\left(z - vt \pm \nu \frac{\lambda}{2}\right) \tag{5}$$
$$\nu = 1, 2, 3 \cdots$$

ist. In dieser Form ist die in Nr. 8 besprochene Eigenschaft der allgemeinen periodischen Funktion mit enthalten. Das erkennt man, wenn man die geradzahligen Werte der ν in (5) einsetzt. Auf diese symmetrischen Funktionen und die durch sie dargestellten symmetrischen Wellen wollen wir uns im folgenden beschränken.

15. Ein Beispiel für eine solche symmetrische periodische Funktion ist die in (3) bereits angeführte reine „Sinuswelle". Es ist, wenn wir für die drei Komponenten in (1) die gleiche Periode voraussetzen, hier

$$\begin{aligned} X &= a_x \sin \frac{2\pi}{\lambda}(z - vt + c_1), \\ Y &= a_y \sin \frac{2\pi}{\lambda}(z - vt + c_2), \\ Z &= a_z \sin \frac{2\pi}{\lambda}(z - vt + c_3), \end{aligned} \tag{6}$$

und man sieht, daß a_x, a_y, a_z die Amplituden für die drei schwingenden Komponenten X, Y, Z bedeuten.

Der Überschuß des Argumentes einer der Sinusfunktionen über das nächst kleinere Vielfache von 2π, also die Funktion

$$\omega_i = \frac{2\pi}{\lambda}(z - vt + c_i) - p \cdot 2\pi,$$

worin p ganzzahlig so zu bestimmen ist, daß

$$p + 1 > \frac{z - vt + c_i}{\lambda} > p$$

wird, heißt die „Phase" der betreffenden Komponente am betrachteten Orte z und zur betrachteten Zeit t.

Ist $0 \leqq c_i < \lambda$, so ist dieser Definition nach

$$\omega_{01} = \frac{2\pi c_1}{\lambda}$$

die Phase der x-Komponente zur Zeit $t = 0$ am Orte $z = 0$; wir wollen sie kurz die „Nullphase" nennen.

16. Solange wir bei diesen Sinusfunktionen nur eine der Komponenten, etwa X, untersuchen, können wir willkürlich deren Wert c_i, also hier c_1, gleich Null ansetzen, da wir über den Anfangspunkt der Zeit oder des Ortes willkürlich verfügen dürfen. Dann ist also für $t = 0$, $z = 0$ auch $X = 0$, und zwar passiert bei positivem a_x am Nullpunkte von z die Funktion X den Wert Null mit der Zeit von positiven Werten her nach negativen hin, also zeitlich fallend. Umgekehrt ist nun zur

Zeit $t=0$ die Funktion X so beschaffen, daß sie mit z wachsend durch den Wert Null hindurch geht, also örtlich wächst.

Um also den Wert c_1 zum Verschwinden zu bringen, kann man den Nullpunkt von z beliebig wählen, und die Zeit t von einem solchen Moment an rechnen, in dem an diesem Orte $z=0$ die Funktion X zeitlich fallend ihren Nullwert überschreitet. Analytisch gesprochen, man hat die Zeitkoordinate so zu transformieren, daß

$$v\left(t-\frac{c_1}{v}\right)=vt'$$

wird, worauf man t' wieder durch t ersetzen kann.

Oder aber man kann über den Nullpunkt der Zeit willkürlich verfügen und den Nullpunkt des Ortes so wählen, daß zur Zeit $t=0$ in ihm die Funktion X örtlich wachsend den Wert Null überschreitet.

17. Wollen wir mehrere Komponenten eines oder mehrerer schwingenden Vektoren gleichzeitig untersuchen, also etwa gerade ihr Zusammenwirken beobachten, so dürfen wir nicht mehr alle die Konstanten c_i gleich Null setzen; das ist nur erlaubt, wenn alle diese Komponenten gleichzeitig am selben Orte zeitlich fallend den Nullpunkt ihres Wertes passieren. Ist das nicht der Fall, so kann man im allgemeinen nur in einer der Komponenten noch die Konstante c_i willkürlich gleich Null annehmen.

18. Ergibt sich für irgend eine Komponente, etwa X_1, daß wir ihre Konstante c_i gleich Null setzen dürfen, so dürfen wir sie mit dem gleichen Recht gleich

$$\pm\lambda, \pm 2\lambda, \pm 3\lambda \cdots$$

setzen, weil dadurch der Wert der Funktion X_1 nicht geändert wird. Es gibt eben nicht nur einen Zeitpunkt, in dem diese Komponente zeitlich fallend den Wert Null passiert, sondern unendlich viele, die alle in Zeitintervallen $\tau=\lambda/v$ aufeinander folgen.

Auch wenn c_i nicht gleich Null ist, dürfen wir c_i aus gleichem Grunde durch

$$c_i\pm\lambda, \quad c_i\pm 2\lambda, \quad c_i\pm 3\lambda \ldots$$

ersetzen. Deswegen enthält die spezielle Annahme aus Nr. 15, $0\leq c_i<\lambda$ keine Beschränkung. Im allgemeinen soll deswegen im Folgenden die Annahme

$$0\leq c_i \gtreqless \lambda$$

gemacht werden.

19. Die Konstante c_i in (6) charakterisiert einen Ort

$$z=-c_i,$$

in dem zur Zeit $t=0$ die betreffende Komponente, zeitlich fallend, den Wert Null einnimmt. Die Figur (238) enthält zwei Sinuskurven, deren eine, I, ein graphisches Bild der Funktion

$$\sin \frac{2\pi}{\lambda}(z - vt),$$

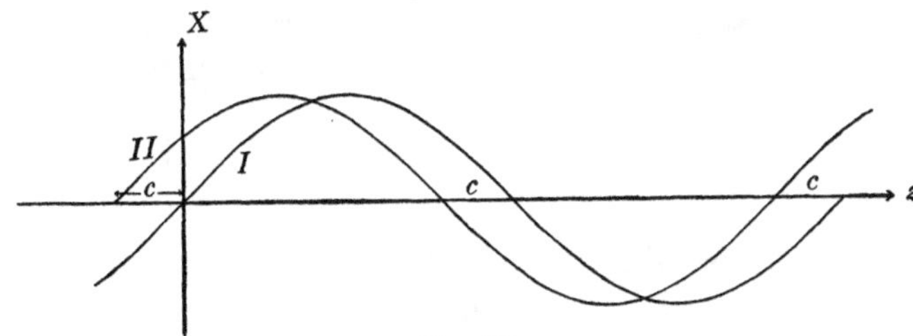

Fig. 238.

deren andere, II, ein solches der Funktion

$$\sin \frac{2\pi}{\lambda}(z - vt + c),$$

beide im Moment $t = 0$, darstellt.

20. Sind zwei solche Wellen vorhanden, deren x-Komponenten z. B. durch die Funktionen

$$X = a_x \sin \frac{2\pi}{\lambda}(z - vt + c_1)$$

$$X' = a_x' \sin \frac{2\pi}{\lambda}(z - vt + c_1')$$

dargestellt werden, so soll die Differenz

$$\frac{2\pi}{\lambda}(c_1' - c_1) = \Delta\omega$$

die „Phasenverschiebung" der x-Komponente der zweiten Welle gegen die der ersten heißen.

21. Ist $c_1' - c_1 = 0$, so sind beide Wellen in gleicher Phase. Ist $(c_1' - c_1) = \frac{\lambda}{4}$, so ist $\Delta\omega = \frac{\pi}{2}$. Dann kann man setzen

$$\sin \frac{2\pi}{\lambda}(z - vt + c_1') = \sin\left\{\frac{2\pi}{\lambda}(z - vt + c_1) + \frac{\pi}{2}\right\}$$
$$= \cos \frac{2\pi}{\lambda}(z - vt + c_1).$$

Eine Phasenverschiebung $\pi/2$ kann man auch dadurch ausdrücken, daß man die Sinusfunktion durch die Kosinusfunktion ersetzt.

22. Die Betrachtungen der letzten Nummern, die zunächst nur für Sinuswellen gelten, können wir auf allgemeine symmetrische Funktionen übertragen. Es mögen zwei Komponenten

$$(7) \qquad \begin{aligned} H_1 &= f_1(z - vt) \\ H_2 &= f_2(z - vt) \end{aligned}$$

dieser Art gegeben sein, worin wir es unbestimmt lassen, ob es zwei verschiedene Komponenten eines Vektors, oder zwei gleiche oder verschiedene Komponenten zweier Vektoren sind. Die beiden Wellen sollen die gleiche Wellenlänge λ haben. Lassen die beiden verschiedenen Funktionen f_1, f_2 desselben Argumentes $(z - vt)$ sich nun durch dieselbe Funktion verschiedener Argumente in den Formen

$$(8) \qquad \begin{aligned} H_1 &= f(z - vt + c_1), \\ H_2 &= f(z - vt + c_2) \end{aligned}$$

darstellen, so daß also die Funktionen

$$\begin{aligned} f_1(z - vt) &= f(z - vt + c_1) \\ f_2(z - vt) &= f(z - vt + c_2) \end{aligned}$$

nur durch die Zusätze c_1, c_2 zum Argument unterschieden sind, so wollen wir die beiden Wellen als „gleichgeformte" Wellen bezeichnen. In Figur 238, sowie in Figur 239, dünn ausgezogen, sind zwei gleichgeformte Wellen graphisch wiedergegeben. Sie erscheinen als zwei kongruente, gegeneinander um die Länge $c_2 - c_1$ verschobene Wellenlinien.

23. Indem wir die Argumente in (8) mit $\lambda/2\pi$ erweitern, und den im Zähler auftretenden Faktor $\lambda/2\pi$ in das Funktionszeichen f mit hineinnehmen, können wir nun, ohne Spezialisierung schreiben

$$\begin{aligned} H_1 &= f\left\{\frac{2\pi}{\lambda}(z - vt + c_1)\right\} \\ H_2 &= f\left\{\frac{2\pi}{\lambda}(z - vt + c_2)\right\}. \end{aligned}$$

24. Die Funktion f wird für einen gewissen Wert des Argumentes $(z - vt + c_i)$ ein Maximum a, das für die beiden Wellen H_1, H_2 identisch ist. Es soll die „Amplitude" der Welle heißen. Setzen wir

$$f = a \cdot \frac{f}{a} = a\varphi,$$

indem wir $f/a = \varphi$ setzen, so wird φ im Maximum gleich 1, und es wird

$$(9) \qquad \begin{aligned} H_1 &= a\varphi\left\{\frac{2\pi}{\lambda}(z - vt + c_1)\right\} \\ H_2 &= a\varphi\left\{\frac{2\pi}{\lambda}(z - vt + c_2)\right\}, \end{aligned}$$

worin a die Amplitude der Wellen, φ eine zwischen -1 und $+1$ schwankende symmetrische periodische Funktion ihres Argumentes ist. In diesen Formen haben wir eine Analogie zu den Sinusfunktionen geschaffen, ohne weitere Spezialisierung.

25. Wenn wir $c_1 = vd_1$; $c_2 = vd_2$ setzen, sehen wir, daß wir die Wellen H_1, H_2 auch als zeitlich gegeneinander verschobene Wellen ansehen können. Sie sind identisch gebaut, nur passiert ein und derselbe Wert in beiden einen festen Punkt zu verschiedenen Zeiten.

26. Wenn die Gleichungen (7) nicht in der Form (8), wohl aber in einer Form

$$(10)\qquad \begin{aligned} H_1 &= b_1 f(z - vt + c_1) \\ H_2 &= b_2 f(z - vt + c_2) \end{aligned}$$

darstellbar sind, so ist H_1 immer mit H_2 proportional, wenn die Argumente

$$\zeta_1 = z - vt + c_1; \qquad \zeta_2 = z - vt + c_2$$

die gleichen Werte $\zeta_1 = \zeta_2 = k$ einnehmen, wie groß wir auch k wählen. Eine graphische Darstellung der zwei Wellen zeigt dann zwei gegeneinander verschobene Wellenlinien, die aber nicht miteinander kongruent sind; vielmehr ist die eine in ihren Höhendimensionen gegen die andere proportional verkleinert. Wir wollen zwei solche Wellen als „proportionale" Wellen bezeichnen.

27. Wenn die Funktion f ihr Maximum erreicht, haben H_1, H_2 die Werte ihrer Amplituden a_1, a_2 angenommen, die demnach ebenfalls im Verhältnis $b_1 : b_2$ stehen. Wie in (9) können wir die Funktion H_1, H_2 in der Form schreiben

$$(11)\qquad \begin{aligned} H_1 &= a_1 \varphi \left\{ \frac{2\pi}{\lambda} (z - vt + c_1) \right\} \\ H_2 &= a_2 \varphi \left\{ \frac{2\pi}{\lambda} (z - vt + c_2) \right\}, \end{aligned}$$

und es verhält sich $a_1 : a_2 = b_1 : b_2$.

Die Funktion φ schwankt zwischen -1 und $+1$.

28. Aus den schon in (8) und (10) auftretenden Argumenten $(z - vt + c_i)$ definieren wir die „Phase" der Welle wie in Nr. 15 als

$$\omega = \frac{2\pi}{\lambda} (z - vt + c_i) - p \cdot 2\pi$$

und für zwei proportionale oder gleichgeformte Wellen die Phasenverschiebung, wie in Nr. 20,

$$\varDelta \omega = \frac{2\pi}{\lambda} (c_2 - c_1).$$

Das hat seine Berechtigung durch die an die Sinuswellen erinnernden Formen (9) und (11), obwohl wir dieser Formen zur Definition von Phase und Phasenverschiebung selbst nicht bedürfen.

Wir können nun wieder durch geeignete Wahl der Nullpunkte von t und z eine der beiden Konstanten c_1, c_2 gleich Null werden lassen, im allgemeinen aber nicht beide. Das gleiche kann man auch durch Einbegreifen dieser einen Konstanten in das Symbol f oder φ erreichen, wenn über dieses Symbol noch nicht anderweitig verfügt ist.

§ 80. Interferenz.

1. Es sei eine in der z-Richtung fortschreitende symmetrische ebene Welle gegeben, gebildet durch einen Vektor $\mathfrak{A}$, der so beschaffen ist, daß er überall im Raume und immer eine und dieselbe Achse besitzt; und seine Richtung sei normal, parallel oder schief zur Fortpflanzungsrichtung. Wir lassen es unentschieden, ob die Welle eine „transversale" oder eine „longitudinale" ist, oder sich aus einer longitudinalen und einer transversalen zusammensetzt. In einem Falle können wir die x-Richtung, im anderen die z-Richtung unseres Koordinatensystems mit der Vektorrichtung zusammenfallen lassen. Da diese Richtung ungeändert bleiben soll, können wir die örtliche und zeitliche Änderung des Vektors $\mathfrak{A}_1$ nach § 79 (1) durch die Änderung seines Betrages A_1 in der Form darstellen,

$$A_1 = f(z - vt),$$

und es ist nach § 79 (5)

$$f(z - vt) = (-1)^\nu f\left(z - vt \pm \nu \frac{\lambda}{2}\right), \tag{1}$$

wenn $\nu = 1, 2, 3 \cdots$ gesetzt wird.

2. Es seien zwei gleichgeformte Wellen vorhanden (§ 79 (8)), in deren einer wir die Konstante c_i gleich Null annehmen wollen, wodurch wir höchstens eine Verfügung über den Anfangspunkt der Zeit treffen. Es werden die Beträge der zwei Wellen also darstellbar in der Form

$$\begin{aligned} A_1 &= f(z - vt) \\ A_2 &= f(z + c - vt), \end{aligned} \tag{2}$$

und c ist die „Verschiebung der einen Welle gegen die andere" (§ 79, 22).

3. Aus den beiden Vektoren $\mathfrak{A}_1, \mathfrak{A}_2$ läßt sich durch geometrische Addition ein neuer Vektor $\mathfrak{A}$ schaffen. Setzen wir die beiden Vektoren als kollinear an jedem Punkte des Raumes voraus, so folgt aus der geometrischen Addition eine algebraische der Beträge, und auch der resultierende Vektor ist mit den Einzelvektoren kollinear. Es wird

$$A = A_1 + A_2 = f(z - vt) + f(z + c - vt) = \varphi(z - vt) \tag{3}$$

und es gilt die Relation (1) auch für φ, da sie für die beiden Summanden gilt. Daraus folgt:

Der Vektor $\mathfrak{A}$ beschreibt eine ebene symmetrische Welle der gleichen Wellenlänge, wie die der Summanden $\mathfrak{A}_1$, $\mathfrak{A}_2$.

Diese Welle wollen wir die „resultierende Welle" nennen.

4. Eine graphische Darstellung dieser Welle gibt die Figur 239. Wir denken uns an jedem Orte die momentanen Beträge der Vektoren

$\mathfrak{A}_1$, $\mathfrak{A}_2$ als Längen normal zur Fortschreitungsrichtung — unbekümmert um die wahre Richtung der Vektoren — aufgetragen. Am Ende der einen Länge (A_1 in der Figur) haben wir die andere Länge (A_2) anzulegen und kommen so zu der Länge, die den resultierenden Betrag (A) darstellt. Ist einer der Beträge am betrachteten Ort und zur betrachteten Zeit negativ, so hat das Anlegen seiner Länge entgegengesetzt zu der des anderen Betrages zu geschehen.

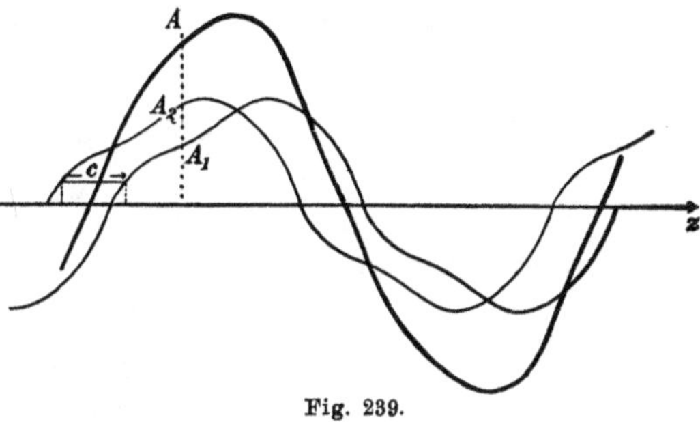

Fig. 239.

Die Endpunkte aller so erhaltenen Linien in einem gewissen Moment geben ein Bild der resultierenden Welle (dick gezeichnete Kurve in Fig. 239) im gleichen Moment, die sich nun zeitlich mit derselben Geschwindigkeit verschiebt, wie die Einzelwellen.

5. Wie man aus der Figur erkennt, ist die Form der resultierenden Welle wesentlich von der Phasenverschiebung

$$\Delta\omega = \frac{2\pi}{\lambda} c$$

der beiden Wellen abhängig.

Es sei speziell

$$c = \frac{\lambda}{2}, \quad \Delta\omega = \pi;$$

dann wird aus (3)

$$A = f(z - vt) + f\left(z + \frac{\lambda}{2} - vt\right)$$

und wegen (1) für alle Argumente

$$A = 0 \tag{4}$$

überall und zu allen Zeiten, und dasselbe gilt, wenn $c = 3\lambda/2$; $= 5\lambda/2$ usw. also $\Delta\omega = 3\pi; = 5\pi$ usw. gesetzt wird.

Zwei gleich geformte, ebene Wellen gleicher Vektorrichtung löschen sich aus, wenn die Phasenverschiebung ein ungerades Vielfaches von π ist.

6. Es sei anderseits

$$c = 0, = \lambda, = 2\lambda \text{ usw.};$$

dann wird nach (1)

$$A = 2f(z - vt) = 2A_1 = 2A_2,$$

und es folgt, daß die Koexistenz zweier solchen Wellen eine Verdoppelung der einen von ihnen bedeutet.

7. Sind die zwei Wellen nicht gleich geformt, sondern nur proportional, so erhalten wir ähnliche Verhältnisse. Es sei (§ 79, 26)

$$A_1 = b_1 f(z - vt)$$
$$A_2 = b_2 f(z + c - vt),$$

so daß

$$A = A_1 + A_2 = b_1 f(z - vt) + b_2 f(z + c - vt)$$

wird. Beträgt nun wieder die Phasenverschiebung

$$\Delta\omega = \pi$$

oder ein ungerades Vielfaches davon, ist also

$$c = \frac{\lambda}{2}, = 3\,\frac{\lambda}{2}, = 5\,\frac{\lambda}{2} \text{ usw.},$$

so folgt nach (1)

$$A = (b_1 - b_2)\, f(z - vt).$$

Es tritt also eine Schwächung, nicht aber ein vollständiges Auslöschen ein. Analog folgt für $c = \lambda, 2\lambda, 3\lambda$ usw. keine vollständige Verdoppelung der einen Welle.

8. Nehmen wir die zwei gleichgeformten Wellen als Sinuswellen an, so ist

$$A_1 = a \sin \frac{2\pi}{\lambda}(z - vt)$$

$$A_2 = a \sin \frac{2\pi}{\lambda}(z + c - vt)$$

und (Bd. II. § 29 (5))

$$A = 2a \cos \frac{\pi c}{\lambda} \sin \frac{2\pi}{\lambda}\left(z + \frac{c}{2} - vt\right).$$

Es ist hiernach $\mathfrak{A}$ eine Sinuswelle der gleichen Wellenlänge λ und der Amplitude

$$a' = 2a \cos \frac{\pi c}{\lambda},$$

also eine zu $\mathfrak{A}_1$ und $\mathfrak{A}_2$ proportionale Welle. Die Phasenverschiebung gegen $\mathfrak{A}_1$ ist

$$\Delta\omega = \frac{\pi c}{\lambda};$$

die Welle $\mathfrak{A}$ liegt also in der Phase zwischen den Wellen $\mathfrak{A}_1$ und $\mathfrak{A}_2$.

Ihre Amplitude ist je nach der Phasenverschiebung der Wellen $\mathfrak{A}_1$, $\mathfrak{A}_2$ zwischen 0 und $2a$ gelegen.

9. Die gegenseitige Beeinflussung zweier wellenförmig fortschreitenden Vektoren (oder Skalare) nennt man „Interferenz". Die hier besprochenen Interferenzerscheinungen finden z. B. in der Akustik zur Bestimmung von Schallwellenlängen Anwendung. Der Schall in der Luft ist eine wellenartige Fortpflanzung der Verschiebung der Gasteilchen aus ihrer Ruhelage, und zwar bildet er eine longitudinale Welle. Mit ihr verknüpft sind die Wellen skalarer Funktionen, des Druckes und der Dichte, da zwischen den positiven und den negativen Verschiebungen der Gasteilchen ein Zusammenpressen des Gases erfolgen muß.

10. Die Figur 240 skizziert eine solche Schallwelle. In der oberen Hälfte ist eine Anzahl Teilchen in ihrer Ruhelage in gleichmäßiger Verteilung als parallele gerade Linien gezeichnet; in der unteren Hälfte sind dieselben Teilchen gezeichnet, wie sie sich in einem Momente lagern, wenn eine Verschiebungswelle sie durchzieht. Man sieht, daß da, wo die Verschiebungen im Maximum (bei a_1, a_2) oder im Minimum (bei b_1, b_2) sind, die Dichteänderung der Teilchen gleich Null ist; daß dagegen da, wo die Teilchen momentan überhaupt nicht aus ihrer Ruhelage verschoben sind, (bei A_1, B_1, A_2 usw.) die Dichteänderungen, und damit die Druckänderungen im Maximum oder Minimum sind.

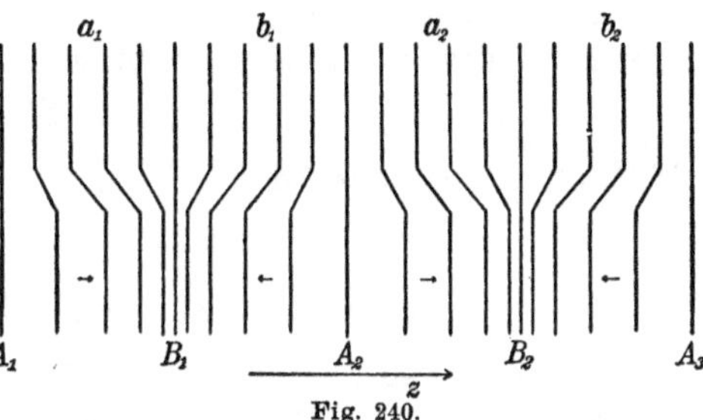

Fig. 240.

Die vektorielle Verschiebungswelle ist also um eine Phasenverschiebung $\pi/2$ $(c = \lambda/4)$ gegen die zwei sie begleitenden skalaren Wellen verschoben.

11. Die Figur 241 zeigt einen von Quincke und Kundt, im Prinzip auch schon von Nörrenberg verwandten Apparat zur Messung von Schallwellenlängen. Bei E tritt eine Welle ein, die sich bei K_1 teilt, die zwei Wege über S_1 und S_2 zurücklegt und sich bei K_2 wieder vereinigt. Ist das Rohr hinreichend weit, so kann man im Innern gerader Rohrstücke die Welle als eben ansehen. Zwischen K_2 und A laufen die zwei Teilwellen vereint.

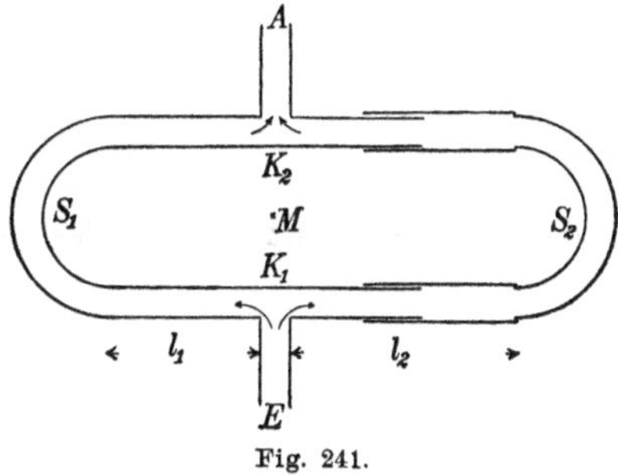

Fig. 241.

Die Welle über S_2 legt einen Weg zurück, der um

$$2\{\overline{MS}_2 - \overline{MS}_1\} = 2(l_2 - l_1)$$

länger ist, als der Weg über S_1. Infolgedessen wird diese Welle mit einer Phasenverschiebung gegen die andere in K_2 ankommen. Ist die Wellenlänge λ, und ist

$$2(l_2 - l_1) = \frac{\lambda}{2},$$

so tritt ein Auslöschen des Schalles ein. Es ist nämlich, wie aus dem größeren Wege und aus der Bedeutung der Konstanten c (Fig. 239) folgt, jetzt

$$c = \frac{\lambda}{2},$$

und nach Nr. 5 also $A = 0$.

Das Rohrstück über S_2 ist mittels Posaunenauszuges verlängerbar. Die Auszuglänge $l_2 - l_1$ kann gemessen werden. Man stellt auf Verschwinden des Tones bei A ein und findet nun

$$4(l_2 - l_1) = \lambda$$

als Wellenlänge des verwendeten Tones.

§ 81. Schwebungen.

1. Es mögen zwei ebene Wellen gegeben sein, die wir als Sinuswellen annehmen wollen, und die in der $+z$-Richtung fortschreiten. Sie sollen aber, im Gegensatz zu den Annahmen des vorigen Paragraphen, verschiedene Wellenlängen λ_1, λ_2 besitzen. Es soll sich ferner eine Ebene α senkrecht zur Zeichenebene finden lassen, und ein gewisser Zeitpunkt t_0, so beschaffen, daß in dieser Ebene und in diesem Zeitpunkt beide Wellen gleichzeitig, zeitlich fallend ihren Nullwert passieren[1]). Die Ebene α machen wir zur Nullebene für z, den Zeitpunkt t_0 zum Nullpunkt der Zeit. Die Amplituden beider Wellen seien gleich, die beiden oszillierenden Vektoren kollinear. Dann können wir ihre Beträge in der Form darstellen

$$A_1 = a \sin \frac{2\pi}{\lambda_1}(z - vt),$$

$$A_2 = a \sin \frac{2\pi}{\lambda_2}(z - vt),$$

und die Koexistenz beider Wellen gibt die resultierende Welle

$$A = 2a \cos\left\{\frac{2\pi}{2}\left(\frac{1}{\lambda_1} - \frac{1}{\lambda_2}\right)(z - vt)\right\} \sin\left\{\frac{2\pi}{2}\left(\frac{1}{\lambda_1} + \frac{1}{\lambda_2}\right)(z - vt)\right\}.$$

2. Setzen wir hierin

(1) $$\frac{1}{\lambda_1} - \frac{1}{\lambda_2} = \frac{2}{\lambda'}; \quad \frac{1}{\lambda_1} + \frac{1}{\lambda_2} = \frac{2}{\lambda},$$

so wird

(2) $$A = 2a \cos \frac{2\pi}{\lambda'}(z - vt) \cdot \sin \frac{2\pi}{\lambda}(z - vt),$$

worin die Kosinusfunktion durch die um $\pi/2$ des Arguments verschobene Sinusfunktion ersetzt werden kann.

---

1) Diese Annahme ist für die Schlußfolgerungen nicht notwendig, macht aber die folgende Rechnung einfacher.

3. Es stellt A eine „Welle mit doppelter Periode" dar. Wir können sie als eine Sinuswelle der Wellenlänge λ auffassen, deren Amplitude aber selbst zeitlich veränderlich ist. Als Amplitude kann nämlich die Funktion

$$a' = 2a \cos \frac{2\pi}{\lambda'}(z - vt) \tag{3}$$

angesehen werden. Es ergibt sich eine komplizierte Oszillation des Vektors, wie sie etwa durch die Figur 242 veranschaulicht wird.

4. Es ist immer λ ein Mittelwert zwischen den Einzellängen λ_1, λ_2. Ist λ_1 nahe gleich λ_2, so kann λ gleich λ_1 oder gleich λ_2 gesetzt werden. Es wird

$$\lambda' = \frac{2\lambda_1 \lambda_2}{\lambda_2 - \lambda_1}$$

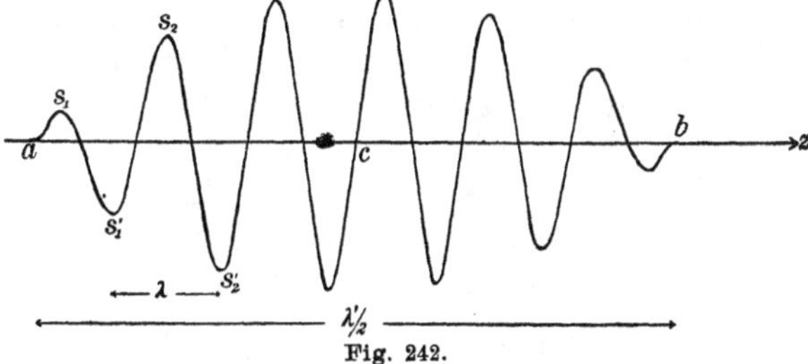

Fig. 242.

dann eine sehr große Länge. Die Kosinusfunktion in (2) oder (3) bedeutet, mit der Sinusfunktion in (2) verglichen, eine sehr langwellige Schwingung. Beobachtet man die Welle A an einem festen Orte z, so erkennt man hier die schnellen Oszillationen der Sinuswelle. Die Amplitude dieser Schwingungen wird einmal, nämlich wenn

$$z - vt = \frac{\lambda'}{4}, = \frac{3\lambda'}{4}, = \frac{5\lambda'}{4}, \text{ usw.}$$

geworden ist, verschwinden, — der Ton ist unhörbar geworden, wenn es sich um Schallwellen handelt; — aber nur für einen Moment. Die Amplitude wächst von jetzt ab an, entsprechend der Funktion (3) — der Ton wird stärker — um später wieder abzunehmen.

In der Akustik nennt man diese Erscheinung „Schwebungen". Wenn zwei nahe den gleichen Ton gebende Stimmgabeln gleichzeitig ertönen, hört man ein rhythmisches Anschwellen und Abklingen des Tones.

5. Das Negativwerden der Amplitude a' in (3), das eintritt, wenn das Argument des Kosinus zwischen $\pi/2$ und $3\pi/2$ liegt, hat zur Folge, daß in zwei aufeinander folgenden halben Wellenlängen der langen Welle immer Hebung und Senkung gegen einander vertauscht erscheinen. Die Figur 242 zeigt das Bild einer solchen halben Wellenlänge unter der speziellen Annahme

$$\lambda_1 = \frac{12}{13}\text{ cm}; \quad \lambda_2 = \frac{12}{11}\text{ cm}, \quad \text{also } \lambda = 1\text{ cm}; \; \lambda' = 12\text{ cm}.$$

Die folgende und die vorhergehende halbe Welle haben das analoge

Aussehen; nur ist die obere Hälfte der Zeichnung nach unten, die untere nach oben geklappt zu denken. Man erhält die vorhergehende halbe Welle auch dadurch, daß man die Figur 242 an einem in a zur z-Achse senkrechten Spiegel gespiegelt denkt. Bei a und bei b überschreitet also die Kurve die z-Achse nicht.

6. Der Punkt a der Figur entspricht dem Argument

$$z - vt = 3\lambda'/4 \text{ (oder } -\lambda'/4),$$

der Punkt b dem Argument

$$z - vt = 5\lambda'/4 \text{ (oder } \lambda'/4).$$

Die Punkte $s_1, s_2 \ldots$ sind diejenigen, die sich im betrachteten Moment im Maximum der kürzeren Welle, $s_1', s_2' \ldots$ die, die sich gerade im Minimum befinden. Die Punkte s_1, s_2 entsprechen den Amplituden der Sinusschwingung. Sie liegen alle auf der Kosinuslinie der Gleichung (3). Bei c liegt das Maximum der Kosinuswelle, das aber in dem hier angenommenen Falle nicht zur Geltung kommt, weil die Sinusfunktion in (2) hier den Wert 0 fordert.

7. Wenn man die z-Achse als t-Achse ansieht, kann die Figur 242 auch als graphisches Bild des zeitlichen Verlaufes innerhalb einer halben Schwingungsdauer τ' der längeren Welle, und zwar zwischen $\tau'/4$ und $3\tau'/4$ angesehen werden. Die Längen λ, $\lambda'/2$ sind dann als Bilder der Schwingungszeiten τ, $\tau'/2$ anzusehen.

Wenn λ, λ' nicht in einem rationalen Verhältnis stehen, so ist die Funktion A (Gl. (2)) überhaupt nicht rein periodisch.

§ 82. Stehende Wellen.

1. Es möge eine ebene Sinuswelle gegeben sein, die in der positiven z-Richtung fortschreitend zur Zeit $t = 0$ am Orte $z = 0$ den Wert 0 zeitlich fallend passiert, die also der Gleichung

$$A_1 = a \sin \frac{2\pi}{\lambda}(z - vt)$$

genügt. Es soll eine zweite ebene Welle gegeben sein von gleicher Amplitude und gleicher Wellenlänge, die in einer Richtung ζ unter den gleichen Bedingungen fortschreitet, so daß

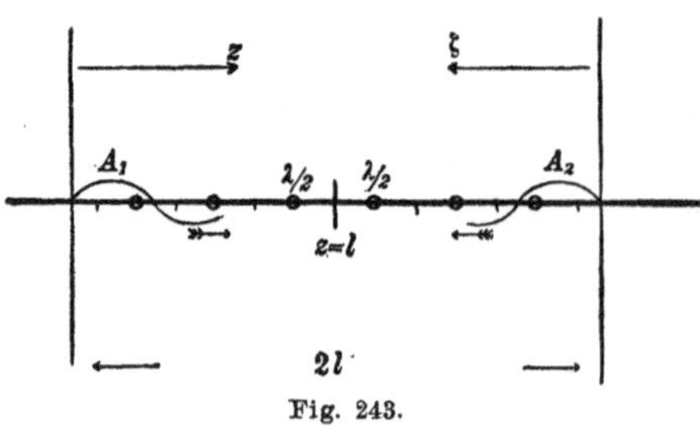

Fig. 243.

$$A_2 = a \sin \frac{2\pi}{\lambda}(\zeta - vt)$$

ist; und nun soll die ζ-Richtung der z-Richtung entgegengesetzt sein, und der Nullpunkt von ζ soll am Orte $z = + 2l$ liegen. Dann ist also (vgl. Fig. 243)

$$\zeta = 2l - z,$$

und, wenn die Wellen gleichzeitig vorhanden und ihre Vektoren mit einander kollinear sind, so addieren sich die Beträge zum Betrag des resultierenden Vektors

$$A = a\left\{\sin\frac{2\pi}{\lambda}(z - vt) + \sin\frac{2\pi}{\lambda}(2l - z - vt)\right\}$$

oder

$$A = 2a\sin\frac{2\pi}{\lambda}(l - vt)\cdot\cos\frac{2\pi}{\lambda}(l - z). \tag{1}$$

2. Diese Gleichung entspricht nicht mehr der Form

$$A = f(z - vt).$$

Sie bedeutet, wie wir sehen werden, keinen fortschreitenden Zustand mehr und wird deshalb als die Gleichung einer „stehenden Welle" bezeichnet. Es folgt aus ihr:

a) An allen Orten

$$z = z_0 = l \pm \nu\frac{\lambda}{4}, \quad \nu = 1, 3, 5 \text{ usw.}, \tag{2}$$

worin also ν eine ungerade Zahl sein soll, ist zu allen Zeiten die Kosinusfunktion in (1) gleich Null, also

$$A = 0.$$

Diese „Knotenpunkte" liegen je im Abstand $\lambda/2$ voneinander, und vom Mittelpunkt zwischen $z = 0$ und $\zeta = 0$, also vom Punkte $z = l$ liegen die nächsten zwei Punkte beiderseits im Abstand $\lambda/4$.

b) Zu allen Zeiten

$$t = t_0 = \frac{1}{v}\left(l \pm \mu\frac{\lambda}{4}\right), \quad \mu = 0, 2, 4 \text{ usw.}, \tag{3}$$

worin also μ eine gerade Zahl, verschwindet die Sinusfunktion in (1); es ist also dann an allen Orten

$$A = 0.$$

Wenn wir die Schwingungsdauer τ der Welle einführen, können wir diese Zeiten auch darstellen durch

$$t_0 = \frac{l}{v} \pm n\frac{\tau}{2}; \quad n = 0, 1, 2 \text{ usw.},$$

worin nun n eine beliebige ganze Zahl ist. Diese Zeiten liegen also alle um eine halbe Schwingungsdauer der ursprünglichen Wellen auseinander.

3. An einem beliebigen, festgehaltenen Orte schwankt A zeitlich zwischen den Werten

$$+ a^{(z)} = + 2a\cos\frac{2\pi}{\lambda}(l - z) \quad \text{und} \quad - a^{(z)} = - 2a\cos\frac{2\pi}{\lambda}(l - z),$$

deren absoluten Wert $a^{(z)}$ wir als die „Amplitude am Orte z" bezeichnen wollen. Es folgt dies aus (1), da die Sinusfunktion zwischen $+1$ und -1 schwankt. Die Amplitude am Orte z ist also selbst von z abhängig. Der Vektor oszilliert deshalb an den verschiedenen Orten zwischen verschiedenen Werten.

4. Die Werte $\pm a^{(z)}$ werden an allen Orten z zur gleichen Zeit erreicht, nämlich immer, wenn

$$(4) \qquad t = t_1 = \frac{l}{v} \pm \nu \frac{\tau}{4}; \quad \nu = 1, 3, 5 \text{ usw.}$$

Die Schwingungsdauer τ der ursprünglichen Wellen ist demnach gleichzeitig die Schwingungsdauer der zeitlichen Oszillation an jedem Orte z.

5. Die „Amplitude am Orte z",

$$(5) \qquad a^{(z)} = 2a \cos \frac{2\pi}{\lambda}(l - z),$$

hat selbst einen Extremwert (ein Maximum oder ein Minimum) an den Orten

$$(6) \qquad z = z_2 = l \pm \mu \frac{\lambda}{4}, \quad \mu = 0, 2, 4 \text{ usw.,}$$

oder

$$z = z_2 = l \pm n \frac{\lambda}{2}; \quad n = 0, 1, 2, 3 \text{ usw.}$$

Diese Punkte heißen die „Bäuche" der stehenden Welle. Das Maximum von $a^{(z)}$ ist, wie aus (5) folgt

$$\bar{a}^{(z)} = 2a.$$

Hier ist also die Amplitude doppelt so groß wie die der einzelnen Wellen.

6. Die Figur 244 veranschaulicht graphisch den zeitlichen Verlauf des Vektors $\mathfrak{A}$, oder seines Betrages, zwischen zwei aufeinander folgenden Knoten, K_1, K_2, also über eine halbe Wellenlänge. Die Punkte K_1, K_2 bleiben während der zeitlichen Veränderung im Raume fest. Die ausgezogene Kurve bedeutet die Verteilung von A zur Zeit eines Maximums, also etwa zur Zeit

$$t_1 = \frac{l}{v} + \frac{\tau}{4}.$$

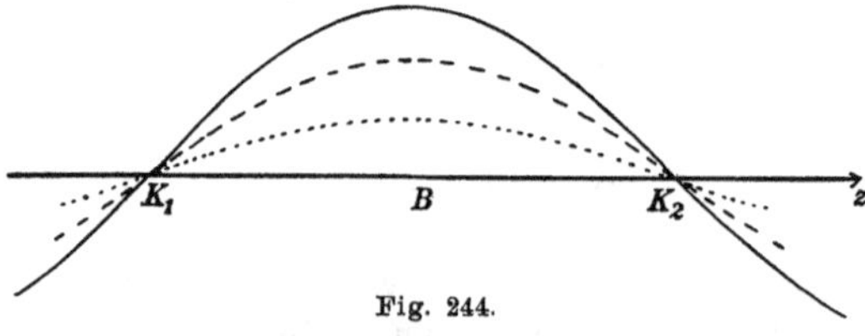

Fig. 244.

Nach Ablauf von einer weiteren Viertel-Schwingungsdauer ist einer der Werte t_0 (3) erreicht, die Kurve also in die Gerade $K_1 K_2$ übergegangen. Die beiden dazwischen liegenden (gestrichelt und punktiert gezeichneten) Kurven entsprechen zwei Zwischenstadien. Von diesem Werte t_0 an baucht sich die Kurve nach unten aus, bis überall der Minimalwert von A erreicht ist; dann kehrt sie wieder um, und das Spiel wiederholt sich nun.

7. Dieses Bild zeigt, daß das Verhalten des Vektors $\mathfrak{A}$ nichts mehr mit einem Fortschreiten zu tun hat. Es folgt also:

Zwei gegeneinander laufende Wellen kollinearer Vektoren gleicher Amplitude und gleicher Wellenlänge geben eine stehende Welle.

8. Das Gegeneinanderlaufen zweier solchen Wellen erhält man z. B. durch die Reflexion einer Welle an einer normal zu ihrer Fortpflanzungsrichtung stehenden Wand. Im Innern von einseitig eben abgeschlossenen Röhren kann man stehende Schallwellen mittels feinen Kork- oder Lykopodiumstaubes nachweisen, der an den Bäuchen der Verschiebungswelle (den Knoten der Druck- und der Dichtewelle, vgl. § 80, 10) aufgewirbelt wird, und sich in Abständen von einer halben Wellenlänge des verwandten Tones ansammelt (Kundtsche Staubfiguren). Stehende Lichtwellen, ebenfalls durch normale Reflexion erzeugt, hat zum ersten Male Otto Wiener auf photographischem Wege nachgewiesen.

§ 83. Anwendungen der Interferenzerscheinungen in der Optik.

1. Wir machen die Annahme, daß monochromatisches (homogenes) Licht, d. h. Licht einer gewissen Spektralfarbe, eine Welle bestimmter von der Farbe abhängiger Wellenlänge sei (§ 77, 7), erzeugt durch irgend einen nicht näher zu definierenden Vektor, den „Lichtvektor"; auch lassen wir es vorerst unbestimmt, ob der Vektor transversal oder longitudinal fortschreitet.

Wir machen weiter die Annahme, daß diese Welle in verschiedenen Medien mit verschiedenen Geschwindigkeiten v, im luftleeren Raum, den wir uns von dem hypothetischen „Lichtäther", „Äther", angefüllt denken mit der Geschwindigkeit v_0 ($= 3.10^{10}$ cm/sek) fortschreitet.

2. Das Fortschreiten des Vektors möge dadurch erfolgen, daß der oszillierende Vektor an einem Orte einen solchen am Nachbarorte erregt, auch beim Übergange in ein anderes Medium. Dann scheint die Annahme berechtigt, daß in beiden Medien die Schwingungsdauern τ die gleichen sind; denn das Erregen eines nicht synchron schwingenden Vektors wäre schwer zu verstehen (vgl. § 87, (4)). Es muß dann aber die Wellenlänge beim Übergang der Welle in ein anderes Medium eine andere werden, da zwischen ihr und der Fortpflanzungsgeschwindigkeit die Relation

$$\lambda = v\tau$$

besteht.

3. Wir wollen uns hier auf ebene Wellen beschränken. Als „Lichtstrahlen" sollen hier die Normalen auf den Wellenebenen, also die „Fortpflanzungsrichtungen" der Welle verstanden werden.

4. Auf eine Ebene g, die zwei Medien der Brechungsexponenten n_0, n von einander trennt, soll eine zu ihr nicht parallele ebene Welle auffallen. Die Wellenebene w und die Ebene g mögen den Winkel α einschließen. Wir fragen: Wie beschaffen wird die Welle ins Innere des zweiten Mediums eintreten, wenn wir annehmen, daß nur eine Geschwindigkeitsänderung der eintretenden Teile, keine Rückwirkung auf die noch nicht eingetretenen Teile die Folge des Überganges ist?

5. In einem Zeitpunkte T_1 sei eine Ebene w der Welle, etwa die, in der der Vektor sich in der Amplitude befindet, in w_1 (Fig. 245) angekommen, und eine Gerade, in der ein Punkt A_1 liegt, bilde jetzt die Schnittlinie der beiden Ebenen g und w_1. Die Figur 245 ist als normaler Schnitt zu dieser Geraden gedacht. Um die kleine Zeit t_0 später, also zu einer Zeit

$$T_2 = T_1 + t_0$$

sei die Ebene w nach w_2 gekommen, und die Schnittgerade habe jetzt den Spurpunkt B_2, ist aber zu der früheren Schnittgeraden parallel geblieben.

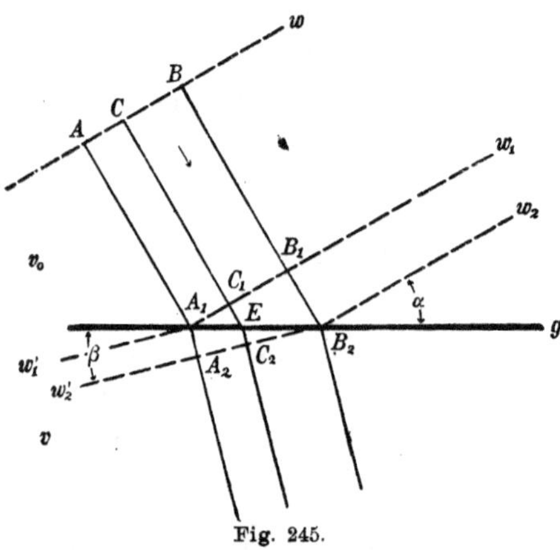

Fig. 245.

Wir betrachten noch einen Zwischenzeitpunkt

$$T = T_1 + t < T_2,$$

in dem ein Punkt E den Spurpunkt der Schnittgeraden bildet.

Den Spurpunkten A_1, E, B_2 entsprechen zur Zeit 0 die Punkte A, C, B, — d. h. sie liegen mit ihnen auf den gleichen Strahlen —, zur Zeit T_1 die Punkte A_1, C_1, B_1.

6. Es ist, wenn v_0 die Fortpflanzungsgeschwindigkeit der Welle im ersten Medium bedeutet,

$$\overline{BB_1} = v_0 T_1$$

$$\overline{B_1 B_2} = v_0 t_0 = \overline{A_1 B_2} \sin \alpha \tag{1}$$

$$\overline{C_1 E} = v_0 t. \tag{2}$$

7. Nach dem Übergang ins andere Medium ist die Geschwindigkeit der Welle gleich v. Wir dürfen nun allgemein nicht mehr annehmen, daß die Wellenebene noch dieselbe Richtung hat. Sie möge durch die Ebenen w_1', w_2' dargestellt werden. Aus Symmetriegründen dürfen wir schließen, daß das wahre räumliche Wellenbild aus dem in Figur 245 gezeichneten durch Verschiebung der Zeichnung normal zur Zeichenebene wiedergegeben wird, oder mit anderen Worten, daß in allen zur Zeichenebene parallelen Schnitten die Zeichnung identisch mit der in Figur 245 dargestellten ausfällt. Wir können uns also auf das in dieser Figur dargestellte ebene Problem beschränken, und w, w_1, w_2, w_1', w_2' als Gerade ansehen.

8. Es ist, wenn w_2' im zweiten Medium die Fortsetzung der Geraden w_2 im ersten bedeutet, jeder der Punkte A, C, B auf dieser Geraden zur selben Zeit angekommen; also muß

$$\overline{EC_2} = v\,(t_0 - t) = \frac{v}{v_0}\, v_0\,(t_0 - t)$$

sein und nach (1), (2) und Figur 245 folgt

$$\overline{EC_2} = \frac{v}{v_0}\left(\overline{B_1B_2} - \overline{C_1E}\right) = \frac{v}{v_0}\,\overline{EB_2}\,\sin\alpha.$$

Es ist also das Verhältnis

$$\frac{\overline{EC_2}}{\overline{EB_2}} = \frac{v}{v_0}\sin\alpha$$

unabhängig von der Lage des Punktes E zwischen A_1 und B_2, für alle zwischen A_2 und B_2 gelegenen Punkte C_2 das gleiche. Wenn wir den Winkel zwischen w_2' und g mit β bezeichnen, so folgt hieraus

$$\frac{\sin\alpha}{\sin\beta} = \frac{v_0}{v} = \frac{n}{n_0}, \tag{3}$$

und da α, β gleichzeitig die Winkel zwischen den Strahlen und den Normalen zu g bedeuten, so ist diese Gleichung nichts anderes, als das Snelliussche Brechungsgesetz. Wir haben nur die Fortpflanzungsgeschwindigkeiten den Brechungsexponenten umgekehrt proportional anzunehmen, wie wir es früher schon einmal angedeutet haben (§ 59, 5), und wie es in (3) schon ausgeführt ist.

Eine unbewiesene Annahme liegt unseren Ableitungen allerdings noch zu Grunde, nämlich die, daß die Wellenebenen nach dem Übergang auch noch Ebenen sind.

9. Nimmt man an, daß beim schrägen Auftreffen auf eine spiegelnde Fläche die Welle ins ursprüngliche Medium zurückgeworfen wird, so ergeben sich in derselben Weise die Reflexionsgesetze.

10. Eine ebene Welle w (Fig. 246) falle auf eine Grenzebene g einer planparallelen durchsichtigen Platte auf, werde zum Teil direkt reflektiert, als Ebene w_1, und dringe zum anderen Teil, in das jenseitige Medium ein, wo sie unter veränderter Richtung auf die andere Grenze K

der Platte auftreffe. Hier werde sie wieder (zum Teil oder ganz) reflektiert, so daß sie die Grenze g noch einmal erreicht; und nun gelangt sie wieder zum Teil als Welle w_2 ins ursprüngliche Medium zurück, wo sie nach den Brechungs- und Reflexionsgesetzen dieselbe Richtung und Fortpflanzungsgeschwindigkeit besitzen wird, wie die Welle w_1. Aber sie erscheint in ihrer Phase gegen die Welle w_1 verzögert, weil sie den größeren Weg hat zurücklegen müssen. Außerdem erscheint sie gegen diese Welle etwas seitwärts verschoben; die in zwei Punkten A_1 und A_2 auf w senkrechten Strahlen fallen nach den Brechungen und Reflexionen in einen Strahl A_1', A_2' zusammen; das hat aber auf die Interferenzerscheinungen keinen Einfluß.

Von weiteren Reflexionen und Brechungen, etwa am Orte R_1, sehen wir ab.

11. Um zu berechnen, um welche Länge c die Welle w_2 hinter der Welle w_1 zurück ist, verfolgen wir die Wege, die die beiden Wellen in derselben Zeit t durchlaufen; dabei wählen wir t so groß, daß in dieser Zeit beide Wellen wieder ins ursprüngliche Medium zurückgekehrt sind. Es seien, wie in Nr. 1, v_0, v die Geschwindigkeiten vor und hinter der Grenze g. Dann ist (Fig. 246)

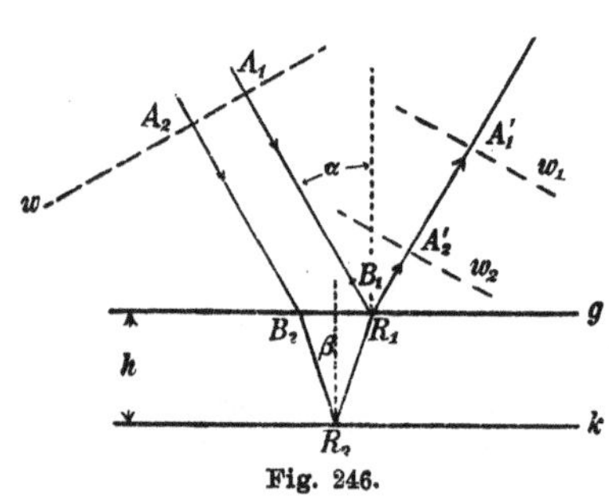

Fig. 246.

$$t = \frac{\overline{A_1 R_1} + \overline{R_1 A_1'}}{v_0},$$

wenn A_1' ein Punkt ist, den die Welle w_1 in dieser Zeit t erreicht. Ist A_2' der analoge Punkt für die Welle w_2, so ist

$$t = \frac{\overline{A_2 B_2}}{v_0} + \frac{\overline{B_2 R_2}}{v} + \frac{\overline{R_2 R_1}}{v} + \frac{\overline{R_1 A_2'}}{v_0}.$$

Da nun (§ 80, 2)

$$\overline{A_2' A_1'} = \overline{R_1 A_1'} - \overline{R_1 A_2'} = c$$

ist, so wird

$$c = \overline{A_2 B_2} - \overline{A_1 R_1} + 2 \frac{v_0}{v} \overline{B_2 R_2}.$$

Ist h der Abstand der beiden Grenzen g und k, also die Dicke der Platte, so folgt

$$\overline{B_2 R_2} = \frac{h}{\cos\beta}$$

$$\overline{A_1 R_1} - \overline{A_2 B_2} = \overline{B_1 R_1} = \overline{B_2 R_1} \sin\alpha$$

$$\overline{B_2 R_1} = 2h \operatorname{tg}\beta$$

und deshalb

$$c = 2h\left(\frac{v_0}{v}\frac{1}{\cos\beta} - \operatorname{tg}\beta \sin\alpha\right),$$

und da $\sin\alpha = \sin\beta\, v_0/v$ ist, so wird

$$c = 2h\frac{v_0}{v}\cos\beta = 2h\sqrt{\left(\frac{v_0}{v}\right)^2 - \sin^2\alpha}.$$

Hierin kann noch, nach Nr. 8, $v_0 = nv$ gesetzt werden, wenn jetzt der relative Brechungsexponent des zweiten Mediums gegen das erste der Kürze halber mit n bezeichnet wird. Dann wird

$$c = 2h\sqrt{n^2 - \sin^2\alpha}.$$

12. Ein Verlöschen der Welle tritt ein, wenn (§ 80, 5)

$$c = \nu\frac{\lambda}{2} = 2h\sqrt{n^2 - \sin^2\alpha} \tag{4}$$

ist, worin ν eine ungerade Zahl bedeutet. Bei vorgegebener Wellenlänge, gegebener Dicke und gegebenem Material der Platte tritt also ein Auslöschen ein, wenn

$$\sin\alpha = \sin\bar{\alpha} = \sqrt{n^2 - \frac{\nu^2\lambda^2}{16h^2}};\quad \nu = 1, 3, 5 \text{ usw.}$$

Vorausgesetzt ist hierbei, daß die zwei Wellen gleiche Amplituden haben. Da das im allgemeinen nicht der Fall sein wird, so tritt an Stelle der Auslöschung nach § 80, 7 eine Schwächung der Wellen ein.

13. Es existiert hiernach ein reeller Auslöschungswinkel $\bar{\alpha}$ nicht, wenn

$$h < \frac{\lambda}{4n} \tag{5}$$

ist, weil dann für den absolut kleinsten Wert ν die Wurzel imaginär wird.

Ferner würde ein reeller Winkel $\bar{\alpha}$ dann unmöglich sein, wenn

$$h > \frac{\nu\lambda}{4\sqrt{n^2 - 1}} \tag{6}$$

ist, da dann $\sin\bar{\alpha} > 1$ würde. Diese Relation hätte nur Sinn, wenn den Zahlen ν eine obere Grenze gesteckt wäre, was bei idealen Wellen nicht der Fall ist. Wenn wir auch über λ beliebig verfügt haben — etwa daß es den Wellenlängen des sichtbaren Lichtes angehören soll, — so können wir doch ν immer so groß wählen, daß (6) nicht befriedigt ist. Dann muß ein Auslöschen bei geeigneter Wahl des Winkels α, oder bei geeigneter Wahl von λ erfolgen, wenn nur die Ungleichung (5) nicht besteht, wenn also die Platte g, k eine hinreichende Dicke überschritten hat.

14. Daß bei dicken Platten das Auslöschen der Lichtwellen nicht beobachtet wird, hat seinen Grund darin, daß dem ν bei realen Wellen doch eine obere Grenze gesetzt ist. Das Licht darf nicht als eine Wellenbewegung derart aufgefaßt werden, daß sich die Wellen, solange die Lichtquelle leuchtet, vollkommen korrekt folgen, sondern es besteht aus einer Aneinanderreihung und Übereinanderhäufung von „Wellenzügen", deren jeder eine mehr oder minder große Zahl gut ausgebildeter Wellen enthält. Ist die Durchschnittszahl dieser gleich m, so ist in (4), also auch in (6)

$$\tfrac{1}{2}\nu < m$$

anzunehmen, wenn die Länge des Wellenzuges ausreichen soll, um die Interferenz eintreten zu lassen. Es darf die Länge $c = A_2' A_1'$ (Fig. 246) eben nicht länger als die mittlere Tiefe $(m \cdot \lambda)$ der Wellenzüge sein; ja es muß sogar c klein gegen diese Tiefe sein, damit ein großer Teil der Wellen ausgelöscht wird; sonst kommt die Welle w_2 gar nicht, oder nur unwesentlich in das Gebiet der Welle w_1.

Spätere Wellenzüge sind ebenfalls nicht imstande, mit früheren, die sie vielleicht auf dem kürzeren, direkt reflektierten Wege einholen, zu interferieren; denn die Phasen von diesen zeigen alle möglichen, ganz unberechenbaren Verschiebungen gegeneinander. Auch haben sie vielleicht ganz verschiedene Wellenformen und verschiedene Vektorrichtungen; kurz sie sind, wie man es nennt, nicht „kohärent" miteinander.

15. Das weiße Tageslicht setzt sich aus allen farbigen Lichtstrahlen in stetiger Folge von Rot bis Violett zusammen, und diese Farben sind physikalisch durch ihre Wellenlängen verschieden (§ 77, 7). Fällt weißes Licht auf ein hinreichend dünnes Blättchen unter einem Winkel α auf, so wird dasjenige Licht ausgelöscht (oder geschwächt), für dessen Wellenlänge λ nach (4)

$$\nu\lambda = 4h\sqrt{n^2 - \sin^2\alpha}; \qquad \nu = 1, 3, 5 \ldots$$

ist. Es bleibt Licht übrig, das nicht mehr alle Farben enthält, und deshalb selbst farbig erscheint. So entstehen die „Farben dünner Blättchen", die man besonders schön bei Seifenblasen beobachtet.

16. So lange α, im Bogenmaß gemessen, klein ist, wozu es schon einige Grade groß sein kann, da etwa

$$\sin 6^0 = 0{,}1; \ \sin^2 6^0 = 0{,}01$$

ist, kann man angenähert

$$\nu\lambda = 4hn\left(1 - \frac{\alpha^2}{2n^2}\right)$$

setzen, und es folgt, daß die ausgelöschte Wellenlänge vom Einfallswinkel α nur wenig abhängig ist. Dagegen ist sie der Dicke h des Blättchens proportional.

17. Wenn man an Stelle des Blättchens einen äußerst scharfen Keil annimmt, dessen Keilwinkel φ also äußerst gering ist, so kann man von einer Richtungsänderung der Welle infolge der Keilgestalt absehen. Der Keil wirkt dann einfach wie eine stetige Aneinanderreihung unendlich wenig voneinander in der Dicke abweichender planparalleler Blättchen. Einen solchen Keil erhält man z. B. wenn man zwei Spiegelglasplatten an je einer Kante aufeinanderlegt, während die Platten an den gegenüberliegenden Kanten durch ein Schaumgoldblättchen getrennt sind.[1]) In diesem Falle kann man in (4) $n = 1$ setzen, wenn man die Parallelverschiebung der Strahlen in der oberen Spiegelglasplatte unberücksichtigt läßt. Die Interferenz hat mit dieser Platte nichts zu tun; sie entsteht zwischen dem Licht, das an der oberen und dem, das an der unteren Ebene des Luftkeiles reflektiert wird.

18. Ist h der Abstand der beiden Keilebenen an dem Orte, an dem man den Keil gerade beobachtet, und ist dieser um die Länge l von der Keilkante entfernt, so ist

$$h = l\varphi,$$

und eine Wellenlänge λ wird ausgelöscht, wenn

$$\nu\lambda = 4l\varphi\sqrt{n^2 - \sin^2\alpha}$$

ist. Beobachtet man nahezu vertikal, ist also α sehr klein, so tritt das Auslöschen ein, wenn

$$\nu\lambda = 4l\varphi n, \qquad \nu = 1, 3, 5 \ldots$$

ist. Demnach muß an den Stellen

$$l = \frac{\lambda}{4n\varphi}; \qquad = \frac{3\lambda}{4n\varphi}; \qquad = \frac{5\lambda}{4n\varphi} \text{ usw.},$$

also in gegenseitigen Abständen von

$$\Delta l = \frac{\lambda}{2n\varphi},$$

der Keil von dunkelen Streifen durchzogen erscheinen, wenn man ihn im homogenen Licht beobachtet. Aus diesem Abstand Δl, der nun trotz der Kleinheit von λ bei kleinem φ doch meßbar groß ist, kann λ berechnet werden.

19. An Stelle des Keils kann man auch die Luftschicht zwischen einer Planplatte und einer darauf ruhenden sehr schwach gekrümmten Linse benutzen. Die dunkelen Streifen sind dann zu Ringen ausgestaltet, deren Abstände aber nicht mehr dieselben sind. Die Berechnung aus der Krümmung der Linse ist leicht. Diese Ringe heißen die „Newtonschen Farbenringe“; sie sind farbig, wenn man im weißen Licht beobachtet.

---

1) Als Lichtquelle kann zweckmäßig eine Spiritusflamme dienen, auf deren Docht man etwas Kochsalz gestreut hat, Spiegelglasplatten von geeigneter Größe erhält man in photographischen Geschäften, als Beschneidegläser.

20. Die bereits in § 77 erwähnte *D*- oder Natriumlinie besteht in Wirklichkeit, wie gute Spektralapparate zeigen, aus zwei dicht benachbarten Linien. Sie ist für Spektraluntersuchungen von großer Wichtigkeit. Die Wellenlängen der den beiden Einzellinien entsprechenden Farben sind

$$\left.\begin{aligned}\lambda_{D_1} &= 0{,}000\,589\,60 \text{ mm}\\ \lambda_{D_2} &= 0{,}000\,589\,00 \text{ mm}\end{aligned}\right\} \text{(gelb)}.$$

Es haben die anderen in § 77 erwähnten Linien, die *C*- und die *F*-linie des Wasserstoffs die Wellenlängen

$$\lambda_C = 0{,}000\,656\,29 \text{ mm (rot)}$$
$$\lambda_F = 0{,}000\,486\,14 \text{ mm (blau)}.$$

Das ganze sichtbare Spektrum umfaßt etwa eine Oktave, d. h. Wellenlängen zwischen einem kleinsten Wert im äußersten Violett und annähernd dem doppelten hiervon im äußersten Rot. Dieses sichtbare Spektrum geht nämlich von etwa 0,000 35 mm bis 0,000 8 mm.

Es gibt aber beiderseits über die Enden dieses Spektrums hinaus noch Strahlen im Sonnenlicht, die das Auge nicht mehr wahrnimmt, und die man auf photochemischem oder thermoelektrischem Wege nachgewiesen hat. Die „ultraroten" Strahlen sind bis zu einer Wellenlänge von 0,008 mm, der zehnfachen des roten Lichtes, die „ultravioletten" Strahlen bis zu einer Wellenlänge von etwa 0,000 1 mm, rund einem Viertel der violetten Strahlen, nachgewiesen worden.

§ 84. **Transversale Wellen.**

1. Unsere bisherigen Folgerungen galten unabhängig davon, welche Richtungen die schwingenden Vektoren besaßen, wenn sie nur kollinear waren; sie galten sogar für skalare Wellen. Dem entsprechend hatten wir auch die Gleichungen der Wellenbewegung auf den Betrag oder die einzelnen Komponenten, nicht auf die Vektoren als solche angewandt.

2. Ist $\mathfrak{a}$ ein homogener, zeitlich konstanter Vektor, so ist

$$\mathfrak{A} = \mathfrak{a} f(z - vt) \tag{1}$$

ein mit $\mathfrak{a}$ kollinearer Vektor, der aber nicht mehr homogen und zeitlich konstant ist, sondern die Form einer nach z fortschreitenden Welle besitzt. Es ist hier die Funktion f als ein skalarer Faktor vorausgesetzt, und es folgt aus der vektoriellen Gleichung (1)

$$\begin{aligned} A_x &= a_x f(z - vt)\\ A_y &= a_y f(z - vt)\\ A_z &= a_z f(z - vt)\,. \end{aligned} \tag{2}$$

$\mathfrak{a}$ soll die vektorielle Amplitude der Welle (1) heißen.

3. Ist f eine symmetrische periodische Funktion, so dürfen wir sie ohne Beschränkung der Allgemeingültigkeit durch die zwischen $+1$ und -1 schwankende symmetrische Funktion φ (§ 79, 24) ersetzen, so daß

$$\mathfrak{A} = \mathfrak{a}\,\varphi\left\{\frac{2\pi}{\lambda}(z - vt + c)\right\} \tag{3}$$

wird, wobei wir uns eventuell einen in f enthaltenen Faktor in den Vektor $\mathfrak{a}$ hineingenommen denken. Die Konstante c muß bei einer Komponentenzerlegung in allen drei Komponenten identisch sein.

Ist in (2) $A_z = 0$, so ist $\mathfrak{A}$ ein transversal fortschreitender Vektor.

4. Die Gleichungen (1), (3) enthalten die Tatsache, daß der Vektor $\mathfrak{A}$ nie und nirgends seine Achse (§ 1, 3), wohl aber den Sinn innerhalb dieser ändert. Eine solche Welle soll eine „linear polarisierte" Welle heißen. Der Vektor dieser Welle bleibt also überall und immer mit sich selbst kollinear.

Die Ebene, auf der der Vektor senkrecht steht, soll seine „Polarisationsebene", die Ebene in der er und seine Fortpflanzungsrichtung liegt, seine „Schwingungsebene" heißen.

5. Es seien zwei transversale linear polarisierte ebene Wellen vorgegeben mit der gleichen Funktion φ, die wir wieder durch f ersetzen

$$\begin{aligned} \mathfrak{A}_1 &= \mathfrak{a}_1 f\left\{\frac{2\pi}{\lambda}(z - vt + c_1)\right\} \\ \mathfrak{A}_2 &= \mathfrak{a}_2 f\left\{\frac{2\pi}{\lambda}(z - vt + c_2)\right\}, \end{aligned} \tag{4}$$

worin $\mathfrak{a}_1$, $\mathfrak{a}_2$ homogene zeitlich konstante Vektoren sind, die beide zu z normal, aber im allgemeinen nicht kollinear sind. Wir wollen auch hier

$$\varDelta\omega = \frac{2\pi}{\lambda}(c_2 - c_1)$$

als die Phasenverschiebung der zwei Wellen gegeneinander bezeichnen.

6. Sind die Wellen $\mathfrak{A}_1$, $\mathfrak{A}_2$ gegeben, so ist, wenn ihre Vektoren nicht kollinear sind, diese Phasenverschiebung innerhalb einer Wellenlänge nicht eindeutig, sondern zweideutig. Haben wir den Vektor $\mathfrak{a}_1$ so gewählt, daß die erste der Gleichungen (4) befriedigt wird, so kommt es noch darauf an, in welchem Sinne wir den Vektor $\mathfrak{a}_2$ innerhalb der Schwingungsebene von $\mathfrak{A}_2$ festlegen. Es ist nämlich (§ 79, (5))

$$f\left\{\frac{2\pi}{\lambda}(z - vt + c_2)\right\} = -f\left\{\frac{2\pi}{\lambda}\left(z - vt + c_2 + \frac{\lambda}{2}\right)\right\},$$

und wenn wir $\mathfrak{a}_2{}' = -\mathfrak{a}_2$ (Fig. 247) wählen, so wird

$$\mathfrak{A}_2 = \mathfrak{a}_2 f\left\{\frac{2\pi}{\lambda}(z - vt + c_2)\right\} = \mathfrak{a}_2{}' f\left\{\frac{2\pi}{\lambda}\left(z - vt + c_2 + \frac{\lambda}{2}\right)\right\},$$

und die gleichen zwei Wellen $\mathfrak{A}_1$, $\mathfrak{A}_2$ haben im einen Falle die Phasenverschiebung

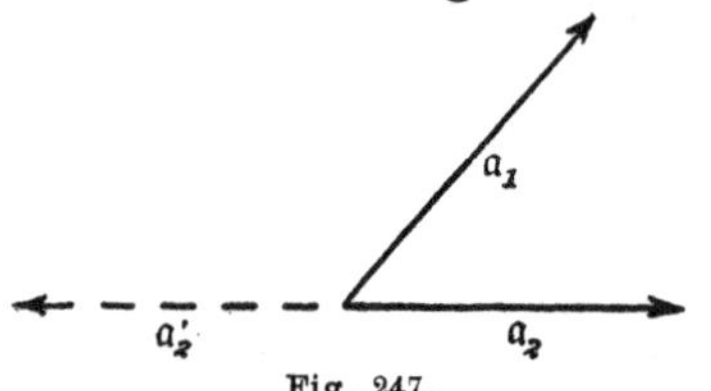

Fig. 247.

$$\varDelta\omega = \frac{2\pi}{\lambda}(c_2 - c_1),$$

im anderen Falle

$$\varDelta'\omega = \frac{2\pi}{\lambda}\left(c_2 - c_1 + \frac{\lambda}{2}\right).$$

Sind die Wellen $\mathfrak{A}_1$, $\mathfrak{A}_2$ gegeben, so ist dadurch nur die Achse der Vektoren $\mathfrak{a}_1$, $\mathfrak{a}_2$ vorgeschrieben, nicht deren Sinn. Je nach Wahl des Sinnes wird die Phasenverschiebung um $\lambda/2$ geändert.

Bei kollinearen Vektoren sind wir berechtigt, die Phasenverschiebung um ganze Vielfache von λ willkürlich verändert anzunehmen, bei nicht kollinearen Vektoren auch um ganze Vielfache von $\lambda/2$. Daß letzteres bei kollinearen Vektoren nicht auch der Fall ist, liegt lediglich daran, daß es hier logisch unsinnig wäre, die Amplituden beider im entgegengesetzten Sinne positiv zu rechnen.

Für unsere Folgerungen ist diese Zweideutigkeit belanglos.

Haben wir über den Sinn der Vektoren $\mathfrak{a}_1$, $\mathfrak{a}_2$ einmal verfügt, dann ist die Phasenverschiebung eindeutig. Im folgenden soll $\mathfrak{a}_1$, $\mathfrak{a}_2$, z in dieser Reihenfolge ein Rechtssystem sein.

7. Ein allgemeinerer Fall einer ebenen Welle ist der, daß zeitlich und örtlich auch die Richtung ihres Vektors periodisch wechselt. Eine solche Welle ist nicht mehr linear polarisiert. Wir wollen im folgenden einige spezielle Fälle derartiger Wellen aus der Koexistenz linear polarisierter Wellen ableiten.

Wir beschränken uns auf Sinuswellen und nehmen die Vektoren in der Form an

$$(5)\qquad \begin{aligned} \mathfrak{A}_1 &= \mathfrak{a}_1 \sin\frac{2\pi}{\lambda}(z - vt + c_1) \\ \mathfrak{A}_2 &= \mathfrak{a}_2 \sin\frac{2\pi}{\lambda}(z - vt + c_2). \end{aligned}$$

In einer von diesen Gleichungen kann man ohne Beschränkung des Problems $c_i = 0$ setzen. $\mathfrak{A}_1$, $\mathfrak{A}_2$ sollen gleichartige Vektoren sein, d. h. etwa beides elektrische Felder oder beides elastische Verschiebungen derselben Teilchen. Wir fragen, welcher resultierende Vektor

$$\mathfrak{A} = \mathfrak{A}_1 + \mathfrak{A}_2$$

(geometrisch addiert) entsteht aus diesen beiden Vektoren? Um diese Frage übersehen zu können, denken wir uns von einem festbleibenden Orte in einem Momente den Betrag von $\mathfrak{A}$ nach Größe und Richtung aufgetragen, und nun so verändert, wie er sich im Laufe der Zeit ergibt. Oder wir halten die Zeit fest, und tragen längs einer Strecke z die Beträge so auf, wie sie sich überall in diesem Moment ergeben.

8. Einen besonders einfachen Fall erhält man, wenn man

$$c_2 - c_1 = 0 \; (= \lambda, \; = 2\lambda \ldots)$$

annimmt. Dann wird

$$\mathfrak{A} = (\mathfrak{a}_1 + \mathfrak{a}_2) \sin \frac{2\pi}{\lambda}(z - vt),$$

und das ist wieder eine linear polarisierte Welle von der Amplitude $\mathfrak{a}_1 + \mathfrak{a}_2$.

Zwei linear polarisierte Sinuswellen ohne Phasenverschiebung setzen sich wieder zu einer solchen zusammen.

9. Ein anderer Spezialfall ist der, daß

$$c_1 = 0; \; c_2 = \lambda/2$$

ist. Da

$$\sin \frac{2\pi}{\lambda}(z - vt + \lambda/2) = -\sin \frac{2\pi}{\lambda}(z - vt)$$

ist, so wird jetzt

$$\mathfrak{A} = (\mathfrak{a}_1 - \mathfrak{a}_2) \sin \frac{2\pi}{\lambda}(z - vt),$$

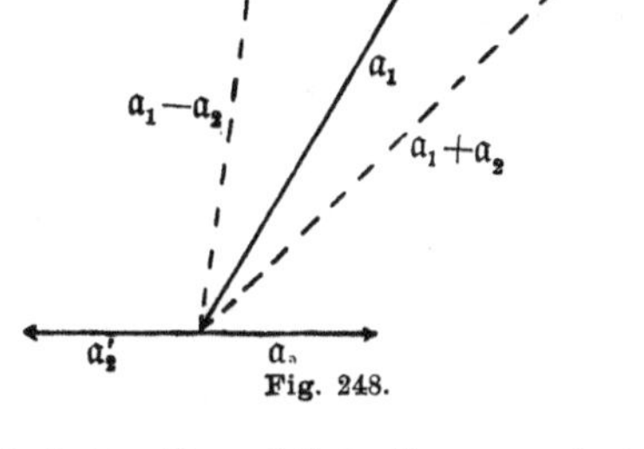

Fig. 248.

also ebenfalls eine linear polarisierte Welle, deren Schwingungsebene gegen die in Nr. 8 besprochene gedreht erscheint. Das folgt daraus, daß die Richtung von $\mathfrak{a}_1 + \mathfrak{a}_2$ die der Diagonalen des Parallelogramms aus $\mathfrak{a}_1$ und $\mathfrak{a}_2$, die Richtung von $\mathfrak{a}_1 - \mathfrak{a}_2$ die Diagonalenrichtung des Parallelogramms aus $\mathfrak{a}_1$ und $\mathfrak{a}_2' = -\mathfrak{a}_2$ ist (vgl. Fig. 248).

10. Eine andersartige Spezialisierung ergibt sich, wenn man

$$\mathfrak{a}_1 \perp \mathfrak{a}_2; \; a_1 = a_2 = a,$$

d. h. die Vektoren $\mathfrak{a}_1$, $\mathfrak{a}_2$ an Betrag einander gleich und zueinander senkrecht, annimmt. Dann wird der resultierende Betrag des Vektors $\mathfrak{A}$ gegeben sein durch

$$A^2 = A_1^2 + A_2^2 = a_1^2 \left(\sin^2 \frac{2\pi}{\lambda}(z - vt + c_1) + \sin^2 \frac{2\pi}{\lambda}(z - vt + c_2)\right).$$

Setzt man nun z. B.

$$c_1 = 0; \; c_2 = \lambda/4,$$

so kann nach § 79, 21 die Phasenverschiebung durch Einsetzen der Kosinusfunktion für die Sinusfunktion dargestellt werden, und es folgt

$$\mathfrak{A} = \mathfrak{a}_1 \sin \frac{2\pi}{\lambda}(z - vt) + \mathfrak{a}_2 \cos \frac{2\pi}{\lambda}(z - vt) \tag{6}$$

$$A^2 = A_1^2 + A_2^2 = a^2, \; A = a. \tag{7}$$

Der Betrag des resultierenden Vektors ist von Ort und Zeit unabhängig. Der Endpunkt des als Gerade normal zu z aufgetragenen Betrages beschreibt also an einem festen Orte einen Kreis, in einem festen Moment eine Schraubenlinie um die z-Achse.

11. Daß in letzterer die Ganghöhe, in ersterem die Umlaufsgeschwindigkeit konstant ist, erkennt man folgendermaßen. Läßt man der Einfachheit halber $\mathfrak{a}_1$ in die x-Richtung, $\mathfrak{a}_2$ in die y-Richtung fallen, so ist

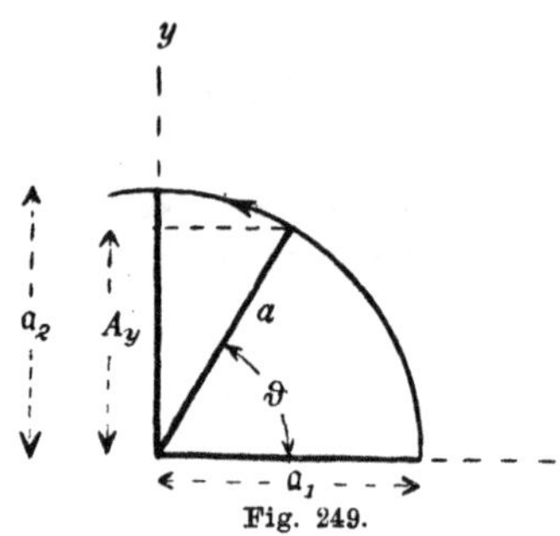

Fig. 249.

$$(8)\qquad \begin{aligned} a_{1x} &= a_1 = a; \quad a_{1y} = 0 \\ a_{2x} &= 0; \qquad a_{2y} = a_2 = a, \end{aligned}$$

und es wird für den resultierenden Vektor nach (6)

$$A_x = A_{1x} + A_{2x} = a \sin \frac{2\pi}{\lambda}(z - vt)$$

$$A_y = A_{1y} + A_{2y} = a \cos \frac{2\pi}{\lambda}(z - vt).$$

Da A_x, A_y die Projektionen von A, also nach (7) von a auf die x- und die y-Richtungen sind, so folgt (Fig. 249)

$$(9)\qquad \begin{aligned} A_x &= a \cos \vartheta = a \sin \frac{2\pi}{\lambda}(z - vt) \\ A_y &= a \sin \vartheta = a \cos \frac{2\pi}{\lambda}(z - vt), \end{aligned}$$

und deshalb, bis auf Vielfache von 2π

$$(10)\qquad \frac{\pi}{2} - \vartheta = \frac{2\pi}{\lambda}(z - vt);$$

das sagt aus: Es wächst der im Sinne einer Rechtsdrehung um die $+z$-Achse positiv gerechnete Winkel ϑ am festen Orte proportional mit der Zeit, und er nimmt ab in einem festen Moment proportional mit z. Ersteres bedeutet die Konstanz der Umlaufgeschwindigkeit, letzteres die der Ganghöhe, die wir durch die Länge von z definieren wollen, längs der ϑ um 2π (unendlich kleine) Einheiten wächst.

12. Einen Vektor, der sich in der hier beschriebenen Art mit Zeit und Ort verändert, nennen wir auch eine Welle. In geometrischer Schreibweise ist er durch die Gleichung (6)

$$(11)\qquad \mathfrak{A} = \mathfrak{a}_1 \sin \frac{2\pi}{\lambda}(z - vt) + \mathfrak{a}_2 \cos \frac{2\pi}{\lambda}(z - vt)$$

$$\mathfrak{a}_1 \perp \mathfrak{a}_2; \quad a_1 = a_2$$

dargestellt. Wegen seiner geometrischen Eigenschaften soll er eine „zirkular polarisierte Welle" heißen.

Wir haben $\mathfrak{a}_1$, $\mathfrak{a}_2$, z als Rechtssystem angenommen, und $\mathfrak{a}_2$ um $\lambda/4$ gegen $\mathfrak{a}_1$ verzögert; dann ergab sich ein Wachsen des Winkels ϑ

mit t (Fig. 249) also zeitlich an jedem Orte eine Rechtsdrehung des Vektors um die z-Achse; und es ergab sich eine Abnahme von ϑ mit z, also längs $+z$ eine linksgewundene Schraube.

13. Wenn wir den Vektor

$$\mathfrak{A} = \mathfrak{a}_1 \sin\frac{2\pi}{\lambda}(z - vt) - \mathfrak{a}_2 \cos\frac{2\pi}{\lambda}(z - vt) \tag{12}$$

$$\mathfrak{a}_1 \perp \mathfrak{a}_2;\; a_1 = a_2$$

bilden, wo wieder $\mathfrak{a}_1$, $\mathfrak{a}_2$, z ein Rechtssystem sein soll, so folgt statt (8)

$$a_{1x} = a,\; a_{2y} = -a$$

und statt (9)

$$a\cos\vartheta = a\sin\frac{2\pi}{\lambda}(z - vt)$$

$$a\sin\vartheta = -a\cos\frac{2\pi}{\lambda}(z - vt),$$

und das ist erfüllt durch

$$\frac{\pi}{2} + \vartheta = \frac{2\pi}{\lambda}(z - vt), \tag{13}$$

und nun folgt, daß ϑ mit z proportional wächst, und mit t proportional fällt. Jetzt haben wir eine Linksdrehung des Vektors am festen Orte und eine rechtsgewundene Schraubung im festen Zeitpunkt. Dieser Fall ist in Fig. 250 dargestellt. Dem Drehungssinn der Schraube entsprechend heißt die Welle der Gleichung (11) eine „links-zirkular polarisierte Welle“, die der Gleichung (12) eine „rechts-zirkular polarisierte Welle“.

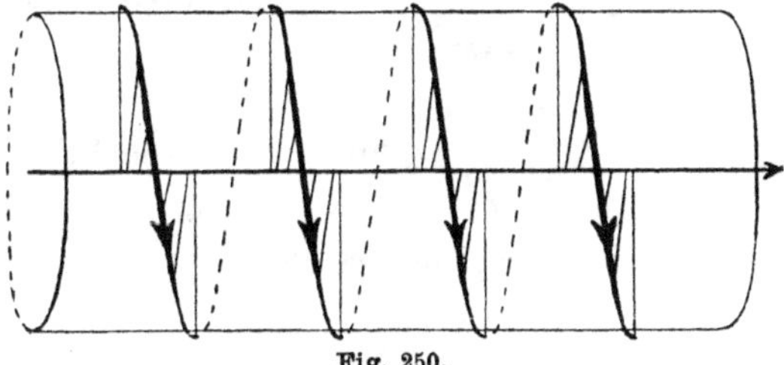

Fig. 250.

14. Es ist

$$\sin\frac{2\pi}{\lambda}\left(z - vt + \frac{\lambda}{4}\right) = \cos\frac{2\pi}{\lambda}(z - vt),$$

und ebenso ist

$$\sin\frac{2\pi}{\lambda}\left(z - vt - \frac{\lambda}{4}\right) = -\cos\frac{2\pi}{\lambda}(z - vt).$$

Demgemäß kann man den Vektor $\mathfrak{A}$ in (11) und (12) als die Summe zweier Vektoren $\mathfrak{A}_1$, $\mathfrak{A}_2$ ansprechen, deren einer Summand gegen den anderen in der Phase um $\pi/2$ verzögert ist.

15. Wir wollen a die „skalare Amplitude“ der zirkularpolarisierten Welle nennen.

Es folgt aus (13) und (10), daß, wenn z um λ wächst, der Winkel ϑ um 2π wächst oder abnimmt. Längs einer Wellenlänge λ der Teilwellen $\mathfrak{A}_1$, $\mathfrak{A}_2$ steigt die Schraube um einen Gang. Ebenso schließt man, daß an einem Orte während einer Schwingungsdauer τ der Teilwellen der Vektor der zirkular polarisierten Welle eine Umdrehung vollendet. In diesem Sinne kann man λ, τ die Wellenlänge und die Schwingungsdauer der zirkular polarisierten Welle nennen.

16. Aus (11) und (12) kann man erkennen, daß die Koexistenz einer rechts- und einer links-zirkular polarisierten Welle gleicher Wellenlängen und gleicher Amplituden eine linear polarisierte Welle liefert. Und wir haben die Sätze:

Zwei linear polarisierte Sinuswellen mit normal zueinander stehenden Schwingungsebenen gleicher Amplituden und gleicher Wellenlängen geben bei einer Phasenverzögerung der zweiten um $\pi/2$ gegen die erste eine links-zirkular, bei einer solchen der ersten um $\pi/2$ gegen die zweite eine rechts-zirkular polarisierte Welle. Als erste Welle ist die zu verstehen, deren Amplitude $\mathfrak{a}_1$ in einem Rechtssystem $\mathfrak{a}_1$, $\mathfrak{a}_2$, z zyklisch voransteht.

Eine links- und eine rechts-zirkular polarisierte Welle geben bei gleicher Fortpflanzungsrichtung, gleicher Amplitude und gleicher Wellenlänge eine linear polarisierte Welle.

§ 85. Elliptische Polarisation.

1. Es seien zwei linear polarisierte Sinuswellen der Form (5) des vorigen Paragraphen gegeben

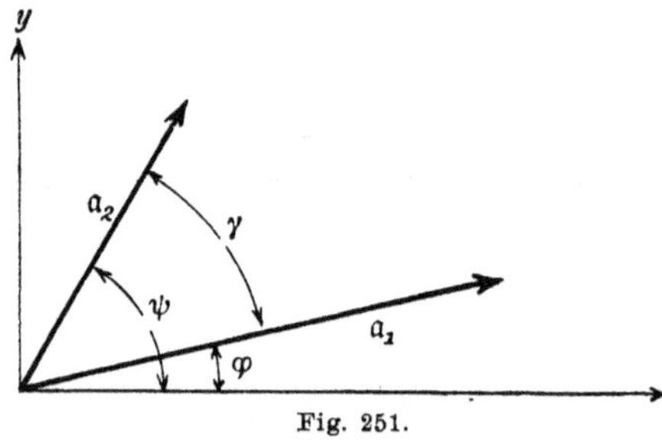

Fig. 251.

$$(1)\qquad \begin{aligned} \mathfrak{A}_1 &= \mathfrak{a}_1 \sin \frac{2\pi}{\lambda}(z - vt + c_1) \\ \mathfrak{A}_2 &= \mathfrak{a}_2 \sin \frac{2\pi}{\lambda}(z - vt + c_2), \end{aligned}$$

und wir wollen über die Polarisationsebene und über die Phasenverschiebung keinerlei Voraussetzung machen. Durch Zerlegung der Sinusfunktionen findet man

$$\mathfrak{A}_1 = \mathfrak{a}_1 \cos \frac{2\pi c_1}{\lambda} \sin \frac{2\pi(z - vt)}{\lambda} + \mathfrak{a}_1 \sin \frac{2\pi c_1}{\lambda} \cos \frac{2\pi(z - vt)}{\lambda}$$

$$\mathfrak{A}_2 = \mathfrak{a}_2 \cos \frac{2\pi c_2}{\lambda} \sin \frac{2\pi(z - vt)}{\lambda} + \mathfrak{a}_2 \sin \frac{2\pi c_2}{\lambda} \cos \frac{2\pi(z - vt)}{\lambda},$$

und daher wird (vektoriell addiert)

$$(2)\qquad \mathfrak{A} = \mathfrak{A}_1 + \mathfrak{A}_2 = \mathfrak{h} \sin \frac{2\pi(z - vt)}{\lambda} + \mathfrak{k} \cos \frac{2\pi(z - vt)}{\lambda},$$

worin

$$(3)\qquad \begin{aligned} \mathfrak{h} &= \mathfrak{a}_1 \cos\frac{2\pi c_1}{\lambda} + \mathfrak{a}_2 \cos\frac{2\pi c_2}{\lambda} \\ \mathfrak{k} &= \mathfrak{a}_1 \sin\frac{2\pi c_1}{\lambda} + \mathfrak{a}_2 \sin\frac{2\pi c_2}{\lambda} \end{aligned}$$

zwei homogene, zeitlich unveränderliche Vektoren sind.

2. Es folgt aus (2):

$$(4)\qquad \begin{aligned} A_x &= h_x \sin\frac{2\pi(z-vt)}{\lambda} + k_x \cos\frac{2\pi(z-vt)}{\lambda} \\ A_y &= h_y \sin\frac{2\pi(z-vt)}{\lambda} + k_y \cos\frac{2\pi(z-vt)}{\lambda}, \end{aligned}$$

und hieraus kann man die Sinus- und die Kosinusfunktion, zwischen denen noch die Relation

$$\sin^2\omega + \cos^2\omega = 1$$

bestehen muß, eliminieren. Man bekommt zunächst

$$\begin{aligned} \sin\frac{2\pi(z-vt)}{\lambda}(h_x k_y - h_y k_x) &= \quad (A_x k_y - A_y k_x) \\ \cos\frac{2\pi(z-vt)}{\lambda}(h_x k_y - h_y k_x) &= -(A_x h_y - A_y h_x) \end{aligned}$$

und daraus durch Quadrieren und Addieren

$$(5)\qquad (h_x k_y - h_y k_x)^2 = (A_x k_y - A_y k_x)^2 + (A_x h_y - A_y h_x)^2,$$

eine Gleichung, die für die Komponenten A_x, A_y an einem festen Orte z zu allen Zeiten und in jedem Moment an allen Orten z gelten muß.

3. Setzen wir zur Abkürzung $\sphericalangle(\mathfrak{a}_1\,\mathfrak{a}_2) = \gamma$, und weiter

$$\begin{aligned} h_x k_y - h_y k_x = m; \quad h_x h_y + k_x k_y = l \\ h_x^2 + k_x^2 = p^2; \quad h_y^2 + k_y^2 = q^2, \end{aligned}$$

woraus

$$(6)\qquad p^2 q^2 = l^2 + m^2$$

folgt, so findet man leicht, wenn man beachtet, daß (Fig. 251) $\psi - \varphi = \gamma$ ist,

$$(7)\qquad \begin{aligned} m &= (a_{1x}a_{2y} - a_{2x}a_{1y}) \sin\frac{2\pi(c_2-c_1)}{\lambda} = a_1 a_2 \sin\frac{2\pi(c_2-c_1)}{\lambda}\sin\gamma \\ p^2 &= a_{1x}^2 + a_{2x}^2 + 2a_{1x}a_{2x}\cos\frac{2\pi(c_2-c_1)}{\lambda} \\ q^2 &= a_{1y}^2 + a_{2y}^2 + 2a_{1y}a_{2y}\cos\frac{2\pi(c_2-c_1)}{\lambda} \\ l &= a_{1x}a_{1y} + a_{2x}a_{2y} + (a_{1x}a_{2y} + a_{1y}a_{2x})\cos\frac{2\pi(c_2-c_1)}{\lambda}. \end{aligned}$$

Am einfachsten findet man diese Relationen, wenn man $c_1 = 0$ setzt, so daß c_2 gleich unserem $(c_2 - c_1)$ wird. Läßt man noch den Vektor $\mathfrak{a}_2$ mit der y-Achse zusammenfallen, so ergibt sich leicht die zweite Form der Gleichung für m. In diesen Annahmen liegt keine Beschränkung des Problems. Man kann den Beweis aber auch unschwer mittels der allgemeinen Komponenten der Vektoren $\mathfrak{h}$, $\mathfrak{k}$ (Gl. (3)) führen.

4. Wenn wir weiter der Kürze halber A_x mit ξ, A_y mit η bezeichnen, so sind ξ, η die Koordinaten des Endpunktes des als Länge nach Größe und Richtung aufgetragenen Betrages von $\mathfrak{A}$. Aus (5) wird dann

$$m^2 = q^2\xi^2 + p^2\eta^2 - 2l\xi\eta. \tag{8}$$

Man erkennt hierin, da $p^2q^2 - l^2 = m^2$ wesentlich positiv ist, (Bd. II § 73, 3) die Gleichung einer Ellipse in Mittelpunktskoordinaten.

Es ist nach Bd. II, § 68, 2, § 70, 6, wenn man nur eine Drehung des Koordinatensystems um den Winkel χ vornimmt, die Mittelpunktsgleichung einer Ellipse mit den Halbachsen α, β

$$\xi^2\left(\frac{\cos^2\chi}{\alpha^2} + \frac{\sin^2\chi}{\beta^2}\right) + \eta^2\left(\frac{\sin^2\chi}{\alpha^2} + \frac{\cos^2\chi}{\beta^2}\right) - 2\xi\eta\sin\chi\cos\chi\left(\frac{1}{\alpha^2} - \frac{1}{\beta^2}\right) = 1. \tag{9}$$

Hieraus folgt durch Vergleich mit (8)

$$\begin{aligned} \frac{\cos^2\chi}{\alpha^2} + \frac{\sin^2\chi}{\beta^2} &= \frac{q^2}{m^2} \\ \frac{\sin^2\chi}{\alpha^2} + \frac{\cos^2\chi}{\beta^2} &= \frac{p^2}{m^2} \\ \sin\chi\cos\chi\left(\frac{1}{\alpha^2} - \frac{1}{\beta^2}\right) &= \frac{l}{m^2}. \end{aligned} \tag{10}$$

5. Die Gleichung (8), die überall und zu allen Zeiten erfüllt sein muß, lehrt, daß der Endpunkt des als Länge aufgetragenen Betrages von $\mathfrak{A}$ an einem festen Orte eine Ellipse und in einem festen Moment eine Schraubenlinie von elliptischem Querschnitt beschreibt. Dieses Verhalten des Vektors $\mathfrak{A}$ heißt eine „elliptisch polarisierte Welle". Auch hier unterscheidet man, je nach dem Windungssinn der Schraube rechts- und linkselliptisch polarisierte Wellen.

Aus zwei beliebig polarisierten in gleicher Richtung fortschreitenden Sinuswellen gleicher Wellenlänge, aber beliebiger Amplitude und beliebiger Phasenverschiebung resultiert eine elliptisch polarisierte Welle.

6. Wenn bei beliebigem Winkel χ, also unabhängig von der Richtung der Koordinatenachsen, eine der Bedingungen

$$l = 0; \quad p^2 = q^2$$

erfüllt ist, so wird, wie aus (10) folgt,

$$\alpha^2 = \beta^2,$$

also die Ellipse ein Kreis. Dies ist demnach dann der Fall, wenn bei beliebig gedrehtem Koordinatensystem nach (7)

$$a_{1x}a_{1y} + a_{2x}a_{2y} + (a_{1x}a_{2y} + a_{1y}a_{2x})\cos\frac{2\pi(c_2 - c_1)}{\lambda} = 0$$

oder

$$a_{1y}^2 + a_{2y}^2 + 2a_{1y}a_{2y}\cos\frac{2\pi(c_2 - c_1)}{\lambda}$$
$$= a_{1x}^2 + a_{2x}^2 + 2a_{1x}a_{2x}\cos\frac{2\pi(c_2 - c_1)}{\lambda}$$

wird. Führt man in die erste dieser Gleichungen die Winkel φ, ψ (Fig. 251) ein, so daß z. B. $a_{1x} = a_1 \cos\varphi$ usw. wird, so folgt

(11) $a_1{}^2 \cos\varphi \sin\varphi + a_2{}^2 \cos\psi \sin\psi + a_1 a_2 \sin(\varphi + \psi)\cos\varDelta\omega = 0,$

worin die Phasenverschiebung

$$\frac{2\pi}{\lambda}(c_2 - c_1) = \varDelta\omega$$

gesetzt ist. Wir nehmen nun zwei spezielle Lagen des Koordinatensystems an:

1) $\varphi = 0$, also $\psi = \gamma$; dann folgt

(12) $$a_2 \cos\gamma + a_1 \cos\varDelta\omega = 0,$$

2) $\varphi = \pi/2 - \gamma$, also $\psi = \pi/2$; dann folgt

(13) $$a_1 \cos\gamma + a_2 \cos\varDelta\omega = 0,$$

und die Gleichungen (12) (13) müssen gleichzeitig erfüllt sein, da die Gleichung (11) bei beliebig gedrehtem Koordinatensystem gelten soll. Das ist nur dann möglich, wenn (Bd. I, 2. Aufl., § 59, 16)

$$a_1{}^2 = a_2{}^2; \quad a_1 = \pm a_2$$

ist, und dann wird

$$\cos\gamma = \mp \cos\varDelta\omega.$$

Daß hierdurch die Gleichung $p^2 = q^2$ gleichzeitig erfüllt ist, ist leicht zu beweisen.

Nehmen wir a_1 und a_2 beide positiv an, so folgt:

Die elliptisch polarisierte Welle (2) wird nur dann eine zirkular polarisierte, wenn die Amplituden der linear polarisierten Wellen (1) einander gleich, ihre Phasenverschiebung gleich π vermehrt oder vermindert um den von den vektoriellen Amplituden eingeschlossenen Winkel ist.

7. Bei der allgemeinen elliptisch polarisierten Welle erfolgt die Drehung des Vektors an einem Orte nicht mehr mit konstanter Geschwindigkeit, und die elliptische Schraube, die den Vektor in einem festen Moment darstellt, hat nicht mehr konstanten Gang.

Einen speziellen Fall einer elliptischen Welle erhält man, wenn man

$$c_2 - c_1 = \lambda/4,$$

wo willkürlich $c_1 = 0$ gesetzt werden darf, und weiter

$$\mathfrak{a}_1 \perp \mathfrak{a}_2$$

$$a_1 \neq a_2$$

wählt. Es wird dann

$$\gamma = \pi/2,$$

und wir können die x-Achse mit der Richtung von $\mathfrak{a}_1$, die y-Achse mit der von $\mathfrak{a}_2$ zusammenfallen lassen, wenn wir $\mathfrak{a}_1$, $\mathfrak{a}_2$, z als Rechtssystem wählen. Dann wird (Fig. 251) $\psi = \pi/2$, $\varphi = 0$ und weiter

$$a_{1x} = a_1; \qquad a_{1y} = 0,$$

$$a_{2x} = 0; \qquad a_{2y} = a_2,$$

$$h_x = a_1 \cos\frac{2\pi c_1}{\lambda}; \quad h_y = a_2 \cos\frac{2\pi c_2}{\lambda},$$

$$k_x = a_1 \sin\frac{2\pi c_1}{\lambda}; \quad k_y = a_2 \sin\frac{2\pi c_2}{\lambda},$$

und aus (4) oder (1) folgt

$$A_x = a_1 \sin\frac{2\pi}{\lambda}(z - vt + c_1)$$

$$A_y = a_2 \sin\frac{2\pi}{\lambda}\left(z - vt + c_1 + \frac{\lambda}{4}\right) = a_2 \cos\frac{2\pi}{\lambda}(z - vt + c_1),$$

worin c_1 auch gleich 0 angenommen werden darf.

Die Gleichung (8) der Ellipse wird jetzt in unserem Koordinatensystem

$$1 = \frac{\xi^2}{a_1{}^2} + \frac{\eta^2}{a_2{}^2},$$

woraus folgt, daß die Ellipsenachsen mit den Richtungen $\mathfrak{a}_1$ und $\mathfrak{a}_2$ zusammenfallen, und die Halbachsen die Längen a_1, a_2 haben (Bd. II § 68). Es ist hier $A_x = \xi$; $A_y = \eta$ gesetzt.

8. Führen wir in die Gleichung der Ellipse Polarkoordinaten ein (Bd. II, § 57), so daß

$$\text{(14)} \quad \begin{aligned} \xi &= r\cos\vartheta = a_1 \sin\frac{2\pi}{\lambda}(z - vt) \\ \eta &= r\sin\vartheta = a_2 \cos\frac{2\pi}{\lambda}(z - vt) \end{aligned}$$

wird, so sieht man, daß der Richtungswinkel ϑ nicht, wie in § 84, 11 in einer einfachen linearen Relation zu Ort und Zeit steht.

Zeichnen wir, wie in Bd. II, § 103 den der Ellipse umgeschriebenen Kreis (Fig. 252), verlängern das Lot vom Endpunkte P des Radiusvektors r auf die x-Achse bis zum Schnitt Q mit diesem Kreis, und ziehen wir den Radius $OQ = \varrho = a_1$ dieses Kreises, der mit der x-Achse den Winkel u, die „exzentrische Anomalie“, einschließt, so folgt

$$\overline{OR} = \xi = a_1 \cos u$$

$$\overline{PR} = \eta$$

$$\overline{QR} = y = a_1 \sin u,$$

und es ist (vgl. Bd. II, § 103, 1), wenn $a_1 > a_2$ angenommen wird,

$$\eta : y = a_2 : a_1.$$

Dadurch ergibt sich

$$\xi = a_1 \cos u, \quad \eta = a_2 \sin u,$$

und nun folgt nach (14)

$$(15) \quad \begin{aligned} \cos u &= \sin \frac{2\pi}{\lambda}(z - vt) \\ \sin u &= \cos \frac{2\pi}{\lambda}(z - vt), \end{aligned}$$

und das ist nur erfüllbar, wenn bis auf Vielfache von 2π

$$\frac{\pi}{2} - u = \frac{2\pi}{\lambda}(z - vt)$$

ist. Jetzt folgt, daß für u die Beziehungen von § 84, 11 gelten. Die exzentrische Anomalie wächst proportional mit t und nimmt ab proportional mit z. Der Punkt Q bildet längs der z-Achse eine linksgewundene Schraube konstanter Ganghöhe.

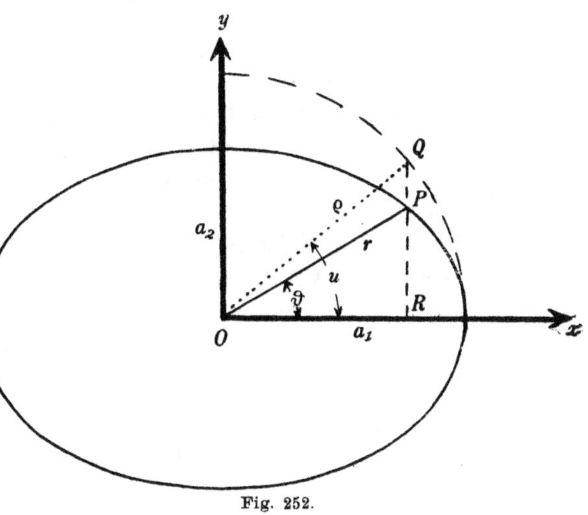

Fig. 252.

9. Wie in § 84, 12, 13 folgt dann weiter, daß

$$\mathfrak{A}^{(l)} = \mathfrak{a}_1 \sin \frac{2\pi}{\lambda}(z - vt) + \mathfrak{a}_2 \cos \frac{2\pi}{\lambda}(z - vt)$$

$$\mathfrak{a}_1 \perp \mathfrak{a}_2, \quad \mathfrak{a}_1 \neq \mathfrak{a}_2; \quad \mathfrak{a}_1, \mathfrak{a}_2, z = \text{Rechtssystem}$$

eine links-elliptisch polarisierte, und

$$\mathfrak{A}^{(r)} = \mathfrak{a}_1 \sin \frac{2\pi}{\lambda}(z - vt) - \mathfrak{a}_2 \cos \frac{2\pi}{\lambda}(z - vt)$$

$$\mathfrak{a}_1 \perp \mathfrak{a}_2, \quad \mathfrak{a}_1 \neq \mathfrak{a}_2; \quad \mathfrak{a}_1, \mathfrak{a}_2, z = \text{Rechtssystem}$$

eine rechts-elliptisch polarisierte Welle mit konstantem Gang der exzentrischen Anomalie ist.

Zwei solche Wellen gleicher Halbachsen und entgegengesetzt polarisiert, geben durch Addition und durch Subtraktion je eine linear polarisierte Welle. Die Amplituden dieser beiden sind ihrem Betrag nach die doppelten Halbachsen, also die ganzen Achsen der elliptisch polarisierten Wellen.

§ 86. Lichttheorien.

1. In Kristallen sind gewisse physikalische Eigenschaften, die in anderen „isotropen" Körpern skalare Größen sind, tensoriell verteilt; das gilt für die elastischen Eigenschaften, die thermischen Eigenschaften und auch — was für die modernen Anschauungen über das Wesen des Lichtes von besonderer Wichtigkeit ist — für die Dielektrizitätskonstante, die speziell als symmetrischer Tensor angesehen werden muß.

2. In den Kristallen des „regulären" Systems nimmt der Tensor wieder skalare Eigenschaften an, indem alle drei Konstituenten einander gleich werden.

In den Kristallen des „hexagonalen" und des „quadratischen" Systems sind zwei der Konstituenten einander gleich; das Tensorellipsoid wird ein Rotationsellipsoid. Diese Kristalle heißen „optisch einachsig".

In den Kristallen des „rhombischen", des „monoklinen" und des „triklinen" Systems sind die drei Konstituenten verschieden; das Tensorellipsoid ist dreiachsig. Diese Kristalle heißen optisch zweiachsig[1]).

3. Die elektromagnetische Lichttheorie sieht als Lichtvektor die Induktion (Dielektrische Polarisation) (§ 31, 5, § 42, 2) eines wellenförmig sich fortpflanzenden elektrischen Feldes an, das außerdem den Induktionsgesetzen (§ 42) zufolge von einem zu ihm senkrechten ebenfalls wellenförmig fortschreitenden Magnetfeld begleitet ist.

Die Fortpflanzungsgeschwindigkeit dieses Feldes ist von der Dielektrizitätskonstante und von der Permeabilität abhängig. Im Vakuum ist sie gleich der Konstante c, also gleich $3 . 10^{10}$ cm/sek., was mit der empirisch ermittelten Fortpflanzungsgeschwindigkeit des Lichtes im Vakuum übereinstimmt (vgl. § 46, 6). Dementsprechend muß die Fortpflanzungsgeschwindigkeit in einem Kristall den tensoriellen Eigenschaften der Dielektrizitätskonstante entsprechend je nach der Richtung der elektrischen Induktion des fortschreitenden Feldes verschieden sein.

Die tensoriellen Eigenschaften der Permeabilität, die man in einem Kristall auch vermuten muß, kommen nicht in Betracht, weil die Permeabilität in den durchsichtigen Kristallen unmerklich vom Werte 1 abweicht. Deswegen sind das Magnetfeld und die dia-

1) Der Name rührt daher, weil es in diesen Kristallen zwei ausgezeichnete Richtungen, die „optischen Achsen" gibt; sie sind in der Ebene der größten und kleinsten Tensorachse, symmetrisch zu diesen zwei Tensorachsen, gelegen. Man findet sie im Sinne der elektromagnetischen Lichttheorie folgendermaßen: Sind ε_1, ε_2, ε_3 die Konstituenten des dielektrischen Tensors, so kann man aus $\sqrt{\varepsilon_1}$, $\sqrt{\varepsilon_2}$, $\sqrt{\varepsilon_3}$ als Konstituenten einen anderen Tensor gleicher Hauptachsen bilden. Das Tensorellipsoid dieses Tensors ist im allgemeinen dreiachsig, und besitzt dann zwei kreisförmige Zentralschnitte vom Radius der mittleren Halbachse. Senkrecht auf diesen Kreisschnitten stehen die optischen Achsen des Kristalls. Bei „optisch einachsigen" Kristallen fallen diese zwei optischen Achsen in der ausgezeichneten Tensorachse zusammen.

magnetische Polarisation immer kollineare Vektoren, und auch dem Betrag noch merklich identisch. Es genügt daher, wenn wir im folgenden nur kurz vom Magnetfeld sprechen.

Die elektrische Induktion, die wir der Kürze halber, da keine Verwechselung mehr möglich ist, als Induktion bezeichnen wollen, ist in Kristallen das Tensor-Vektorprodukt aus dem elektrischen Feld und der Dielektrizitätskonstante, und als solches nicht mehr kollinear mit dem Feld.

4. Liegt eine ebene Welle vor, so heißt das, innerhalb jeder Ebene einer Schar paralleler Ebenen ist in einem Moment der Zustand überall der gleiche. Für eine elektromagnetische Welle muß dann eine Gleichung der Form

$$\mathfrak{A} = a \cdot f(z - vt) \tag{1}$$

sowohl für die elektrische Induktion, als auch für das elektrische und für das magnetische Feld gelten, wenn man die z-Richtung mit der Richtung der „Wellennormalen“, d. h. der Normalen auf den Wellenebenen zusammenfallen läßt.

Wenn einer der drei genannten Vektoren der Richtung nach in die Wellenebenen fällt, so bildet er eine „transversale“ Welle. Wenn er nicht in diese Ebene fällt, kann er in eine rein transversale und eine longitudinale Komponente zerlegt werden.

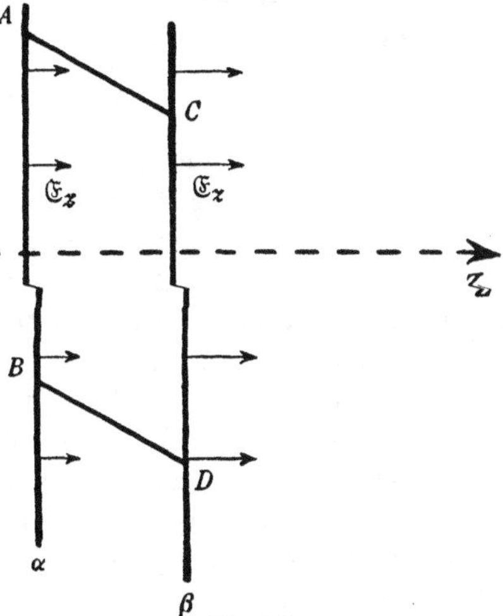

Fig. 253.

5. Wir wollen annehmen, die Induktion einer rein periodischen symmetrischen Welle sei nicht rein transversal. Dann sind ihre Komponenten nach der Wellennormalen in zwei beliebig benachbarten Wellenebenen α, β (Fig. 253) nicht einander gleich. Legt man einen Zylindermantel so durch diese Ebenen, daß seine Erzeugenden überall der Induktion (den Induktionslinien) am betrachteten Orte parallel sind, so wird durch diesen Mantel und die beiden Ebenen ein schiefes zylindrisches Volumen abgegrenzt. In der Figur 253 ist dieses Volumen im Schnitt durch die Figur $ABDC$ wiedergegeben. Die Schnittebenen AB und CD mögen mit O_α und O_β bezeichnet werden. Berechnet man nach § 33, 3 die gesamte Induktionslinienzahl, die dieses Volumen verläßt, so ist diese, da die äußere Normale an α mit $-z$, an β mit $+z$ zu-

sammenfällt, und aus dem Mantel keine Kraftlinien austreten, gegeben durch

(2) $$\int \mathfrak{E}_n do = \mathfrak{E}_z^{(\beta)} O_\beta - \mathfrak{E}_z^{(\alpha)} O_\alpha = 4\pi \Sigma e_i.$$

Daraus folgt, daß sich zwischen α und β eine elektrische Ladung befinden muß, wenn die Induktion eine Komponente nach z hat, also nicht rein transversal ist.

6. Ist die Welle z. B. eine Sinuswelle, und ist ihre z-Komponente in der Form

$$\mathfrak{E}_z = A_z \sin \frac{2\pi}{\lambda}(z - vt)$$

darstellbar, so wird

(3) $$\mathfrak{E}_z^{(\alpha)} = A_z \sin \frac{2\pi}{\lambda}(z - vt)$$

(4) $$\mathfrak{E}_z^{(\beta)} = A_z \sin \frac{2\pi}{\lambda}(z + dz - vt),$$

wenn dz der sehr kleine Abstand der zwei Ebenen ist. Es wird $O_\alpha = O_\beta$ und

$$4\pi \Sigma e_i = A_z \frac{2\pi}{\lambda} dz \cdot O_\alpha \cos \frac{2\pi}{\lambda}(z - vt),$$

was durch eine Zerlegung der Sinusfunktion in (4) nach Bd. II, § 29 (1) und nach den Formeln § 59, (1) sofort folgt. Es ist hierin $O_\alpha \cdot dz$ das zylindrische Volumen, und demnach muß die elektrische Ladung eine Dichte haben

$$\varrho = \frac{A_z}{2\lambda} \cos \frac{2\pi}{\lambda}(z - vt).$$

Die elektrische Ladung muß eine reine Kosinuswelle bilden, wenn die longitudinale Komponente der Induktion eine reine Sinuswelle beschreibt.

7. Aber auch allgemein muß nach (2) die elektrische Ladung sich zeitlich und örtlich verändern, wenn dies die Induktion tut. Sie muß sich also verschieben.

Da im Nichtleiter elektrische Ladungen nicht verschiebbar sind, so sind im Nichtleiter die Wellen der elektrischen Induktion rein transversal.

8. Denselben Beweis kann man für das Magnetfeld führen, das auch transversal sein muß; und in isotropen Körpern (in regulären Kristallen und in Nichtkristallen) ist auch das elektrische Feld transversal, da es hier mit der Induktion kollinear ist.

Im Kristall dagegen kann das elektrische Feld, je nach der Lage der Tensorachsen gegen die Induktionslinien in der Richtung von der Induktion in beliebigem Sinne abweichen; denn es ist dieses Feld

$$E = \left\{\frac{1}{\varepsilon} \cdot \mathfrak{E}\right\}$$

ein Tensorvektorprodukt der Induktion, das nach § 7, 1 mit der Induktion nicht allgemein kollinear ist.

Es bildet also das elektrische Feld nicht mehr allgemein eine rein transversale Welle.

Ist die Wellennormale eine der Tensorachsen, also die Induktion in der Ebene der anderen zwei Tensorachsen gelegen, so liegt auch das elektrische Feld (nach § 5 (2)) in dieser Ebene.

Wenn die Wellennormale in eine der Tensorachsen fällt, ist auch das elektrische Feld eine transversale Welle.

9. Die elektromagnetische Lichttheorie sieht die Lichtwelle als eine elektromagnetische Welle äußerst kleiner Wellenlänge an. Das Licht ist also ein System dreier wellenförmig fortschreitenden Vektoren, deren einer, die Induktion, heute wohl, wie schon erwähnt, als Lichtvektor speziell bezeichnet wird; doch ist das nur ein Name. Die drei Vektoren sind physisch nicht trennbar; und es hat deshalb auch keine prinzipielle Bedeutung, einem von ihnen eine hervorragende Rolle vor den anderen zuzuschreiben.

10. Die Normale auf dem elektrischen Feld und dem Magnetfeld, die in Kristallen nicht mehr allgemein mit der Wellennormalen zusammenfällt, heißt „Lichtstrahl". Das hat in energetischen Vorgängen seinen Grund,[1]) worauf wir hier nicht eingehen können. Die Normale auf der Induktion und dem Magnetfeld ist dagegen die Wellennormale. Im isotropen Körper ist Strahl und Wellennormale identisch, und in Kristallen ist das auch der Fall, wenn die Wellenebene zu einer der Tensorachsen normal steht. Der magnetische Vektor steht allgemein sowohl zum Strahl als zur Wellennormale senkrecht.

11. Die elastische Lichttheorie sieht als Lichtvektor die elastische Verschiebung der kleinsten Teilchen eines hypothetischen masselosen Agens an, das sie „Lichtäther" oder kurz „Äther" nennt. Damit — was erfahrungsgemäß erfüllt sein muß — die Wellen dieses Vektors transversale sind, müssen dem Lichtäther die Eigenschaften eines festen inkompressibeln Körpers, nicht die eines Gases zugeschrieben werden; denn in einem Gase sind, wie beim Schall (vgl. § 80, 9) rein longitudinale Wellen möglich. Das darf übrigens nicht als ein Nachteil der elastischen Lichttheorie angesehen werden, wie es wohl geschieht; denn da der Äther etwas unmaterielles ist, so liegt gar kein Grund vor, ihn den Gasen näher zu stellen, als den festen Körpern. Er soll ja auch nicht ein fester Körper sein, sondern nur in gewissen Eigen-

1) Der Lichtstrahl ist die Richtung, in der sich die elektromagnetische Energie verschiebt (Poyntingscher Energiestrom).

schaften und vor allem gewissen Kräften gegenüber den elastischen starren Körpern vergleichbar sein.

Der Äther erfüllt alle Körper sowohl, als auch den leeren Raum, d. h. das ganze Weltall. In verschiedenen Körpern muß er entweder verschiedene Dichtigkeit (nach Fresnels Annahme) oder verschiedene Elastizität (nach Franz Neumanns Annahme) besitzen. In Kristallen werden allgemein die elastischen Eigenschaften als Tensoren angesehen.[1])

12. Auch die elastische Theorie des Lichtes nimmt die Strahlrichtung von der Wellennormale abweichend an, ebenfalls aus energetischen Gründen.[2])

13. Man braucht die elastische Theorie des Lichtes gar nicht in Gegensatz zu der elektromagnetischen zu setzen; man kann die elektrische Induktion mit der elastischen Verschiebung der Ätherteilchen identifizieren. Das elektrische Feld ruft im Äther diese Verschiebung hervor, die das Wesen der Induktion ausmacht. Der Vorteil der elektromagnetischen Theorie ist aber gerade der, daß sie eines solchen der Materie entnommenen Bildes nicht bedarf.

14. Die Fortpflanzung des Lichtes im kristallinischen Medium ist sehr kompliziert und kann hier nicht allgemein besprochen werden. Es soll nur das folgende erwähnt werden: Wenn die Wellennormale in eine der Tensorachsen (c) fällt, so daß der Lichtvektor beliebig in der Ebene der zwei anderen (a, b) liegt, so haben die zwei nach diesen zwei anderen Achsenrichtungen genommenen Komponenten des Lichtvektors verschiedene Fortpflanzungsgeschwindigkeiten.[3]) Ebenso gibt es zu jeder anderen angegebenen Normalenrichtung zwei zu einander und zu dieser Richtung senkrechte Komponenten des Lichtvektors, die sich mit verschiedenen Geschwindigkeiten fortpflanzen. Nur zwei symmetrisch zur größten Achse des Tensorellipsoids in der Ebene der größten und kleinsten liegende Richtungen gibt es, für die jeder dazu normale Lichtvektor sich mit gleicher Geschwindigkeit verschiebt. In optisch einachsigen Kristallen fallen diese zwei Achsen zusammen und in die eine ausgezeichnete Tensorachse.

---

1) Das ist für die Fresnelsche Theorie eine Inkonsequenz, da Fresnel sonst die Elastizität in allen Körpern gleich annimmt.

2) Die Arbeit der elastischen Druckkräfte ist auf ein zu der Strahlrichtung normales Flächenelement ein Maximum.

3) Nach der elektromagnetischen Lichttheorie sind diese Geschwindigkeiten, wenn v_0 die Lichtgeschwindigkeit im Vakuum ist:

$$v_1 = \frac{v_0}{\sqrt{\varepsilon_1}}; \quad v_2 = \frac{v_0}{\sqrt{\varepsilon_2}}.$$

Dadurch treten die in der Anm. p. 516 angeführten Wurzeln der Dielektrizitätskonstanten auf.

§ 87. Anwendungen.

1. Es sei aus einem Kristall ein planparalleles Plättchen so herausgeschnitten, daß seine Begrenzungsebenen senkrecht zu einer der Tensorachsen des Kristalls stehen, also die zwei anderen Tensorachsen den Begrenzungsebenen parallel liegen. Ist der Kristall optisch einachsig, so soll die ausgezeichnete Achse eine der zwei letzteren sein; es kann dann das Plättchen willkürlich parallel mit dieser Achse geschnitten sein; denn jede Normale auf ihr kann als eine weitere Tensorachse gelten (§ 8, 2).

Wir legen die x- und die y-Achse eines Koordinatensystems in die zwei letzteren Tensorachsen hinein, so daß die z-Achse in die dritte und in die Normale der Begrenzungsebenen fällt.

2. Eine polarisierte ebene Lichtwelle falle auf dieses Plättchen auf, in der $+z$-Richtung fortschreitend. Die Schwingungsrichtung des Lichtvektors schließe im Raume vor dem Plättchen einen Winkel φ mit der x-Achse ein (Fig. 254).

Die elektromagnetische Lichttheorie fordert nun, daß der Lichtvektor beim Übergang in den Kristall eine sprungweise Richtungsänderung erfährt. Es muß nämlich nach § 38, 10 (6) die Tangentialkomponente des elektrischen Feldes an der Grenze zweier Medien stetig veränderlich sein. Im Außenraum ist nun die Induktion mit dem elektrischen Feld kollinear, im Innenraum des Kristalls aber nicht, da sie hier ein Tensorvektorprodukt des Feldes ist.

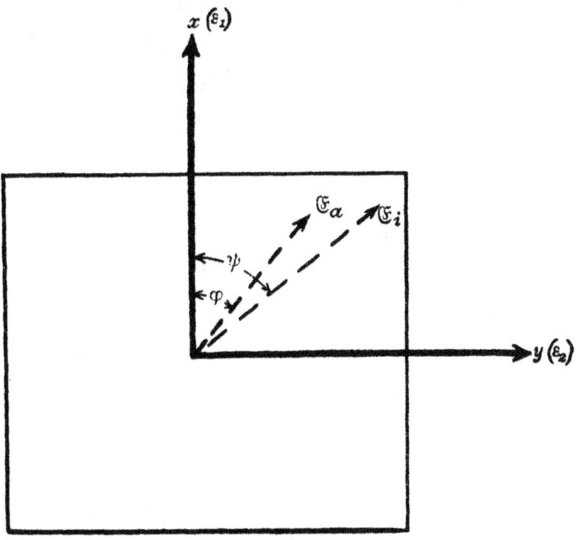

Fig. 254.

3. Es sei im Außenraum die Dielektrizitätskonstante $\varepsilon = \varepsilon_0 = 1$, die Amplitude des Feldes E_a, die der Induktion $\mathfrak{E}_a$. Im Innenraum seien die Konstituenten des dielektrischen Tensors ε_1, ε_2, ε_3, so daß ε_1 der x-Achse entspricht usw. Es sei im Innenraum die Amplitude des Feldes E_i, die der Induktion $\mathfrak{E}_i$. Dann ist, wenn wir von der reflektierten Welle absehen[1]),

1) Diese Annahme ist streng nicht berechtigt. Wir können vielleicht die einfallende Welle zerlegt denken in eine Welle, die nur reflektiert wird und

$$(1) \qquad \mathfrak{E}_a = E_a; \quad E_a = E_i,$$

und es ist

$$E_{ax} = E_a \cos\varphi; \quad E_{ay} = E_a \sin\varphi,$$
$$E_{ix} = E_a \cos\varphi; \quad E_{iy} = E_a \sin\varphi;$$

weiter nach § 5, 2

$$(2) \qquad \mathfrak{E}_{ix} = \varepsilon_1 E_a \cos\varphi; \quad \mathfrak{E}_{iy} = \varepsilon_2 E_a \sin\varphi,$$

und, wenn ψ den Winkel der Induktion $\mathfrak{E}_i$ gegen die x-Achse bedeutet,

$$\mathfrak{E}_{ix} = \mathfrak{E}_i \cos\psi; \quad \mathfrak{E}_{iy} = \mathfrak{E}_i \sin\psi,$$

woraus folgt, wenn $|\mathfrak{E}_i|$ den Betrag von $\mathfrak{E}_i$ bedeutet,

$$|\mathfrak{E}_i| = E_a \sqrt{\varepsilon_1^2 \cos^2\varphi + \varepsilon_2^2 \sin^2\varphi},$$

$$(3) \qquad \operatorname{tg}\psi = \frac{\varepsilon_2}{\varepsilon_1} \operatorname{tg}\varphi.$$

Hierdurch ist die Richtung der Induktion im Kristall gegeben.

4. Den Nullpunkt von z legen wir in die vordere Grenzebene des Plättchens. Bezeichnen wir nun den Lichtvektor mit $\mathfrak{A}$, und seine Komponenten nach x und y mit A_x und A_y, so wird am Orte $z = 0$, wenn die Welle eine reine Sinuswelle ist (§ 86, (1)),

$$A_{ax} = \mathfrak{E}_{ax} \sin\frac{2\pi}{\lambda_0}(-v_0 t); \quad A_{ay} = \mathfrak{E}_{ay} \sin\frac{2\pi}{\lambda_0}(-v_0 t),$$
$$A_{ix} = \mathfrak{E}_{ix} \sin\frac{2\pi}{\lambda_1}(-v_1 t); \quad A_{iy} = \mathfrak{E}_{iy} \sin\frac{2\pi}{\lambda_2}(-v_2 t),$$

wenn v_0 die Fortpflanzungsgeschwindigkeit im Außenraum, v_1, v_2 die der zwei nach x und y gerichteten Komponenten des Lichtvektors (§ 86, 14) im Innenraum sind. Da nach § 38, 10 (6)

$$\frac{1}{\varepsilon_0} A_{ax} = \frac{1}{\varepsilon_1} A_{ix}; \quad \frac{1}{\varepsilon_0} A_{ay} = \frac{1}{\varepsilon_2} A_{iy}$$

für alle Werte von t sein müssen, und da nach (1) bereits

$$\frac{1}{\varepsilon_0} \mathfrak{E}_{ax} = \frac{1}{\varepsilon_1} \mathfrak{E}_{ix}; \quad \frac{1}{\varepsilon_0} \mathfrak{E}_{ay} = \frac{1}{\varepsilon_2} \mathfrak{E}_{iy}$$

ist, so folgt, daß die Argumente der Sinus paarweise einander gleich sein müssen; also ist

$$(4) \qquad \frac{v_0}{\lambda_0} = \frac{v_1}{\lambda_1} = \frac{v_2}{\lambda_2} \quad \text{oder} \quad \tau_0 = \tau_1 = \tau_2.$$

D. h. die Schwingungsdauer kann sich beim Übergang aus einem Medium in den Kristall nicht ändern.

5. Das Plättchen habe die Dicke h. Dann ist nach § 86 (1) an der hinteren Grenzfläche, wenn sich der Strich ′ auf diese Stelle bezieht,

eine Welle, die ganz eindringt, und beide von einander unabhängig ansehen. Unsere Betrachtungen gelten dann nur für die letztere.

$$A'_{ix} = \mathfrak{E}_{ix} \sin \frac{2\pi}{\lambda_1}(h - v_1 t),$$

$$A'_{iy} = \mathfrak{E}_{iy} \sin \frac{2\pi}{\lambda_2}(h - v_2 t).$$

Hinter der Platte trete die Welle wieder in das ursprüngliche Medium ein; dann wird wieder die ursprüngliche Fortpflanzungsgeschwindigkeit v_0 und die ursprüngliche Wellenlänge λ_0 hergestellt, was in der Weise, wie Nr. 4, bewiesen werden kann. Es wird wieder an der Grenze

$$\frac{1}{\varepsilon_0} A'_{ax} = \frac{1}{\varepsilon_1} A'_{ix}; \quad \frac{1}{\varepsilon_0} A'_{ay} = \frac{1}{\varepsilon_2} A'_{iy},$$

also da $\varepsilon_0 = 1$,

$$A'_{ax} = \frac{1}{\varepsilon_1} \mathfrak{E}_{ix} \sin \frac{2\pi}{\lambda_0}\left(\frac{\lambda_0 h}{\lambda_1} - v_0 t\right)$$

$$A'_{ay} = \frac{1}{\varepsilon_2} \mathfrak{E}_{iy} \sin \frac{2\pi}{\lambda_0}\left(\frac{\lambda_0 h}{\lambda_2} - v_0 t\right),$$

und nach (2)

$$(5) \quad \begin{aligned} A'_{ax} &= E_a \cos\varphi \sin \frac{2\pi}{\lambda_0}\left(\frac{\lambda_0 h}{\lambda_1} - v_0 t\right) \\ A'_{ay} &= E_a \sin\varphi \sin \frac{2\pi}{\lambda_0}\left(\frac{\lambda_0 h}{\lambda_2} - v_0 t\right). \end{aligned}$$

6. Wenn wir jetzt eine ζ-Achse einführen, der z-Achse parallel, aber mit dem Nullpunkt in der hinteren Begrenzungsebene liegend, so daß

$$z = \zeta + h$$

ist, so wird im Medium hinter der Platte eine Welle fortschreiten, die die Form hat

$$(6) \quad \begin{aligned} A_x &= A_{0x} \sin \frac{2\pi}{\lambda_0}(\zeta + c_1 - v_0 t) \\ A_y &= A_{0y} \sin \frac{2\pi}{\lambda_0}(\zeta + c_2 - v_0 t). \end{aligned}$$

Diese Gleichungen müssen für $\zeta = 0$ in die Gleichungen (5) übergehen; es müssen also die Sinusfunktionen in den entsprechenden Gleichungen von (5) und (6) für $\zeta = 0$ gleichzeitig verschwinden, gleichzeitig ein Maximum und gleichzeitig ein Minimum werden. Daß ist nur dann erfüllbar, wenn

$$c_1 = \frac{\lambda_0 h}{\lambda_1}; \quad c_2 = \frac{\lambda_0 h}{\lambda_2}$$

ist. Dann folgt weiter

$$A_{0x} = E_a \cos\varphi; \quad A_{0y} = E_a \sin\varphi.$$

7. Im Raum hinter der Kristallplatte schreitet also eine Welle fort, die aus den zwei zueinander senkrecht polarisierten ebenen Wellen

$$
(7) \qquad \begin{aligned}
A_x &= E_a \cos\varphi \sin\frac{2\pi}{\lambda_0}\left(\zeta + \frac{\lambda_0 h}{\lambda_1} - v_0 t\right)\\
A_y &= E_a \sin\varphi \sin\frac{2\pi}{\lambda_0}\left(\zeta + \frac{\lambda_0 h}{\lambda_2} - v_0 t\right)
\end{aligned}
$$

gebildet wird. Diese beiden Wellen repräsentieren im allgemeinen, nach § 85, eine elliptisch polarisierte Welle, da sie eine Phasenverschiebung gegeneinander besitzen.

8. Ist die Phasenverschiebung gleich π (oder ein ungerades Vielfaches davon), ist also die Dicke h des Plättchens so beschaffen, gleich h_0, daß

$$
\lambda_0 h_0 \left(\frac{1}{\lambda_2} - \frac{1}{\lambda_1}\right) = \frac{\lambda_0}{2}; \quad \frac{1}{\lambda_2} - \frac{1}{\lambda_1} = \frac{1}{2h_0}
$$

ist, so folgt nach § 84, 9, daß die elliptische Polarisation in lineare Polarisation ausartet. Ist λ_0 die Wellenlänge des Natriumlichtes im Vakuum, so nennt man ein Kristallplättchen dieser Dicke ein „Lamdahalbe-Plättchen" ($\lambda/2$-Plättchen).

9. Wäre das Plättchen nicht vorhanden, so wäre die einfallende Welle als linearpolarisierte Welle unverändert nach z oder ζ weitergegangen. Ihre Gleichungen erhalten wir aus (7), wenn wir dort λ_1 und λ_2 beide in λ_0 übergehen lassen. Bezeichnet der Index ^{0} diese einfallende Welle, so wird

$$
(8) \qquad \begin{aligned}
A_x^0 &= E_a \cos\varphi \sin\frac{2\pi}{\lambda_0}(\zeta + h_0 - v_0 t)\\
A_y^0 &= E_a \sin\varphi \sin\frac{2\pi}{\lambda_0}(\zeta + h_0 - v_0 t).
\end{aligned}
$$

Die austretende Welle wird nun, entsprechend den Ausführungen im § 84, 9, nach (7) wenn die Phasenverschiebung gleich π ist,

$$
(9) \qquad \begin{aligned}
A_x &= E_a \cos\varphi' \sin\frac{2\pi}{\lambda_0}(\zeta + h_0 + c - v_0 t)\\
A_y &= E_a \sin\varphi' \sin\frac{2\pi}{\lambda_0}(\zeta + h_0 + c - v_0 t)
\end{aligned}
$$

worin

$$
-\varphi = \varphi', \quad \frac{\lambda_0 - \lambda_1}{\lambda_1} h_0 = c
$$

gesetzt ist. Die Amplitude der resultierenden austretenden Welle (9) erscheint also gegen die der eintretenden Welle (8) aus dem Winkel φ in den Winkel $-\varphi$ gedreht. Außerdem sind diese zwei Wellen um die Länge $h_0(\lambda_0 - \lambda_1)/\lambda_1$ gegeneinander verschoben. Es folgt:

Ein $\lambda/2$-Plättchen dreht die Polarisationsebene um den Winkel 2φ:

Ist $\varphi = 45^0$, so wird die Polarisationsebene um 90^0 gedreht.

10. Ein „Polarisationsapparat" besteht aus zwei optischen Vorrichtungen, meist sog. „Nicholschen Prismen", die die Eigenschaft haben, nur Licht hindurch zu lassen, das eine bestimmte Schwingungsrichtung, relativ zu diesen Vorrichtungen, hat. Läßt man auf die erste von ihnen, wir wollen kurz sagen auf den „ersten Nichol“, den „Polarisator“ beliebiges Licht auffallen, so tritt polarisiertes Licht aus ihm aus. Stellt man den „zweiten Nichol“, den „Analysator“ in den Weg dieses polarisierten Lichtes, so wird es ganz durchgelassen, geschwächt oder nicht durchgelassen, je nachdem seine Schwingungsrichtung mit der dem Analysator eigentümlichen parallel ist, zu ihr schief oder senkrecht steht, oder, wie man kurz sagt, je nachdem die beiden Nichols parallel, schief oder gekreuzt sind.

Stehen die Nichols parallel, so erscheint das Gesichtsfeld einem in den Analysator hineinschauenden hell. Schiebt man aber ein $\lambda/2$ Plättchen ein, mit einer seiner Achsen um 45^0 gegen die Polarisationsebene der Nichols gedreht, so wird es nach Nr. 9, Schluß, dunkel erscheinen, wenn man mit Natriumlicht beleuchtet, weil die Schwingungsebene in die vom Analysator nicht mehr durchgelassene Richtung gedreht wird. Wenn man mit weißem Licht beleuchtet, wird das Natriumlicht ausgelöscht, und das Gesichtsfeld erscheint farbig, nämlich bläulich, weil im austretenden Licht nicht mehr alle Farben vorhanden sind. Hat das Plättchen eine andere Dicke, so erscheinen andere Farben, und ein Plättchen wechselnder Dicke, z. B. ein abgespaltenes Gypsplättchen (Marienglas), erscheint wechselnd bunt gefärbt, in intensiven Farben. Ähnliches gilt für gekreuzte Nichols.

Diese Erscheinung gehört zu den prächtigsten in der Optik.

Nachtrag zur Tensorentheorie.

1. In § 5, 18, S. 27 oben heißt es: „Aus den neun Tensorkomponenten ϱ_{ii}, ϱ_{ik} lassen sich diese Größen (die Konstituenten ϱ_a, ϱ_b, ϱ_c und die Richtungskosinus α_i, β_i, γ_i) berechnen.“ Man multipliziere zu diesem Zweck die erste der Gleichungen (9) S. 26 mit α_1, die zweite mit α_2, die dritte mit α_3 und addiere sie. Ebenso verfahre man mit den nächsten drei und schließlich mit den drei letzten Gleichungen. Dann erhält man das System:

$$\begin{aligned} \varrho_{xx}\alpha_1 + \varrho_{xy}\alpha_2 + \varrho_{xz}\alpha_3 &= \varrho_a\alpha_1 \\ \varrho_{yx}\alpha_1 + \varrho_{yy}\alpha_2 + \varrho_{yz}\alpha_3 &= \varrho_a\alpha_2 \\ \varrho_{zx}\alpha_1 + \varrho_{zy}\alpha_2 + \varrho_{zz}\alpha_3 &= \varrho_a\alpha_3\,. \end{aligned} \tag{1}$$

Zwei analoge Systeme erhält man für ϱ_b, ϱ_c, wenn man die Gleichungen (9) mit den β_i und den γ_i multipliziert. Nach Bd. I, 2. Aufl. § 59, 16 muß hierin, weil die α_i nicht alle verschwinden können, die Determinante

$$\begin{vmatrix} (\varrho_{xx}-\varrho_a), & \varrho_{xy}, & \varrho_{xz} \\ \varrho_{yx}, & (\varrho_{yy}-\varrho_a), & \varrho_{yz} \\ \varrho_{zx}, & \varrho_{zy}, & \varrho_{zz}-\varrho_a \end{vmatrix} = 0 \tag{2}$$

verschwinden; und dieselbe Relation erhält man für ϱ_b und für ϱ_c. Es sind demnach die Konstituenten ϱ_a, ϱ_b, ϱ_c die Wurzeln der kubischen Gleichung (2), die ausgeführt die Form erhält

$$\begin{aligned} &\varrho^3 - \varrho^2(\varrho_{xx}+\varrho_{yy}+\varrho_{zz}) \\ &+ \varrho\,(\varrho_{yy}\varrho_{zz}+\varrho_{zz}\varrho_{xx}+\varrho_{xx}\varrho_{yy}-\varrho_{yz}\varrho_{zy}-\varrho_{zx}\varrho_{xz}-\varrho_{xy}\varrho_{yx}) \\ &- D(\varrho) = 0, \end{aligned} \tag{3}$$

worin $D(\varrho)$ die Determinante der ϱ_{ik} (§ 6, 1) bedeutet.

2. Die Koeffizienten dieser Gleichung stehen in bekannten Beziehungen (Bd. I, 2. Aufl. § 98, 4 (2)) zu den Wurzeln der Gleichung, woraus sich die Invarianten des Tensors (§ 6) ergeben, die zweite allerdings in der etwas veränderten Form

$$\begin{aligned} &\varrho_{yy}\varrho_{zz}+\varrho_{zz}\varrho_{xx}+\varrho_{xx}\varrho_{yy}-\varrho_{yz}\varrho_{zy}-\varrho_{zx}\varrho_{xz}-\varrho_{xy}\varrho_{yx} \\ &= \varrho_b\varrho_c+\varrho_c\varrho_a+\varrho_a\varrho_b, \end{aligned}$$

die mit Hilfe der ersten Invariante in die Form von § 6, 3 übergeht.

3. Hat man die drei Wurzeln von (3) gefunden, so erhält man aus (1) die Lösungen für α_1, α_2, α_3, wenn man diese mit den Unterdeterminanten A_{k1}, A_{k2}, A_{k3} der Determinante (2) proportional setzt (Bd. I, 2. Aufl. § 59, 16 (25)).

Daß es gleichgültig ist, ob man die Unterdeterminanten der ersten, der zweiten oder der dritten Horizontalreihe von (2) wählt, ob man also $k = 1, 2$ oder 3 setzt, kann hier nicht bewiesen werden (vgl. z. B. Pascal, Repertorium I. Kap. III § 1, Zeile 16 v. o.). Es wird also

$$(4)\qquad \begin{aligned} \alpha_1 &= \lambda\{(\varrho_{yy} - \varrho_a)(\varrho_{zz} - \varrho_a) - \varrho_{yz}\varrho_{zy}\} \\ \alpha_2 &= \lambda\{\varrho_{yz}\varrho_{zx} - \varrho_{yx}(\varrho_{zz} - \varrho_a)\} \\ \alpha_3 &= \lambda\{\varrho_{yx}\varrho_{zy} - \varrho_{zx}(\varrho_{yy} - \varrho_a)\}, \end{aligned}$$

und der Faktor λ ist so zu bestimmen, daß

$$\alpha_1^2 + \alpha_2^2 + \alpha_3^2 = 1$$

wird. Sein Vorzeichen bleibt willkürlich, was mit der Tatsache im Einklang steht, daß die Tensorachsen keine Richtungssinne fordern.

4. Wie beschaffen die ϱ_{ii}, ϱ_{ik} sein müssen, damit die kubische Gleichung (3) zwei (oder drei) gleiche Wurzeln hat, und was dann für die Richtungskosinus α_i, β_i, γ_i nach (4) folgt, ist schwierig allgemein zu übersehen. Die Gleichheit zweier Wurzeln muß zur Folge haben, daß durch die Gleichungen (4) die Richtungen der zwei zugehörigen Achsen nicht mehr eindeutig bestimmt werden, so daß die dem Tensor mit zwei gleichen Konstituenten eigentümliche Verschiebbarkeit zweier Achsen in einer Ebene (§ 8, 2) herauskommt. Solange diese Folgerung aber nicht aus der Gleichung (3) und der Identität zweier ihrer Wurzeln abgeleitet ist, darf auch die in § 5, 29 ausgesprochene Behauptung nicht als allgemein bewiesen angesehen werden. Nur für den Fall ist sie von vorne herein zutreffend, daß die aus den ε_{ik} nach der Form (3) gebildete kubische Gleichung keine zwei gleichen Wurzeln hat, d. h. für den allgemeinsten Fall eines Tensors.

Alphabetisches Register.

Die Zahlen ohne Bezeichnung geben die Seiten an. Ein Stern * an einer Seitenzahl zeigt an, daß sich auf dieser Seite eine Lebensbeschreibung befindet.

liegenden Werkes hierin einen vollständigen Wandel geschaffen hat, indem er sich der außerordentlich mühevollen und zeitraubenden Arbeit unterzog, die vorhandene Literatur zusammenzusuchen und nach sachlichen Gesichtspunkten zu ordnen.... Das vorliegende Buch kann nicht dringend genug zur Anschaffung und zum eingehenden Studium empfohlen werden."

(Unterrichtsblätter für Mathematik und Naturkunde.)

„Jeder Einzelabschnitt beginnt mit einer kurzen, historisch-kritischen Besprechung, die sofort den Kern der Sache bloßlegt, ihr zeitlich erstes Auftreten feststellt; diese Besprechungen bilden den Hauptreiz des Buches. Oft im Lapidarstil gehalten, lassen sie die kräftige Eigenart des Verfassers erkennen, und schon beim Lesen weniger Sätze drängt sich uns die Überzeugung auf, in Simon es mit einem Manne zu tun zu haben, der wie wenig andere dazu berufen war, die Geschichte der Elementargeometrie zu behandeln." (Mitteilungen der Gesellschaft für deutsche Erziehungs- und Schulgeschichte.)

Das höhere Lehramt in Deutschland und Österreich. Ein Beitrag zur vergleichenden Schulgeschichte und zur Schulreform. Von Prof. Dr. **Hans Morsch,** Oberlehrer am Kgl. Kaiser-Wilhelms-Realgymnasium zu Berlin. 2., vermehrte und verbesserte Auflage. Mit einem alphabetischen Sach- und Namensregister. [VIII u. 486 S.] Lex.-8. 1910. Geh. n. *M* 12.—, geb. n. *M* 13.—

Als das „höhere Lehramt in Deutschland und Österreich" im Ausgang des Sommers 1905 zum ersten Male erschien, wurde das Buch von der Kritik sehr beifällig aufgenommen. Deshalb war auch die Nachfrage nach dem Buche sehr stark, und es wäre schon vor zwei Jahren eine neue Auflage erschienen, wenn man nicht mit Grund vermutet hätte, daß einschneidende Veränderungen z. B. in bezug auf die Reifeprüfung und auf die Gehälter in fast allen Staaten bevorständen. So entschloß man sich 1907 zur Herausgabe eines Ergänzungsbandes, der eine große Zahl der 1905 noch nicht in Angriff genommenen Kapitel, wie Vorschule, Ferien, Pension u. a., behandelte. Nachdem nun aber fast überall die Gehaltsfrage gelöst und eine große Zahl von Problemen, wie die der Reifeprüfung z. B. in Österreich, gänzlich anders gestaltet ist, haben Verleger und Verfasser den Entschluß gefaßt, unter Berücksichtigung aller inneren und äußeren Neuerungen im Kreise des höheren Lehramts aus dem Buch von 1905 und dem Ergänzungsbande von 1907 in der 2. Auflage ein Werk zu schaffen, welches die innere und äußere Organisation des höheren Lehramtes zum ersten Male vollständig zur Darstellung bringt; nicht bloß eine Zusammenstellung von Verfügungen, sondern daneben eine in maßvollen Grenzen gehaltene kritische Darstellung des gegenwärtigen Zustandes mit zahlreichen positiven Vorschlägen zur Abänderung der Übelstände.

Inhalt und Methode des planimetrischen Unterrichts. Eine vergleichende Planimetrie. Von **H. Schotten,** Direktor der Oberrealschule zu Halle a. S. In 3 Bänden. gr. 8. I. Band. [IV u. 370 S.] 1890. Geh. n. *M* 6.—, geb. n. *M* 7.—. II. Band. [IV u. 410 S.] 1893. Geh. n. *M* 8.—, geb. n. *M* 9.—. III. Band. [In Vorb.]

Bei der großen Zahl von Lehrbüchern der Elementar-Mathematik, die für sich eine ganze Bibliothek ausmachen, glaubt der Verfasser den Wünschen des mathematischen Lehrerpublikums entgegenzukommen, wenn er eine Zusammenstellung der wichtigeren Arbeiten auf dem Gebiete des planimetrischen Unterrichts unternimmt. Es soll dieses Werk dazu dienen, sich rasch und sicher über die gesamte einschlägige Literatur zu orientieren und selbst nach den ausführlich gegebenen Zitaten über einen bestimmten Gegenstand ein Urteil sich bilden zu können. Es gewährt somit gewissermaßen einen Einblick in die Entstehung des vorliegenden subjektiv behandelten Teiles und setzt den Leser in den Stand, denselben selbst an der Hand des gebotenen Materials prüfen zu können. Ein sorgfältiges Namen- und Sachregister wird die Brauchbarkeit dieses Handbuches erhöhen und es zu einem Nachschlagebuch für alle Fragen auf dem Gebiete des planimetrischen Unterrichts geeignet machen. Als Einleitung schickt Verfasser eine Studie über die Reformbestrebungen auf dem Gebiete des planimetrischen Unterrichts voraus, die ebenfalls in zahlreichen Zitaten das zu berücksichtigende Material bietet; die am Schluß dieser Einleitung aufgestellten Thesen kennzeichnen die Ansichten des Verfassers gegenüber diesen Reformbestrebungen.

Vorträge über den mathematischen Unterricht an höheren Schulen von **F. Klein.** Teil I: **Von der Organisation des mathematischen Unterrichts.** Bearbeitet von R. Schimmack. Mit 8 Figuren. [IX u. 236 S.] gr. 8. 1907. Geb. n. *M* 5.—

Eine Übersicht über die Aufgaben des mathematischen Unterrichts auf seinen verschiedenen Stufen, von der Volksschule beginnend bis hin zur Universität und technischen Hochschule. Der mathematische Betrieb an den höheren Knabenschulen — sein Werdegang, sein augenblicklicher Bestand, seine fernere Ausgestaltung — bilden das Mittelstück. Aber auch die höheren Mädchenschulen, wie nach anderer Seite die technischen Fachschulen, werden beiläufig herangezogen. Als Anhang wiederabgedruckt sind einige einschlägige frühere Aufsätze von Klein und der von der Gesellschaft Deutscher Naturforscher und Ärzte 1905 in Meran vorgelegte mathematische Lehrplan.

„Interessant ist es, wie Klein die Lehrstätten gliedert.... Alle wichtigen Fragen: der Lehrstoff und das Lehrziel, die Lehrbücher und die Lehrmethode, die geschichtliche Entwicklung des mathematischen Unterrichts, die Bedeutung der Mathematik innerhalb des jetzigen Kulturlebens, die Gestaltung des Unterrichts durch die Lehrpläne von 1901, die Reformvorschläge, der Funktionsbegriff und die Erziehung zum funktionalen Denken werden in klarer, ruhiger, man möchte fast sagen klassischer Weise behandelt. Dadurch wird das Buch zu einem für den mathematischen Unterricht der gegenwärtigen Zeit wichtigen, unschätzbaren Dokument, dessen Studium sich jeder Lehrer angelegen sein lassen sollte, wenn anders er es mit seinem Unterricht ernst meint."

(Mitteilungen der Gesellschaft für deutsche Erziehungs- und Schulgeschichte.)